普通高等教育应用技术型“十三五”规划系列教材

自动控制原理

主　编　张晓丹
副主编　黄　晓　王珊珊　陈明显
主　审　吕汉兴

华中科技大学出版社
中国·武汉

内容简介

本书依据独立学院本科自动控制理论课程的教学要求，从注重理论基础与基本概念出发，全面阐述了经典控制理论的基本内容。全书共分九章，内容包括：自动控制的基本概念、控制系统的数学模型、控制系统的时域分析、根轨迹法和频率特性法、控制系统的校正、线性离散控制系统、非线性控制系统、线性系统的状态空间分析及综合法。本书编写突出重点，注重理论与实际的结合。为了便于读者自学和更好地掌握本课程的基本理论和学习方法，每章末给出小结，并配有例题和习题。在主要章节中安排了基于 MATLAB 的系统仿真实例，以适应计算机辅助教学的要求。本书可作为高等院校自动化、电气工程及自动化、电子科学与技术、通信工程等相关专业的教材或学习参考书，也可供相关师生和专业工程技术人员参考。

图书在版编目(CIP)数据

自动控制原理/张晓丹主编. —武汉：华中科技大学出版社，2015.7
ISBN 978-7-5609-7801-7

Ⅰ.①自… Ⅱ.①张… Ⅲ.①自动控制理论-高等学校-教材 Ⅳ.①TP13

中国版本图书馆 CIP 数据核字(2015)第 170466 号

自动控制原理 张晓丹 主编

策划编辑：范 莹
责任编辑：王汉江
封面设计：原色设计
责任校对：李 琴
责任监印：周治超
出版发行：华中科技大学出版社(中国·武汉)
武昌喻家山 邮编：430074 电话：(027)81321913
录 排：武汉楚海文化传播有限公司
印 刷：武汉鑫昶文化有限公司
开 本：787mm×1092mm 1/16
印 张：22.75
字 数：563 千字
版 次：2015 年 12 月第 1 版第 1 次印刷
定 价：46.00 元

前　言

自动控制原理是研究有关自动控制系统的基本概念、基本原理和基本方法的一门课程，是高等学校电子与电气工程及自动化专业的一门核心基础理论课程。它研究的核心内容是对各种各样的控制系统建立数学模型，并进行分析计算和控制校正，使其满足所要求的性能指标。它是基础课与专业课之间的桥梁，是本科生后续课程和研究生课程的基础。

本书共分为 9 章，主要内容包括五大部分：第一部分介绍了自动控制的基本概念；第二部分包括控制系统的数学模型、时域响应分析、根轨迹分析、频率特性分析、系统校正，这部分内容阐明了自动控制的三个基本问题，即建模、分析和设计；第三部分重点介绍了离散系统的数学模型、稳定性分析与系统校正；第四部分阐述了非线性系统的基本理论和分析方法，包括描述函数法和相平面法；第五部分讲解了现代控制理论的基础，介绍了线性系统的状态空间分析与综合方法。另外，在各章的最后一节安排了 MATLAB 系统分析与设计实例，以适应现代计算机实验教学对控制系统进行辅助分析与设计的需要。

本书特色如下：

(1)注重课程体系的优化，强调基本概念、基本理论和基本工程应用，在理论综述和公式推导中，尽量精选内容，用经典例题代替一般性文字的叙述。

(2)内容精简，突出工科特点，充分考虑到教学计划的变更和考研的要求，尽量多地采用图表，以代替论述性内容，增加例题和练习题的数量，加强工程技术方法的分析和训练。

(3)详细介绍了基于 MATLAB 的控制系统计算机辅助分析和设计方法，并给出了大量的仿真例题，培养学生利用计算机分析和设计控制系统的能力。

本书由张晓丹担任主编，黄晓、王珊珊、陈明显为副主编，华中科技大学吕汉兴副教授为主审。第 3、4、8 章由张晓丹编写，第 1、2、7 章由王珊珊编写，第 5、6、9 章由黄晓编写，全书由张晓丹、陈明显统稿。本书在编写过程中学习和参考了其他教材的部分内容，在此向这些教材的各位作者表示诚挚的谢意。

由于编者水平有限，书中难免有疏漏和不妥之处，敬请广大同行与读者批评指正。

编　者

2015 年 10 月

目　录

第1章 自动控制的基本概念

自动控制是指没有人直接参与的控制，例如机器设备可以按照生产的要求和目的进行自动化生产，不仅可以把人从繁重的体力劳动中解放出来，而且能够提高生产率，保证安全生产，从而取得更大的经济效益和社会效益，广泛用于工业、农业、军事、科学研究、交通运输、商业等方面。近几十年来，随着电子计算机技术的发展，自动控制技术在航天工程、导弹制导和机器人控制等高新技术领域的应用越来越多，在日常生活中也越来越多见，已成为不可缺少的重要组成部分。

1.1 自动控制理论的发展史

人类对自动控制的抽象概念早有认识。公元前14世纪，中国就出现了自动计时漏壶。235年，马钧研制出用齿轮传动自动指示方向的指南车，与按扰动补偿的自控系统十分类似。1637年，明代的《天工开物》一书中记载有程序控制思想的提花织机结构图。1788年，英国人瓦特发明了离心式调速器，应用反馈原理自动调节进汽阀门，从而控制蒸汽机的转速。离心式调速器有时会使蒸汽机速度出现大幅度的振荡，但是由于当时还没有自动控制理论，所以不能解释这一现象。直到1868年，英国物理学家麦克斯韦发表了《论调速器》一文，文中分析了反馈系统的稳定性，解释了蒸汽机调速器存在的不稳定现象，这篇著名论文被公认为自控控制理论的开端。英国数学家劳斯和德国数学家赫尔维茨分别于1877年和1895年独立提出了著名的判断系统稳定性的代数判据。1892年，俄国数学家李雅普诺夫发表了《论运动稳定性的一般问题》，提出了稳定性定义及判断系统稳定性的一般方法。自动控制理论的发展初期，主要用于工业控制。

20世纪20—40年代，奈奎斯特提出了判断系统稳定性的奈氏判据，维纳提出了《控制论》，以传递函数为基础的经典控制理论体系逐渐形成。第二次世界大战的爆发进一步促进了自动控制理论的发展，飞机自动驾驶仪、火炮定位系统和雷达跟踪系统等军用装备的研究直接推动了经典控制理论的发展。

20世纪50—60年代，各国开始发展空间技术，如人造卫星发射和阿波罗飞船登月等，自动控制技术发挥了重大作用，经典控制理论已逐渐不能满足需要，以系统的状态变量描述作为数学模型的现代控制理论应运而生。

20世纪70年代后，计算机技术的发展和应用大大促进了自动控制理论的发展，产生了自适应控制、模糊控制和智能控制等理论、技术与方法，其应用也扩展到生物、医学和环境等诸多社会生活领域，自动控制在现代化社会中已经不可或缺。

1.2 自动控制的基本原理

1.2.1 自动控制的基本概念

自动控制是指在没有人的直接干预下，利用物理设备对生产设备或生产过程进行合理的控制，使被控制的物理量保持恒定或者按照一定的规律变化。自动控制系统是指能够完成自动控制的设备。下面以水温控制系统为例，说明自动控制系统的构成和基本概念。

图 1-1 所示的为一个水温控制系统，冷水在热交换器中由通入的蒸汽加热，得到一定温度的热水。冷水流量变化用流量计测量，该系统保持热水温度为期望值。系统在工作时，温度传感器不断测量交换器出口处的实际水温，并在温度控制器中与给定的温度相比较，若低于给定温度，其偏差值使蒸汽阀门开大，加大进入热交换器的蒸汽量，使热水温度升高，直至偏差为零，从而保证热交换器出口的水温不发生大的波动。图 1-2 为系统的方框图，展示了该反馈控制系统的基本组成和工作原理。

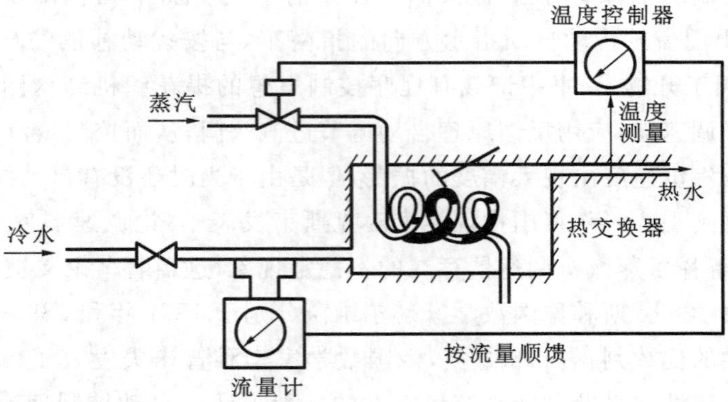

图 1-1　水温控制系统

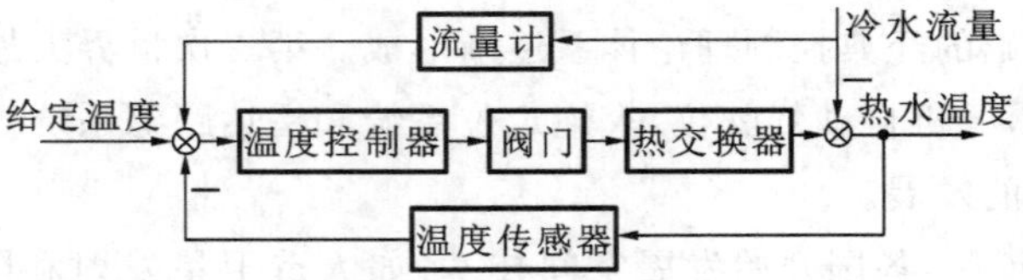

图 1-2　水温控制系统方框图

1.2.2 自动控制系统的基本组成

自动控制系统尽管结构形式不同，但都包含被控对象和控制装置两大部分，其中控制装置主要包含给定环节、控制器、放大环节、执行机构和反馈环节。典型的自动控制系统的基本组成如图 1-3 所示。

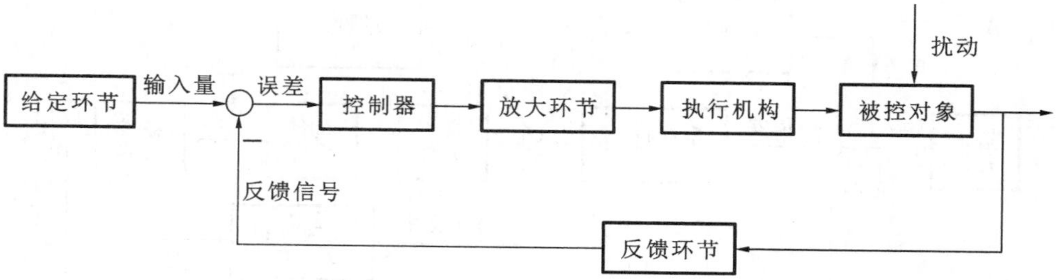

图 1-3　典型自动控制系统的基本组成

(1)给定环节:给出与期望的被控量相对应的系统输入量。

(2)控制器:根据误差信号,按一定规律产生相应的控制信号,是控制系统的核心部分。

(3)放大环节:将控制信号进行放大,推动执行元件控制被控对象。

(4)执行机构:一般由传动装置和调节机构组成,直接作用于被控对象,改变被控量。

(5)被控对象:控制系统所要控制的设备或生产过程,它的输出就是被控量。

(6)反馈环节:用于测量被控量,将它转换成与给定量相同的物理量。

(7)扰动:除了输入量外,使被控量偏离输入量所要求的值或按规律变化的系统外的物理量。

1.2.3　自动控制的基本方式

自动控制的基本控制方式有开环控制、闭环控制和复合控制三种。

开环控制方式是最简单的控制方式,系统的输入量对输出量产生控制作用,输出量对系统没有控制作用。简单的开环控制系统如图 1-4 所示,输入量直接通过控制器作用于被控对象,当有扰动信号出现时,系统不能得到理想的输出量,因此开环控制没有抗干扰能力。由于开环控制方式结构简单、成本低,在扰动影响较小的情况下应用较广,日常生活中常见的自动售货机、交通路口红绿灯的控制采用的都是开环控制方式。

闭环控制方式也称反馈控制方式,是最基本、应用最广泛的一种控制方式。闭环控制是将输出量通过测量元件检测转换后,再反馈到输入端与输入量进行比较(相减),并将比较后的偏差经过控制器控制被控对象,使输出量接近期望值。图 1-3 为简单的闭环控制系统结构图。闭环控制方式中,系统内部存在反馈,输出量也参与控制,抗干扰能力强,具有抑制内部或外部扰动对被控对象产生影响的能力。

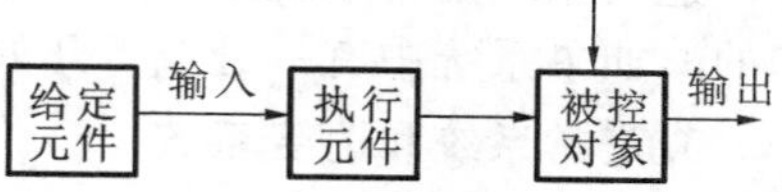

图 1-4　开环控制系统结构图

复合控制方式就是开环控制方式与闭环控制方式的结合,是在闭环控制回路的基础上,附加一个输入信号或扰动作用的通路,对于主要的扰动采用适当的补偿装置,这样的控制效果更好,如图 1-5 所示。

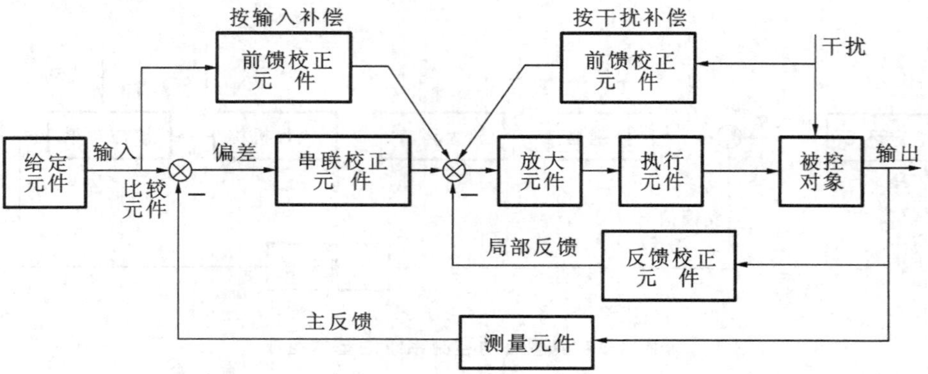

图 1-5 复合控制系统结构图

1.3 自动控制系统的分类

自动控制系统的形式多种多样，其分类方法也各有不同。自动控制系统按系统主要元件的输入/输出特性，可分为线性系统和非线性系统；按信号的性质，可分为连续系统和离散系统；按系统参数是否随时间变化，可分为定常系统和时变系统；按输入量的变化规律，可分为恒值控制系统、随动系统和程序控制系统等。

1. 线性系统和非线性系统

满足叠加原理的系统称为线性系统，叠加原理具有可叠加性和均匀性(齐次性)。

可叠加性是指：若系统的输入信号为 $r_1(t)$ 时输出信号为 $c_1(t)$，输入信号为 $r_2(t)$ 时输出信号为 $c_2(t)$，当系统的输入信号为 $r_1(t)+r_2(t)$ 时输出信号为 $c_1(t)+c_2(t)$。

均匀性是指：若系统的输入信号为 $r_1(t)$ 时输出信号为 $c_1(t)$，当系统的输入信号为 $Ar_1(t)$ 时输出信号为 $Ac_1(t)$。

线性系统由线性元部件组成，能够用线性微分(或差分)方程描述，系统的输入量、输出量及各阶导数均为线性。非线性系统存在非线性元部件，描述非线性系统的微分(或差分)方程系数与自变量有关，非线性系统不满足叠加原理。

2. 连续系统和离散系统

连续系统是指系统中所有信号都是时间变量的连续函数，这些信号在所有时间内都是已知的。如果系统中有一处或者几处信号是一串脉冲或数码，则称为离散系统。

3. 定常系统和时变系统

控制系统的参数在运行过程中不随时间变化而变化，称为定常系统；参数随时间变化而变化，称为时变系统。

一般的自动控制系统通常是上述分类方法的组合，如线性连续控制系统，通常用线性微分方程描述。其一般形式为

$$a_0\frac{\mathrm{d}^n y(t)}{\mathrm{d}t^n}+a_1\frac{\mathrm{d}^{n-1}y(t)}{\mathrm{d}t^{n-1}}+\cdots+a_{n-1}\frac{\mathrm{d}y(t)}{\mathrm{d}t}+a_n y(t)$$
$$=b_0\frac{\mathrm{d}^m x(t)}{\mathrm{d}t^m}+b_1\frac{\mathrm{d}^{m-1}x(t)}{\mathrm{d}t^{m-1}}+\cdots+b_{m-1}\frac{\mathrm{d}x(t)}{\mathrm{d}t}+b_m x(t)$$

线性定常离散控制系统，通常用线性差分方程描述。其一般形式为

$$a_0 y(k+n)+a_1 y(k+n-1)+\cdots+a_{n-1} y(k+1)+a_n y(k)$$
$$=b_0 x(k+m)+b_1 x(k+m-1)+\cdots+b_{m-1} x(k+1)+b_m x(k)$$

非线性控制系统，通常用非线性微分（或差分）方程描述，其特点是方程的系数含有变量。由于其形式有多种，这里不一一列举。下面的方程即为非线性微分方程：

$$\ddot{y}(t)+y(t)\dot{y}(t)+3y(t)+2y^2(t)=x(t)$$

1.4　对自动控制系统的基本要求及课程任务

1.4.1　对自动控制系统的基本要求

对于各种控制系统，在已知其结构和系统参数时，我们一般研究的是在某种给定的典型输入信号下，系统被控量随时间变化的全过程，这个过程也称为动态过程或过渡过程。对这个过程的基本要求可归结为稳定性、快速性和准确性。

稳定性是控制系统的重要性能，也是系统能够正常运行的首要条件。线性控制系统的稳定性由系统本身的结构和参数决定，与外部条件和初始状态无关。一个稳定的控制系统，在扰动消失后，初始偏差能够随时间增加逐渐减小直至趋于零，最后达到平衡状态。而对于不稳定的系统，偏差信号可能会逐渐增大，系统响应过程出现振荡或者发散。如图 1-6 所示，系统的输入信号为 $r(t)$，系统 1 的输出信号 $c(t)$ 为图中的曲线①，系统 2 的输出信号 $c(t)$ 为图中的曲线②，系统 1 为稳定系统，其输出逐渐与期望一致，系统 2 为不稳定系统，其偏差越来越大。

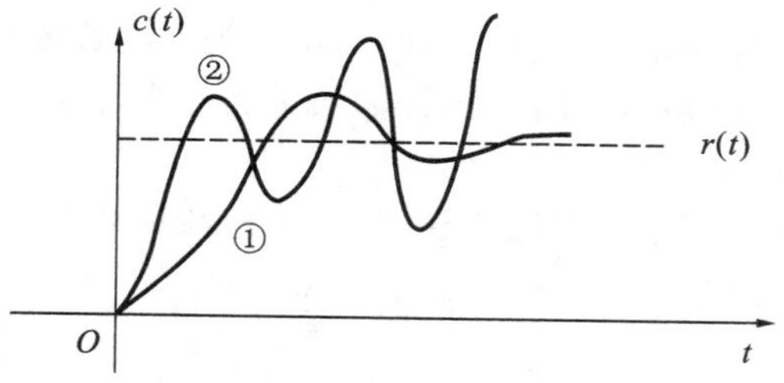

图 1-6　系统 1 和系统 2 的阶跃响应曲线

快速性是指控制系统输出响应要快，即过渡过程的时间要短。如图 1-7 所示，系统的输入信号为 $r(t)$，系统 1 的输出信号 $c(t)$ 为图中的曲线①，系统 2 的输出信号 $c(t)$ 为图中的曲线②，曲线②明显比曲线①响应快很多，故系统 2 的快速性更好。

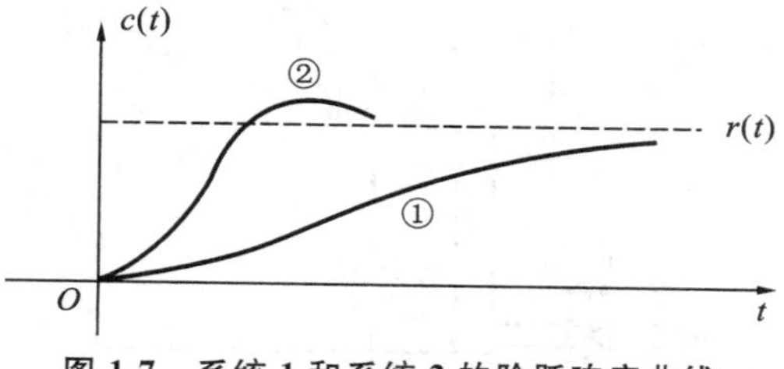

图 1-7　系统 1 和系统 2 的阶跃响应曲线

准确性是指系统动态过程结束后，被控量的稳态值应与给定值一致。被控量的稳态值与给

定值之间的偏差称为稳态误差。稳态误差是衡量控制系统精度的指标，反映了系统的稳态性能。

对于同一个系统，稳定性、快速性和准确性的要求往往是相互制约的，例如，改善了系统的稳定性，其快速性可能变差，改善了系统的快速性，系统可能发生剧烈振荡。根据被控对象的具体情况，各个性能指标的要求各有侧重。

控制系统的设计原则是在已知被控对象和其性能指标的要求下，设计一个满足预定性能指标要求的系统，设计时还要考虑经济性、可靠性和使用环境等相关因素。

1.4.2 本课程的主要任务

尽管自动控制系统有不同的类型，每个系统的要求也不一样，但研究的内容和方法类似。本课程的主要任务分三个部分，即系统建模、分析与校正。

本书第 2 章主要讲述了控制系统的数学模型的建立。第 3 章、第 4 章、第 5 章、第 7 章和第 8 章是对建立的数学模型进行分析，第 6 章是对建立的数学模型进行校正，使其达到预期的性能指标的要求。

本章小结

(1)自动控制是指在没有人的直接干预下，利用物理设备对生产设备或生产过程进行合理的控制，使被控制的物理量保持恒定或者按照一定的规律变化。

(2)自动控制系统包含被控对象和控制装置两大部分，其中控制装置主要包含给定元件、测量元件、比较元件、放大元件、执行元件和校正元件。

(3)自动控制系统的基本控制方式有开环控制方式、闭环控制方式和复合控制方式。

(4)自动控制系统的分类方法多种多样。自动控制系统按系统主要元件的输入/输出特性，可分为线性系统和非线性系统；按信号的性质，可分为连续系统和离散系统；按系统参数是否随时间变化，可分为定常系统和时变系统；按输入量的变化规律，可分为恒值控制系统、随动系统和程序控制系统等。

(5)自动控制系统的基本要求可归结为稳定性、快速性和准确性。

习　　题

1-1　水箱水位控制系统如图 1-8 所示，试分析它的控制过程，指出它是开环控制系统还是闭环控制系统？它的被控量、输入量和扰动量是什么？画出该控制系统的方框图。

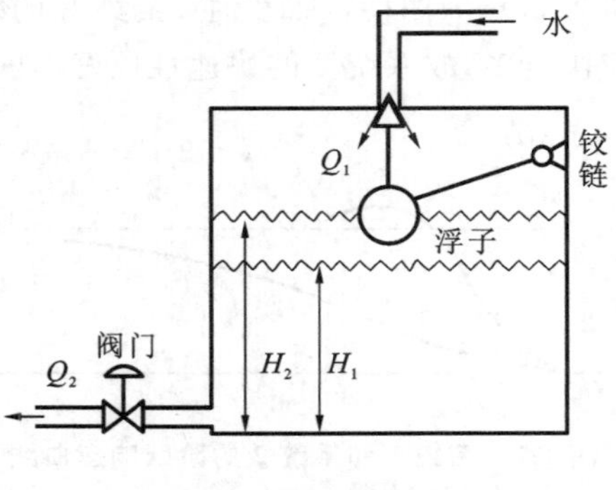

图 1-8　水箱水位控制系统

1-2　炉温自动控制系统如图 1-9 所示，简述该系统的工作原理并画出系统的方框图。

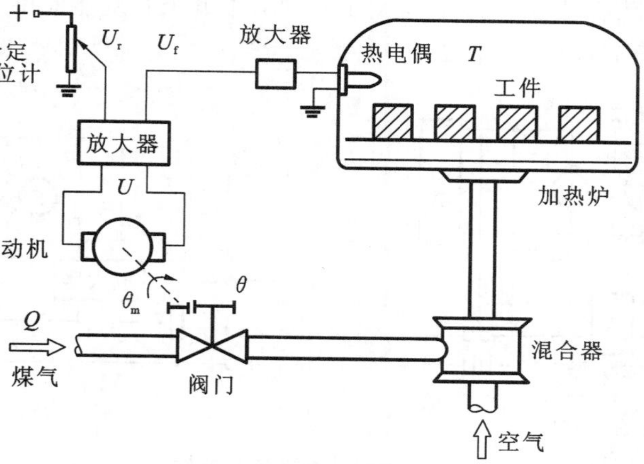

图 1-9　炉温自动控制系统

1-3　仓库大门自动控制系统如图 1-10 所示，简述该系统的工作原理并画出系统的方框图。

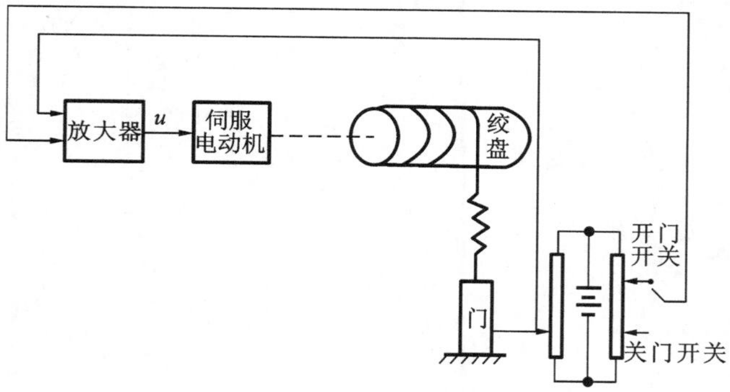

图 1-10　仓库大门自动控制系统

1-4　液位自动控制系统如图 1-11 所示，在任意情况下，希望液面高度 c 维持不变，试说明系统的工作原理并画出系统的方框图。

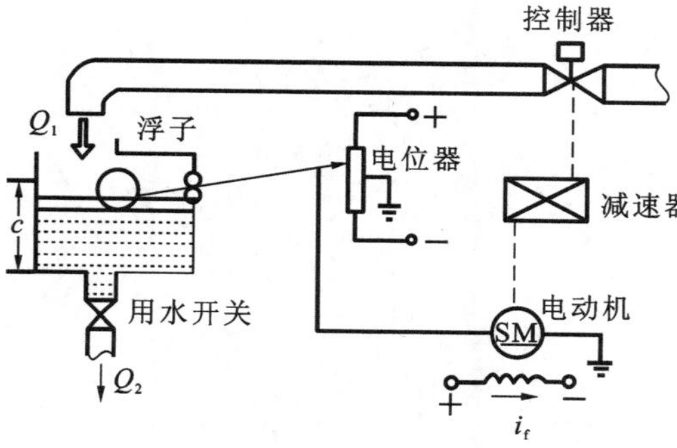

图 1-11　液位自动控制系统

1-5 自动调压系统如图 1-12 所示，设图 1-12（a）与图 1-12（b）的发电机端电压均为 110 V。试问带上负载后，图 1-12（a）与图 1-12（b）中哪个系统能保持 110 V 电压不变？哪个系统的电压会稍低于 110 V？为什么？

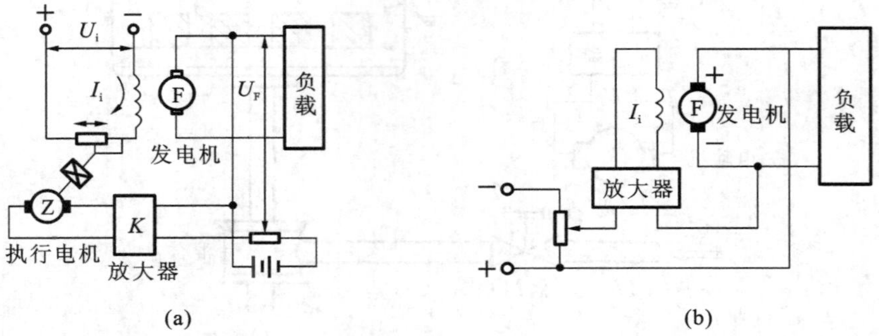

图 1-12　自动调压系统

第 2 章　控制系统的数学模型

自动控制理论研究的两个主要问题是控制系统的分析和设计，其前提是建立控制系统的数学模型，即描述系统内部变量之间关系的数学表达式。利用数学模型可以定量地表示出控制系统内在的运动规律和各个环节的动态特性。建立控制系统数学模型的方法有两种：解析法和实验法。解析法是根据系统各变量之间所遵循的物理规律或者化学规律写出相应的数学方程。实验法是对系统施加某个测试输入信号，得到系统的输出响应，经过数据处理而辨识出系统的数学模型。在经典控制理论中，常用的数学模型有微分方程（或差分方程）、传递函数、频率特性等。本章关注于采用微分方程、传递函数、结构图和信号流图建立控制系统的数学模型。

2.1　控制系统的时域数学模型

2.1.1　线性系统微分方程的建立

建立线性系统微分方程的一般步骤为：

（1）根据系统中各元部件的工作原理，确定系统与各元部件的输入量和输出量。

（2）根据各元部件在工作中所遵循的物理或化学规律，依次列出微分方程。

（3）对已建立的方程进行数学处理，消去中间变量，得到描述系统输入与输出关系的微分方程。

（4）标准化微分方程，将输入量有关项写在方程的右边，输出量有关项写在方程的左边，方程两边的输入/输出变量的导数项均按降幂排列。

【例 2-1】　电阻 R 和电容 C 组成的无源网络如图 2-1 所示，$u_i(t)$ 为输入量，$u_o(t)$ 为输出量，R 为电阻，C 为电容，求该系统的微分方程。

解　设回路电流为 $i(t)$，由基尔霍夫定理列写回路方程

$$\frac{1}{C}\int i(t)\mathrm{d}t + Ri(t) = u_i(t)$$

$$u_o(t) = \frac{1}{C}\int i(t)\mathrm{d}t$$

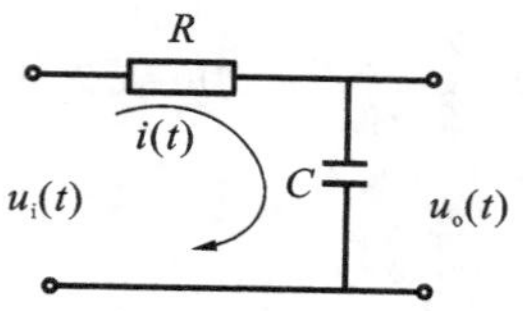

图 2-1　*RC* 无源网络

消去中间变量 $i(t)$，可得系统的微分方程

$$RC\frac{\mathrm{d}u_o(t)}{\mathrm{d}t} + u_o(t) = u_i(t)$$

【例 2-2】　RLC 无源网络如图 2-2 所示，$u_i(t)$ 为输入量，$u_o(t)$ 为输出量，R 为电阻，L 为电感，C 为电容，求该系统的微分方程。

解　设回路电流为 $i(t)$，由基尔霍夫定理可列写回路方程

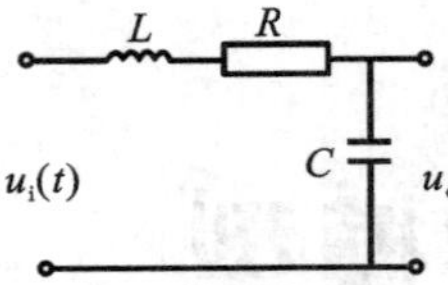

图 2-2　RLC 无源网络

$$L\frac{di(t)}{dt}+\frac{1}{C}\int i(t)dt+Ri(t)=u_i(t)$$

$$u_o(t)=\frac{1}{C}\int i(t)dt$$

消去中间变量 $i(t)$，可得系统的微分方程

$$LC\frac{d^2u_o(t)}{dt^2}+RC\frac{du_o(t)}{dt}+u_o(t)=u_i(t)$$

【例 2-3】　齿轮运动如图 2-3 所示，齿轮 1 和齿轮 2 的角速度分别为 ω_1 和 ω_2，半径分别为 r_1 和 r_2，齿数分别为 Z_1 和 Z_2，其黏性摩擦系数和总转动惯量分别为 f_1，J_1 和 f_2，J_2，转动力矩和负载力矩分别为 M_0，M_2 和 M_1，M_3，试建立该系统的微分方程。

解　系统输入量为转动力矩 M_0，输出量为齿轮 1 的速度 ω_1。

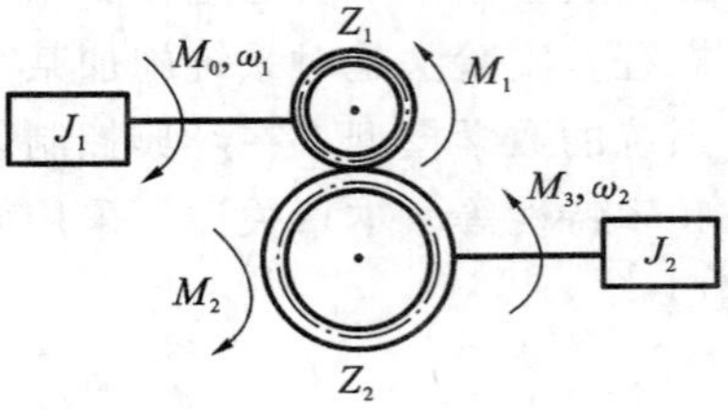

图 2-3　齿轮运动图

在齿轮运动过程中，两个齿轮表面移动的距离相等，即线速度相同，则

$$\omega_1 r_1=\omega_2 r_2$$

每个齿轮完成等量的工作，则

$$M_1\omega_1=M_2\omega_2$$

齿数与半径成正比，与角速度成反比，可得

$$\frac{Z_1}{Z_2}=\frac{r_1}{r_2}=\frac{\omega_2}{\omega_1}=\frac{M_1}{M_2} \tag{2-1}$$

根据力学中定轴转动原理可得齿轮 1 和齿轮 2 的运动方程为

$$M_0=J_1\frac{d\omega_1}{dt}+f_1\omega_1+M_1 \tag{2-2}$$

$$M_2=J_2\frac{d\omega_2}{dt}+f_2\omega_2+M_3 \tag{2-3}$$

将式(2-1)和式(2-3)代入式(2-2)可得

$$M_0=\left[J_1+\left(\frac{Z_1}{Z_2}\right)^2J_2\right]\frac{d\omega_1}{dt}+\left[f_1+\left(\frac{Z_1}{Z_2}\right)^2f_2\right]\omega_1+M_3\frac{Z_1}{Z_2}$$

式中：令 $J=J_1+\left(\frac{Z_1}{Z_2}\right)^2J_2$，为等效转动惯量；$f=f_1+\left(\frac{Z_1}{Z_2}\right)^2f_2$，为等效黏性摩擦系数；$M=M_3\frac{Z_1}{Z_2}$，为等效负载力矩，可得系统的微分方程

$$J\frac{d\omega_1}{dt}+f\omega_1+M=M_0$$

【例 2-4】　弹簧-阻尼器机械位移系统如图 2-4 所示，系统中有两个阻尼器，阻尼系数分别为 f_1 和 f_2，两个弹簧的弹性系数分别为 k_1 和 k_2，x_1 是输入位移，x_0 是输出位移，试建立该系统的微分方程。

解　设 x_0 的引出位置为 A 点，弹簧 1 和阻尼器 1 之间的位置为 B 点，弹簧 1 的位移为 x，如图 2-4 所示。

在 A 点处列平衡方程

$$f_1 \frac{d(x_0 - x)}{dt} = k_2(x_1 - x_0) + f_2 \frac{d(x_1 - x_0)}{dt} \tag{2-4}$$

式中：$f_1 \frac{d(x_0 - x)}{dt}$是阻尼系数为 f_1 的阻尼器的阻尼力，方向向上；$k_2(x_1 - x_0)$是弹簧 2 的弹力，方向向下，其中 $x_1 - x$ 是弹簧的位移；$f_2 \frac{d(x_1 - x_0)}{dt}$是阻尼系数为 f_2 的阻尼器的阻尼力，方向向下。

在 B 点处列平衡方程

$$k_1 x = f_1 \frac{d(x_0 - x)}{dt} \tag{2-5}$$

式中：$f_1 \frac{d(x_0 - x)}{dt}$是阻尼系数为 f_1 的阻尼器的阻尼力，方向向下；$k_1 x$ 是弹簧 1 的弹力，方向向上。

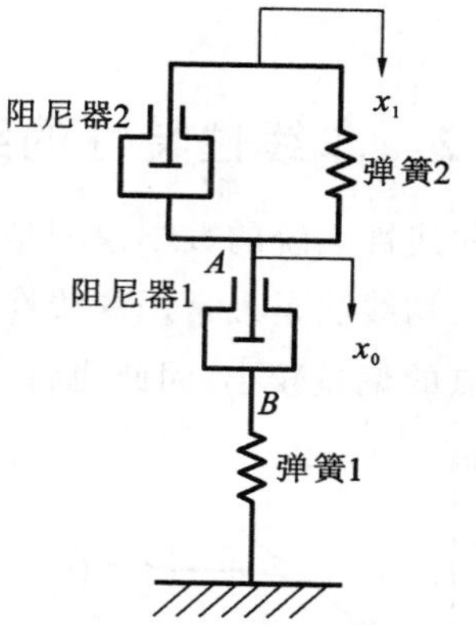

图 2-4　弹簧-阻尼器机械位移系统

利用式(2-4)和式(2-5)消去中间变量 x，可得系统的微分方程

$$\begin{aligned} & f_1 f_2 \frac{d^2 x_0(t)}{dt^2} + (k_1 f_2 + k_2 f_1 + k_1 f_1)\frac{dx_0(t)}{dt} + k_1 k_2 x_0(t) \\ & = f_1 f_2 \frac{d^2 x_1(t)}{dt^2} + (k_1 f_2 + k_2 f_1)\frac{dx_1(t)}{dt} + k_1 k_2 x_1(t) \end{aligned} \tag{2-6}$$

【例 2-5】　水槽水位控制系统如图 2-5 所示，Q_1 为流入水槽的水流量的稳态值，Q_0 为流出水槽的水流量的稳态值，A 为水槽的横截面积，H 为水位的高度，V 为水槽中水的储存量，试建立该系统的微分方程。

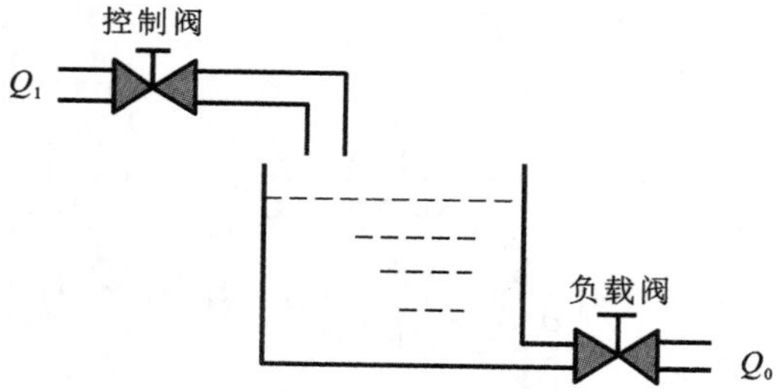

图 2-5　水槽水位控制系统

解　输入量为 Q_1，输出量为 H，开始时 $Q_1 = Q_0$，水槽处于平衡状态，水槽中水的流入量由控制阀控制，水的流出量由负载阀控制。当控制阀和负载阀发生变化时，液位也会发生变化。根据物料平衡关系，水槽中水的流入量与流出量之差

$$Q_1 - Q_0 = \frac{dV}{dt} = A \frac{dH}{dt} \tag{2-7}$$

由流体力学可知

$$Q_0 = \alpha F \sqrt{H} \tag{2-8}$$

式中：F 为负载阀的开度；α 为负载阀的节流系数。

将式(2-7)代入式(2-8)，可得系统的微分方程

$$A\frac{\mathrm{d}H}{\mathrm{d}t}+\alpha F\sqrt{H}=Q_1$$

2.1.2 非线性特性的线性化

非线性系统的数学模型是非线性微分方程，为了简化数学模型，通常将非线性微分方程线性化。切线法是最常用的线性化处理方法。非线性微分方程线性化的前提是变量偏离其预期工作点的偏差较小，因此也将切线法称为小偏差法。以切线法进行线性化的解析方法如下。

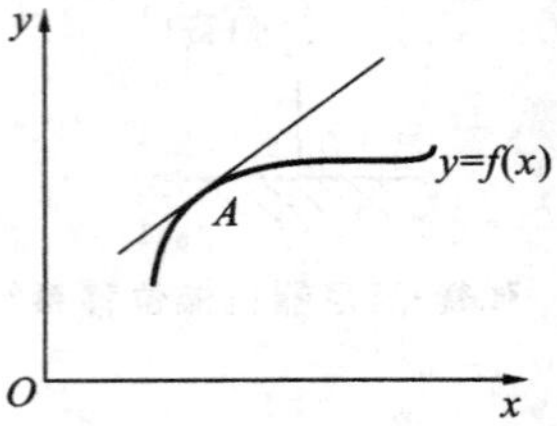

图 2-6 小偏差线性化示意图

设非线性函数 $y=f(x)$，如图 2-6 所示，设 A 点(x_0,y_0)为系统平衡状态，函数 $y=f(x)$在 A 点连续可微，则可在 A 点附近展开成泰勒级数

$$y=f(x)=f(x_0)+f'(x_0)(x-x_0)+\frac{1}{2!}f''(x_0)(x-x_0)^2+\cdots$$

当变量 $x-x_0$ 很小时，展开式中的高次幂项可以忽略，则上式可写成

$$f(x)-f(x_0)=f'(x_0)(x-x_0)$$

令 $\Delta y=f(x)-f(x_0)$，$\Delta x=x-x_0$，$k=f'(x_0)$，则函数 $y=f(x)$在 A 点附近的线性化方程可用增量方程 $\Delta y=k\Delta x$ 表示，其中 k 为 A 点处的斜率。该方法的几何意义是以过平衡工作点的切线代替平衡工作点附近的曲线。

对于有两个变量的非线性函数 $y=f(x_1,x_2)$，也可以在平衡工作点(x_{10},x_{20})附近展开成泰勒级数

$$\begin{aligned}y&=f(x_1,x_2)\\&=f(x_{10},x_{20})+\left[\left(\frac{\partial f}{\partial x_1}\right)_{x_{10},x_{20}}(x_1-x_{10})+\left(\frac{\partial f}{\partial x_2}\right)_{x_{10},x_{20}}(x_2-x_{20})\right]\\&\quad+\frac{1}{2!}\left[\left(\frac{\partial^2 f}{\partial x_1{}^2}\right)_{x_{10},x_{20}}(x_1-x_{10})^2+2\left(\frac{\partial^2 f}{\partial x_1\partial x_2}\right)_{x_{10},x_{20}}(x_1-x_{10})(x_2-x_{20})+\left(\frac{\partial^2 f}{\partial x_2^2}\right)_{x_{10},x_{20}}(x_2-x_{20})^2\right]\\&\quad+\cdots\end{aligned}$$

由于 x_1-x_{10} 和 x_2-x_{20} 很小，故展开式中的高次幂项可以忽略，则上式可写成

$$y=f(x_1,x_2)=f(x_{10},x_{20})+\left(\frac{\partial f}{\partial x_1}\right)_{x_{10},x_{20}}(x_1-x_{10})+\left(\frac{\partial f}{\partial x_2}\right)_{x_{10},x_{20}}(x_2-x_{20})$$

令 $\Delta y=f(x_1,x_2)-f(x_{10},x_{20})$，$\Delta x_1=x_1-x_{10}$，$\Delta x_2=x_2-x_{20}$，$k_1=\left(\frac{\partial f}{\partial x_1}\right)_{x_{10},x_{20}}$，$k_2=\left(\frac{\partial f}{\partial x_2}\right)_{x_{10},x_{20}}$，可得增量线性化方程为 $\Delta y=k_1\Delta x_1+k_2\Delta x_2$。

切线法可用于控制系统大多数工作状态。控制系统大多都处于稳定的工作状态，一旦受到扰动后，控制系统可以开始自动控制以减小或者消除偏差，这个偏差通常都是小偏差，因此线性化方程正好适用。

非线性微分方程线性化时要求各变量在工作点处必须有各阶导数或者偏导数存在，否则不能进行线性化。当它们对系统影响很小时，可予以简化而忽略不计，当它们不能不考虑时，只能作为非线性问题处理，就需应用非线性理论。如图 2-7 所示的继电特性，A 点各阶导数不存在，本质为非线性，即不能进行线性化处理。

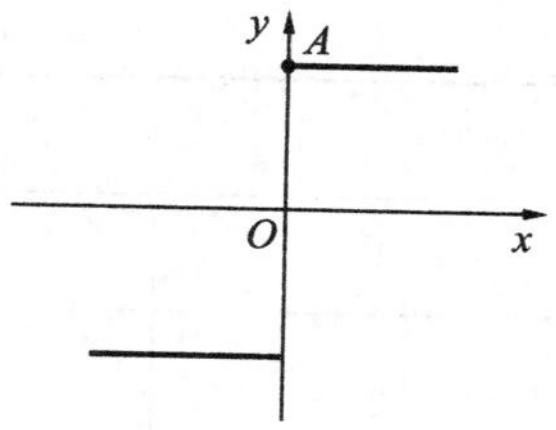

图 2-7　继电特性

2.2　拉普拉斯变换

2.2.1　拉普拉斯变换的定义

拉普拉斯(Laplace)变换(简称拉氏变换)，是为了简化计算而建立的实变量函数和复变量函数间的一种函数变换。拉氏变换对于求解线性常微分方程尤为有效，它可以把微分方程转换为容易求解的代数方程来处理，从而使计算简化。在经典控制理论中，对控制系统的分析和综合，都是建立在拉氏变换的基础上的。

拉氏变换的定义为

$$F(s)=\mathscr{L}[f(t)]=\int_0^{+\infty} f(t)\mathrm{e}^{-st}\mathrm{d}t \tag{2-9}$$

式中：$s=\sigma+\mathrm{j}\omega$ 为复数，称为算子；$f(t)$为 $F(s)$的原函数，是时域函数；$F(s)$为 $f(t)$的象函数，是复频域函数。

拉氏变换是将时域函数变换为复频域函数。只有当不等式 $\int_0^{+\infty}|f(t)\mathrm{e}^{-st}|\mathrm{d}t<+\infty$ 成立时，$f(t)$的拉氏变换才存在。

【例 2-6】 求单位阶跃函数 1(t)的拉氏变换。

解

$$1(t)=\begin{cases}1, t\geqslant 0\\0, t<0\end{cases}$$

$$\mathscr{L}[1(t)]=\int_0^{+\infty}\mathrm{e}^{-st}\mathrm{d}t=-\left.\frac{\mathrm{e}^{-st}}{s}\right|_0^{+\infty}=\frac{1}{s}$$

【例 2-7】 求函数 $f(t)=\mathrm{e}^{-at}(\alpha>0)$的拉氏变换。

解 $$F(s)=\mathscr{L}[f(t)]=\int_0^{+\infty}\mathrm{e}^{-at}\mathrm{e}^{-st}\mathrm{d}t=-\left.\frac{\mathrm{e}^{-(s+a)t}}{s+a}\right|_0^{+\infty}=\frac{1}{s+a}$$

【例 2-8】 求函数 $f(t)=\sin(\omega t)$的拉氏变换。

解 由欧拉公式可知

$$\sin(\omega t)=\frac{\mathrm{e}^{\mathrm{j}\omega t}-\mathrm{e}^{-\mathrm{j}\omega t}}{2\mathrm{j}}$$

$$F(s)=\mathscr{L}[f(t)]=\int_0^{+\infty}\frac{\mathrm{e}^{\mathrm{j}\omega t}-\mathrm{e}^{-\mathrm{j}\omega t}}{2\mathrm{j}}\mathrm{e}^{-st}\mathrm{d}t=\frac{1}{2\mathrm{j}}\int_0^{+\infty}(\mathrm{e}^{\mathrm{j}\omega t}-\mathrm{e}^{-\mathrm{j}\omega t})\mathrm{e}^{-st}\mathrm{d}t$$

$$=\frac{1}{2\mathrm{j}}\left(\frac{1}{s-\mathrm{j}\omega}-\frac{1}{s+\mathrm{j}\omega}\right)=\frac{\omega}{s^2+\omega^2}$$

表 2-1 常用函数的拉氏变换表

序　号	原函数 $f(t)$	象函数 $F(s)$
1	$\delta(t)$	1
2	$1(t)$	$\frac{1}{s}$
3	t	$\frac{1}{s^2}$
4	$\frac{t^{n-1}}{(n-1)!}$	$\frac{1}{s^n}$
5	e^{-at}	$\frac{1}{s+a}$
6	te^{-at}	$\frac{1}{(s+a)^2}$
7	$\sin(\omega t)$	$\frac{\omega}{s^2+\omega^2}$
8	$\cos(\omega t)$	$\frac{s}{s^2+\omega^2}$
9	$e^{-at}\sin(\omega t)$	$\frac{\omega}{(s+a)^2+\omega^2}$
10	$e^{-at}\cos(\omega t)$	$\frac{s+a}{(s+a)^2+\omega^2}$

2.2.2 拉普拉斯变换的常用定理

1. 线性定理

设 $F_1(s)=\mathscr{L}[f_1(t)]$，$F_2(s)=\mathscr{L}[f_2(t)]$，则

$$\mathscr{L}[f_1(t)+f_2(t)]=\mathscr{L}[f_1(t)]+\mathscr{L}[f_2(t)]$$

该式表示两个函数之和的拉氏变换等于单个函数拉氏变换之和。

设 $F(s)=\mathscr{L}[f(t)]$，则

$$\mathscr{L}[Af(t)]=A\mathscr{L}[f(t)]$$

式中：A 为常数。

该式表示函数与常数相乘的拉氏变换等于函数的拉氏变换与常数的乘积。

一般情况下，有

$$\mathscr{L}[A_1f_1(t)+A_2f_2(t)]=A_1\mathscr{L}[f_1(t)]+A_2\mathscr{L}[f_2(t)]$$

式中：A_1 和 A_2 为常数。

2. 微分定理

设 $F(s)=\mathscr{L}[f(t)]$，则

$$\mathscr{L}\left[\frac{\mathrm{d}f(t)}{\mathrm{d}t}\right]=sF(s)-f(0)$$

式中：$f(0)$为函数 $f(t)$在 $t=0$ 时的值。

$f(t)$的二阶导数的拉氏变换为

$$\mathscr{L}\left[\frac{\mathrm{d}^2 f(t)}{\mathrm{d}t^2}\right]=s^2F(s)-sf(0)-f'(0)$$

式中：$f(0)$为函数 $f(t)$在 $t=0$ 时的值；$f'(0)$是 $f(t)$的一阶导数在 $t=0$ 时的值。

$f(t)$的 n 阶导数的拉氏变换为

$$\mathscr{L}\left[\frac{\mathrm{d}^n f(t)}{\mathrm{d}t^n}\right]=s^nF(s)-s^{n-1}f(0)-s^{n-2}f'(0)-\cdots-f^{(n-1)}(0)$$

式中：$f(0),f'(0),\cdots,f^{(n-1)}(0)$是 $f(t)$的各阶导数在 $t=0$ 时的值。

当 $f(0)=f'(0)=\cdots=f^{(n-1)}(0)=0$，即 $f(t)$及其各阶导数的初始值均为零时，

$$\mathscr{L}\left[\frac{\mathrm{d}^n f(t)}{\mathrm{d}t^n}\right]=s^nF(s)$$

3. 积分定理

设 $F(s)=\mathscr{L}[f(t)]$，则

$$\mathscr{L}\left[\int_0^t f(t)\mathrm{d}t\right]=\frac{F(s)}{s}$$

函数 $f(t)$的 n 重积分的拉氏变换为

$$\mathscr{L}\left[\underbrace{\int\cdots\int}_{n\text{个}} f(t)(\mathrm{d}t)^n\right]=\frac{F(s)}{s^n}$$

注意，积分定理需要满足 $f(t)$的各重积分在 $t=0$ 时的值均为零。

4. 初值定理

设 $F(s)=\mathscr{L}[f(t)]$，且 $\lim\limits_{s\to+\infty}sF(s)$存在，则

$$\lim_{t\to 0}f(t)=\lim_{s\to+\infty}sF(s)$$

初值定理将时域中函数 $f(t)$在 t 趋于零时的极限值与复频域中 $F(s)$在 s 趋于无穷大时的极限值对应起来，因此，可在 s 域中对系统进行分析，得到时域中的初始值。

5. 终值定理

设 $F(s)=\mathscr{L}[f(t)]$，且$\lim\limits_{s\to 0}sF(s)$存在，$sF(s)$在复平面右半平面(包括虚轴)上没有极点，则

$$\lim_{t\to+\infty}f(t)=\lim_{s\to 0}sF(s)$$

终值定理与初值定理类似，将时域中函数 $f(t)$在 t 趋于无穷大时的极限值与复频域中 $F(s)$在 s 趋于零时的极限值对应起来，对控制系统进行稳态分析十分有用。

6. 位移定理

设 $F(s)=\mathscr{L}[f(t)]$，则

$$\mathscr{L}[f(t-\tau)]=\mathrm{e}^{-\tau s}F(s)\quad\text{(时域位移定理)}$$

$$\mathscr{L}[e^{\pm at}f(t)]=F(s\mp a)\quad (复域位移定理)$$

7. 相似定理

设 $F(s)=\mathscr{L}[f(t)]$，则

$$\mathscr{L}\left[f\left(\frac{t}{a}\right)\right]=aF(as)$$

式中：a 为正实数。

该式表明，当原函数 $f(t)$ 在 t 的比例改变时，其象函数 $F(s)$ 具有类似的变化。

2.2.3 拉普拉斯反变换

已知象函数为 $F(s)$，求原函数 $f(t)$ 的运算称为拉普拉斯反变换，简称拉氏反变换。拉氏反变换的公式为

$$f(t)=\mathscr{L}^{-1}[F(s)]=\frac{1}{2\pi \mathrm{j}}\int_{\sigma-\mathrm{j}\infty}^{\sigma+\mathrm{j}\infty}F(s)e^{st}\,\mathrm{d}s \tag{2-10}$$

式(2-10)中，σ 为实常数且大于 $F(s)$ 所有奇异点的实部，即 $F(s)$ 在该点处不解析，也就是说 $F(s)$ 在该点及其邻域不是处处可导。

如果直接运用拉氏反变换的定义来计算原函数，积分运算非常烦琐，对于简单的象函数 $F(s)$，可以直接通过拉氏变换表查出原函数 $f(t)$。对于复杂的象函数 $F(s)$，通常采用部分分式法分解成多个简单的象函数之和，然后再查表得到原函数 $f(t)$。

$F(s)$ 一般具有如下形式

$$F(s)=\frac{B(s)}{A(s)}=\frac{b_0s^m+b_1s^{m-1}+\cdots+b_{m-1}s+b_m}{s^n+a_1s^{n-1}+\cdots+a_{n-1}s+a_n}$$

式中：$a_1,a_2,\cdots,a_n,b_0,b_1,\cdots,b_m$ 均为实数；m 和 n 为正整数，通常 $m<n$。

将 $F(s)$ 的分母进行因式分解，可得

$$F(s)=\frac{B(s)}{A(s)}=\frac{b_0s^m+b_1s^{m-1}+\cdots+b_{m-1}s+b_m}{(s-s_1)(s-s_2)\cdots(s-s_n)}$$

式中：$s_i(i=1,2,\cdots,n)$ 是 $A(s)=0$ 的根。

根可以是实数，也可以是复数，还可以有重根。根据根的性质，分以下两种情况讨论。

1. $A(s)=0$ 无重根

当 $A(s)=0$ 的 n 个根互不相等时，$F(s)$ 可分解为以下形式

$$F(s)=\frac{c_1}{s-s_1}+\frac{c_2}{s-s_2}+\cdots+\frac{c_n}{s-s_n}=\sum_{i=1}^{n}\frac{c_i}{s-s_i} \tag{2-11}$$

式中：c_i 为待定系数。其计算公式如下

$$c_i=\lim_{s\to s_i}(s-s_i)F(s) \tag{2-12}$$

对式(2-11)求拉氏反变换可得

$$f(t)=\mathscr{L}^{-1}[F(s)]=\mathscr{L}^{-1}\left[\frac{c_1}{s-s_1}+\frac{c_2}{s-s_2}+\cdots+\frac{c_n}{s-s_n}\right]=\sum_{i=1}^{n}c_ie^{s_it}$$

【例 2-9】 求 $F(s)=\dfrac{s+1}{s^3+5s^2+6s}$ 的原函数 $f(t)$。

解 传递函数分母有 3 个互不相等的实根，用部分分式法将 $F(s)$ 分解为以下形式

$$F(s)=\frac{c_1}{s}+\frac{c_2}{s+2}+\frac{c_3}{s+3}$$

式中：

$$c_1=\lim_{s\to 0}sF(s)=\lim_{s\to 0}\frac{s+1}{s^2+5s+6}=\frac{1}{6}$$

$$c_2=\lim_{s\to 2}(s+2)F(s)=\lim_{s\to 2}\frac{s+1}{s^2+3s}=\frac{3}{10}$$

$$c_3=\lim_{s\to 3}(s+3)F(s)=\lim_{s\to 3}\frac{s+1}{s^2+2s}=\frac{4}{15}$$

查拉氏变换表可得原函数为

$$f(t)=\frac{1}{6}+\frac{3}{10}e^{-2t}+\frac{4}{15}e^{-3t}$$

【例 2-10】 求 $F(s)=\dfrac{s+2}{s^2+2s+2}$ 的原函数 $f(t)$。

解　传递函数分母有两个虚根，是一对共轭复数，用部分分式法将 $F(s)$ 分解为以下形式

$$F(s)=\frac{c_1}{s+1-j}+\frac{c_2}{s+1+j}$$

式中：

$$c_1=\lim_{s\to -1+j}(s+1-j)F(s)=\lim_{s\to -1+j}\frac{s+2}{s+1+j}=\frac{1+j}{2j}$$

$$c_2=\lim_{s\to -1-j}(s+1+j)F(s)=\lim_{s\to -1-j}\frac{s+2}{s+1-j}=\frac{1-j}{-2j}$$

查拉氏变换表可得原函数为

$$f(t)=\frac{1+j}{2j}e^{(-1+j)t}+\frac{1-j}{-2j}e^{(-1-j)t}=e^{-t}(\cos t+\sin t)$$

2. $A(s)=0$ 有重根

当 $A(s)=0$ 有一个 r 重根 s_1、$n-r$ 个不同根时，$F(s)$ 可分解为以下形式

$$F(s)=\frac{c_r}{(s-s_1)^r}+\frac{c_{r-1}}{(s-s_1)^{r-1}}+\cdots+\frac{c_1}{s-s_1}+\frac{c_{r+1}}{s-s_{r+1}}+\cdots+\frac{c_n}{s-s_n} \tag{2-13}$$

式中：c_i 为待定系数。其计算公式如下

$$c_r=\lim_{s\to s_1}(s-s_1)^rF(s)$$

$$c_{r-1}=\lim_{s\to s_1}\frac{d}{ds}[(s-s_1)^rF(s)]$$

$$\vdots$$

$$c_1=\frac{1}{(r-1)!}\lim_{s\to s_1}\frac{d^{(r-1)}}{ds^{r-1}}[(s-s_1)^rF(s)]$$

$c_{r+1},\cdots,c_n$ 可按式(2-12)计算。

对式(2-13)求拉氏反变换可得

$$f(t)=\mathscr{L}^{-1}[F(s)]=\mathscr{L}^{-1}\left[\frac{c_r}{(s-s_1)^r}+\frac{c_{r-1}}{(s-s_1)^{r-1}}+\cdots+\frac{c_1}{s-s_1}+\frac{c_{r+1}}{s-s_{r+1}}+\cdots+\frac{c_n}{s-s_n}\right]$$

$$=\left[\frac{c_r}{(r-1)!}t^{r-1}+\frac{c_{r-1}}{(r-2)!}t^{r-2}+\cdots+c_2t+c_1\right]e^{s_1t}+\sum_{i=r+1}^{n}c_ie^{s_it}$$

【例 2-11】 求 $F(s)=\dfrac{s+2}{s(s+1)^2(s+3)}$ 的原函数 $f(t)$。

解 传递函数分母有 4 个根，其中有 2 个重根，用部分分式法将 $F(s)$ 分解为以下形式

$$F(s)=\frac{c_1}{s+1}+\frac{c_2}{(s+1)^2}+\frac{c_3}{s}+\frac{c_4}{s+3}$$

式中：

$$c_1=\lim_{s\to -1}\frac{\mathrm{d}}{\mathrm{d}s}\left[(s+1)^2\frac{s+2}{s(s+1)^2(s+3)}\right]=-\frac{3}{4}$$

$$c_2=\lim_{s\to -1}(s+1)^2\frac{s+2}{s(s+1)^2(s+3)}=-\frac{1}{2}$$

$$c_3=\lim_{s\to 0}s\frac{s+2}{s(s+1)^2(s+3)}=\frac{2}{3}$$

$$c_4=\lim_{s\to -3}(s+3)\frac{s+2}{s(s+1)^2(s+3)}=\frac{1}{12}$$

查拉氏变换表可得原函数为

$$f(t)=\mathscr{L}^{-1}[F(s)]=\frac{2}{3}-\frac{1}{2}\mathrm{e}^{-t}\left(t+\frac{3}{2}\right)+\frac{1}{12}\mathrm{e}^{-3t}$$

2.2.4 微分方程的求解

求解线性常微分方程最常用的方法就是拉氏变换法，其主要求解步骤如下：

(1)对微分方程的每一项分别求拉氏变换，将微分方程转换为复数域的代数方程。

(2)由代数方程建立输出量的拉氏变换函数的表达式。

(3)查拉氏变换表，得到输出量的拉氏反变换表达式，即为微分方程的时域解。

【例 2-12】 已知微分方程为

$$\ddot{y}(t)+3\dot{y}(t)+2y(t)=2x(t)$$

式中：$x(t)$为单位阶跃信号。初始条件为 $y(0)=1,\dot{y}(0)=-2$，求 $y(t)$。

解 对微分方程两边求拉氏变换得

$$s^2Y(s)-sy(0)-\dot{y}(0)+3sY(s)-3y(0)+2Y(s)=2X(s)$$

由于 $x(t)$为单位阶跃信号，$X(s)=\dfrac{1}{s}$，将初始条件代入上式，得

$$(s^2+3s+2)Y(s)=\frac{2}{s}+s+1$$

$$Y(s)=\frac{s^2+s+2}{s(s^2+3s+2)}$$

对 $Y(s)$求拉氏反变换得

$$y(t)=\mathscr{L}^{-1}[Y(s)]=\mathscr{L}^{-1}\left[\frac{s^2+s+2}{s(s^2+3s+2)}\right]=1-2\mathrm{e}^{-t}+2\mathrm{e}^{-2t}$$

2.3 控制系统的复域数学模型

微分方程是控制系统在时域中的数学模型，传递函数是控制系统在复数域中的数学模型，

在对控制系统的分析和设计中，采用传递函数描述比用微分方程描述更为方便。经典控制理论的主要研究方法都是建立在传递函数的基础之上，因此，传递函数是经典控制理论中最基本、最重要的概念之一。

2.3.1 传递函数的定义和性质

传递函数的定义：线性定常系统在零初始条件下，输出量的拉氏变换与输入量的拉氏变换之比，称为该系统的传递函数。

零初始条件是指系统的输入量和输出量及其各阶导数在 $t=0$ 时的值均为零。

线性定常系统的微分方程具有如下形式

$$\begin{aligned} & a_0\frac{\mathrm{d}^n y(t)}{\mathrm{d}t^n}+a_1\frac{\mathrm{d}^{n-1}y(t)}{\mathrm{d}t^{n-1}}+\cdots+a_{n-1}\frac{\mathrm{d}y(t)}{\mathrm{d}t}+a_n y(t) \\ & =b_0\frac{\mathrm{d}^m x(t)}{\mathrm{d}t^m}+b_1\frac{\mathrm{d}^{m-1}x(t)}{\mathrm{d}t^{m-1}}+\cdots+b_{m-1}\frac{\mathrm{d}x(t)}{\mathrm{d}t}+b_m x(t) \end{aligned} \tag{2-14}$$

式中：$y(t)$是系统的输出量；$x(t)$是系统的输入量；$a_i(i=0,1,\cdots,n)$和 $b_j(j=0,1,\cdots,m)$是相关常系数。

在零初始条件下，对上式两边各项取拉氏变换，可得

$$(a_0 s^n+a_1 s^{n-1}+\cdots+a_{n-1}s+a_n)Y(s)=(b_0 s^m+b_1 s^{m-1}+\cdots+b_{m-1}s+b_m)X(s)$$

可得系统的传递函数为

$$G(s)=\frac{Y(s)}{X(s)}=\frac{b_0 s^m+b_1 s^{m-1}+\cdots+b_{m-1}s+b_m}{a_0 s^n+a_1 s^{n-1}+\cdots+a_{n-1}s+a_n} \tag{2-15}$$

在没有特别说明的情况下，一般默认系统为零初始条件。

2.3.2 典型环节及其传递函数

自动控制系统是由各种元部件以一定的方式连接组成，组成环节有各种不同的类型，为了建立控制系统的数学模型，可以先把组成环节分为几种典型的类型，下面研究典型环节及其传递函数。

1. 比例环节

比例环节的数学表达式为

$$y(t)=Kx(t)$$

式中：K 为比例环节的放大系数，或称为增益。

对上式进行拉氏变换，可得到其传递函数

$$G(s)=\frac{Y(s)}{X(s)}=K$$

电位器是一种把角位移变换为电压值的装置。图 2-8(a)所示的为电位器，图 2-8(b)所示的为电位器等效图。电位器在电路中相当于两个电阻器构成的串联电路，动片将电位器的电阻体分成两个电阻 R_1 和 R_2，转动电位器的转柄时，动片在电阻体上滑动，动片到两个定片之间的阻值发生改变。

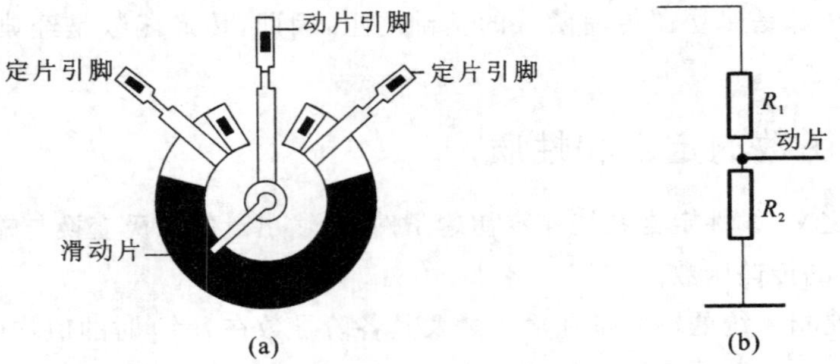

图 2-8　电位器及其等效电路

当电位器空载时，电位器的输入为转柄角位移 $\theta(t)$，输出电压为 $u(t)$，可用关系式 $u(t)=K\theta(t)$ 表示，其中 K 为电位器传递系数。对关系式求拉氏变换得

$$G(s)=\frac{U(s)}{\Theta(s)}=K$$

可见电位器是典型的比例环节。

2. 惯性环节

一阶惯性环节的数学表达式为

$$T\frac{\mathrm{d}y(t)}{\mathrm{d}t}+y(t)=Kx(t)$$

对上式求拉氏变换，可得到其传递函数

$$G(s)=\frac{Y(s)}{X(s)}=\frac{K}{Ts+1}$$

【例 2-13】 RC 电路如图 2-9 所示，$u_i(t)$ 为输入量，$u_o(t)$ 为输出量，R 为电阻，C 为电容，求该电路的传递函数。

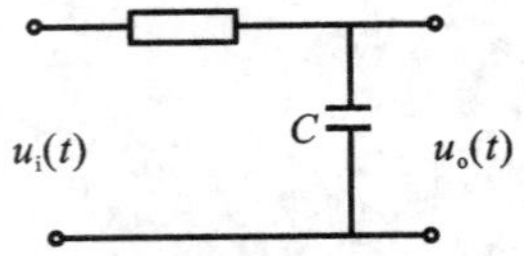

图 2-9　RC 无源网络

解　例 2-1 中已求得 RC 电路微分方程为

$$RC\frac{\mathrm{d}u_o(t)}{\mathrm{d}t}+u_o(t)=u_i(t)$$

在零初始条件下，对上式求拉氏变换得

$$(RCs+1)U_o(s)=U_i(s)$$

$$G(s)=\frac{U_o(s)}{U_i(s)}=\frac{1}{RCs+1}$$

3. 积分环节

积分环节的的数学表达式为

$$\frac{\mathrm{d}y(t)}{\mathrm{d}t}=Kx(t)$$

对上式求拉氏变换，可得到其传递函数

$$G(s)=\frac{Y(s)}{X(s)}=\frac{K}{s}$$

4. 微分环节

微分环节的数学表达式为

$$y(t)=T\frac{\mathrm{d}x(t)}{\mathrm{d}t}$$

对上式求拉氏变换，可得到其传递函数

$$G(s)=\frac{Y(s)}{X(s)}=Ts$$

式中：T 为微分环节的时间常数，它的大小决定了微分作用的强弱。

一阶微分环节的数学表达式为

$$y(t)=T\frac{\mathrm{d}x(t)}{\mathrm{d}t}+x(t)$$

对上式求拉氏变换，可得到其传递函数

$$G(s)=\frac{Y(s)}{X(s)}=Ts+1$$

测速发电机是控制系统中常用的装置，用于测量速度并将转速转换成电动势，其输出电动势与转速成线性关系，即

$$u(t)=K\omega(t)$$

式中：$u(t)$ 为输出电动势；$\omega(t)$ 为转子角速度。

设 $\theta(t)$ 为转子角位移，则

$$u(t)=K\omega(t)=K\frac{\mathrm{d}\theta(t)}{\mathrm{d}t}$$

零初始条件下求拉氏变换，可得测速发电机的传递函数为

$$G(s)=\frac{U(s)}{\Theta(s)}=Ks$$

5. 振荡环节

振荡环节的数学表达式为

$$T^2\frac{\mathrm{d}^2y(t)}{\mathrm{d}t^2}+2\zeta T\frac{\mathrm{d}y(t)}{\mathrm{d}t}+y(t)=Kx(t)$$

对上式求拉氏变换，可得到其传递函数

$$G(s)=\frac{Y(s)}{X(s)}=\frac{K}{T^2s^2+2\zeta Ts+1}=\frac{K\omega_n^2}{s^2+2\zeta\omega_n s+\omega_n^2}$$

式中：T 为振荡环节的时间常数；$\omega_n=\dfrac{1}{T}$ 为无阻尼振荡角频率；ζ 为阻尼比，且 $0<\zeta<1$。

【例 2-14】 RLC 串联电路如图 2-10 所示，$u_i(t)$ 为输入量，$u_o(t)$ 为输出量，R 为电阻，L 为电感，C 为电容，求该电路的传递函数。

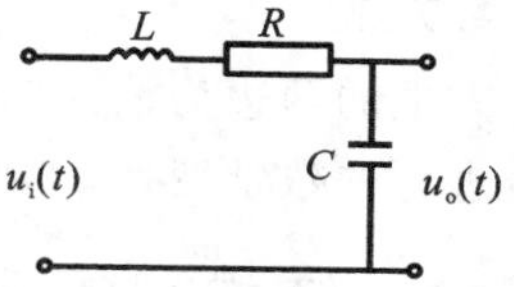

图 2-10　RLC 无源网络

解　例 2-2 中已求得 RLC 串联电路的微分方程为

$$LC\frac{\mathrm{d}^2u_o(t)}{\mathrm{d}t^2}+RC\frac{\mathrm{d}u_o(t)}{\mathrm{d}t}+u_o(t)=u_i(t)$$

在零初始条件下，对上式求拉氏变换得

$$(LCs^2+RCs+1)U_o(s)=U_i(s)$$

$$G(s)=\frac{U_o(s)}{U_i(s)}=\frac{1}{LCs^2+RCs+1}$$

6. 延迟环节

延迟环节具有纯时间延迟传递关系的特点，输出能完全复现输入，其数学表达式为

$$y(t)=x(t-\tau)$$

对上式求拉氏变换，可得到其传递函数

$$G(s)=\frac{Y(s)}{X(s)}=e^{-\tau s}$$

2.4 控制系统的结构图及其等效变换

2.4.1 结构图的基本概念

控制系统的结构图是描述系统各元部件之间信号传递关系的数学图形，它是表示变量之间数学关系的方框图，是控制理论中描述复杂系统的一种简便方法，应用十分广泛。结构图通常由四个基本单元组成，即信号线、引出点、比较点和方框，如图 2-11 所示。

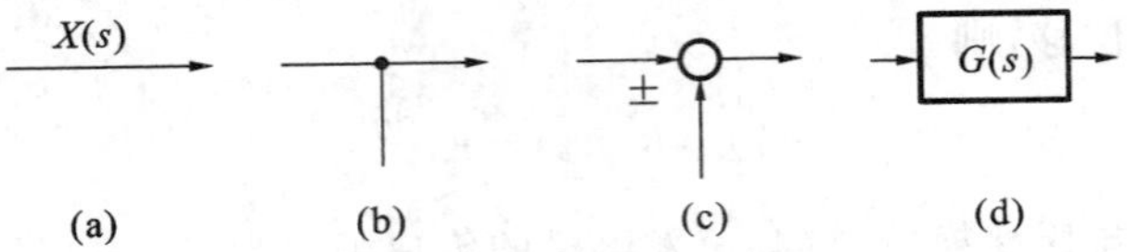

图 2-11 结构图基本单元

1. 信号线

信号线是带有箭头的直线，箭头表示信号的传递方向，在信号线旁边标明信号的原函数或者象函数。

2. 引出点

引出点也称为测量点或分支点，表示信号引出或测量的位置，同一位置引出的信号大小和性质完全一样。

3. 比较点

比较点也称为综合点或合成点，表示两个或两个以上的信号进行加减运算，比较点旁边的“＋”号表示相加，“－”号表示相减，为简便起见，“＋”号通常省略不写。

4. 方框

方框的两边为输入信号线和输出信号线，方框中写入的是系统或元件的传递函数，表示对信号进行的数学变换。

2.4.2 结构图的建立

建立控制系统结构图的一般步骤如下：

(1)分别列写系统各元部件的微分方程，列写方程时要考虑负载效应。

(2)对各个微分方程进行拉氏变换，得到元部件的传递函数，并将它们用方框表示。

(3)输入信号在结构图的最左端，输出信号在结构图的最右端，根据系统中各个变量的传递关系，用信号线依次将各方框连接可得到系统的结构图。

实际的控制系统中，一个元部件可以由一个或几个方框表示，一个方框可以表示一个元部件或者几个元部件甚至整个系统。

【例 2-15】 RC 电路如图 2-12 所示，$u_i(t)$为输入量，$u_o(t)$为输出量，R 为电阻，C 为电容，试绘制该电路的结构图。

解　设回路电流为 $i(t)$，由基尔霍夫定理可列写回路方程

$$u_o(t)+Ri(t)=u_i(t)$$

$$u_o(t) = \frac{1}{C}\int i(t)\mathrm{d}t$$

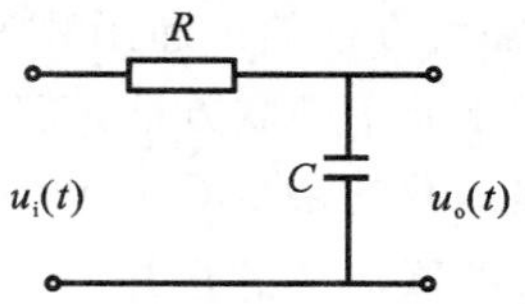

图 2-12　*RC* **无源网络**

对微分方程求拉氏变换得

$$U_o(s)+RI(s)=U_i(s)$$

$$U_o(s)=\frac{1}{Cs}I(s)$$

按照上述方程分别绘制相应元件的方框图(见图 2-13(a)、(b))，用信号线将各方框图连接起来，得到总的结构图如图 2-13(c)所示。

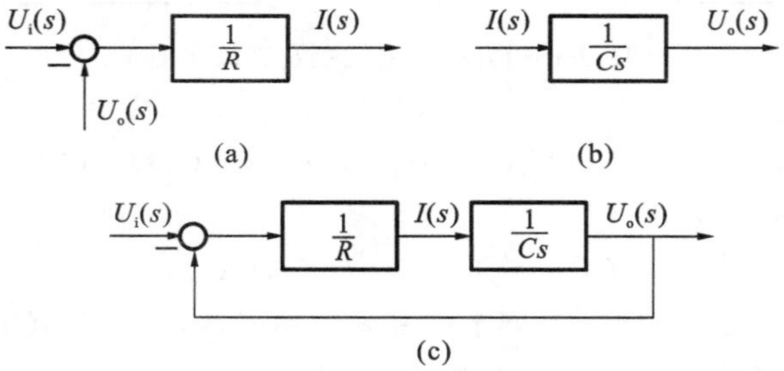

图 2-13　*RC* **无源网络系统结构图**

2.4.3　结构图的等效变换

结构图需要经过变换进行化简，化简需要遵循变换前后数学关系保持不变的原则。结构图通过等效变换和化简后，可以方便地得到系统的传递函数。

系统结构图中方框间的连接方式有三种，即串联、并联和反馈。为了便于这三种方式的运算，有时还需要移动比较点或引出点的位置。移动前后必须保持数学关系不变。两个相邻的比较点和引出点之间一般不能相互交换位置。

1. 串联环节的合并

如图 2-14 所示，两个方框 $G_1(s)$和 $G_2(s)$串联连接，$G_1(s)$的输出量为 $G_2(s)$的输入量，$R(s)$为系统输入量，$C(s)$为系统输出量，$U(s)$为 $G_1(s)$的输出量，同时是 $G_2(s)$的输入量。

由图 2-14 可得

$$U(s)=G_1(s)R(s),\quad C(s)=G_2(s)U(s)$$

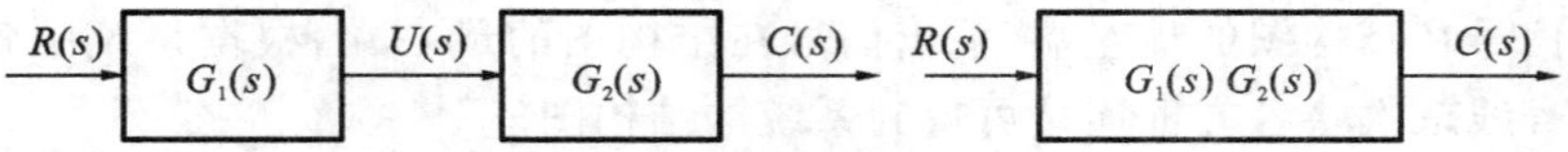

图 2-14　方框串联连接及其简化图

消去 $U(s)$得

$$C(s)=G_1(s)G_2(s)R(s) \tag{2-16}$$

式(2-16)中，$G_1(s)G_2(s)$是串联环节的等效传递函数，两个串联方框可以合并为一个方框，合并后方框的传递函数为两个方框传递函数的乘积。

对于 n 个串联方框，其传递函数分别为 $G_1(s),G_2(s),\cdots,G_n(s)$，其等效传递函数为各个方框传递函数的乘积 $G_1(s)G_2(s)\cdots G_n(s)$。

2. 并联环节的合并

如图 2-15 所示，两个方框 $G_1(s)$和 $G_2(s)$并联连接，它们有相同的输入量 $R(s)$，$C_1(s)$为 $G_1(s)$的输出量，$C_2(s)$为 $G_2(s)$的输出量，$C(s)$为系统输出量。

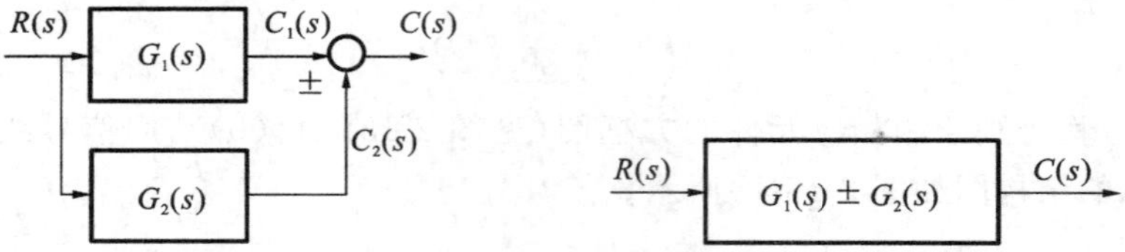

图 2-15　方框并联连接及其简化图

由图 2-15 可得

$$C_1(s)=G_1(s)R(s),\quad C_2(s)=G_2(s)R(s),\quad C(s)=C_1(s)\pm C_2(s)$$

消去 $C_1(s)$和 $C_2(s)$，得

$$C(s)=[G_1(s)\pm G_2(s)]R(s) \tag{2-17}$$

式(2-17)中，$G_1(s)\pm G_2(s)$是并联环节的等效传递函数，两个并联方框可以合并为一个方框，合并后方框的传递函数为两个方框传递函数的代数和。

对于 n 个并联方框，其传递函数分别为 $G_1(s),G_2(s),\cdots,G_n(s)$，其等效传递函数为各个方框传递函数的代数和 $G_1(s)\pm G_2(s)\pm\cdots\pm G_n(s)$。

3. 反馈环节的合并

如图 2-16 所示，两个方框 $G(s)$和 $H(s)$用反馈的方式连接，$G(s)$的输出量作为 $H(s)$的输入量，$H(s)$的输出量再返回到方框的输入端，与输入量进行比较，比较后的信号作为 $G(s)$的输入量。

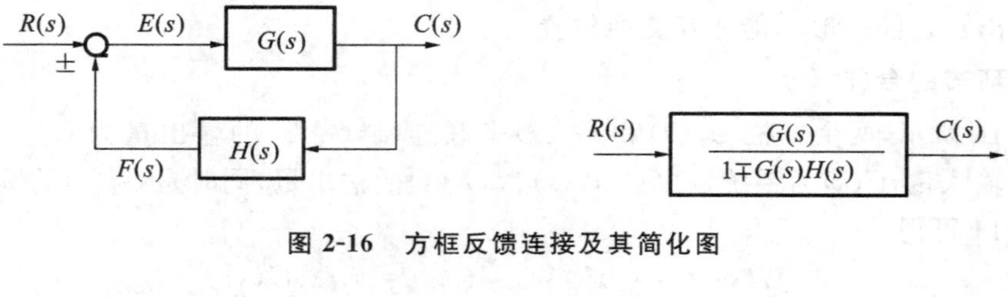

图 2-16　方框反馈连接及其简化图

由图 2-16 可得

$$C(s)=G(s)E(s),\quad F(s)=H(s)C(s),\quad E(s)=R(s)\pm F(s)$$

消去 $E(s)$ 和 $F(s)$，得

$$C(s)=\frac{G(s)}{1\mp G(s)H(s)}R(s) \tag{2-18}$$

式(2-18)中，$\frac{G(s)}{1\mp G(s)H(s)}$是反馈环节的等效传递函数，式中的"－"号表示采用正反馈连接方式，"＋"表示采用负反馈连接方式，表达式中的符号与反馈方式的符号相反。令 $\Phi(s)=\frac{G(s)}{1\mp G(s)H(s)}$，通常称其为闭环传递函数。

4. 比较点的移动

图 2-17 为比较点的前移图，比较点移动前 $C(s)=R(s)G(s)\pm Q(s)$，比较点移动后 $C(s)=\left[R(s)\pm Q(s)\frac{1}{G(s)}\right]G(s)=R(s)G(s)\pm Q(s)$，移动前后数学关系没有改变。

图 2-17　比较点的前移图

图 2-18 为比较点的后移图，比较点移动前 $C(s)=[R(s)\pm Q(s)]G(s)$，比较点移动后 $C(s)=R(s)G(s)\pm Q(s)G(s)=[R(s)\pm Q(s)]G(s)$，移动前后数学关系没有改变。

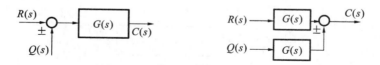

图 2-18　比较点后移图

5. 引出点的移动

图 2-19 为引出点的前移图，引出点移动前 $C(s)=R(s)G(s)$，引出点移动后 $C(s)=R(s)G(s)$，移动前后数学关系没有改变。

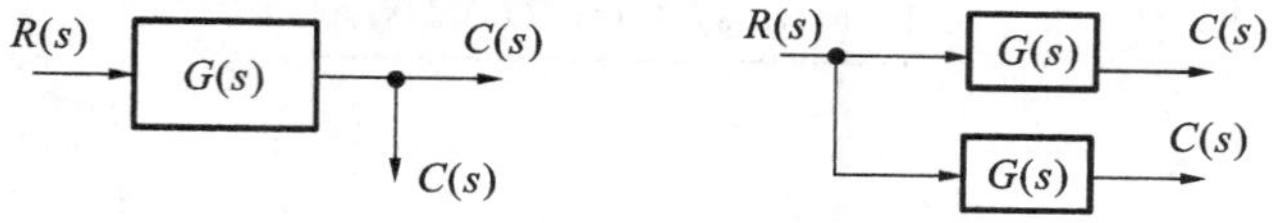

图 2-19　引出点的前移图

图 2-20 为引出点的后移图，引出点移动前 $C(s)=R(s)G(s)$，引出点移动后 $C(s)=R(s)G(s)$，$R(s)=R(s)G(s)\frac{1}{G(s)}$，移动前后数学关系没有改变。

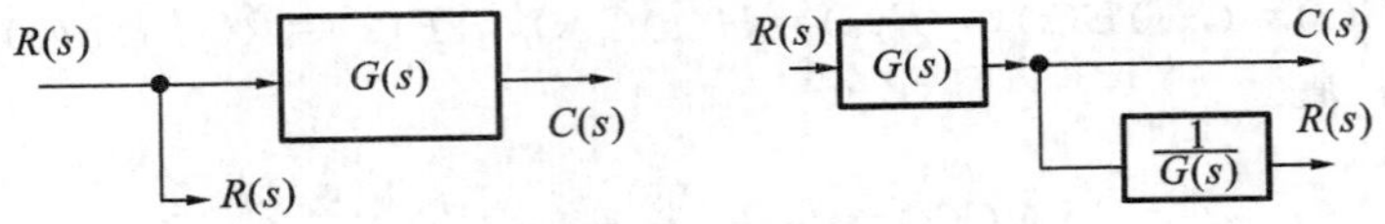

图 2-20　引出点后移图

【例 2-16】 化简图 2-21 所示的系统结构图，并求出传递函数$\dfrac{C(s)}{R(s)}$。

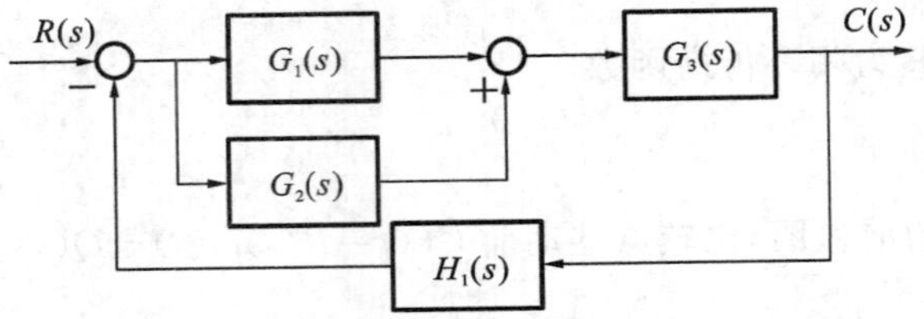

图 2-21　系统结构图

解　该图在化简过程中不需要移动比较点和引出点，可直接进行方框的合并，首先是 $G_1(s)$和 $G_2(s)$并联的合并，如图 2-22(a)所示；然后与 $G_3(s)$串联合并简化，如图 2-22(b)所示；最后与 $H_1(s)$组成的反馈回路简化，如图 2-22(c)所示。

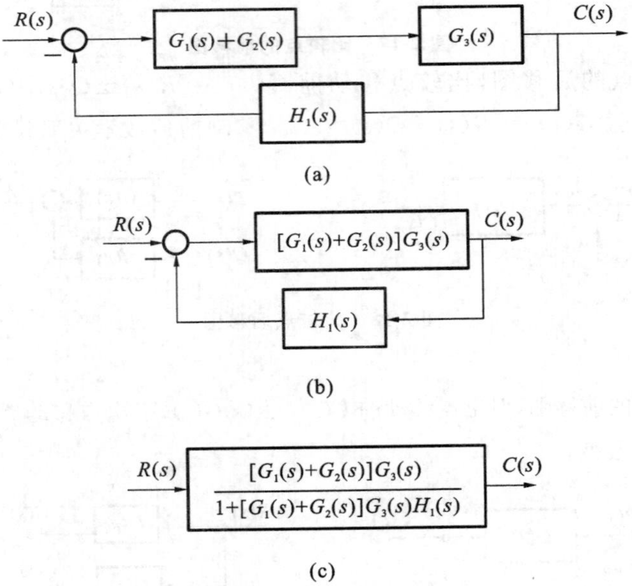

图 2-22　系统结构图化简

系统的传递函数为

$$\frac{C(s)}{R(s)}=\frac{[G_1(s)+G_2(s)]G_3(s)}{1+[G_1(s)+G_2(s)]G_3(s)H_1(s)}$$

【例 2-17】　化简图 2-23 所示的系统结构图，并求出传递函数$\frac{C(s)}{R(s)}$。

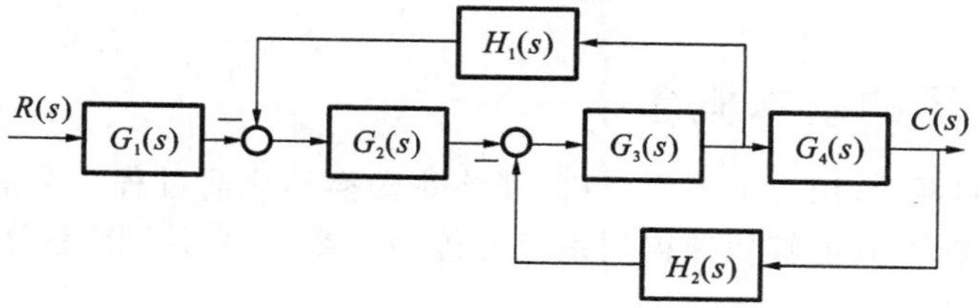

图 2-23　系统结构图

解　该图在简化过程中需要移动比较点或引出点，否则无法对方框进行化简。有多种方法移动比较点或引出点，均能完成对结构图的化简。本例选择将 $G_3(s)$ 和 $G_4(s)$ 之间的引出点后移到 $G_4(s)$ 的输出，如图 2-24(a)所示。首先计算化简由 $G_3(s)$、$G_4(s)$ 和 $H_2(s)$ 组成的反馈回路，得到其等效传递函数$\frac{G_3(s)G_4(s)}{1+G_3(s)G_4(s)H_2(s)}$，如图 2-24(b)所示；然后将 $H_1(s)$、$\frac{1}{G_4(s)}$、$G_2(s)$和$\frac{G_3(s)G_4(s)}{1+G_3(s)G_4(s)H_2(s)}$组成的反馈回路进行化简，得到等效传递函数为$\frac{G_2(s)G_3(s)G_4(s)}{1+G_3(s)G_4(s)H_2(s)+G_2(s)G_3(s)H_1(s)}$，如图 2-24(c)所示。

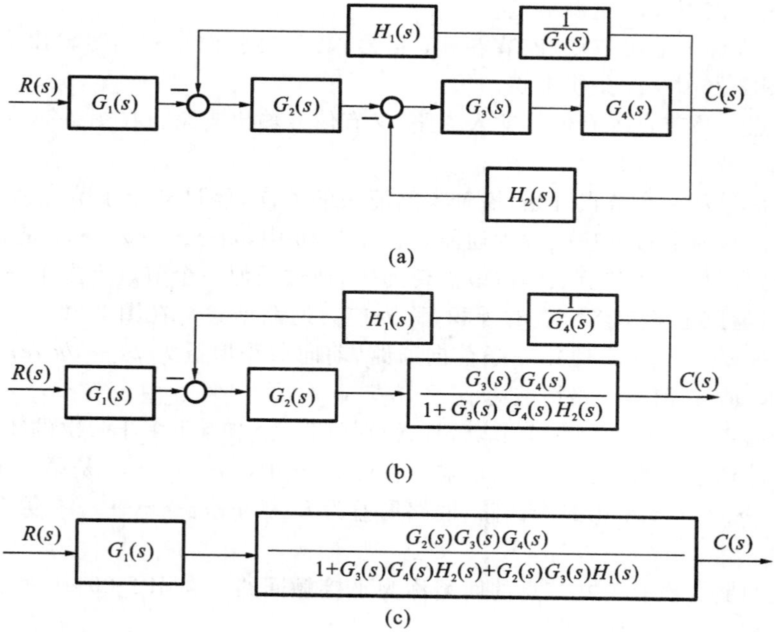

图 2-24　系统结构图化简

最后将上式等效传递函数与 $G_1(s)$ 串联，得到系统的传递函数为

$$\frac{C(s)}{R(s)}=\frac{G_1(s)G_2(s)G_3(s)G_4(s)}{1+G_3(s)G_4(s)H_2(s)+G_2(s)G_3(s)H_1(s)}$$

2.5 控制系统的信号流图与梅逊公式

2.5.1 信号流图的基本概念

对于复杂的控制系统,用方框图来分析,其等效变换和化简过程十分麻烦,而信号流图可以简化这种化简方式,并且能够快速得到系统的传递函数。信号流图是由节点和支路组成的信号传递网络。

如图 2-25 所示,节点为系统中的变量用小圆圈"○"表示。支路是连接在两个节点间的有向线段,支路上标有箭头,表示信号的传送方向。传递函数标记在支路箭头的旁边,也称为支路增益。支路的作用相当于一个乘法器,输入信号 $X(s)$ 乘以传递函数 $G(s)$,得到输出信号 $Y(s)$。

图 2-26 所示的为典型信号流图的结构,常用术语如下:

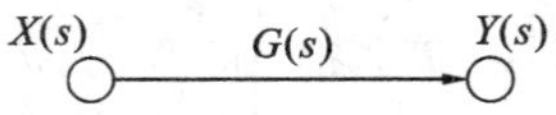

图 2-25 基本信号流图

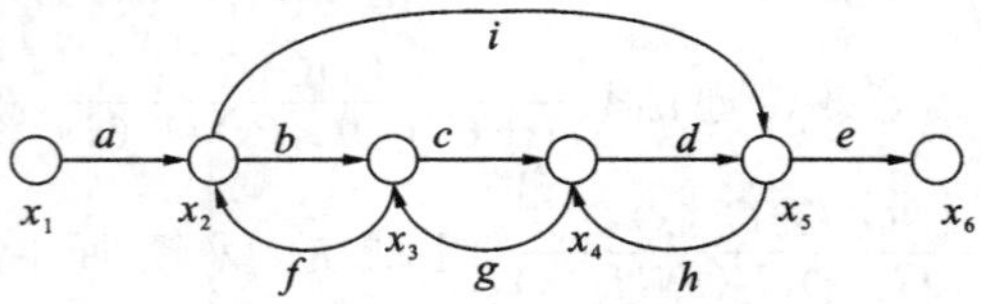

图 2-26 典型的信号流图

(1)源节点,也称为输入节点,该节点只有信号输出支路,而没有信号输入支路,一般是指输入变量。在图 2-26 中,x_1 是源节点。

(2)阱节点,也称为输出节点,该节点只有信号输入支路,而没有信号输出支路,一般是指输出变量。在图 2-26 中,x_6 是阱节点。

(3)混合节点。该节点既有信号输入支路,又有信号输出支路。在图 2-26 中,x_2、x_3、x_4 和 x_5 是混合节点。

(4)通路。信号从一个节点开始,沿着支路箭头的方向,经过若干个节点后到达另一个节点(或同一个节点),所通过的途径称为通路。在图 2-26 中,$x_1 \to x_2 \to x_3 \to x_4$ 是通路。

(5)前向通路。信号从源节点到阱节点传递中,通过任何一个节点不多于一次的通路称为前向通路。前向通路上各支路增益的乘积,称为前向通路增益。在图 2-26 中,前向通路有两条:$x_1 \to x_2 \to x_3 \to x_4 \to x_5 \to x_6$ 是第一条前向通路,前向通路增益为 $p_1 = abcde$;$x_1 \to x_2 \to x_5 \to x_6$ 是第二条前向通路,前向通路增益为 $p_2 = aie$。

(6)回路。起点和终点在同一个节点,且通过任何一个节点不多于一次的闭合通路称为回路,回路上各支路增益的乘积称为回路增益。在图 2-26 中,$x_2 \to x_3 \to x_2$ 是第一个回路,回路增益为 $L_1 = bf$;$x_3 \to x_4 \to x_3$ 是第二个回路,回路增益为 $L_2 = cg$;$x_4 \to x_5 \to x_4$ 是第三个回路,回路增益为 $L_3 = dh$。

(7)不接触回路。没有公共节点的回路称为不接触回路。在图 2-26 中,回路 $x_2 \to x_3 \to x_2$ 和回路 $x_4 \to x_5 \to x_4$ 是不接触回路。

控制系统可以用结构图表示,也可以用信号流图表示,两者之间可以相互转换。由结构图绘制信号流图的步骤如下:

①结构图中的信号线对应于信号流图上的节点,表示系统的变量。

②结构图中的方框对应于信号流图中的支路,结构图方框中的传递函数标记在信号流图

支路箭头的旁边，表示支路增益。

③方框图中分支点和比较点间或两个比较点间有时要增加一条传递函数为 1 的支路。

④在源节点或阱节点处有时要增加一条传递函数为 1 的支路。

【例 2-18】 系统的结构如图 2-27 所示，试绘制与之对应的信号流图。

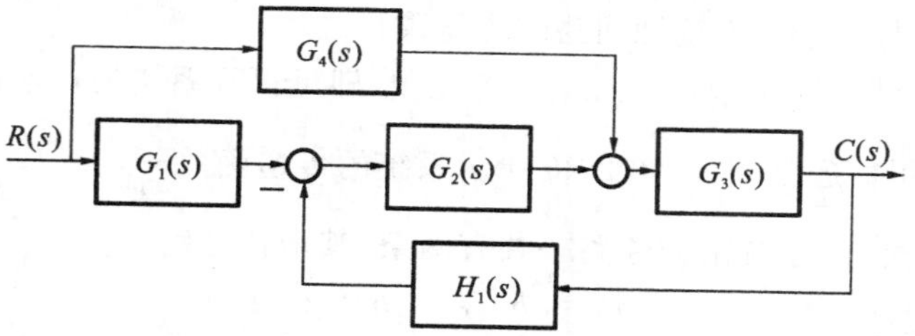

图 2-27　系统结构图

解　在系统结构图的信号线上，标注各变量对应的节点，将各节点与结构图一致的顺序排列，绘制连接各节点的支路，支路与结构图中的方框对应，支路增益为方框中的传递函数，得到系统的信号流图如图 2-28(a)所示。

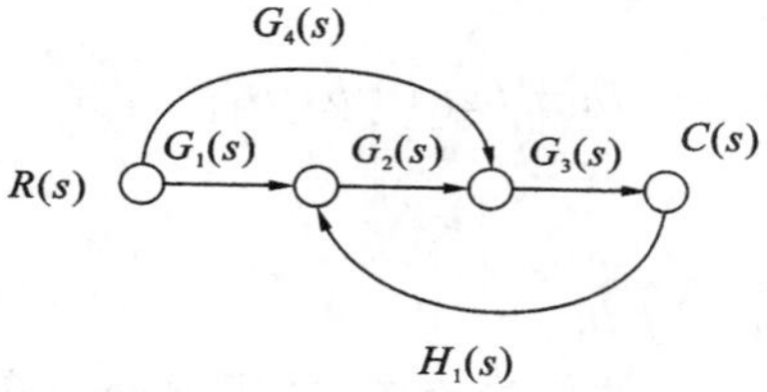

(a)

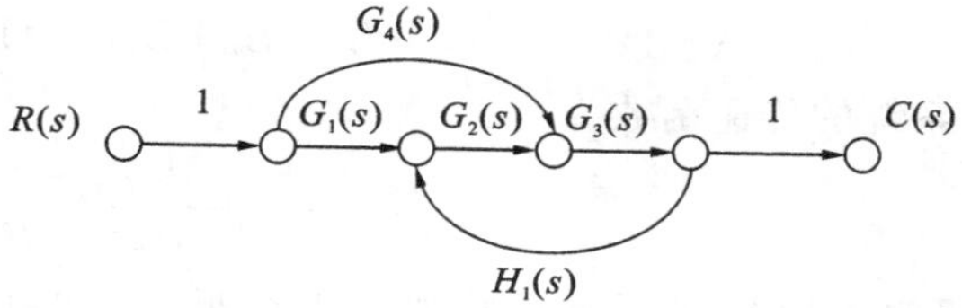

(b)

图 2-28　系统信号流图

有时将输入量或者输出量单独作为一个节点表示，如图 2-28(b)所示的信号流图。

2.5.2　梅逊公式及其应用

对于复杂的控制系统，用等效变换或者简化的方法化简结构图或者信号流图仍显烦琐，采用梅逊(Mason)公式，可以直接得到系统的传递函数而不用化简信号流图，使用十分方便，因此，在求系统的传递函数时普遍采用梅逊公式的方法。

梅逊公式为

$$G = \frac{1}{\Delta}\sum_{k=1}^{n} p_k \Delta_k \tag{2-19}$$

式中：G 为从源节点到阱节点之间的总增益；p_k 为从源节点到阱节点之间第 k 条前向通路的增益；n 为前向通路的条数；Δ 为信号流图的特征式，且

$$\Delta = 1 - \sum L_a + \sum L_b L_c - \sum L_d L_e L_f + \cdots \tag{2-20}$$

式(2-20)中，$\sum L_a$ 为信号流图中所有回路增益之和；$\sum L_b L_c$ 为每两个互不接触回路的增益乘积之和；$\sum L_d L_e L_f$ 为每三个互不接触回路的增益乘积之和。

Δ_k 为信号流图的余子式，等于信号流图特征式中除去与第 k 条前向通路接触的所有回路增益项后的余项式，且

$$\Delta_k = 1 - \sum L_1 + \sum L_2 L_3 - \sum L_4 L_5 L_6 + \cdots \tag{2-21}$$

式中：$\sum L_1$ 为信号流图中与第 k 条前向通路不接触的所有回路增益之和；$\sum L_2 L_3$ 是与第 k 条前向通路不接触回路中，每两个互不接触回路的增益乘积之和；$\sum L_4 L_5 L_6$ 是与第 k 条前向通路不接触回路中，每三个互不接触回路的增益乘积之和。

应用梅逊公式，只需要计算 n, p_k, Δ, Δ_k 这几项，即可得到系统的传递函数。

【例 2-19】 应用梅逊公式，求图 2-26 所示系统的传递函数$\frac{x_6}{x_1}$。

解 由图 2-26 可知，系统前向通路一共有两条，其增益分别为

$$p_1 = abcde, \quad p_2 = aie$$

单回路共有四个，其增益分别为

$$L_1 = bf, \quad L_2 = cg, \quad L_3 = dh, \quad L_4 = fghi$$

没有与前向通路 p_1 不接触的回路，与前向通路 p_2 不接触的回路为 L_2，两个互不接触的回路为 L_1 和 L_3，因此，

$$\Delta_1 = 1, \quad \Delta_2 = 1 - cg$$

$$\Delta = 1 - L_1 - L_2 - L_3 - L_4 + L_1 L_3 = 1 - bf - cg - dh - fghi + bfdh$$

系统的传递函数为

$$\frac{x_6}{x_1} = \frac{abcde + aie(1 - cg)}{1 - bf - cg - dh - fghi + bfdh}$$

【例 2-20】 系统的结构如图 2-29 所示，试画出与之对应的信号流图，并用梅逊公式求系统的传递函数。

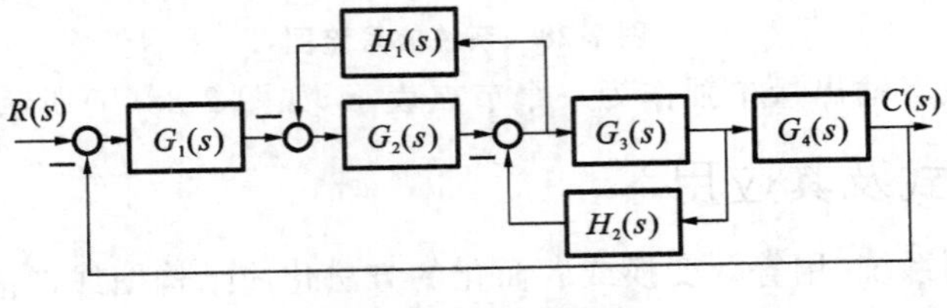

图 2-29 系统结构图

解 与结构图对应的信号流图如图 2-30 所示。

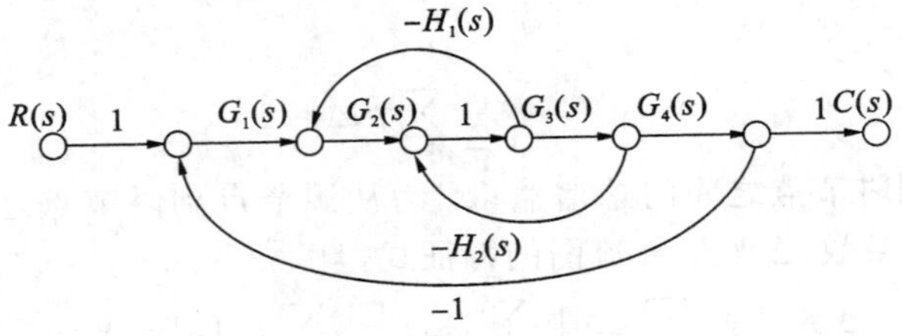

图 2-30 系统信号流图

由图可知，系统前向通路只有一条，其增益分别为

$$p_1 = G_1(s)G_2(s)G_3(s)G_4(s)$$

单回路共有三个，其增益分别为

$$L_1 = -G_2(s)H_1(s), \quad L_2 = -G_3(s)H_2(s)$$

$$L_3=-G_1(s)G_2(s)G_3(s)G_4(s)$$

没有与前向通路 p_1 不接触的回路，没有两个互不接触的回路，因此

$$\Delta_1=1$$

$$\Delta=1-L_1-L_2-L_3$$

$$=1+G_2(s)H_1(s)+G_3(s)H_2(s)+G_1(s)G_2(s)G_3(s)G_4(s)$$

系统的传递函数为

$$\frac{C(s)}{R(s)}=\frac{G_1(s)G_2(s)G_3(s)G_4(s)}{1+G_2(s)H_1(s)+G_3(s)H_2(s)+G_1(s)G_2(s)G_3(s)G_4(s)}$$

【例 2-21】 系统的信号流图如图 2-31 所示，试用梅逊公式求系统的传递函数。

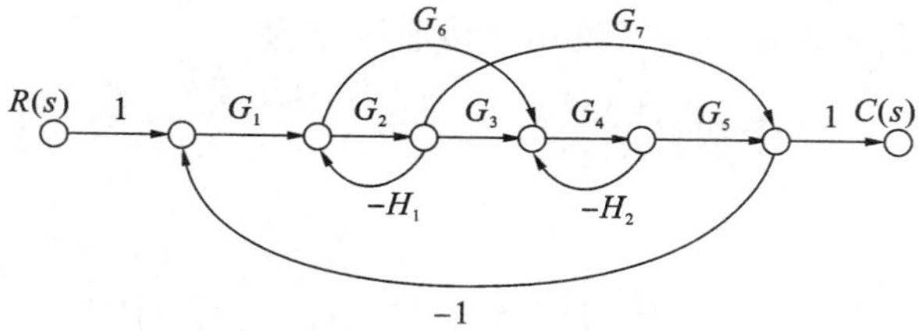

图 2-31　系统信号流图

解　由图 2-31 可知，系统前向通路一共有三条，其增益分别为

$$p_1=G_1G_2G_3G_4G_5,\quad p_2=G_1G_6G_4G_5,\quad p_3=G_1G_2G_7$$

单回路共有五个，其增益分别为

$$L_1=-G_2H_1,\quad L_2=-G_4H_2,\quad L_3=-G_1G_2G_3G_4G_5$$

$$L_4=-G_1G_6G_4G_5,\quad L_5=-G_1G_2G_7$$

没有与前向通路 p_1 和 p_2 不接触的回路，与前向通路 p_3 不接触的回路为 L_2，两个互不接触的回路为 L_1 和 L_2，因此

$$\Delta_1=1,\quad \Delta_2=1,\quad \Delta_3=1+G_4H_2$$

$$\Delta=1-L_1-L_2-L_3-L_4-L_5+L_1L_2$$

$$=1+G_2H_1+G_4H_2+G_1G_2G_3G_4G_5+G_1G_6G_4G_5+G_1G_2G_7+G_2H_1G_4H_2$$

系统的传递函数为

$$\frac{C(s)}{R(s)}=\frac{G_1G_2G_3G_4G_5+G_1G_6G_4G_5+G_1G_2G_7(1+G_4H_2)}{1+G_2H_1+G_4H_2+G_1G_2G_3G_4G_5+G_1G_6G_4G_5+G_1G_2G_7+G_2H_1G_4H_2}$$

2.6　闭环系统的传递函数

2.6.1　闭环系统的开环传递函数

一个典型的闭环控制系统（也称反馈控制系统）如图 2-32所示，$R(s)$为系统的输入信号，$C(s)$为系统的输出信号，$N(s)$为扰动信号，一般作用于受控对象上，$E(s)$为误差信号。以误差信号 $E(s)$作为输出量时的传递函数称为

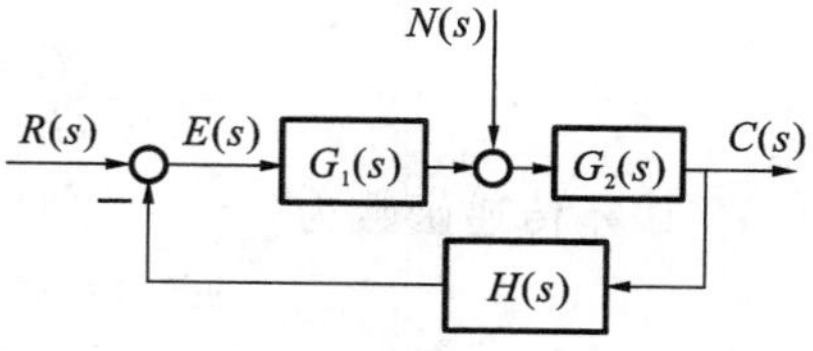

图 2-32　典型闭环系统结构图

误差传递函数。

系统的输入信号到输出信号传输方向一致的通路称为前向通路，前向通路的传递函数为 $G_1(s)G_2(s)$，反馈回路的传递函数为 $H(s)$。前向通路的传递函数与反馈回路的传递函数乘积 $G_1(s)G_2(s)H(s)$ 称为闭环系统的开环传递函数。

2.6.2 闭环系统的传递函数

研究闭环系统的输出信号 $C(s)$，需要分别求其在 $R(s)$ 作用下的输出信号和在 $N(s)$ 作用下的输出信号，再运用叠加原理，得到系统总的输出信号。

1. 给定输入信号下的闭环系统

令 $N(s)=0$，输入信号作用下的系统闭环传递函数为

$$\Phi(s)=\frac{C(s)}{R(s)}=\frac{G_1(s)G_2(s)}{1+G_1(s)G_2(s)H(s)} \tag{2-22}$$

系统的输出量为

$$C(s)=\Phi(s)R(s)=\frac{G_1(s)G_2(s)}{1+G_1(s)G_2(s)H(s)}R(s) \tag{2-23}$$

误差传递函数为

$$\Phi_{\mathrm{e}}(s)=\frac{E(s)}{R(s)}=\frac{1}{1+G_1(s)G_2(s)H(s)} \tag{2-24}$$

2. 扰动作用下的闭环系统

令 $R(s)=0$，应用梅逊公式，从 $N(s)$ 到 $C(s)$ 间的前向通路有一条，增益为 $p_1=G_2(s)$；单独回路有一个，回路增益为 $-G_1(s)G_2(s)H(s)$；没有与前向通路不接触回路。

扰动作用下的系统闭环传递函数为

$$\Phi_{\mathrm{n}}(s)=\frac{C(s)}{N(s)}=\frac{G_2(s)}{1+G_1(s)G_2(s)H(s)} \tag{2-25}$$

系统的输出量为

$$C(s)=\Phi_{\mathrm{n}}(s)N(s)=\frac{G_2(s)}{1+G_1(s)G_2(s)H(s)}N(s) \tag{2-26}$$

误差传递函数为

$$\Phi_{\mathrm{en}}(s)=\frac{E(s)}{N(s)}=\frac{-G_2(s)H(s)}{1+G_1(s)G_2(s)H(s)} \tag{2-27}$$

3. 输入信号和扰动信号同时作用于系统

运用线性系统的叠加原理，可得系统的总输出量为

$$\begin{aligned}C(s)&=\Phi(s)R(s)+\Phi_{\mathrm{n}}(s)N(s)\\&=\frac{G_1(s)G_2(s)}{1+G_1(s)G_2(s)H(s)}R(s)+\frac{G_2(s)}{1+G_1(s)G_2(s)H(s)}N(s)\end{aligned} \tag{2-28}$$

误差传递函数为

$$\begin{aligned}E(s)&=\Phi_{\mathrm{e}}(s)R(s)+\Phi_{\mathrm{en}}(s)N(s)\\&=\frac{R(s)}{1+G_1(s)G_2(s)H(s)}-\frac{G_2(s)H(s)N(s)}{1+G_1(s)G_2(s)H(s)}\end{aligned} \tag{2-29}$$

无论是系统的传递函数还是误差传递函数，它们的分母形式均相同，这是闭环系统的本质特征，因为它们是同一个结构图和信号流图，与输入无关，仅与系统的结构和参数有关。

2.7　MATLAB 中数学模型的表示

MATLAB 是 Matrix 和 Laboratory 两个词的组合，意思为矩阵实验室，是由美国 Mathworks 公司发布的主要面对科学计算、可视化以及交互式程序设计的高科技计算环境，主要包括 MATLAB 和 Simulink 两大部分。目前 MATLAB 软件是控制领域最流行的设计和计算工具之一。本书在以后每章的最后一节将介绍运用 MATLAB 对控制系统进行分析和设计。

2.7.1　传递函数模型(TF 模型)

MATLAB 提供了多个函数用来建立系统的传递函数模型，其中函数 tf()是应用最多的函数之一，用来建立实部或复数传递函数模型，调用格式为 sys＝tf(num,den)，其中 num 是分子多项式降幂排列的实数或复数行向量，den 是分母多项式降幂排列的实数或复数行向量。

【例 2-22】　控制系统的传递函数为 $G(s)=\dfrac{5s^2+9s+14}{s^4+3s^3+16s^2+20s}$，用 MATLAB 实现其传递函数。

解　MATLAB 程序如下：

```
num=[5,9,14];
den=[1,3,16,20,0];
sys=tf(num,den)
```

运行结果为

```
Transfer function:
     5s^2+9s+14
--------------------------------
s^4+3s^3+16s^2+20s
```

2.7.2　控制系统的零极点模型(ZPK 模型)

MATLAB 中的函数 zpk()也是用来建立实部或复数传递函数模型，与函数 tf()的区别是函数 tf()建立的传递函数，其分子、分母都是多项式的形式，而函数 zpk()建立的传递函数，其分子、分母都是用零极点的形式，调用格式为 sys＝zpk(z,p,k)，其中 z 表示系统的零点向量，p 表示系统的极点向量，k 表示增益。若无零点或者极点，用[]表示。

【例 2-23】　控制系统的传递函数为 $G(s)=\dfrac{6}{(s+1)(s+4)}$，用 MATLAB 实现其传递函数。

解　MATLAB 程序如下：

```
z=[];
p=[-1,-4];
```

```
k=6;
sys=zpk(z,p,k)
```

运行结果为

```
Zero/pole/gain:
      6
----------
(s+1)(s+4)
```

用一行程序 sys=zpk([],[−1,−4],6)描述，也可得到上述运行结果。

【例 2-24】 控制系统的传递函数为 $G(s)=\dfrac{6(s+1)(s+3)}{(s+2)(s+4)(s+10)}$，用 MATLAB 实现其传递函数。

解 MATLAB 程序如下：

```
z=[-1,-3];
p=[-2,-4,-10];
k=6;
sys=zpk(z,p,k)
```

运行结果为

```
Zero/pole/gain:
  6(s+1)(s+3)
----------
(s+2)(s+4)(s+10)
```

用一行程序 sys=zpk([−1,−3],[−2,−4,−10],6)描述，也可得到上述运行结果。

2.7.3 传递函数的特征根及零极点图

MATLAB 中的函数 roots()用来求系统的特征根，其调用格式为 p=roots(den)，其中 den 是闭环传递函数中分母多项式降幂排列的实数或复数行向量。函数 pzmap()用来绘制零极点图，在复平面内用"×"表示极点，用"○"表示零点，其调用格式为[p,z]=pzmap(sys)，其中 sys 为传递函数。

【例 2-25】 控制系统的传递函数为 $G(s)=\dfrac{6s^2+24s+18}{s^3+16s^2+68s+80}$，用 MATLAB 求其特征根，并画出零极点图。

解 MATLAB 程序如下：

```
den=[1,16,68,80];
p=roots(den)          %计算系统的特征根，判断系统的稳定性
num=[6,24,18];
sys=tf(num,den)       %建立系统的传递函数
```

```
figure()
pzmap(sys)              %绘制零极点分布图
```

运行结果为特征根,即

```
p=
   -10.0000
   -4.0000
   -2.0000
```

零极点图如图 2-33 所示。

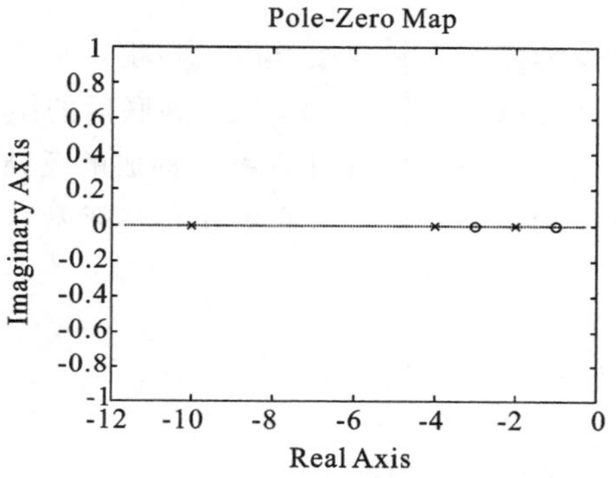

图 2-33　零极点图

2.7.4　控制系统模型的连接

控制系统的基本连接方式有三种,即串联、并联和反馈,MATLAB 提供了对模型进行连接的函数。

函数 series()用于两个线性系统的串联,其调用格式为 sys=series(sys1,sys2),其中 sys1 和 sys2 分别为两个系统的传递函数。

函数 parallel()用于两个线性系统的并联,其调用格式为 sys=parallel(sys1,sys2),其中 sys1 和 sys2 分别为两个系统的传递函数。

函数 feedback()用于两个线性系统的反馈,其调用格式为 sys=feedback(sys1,sys2,sign),其中 sys1 为系统的传递函数,sys2 为系统的反馈函数,sign=1 表示正反馈,sign=−1 表示负反馈,当系统为负反馈时,sign 可缺省,其调用格式可写为 sys=feedback(sys1,sys2)。

【例 2-26】　系统结构如图 2-34 所示,已知 $G_1(s)=\frac{1}{s+1}$,$G_2(s)=\frac{s+1}{s+3}$,$G_3(s)=\frac{s+2}{s^2+2s+3}$,$G_4(s)=\frac{2}{s+2}$,$H(s)=2$,求系统的闭环传递函数。

解　MATLAB 程序如下:

```
G1=tf([1],[1,1]);
G2=tf([1,1],[1,3]);
```

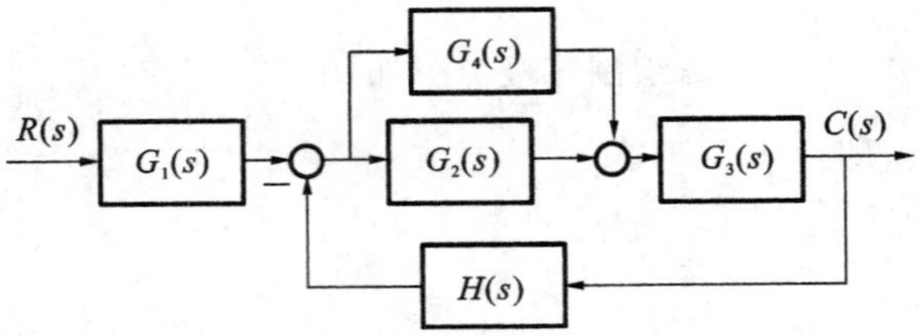

图 2-34 系统结构图

```
G3=tf([1,2],[1,2,3]);
G4=tf([2],[1,2]);
H=2;
sys1=parallel(G2,G4);          %G2 与 G4 并联
sys2=series(sys1,G3);          %G2 与 G4 并联后的结果与 G3 串联
sys3=feedback(sys2,H);         %计算由 H 构成的反馈回路的传递函数
sys4=series(sys3,G1)           %计算系统传递函数
```

程序运行结果为

```
s^3+7s^2+18s+16
----------
s^5+10s^4+42s^3+96s^2+113s+50
```

本章小结

(1)建立控制系统数学模型的方法有分析法和实验法,本章主要介绍用分析法建立系统数学模型。常用的数学模型有微分方程、传递函数和结构图。

(2)传递函数是控制系统在复数域中的数学模型。线性定常系统在零初始条件下,输出量的拉氏变换与输入量的拉氏变换之比,称为该系统的传递函数。零初始条件是指系统的输入量和输出量及其各阶导数在 $t=0$ 时的值均为零。

(3)控制系统的结构图是描述系统各元件之间信号传递关系的数学图形,是表示变量之间数学关系的方框图,是控制理论中描述复杂系统的一种简便方法。结构图通常由以下四个基本单元组成:信号线、引出点、比较点和方框。

(4)建立控制系统结构图的一般步骤为:分别列出系统各元部件的微分方程,列写方程时要考虑负载效应。对各个微分方程进行拉氏变换,得到元部件的传递函数,并用方框表示。输入信号在结构图的最左端,输出信号在结构图的最右端,根据系统中各个变量的传递关系,用信号线依次将各方框连接得到系统的结构图。

(5)结构图需要经过变换进行化简,化简需要遵循的原则是,变换前后数学关系保持不变。系统结构图中方框间的连接方式有串联、并联和反馈三种。为了便于这三种方式的运算,有时还需要移动比较点或引出点的位置。

(6)信号流图是由节点和支路组成的信号传递网络。节点表示系统中的变量,支路表示信号的传送方向。

(7)采用梅逊公式，可以直接得到系统的传递函数而不用化简信号流图，梅逊公式为 $G=\frac{1}{\Delta}\sum_{k=1}^{n}p_k\Delta_k$ 。

习　　题

2-1　弹簧和阻尼器组成的系统如图 2-35 所示，系统中有两个阻尼器，阻尼系数分别为 f_1 和 f_2，两个弹簧的弹性系数分别为 k_1 和 k_2，质量 m 的重力略去不计，x_1 是输入位移，x_0 是输出位移，试建立系统的动态数学模型。

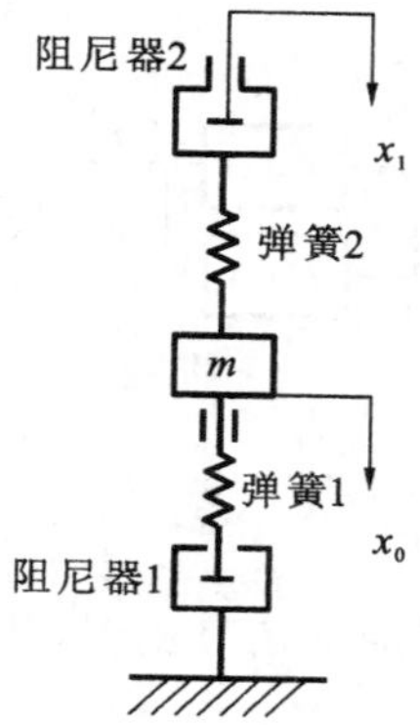

图 2-35　弹簧-阻尼器机械位移系统

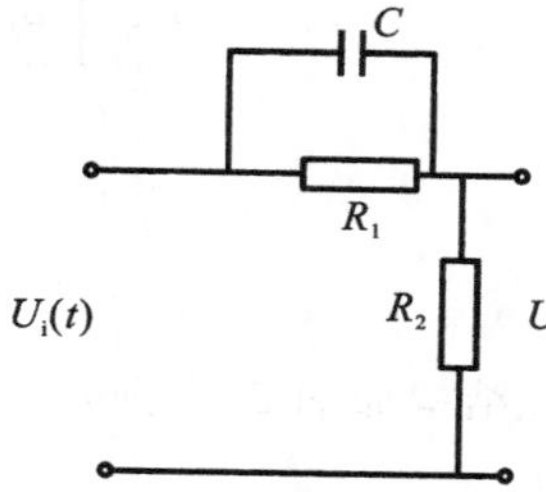

图 2-36　无源网络图

2-2　求图 2-36 中无源网络的微分方程。

2-3　闭环系统的传递函数为$\frac{C(s)}{R(s)}=\frac{6}{s^2+5s+6}$，初始条件为 $c(0)=\dot{c}(0)=2$。试求系统在 $r(t)=1(t)$时，系统的输出 $c(t)$。

2-4　系统的微分方程组为

$$\begin{cases} e(t)=10r(t)-x(t) \\ 6\frac{\mathrm{d}c(t)}{\mathrm{d}t}+10c(t)=20e(t) \\ 20\frac{\mathrm{d}x(t)}{\mathrm{d}t}+5x(t)=10c(t) \end{cases}$$

试画出系统的结构图，并求出传递函数$\frac{C(s)}{R(s)}$及$\frac{E(s)}{R(s)}$。

2-5　若某系统在单位阶跃输出信号的作用时，零初始条件下的输出响应为 $c(t)=1-2\mathrm{e}^{-t}+2\mathrm{e}^{-2t}$，试求系统的传递函数。

2-6　求图 2-37 所示有源网络的传递函数。

2-7　系统结构如图 2-38 所示，试用结构图等效变换的方法化简求系统的传递函数$\frac{C(s)}{R(s)}$。

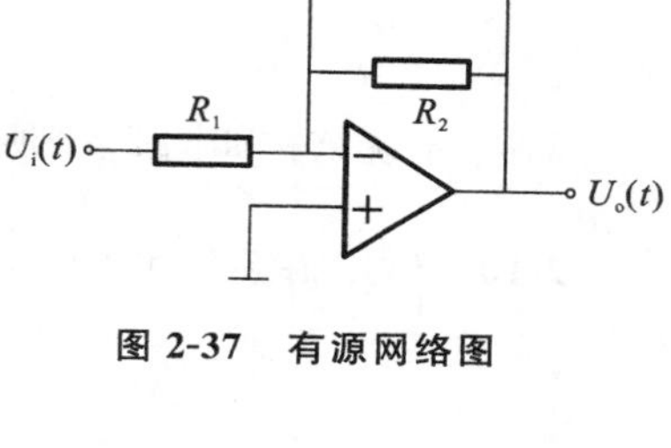

图 2-37　有源网络图

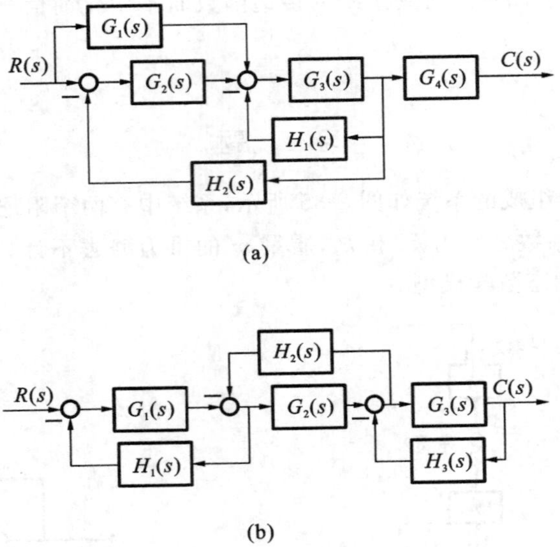

图 2-38　系统结构图

2-8　系统结构如图 2-39 所示，试绘制与结构图对应的信号流图，并用梅逊公式求系统的传递函数$\dfrac{C(s)}{R(s)}$。

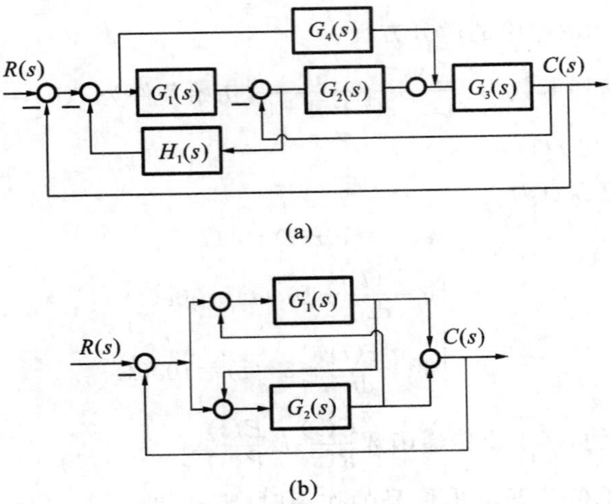

图 2-39　系统结构图

2-9　系统结构如图 2-40 所示，求传递函数$\dfrac{C(s)}{R(s)}$及$\dfrac{C(s)}{N(s)}$。

2-10　试用梅逊公式求图 2-41 中各信号流图的传递函数$\dfrac{C(s)}{R(s)}$。

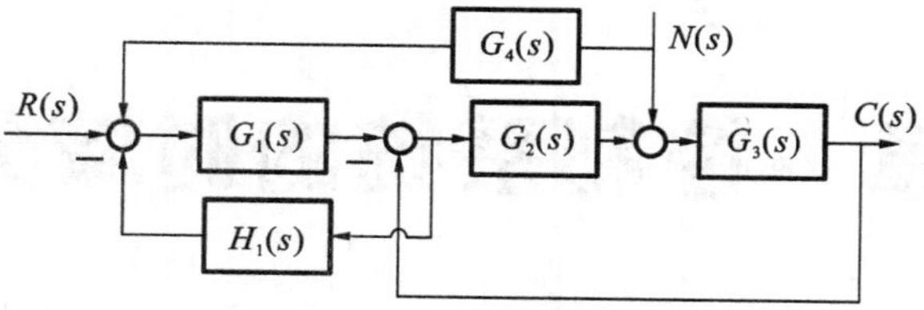

(a)

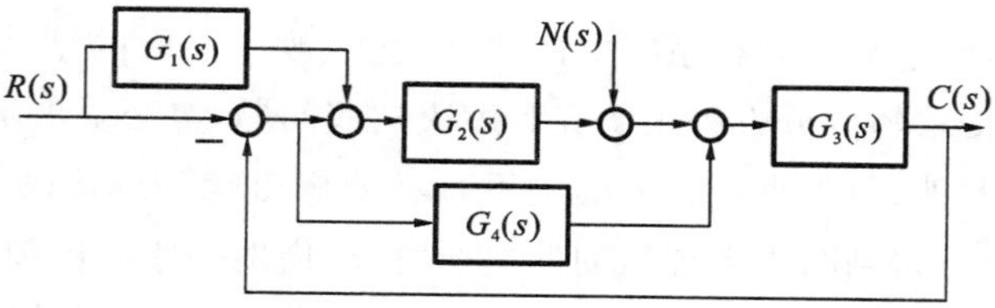

(b)

图 2-40　系统结构图

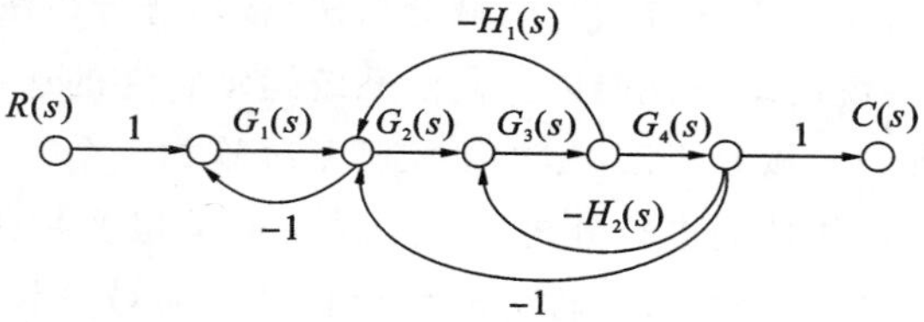

(a)

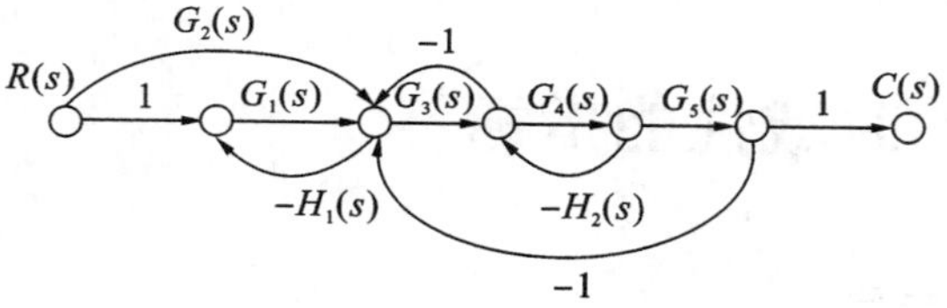

(b)

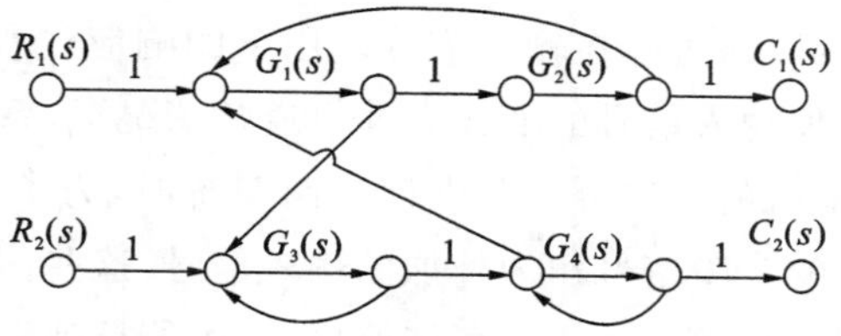

(c)

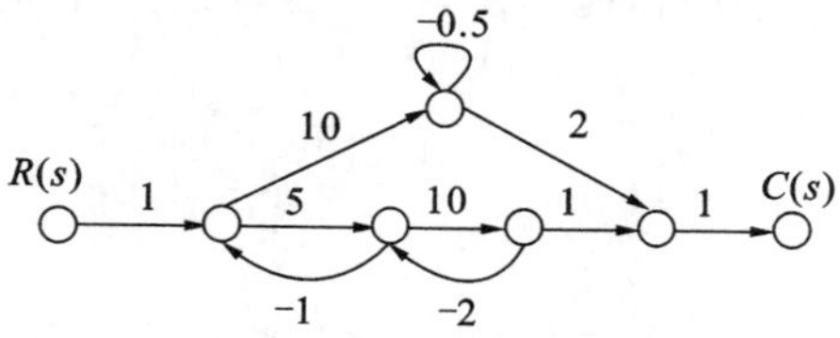

(d)

图 2-41　系统信号流图

第3章 控制系统的时域分析法

第2章建立了控制系统的数学模型并在数学上给出了运动解。理论上,只要知道系统的结构和参数,就能计算出系统中各物理量的变化规律。然而,实际工程问题并不是简单地求解给定系统的运动情况,往往需要调整系统中的参数,甚至改变系统的结构,从而获得较好的动态性能。如果采用直接求解微分方程来研究和解决这些问题,势必要求解大量的微分方程,这将大大增加计算量。此外,仅求解微分方程也不容易分析影响系统运动规律的主次因素。因此,如果能设法从微分方程判断出系统运动的主要特征,借助一些图标和曲线直观地将运动特征表示出来,而不必精确求解微分方程将更为实用,这就提出了如何从工程角度来分析系统运动的任务。

对于线性定常系统,常用的工程方法有时域分析法、根轨迹分析法和频域分析法。本章研究时域分析法,包括简单系统的动态性能以及高阶系统运动特性的近似分析、稳定性分析和稳态误差分析等。控制系统的时域分析法,是指给控制系统施加一个特定的输入信号,通过分析控制系统的输出响应对系统的性能进行分析。由于系统的输出变量是关于时间的函数,因此这种响应称为时域响应,相应的分析方法称为时域分析法。时域分析法直接在时间上对系统进行分析,具有直观准确的特点,并且可以提供系统时间响应的全部信息。

3.1 控制系统的时域性能指标

3.1.1 典型输入信号

控制系统的动态性能可以通过其在输入信号作用下的响应过程来评价,响应过程不仅与其本身的特性有关,还与外加输入信号的形式有关。通常情况下,系统所受到的外加输入信号中,有些是确定的,有些是随机的。在分析和设计控制系统时,为了便于对控制系统的性能进行比较,通常选定几种典型的实验信号作为外加的输入信号,这些信号称为典型输入信号。所选定的典型输入信号应满足:数学表达式尽可能简单,尽可能反映系统在实际工作中所受到的实际输入,较容易在现场或实验室获得,能够使系统工作在最不利情况等条件下。常用的典型输入信号包括以下5种。

1. 阶跃输入信号

阶跃输入定义为

$$r(t) = R \cdot 1(t)\ (t \geqslant 0) \tag{3-1}$$

式中:R 为阶跃输入的幅值,$R = 1$ 时的阶跃输入称为单位阶跃输入。

阶跃输入的波形如图3-1(a)所示。实际工程中,电源电压的突然波动、负载的突然改变等都可视为阶跃输入形式的外部作用。一般将系统在阶跃输入信号作用下的响应特性作为评价系统动态性能的主要依据。

2. 斜坡输入信号

斜坡输入也称为速度输入，定义为

$$r(t) = R \cdot t \quad (t \geqslant 0) \tag{3-2}$$

式中：$R = 1$ 时为单位斜坡信号。

斜坡输入信号相当于阶跃信号对时间的积分，其波形如图 3-1(b)所示。

3. 加速度输入信号

加速度输入也称为抛物线输入，定义为

$$r(t) = \frac{1}{2}R \cdot t^2 \quad (t \geqslant 0) \tag{3-3}$$

式中：R 为加速度输入的加速度值，$R = 1$ 时的加速度输入称为单位加速度输入。

加速度输入相当于斜坡信号对时间的积分，其波形如图 3-1(c)所示。

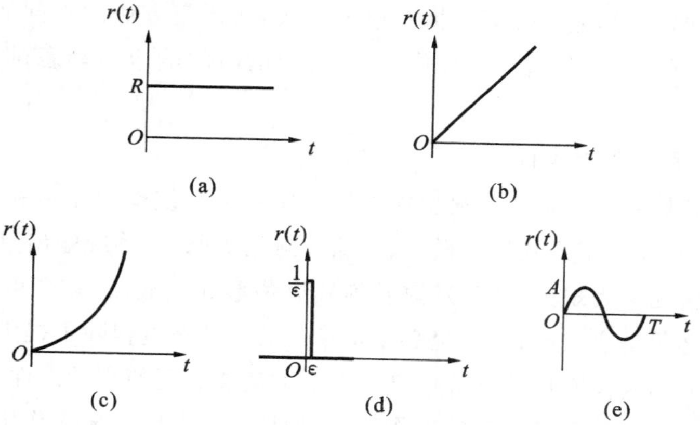

图 3-1　典型输入信号图

4. 单位脉冲输入信号

单位脉冲输入通常用 $\delta(t)$ 表示，定义为

$$\delta(t) = \begin{cases} \dfrac{1}{\varepsilon} & (0 \leqslant t \leqslant \varepsilon) \\ 0 & (t < 0 \text{ 或 } t > \varepsilon) \end{cases} \tag{3-4}$$

满足 $\int_{-\infty}^{+\infty} \delta(t) \mathrm{d}t = 1$ 。

单位脉冲输入的波形如图 3-1(d)所示。脉冲输入在现实中不存在，只有数学上的定义，在控制理论研究中，也具有重要的作用。一些持续时间很短的脉冲信号，可视为理想脉冲信号，若已知系统对单位脉冲信号的响应，则系统对其他信号的响应都可应用卷积求得。

5. 正弦波输入信号

正弦输入的定义为

$$r(t) = A\sin\omega t \ (t \geqslant 0) \tag{3-5}$$

式中：A 为正弦输入的幅值；$\omega = \frac{2\pi}{T}$ 为正弦输入的角频率。正弦输入信号的波形如图 3-1(e) 所示。

系统对于不同频率正弦输入信号下的稳态响应，称为频率响应。实际工程中，许多随动系统就是在此输入作用下工作的，如舰船的摇摆系统等。分析和设计控制系统时，应根据系统的实际工作状况选定一种合适的典型输入信号。例如，当外部作用大多为阶跃形式时，可选择阶跃输入作为典型输入信号；当外部作用呈周期性变化时，可选择正弦输入作为典型输入信号。

本章主要讨论系统在前 4 种输入信号作用下的系统响应，正弦输入信号作用下的系统响应将在第 5 章重点讨论。

3.1.2 动态性能和稳态性能

性能指标是衡量系统性能的一组参数，用来反映系统在典型输入信号作用下系统的控制质量，是系统性能的定量描述。性能指标有很多形式，随研究方法的不同而不同，这里着重讨论时域下的性能指标。在典型输入信号作用下，系统的时间响应由动态过程和稳态过程两部分组成。

1. 动态过程和动态性能指标

动态过程也称瞬态过程，是指在典型输入信号作用下系统输出量从初始状态到最终状态的响应过程。由于实际控制系统具有惯性、摩擦和阻尼等原因，系统输出量不可能完全复现输入量的变化，一般情况下表现为衰减、发散或等幅振荡形式。显然，一个可以实际运行的控制系统，其动态过程必须是衰减的，即系统必须是稳定的。动态过程除了提供系统稳定性的信息外，还可以提供响应速度及阻尼情况等信息。系统的动态过程使用动态性能进行描述，一般认为，阶跃输入能够使系统处于最不利的工作状态，如果系统在阶跃输入作用下的动态性能满足要求，则系统在其他形式的输入信号作用下的动态指标就是令人满意的。因此，定义动态性能指标时，设定系统的输入信号为单位阶跃输入。图 3-2 所示的为典型二阶系统在单位阶跃输入下的动态响应曲线，其动态性能指标如下：

(1)延迟时间 t_d：响应曲线第一次达到终值(稳态值)的一半所需要的时间。

(2)上升时间 t_r：响应曲线从终值的 10%上升到 90%(或从终值的 0%上升到 100%，或从终值的 5%到 95%)所需的时间。上升时间越短，响应速度越快。无振荡的系统常用前者，有振荡的系统常用后者。

(3)峰值时间 t_p：响应曲线到达第一个峰值(最大值)所需要的时间。

(4)调节时间 t_s：响应曲线到达并保持在其终值±5%(或±2%)内所需要的时间。

(5)超调量 σ_p：响应曲线的最大偏离量 $c(t_p)$ 与终值 $c(\infty)$ 之差和终值 $c(\infty)$ 之比的百分数，即 $\sigma_p = \frac{c(t_p) - c(\infty)}{c(\infty)} \times 100\%$，超调量也称最大超调量，它表征了系统的相对稳定程度。如果系统的响应单调变化，则响应无超调。

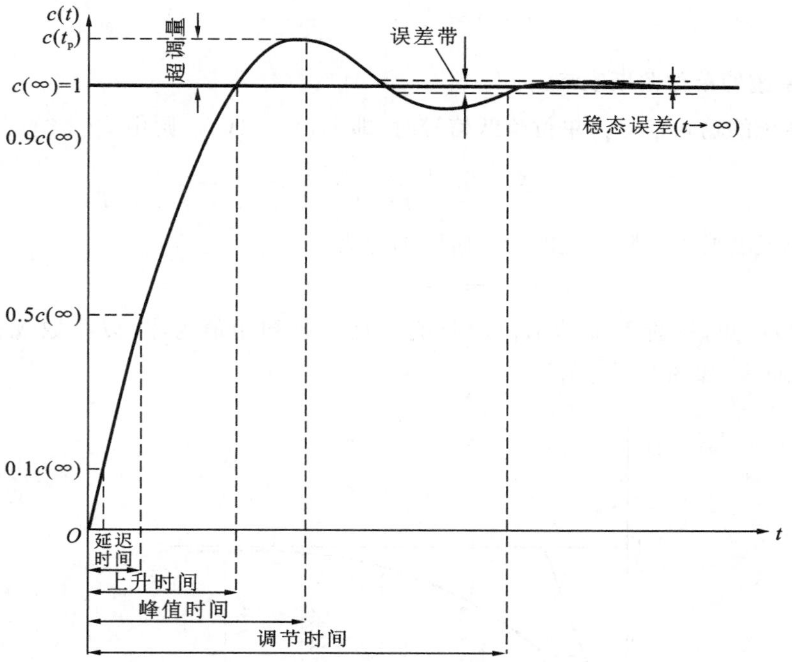

图 3-2　控制系统典型单位阶跃响应曲线

在上述性能指标中，上升时间 t_r 或峰值时间 t_p 用于评价系统的响应速度，调节时间 t_s 为同时反映响应速度和阻尼程度的综合性指标，超调量 σ_p 用于评价系统的阻尼程度或响应的平稳性。

2. 稳态过程和稳态性能指标

稳态过程是指系统在典型输入信号作用下，当时间 t 趋近于无穷大时，控制系统输出状态的表现方式。它表征系统输出量最终复现输入量的程度，如稳态误差等。稳态过程用稳态性能描述，控制系统的稳态性能用稳态误差衡量。如果在稳态时，系统的输出量与输入量不能完全吻合，就认为系统存在稳态误差。在分析控制系统时，既要研究系统的瞬态响应，如达到新的稳定状态所需的时间，同时也要研究系统的稳态特性，以确定对输入信号跟踪的误差大小。

3.2　线性系统的快速性分析

3.2.1　一阶系统的时域分析

1. 一阶系统的数学模型

凡是以一阶微分方程描述其动态过程的控制系统，称为一阶系统。在实际工程中，一阶系统不乏其例，如例 2-13 所示的 RC 电路就是一个一阶系统，其微分方程为

$$T\dot{c}(t) + c(t) = r(t)$$

式中：$c(t)$ 为电路输出电压；$r(t)$ 为电路输入电压；$T = RC$ 为时间常数，其传递函数为

$$\Phi(s)=\frac{C(s)}{R(s)}=\frac{1}{Ts+1} \tag{3-6}$$

2. 一阶系统的单位阶跃响应

当一阶系统的输入信号为单位阶跃信号时，即 $r(t)=1(t)$，则由式(3-6)可得

$$C(s)=\Phi(s)R(s)=\frac{1}{Ts+1}\cdot\frac{1}{s}=\frac{1}{s}-\frac{1}{s+1/T}$$

通过拉氏反变换得一阶系统的单位阶跃响应为

$$c(t)=1-\mathrm{e}^{-t/T}\quad(t\geqslant 0) \tag{3-7}$$

由式(3-7)可知，一阶系统的单位阶跃响应是一条初始值为零，以指数规律上升到终值 $c(\infty)=1$ 的曲线，如图 3-3 所示。

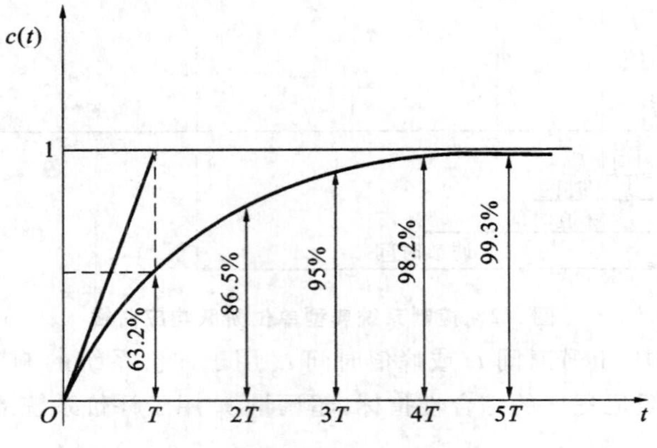

图 3-3　一阶系统的单位阶跃响应

图 3-3 表明，一阶系统的单位阶跃响应为非周期响应，具备如下两个重要特点：

(1)可用时间常数 T 度量系统输出量的数值，如图 3-3 所示。

当 $t=T$ 时，$c(t)=0.632$；

当 $t=2T$ 时，$c(t)=0.865$；

当 $t=3T$ 时，$c(t)=0.950$；

当 $t=4T$ 时，$c(t)=0.982$；

当 $t=5T$ 时，$c(t)=0.993$。

根据这一特点，可用实验方法测定一阶系统的时间常数，或测定系统是否属于一阶系统。

(2)响应曲线的斜率初始值为 $1/T$，并随时间的推移而下降。例如：

$$\left.\frac{\mathrm{d}c(t)}{\mathrm{d}t}\right|_{t=0}=\frac{1}{T}$$

$$\left.\frac{\mathrm{d}c(t)}{\mathrm{d}t}\right|_{t=T}=0.368\,\frac{1}{T}$$

$$\left.\frac{\mathrm{d}c(t)}{\mathrm{d}t}\right|_{t=\infty}=0$$

单位阶跃响应完成全部变化所需的时间为无限长，即有 $c(\infty)=1$ 。此外，初始斜率特性也是常用来确定一阶系统时间常数的方法之一。

根据动态性能指标的定义，一阶系统的动态性能指标为

$$t_{\mathrm{d}}=0.69T$$

$$t_{\mathrm{r}}=2.20T$$

$$t_{\mathrm{s}}=\begin{cases}3T(5\%\ \text{误差})\\4T(2\%\ \text{误差})\end{cases}$$

显然，峰值时间 t_{p} 和超调量 σ_{p} 都不存在。由于时间常数 T 反映系统的惯性，一阶系统的惯性越小，响应速度越快；反之，惯性越大，响应越慢。

3. 一阶系统的单位脉冲响应

当输入信号为理想单位脉冲信号时，传递函数 $R(s)=1$，所以系统输出量的拉氏变换与系统的传递函数相同，即

$$C(s)=\frac{1}{Ts+1}$$

此时，系统输出称为脉冲响应，其表达式为

$$c(t)=\frac{1}{T}\mathrm{e}^{-t/T}\quad(t\geqslant 0)$$

响应曲线如图 3-4 所示。

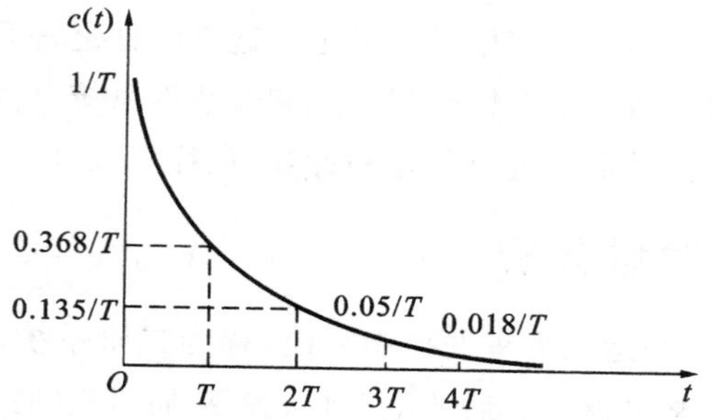

图 3-4　一阶系统的单位脉冲响应

由图 3-4 可知，一阶系统的脉冲响应为单调下降的指数曲线，系统的惯性时间常数越小，响应的快速性越好。

4. 一阶系统的单位斜坡响应

设系统的输入信号为单位斜坡信号，其传递函数为 $R(s)=\dfrac{1}{s^2}$，则由式(3-6)可以求得一阶系统的单位斜坡响应为

$$C(s)=\Phi(s)R(s)=\frac{1}{Ts+1}\cdot\frac{1}{s^2}=\frac{1}{s^2}-\frac{T}{s}+\frac{T^2}{1+Ts}\tag{3-8}$$

对式(3-8)求拉氏反变换，可得

$$c(t)=t-T(1-\mathrm{e}^{-\frac{1}{T}t})=t-T+T\mathrm{e}^{-\frac{1}{T}t}\quad(t\geqslant 0)\tag{3-9}$$

单位斜坡响应曲线如图 3-5 所示。

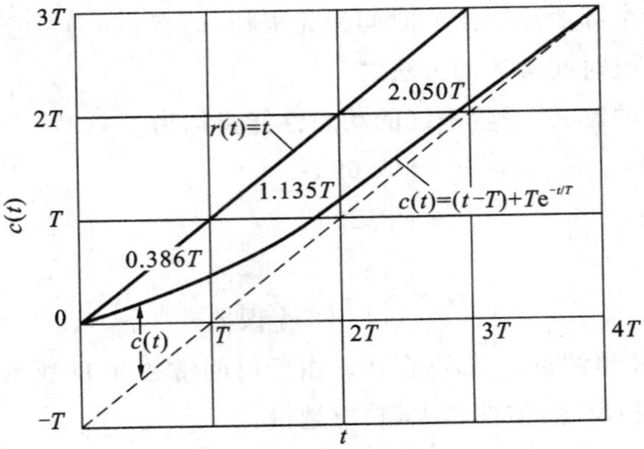

图 3-5　一阶系统的单位斜坡响应曲线

一阶系统的单位斜坡响应的稳态分量，是一个与输入斜坡函数斜率相同但时间滞后 T 的斜坡函数，即 $t-T$；同时，在位置上存在稳态跟踪误差，其值正好等于时间常数，一阶系统单位斜坡响应的瞬态分量表现为衰减非周期函数 $Te^{-t/T}$。

通过分析一阶系统对上述典型输入信号的响应可知，单位脉冲函数与单位阶跃函数的一阶导数及单位斜坡函数的二阶导数的等价关系，对应有单位脉冲响应与单位阶跃响应的一阶导数及单位斜坡响应的二阶导数的等价关系。这个等价对应关系表明：系统对输入信号导数的响应等于系统对该输入信号响应的导数；系统对输入信号积分的响应等于系统对该输入信号响应的积分，而积分常数由零输出初始条件确定。这是线性定常系统的一个重要特性，适用于任何阶线性定常系统，但不适用于线性时变系统和非线性系统。因此，研究线性定常系统的时间响应，不必对每种输入信号形式进行测定和计算，往往只取其中一种典型形式进行研究。

3.2.2　二阶系统的时域分析

凡是以二阶微分方程作为运动方程的控制系统，称为二阶系统。它在控制系统中的应用极为广泛，如 *RLC* 网络、忽略电枢电感后的电动机、弹簧-质量-阻尼器系统、扭转弹簧系统等。在分析和设计自动控制系统时，常常把二阶系统的响应特性视为一种基准。因为在控制工程中，不仅二阶系统的典型应用极为普遍，同时不少高阶系统的特性在一定条件下可用二阶系统的特性来表征，因此，介绍二阶系统的分析和计算方法，具有较大的实际意义。

1. 二阶系统的数学模型

图 3-6 是典型二阶系统的结构图，它的闭环传递函数为

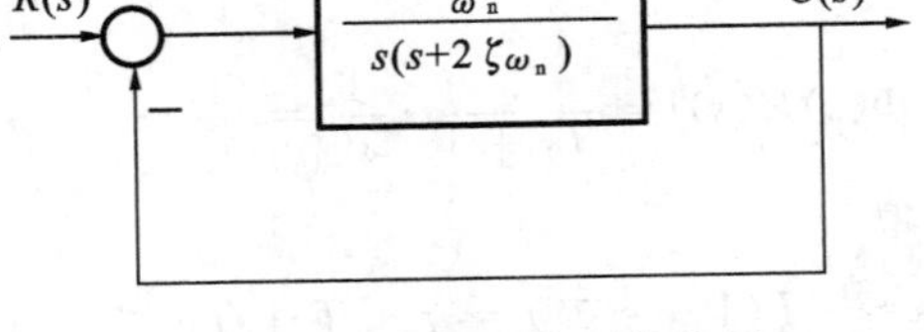

图 3-6　二阶系统典型结构图

$$\Phi(s)=\frac{C(s)}{R(s)}=\frac{\omega_n^2}{s^2+2\zeta\omega_n s+\omega_n^2} \tag{3-10}$$

由式(3-10)可知，ζ 和 ω_n 是决定二阶系统动态特性的两个重要参数，称 ζ 为阻尼比，称 ω_n 为无阻尼自然振荡频率或自然频率。系统闭环特征方程为

$$s^2+2\zeta\omega_n s+\omega_n^2=0 \tag{3-11}$$

方程的特征根(系统闭环极点)为

$$s_{1,2}=-\zeta\omega_n\pm\omega_n\sqrt{\zeta^2-1} \tag{3-12}$$

2. 二阶系统的单位阶跃响应

二阶系统闭环极点分布如图 3-7 所示。

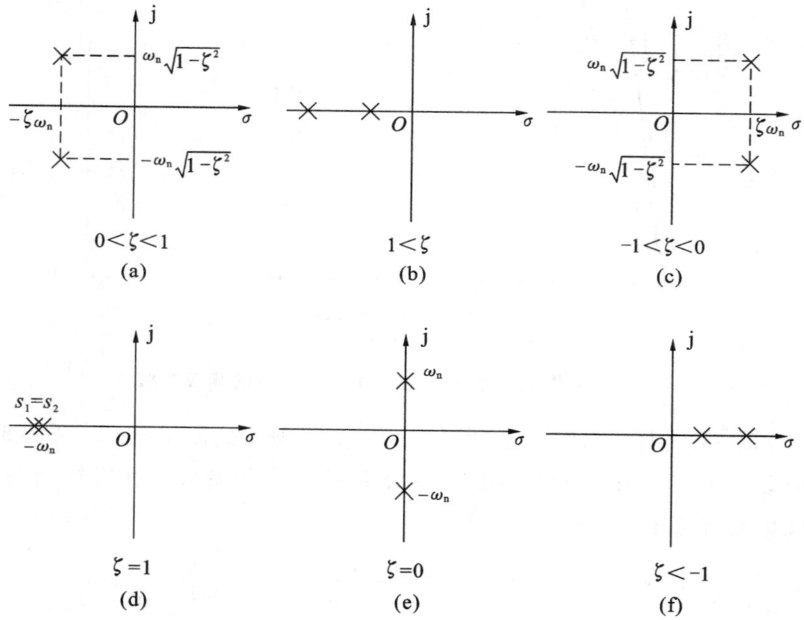

图 3-7　典型二阶系统的闭环极点分布

(1)当阻尼比较小，即 $0<\zeta<1$ 时，系统时间响应具有振荡特性，称为欠阻尼状态。方程有一对实部为负的共轭复根

$$s_{1,2}=-\zeta\omega_n\pm j\omega_n\sqrt{1-\zeta^2} \tag{3-13}$$

(2)当阻尼比较大，即 $\zeta>1$ 时，系统时间响应具有单调特性，称为过阻尼状态。系统有两个不相等的负实根

$$s_{1,2}=-\zeta\omega_n\pm\omega_n\sqrt{\zeta^2-1} \tag{3-14}$$

(3)当 $\zeta=1$ 时，系统时间响应开始失去振荡特性，或者说，处于振荡与不振荡的临界状态，故称为临界阻尼状态。系统有一对相等的负实根

$$s_{1,2}=-\omega_n$$

在零初始条件下，输入为单位阶跃信号时，系统输出为

$$C(s)=R(s)\Phi(s)=\frac{1}{s}\frac{\omega_n^2}{(s+\omega_n)^2}=\frac{1}{s}-\frac{\omega_n}{(s+\omega_n)^2}-\frac{1}{s+\omega_n} \tag{3-15}$$

对式(3-15)求拉氏反变换，可得

$$c(t)=1-\omega_n e^{-\omega_n t}t-e^{-\omega_n t} \tag{3-16}$$

求导可知，$c(t)$ 输出为一条单调上升的曲线。当 $\omega_n=1,2,3$ 时，响应曲线如图 3-8 所示。

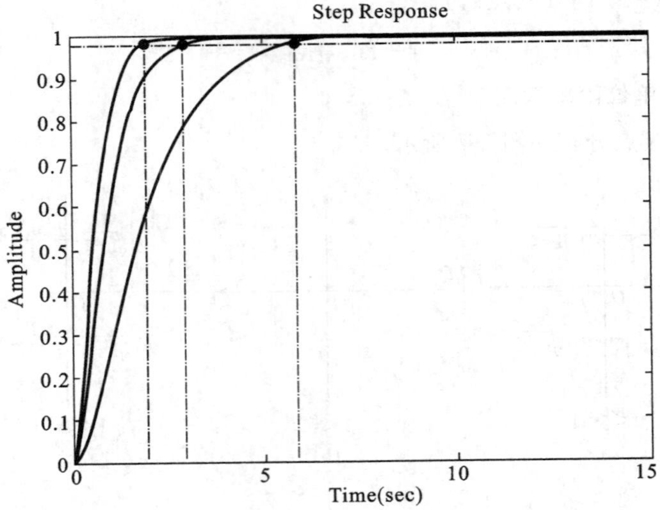

图 3-8 临界阻尼系统对应不同自然频率的响应曲线

(4)当 $\zeta=0$ 时，系统有一对纯虚根，即 $s_{1,2}=\pm j\omega_n$，称为无阻尼状态。系统时间响应为等幅振荡，其幅值取决于初始条件，而频率则取决于系统本身的参数。在零初始条件下，输入为单位阶跃信号时，系统输出为

$$C(s)=R(s)\Phi(s)=\frac{1}{s}\frac{\omega_n^2}{s^2+\omega_n^2}=\frac{1}{s}-\frac{s}{s^2+\omega_n^2} \tag{3-17}$$

对式(3-17)求拉氏反变换，可得

$$c(t)=1-\cos(\omega_n t) \tag{3-18}$$

$c(t)$ 输出为一条在 0 和 2 之间振荡的曲线。

(5)当 $\zeta<0$ 时，系统为负阻尼状态，分三种情况来讨论。

① 当 $-1<\zeta<0$ 时，单位阶跃响应为

$$\begin{aligned}C(s)&=R(s)\Phi(s)\\&=\frac{1}{s}\frac{\omega_n^2}{s^2+2\zeta\omega_n s+\omega_n^2}\\&=\frac{1}{s}\frac{s^2+2\zeta\omega_n s+\omega_n^2-s^2-2\zeta\omega_n s}{s^2+2\zeta\omega_n s+\omega_n^2}\\&=\frac{1}{s}-\frac{s+\zeta\omega_n+\zeta\omega_n}{(s+\zeta\omega_n)^2+\omega_n^2-(\zeta\omega_n)^2}\end{aligned}$$

$$= \frac{1}{s} - \frac{s+\zeta\omega_n}{(s+\zeta\omega_n)^2+\omega_d^2} - \frac{\zeta\omega_n \frac{\omega_d}{\omega_d}}{(s+\zeta\omega_n)^2+\omega_d^2}$$

$$= \frac{1}{s} - \frac{s+\zeta\omega_n}{(s+\zeta\omega_n)^2+\omega_d^2} - \frac{\zeta}{\sqrt{1-\zeta^2}} \frac{\omega_d}{(s+\zeta\omega_n)^2+\omega_d^2} \tag{3-19}$$

$$c(t) = \mathscr{L}^{-1}[C(s)] = 1 - \mathrm{e}^{-\zeta\omega_n t}\cos(\omega_d t) - \frac{\zeta}{\sqrt{1-\zeta^2}}\mathrm{e}^{-\zeta\omega_n t}\sin(\omega_d t)$$

$$= 1 - \mathrm{e}^{-\zeta\omega_n t}\left[\cos(\omega_d t) + \frac{\zeta}{\sqrt{1-\zeta^2}}\sin(\omega_d t)\right]$$

$$= 1 - \frac{\mathrm{e}^{-\zeta\omega_n t}}{\sqrt{1-\zeta^2}}\left[\sqrt{1-\zeta^2}\cos(\omega_d t) + \zeta\sin(\omega_d t)\right]$$

$$= 1 - \frac{\mathrm{e}^{-\zeta\omega_n t}}{\sqrt{1-\zeta^2}}\sin(\omega_d t + \varphi), \quad \varphi = \arctan\frac{\sqrt{1-\zeta^2}}{\zeta} \tag{3-20}$$

$c(t)$ 输出为一条发散正弦振荡形式的曲线。

②当 $\zeta = -1$ 时，$\Phi(s) = \dfrac{\omega_n^2}{s^2 - 2\omega_n s + \omega_n^2}$，取 $\omega_n = 1$，$c(t)$ 输出为一条单调发散形式的曲线。

③当 $\zeta < -1$ 时，$C(s) = R(s)\Phi(s) = \dfrac{1}{s}\dfrac{\omega_n^2}{s^2+2\zeta\omega_n s+\omega_n^2} = \dfrac{a}{s} + \dfrac{b}{s-p_1} + \dfrac{c}{s-p_2}$，其中 $p_1 = (-\zeta - \sqrt{\zeta^2-1})\omega_n$，$p_2 = (-\zeta + \sqrt{\zeta^2-1})\omega_n$，由留数定理可得

$$C(s) = \frac{a}{s} + \frac{b}{s-p_1} + \frac{c}{s-p_2}$$

$$= \frac{1}{s} + \frac{\frac{1}{2\sqrt{\zeta^2-1}(\sqrt{\zeta^2-1}+\zeta)}}{s-(-\zeta-\sqrt{\zeta^2-1})\omega_n} + \frac{\frac{1}{2\sqrt{\zeta^2-1}(\sqrt{\zeta^2-1}-\zeta)}}{s-(-\zeta+\sqrt{\zeta^2-1})\omega_n} \tag{3-21}$$

系统的单位阶跃响应为

$$c(t) = \mathscr{L}^{-1}[C(s)] = 1 + \frac{1}{2\sqrt{\zeta^2-1}(\sqrt{\zeta^2-1}+\zeta)}\mathrm{e}^{-(\zeta+\sqrt{\zeta^2-1})\omega_n t}$$

$$+ \frac{1}{2\sqrt{\zeta^2-1}(\sqrt{\zeta^2-1}-\zeta)}\mathrm{e}^{-(\zeta-\sqrt{\zeta^2-1})\omega_n t} \tag{3-22}$$

系统阶跃响应曲线亦为单调发散，与 $\zeta = -1$ 时的响应过程相似。通过上述分析知，当 $\zeta < 0$ 时，系统输出是不稳定的。

3. 欠阻尼二阶系统的瞬态性能指标

当 $0 < \zeta < 1$ 时，称系统为欠阻尼二阶系统。在二阶系统中，欠阻尼二阶系统最为常见。由于这种系统具有一对实部为负的共轭复根，时间响应呈现衰减振荡特性，故又称振荡环节。二阶系统的闭环特征方程有一对共轭复根，即

$$s_{1,2} = -\zeta\omega_n \pm \mathrm{j}\omega_n\sqrt{1-\zeta^2} = -\zeta\omega_n + \mathrm{j}\omega_d \tag{3-23}$$

式中：$\omega_d = \omega_n\sqrt{1-\zeta^2}$，称为有阻尼振荡角频率，且 $\omega_d < \omega_n$。

欠阻尼二阶系统的闭环极点分布如图 3-9 所示。

当输入为单位阶跃信号时，输出的拉氏变换为

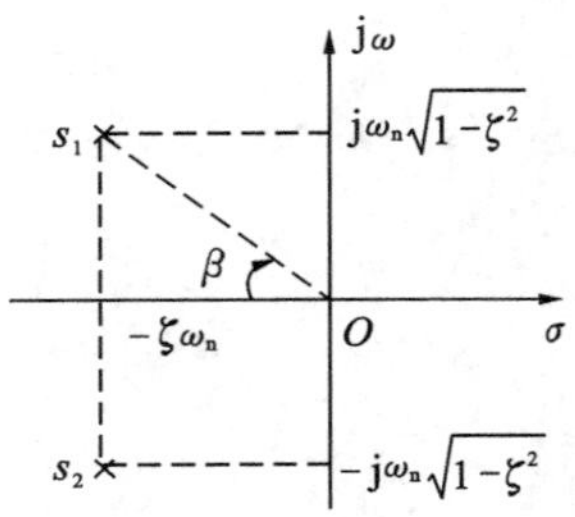

图 3-9　欠阻尼二阶系统闭环极点在 s 平面上的分布

$$C(s) = \frac{\omega_n^2}{s^2+2\zeta\omega_n s+\omega_n^2}\frac{1}{s}$$

$$= \frac{1}{s} - \frac{s+\zeta\omega_n}{(s+\zeta\omega_n)^2+\omega_d^2} - \frac{\zeta\omega_n}{(s+\zeta\omega_n)^2+\omega_d^2} \tag{3-24}$$

对式(3-24)求拉氏反变换，可得

$$c(t) = \mathscr{L}^{-1}(s) = 1 - e^{-\zeta\omega_n t}\left[\cos(\omega_d t) + \frac{\zeta}{\sqrt{1-\zeta^2}}\sin(\omega_d t)\right]$$

$$= 1 - \frac{e^{-\zeta\omega_n t}}{\sqrt{1-\zeta^2}}\sin\left(\omega_n\sqrt{1-\zeta^2}\,t + \arctan\frac{\sqrt{1-\zeta^2}}{\zeta}\right)$$

$$= 1 - \frac{e^{-\zeta\omega_n t}}{\sqrt{1-\zeta^2}}\sin(\omega_d t+\beta) \tag{3-25}$$

式中：$\beta = \arctan\dfrac{\sqrt{1-\zeta^2}}{\zeta}$ 或 $\beta = \arccos\zeta$。

由式(3-25)可知，系统的响应由稳态分量与瞬态分量两部分组成，稳态分量值等于 1，瞬态分量是一个随着时间 t 的增长而衰减的振荡过程。振荡频率为有阻尼振荡角频率 ω_d，其值取决于阻尼比 ζ 及无阻尼自然振荡频率 ω_n。瞬态分量在 ζ 一定时，其衰减程度(或速度的快慢)由 $\zeta\omega_n$ 中的 ω_n 决定(ω_n 越大，衰减程度越快)。

欠阻尼二阶系统性能指标的计算如下。

(1)延迟时间 t_d：令 $c(t)=0.5$，则有

$$1 - \frac{e^{-\zeta\omega_n t_d}}{\sqrt{1-\zeta^2}}\sin\left(\omega_n\sqrt{1-\zeta^2}\,t_d + \arctan\frac{\sqrt{1-\zeta^2}}{\zeta}\right) = 0.5$$

整理后可得

$$\omega_n t_d = \frac{1}{\zeta}\ln\frac{2\sin\left(\sqrt{1-\zeta^2}\,\omega_n t_d + \arctan\dfrac{\sqrt{1-\zeta^2}}{\zeta}\right)}{\sqrt{1-\zeta^2}} \tag{3-26}$$

取 $\omega_n t_d$ 为不同值，可以计算出相应的 ζ 值。利用曲线拟合方法，可得延迟时间的近似表达式

$$t_d \approx \frac{1+0.6\zeta+0.2\zeta^2}{\omega_n} \quad (\zeta > 1)$$

或

$$t_d \approx \frac{1+0.7\zeta^2}{\omega_n} \quad (0 < \zeta < 1)$$

上述两式表明，增大 ω_n 或减小 ζ，都可以减小延迟时间 t_d。或者说，当阻尼比不变时，闭

环极点离 s 平面的坐标原点越远，系统的延迟时间越短；而当自然频率不变时，闭环极点离 s 平面的虚轴越近，系统的延迟时间越短。

(2)上升时间 t_r：根据定义，对于欠阻尼系统，令 $c(t)=1$，则有

$$1-e^{-\zeta\omega_n t_r}\left[\cos(\omega_d t_r)+\frac{\zeta}{\sqrt{1-\zeta^2}}\sin(\omega_d t_r)\right]=1$$

因为

$$e^{-\zeta\omega_n t_r}\neq 0$$

所以

$$\cos(\omega_d t_r)+\frac{\zeta}{\sqrt{1-\zeta^2}}\sin(\omega_d t_r)=0$$

则有

$$\tan(\omega_d t_r)=-\frac{\sqrt{1-\zeta^2}}{\zeta}$$

$$t_r=\frac{1}{\omega_d}\arctan\frac{-\sqrt{1-\zeta^2}}{\zeta}$$

由于
$$\arctan\frac{-\sqrt{1-\zeta^2}}{\zeta}=\pi-\beta,\quad \beta=\arctan\frac{\sqrt{1-\zeta^2}}{\zeta}$$

所以

$$t_r=\frac{\pi-\beta}{\omega_d} \tag{3-27}$$

显然，当阻尼比 ζ 不变时，β 也不变。如果无阻尼振荡频率 ω_n 增大，即增大闭环极点到坐标原点的距离，那么上升时间 t_r 就会缩短，从而加快系统的响应速度；阻尼比越小(β越大)，上升时间就越短。

(3)峰值时间 t_p：将式(3-16)对时间求导并令其为零，可得峰值时间

$$\left.\frac{dc(t)}{dt}\right|_{t=t_p}=0$$

将上式整理得

$$\tan\beta=\tan(\omega_d t_p+\beta)$$

则有 $\omega_d t_p=0,\pi,2\pi,3\pi,\cdots$。

根据峰值时间的定义，t_p 是指 $c(t)$ 越过稳态值到达第一个峰值所需要的时间，所以应取 $\omega_d t_p=\pi$。因此，峰值时间的计算公式为

$$t_p=\frac{\pi}{\omega_d}\quad 或 \quad \frac{\pi}{\omega_n\sqrt{1-\xi^2}} \tag{3-28}$$

式(3-28)表明，峰值时间等于阻尼振荡周期的一半。当阻尼比不变时，极点离实轴的距离越

远，系统的峰值时间越短，或者说，极点离坐标原点的距离越远，系统的峰值时间越短。

(4)超调量 σ_p：将式(3-28)代入式(3-25)，得输出量的最大值

$$c(t_p)=1-\frac{e^{-\pi\zeta/\sqrt{1-\zeta^2}}}{\sqrt{1-\zeta^2}}\sin(\pi+\beta)$$

已知 $\sin(\pi+\beta)=-\sqrt{1-\zeta^2}$，代入上式，则

$$c(t_p)=1+e^{-\pi\zeta/\sqrt{1-\zeta^2}}$$

根据超调量的定义式，并在 $c(\infty)=1$ 的条件下，可得

$$\sigma_p=e^{-\pi\zeta/\sqrt{1-\zeta^2}}\times 100\% \tag{3-29}$$

由上式可知，最大超调量完全由 ζ 决定，ζ 越小，超调量越大。当 $\zeta=0$ 时，$\sigma_p=100\%$；当 $\zeta=1$ 时，$\sigma_p=0\%$。阻尼比越大（β 越小），超调量越小；反之亦然。或者说，闭环极点越接近虚轴，超调量越大。通常，随动系统取阻尼比 ζ 为 $0.4\sim0.8$，其相应的超调量为 $25.4\%\sim1.5\%$。

(5)调节时间 t_s：写出调节时间 t_s 的准确表达式是相当困难的，在初步分析和设计中，经常采用近似方法计算。对于欠阻尼二阶系统的单位阶跃响应

$$c(t)=1-\frac{e^{-\zeta\omega_n t}}{\sqrt{1-\zeta^2}}\sin\left(\omega_d+\arctan\frac{\sqrt{1-\zeta^2}}{\zeta}\right)$$

指数曲线 $1\pm e^{-\zeta\omega_n t/\sqrt{1-\zeta^2}}$ 是阶跃响应衰减振荡的上、下两条包络线，整个响应曲线总是包含在这两条包络线内，该包络线对称于阶跃响应的稳态分量。

根据上述分析，令 $e(t)=r(t)-c(t)$ 的幅值 $\dfrac{e^{-\zeta\omega_n t}}{\sqrt{1-\zeta^2}}=\Delta$，当 $0<\zeta<0.7$ 时，可得

$$t_s=\frac{-\ln\Delta-\ln\sqrt{1-\zeta^2}}{\zeta\omega_n}\approx\begin{cases}\dfrac{4}{\zeta\omega_n},\Delta=0.02\\[2ex]\dfrac{3}{\zeta\omega_n},\Delta=0.05\end{cases} \tag{3-30}$$

上式表明，调节时间 t_s 与闭环极点的实部数值（$\zeta\omega_n$）成反比，实部数值越大，即极点离虚轴的距离越远，系统的调节时间越短，过渡过程结束得越快。

(6)振荡次数 N。

振荡周期为 $T_d=\dfrac{2\pi}{\omega_d}=\dfrac{2\pi}{\omega_n\sqrt{1-\zeta^2}}$，由调节时间的公式可得

$$N=\frac{t_s}{T_d}=\begin{cases}\dfrac{1.5\sqrt{1-\zeta^2}}{\zeta\pi},\Delta=0.05\\[2ex]\dfrac{2\sqrt{1-\zeta^2}}{\zeta\pi},\Delta=0.02\end{cases} \tag{3-31}$$

由式(3-31)可得，N 仅与 ζ 有关：ζ 越大，N 越小，系统平稳性越好。

综上所述，从各动态性能指标的计算公式及有关说明可以看出，各指标之间往往是有矛盾的。具体总结如下：

①当 ω_n 一定时，随着 ζ 的增加，系统超调量和振荡次数减少，但系统快速性降低，t_r、t_d、t_p 增加。

② ζ 一定，ω_n 越大，系统响应快速性越好，t_r、t_d、t_p、t_s 越小。

③ ζ、N 仅与 ζ 有关，而 t_r、t_p、t_s 与 ζ、ω_n 有关，通常根据允许最大超调量来确定 ζ。ζ 一般选择在 0.4～0.8 之间，然后再调整 ω_n 以获得合适的瞬态响应时间。

因此，在实际系统中，往往需要综合全面考虑各方面的因素，然后再作正确的抉择，即所谓"最佳"设计。

【例 3-1】 随动系统如图 3-10 所示，当给定系统输入为单位阶跃函数时，试计算当放大器增益 $K_A = 200$ 时，输出位置响应的性能指标 t_p、t_s 和 σ_p。如果将放大器增益增大到 $K_A = 1500$ 或减小到 $K_A = 13.5$，那么对响应的动态性能又有什么影响？

解 将图 3-10 与图 3-6 中的二阶系统典型结构进行比较，可得

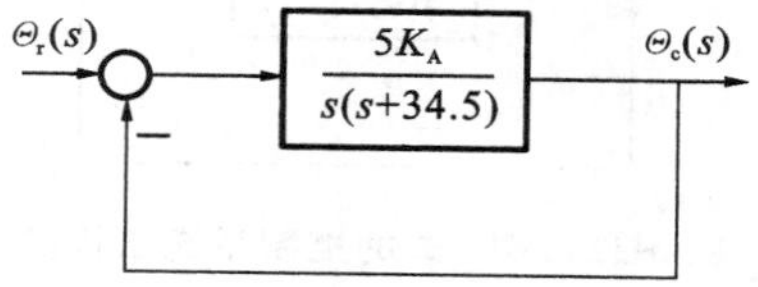

图 3-10　随动系统的结构图

$$\omega_n^2 = 5K_A$$

$$\zeta = \frac{34.5}{2\omega_n} = \frac{34.5}{2\sqrt{5K_A}}$$

将 $K_A = 200$ 代入上两式得

$$\omega_n^2 = 1000,\quad \omega_n = 31.6(\text{rad/s})$$

$$\zeta = 0.545$$

则系统闭环传递函数为

$$\Phi(s) = \frac{\omega_n^2}{s^2 + 2\zeta\omega_n s + \omega_n^2} = \frac{1000}{s^2 + 34.5s + 1000}$$

上式也可直接由图 3-10 求得。然后，对照标准形式求得 ζ、ω_n，并把 ζ、ω_n 的值代入相应式(3-28)、式(3-29)和式(3-30)求得

$$t_p = \frac{\pi}{\omega_n\sqrt{1-\zeta^2}} = 0.12$$

$$t_s = \frac{3.5}{\omega_n\zeta} = 0.2$$

$$\sigma_p = e^{-\pi\zeta/\sqrt{1-\zeta^2}} \times 100\% = 13\%$$

当 $K_A = 1500$ 时，同样可计算出

$$\omega_n = 86.2\ (\text{rad/s})$$

$$\zeta = 0.2$$

则有

$$t_p = 0.037$$

$$t_s = 0.2$$

$$\sigma_p = 52.7\%$$

可见，K_A 增大，使 ζ 减小而 ω_n 增大，因而使 σ_p 增大，t_p 减小，而调节时间 t_s 则没有多大变化。

当 K_A 减小到 $K_A = 13.5$ 时，经过同样的计算可得到 $\zeta = 2.1$，$\omega_n = 8.22\ (\text{rad/s})$。系统成为过阻尼二阶系统，峰值和超调量不再存在，而 t_s 必须按下面将要介绍的过阻尼二阶系统来计算。此时，上升时间 t_r 比上面两种情况大得多，虽然响应无超调，但过渡过程过于缓慢，也就是系统跟踪输入很慢，这也是不希望的。

【例 3-2】 控制系统结构图如图 3-11 所示。

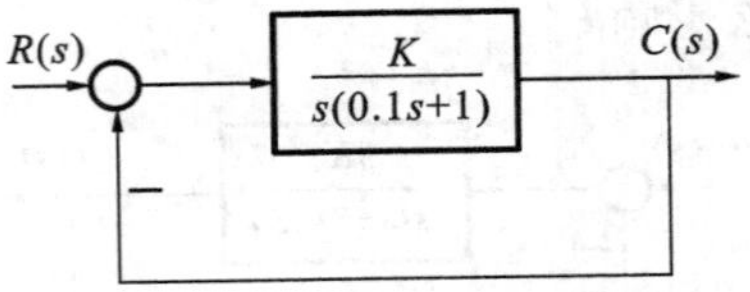

图 3-11 例 3-2 的控制系统结构图

(1)开环增益 $K = 10$ 时，求系统的动态性能指标；

(2)确定使系统阻尼比 $\zeta = 0.707$ 的 K 值。

解 (1) $$G(s) = \frac{K}{s(0.1s+1)}$$

当 $K = 10$ 时，

$$\Phi(s) = \frac{G(s)}{1+G(s)} = \frac{100}{s^2+10s+100} = \frac{\omega_n^2}{s^2+2\zeta\omega_n s+\omega_n^2}$$

$$\begin{cases} \omega_n = \sqrt{100} = 10 \\ \zeta = \dfrac{10}{2\times 10} = 0.5 \quad (\beta = 60^\circ) \end{cases}$$

$$t_p = \frac{\pi}{\sqrt{1-\zeta^2}\,\omega_n} = \frac{\pi}{\sqrt{1-0.5^2}\times 10} = 0.363$$

$$\sigma_p = e^{-\zeta\pi/\sqrt{1-\zeta^2}} \times 100\% = e^{-0.5\pi/\sqrt{1-0.5^2}} \times 100\% = 16.3\%$$

$$t_s = \frac{3}{\zeta\omega_n} = \frac{3}{0.5\times 10} = 0.6$$

(2) $$\Phi(s) = \frac{10K}{s^2+10s+10K}$$

$$\begin{cases} \omega_n = \sqrt{10K} \\ \zeta = \dfrac{10}{2\sqrt{10K}} \end{cases}$$

令 $\zeta = 0.707$，得 $$K = \frac{100\times 2}{4\times 10} = 5$$

【例 3-3】 二阶系统的结构图及单位阶跃响应分别如图 3-12(a)和(b)所示，试确定系统

参数 K_1, K_2, a 的值。

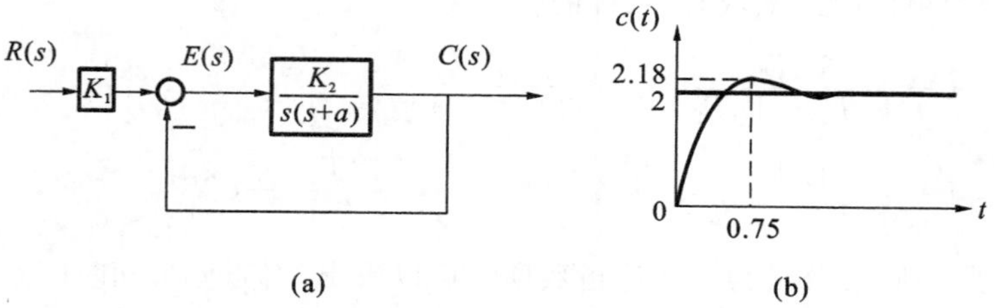

(a)　　(b)

图 3-12　二阶系统结构图及单位阶跃响应曲线

解　由结构图可得系统闭环传递函数

$$\Phi(s)=\frac{K_1K_2/s(s+a)}{1+K_2/s(s+a)}=\frac{K_1K_2}{s^2+as+K_2}$$

而

$$\begin{cases}K_2=\omega_n^2\\a=2\zeta\omega_n\end{cases}$$

由单位阶跃响应曲线，有

$$c(\infty)=2=\lim_{s\to0}s\Phi(s)R(s)=\lim_{s\to0}\frac{K_1K_2}{s^2+as+K_2}=K_1$$

$$\begin{cases}t_p=\dfrac{\pi}{\sqrt{1-\zeta^2}\omega_n}=0.75\\\sigma_p=\dfrac{2.18-2}{2}=0.09=e^{-\zeta\pi/\sqrt{1-\zeta^2}}\end{cases}$$

联立求解得

$$\begin{cases}\zeta=0.608\\\omega_n=5.278\end{cases}$$

$$\begin{cases}K_2=\omega_n^2=5.278^2=27.86\\a=2\zeta\omega_n=2\times0.608\times5.278=6.42\end{cases}$$

因此有 $K_1=2, K_2=27.86, a=6.42$ 。

4. 过阻尼二阶系统的动态过程分析

当 $\zeta>1$ 时，二阶系统的闭环特征方程有两个不相等的负实根，可写成

$$s^2+2\zeta\omega_ns+\omega_n^2=\left(s+\frac{1}{T_1}\right)\left(s+\frac{1}{T_2}\right)=0$$

式中，$T_1=\dfrac{1}{\omega_n(\zeta-\sqrt{\zeta^2-1})}$，$T_2=\dfrac{1}{\omega_n(\zeta+\sqrt{\zeta^2-1})}$，且 $T_1>T_2$，$\omega_n^2=\dfrac{1}{T_1T_2}$，于是闭环传递函数为

$$\Phi(s)=\frac{C(s)}{R(s)}=\frac{\omega_n^2}{s^2+2\zeta\omega_ns+\omega_n^2}=\frac{1/(T_1T_2)}{(s+1/T_1)(s+1/T_2)}=\frac{1}{(T_1s+1)(T_2s+1)}$$

因此，过阻尼二阶系统可以看成两个时间常数不同的惯性环节的串联。

当输入信号为单位阶跃函数时，系统的输出为

$$\begin{aligned} c(t) &= 1 - \frac{1/T_2}{1/T_2 - 1/T_1} e^{-\frac{1}{T_1}t} + \frac{1/T_1}{1/T_2 - 1/T_1} e^{-\frac{1}{T_2}t} \\ &= 1 - \frac{1/T_2}{1/T_2 - 1/T_1} e^{-(\zeta - \sqrt{\zeta^2-1})\omega_n t} + \frac{1/T_1}{1/T_2 - 1/T_1} e^{-(\zeta + \sqrt{\zeta^2-1})\omega_n t}, \quad t \geqslant 0 \end{aligned}$$

式中，稳态分量为1，瞬态分量为后两项指数项。可以看出，瞬态分量随时间 t 的增长而衰减到零，故系统在稳态时是无差的，其响应曲线如图 3-12(b)所示。由图看出，响应是非振荡的，但它是由两个惯性环节串联而产生的，所以又不同于一阶系统的单位阶跃响应，其起始阶段速度很小，然后逐渐加大到某一值后又减小，直到趋于零。因此，整个响应曲线有一个拐点。

对于过阻尼二阶系统的性能指标，同样可以用 t_r、t_s 等来描述。这里着重讨论调节时间 t_s，它反映系统响应的快速性。图 3-13 给出了误差带为 5%的调节时间曲线。

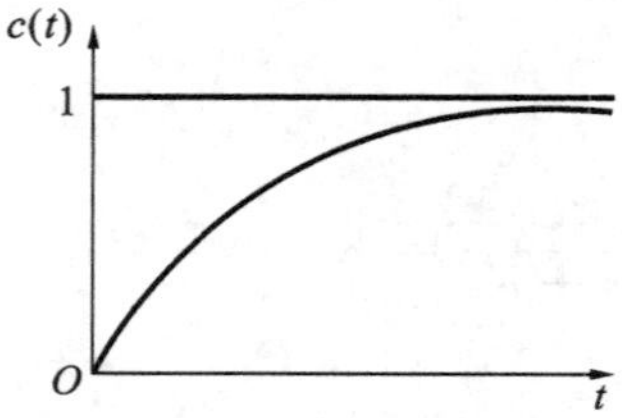

图 3-13　过阻尼二阶系统的阶跃响应

由图可见：

当 $T_1 = T_2$ 时，即 $\zeta = 1$ 的临界阻尼情况，$t_s = 4.75T_1$；

当 $T_1 = 4T_2$，即 $\zeta = 1.25$ 时，$t_s \approx 3.3T_1$；

当 $T_1 > 4T_2$，即 $\zeta > 1.25$ 时，$t_s \approx 3T_1$。

上述分析说明，当系统的一个负实根比另一个大 4 倍以上时，即两个惯性环节的时间常数相差 4 倍以上时，系统可以等效为一阶系统，其调节时间 t_s 可近似等于 $3T_1$（误差不大于 10%）。由于 $T_1 > 4T_2$，所以 e^{-t/T_2} 项比 e^{-t/T_1} 项衰减得快得多，即响应曲线主要取决于大时间常数 T_1 确定的环节，或者说主要取决于离虚轴较近的极点。这样，过阻尼二阶系统调节时间 t_s 的计算，实际上只局限于 $\zeta = 1 \sim 1.25$ 的范围。

当 $\zeta > 1.25$ 时，就可将系统等效成一阶系统，其传递函数可近似地表示为

$$\frac{C(s)}{R(s)} \approx \frac{1}{T_1 s + 1}$$

这一近似函数形式也可根据下述条件直接得到，即原来的传递函数 $\frac{C(s)}{R(s)}$ 与近似函数的初始值和最终值，二者对应相等。

对于近似传递函数 $\frac{C(s)}{R(s)}$，其单位阶跃响应的拉氏变换为

$$C(s) \approx \frac{1/T_1}{s\left(s + \frac{1}{T_1}\right)}$$

时间响应为

$$c(t) \approx 1 - e^{-t/T_1} = 1 - e^{-(\zeta - \sqrt{\zeta^2-1})\omega_n t}, \quad t \geqslant 0 \tag{3-32}$$

3.2.3　高阶系统的时域分析

通常描述系统的微分方程高于二阶的系统为高阶系统。高阶系统的计算往往比较困难，并且在工程设计中，过分讲究精确往往是不必要的，甚至是无意义的。因此，工程上通常将高阶系统采用闭环极点的概念适当地近似成低阶系统(如二阶或三阶)进行分析。

1. 高阶系统的单位阶跃响应

实际的控制系统大部分是高于二阶的系统，即高阶系统。高阶系统的微分方程通式为

$$a_0\frac{\mathrm{d}^n}{\mathrm{d}t^n}c(t)+a_1\frac{\mathrm{d}^{n-1}}{\mathrm{d}t^{n-1}}c(t)+\cdots+a_{n-1}\frac{\mathrm{d}}{\mathrm{d}t}c(t)+a_nc(t)$$

$$=b_0\frac{\mathrm{d}^m}{\mathrm{d}t^m}r(t)+b_1\frac{\mathrm{d}^{m-1}}{\mathrm{d}t^{m-1}}r(t)+\cdots+b_{m-1}\frac{\mathrm{d}}{\mathrm{d}t}r(t)+b_mr(t),\quad m\leqslant n$$

对上式进行拉氏变换，可得高阶系统的传递函数的一般形式：

$$\Phi(s)=\frac{C(s)}{R(s)}=\frac{b_0s^m+b_1s^{m-1}+\cdots+b_{m-1}s+b_m}{a_0s^n+a_1s^{n-1}+\cdots+a_{n-1}s+a_n},\quad m\leqslant n$$

写成零极点的形式即为

$$\Phi(s)=\frac{C(s)}{R(s)}=\frac{K_r\prod_{i=1}^{m}(s-z_i)}{\prod_{j=1}^{q}(s+p_j)\prod_{k=1}^{r}(s^2+2\zeta_k\omega_ks+\omega_k^2)}\tag{3-33}$$

式中：$-p_1\sim-p_q$ 为闭环传递函数实极点；q 为实极点个数；r 为共轭极点对数；$-z_1\sim-z_m$ 为闭环传递函数零点。

单位阶跃信号下的响应

$$C(s)=\frac{K_r\prod_{i=1}^{m}(s-z_i)}{\prod_{j=1}^{q}(s+p_j)\prod_{k=1}^{r}(s^2+2\zeta_k\omega_ks+\omega_k^2)}\frac{1}{s}\tag{3-34}$$

假如系统没有重极点，则系统响应为

$$C(s)=\frac{A_0}{s}+\sum_{j=1}^{q}\frac{A_j}{s+p_j}+\sum_{k=1}^{r}\frac{B_ks+C_k}{s^2+2\zeta_k\omega_ks+\omega_k^2}\tag{3-35}$$

式中：A_0 是 $C(s)$ 在 $s=0$ 处的留数，A_j 是 $C(s)$ 在闭环复数极点 p_j 处的留数，可按下式计算

$$A_j=\lim_{s\to-p_j}(s+p_j)C(s),\quad j=1,2,\cdots,q$$

B_k 和 C_k 是在闭环复数极点 $s=-\zeta_k\omega_k\pm\mathrm{j}\omega_k\sqrt{1-\zeta_k^2}$ 处的与留数有关的常系数。

经拉氏反变换，可得

$$\mathscr{L}^{-1}\left(\frac{A_0}{s}\right)=A_0$$

$$\mathscr{L}^{-1}\left(\sum_{j=1}^{q}\frac{A_j}{s+p_j}\right)=\sum_{j=1}^{q}\mathscr{L}^{-1}\left(\frac{A_j}{s+p_j}\right)=\sum_{j=1}^{q}A_j\mathrm{e}^{-p_jt}$$

$$\mathscr{L}^{-1}\left(\frac{B_ks+C_k}{s^2+2\zeta_k\omega_ks+\omega_k^2}\right)=A_k\mathrm{e}^{-\zeta_k\omega_kt}\sin(\omega_{dk}t+\varphi_k)$$

设初始条件全部为零，综合上述式子可得系统的单位阶跃响应

$$\begin{aligned}c(t)&=\mathscr{L}^{-1}[C(s)]\\&=A_0+\sum_{j=1}^{q}A_j\mathrm{e}^{-p_jt}+\sum_{k=1}^{r}A_k\mathrm{e}^{-\zeta_k\omega_kt}\sin(\omega_{dk}t+\varphi_k)\end{aligned}\tag{3-36}$$

由上式可见，高阶系统的时间响应，由一阶惯性子系统和二阶振荡子系统的时间响应函数项组成，各分量的相对大小由其系数决定，所以了解其分量和相对大小，就可知高阶系统的瞬态响应。由输出响应可知：

(1)如果高阶系统所有闭环极点都具有负实部，随着 t 的增长，上式的第二项和第三项都趋于0，系统的稳态输出为 A_0，系统输出是稳定的。

(2)响应曲线的类型由闭环极点决定：如果有一个闭环极点位于右半 s 平面，则由它决定的模态是发散的，在其他模态(位于左半 s 平面的极点)随 t 的推移最终趋于其对应的稳定值的时候，它的作用就会显现出来，导致整个系统对外显示是发散的。

(3)响应曲线的形状与闭环极点和零点有关：与极点的关系——对于稳定的系统，闭环极点负实部的绝对值越大(极点距虚轴愈远)，则其对应的响应分量(模态)衰减得越迅速，否则，衰减得越慢；与零点的关系——在留数的计算过程中，要用到 $C(s)$，而 $C(s)$ 中包含有闭环的零点，因此不可避免地要影响到留数的值，而留数的数值实际上就是指数项的系数。

由 $A_j=\lim\limits_{s\to-p_j}(s+p_j)C(s)$ 可知：

①零极点相互靠近，则对 A_j 的影响就越小，且离虚轴较远(衰减速度快)，对 $c(t)$ 影响越小；

②零极点很靠近，对 $c(t)$ 几乎没影响；

③零极点重合——偶极子，对 $c(t)$ 无任何影响；

④极点 p_j 附近无零点，且靠近虚轴，则此极点对 $c(t)$ 影响大。

经分析可知，高阶系统的瞬态特性主要由系统传递函数中那些靠近虚轴而又远离零点的极点来决定。

2. 高阶系统的二阶近似

如高阶系统中离虚轴最近的极点，其实数部分是其他极点的1/5或者更小，并且附近又没有零点，则可认为系统的响应由该极点(或共轭复数极点)决定，这一分量衰减最慢。这种对系统瞬态响应起主要作用的极点，称之为系统的主导极点。一般情况下，高阶系统具有振荡性，所以主导极点通常是共轭复数极点，因此高阶系统可以采用主导极点构成的二阶系统来近似，相应的性能指标可按二阶系统的各项指标来估计。在设计高阶系统时，常利用主导极点的概

念来选择系统参数，使系统具有预期的一对共轭复数主导极点，这样就可以近似地用二阶系统的性能指标来设计系统。在简化过程中，注意保持系统稳态放大倍数不变，即 A_0 不变。

一对非常靠近的零极点会使该极点的对应留数很小，其在系统动态响应中的作用近似相互抵消，这对零极点叫做偶极子。因此，可以通过增加含有零点的微分环节，使某些极点的作用减小或消失；或者增加含有极点的惯性环节，使某些零点的作用减小或消失。

3.3　线性系统的稳定性分析

3.3.1　稳定性的基本概念

任何系统在扰动作用下都会偏离原平衡状态，产生初始偏差。所谓稳定性，是指系统在扰动消失后，由初始偏差状态恢复到原平衡状态的性能。关于系统的稳定性有多种定义方法，上面所阐述的稳定性概念，实际上是指平衡状态稳定性，由俄国学者李雅普诺夫于 1892 年首先提出，一直沿用至今。有关李雅普诺夫稳定性的严密数学定义及稳定性定理，将在第 9 章介绍。

在分析线性系统的稳定性时，我们所关心的是系统的运动稳定性，即系统方程在不受任何外界输入作用下，方程的解在时间 t 趋于无穷时的渐近行为。毫无疑问，这种解就是系统齐次微分方程的解，而"解"通常称为系统方程的一个"运动"，因而谓之运动稳定性。严格地说，平衡状态稳定性与运动稳定性并不是一回事，但是可以证明，对于线性系统而言，运动稳定性与平衡状态稳定性是等价的。

按照李雅普诺夫分析稳定性的观点，首先假设系统具有一个平衡工作点，在该平衡工作点上，当输入信号为零时，系统的输出信号亦为零。一旦扰动信号作用于系统，系统的输出量将偏离原平衡工作点。若取扰动信号的消失瞬间作为计时起点，则 $t=0$ 时系统的输出量增量及其各阶导数，便是研究 $t\geqslant 0$ 时系统的输出量增量的初始偏差。于是，$t\geqslant 0$ 时系统的输出量增量的变化过程，可以认为是控制系统在初始扰动影响下的动态过程。因而，根据李雅普诺夫稳定性理论，线性控制系统的稳定性可叙述如下：若线性控制系统在初始扰动的影响下，其动态过程随时间的推移逐渐衰减并趋于零（原平衡工作点），则称系统渐近稳定，简称稳定；反之，若在初始扰动影响下，系统的动态过程随时间的推移而发散，则称系统不稳定。

3.3.2　线性系统稳定性的充分必要条件

上述稳定性定义表明，线性系统的稳定性仅取决于系统自身的固有特性，而与外界条件无关。因此，设线性系统在初始条件为零时，作用一个理想单位脉冲 $\delta(t)$，此时系统的输出增量为脉冲响应 $c(t)$，相当于系统在扰动信号作用下，输出信号偏离原系统的输出增量为脉冲响应 $c(t)$。若 $t\to+\infty$ 时，脉冲响应 $\lim\limits_{t\to+\infty}c(t)=0$，即输出增量收敛于原平衡工作点，则线性系统是稳定的。设闭环传递函数的零极点形式如下：

$$\Phi(s)=\frac{C(s)}{R(s)}=\frac{K_r\prod_{i=1}^{m}(s-z_i)}{\prod_{j=1}^{q}(s+p_j)\prod_{k=1}^{r}(s^2+2\zeta_k\omega_k s+\omega_k^2)},\quad q+2r=n$$

闭环特征方程的根彼此不等。由于 $\delta(t)$ 的拉氏变换为 1，系统输出增量的拉氏变换为

$$C(s)=\frac{K_r\prod_{i=1}^{m}(s+z_i)}{\prod_{j=1}^{q}(s+p_j)\prod_{k=1}^{r}(s^2+2\zeta_k\omega_k s+\omega_k^2)}$$

将上式展开为部分分式，设 $0<\zeta_k<1$，初始条件全部为 0，进行拉氏反变换得系统的脉冲响应为

$$\begin{aligned}c(t)=&\sum_{j=1}^{q}A_j\mathrm{e}^{-p_jt}+\sum_{k=1}^{r}B_k\mathrm{e}^{-\zeta_k\omega_kt}\cos(\omega_k\sqrt{1-\zeta_k^2})t\\&+\sum_{k=1}^{r}\frac{C_k-B_k\zeta_k\omega_kt}{\omega_k\sqrt{1-\zeta_k^2}}\mathrm{e}^{-\zeta_k\omega_kt}\sin(\omega_k\sqrt{1-\zeta_k^2})t,\quad t\geqslant 0\end{aligned}\tag{3-37}$$

上式表明：

(1)若 $-p_j<0$，$-\zeta_k\omega_k<0$，即系统的特征根全部具有负实部，则 $\lim\limits_{t\to+\infty}c(t)=0$ 成立，系统最终能恢复至平衡状态系统，系统稳定。

(2)若 $-p_j$、$-\zeta_k\omega_k$ 有一个或一个以上的数为正数，则 $\lim\limits_{t\to+\infty}c(t)=+\infty$，系统不稳定。

(3)若特征根中具有一个或一个以上零实部根，而其余的特征根均具有负实部，则脉冲响应 $c(t)$ 趋于常数，或趋于等幅正弦振荡。按照稳定性的定义，此时系统不是渐近稳定的。因此，称最后这种处于稳定和不稳定的临界状态为临界稳定。

在经典控制理论中，只有渐近稳定的系统才称为稳定系统，否则为不稳定系统。由此可见，线性系统稳定的充分必要条件是：闭环系统的特征方程的所有根均为负实数，或者具有负的实数部分；或者说，闭环传递函数的极点均严格位于左半 s 平面。

应该指出，由于我们所研究的系统实质上都是线性化的系统，对于稳定的线性系统而言，当输入信号为有界函数时，由于响应过程中的动态分量随时间推移最终衰减至零，故系统输出必为有界函数；对于不稳定的线性系统而言，在有界输入信号作用下，系统的输出信号将随时间的推移而发散，但也不意味它会无限增大，实际控制系统的输出量只能增大到一定的程度，此后或者受到机械制动装置的限制，或者使系统遭到破坏，或者其运动形态进入非线性工作状态，产生大幅度的等幅振荡。由于在建立系统线性化模型的过程中略去了许多次要因素，同时系统的参数又处于微小的变化之中，所以临界稳定现象实际上是观察不到的。表 3-1 是系统典型特征根分布及其对应的单位阶跃响应曲线和稳定性情况一览表。

表 3-1　系统典型特征根分布及其对应的单位阶跃响应曲线和稳定性情况

系统特征方程及其特征根	极点分布	单位阶跃响应	稳定性
$s^2+2\zeta\omega_n+\omega_n^2=0$ $s_{1,2}=-\zeta\omega_n\pm j\omega_n\sqrt{1-\zeta^2}$ $(0<\zeta<1)$	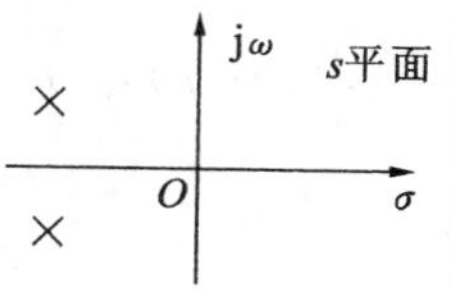	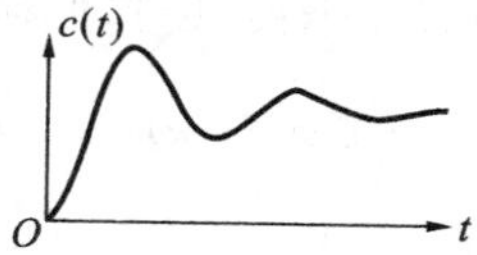 $c(t)=1-\frac{1}{\sqrt{1-\zeta^2}}e^{-\zeta\omega_n t}\sin(\omega_n t+\varphi)$	稳定
$s^2+\omega_n^2=0$ $s_{1,2}=\pm j\omega_n(\zeta=0)$	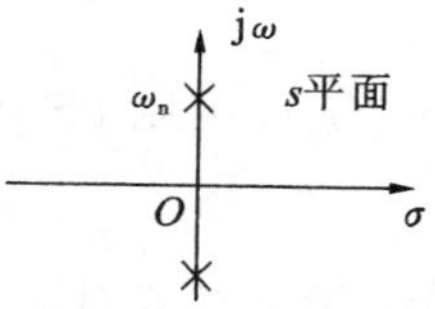	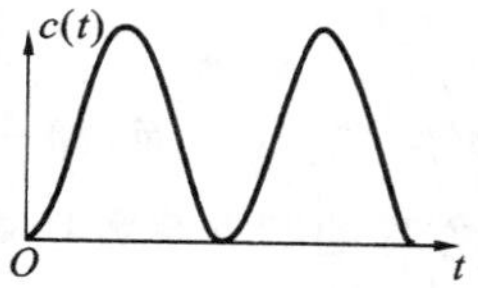 $c(t)=1-\cos\omega_n t$	不稳定 （临界状态）
$s^2+2\zeta\omega_n+\omega_n^2=0$ $s_{1,2}=-\zeta\omega_n\pm j\omega_n\sqrt{1-\zeta^2}$ $(0>\zeta>-1)$	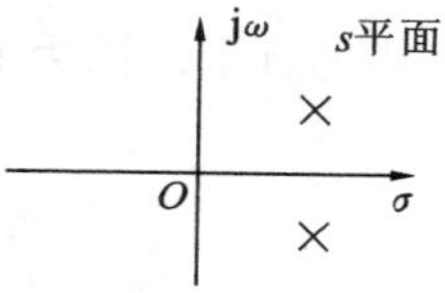	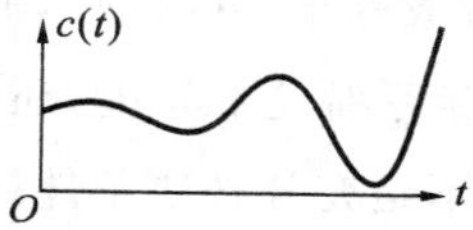 $c(t)=1-\frac{1}{\sqrt{1-\zeta^2}}e^{\zeta\omega_n t}\sin(\omega_n t+\varphi)$	不稳定
$Ts+1=0$ $s=-\frac{1}{T}$	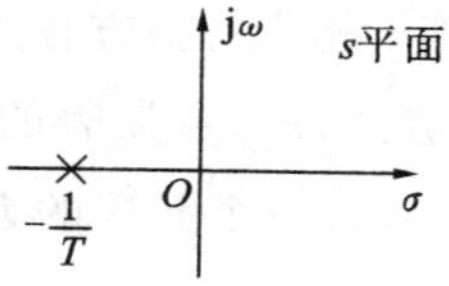	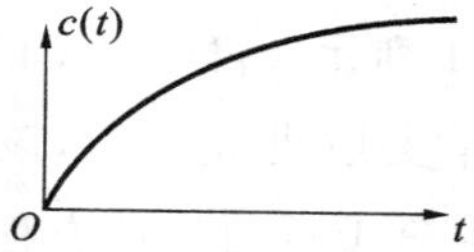 $c(t)=1-e^{-t/T}$	稳定
$Ts-1=0$ $s=\frac{1}{T}$	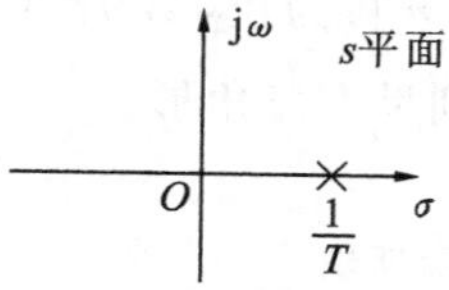	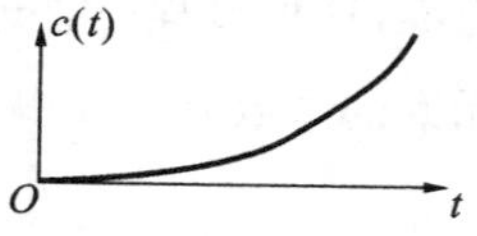 $c(t)=-1+e^{t/T}$	不稳定

以上提出的判断系统稳定性的条件是需要求出控制系统闭环特征方程的所有特征根，假如特征方程根能求得，那么系统的稳定性自然就可以判定。但是要求解四次或者是更高次的特征方程是相当麻烦的，劳斯和赫尔维茨分别于 1877 年和 1895 年独立地提出了判断系统稳定性的代数判据，称为劳斯-赫尔维茨稳定判据。这种判据以线性系统特征方程系数为依据，不需要求解方程的根，只需要获得特征方程根在 s 平面的分布即可。

3.3.3　劳斯稳定判据

1. 系统稳定性的初步判别

设线性系统的特征方程为

$$D(s)=a_0s^n+a_1s^{n-1}+\cdots+a_{n-1}s+a_n=0,\quad a_0>0 \tag{3-38}$$

则系统稳定的必要条件是系统特征方程的所有系数均为正数。

证明　式(3-38)有 n 个根，设其中有 q 个实根 $-p_j(j=1,2,\cdots,q)$，r 对复根，即

$$s=-\zeta_k\omega_k\pm j\omega_k\sqrt{1-\zeta_k^2}(k=1,2,\cdots,r),\quad n=q+2r$$

则特征方程可写为

$$\begin{aligned}D(s)&=a_0s^n+a_1s^{n-1}+\cdots+a_{n-1}s+a_n\\&=a_0(s+p_1)(s+p_2)\cdots(s+p_q)[(s+\zeta_1\omega_1)^2+\omega_1^2(1-\zeta_1^2)]\cdots[(s+\zeta_r\omega_r)^2+\omega_r^2(1-\zeta_r^2)]\\&=0\end{aligned}$$

假如所有的根均在左半 s 平面，即 $-p_j<0$，$-\zeta_k\omega_k<0$，则 $p_j>0$，$\zeta_k\omega_k>0$。因此，将各因子项相乘展开后，特征方程的所有系数都是正数。

根据这一原则，在判别系统的稳定性时，首先检查系统特征方程的系数是否都为正数，假如有任一系数为负数或等于零(缺项)，则系统就是不稳定的。但是，假若特征方程的所有系数均为正数，并不能肯定系统是稳定的，还要做进一步的判别。因为上述所说的原则只是系统稳定性的必要条件，而不是充分必要条件。

2. 劳斯稳定判据

系统稳定的充要条件是：该方程式的全部系数为正，且由该方程式作出的劳斯表中第 1 列元素均为正；表中第 1 列元素符号改变的次数，等于相应特征方程式位于右半 s 平面上根的个数。稳定判据为表格形式(见表 3-2)，该表称为劳斯表。劳斯表的前两行由系统特征方程的系数直接构成。表中第 1 行由特征方程的第 1,3,5,…个元素的系数组成；第 2 行由第 2,4,6,…个元素的系数组成。劳斯表中以后各行的数值，需按表 3-2 所示逐行计算，凡在运算过程中出现的空位均置为零，这种过程一直进行到第 n 行为止，第 $n+1$ 行仅第 1 列有值，且正好等于特征方程最后一元素的系数 a_n，表中系数排列呈上三角形。

表 3-2　劳斯表

s^n	a_0	a_2	a_4	$\cdots$
s^{n-1}	a_1	a_3	a_5	$\cdots$
s^{n-2}	b_1	b_2	b_3	$\cdots$
s^{n-3}	c_1	c_2	c_3	$\cdots$
s^{n-4}	d_1	d_2	d_3	$\cdots$
$\vdots$	$\vdots$	$\vdots$	$\vdots$	
s^1	f_1			
s^0	g_1			

表 3-2 中，

$$b_1 = -\frac{1}{a_1}\begin{vmatrix} a_0 & a_2 \\ a_1 & a_3 \end{vmatrix}$$

$$b_2 = -\frac{1}{a_1}\begin{vmatrix} a_0 & a_4 \\ a_1 & a_5 \end{vmatrix}$$

$$b_3 = -\frac{1}{a_1}\begin{vmatrix} a_0 & a_6 \\ a_1 & a_7 \end{vmatrix}$$

$$\vdots$$

直至其余 b_i 项为 0。

$$c_1 = -\frac{1}{b_1}\begin{vmatrix} a_1 & a_3 \\ b_1 & b_2 \end{vmatrix}$$

$$c_2 = -\frac{1}{b_1}\begin{vmatrix} a_1 & a_5 \\ b_1 & b_3 \end{vmatrix}$$

$$c_3 = -\frac{1}{b_1}\begin{vmatrix} a_1 & a_7 \\ b_1 & b_4 \end{vmatrix}$$

$$\vdots$$

按此规律一直计算到第 $n+1$ 行为止。在计算过程中，为了简化数值运算，可将某一行中的各系数均乘一个正数，不会影响稳定性结论。

如

$$\begin{aligned} D(s) &= (s+1)(s+2)(s+3) \\ &= (s+1)(s^2+5s+6) \\ &= s^3+5s^2+6s+s^2+5s+6 \\ &= s^3+6s^2+11s+6 \end{aligned}$$

当全部根在左半 s 平面时，系数只能越加越大，不可能出现负数或零。

【例 3-4】 系统闭环特征方程 $D(s) = 2s^4 + 2s^3 + 8s^2 + 3s + 2 = 0$，试用劳斯判据判断系统的稳定性。

解　列劳斯表如下：

s^4	2	8	2
s^3	2	3	
s^2	5	2	
s^1	11/5	0	
s^0	2		

劳斯表第 1 列元素都为正号，系统稳定。

【例 3-5】 系统闭环特征方程 $D(s) = s^5 + 3s^4 + 2s^3 + s^2 + 5s + 6 = 0$，试用劳斯判据判断系统的稳定性。

解　列劳斯表如下：

s^5	1	2	5
s^4	3	1	6
s^3	$\frac{5}{3}$	3	
s^2	$-\frac{22}{5}$	6	
s^1	$\frac{58}{11}$	0	
s^0	6		

劳斯表第 1 列元素符号改变两次，因此系统不稳定，并且有两个特征根在右半 s 平面。

3.3.4 稳定判据的特殊情况

在运用劳斯稳定判据分析线性系统的稳定性过程中，有时会遇到两种特殊情况，使得劳斯表中的计算无法进行到底，因此需要进行相应的数学处理，处理的原则是不影响劳斯稳定判据的判别结果。

(1)劳斯表中某一行的第 1 列元素为零，而该行的其余各元素不为零或没有其余项，此时计算劳斯表下一行的第一个元素时将出现无穷大，使劳斯稳定判据的运用失效。解决的办法是以一个很小的正数 ε 来代替为零的这一项，由此计算出其余各项，完成劳斯表的排列。若劳斯表中第 1 列元素系数的符号有变化，其变化次数就等于该方程在右半 s 平面上根的个数，相应的系统是不稳定的。如果在第 1 列中 ε 上面的系数与下面的系数符号相同，则表示该方程中有一对共轭虚根存在，相应的系统也是不稳定的。

【例 3-6】 系统闭环特征方程 $D(s)=s^3-3s+2=0$，判定右半 s 平面中闭环根的个数和系统的稳定性。

解 列劳斯表如下：

s^3	1	-3
s^2	$0\to\varepsilon$	2
s^1	$\frac{-3\varepsilon-1\times 2}{\varepsilon}<0$	0
s^0	2	

变号两次，有两个正根，系统不稳定，实际上因式分解可得 $D(s)=(s-1)^2(s+2)$，验证判断成立。

【例 3-7】 系统闭环特征方程 $D(s)=s^3+2s^2+s+2=0$，判定系统的稳定性。

解 列劳斯表如下：

s^3	1	1
s^2	2	2
s^1	ε	0
s^0	2	

位于 ε 上面的系数符号与位于 ε 下面的系数符号相同，表明有一对纯虚根存在。本例中具有一对纯虚根且为 $s=\pm j$。

(2)劳斯表中出现全零行，这种情况表明特征方程中存在以原点为对称的特征根。例如，存在两个大小相等但符号相反的实根和(或)一对共轭纯虚根，或者是对称于实轴的两对共轭复根。

当劳斯表中出现全零行时，可用全零行上面一行的系数构造一个辅助方程 $F(s)=0$，并将辅助方程对复变量 s 求导，用所得的导数方程的系数取代全零行的元素，便可按劳斯稳定判据继续运算，直到得出完整的劳斯计算表。辅助方程的次数通常为偶数，它表明数值相同但符号相反的根数，所有那些数值相同但符号相异的根，均可由辅助方程求得。

【例 3-8】 设系统闭环特征方程为 $D(s)=s^5+3s^4+12s^3+20s^2+35s+25=0$，试求系统在右半 s 平面的根数及虚根值。

解 列劳斯表如下：

s^5	1	12	35	
s^5	3	20	25	
s^3	$\dfrac{3\times12-1\times20}{3}=\dfrac{16}{3}$	$\dfrac{3\times35-1\times25}{3}=\dfrac{80}{3}$	0	
s^2	$\dfrac{\frac{16}{3}\times20-\frac{80}{3}\times3}{16/3}=5$	25	0	(辅助方程为 $5s^2+25=0$)
s^1	$\dfrac{\frac{80}{3}\times5-\frac{16}{3}\times25}{5}=0\leftarrow10$	0	0	(辅助方程为 $10s+0=0$)
s^0	25			

由此可见：

(1)右半 s 平面无根；

(2)有虚根值，可由辅助方程 $s^2+5=0$ 求得，即 $s_{1,2}=\pm\sqrt{5}j$；

(3)由 $D(s)$ 系数看，偶次项系数和等于奇次项系数和，因此 $s=-1$ 是根。

$$\frac{D(s)}{(s^2+5)(s+1)}=\frac{s^5+3s^4+12s^3+20s^2+35s+25}{s^3+s^2+5s+5}$$
$$=s^2+2s+5=(s+1-2j)(s+1+2j)$$

故特征根为

$$s_{1,2}=\pm\sqrt{5}j,\quad s_3=-1$$
$$s_{4,5}=-1\pm2j$$

特征根在 s 平面上的分布如图 3-14 所示。

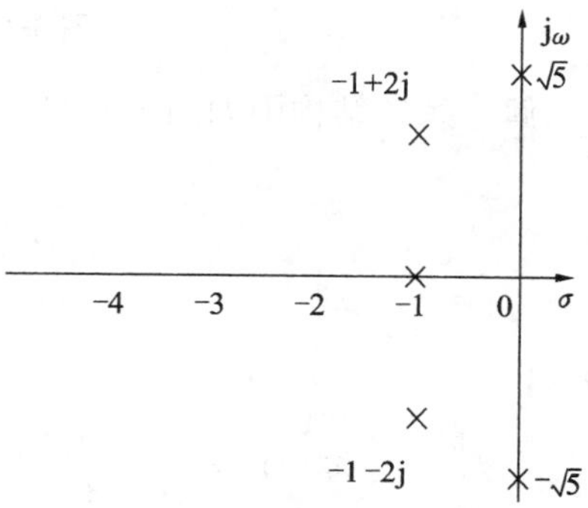

图 3-14 系统特征根在 s 平面上的分布图

3.3.5 稳定判据的应用

通过劳斯表不仅可以判断系统的稳定性，还可以分析系统参数对稳定性的影响。

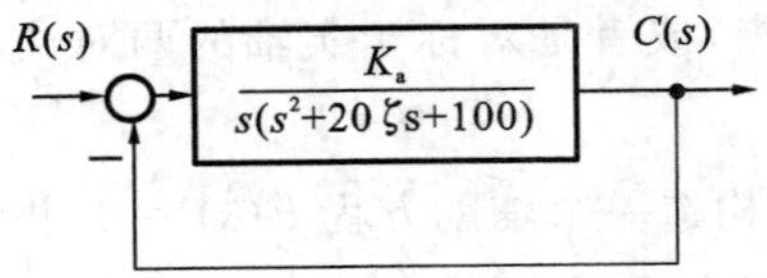

图 3-15　系统结构图

【例 3-9】　系统结构图如图 3-15 所示，试确定使系统稳定的 ζ 和开环增益 K 的范围。

解　系统开环增益 $K=\frac{K_a}{100}$

特征方程为

$$s(s^2+20\zeta s+100)+K_a=0$$

列劳斯表如下：

$$\begin{array}{llll} s^3 & 1 & 100 & \\ s^2 & 20\zeta & K_a & \rightarrow \zeta>0 \\ s^1 & \frac{2000\zeta-K_a}{20\zeta}=0 & & \rightarrow 2000\zeta>K_a \\ s^0 & K_a & & \rightarrow K_a>0 \end{array}$$

综上，可得

$$\begin{cases}\zeta>0\\ 0<K_a(=100K)<2000\zeta\end{cases}\Rightarrow\begin{cases}\zeta>0\\ 0<K<20\zeta\end{cases}$$

【例 3-10】　已知某单位负反馈系统，其开环零极点如图 3-16(a)所示，问闭环系统是否可以稳定？试确定开环放大系数 K 的取值范围。

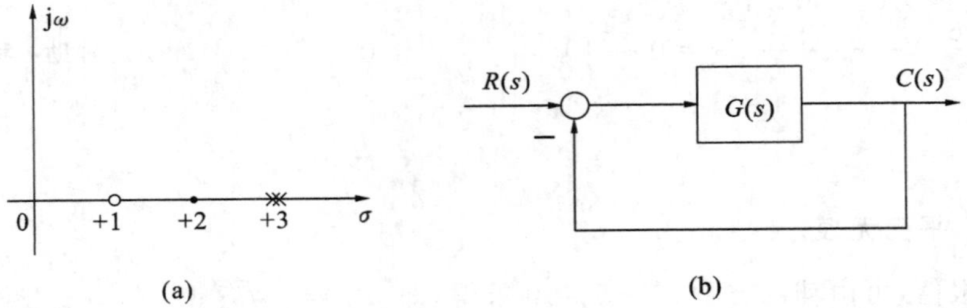

图 3-16　系统开环零极点分布及结构图

解　系统结构图如图 3-16(b)所示，并且有

$$G(s)=\frac{K^*(s-1)}{(s-3)^2}=\frac{(K^*/9)(s-1)}{\left(\frac{1}{3}s-1\right)^2}$$

故

$$K=K^*/9$$

$$\Phi(s)=\frac{K^*(s-1)}{(s-3)^2+K^*(s-1)}=\frac{K^*(s-1)}{s^2+(K^*-6)s+(9-K^*)}$$

列劳斯表如下：

$$
\begin{array}{llll}
s^2 & 1 & 9-K^* & \\
s^1 & K^*-6 & 0 & \rightarrow K^*>6 \\
s^0 & 9-K^* & & \rightarrow 9>K^*
\end{array}
$$

综上，可得

$$6<K^*<9\Rightarrow\frac{2}{3}<K<1$$

由此可知，系统可以稳定，使系统稳定的 K 值范围为 $\frac{2}{3}<K<1$。

(1)系统稳定与否取决于系统自身参数(属性)，与输入类型的形式无关。

(2)闭环稳定与否，只取决于闭环极点，与闭环零点无关。

$$\Phi(s)=\frac{K^*(s-z_1)(s-z_2)\cdots(s-z_m)}{(s-\lambda_1)(s-\lambda_2)\cdots(s-\lambda_n)}=\frac{c_1}{s-\lambda_1}+\frac{c_2}{s-\lambda_2}+\cdots+\frac{c_n}{s-\lambda_n}$$

单位脉冲响应为

$$c(t)=c_1e^{\lambda_1 t}+c_2e^{\lambda_2 t}+\cdots+c_ne^{\lambda_n t}\begin{cases}\text{闭环零点只影响系数 } c_i\text{——只影响性能}\\ \text{闭环极点影响指数 } \lambda_i\text{——影响性能、稳定性}\end{cases}$$

(3)闭环系统的稳定性与开环系统的稳定性无直接关系。

在线性控制系统中，劳斯判据主要用来判断系统的稳定性。如果系统不稳定，那么这个判据并不能直接指出使系统稳定的方法；如果系统稳定，则劳斯判据也不能保证系统具备满意的动态性能。换句话说，劳斯判据不能表明系统特征根在 s 平面上相对于虚轴的距离。由高阶系统单位阶跃响应表达式可见，若负实部特征方程的根紧靠虚轴，由于 $|s_j|$ 或 $\zeta_k\omega_k$ 的值很小，系统动态过程将具有缓慢的非周期特性或强烈的振荡特性。即使稳定的系统具有良好的动态响应，我们常常希望在左半 s 平面上系统特征根的位置与虚轴之间有一定的距离。为此，可在左半 s 平面上作一条 $s=-a$ 的垂线，而 a 是系统特征根位置与虚轴之间的最小给定距离，然后用新变量 $s_1=s+a$ 代入原系统特征方程，得到一个以 s_1 为变量的新特征方程，对新特征方程应用劳斯稳定判据。如果新特征方程的根均在新虚轴的左边，则说明该系统具有稳定裕量 a。

【例3-11】 设单位负反馈系统，其开环传递函数为 $G(s)=\frac{K}{s(0.05s^2+0.4s+1)}$，若要求闭环极点在 $s=-1$ 的左边，试确定系统稳定时 K 的取值范围。

解 系统的闭环特征方程式为

$$0.05s^3+0.4s^2+s+K=0$$

令 $s_1=s+1$，即 $s=s_1-1$，代入闭环特征方程得

$$0.05(s_1-1)^3+0.4(s_1-1)^2+s_1-1+K=0$$

化简得

$$0.05s_1^3+0.25s_1^2+0.35s_1+K-0.65=0$$

列劳斯表如下：

$$
\begin{array}{lll}
s_1^3 & 0.05 & 0.35 \\
s_1^2 & 0.25 & K-0.65 \\
s_1^1 & 0.48-0.2K & \\
s_1^0 & K-0.25 &
\end{array}
$$

若要求闭环极点在 $s=-1$ 的左边，则系统稳定必须要满足

$$\begin{cases} K-0.65>0 \\ 0.48-0.2K>0 \\ K-0.25>0 \end{cases}$$

整理得 $0.65<K<2.4$。

3.3.6 赫尔维茨判据

若系统特征方程为

$$D(s)=a_0s^n+a_1s^{n-1}+\cdots+a_{n-1}s+a_n=0$$

则赫尔维茨判据为：系统稳定的充分必要条件是在 $a_0>0$ 的前提条件下，由系统构成的主行列式

$$\Delta_n=\begin{vmatrix} a_1 & a_3 & a_5 & \cdots & 0 & 0 \\ a_0 & a_2 & a_4 & \cdots & 0 & 0 \\ 0 & a_1 & a_3 & \cdots & 0 & 0 \\ 0 & a_0 & a_2 & \cdots & 0 & 0 \\ 0 & 0 & a_1 & \cdots & 0 & 0 \\ 0 & 0 & a_0 & \cdots & 0 & 0 \\ \vdots & \vdots & \vdots & & \vdots & \vdots \\ 0 & 0 & 0 & \cdots & a_n & 0 \\ 0 & 0 & 0 & \cdots & a_{n-1} & 0 \\ 0 & 0 & 0 & \cdots & a_{n-2} & a_n \end{vmatrix} \tag{3-39}$$

及其顺序余子式 $\Delta_i(i=1,2,\cdots,n-1)$ 全部为正。当 n 较大时，应用赫尔维茨判据比较麻烦，因此它常用于 n 比较小的系统稳定性判断。事实上，赫尔维茨判据可由劳斯判据推导。

对于 n 比较小的线性系统，其稳定的充要条件可以简单证明如下：

(1)当 $n=1$ 时，系统特征方程为 $a_0s+a_1=0$，稳定条件为 $a_0>0$，$\Delta_1=a_1>0$，要求所有系数为正数。

(2)当 $n=2$ 时，系统特征方程为 $a_0s^2+a_1s+a_2=0$，稳定条件为 $a_0>0$，$\Delta_1=a_1>0$，$\Delta_2=\begin{vmatrix} a_1 & 0 \\ a_0 & a_2 \end{vmatrix}=a_1a_2>0$，系统各项系数为正。

(3)当 $n=3$ 时，系统特征方程为 $a_0s^3+a_1s^2+a_2s+a_3=0$，稳定条件为 $a_0>0$，且 $\Delta_1=a_1>0$，$\Delta_2=\begin{vmatrix} a_1 & a_3 \\ a_0 & a_2 \end{vmatrix}=a_1a_2-a_0a_3>0$，$\Delta_3=\begin{vmatrix} a_1 & a_3 & 0 \\ a_0 & a_2 & 0 \\ 0 & a_1 & a_3 \end{vmatrix}=a_1a_2a_3-a_0a_3^2=a_3\Delta_2>0$，即要求各项系数为正数，且 $\Delta_2>0$。

(4)当 $n=4$ 时，系统特征方程为 $a_0s^4+a_1s^3+a_2s^2+a_3s+a_4=0$，稳定条件为

$$a_0>0,\quad \Delta_1=a_1>0,\quad \Delta_2=\begin{vmatrix} a_1 & a_3 \\ a_0 & a_2 \end{vmatrix}=a_1a_2-a_0a_3>0$$

$$\Delta_3 = \begin{vmatrix} a_1 & a_3 & 0 \\ a_0 & a_2 & a_4 \\ 0 & a_1 & a_3 \end{vmatrix} = a_3 \begin{vmatrix} a_1 & a_3 \\ a_0 & a_2 \end{vmatrix} - a_1 \begin{vmatrix} a_1 & 0 \\ a_0 & a_4 \end{vmatrix} = a_3\Delta_2 - a_1^2 a_4 > 0$$

$$\Delta_4 = \begin{vmatrix} a_1 & a_3 & 0 & 0 \\ a_0 & a_2 & a_4 & 0 \\ 0 & a_1 & a_3 & 0 \\ 0 & a_0 & a_2 & a_4 \end{vmatrix} = a_4\Delta_3 > 0$$

即要求各项系数为正数，且 $\Delta_2 > 0$，$\Delta_2 > \dfrac{a_1^2 a_4}{a_3}$。

【例 3-12】 设系统特征方程为 $s^3 + 3s^2 + 4s + 5 = 0$，试用赫尔维茨判据判别系统的稳定性。

解　由特征方程可知所有系数为正数，满足必要条件

$$\Delta_2 = \begin{vmatrix} 3 & 5 \\ 1 & 4 \end{vmatrix} = 7 > 0$$

故系统稳定。

3.4　线性系统的稳态误差

一个稳定的系统在典型外部作用下经过一段时间后就会进入稳态，控制系统的稳态精度是其重要的性能指标。稳态误差必须在允许范围之内，控制系统才有使用价值。例如，工业加热炉的炉温误差若超过其允许的限度，就会影响加工产品的质量。又如造纸厂中卷绕纸张的恒张力控制系统，要求纸张在卷绕过程中张力的误差保持在某一允许的范围之内。若张力过小，就会出现松滚现象，而张力过大，又会出现纸张断裂。

控制系统的稳态误差是描述系统稳态性能的指标，它表达了系统实际输出值和期望输出值之间的最终偏差。对于稳定的系统，暂态响应随时间的推移而衰减，若时间趋于无穷时，系统的输出量不等于输入量或者输入量确定的函数，则系统存在稳定误差。稳态误差是系统控制精度或抗扰动能力的一种度量。3.3 节分析的系统稳定性只取决于系统的结构参数，与系统的输入信号及初始状态无关。而系统稳态误差既与系统结构参数有关，又与系统的输入信号密切相关。实际的控制系统由于本身结构和输入信号的不同，其稳态输出量不可能完全与输入量一致，也不可能在任何扰动作用下都能准确地恢复到原有的平衡点。此外，系统存在摩擦、间隙和不灵敏区等非线性因素，会造成附加的稳态误差。因此，设计控制系统时应尽可能减小稳态误差。

当稳态误差小到可以忽略不计时，可以认为系统的稳态误差为零，这种系统称为无差系统，而稳态误差不为零的系统则称为有差系统。只有当系统稳定时，才可以分析系统的稳态误差。

3.4.1　误差与稳态误差

设控制系统结构图如图 3-17 所示，当输入信号 $R(s)$ 和主反馈信号 $B(s)$ 不等时，比较装

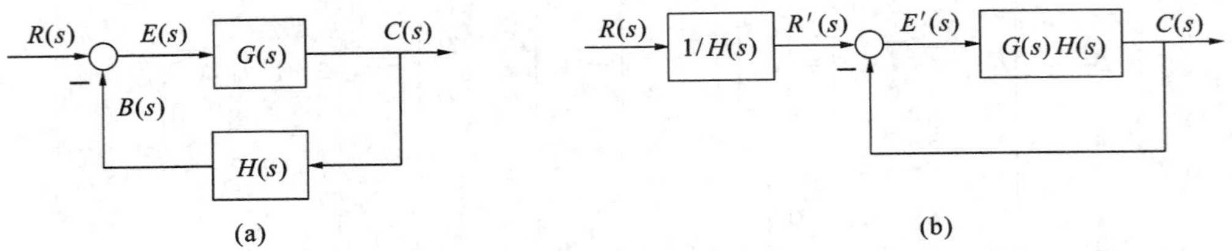

图 3-17　系统结构图及误差定义

(a)控制系统结构图;(b) 等效单位负反馈系统结构图

置的输出为 $E(s)=R(s)-B(s)$，系统在 $E(s)$ 信号的作用下产生动作，使输出量趋于给定值。

系统的误差通常有按输入端定义和按输出端定义的两种方法。

(1)按输入端定义的误差，即把偏差定义为误差，亦即

$$E(s)=R(s)-H(s)C(s)$$

(2)按输出端定义的误差，即

$$E'(s)=\frac{R(s)}{H(s)}-C(s)$$

按输入端定义的误差 $E(s)$ 通常是可测量的，有一定的物理意义，但其误差的理论含义不明显；按输出端定义的误差 $E'(s)$ 是“希望输出” $R'(s)$ 和实际输出 $C(s)$ 之差，比较接近误差的理论意义，但它通常不可测量，只有数字意义。两种误差定义之间存在如下关系：

$$E'(s)=\frac{E(s)}{H(s)}$$

因此，系统误差这两种定义的本质是相同的，只是表现形式不同。除特别说明外，本书以后讨论的误差都是指按照输入端定义的误差。

对误差作拉氏反变换，可得时域表达式

$$e(t)=\mathscr{L}^{-1}[E(s)]=\mathscr{L}^{-1}[R(s)-H(s)C(s)]$$

在误差信号 $e(t)$ 中，包含瞬态分量 $e_{ts}(t)$ 和稳态分量 $e_{ss}(t)$ 两部分。由于系统必须稳定，故当时间趋于无穷时，必有 $e_{ts}(t)\to 0$。因此，定义稳态误差为

$$e_{ss}=\lim_{t\to+\infty}e(t)$$

根据拉氏变换的终值定理，当系统误差的拉氏变换 $E(s)$ 在右半 s 平面及除原点外的虚轴上没有极点时，

$$e_{ss}=\lim_{t\to+\infty}e(t)=\lim_{s\to 0}sE(s)$$

计算出稳态误差的值是误差信号稳态分量在 $t\to+\infty$ 的数值，故有时称为终值误差，它不能反映稳态误差随时间变化的规律，具有一定的局限性。

3.4.2　系统类型

由系统结构图可知

$$E(s)=R(s)-C(s)H(s)=R(s)-G(s)E(s)H(s)$$

得
$$E(s)=\frac{1}{1+G(s)H(s)}R(s)$$

代入
$$e_{ss}=\lim_{t\to+\infty}e(t)=\lim_{s\to 0}sE(s)$$

得
$$e_{ss}=\lim_{s\to 0}\frac{sR(s)}{1+G(s)H(s)}$$

由上式可知，稳态误差 e_{ss} 与开环传递函数的结构 $G(s)H(s)$ 和输入信号 $R(s)$ 的形式有关。对于一个稳定的系统，当输入信号一定时，系统稳态误差取决于开环传递函数的结构。因此，按照控制系统跟踪不同输入信号的能力来进行系统分类是必要的。

设控制系统的开环传递函数为

$$G(s)H(s)=\frac{K\prod_{i=1}^{m}(\tau_i s+1)}{s^{\nu}\prod_{j=1}^{n-\nu}(T_j s+1)}$$

式中：K 为系统开环增益；τ_i 和 T_j 为时间常数，系统由 ν 个积分环节串联。

系统的分类方法是以 ν 的数值来划分的，当 $\nu=0,1,2,\cdots,n$ 时，分别称为 0 型，1 型，2 型，$\cdots$，n 型系统。增加型号数，可以使系统精度提高，但是对系统稳定性不利，当 $\nu\geqslant 3$ 时，使系统稳定相当困难，因此一般很少采用。

以开环系统在 s 平面坐标原点上的极点数来分类的方法，其优点在于可以根据输入信号的形式，迅速地判断系统是否存在稳态误差及稳态误差的大小。

为便于讨论，令

$$G_0(s)H_0(s)=\frac{\prod_{i=1}^{m}(\tau_i s+1)}{\prod_{j=1}^{n-\nu}(T_j s+1)}$$

当 $s\to 0$ 时，
$$G_0(s)H_0(s)\to 1$$

$$G(s)H(s)=\frac{K}{s^{\nu}}G_0(s)H_0(s)=\frac{K}{s^{\nu}}$$

系统稳态误差计算通式则可表示为

$$e_{ss}=\lim_{s\to 0}\frac{sR(s)}{1+G(s)H(s)}=\frac{\lim\limits_{s\to 0}s^{\nu+1}R(s)}{K+\lim\limits_{s\to 0}s^{\nu}} \tag{3-40}$$

由上式可知，系统稳态误差与系统型别、开环增益 K 以及输入信号 $R(s)$ 的形式和幅值有关。

3.4.3　给定信号作用下的稳态误差

由于实际输入多为阶跃输入、斜坡输入和加速度输入，或者它们的组合，因此下面分析和计算在以上几种典型输入信号作用下系统的稳态误差。

1. 阶跃输入信号作用下系统的稳态误差

设系统输入为阶跃信号 $r(t)=R\cdot 1(t)\ (t\geqslant 0)$，经拉氏变换得 $R(s)=\dfrac{R}{s}$，代入

$$e_{ss}=\lim_{s\to 0}\frac{sR(s)}{1+G(s)H(s)}$$

得

$$e_{ss}=\frac{R}{1+\lim\limits_{s\to 0}G(s)H(s)}=\frac{R}{1+K_p}$$

其中，定义 $K_p=\lim\limits_{s\to 0}G(s)H(s)$ 为系统位置误差系数。

(1)当 $\nu=0$ 时，$K_p=\lim\limits_{s\to 0}\dfrac{K\prod\limits_{i=1}^{m}(\tau_i s+1)}{\prod\limits_{j=1}^{n}(T_j s+1)}=K$，$e_{ss}=\dfrac{R}{1+K}$；

(2)当 $\nu\geqslant 1$ 时，$K_p=\lim\limits_{s\to 0}\dfrac{K\prod\limits_{i=1}^{m}(\tau_i s+1)}{s^{\nu}\prod\limits_{j=1}^{n-\nu}(T_j s+1)}=+\infty$，$e_{ss}=0$。

由上面分析可知，由于0型系统里面不包含积分环节，因此对于阶跃信号的输入存在一定稳态误差。稳态误差的大小与开环放大系数近似成反比，K 越大，稳定误差 e_{ss} 越小。如果要求对于阶跃输入信号作用下不存在稳态误差，则必须选用1型及1型以上的系统。习惯上，阶跃输入信号作用下的稳态误差称为静差。因而，0型系统可称为有(静)差系统或零阶无差度系统，1型系统可称为一阶无差度系统，2型系统可称为二阶无差度系统，依此类推。

2. 斜坡输入信号作用下系统的稳态误差

设系统输入为斜坡信号 $r(t)=R\cdot t\ (t\geqslant 0)$，经拉氏变换得 $R(s)=R/s^2$，得

$$e_{ss}=\frac{R}{\lim\limits_{s\to 0}s\,G(s)H(s)}=\frac{R}{K_v}$$

其中，$K_v=\lim\limits_{s\to 0}s\,G(s)H(s)$ 为静态速度误差系数。

(1)当 $\nu=0$ 时，$K_v=\lim\limits_{s\to 0}s\,G(s)H(s)=\lim\limits_{s\to 0}s\dfrac{K\prod\limits_{i=1}^{m}(\tau_i s+1)}{\prod\limits_{j=1}^{n}(T_j s+1)}=0$，$e_{ss}=+\infty$；

(2)当 $\nu=1$ 时，$K_v=\lim\limits_{s\to 0}s\dfrac{K\prod\limits_{i=1}^{m}(\tau_i s+1)}{s\prod\limits_{j=1}^{n-1}(T_j s+1)}=K$，$e_{ss}=\dfrac{R}{K}$；

(3)当 $\nu\geqslant 1$ 时，$K_v=\lim\limits_{s\to 0}s\dfrac{K\prod\limits_{i=1}^{m}(\tau_i s+1)}{s^{\nu}\prod\limits_{j=1}^{n-\nu}(T_j s+1)}=+\infty$，$e_{ss}=0$。

速度误差是系统在速度(斜坡)输入信号作用下，系统稳态输出与输入之间存在位置上的误差。以上表明：0型系统在稳态时不能跟踪斜坡输入；对于1型单位反馈系统，稳态输出速度恰好与输入速度相同，但存在一个稳态位置误差，其数值与输入速度信号的斜率 R 成正比，与开环增益 K 成反比；对于2型及2型以上的系统，稳态时能准确跟踪斜坡输入信号，不存在位置误差。

3. 加速度输入信号作用下系统的稳态误差

设系统输入为加速度信号 $r(t)=Rt^2/2$，其中 R 为加速度输入函数的速度变化率，则 $R(s)=R/s^3$，代入式(3-40)，算得系统在加速度输入信号作用下的稳态误差

$$e_{ss}=\frac{R}{\lim\limits_{s\to 0}s^2G(s)H(s)}=\frac{R}{K_a}$$

其中，$K_a=\lim\limits_{s\to 0}s^2G(s)H(s)$ 为静态加速度误差系数。

①当 $\nu=0,1$ 时，$K_a=\lim\limits_{s\to 0}s^2G(s)H(s)=\lim\limits_{s\to 0}s^2\dfrac{K\prod\limits_{i=1}^{m}(\tau_i s+1)}{s^\nu\prod\limits_{j=1}^{n-\nu}(T_j s+1)}=0$，$e_{ss}=+\infty$；

②当 $\nu=2$ 时，$K_a=\lim\limits_{s\to 0}s^2\dfrac{K\prod\limits_{i=1}^{m}(\tau_i s+1)}{s^2\prod\limits_{j=1}^{n-2}(T_j s+1)}=K$，$e_{ss}=\dfrac{R}{K}$；

③当 $\nu\geqslant 3$ 时，$K_a=\lim\limits_{s\to 0}s^2\dfrac{K\prod\limits_{i=1}^{m}(\tau_i s+1)}{s^\nu\prod\limits_{j=1}^{n-\nu}(T_j s+1)}=+\infty$，$e_{ss}=0$。

所以当输入是加速度信号时，0 型系统和 1 型系统都不能满足要求，2 型系统能正常工作，但要有足够大的开环放大倍数 K。只有 3 型和 3 型以上的系统，当为单位反馈时，系统输出才能跟随输入，稳态误差为 0。表 3-3 概括了在不同输入信号作用下系统的稳态误差。需要指出的是，当前向通道中积分环节增加时，会降低系统的稳定性。

表 3-3　典型输入信号作用下系统的稳态误差

系统型别 ν	静态误差系数			阶跃输入 $r(t)=R\cdot 1(t)$	斜坡输入 $r(t)=Rt$	加速度输入 $r(t)=\frac{Rt^2}{2}$
	K_p	K_v	K_a	$e_{ss}=\frac{R}{1+K_p}$	$e_{ss}=\frac{R}{K_v}$	$e_{ss}=\frac{R}{K_a}$
0	K	0	0	$\frac{R}{1+K}$	$+\infty$	$+\infty$
1	$+\infty$	K	0	0	$\frac{R}{K}$	$+\infty$
2	$+\infty$	$+\infty$	K	0	0	$\frac{R}{K}$

【例 3-13】　单位反馈系统前向通道的传递函数为 $G(s)=\dfrac{10}{s(s+1)}$，求系统在输入信号 $r(t)=3+2t+3t^2$ 作用下的稳态误差。

解　根据叠加原理分别求 $r_1(t)=3$，$r_2(t)=2t$，$r_3(t)=3t^2$ 的稳态误差。

系统为 1 型系统，$r_1(t)=3$ 为阶跃函数，$K_p=+\infty$，因此有

$$e_{ss1} = \frac{R}{1+K_p} = 0$$

$r_2(t) = 2t$ 为斜坡函数，稳态速度误差系数 $K_v = 10$，由此得到

$$e_{ss2} = \frac{2}{K_v} = 0.2$$

$r_3(t) = 3t^2$ 为抛物线函数，稳态加速度误差系数 $K_a = 0$，因此，

$$e_{ss} = \frac{6}{K_a} = +\infty$$

系统的稳态误差为

$$e_{ss} = e_{ss1} + e_{ss2} + e_{ss3} = +\infty$$

【例 3-14】 一单位反馈控制系统，若要求：(1)跟踪单位斜坡输入时系统的稳态误差为 2；(2)设该系统为 3 阶，其中一对复数闭环极点为 $-1 \pm \mathrm{j}$。求满足上述要求的开环传递函数。

解 系统是 1 型三阶系统，令其开环传递函数为

$$G(s) = \frac{K}{s(s^2 + bs + c)}$$

由 $e_{ss} = \dfrac{R}{K_v} = \dfrac{1}{K_v} = 2$，有 $K_v = \lim\limits_{s\to 0} sG(s) = \dfrac{K}{c}$，得 $K = 0.5c$。

相应闭环传递函数

$$\Phi(s) = \frac{G(s)}{1+G(s)} = \frac{K}{s^3 + bs^2 + cs + K} = \frac{K}{(s^2+2s+2)(s+p)}$$

即
$$s^3 + bs^2 + cs + K = s^3 + (p+2)s^2 + (2p+2)s + 2p$$

列写方程组

$$\begin{cases} p+2 = b \\ 2p+2 = c \\ 2p = K = 0.5c \end{cases} \Rightarrow \begin{cases} p = 1 \\ c = 4 \\ K = 2 \\ b = 3 \end{cases}$$

开环传递函数为

$$G(s) = \frac{K}{s(s^2 + 3s + 4)}$$

3.4.4 扰动信号作用下的稳态误差

以上我们讨论了系统在参考输入作用下的稳态误差。事实上，控制系统除了受到参考输入的作用外，还会受到来自系统内部和外部各种扰动的影响，这些都会引起稳态误差，称为扰动稳态误差，它的大小反映了系统抗干扰能力的强弱。对于扰动稳态误差的计算，可以采用上述对参考输入的方法。但是，由于参考输入和扰动输入作用于系统的不同位置，因而系统就有可能会产生在某种形式的参考输入下，其稳态误差为零；而在同一形式的扰动作用下，系统的稳态误差未必为零。因此，有必要研究由扰动作用引起的稳态误差和系统结构的关系。考虑如图 3-18 所示的系统，$R(s)$ 为系统的参考输入，$N(s)$ 为系统的扰动作用。

为了计算由扰动引起的系统稳态误差，假设 $R(s) = 0$，系统结构图化简后如图 3-19 所示，则输出对扰动的传递函数为(控制对象控制器)

$$\Phi_n(s) = \frac{C(s)}{N(s)} = \frac{G_2(s)}{1+G_1(s)G_2(s)H(s)}$$

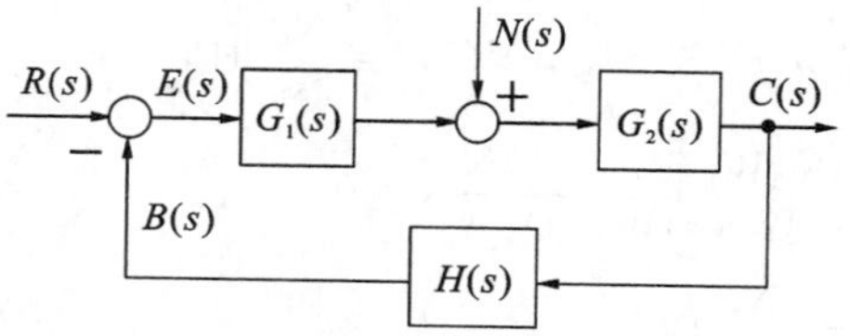

图 3-18　控制系统结构图

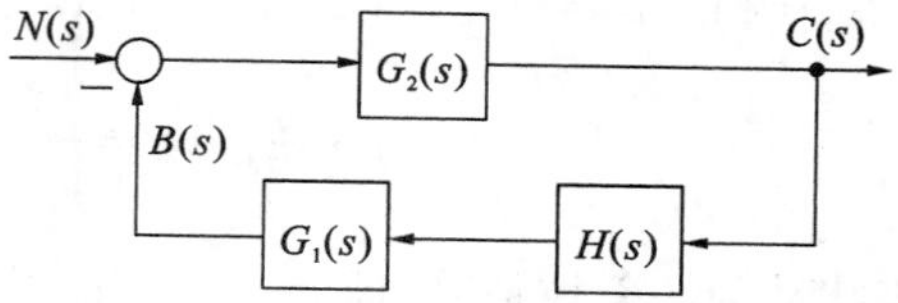

图 3-19　$R(s)=0$ 的控制系统结构图

由扰动产生的输出为

$$C_n(s) = \Phi_n(s)N(s) = \frac{G_2(s)}{1+G_1(s)G_2(s)H(s)}N(s)$$

故该非单位反馈系统响应扰动的输入端误差信号为

$$E_n(s) = 0 - B_n(s) = -\frac{G_2(s)H(s)}{1+G_1(s)G_2(s)H(s)}N(s)$$

根据终值定理求得在扰动作用下的稳态误差为

$$e_{ssn} = \lim_{s\to 0} sE_n(s) = \lim_{s\to 0} -\frac{sG_2(s)H(s)}{1+G_1(s)G_2(s)H(s)}N(s) \tag{3-41}$$

若令图 3-18 中的

$$G_1(s) = \frac{K_1W_1(s)}{s^{\nu_1}}, \quad G_2(s) = \frac{K_2W_2(s)}{s^{\nu_2}}$$

为讨论方便,假设 $H(s)=1$,则系统的开环传递函数为

$$G(s) = G_1(s)G_2(s) = \frac{K_1W_1(s)K_2W_2(s)}{s^{\nu}}$$

又 $\nu = \nu_1 + \nu_2$,$W_1(0) = W_2(0) = 1$,得

$$E_n(s) = -\frac{s^{\nu_1}K_2W_2(s)}{s^{\nu}+K_1K_2W_1(s)W_2(s)}N(s)$$

下面讨论 $\nu = 0,1$ 和 2 时系统的扰动稳态误差。

(1)0 型系统($\nu = 0$)。

当扰动为一阶跃信号,即 $n(t) = N_0$ 时,$N(s) = \frac{N_0}{s}$,代入式(3-41),求得

$$e_{ssn} = -\frac{K_2N_0}{1+K_1K_2} \tag{3-42}$$

一般情况下,由于 $K_1K_2 \gg 1$,则式(3-42)可近似表示为

$$e_{ssn} \approx -\frac{N_0}{K_1}$$

上式表明系统在阶跃扰动作用下,其稳态误差正比于扰动信号的幅值,与扰动作用点前的正向传递函数系数近似成反比。

(2)1 型系统($\nu = 1$)。

系统有两种可能的组合:① $\nu_1 = 1$,$\nu_2 = 0$;② $\nu_1 = 0$,$\nu_2 = 1$。显然,这两种不同的组

合，对于参考输入来说，它们都是1型系统，产生的稳态误差也完全相同。但对于扰动而言，这两种不同组合的系统，它们抗扰动的能力是完全不同的。对此说明如下：

① $\nu_1 = 1$，$\nu_2 = 0$。当扰动为一阶跃信号，即 $n(t) = N_0$，$N(s) = \dfrac{N_0}{s}$ 时，

$$e_{\text{ssn}} = \lim_{s\to 0} sE_{\text{n}}(s) = -\frac{s \cdot sK_2W_2(s)}{s + K_1K_2W_1(s)W_2(s)} \frac{N_0}{s} = 0$$

当扰动为一斜坡信号，即 $n(t) = N_0 t$，$N(s) = \dfrac{N_0}{s^2}$ 时，

$$e_{\text{ssn}} = \lim_{s\to 0} sE_{\text{n}}(s) = -\frac{s \cdot sK_2W_2(s)}{s + K_1K_2W_1(s)W_2(s)} \frac{N_0}{s^2} = -\frac{N_0}{K_1}$$

② $\nu_1 = 0$，$\nu_2 = 1$。当扰动为一阶跃信号，即 $n(t) = N_0$，$N(s) = \dfrac{N_0}{s}$ 时，

$$e_{\text{ssn}} = \lim_{s\to 0} sE_{\text{n}}(s) = -\frac{s \cdot K_2W_2(s)}{s + K_1K_2W_1(s)W_2(s)} \frac{N_0}{s} = -\frac{N_0}{K_1}$$

当扰动为一斜坡信号，即 $n(t) = N_0 t$，$N(s) = \dfrac{N_0}{s^2}$ 时，

$$e_{\text{ssn}} = \lim_{s\to 0} sE_{\text{n}}(s) = -\frac{s \cdot K_2W_2(s)}{s + K_1K_2W_1(s)W_2(s)} \frac{N_0}{s^2} = +\infty$$

由上述可知，扰动稳态误差只与作用点前的 $G_1(s)$ 结构和参数有关。如 $G_1(s)$ 中的 $\nu_1 = 1$ 时，相应系统的阶跃扰动稳态误差为零；斜坡稳态误差只与 $G_1(s)$ 中的增益 K_1 成反比。至于扰动作用点后的 $G_2(s)$，其增益 K_2 的大小和是否有积分环节对减小或消除扰动引起的稳态误差没有什么作用。

(3)2 型系统（$\nu = 2$）。

系统有三种可能的组合：① $\nu_1 = 2$，$\nu_2 = 0$；② $\nu_1 = 1$，$\nu_2 = 1$；③ $\nu_1 = 0$，$\nu_2 = 2$。根据上述的结论可知，第一种组合的系统具有2型系统的功能，即对于阶跃和斜坡扰动引起的稳态误差均为零；第二种组合的系统具有1型系统的功能，即由阶跃扰动引起的稳态误差为零，斜坡扰动产生的稳态误差为 $\dfrac{N_0}{K_1}$；第三种组合具有0型系统的功能，其阶跃扰动产生的稳态误差为 $\dfrac{N_0}{K_1}$，斜坡扰动引起的误差为 $+\infty$。

由以上分析可知，为了降低由扰动引起的稳态误差，通常采用增大扰动点以前的前向通道放大系数或在扰动点以前引入积分环节，但这样会给系统稳定工作带来困难。

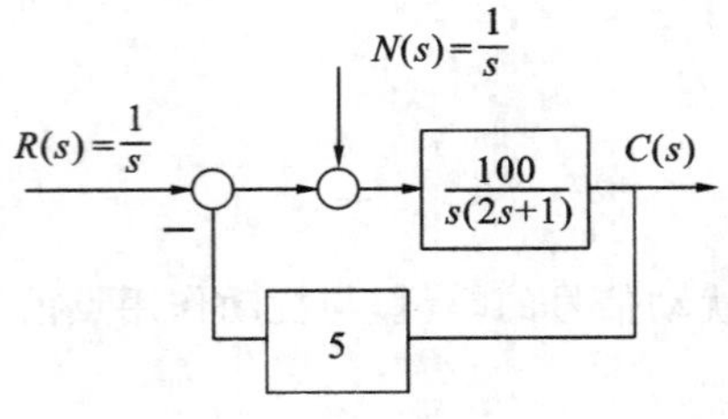

图 3-20　系统结构图

【例 3-15】 求图 3-20 所示系统的稳态误差值。

解 系统的闭环传递函数为

$$\Phi(s) = \frac{100}{2s^2 + s + 500}$$

由劳斯判据知，系统是稳定的。

由输入引起的误差为

$$E(s) = R(s)(1 - 5\Phi(s)) = \frac{1}{s}\left(1 - \frac{500}{2s^2 + s + 500}\right)$$

所以稳态误差

$$e_{ssr} = \lim_{s\to 0} sE(s) = 0$$

扰动传递函数(令 $R(s)=0$)为

$$\Phi_n(s) = \frac{C(s)}{N(s)} = \Phi(s)$$

由扰动引起的误差为

$$E_n(s) = -\Phi_n(s)N(s)\times 5 = \frac{-5}{s}\Phi_n(s)$$

所以稳态误差为

$$e_{ssn} = \lim_{s\to 0} sE_n(s) = -1$$

故由输入和扰动共同引起的误差为

$$e_{ss} = e_{ssr} + e_{ssn} = 0 - 1 = -1$$

3.4.5 提高系统稳态精度的措施

为了满足稳态误差要求,前面两节已经提出了可以采取的措施,现概括如下。

(1)增大系统开环增益或扰动作用点之前系统的前向通道增益。

增大系统开环增益 K 以后,对于 0 型系统,可以减小系统在阶跃输入时的位置误差;对于 1 型系统,可以减小系统在斜坡输入时的速度误差;对于 2 型系统,可以减小系统在加速度输入时的加速度误差。

由 3.4.4 节分析可知,增大系统扰动作用点之前的比例控制器增益 K_1,可以减小系统对阶跃扰动的稳态误差,并且系统在阶跃扰动作用下的稳态误差与 K_2 无关。因此,增大扰动点之后系统的前向通道增益,不能改变系统对扰动的稳态误差数值。

(2)在系统的前向通道或主反馈通道设置串联积分环节(增加系统型别)。

由 3.3.4 节分析表明,当系统主反馈通道 $H(s)$ 不含 $s=0$ 的零点和极点时,如下结论成立:

①系统前向通道所含串联积分环节数 ν,与误差传递函数 $\Phi_e(s)$ 所含 $s=0$ 的零点数 ν 相同,从而决定了系统响应输入信号的类别;

②在系统前向通道中设置 ν 个串联积分环节,必可消除系统在输入信号 $r(t)=\sum_{i=0}^{\nu-1}R_i t^i$ 作用下的稳态误差。

如果系统主反馈通道传递函数中含有 ν_3 个积分环节,即

$$H(s) = \frac{K_3 W_3(s)}{s^{\nu_3}}, \quad W_3(0) = 1$$

而其余假定同上,则系统对扰动作用的误差传递函数为

$$\begin{aligned}\Phi_{en}(s) = \frac{E(s)}{N(s)} &= -\frac{G_2(s)}{1+G_1(s)G_2(s)H(s)} \\ &= -\frac{s^{\nu_1+\nu_3}K_2W_2(s)}{s^{\nu}+K_1K_2K_3W_1(s)W_2(s)W_3(s)}\end{aligned} \tag{3-43}$$

式中:$\nu=\nu_1+\nu_2+\nu_3$。

如式(3-43)所示误差传递函数中具有 $\nu_1+\nu_3$ 个 $s=0$ 的零点。其中，ν_1 为系统扰动作用点前的前向通道中所含的积分环节数，ν_3 是系统主反馈通道所含的积分环节数。假定$R(s)=0$，系统输出端稳态误差

$$\begin{aligned} e_n(\infty) &= \lim_{s\to 0} s\Phi_{en}(s)N(s) \\ &= \lim_{s\to 0} -\frac{s^{\nu_1+\nu_3+1}K_2W_2(s)}{s^{\nu}+K_1K_2K_3W_1(s)W_2(s)W_3(s)}N(s) \end{aligned}$$

由上式可知，系统对于扰动信号 $n(t)=\sum_{i=0}^{\nu_1+\nu_3-1} n_i t^i$ 的稳态误差为0。误差传递函数中 $s=0$ 的零点数等价于系统扰动作用点前的前向通道串联积分环节数 ν_1 和主反馈通道串联积分环节数 ν_3 的和，故对于响应扰动作用的系统，下列结论成立：

①扰动作用点之前的前向通道中积分环节个数，与主反馈通道中积分环节个数之和决定系统响应扰动作用的型别，该型别与扰动作用点之后的前向通道积分环节无关；

②在扰动作用点之前的前向通道积分环节或主反馈中设置 ν 个积分环节，必可消除系统在扰动信号 $n(t)=\sum_{i=0}^{\nu_1+\nu_3-1} n_i t^i$ 作用下的稳态误差。

(3)采用串级控制抑制内回路扰动。

当控制系统中存在多个扰动信号，且控制精度要求较高时，宜采用串级控制方式，可以显著抑制内回路的扰动影响，如双闭环直流电动机调速系统。

(4)采用复合控制方法。

如果控制系统中存在强扰动，特别是低频强扰动，则一般的反馈控制方式难以满足高稳态精度的要求，此时可以采用复合控制方式。

3.5 MATLAB在时域分析中的应用

【例 3-16】 一阶系统的闭环传递函数为 $\Phi(s)=\frac{1}{Ts+1}$，绘制时间常数 $t=0.6$ s，1 s，2 s 时系统的单位阶跃响应曲线、单位脉冲响应曲线。

解 在MATLAB命令窗口输入下列语句：

```
sys1= tf([1], [0.6, 1]);
sys2= tf([1], [1, 1]);
sys3= tf([1], [2, 1]);
step(sys1, sys2, sys3)
```

得到的单位阶跃响应曲线如图 3-21 所示。

在MATLAB命令窗口输入下列语句：

```
impulse(sys1, sys2, sys3)
```

得到的单位脉冲响应曲线如图 3-22 所示。

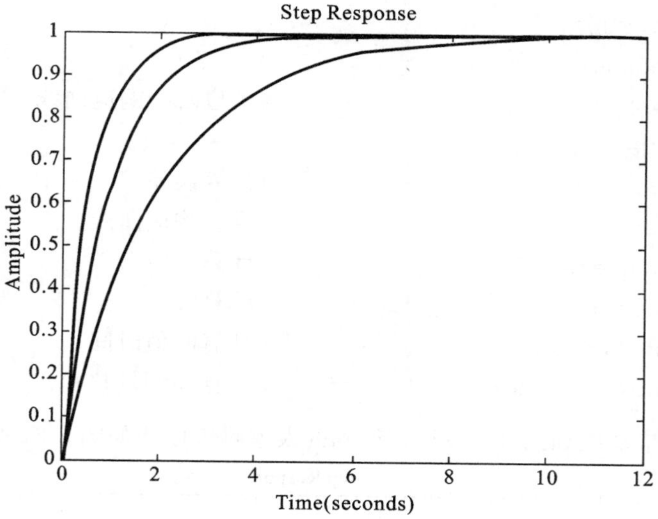

图 3-21　系统的单位阶跃响应曲线仿真图

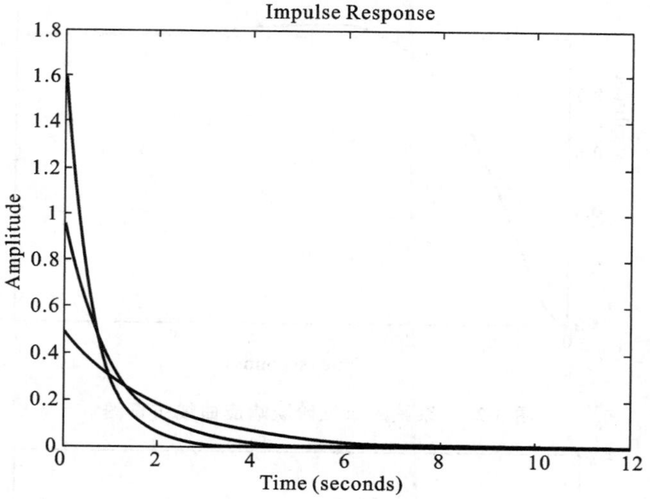

图 3-22　系统的单位脉冲响应曲线仿真图

【例 3-17】 单位负反馈系统开环传递函数为

$$G(s)=\frac{2s+1}{s(s+2)(s+0.5)}$$

试绘制系统的单位阶跃响应曲线,并求其稳态误差和超调量。

解 在 MATLAB 中求单位阶跃响应的函数为 step(),在 MATLAB 命令窗口输入下列语句:

```
k=2;
z=-0.5;
p=[0, -2, -0.5];
[n, d]=zp2tf(z, p, k);
```

```
sys=tf(n, d);
sys1=feedback(sys, 1);
step(sys1);                          %单位阶跃响应曲线
[y, t]=step(sys1);
ess=1-y;                             %计算误差
plot(t, ess);                        %误差响应曲线
ess(length(ess));                    %计算终值
ymax=max(y);                         %计算峰值
mp=(ymax-1)* 100;                    %计算峰值时间
ti=spline(y, t, ymax);               %计算超调量
```

得到的阶跃响应曲线如图 3-23 所示，得到的误差响应曲线如图 3-24 所示。

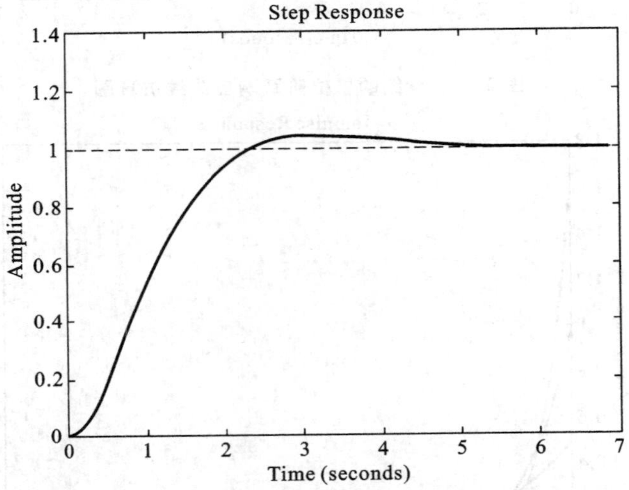

图 3-23　系统的单位阶跃响应曲线仿真图

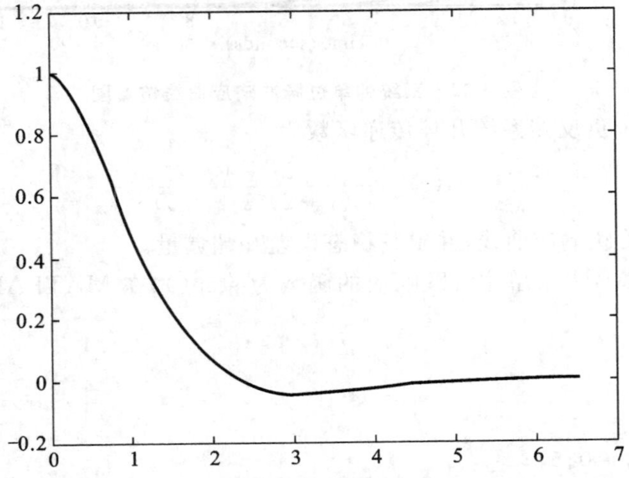

图 3-24　系统的误差响应曲线仿真图

得到的误差终值 ans＝0.016；

峰值 ymax ＝1.0432；

超调量 mp ＝4.3212；

峰值时间 ti ＝3.1475。

【例 3-18】 单位反馈系统的开环传递函数为

$$G(s)=\frac{0.1(s+2)}{s(s+0.5)(s+0.8)(s+1)}$$

试绘制系统的单位脉冲响应曲线。

解 MATLAB 中求单位阶跃响应的函数为 impulse()，在 MATLAB 命令窗口输入下列语句：

```
k=0.1;
z=-2;
p=[0, -0.5, -0.8, -1];
sys2=zpk(z, p, k);
sys=feedback(sys2, 1);
impulse(sys);
```

得到的单位脉冲响应曲线如图 3-25 所示。

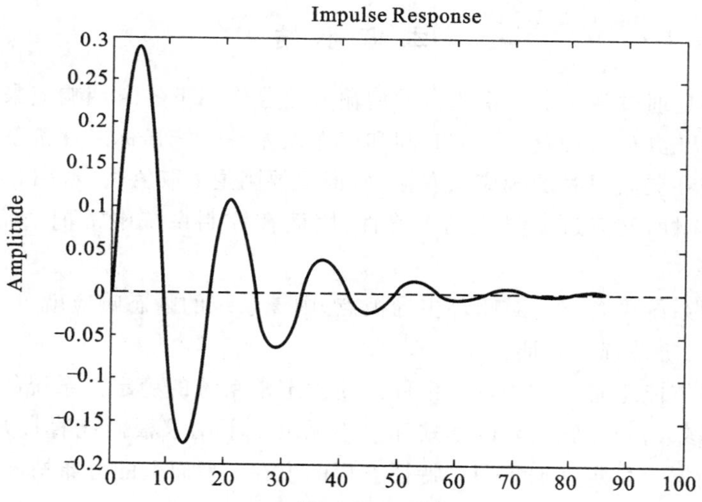

图 3-25　系统的单位脉冲响应曲线仿真图

【例 3-19】 已知单位反馈系统的开环传递函数为

$$G(s)=\frac{50(s+2)}{s(s+1)(s+10)}$$

试判别系统的稳定性。

解 MATLAB 程序如下：

```
k=100; z=-2; p=[0, -1, -10];
```

```
sys=zpk(z, p, k);
sys1=tf(sys);
p=sys1.den{1}+sys1.num{1}
r=roots(p)
if all(real(r)< 0)
    disp('该系统稳定')
else
    disp('该系统不稳定')
end
```

得到的仿真结果为：

```
p =
     1    11   110   200
r =
  -4.3961+8.4417i
  -4.3961-8.4417i
  -2.2078
```

该系统稳定。

本章小结

(1)时域分析是通过直接求解系统在典型输入信号作用下的时域响应来分析系统的性能。通常是以系统阶跃响应的超调量、调节时间和稳态误差等性能指标来评价系统的性能。

(2)二阶系统在欠阻尼时的响应虽有振荡，但只要阻尼 ζ 取值适当(如 $\zeta=0.7$ 左右)，则系统既有响应的快速性，又有过渡过程的平稳性，因而在控制系统中常把二阶系统设计为欠阻尼。

(3)如果高阶系统中含有一对闭环主导极点，则该系统的瞬态响应就可以近似地用这对主导极点所描述的二阶系统来表征。

(4)稳定是系统能正常工作的首要条件。线性定常系统的稳定是系统的固有特性，它取决于系统的结构和参数，与外施信号的形式和大小无关。不用求根而能直接判断系统稳定性的方法，称为稳定判据。稳定判据只回答特征方程的根在 s 平面上的分布情况，而不能确定根的具体数值。

(5)稳态误差是系统控制精度的度量，也是系统的一个重要性能指标。系统的稳态误差既与其结构和参数有关，也与控制信号的形式、大小和作用点有关。

(6)系统的稳态精度与动态性能在对系统的类型和开环增益的要求上是相矛盾的。解决这一矛盾的方法，除了在系统中设置校正装置外，还可用前馈补偿的方法来提高系统的稳态精度。

习　题

3-1　某系统零初始条件下的阶跃响应为

$$c(t) = 1 - 2e^{-t} + e^{-2t} \quad (t \geqslant 0)$$

试求系统的传递函数和脉冲响应。

3-2 设二阶控制系统的单位阶跃响应曲线如图3-26所示，试确定系统的传递函数。

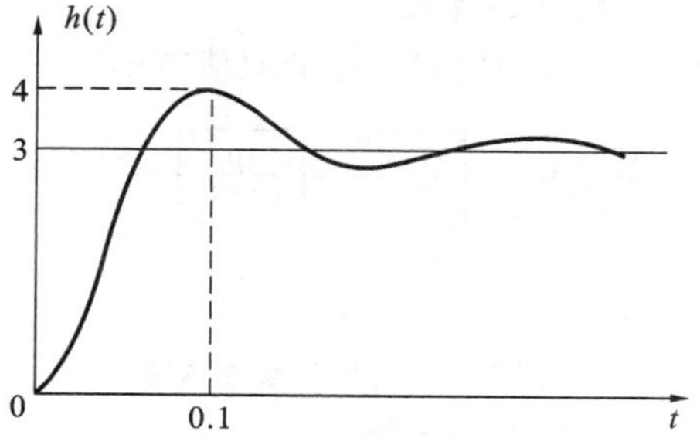

图3-26 二阶控制系统的单位阶跃响应曲线

3-3 设控制系统的闭环传递函数为

$$\Phi(s) = \frac{\omega_n^2}{s^2 + 2\zeta\omega_n s + \omega_n^2}$$

试在 s 平面上绘出满足下列各要求的系统特征方程根可能位于的区域：

(1) $0.707 \leqslant \zeta < 1$，$\omega_n \geqslant 2$；

(2) $0 < \zeta \leqslant 0.5$，$2 \leqslant \omega_n \leqslant 4$；

(3) $0.5 \leqslant \zeta \leqslant 0.707$，$\omega_n \leqslant 2$。

3-4 设单位负反馈系统的开环传递函数为

$$G(s) = \frac{2}{s(0.5s + 1)}$$

试写出该系统在单位阶跃输入作用下的动态性能指标。

3-5 闭环系统的特征方程如下，试用劳斯判据判断系统的稳定性。

(1) $s^3 + 20s^2 + 5s + 80 = 0$；

(2) $s^3 + 10s^2 + 9s + 100 = 0$；

(3) $s^4 + 2s^3 + 6s^2 + 8s + 5 = 0$；

(4) $s^6 + 30s^5 + 20s^4 + 10s^3 + 5s^2 + 20 = 0$；

(5) $s^4 + 8s^3 + 18s^2 + 16s + 5 = 0$。

3-6 设单位负反馈系统的开环传递函数分别如下：

(1) $G(s) = \dfrac{K}{(0.1s + 1)(0.5s + 1)}$；

(2) $G(s) = \dfrac{K(0.5s + 1)}{s(s + 1)(0.5s^2 + s + 1)}$；

(3) $G(s) = \dfrac{K(s + 2)}{s^2(s + 1)}$；

(4) $G(s) = \dfrac{K}{s(s - 1)(0.2s + 1)}$；

(5) $G(s) = \dfrac{K}{s(s + 1)(0.5s + 1)}$。

试确定使系统稳定的开环增益 K 的数值范围。

3-7 已知系统特征方程为

$$s^6+2s^5+8s^4+12s^3+20s^2+16s+16=0$$

试求:(1)在右半 s 平面的根的个数;(2)虚根。

3-8 试确定如图 3-27 所示系统稳定时 τ 值的取值范围。

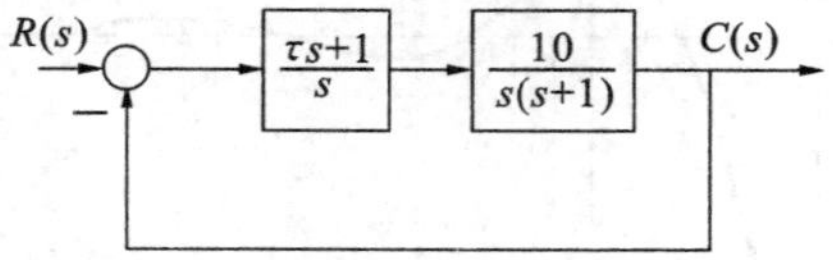

图 3-27 控制系统结构图

3-9 试确定如图 3-28 所示系统的稳定性。

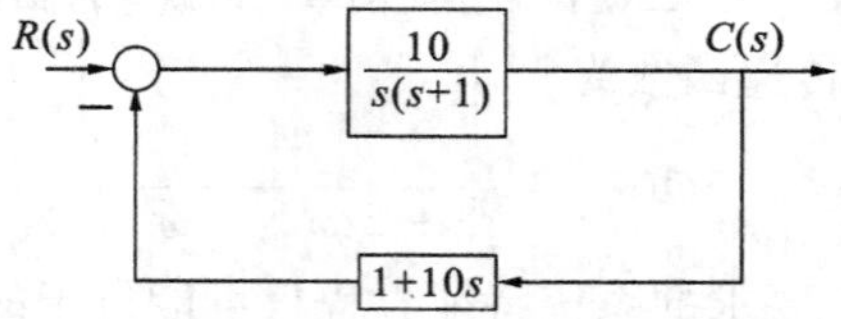

图 3-28 控制系统结构图

3-10 某单位负反馈系统的开环传递函数为

$$G(s)=\frac{K(s+1)}{s^3+as^2+2s+1}$$

当调节放大系数 K 至某一数值时,系统产生频率为 $\omega=2$ rad/s 的等幅振荡,试确定系统参量 K 和 a 的值。

3-11 某反馈控制系统如图 3-29 所示。

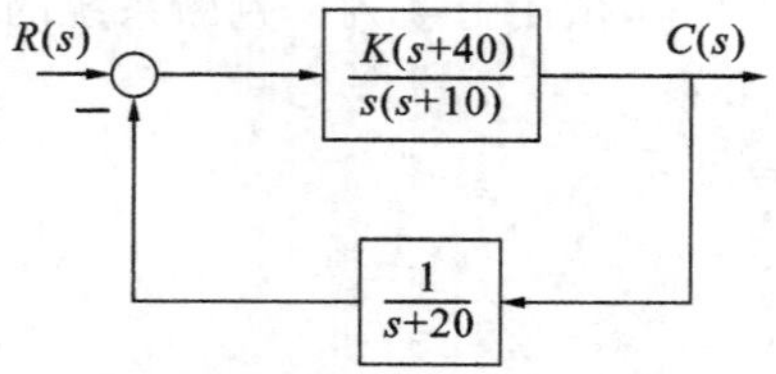

图 3-29 控制系统结构图

(1)确定使系统稳定的 K 值范围;

(2)确定使系统临界稳定的 K 值,并计算系统的纯虚根;

(3)为保证系统极点全部位于 $s=-1$ 的左侧,试确定此时增益 K 的范围。

3-12 单位反馈控制系统的开环传递函数为

$$G(s)=\frac{K}{s(as+1)(bs^2+cs+1)}$$

试求:(1)位置误差系数、速度误差系数和加速度误差系数;

(2)当参考输入为 $r\cdot 1(t)$,$rt\cdot 1(t)$ 和 $rt^2\cdot 1(t)$ 时系统的稳态误差。

3-13 单位反馈控制系统的开环传递函数为

$$G(s)=\frac{10}{s(1+T_1s)(1+T_2s)}$$

输入信号为 $r(t)=A+Bt$,A, B 为常量,试求系统的稳态误差。

3-14　已知单位反馈系统的开环传递函数为

(1) $G(s)=\dfrac{50}{(0.1s+1)(2s+1)}$;

(2) $G(s)=\dfrac{K}{s(s^2+4s+200)}$;

(3) $G(s)=\dfrac{10(2s+1)(4s+1)}{s^2(s^2+2s+10)}$。

试求输入分别为 $r(t)=2t$ 和 $r(t)=2+2t+t^2$ 时系统的稳态误差。

3-15　控制系统的结构图如图 3-30 所示,假设输入信号为 $r(t)=at$ (a 为任意常数),证明:通过适当地调节 K_i 的值,该系统对斜坡输入的响应的稳态误差能达到零。

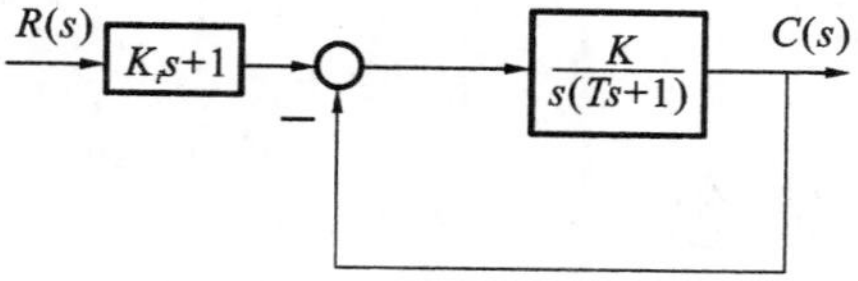

图 3-30　控制系统结构图

3-16　设单位反馈系统的开环传递函数为

$$G(s)=\frac{\omega_n^2}{s(s+2\zeta\omega_n)}$$

已知系统的误差响应为

$$e(t)=1.4e^{-1.07t}-0.4e^{-3.73t}\quad(t\geqslant 0)$$

试求系统的阻尼比 ζ、自然振荡频率 ω_n 和稳态误差 e_{ss} 。

3-17　设控制系统如图 3-31 所示,其中,输入 $r(t)$ 以及扰动 $n_1(t)$ 和 $n_2(t)$ 均为单位阶跃函数。试求:

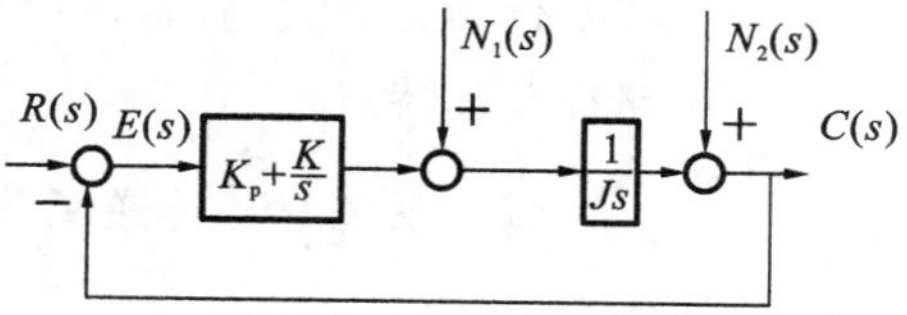

图 3-31　控制系统结构图

(1)在 $r(t)$ 作用下系统的稳态误差;

(2)在 $n_1(t)$ 作用下系统的稳态误差;

(3)在 $n_1(t)$ 和 $n_2(t)$ 同时作用下系统的稳态误差。

第4章 根轨迹法

在时域分析法中，控制系统的闭环特征方程的特征根决定了系统的稳定性和瞬态响应。那么，在分析控制系统时，是否对于每个控制系统都必须求出其闭环特征根，才能够了解其性能呢？对于一阶或二阶系统，求闭环特征根是比较简单的问题，但是当系统为三阶及以上时，采用解析法求解特征根是一项比较复杂的工作。特别是在分析系统某一参数(如开环增益)变化对系统性能的影响时，这种准确求解每个特征根的工作将会变得十分困难。1948 年，W. R. Evans 根据开、闭环传递函数之间的内在关系，提出了一种描述特征方程中参数与方程特征根之间对应关系的图解法，即根轨迹法，比较方便地解决了上述问题。本章将对该方法进行重点阐述。

4.1 根轨迹的基本概念

根轨迹法是分析和设计线性定常控制系统的图解方法，使用十分简便，特别是在分析多回路系统时。本节从根轨迹的基本概念出发，主要介绍从闭环零极点和开环零极点之间关系推导出根轨迹方程，以及将根轨迹方程转化为常用的相角方程和幅值方程等内容。

4.1.1 根轨迹的定义

定义 4.1 根轨迹是开环系统某个参数从零到无穷大变化的过程中，闭环特征方程根在 s 平面移动的轨迹。

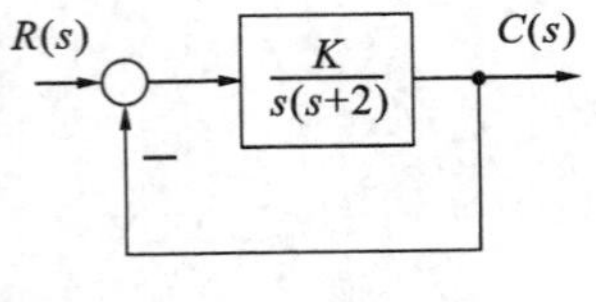

图 4-1 控制系统结构图

【例 4-1】 控制系统如图 4-1 所示，分析参数 K 从零变化到无穷大时，闭环特征方程根在 s 平面上移动的路径及其特点。

解 系统开环传递函数为 $G(s)=\dfrac{K}{s^2+2s}$，开环极点 $p_1=0$，$p_2=-2$，无开环零点，系统闭环传递函数为

$$\Phi(s)=\frac{C(s)}{R(s)}=\frac{K}{s^2+2s+K}$$

特征方程为 $D(s)=s^2+2s+K=0$，求解可得特征方程根为

$$s_1=-1+\sqrt{1-K},\quad s_2=-1-\sqrt{1-K}$$

特征根 s_1 和 s_2 随 K 的改变而变化：

当 $K=0$ 时，$s_1=0$，$s_1=-2$；

当 $K=\dfrac{1}{2}$ 时，$s_1=-1+\dfrac{\sqrt{2}}{2}$，$s_2=-1-\dfrac{\sqrt{2}}{2}$；

当 $K=1$ 时，$s_1=-1$，$s_2=-1$，闭环特征方程有重根；

当 $K=2$ 时，$s_1=-1+\mathrm{j}$，$s_2=-1-\mathrm{j}$；

当 $K=+\infty$ 时，$s_1=-1+\mathrm{j}\infty$，$s_2=-1-\mathrm{j}\infty$。

根据计算结果在 s 平面上描点并用平滑直线将其连接，得到 K 从零变化到正无穷的过程中闭环特征根的变化轨迹，如图 4-2 所示，这就是该控制系统的根轨迹。图 4-2 中，根轨迹用粗实线描绘，箭头指向 K 增加时根轨迹的移动方向。

根据绘制的根轨迹图，分析系统性能随参数 K 变化的规律。

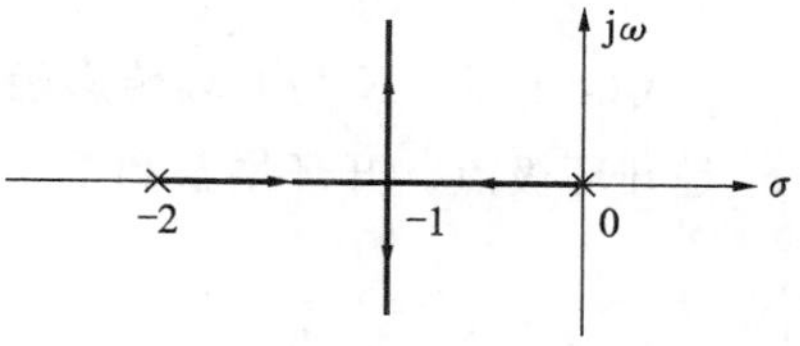

图 4-2 系统根轨迹图

1. 稳定性

在开环增益 K 从零变化到无穷大的过程中，图 4-2 所示系统的根轨迹全部落在左半 s 平面，系统稳定。

2. 稳态性能

由图 4-2 可见，开环系统在坐标原点有一个极点，系统属于 1 型系统。

当 $r(t)=1(t)$ 时，$e_{ss}=0$；

当 $r(t)=t$ 时，$e_{ss}=1/K$。

3. 动态性能

由图 4-2 可见：

当 $0<K<1$ 时，闭环特征根为实根，系统呈现过阻尼状态，阶跃响应为单调上升过程；

当 $K=1$ 时，闭环特征根为二重实根，系统呈现临界阻尼状态，阶跃响应仍为单调过程，但响应速度比 $0<K<1$ 时的快；

当 $K>1$ 时，闭环特征根为一对共轭复根，系统呈现欠阻尼状态，阶跃响应为振荡衰减过程，且随 K 增加，阻尼比减小，超调量增大，但 t_s 基本不变。

上述分析表明，根轨迹与系统性能之间有着密切的联系，利用根轨迹可以分析当系统参数（K 或 K^*）增大时系统动态性能的变化趋势。用解析的方法逐点描画、绘制系统的根轨迹是很麻烦的。我们希望有简便的图解方法，可以根据已知的开环零极点迅速地绘出闭环系统的根轨迹。为此，需要研究闭环零极点与开环零极点之间的关系。

4.1.2 开环零极点和根轨迹方程

控制系统的典型结构图如图 4-3 所示。

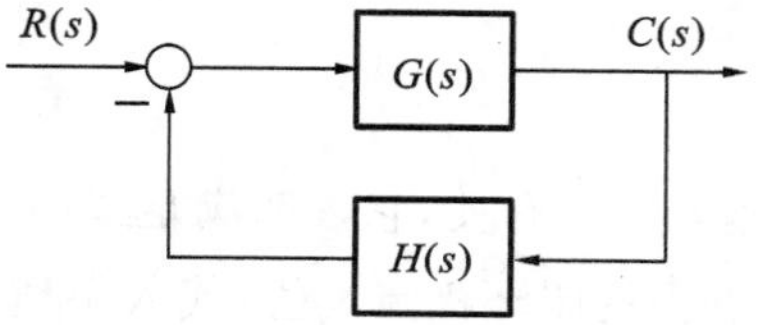

图 4-3 控制系统的典型结构图

系统的闭环传递函数为

$$\Phi(s)=\frac{G(s)}{1+G(s)H(s)}$$

式中：$G(s)H(s)$ 为开环传递函数。

设开环传递函数可以写成如下形式：

$$G(s)H(s) = K\frac{b_m s^m + b_{m-1}s^{m-1} + \cdots + b_1 s + 1}{a_n s^n + a_{n-1}s^n + \cdots + a_1 s + 1} \tag{4-1}$$

或如下形式

$$G(s)H(s) = \frac{K^* \prod_{i=1}^{m}(s - z_i)}{\prod_{j=1}^{n}(s - p_j)} \tag{4-2}$$

式(4-1)中，K 为开环传递函数开环增益；式(4-2)中，K^* 为根轨迹增益，z_i 是开环零点，p_j 是开环极点。开环增益和根轨迹增益之间的关系是

$$K = K^* \frac{\prod_{i=1}^{m}(-z_i)}{\prod_{j=1}^{n}(-p_j)} \tag{4-3}$$

闭环特征方程为

$$1 + G(s)H(s) = 0$$

即

$$G(s)H(s) = -1$$

亦可以写成如下形式：

$$\frac{K^* \prod_{i=1}^{m}(s - z_i)}{\prod_{j=1}^{n}(s - p_j)} = -1 \tag{4-4}$$

式(4-4)为根轨迹方程，它是一复数方程，由于复数方程两边的幅值和相角对应相等，因此可以将式(4-4)用两个方程来描述，即

$$K^* = \frac{\prod_{j=1}^{m}|s - p_j|}{\prod_{i=1}^{n}|s - z_i|} \tag{4-5}$$

$$\sum_{i=1}^{m}\angle(s - z_i) - \sum_{j=1}^{n}\angle(s - p_j) = (2k+1)\pi, k = 0, \pm 1, \pm 2, \cdots \tag{4-6}$$

式(4-5)和式(4-6)分别称为幅值方程和相角方程。满足幅值方程和相角方程的 s 值，称为特征方程的根，即根轨迹上的闭环极点。

需要注意以下几点：

(1)开环零点 z_i 、极点 p_j 是决定闭环根轨迹的条件。

(2)注意到式(4-6)定义的相角方程不含有 K^* ，幅值方程与 K^* 有关，它表明满足式(4-5)的任意 K^* 值均满足由相角方程定义的根轨迹，而满足相角方程的闭环极点 s 值，代入幅值方程式(4-5)，总可以求出一个对应的 K^* 值。因此，相角方程是决定闭环根轨迹的充分必要条件。绘制根轨迹时只需要依据相角方程，只有在确定各点对应的 K^* 时使用幅值方程。

(3)根据幅值方程,显然一个 K^* 对应 n 个 s 值,满足幅值方程的 s 值不一定满足相角方程。因此,由幅值方程(及其变化式)求出的 s 值不一定是根轨迹上的根。

(4)任意特征方程 $D(s)=0$ 均可处理成 $1+G(s)H(s)=0$ 的形式,其中把 $G(s)H(s)$ 写成式(4-4)描述的形式就可以得到 K^* 值,所以说 K^* 可以是系统的任意参数。

4.2　绘制根轨迹的基本法则

由 4.1 节分析可知,当 K^* 从零变化到无穷时,依据相角方程,可在 s 平面上找到满足 K^* 变化时的所有闭环极点,即可以绘出系统的根轨迹。但是在实际的系统中,通常不需要按照相角方程逐点确认,而是根据一定的法则,绘制闭环极点随 K^* 变化的大致轨迹。下面即将讨论的绘制根轨迹的基本法则必须要满足系统为负反馈系统这一条件。

4.2.1　绘制根轨迹的基本法则

在下面的讨论中,假定所研究的变化参数为根轨迹增益 K^*,当可变参数为系统中其他参数时,以下这些法则同样适用(但需要经过适当变换)。在本节中,用这些法则绘出的根轨迹都遵循 $(2k+1)\pi$ 的相角条件,因此称为 180° 根轨迹(或常规根轨迹)。

如图 4-3 所示的系统,其根轨迹方程如下:

$$\frac{K^*\prod_{i=1}^{m}(s-z_i)}{\prod_{j=1}^{n}(s-p_j)}=-1$$

法则 1　根轨迹的分支数与系统闭环特征方程的阶数相等,即与开环有限零点数 m 和开环有限极点数 n 中的大者相等。

闭环特征方程的阶数与开环零点数和开环极点数中大者相等,例如当 $n\geqslant m$ 时,系统为 n 阶系统,n 阶特征方程有 n 个特征根,当根轨迹增益 K^* 从零到无穷变化时,n 个特征根随之变化,在 s 平面上出现 n 条根轨迹。

法则 2　根轨迹是连续的并且关于实轴对称。

闭环特征方程中某些系数是根轨迹增益 K^* 的函数,当 K^* 从 $0\to+\infty$ 连续变化时,特征方程的某些系数也随之连续变化,因此特征方程根的变化也是连续的,故根轨迹是连续的。

闭环系统的根只有实根和共轭复根,而根轨迹是根的集合,因此根轨迹必关于实轴对称。

法则 3　根轨迹起始于开环极点,终止于开环零点。

根轨迹起点是指 $K^*=0$ 的根轨迹点,根轨迹终点是指 $K^*\to+\infty$ 的根轨迹点。由式(4-2)可得系统特征方程为

$$K^*\prod_{i=1}^{m}(s-z_i)+\prod_{j=1}^{n}(s-p_j)=0 \tag{4-7}$$

当 $K^*=0$ 时,$s=p_j$,$j=1,2,\cdots,n$,因此闭环特征方程的根就是开环传递函数的极点,根轨迹必起始于开环极点。

式(4-7)可以变换为如下形式：

$$\prod_{i=1}^{m}(s-z_i)+\frac{1}{K^*}\prod_{j=1}^{n}(s-p_j)=0 \tag{4-8}$$

当 $K^* \to +\infty$ 时，$s=z_i$，$i=1,2,\cdots,m$，因此根轨迹必终止于开环零点。

在实际系统中，开环零点数 m 和开环极点数 n 之间满足不等式 $m \leqslant n$，因此有 $n-m$ 条根轨迹的终点在无穷远处。

在绘制其他参数变化的根轨迹时，可能会出现 $m>n$，那么当 $K^*=0$，必有 $m-n$ 条根轨迹的起点在无穷远处。

法则 4　实轴上某段区域右边的实数零点数和实数极点数之和为奇数时，这段区域必为根轨迹的一部分。

设系统的开环传递函数为

$$G(s)H(s)=\frac{K^*(s-z_1)(s-z_2)(s-z_3)(s-z_4)}{(s-p_1)(s-p_2)(s-p_3)(s-p_4)(s-p_5)} \tag{4-9}$$

其中，p_1，p_2，p_3 为实极点，z_1 和 z_2 为实零点，p_4 和 p_5 为共轭复数极点，z_3 和 z_4 为共轭复数零点，它们在 s 平面上的分布如图 4-4 所示，试分析实轴上的根轨迹与开环零点和开环极点的关系。

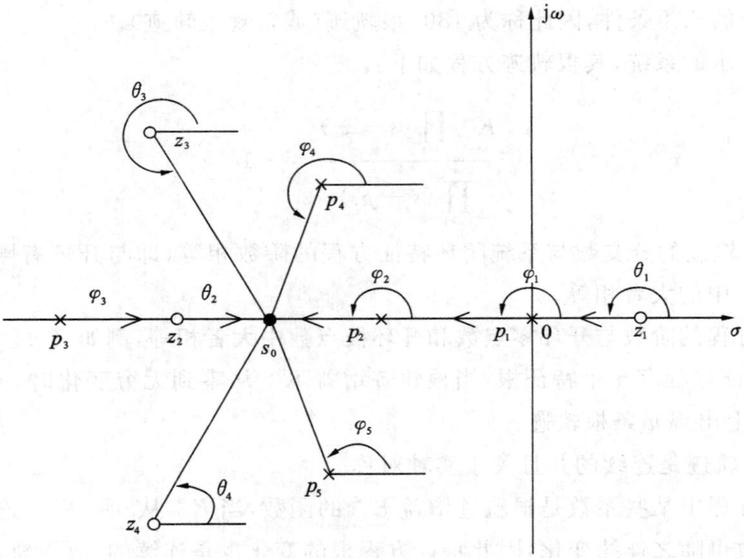

图 4-4　实轴上的根轨迹

分析过程如下：

实轴上的根轨迹必须满足绘制根轨迹的相角条件，即

$$\sum_{i=1}^{m}\angle(s-z_i)-\sum_{j=1}^{n}\angle(s-p_j)=(2k+1)\pi \quad (k=0,\pm 1,\pm 2,\cdots)$$

为确定实轴上的根轨迹，选择 s_0 作为试验点。

图 4-4 中，开环零点到 s_0 点的向量相角为 $\theta_i(i=1,2,3,4)$，开环极点到 s_0 点的向量相角为 $\varphi_j(j=1,2,3,4,5)$。

在确定实轴上的某点是否在根轨迹上时，可以不考虑复数开环零、极点对相角的影响。实轴上，s_0 点左侧的开环极点 p_3 和开环零点 z_2 构成的向量夹角均为零度，而 s_0 点右侧的开环极点 p_1、p_2 和开环零点 z_1 构成的向量夹角均为 π。若 s_0 为根轨迹上的点，必满足相角条件，即

$$\sum_{i=1}^{4}\theta_i - \sum_{j=1}^{5}\varphi_j = (2k+1)\pi \tag{4-10}$$

由以上分析知，只有 s_0 点右侧实轴上的开环极点和开环零点的个数之和为奇数时，才满足相角条件。

法则 5　当开环有限极点数大于开环有限零点数时，有 $n-m$ 条根轨迹分支沿着与实轴夹角为 φ_a、交点为 σ_a 的一组渐近线趋向无穷远处，且有

$$\varphi_a = \frac{(2k+1)\pi}{n-m} \quad (k=0,1,2,\cdots,n-m-1) \tag{4-11}$$

$$\sigma_a = \frac{\sum_{j=1}^{n} p_j - \sum_{i=1}^{m} z_i}{n-m} \tag{4-12}$$

证明　如果开环零点数小于开环极点数，即 $m<n$，则系统的根轨迹增益 $K^* \to +\infty$ 时，趋向无穷远处的根轨迹共有 $n-m$ 条，这 $n-m$ 条根轨迹趋向无穷远处的方位可由渐近线决定。根轨迹趋向无穷远处，即 $s \to +\infty$，则有

$$\frac{K^*\prod_{i=1}^{m}(s-z_i)}{\prod_{j=1}^{n}(s-p_j)} = \frac{K^*}{s^{n-m}} = -1$$

$$s^{n-m} = -K^*$$

$$(n-m)\angle s = (2k+1)\pi$$

所以渐近线与实轴的夹角为

$$\varphi_a = \angle s = \frac{(2k+1)\pi}{n-m} \quad (k=0,1,2,\cdots,n-m-1)$$

无穷远处闭环极点的方向角，也就是渐近线的方向角。

同理，当 s_a 是无穷远处的一个闭环特征方程的根时，s 平面上所有的开环零点 z_i 和开环极点 p_j 到 s_a 的长度都相等，于是可以认为对无穷远处的闭环极点 s_a 而言，所有的开环零极点都在一点，位置为 σ_a，它就是所求的渐近线与实轴的交点。

由式(4-4)可知

$$\frac{\prod_{i=1}^{m}|s-z_i|}{\prod_{j=1}^{n}|s-p_j|} = \left|\frac{s^m+b_1s^{m-1}+\cdots+b_{m-1}s+b_m}{s^n+a_1s^{n-1}+\cdots+a_{n-1}s+a_n}\right| = \frac{1}{K^*} \tag{4-13}$$

那么当 $s=s_a=+\infty$ 时，$z_i=p_j=\sigma_a$，则上式可以写成

$$\left|\frac{1}{(s-\sigma_a)^{n-m}}\right| = \left|\frac{1}{s^{n-m}+(a_1-b_1)s^{n-m-1}+\cdots}\right| = \frac{1}{K^*}$$

其中对 $(s-\sigma_a)^{n-m}$ 二项式展开得

$$(s-\sigma_a)^{n-m}=s^{n-m}+(n-m)(-\sigma_a)s^{n-m-1}+\cdots \tag{4-14}$$

根据两个分母第二项系数相等可得

$$-\sigma_a(n-m)=a_1-b_1$$

其中

$$a_1=-\sum_{j=1}^{n}p_j,\quad b_1=-\sum_{i=1}^{m}z_i$$

所以

$$\sigma_a=\frac{\sum_{j=1}^{n}p_j-\sum_{i=1}^{m}z_i}{n-m}$$

【例 4-2】 求下面闭环特征方程根轨迹的渐近线

$$s(s+4)(s^2+2s+2)+K_1(s+1)=0$$

解

$$G(s)H(s)=\frac{K_1(s+1)}{s(s+4)(s^2+2s+2)}$$

渐近线与实轴夹角为

$$\varphi_a=\frac{(2k+1)\pi}{n-m}=\frac{2k+1}{4}\pi,\quad k=0,1,2$$

与实轴交点为

$$\sigma_a=\frac{\sum_{j=1}^{n}p_j-\sum_{i=1}^{m}z_i}{n-m}=\frac{0-4-1+\mathrm{j}-1-\mathrm{j}-(-1)}{3}=-\frac{5}{3}$$

绘制渐近线如图 4-5 所示。

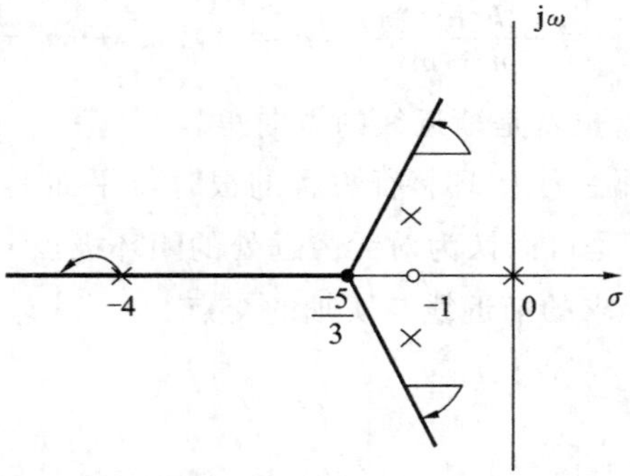

图 4-5 根轨迹的渐近线

法则 6 两条或两条以上根轨迹分支在平面上相遇又立即分开的点，称为根轨迹的分离点(或会合点)，分离点坐标由下式决定：

$$\sum_{i=1}^{m}\frac{1}{d-z_i}=\sum_{j=1}^{n}\frac{1}{d-p_j} \tag{4-15}$$

分离角为 $(2k+1)\pi/r$，r 为进入该分离点的根轨迹的分支数。

因为根轨迹是对称的，所以根轨迹的分离点或出现在实轴上，或共轭成对地出现在复平面上，其中以实数分离点最为常见。如果两个相邻实数极点之间的区域是一段根轨迹，那么在这两个极点之间一定存在一个分离点，如图 4-6 所示的 d_1 点；如果两个相邻实数零点之间的区域是一段根轨迹，那么在这两个零点之间一定存在一个汇合点，如图 4-6 所示的 d_2 点；根轨迹的分离点，事实上就是当 K^* 变化到某一特定值时，闭环特征方程出现了重根。

证明　由式(4-4)知，闭环特征方程为

$$D(s)=K^*\prod_{i=1}^{m}(s-z_i)+\prod_{j=1}^{n}(s-p_j)=0$$

若根轨迹在 s 平面上相遇，则闭环特征方程有重根，设重根为 d，那么得到

$$D(s)=0,\quad \frac{\mathrm{d}D(s)}{\mathrm{d}s}=0$$

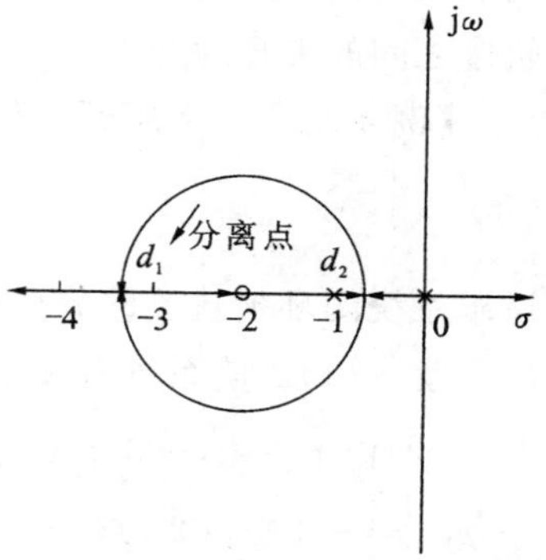

图 4-6　根轨迹的分离点

即

$$K^*\prod_{i=1}^{m}(s-z_i)+\prod_{j=1}^{n}(s-p_j)=0$$

$$\frac{\mathrm{d}\left[K^*\prod_{i=1}^{m}(s-z_i)+\prod_{j=1}^{n}(s-p_j)\right]}{\mathrm{d}s}=0$$

稍作变换得

$$-K^*\prod_{i=1}^{m}(s-z_i)=\prod_{j=1}^{n}(s-p_j) \tag{4-16}$$

$$-K^*\frac{\mathrm{d}\prod_{i=1}^{m}(s-z_i)}{\mathrm{d}s}=\frac{\mathrm{d}\prod_{j=1}^{n}(s-p_j)}{\mathrm{d}s} \tag{4-17}$$

式(4-17)除以式(4-16)得

$$\frac{\dfrac{\mathrm{d}\prod_{i=1}^{m}(s-z_i)}{\mathrm{d}s}}{\prod_{i=1}^{m}(s-z_i)}=\frac{\dfrac{\mathrm{d}\prod_{j=1}^{n}(s-p_j)}{\mathrm{d}s}}{\prod_{j=1}^{n}(s-p_j)}$$

即

$$\frac{\mathrm{d}\ln\prod_{i=1}^{m}(s-z_i)}{\mathrm{d}s}=\frac{\mathrm{d}\ln\prod_{j=1}^{n}(s-p_j)}{\mathrm{d}s}$$

上式可写为

$$\sum_{i=1}^{m}\frac{\mathrm{d}\ln(s-z_i)}{\mathrm{d}s}=\sum_{j=1}^{n}\frac{\mathrm{d}\ln(s-p_j)}{\mathrm{d}s}$$

即为

$$\sum_{i=1}^{m}\frac{1}{s-z_i}=\sum_{j=1}^{n}\frac{1}{s-p_j} \tag{4-18}$$

由上式即可求出分离点坐标 d 。方程的根不一定都是分离点(或汇合点),只有代入特征方程后满足 $K^*>0$ 的那些根才是真正的分离点(或汇合点)。在实际工程应用中,往往根据实际情况就可以看出方程的根是否为分离点(或汇合点),比如通过看它是否在根轨迹上进行判断。

根据相角条件可以推证,如果有 r 条根轨迹分支到达(或离开)实轴上的分离点,则在该分离点处,根轨迹分支间的夹角为 $\pm180^\circ/r$ 。通常两支根轨迹相遇的情况较多,$r=2$,因此,根轨迹之间的夹角为 90° 。

【例 4-3】 系统开环传递函数为

$$G(s)H(s)=\frac{K^*(s+2)}{s^2+2s+3}$$

试求系统闭环根轨迹的分离点,并绘制根轨迹。

解 (1)二阶系统有 2 条根轨迹,且关于实轴对称。

(2)由 $s^2+2s+3=0$ 得开环极点 $p_{1,2}=-1\pm \mathrm{j}\sqrt{2}$;开环零点 $z_1=-2$;两条根轨迹起始于 $p_{1,2}=-1\pm \mathrm{j}\sqrt{2}$,终止于 $z_1=-2$,$+\infty$ 。

(3)区间 $(-\infty,-2]$ 是实轴上的根轨迹。

(4)求分离点坐标可由 $\dfrac{1}{d+2}=\dfrac{1}{d+1+\mathrm{j}\sqrt{2}}+\dfrac{1}{d+1-\mathrm{j}\sqrt{2}}$ 求出,解此方程得

$d_1=-2-\sqrt{3}=-3.732$,$d_2=-2+\sqrt{3}=-0.268$ (不在根轨迹上,舍去)

根据以上分析绘出根轨迹,如图 4-7 所示。

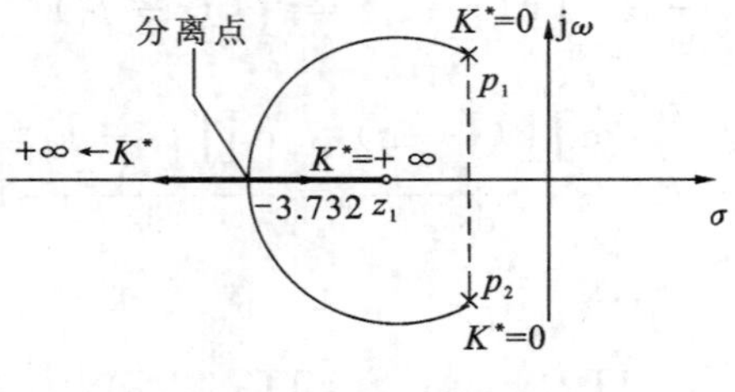

图 4-7 例 4-3 的根轨迹图

法则 7 始于开环复数极点处的根轨迹的起始角和止于开环复数零点处的根轨迹的终止角可分别按下式计算:

起始角

$$\theta_{p_l}=\pi+\left[\sum_{i=1}^{m}(p_l-z_i)-\sum_{j=1,j\neq l}^{n}(p_l-p_j)\right] \tag{4-19}$$

终止角

$$\theta_{z_l}=\pi-\left[\sum_{i=1,i\neq l}^{m}(z_l-z_i)-\sum_{j=1}^{n}(z_l-p_j)\right] \tag{4-20}$$

起始角是指起始于开环复数极点的根轨迹在起点处的切线与正实轴的夹角,用 θ_{p_l} 表示;终止角是指终止于开环复数零点的根轨迹在终点处的切线与正实轴的夹角,用 θ_{z_l} 表示。

证明　设开环系统有 m 个开环零点和 n 个开环极点，在无限靠近待求起始角（终止角）的复数极点（复数零点）的根轨迹上取一点 s_1，由于 s_1 无限接近待求起始角的复数极点 p_l（或待求终止角的复数极点 z_l），因此除 p_l（或 z_l）外，所有开环零极点到 s_1 的相角 $\sum_{i=1}^{m}(s_l-z_i)$ 和 $\sum_{j=1,j\neq l}^{n}(s_l-p_j)$，都可以用它们到 p_l（或 z_l）的相角来表示 $\sum_{i=1}^{m}(p_l-z_i)$ 和 $\sum_{j=1,j\neq l}^{n}(p_l-p_j)$（或 $\sum_{i=1,i\neq l}^{m}(z_l-z_i)$ 和 $\sum_{j=1}^{n}(z_l-p_j)$），而 p_l（或 z_l）到 s_1 的相角即为 θ_{p_l}（或 θ_{z_l}）。s_1 在根轨迹上，由相角方程可得

$$\sum_{i=1}^{m}(p_l-z_i)-\sum_{j=1,j\neq l}^{n}(p_l-p_j)-\theta_{p_l}=\pi$$

$$\sum_{i=1,i\neq l}^{m}(z_l-z_i)+\theta_{z_l}-\sum_{j=1}^{n}(z_l-p_j)=\pi$$

对上面两式稍作变换，可得式(4-19)和式(4-20)。

设开环系统零极点分布如图 4-8 所示，现研究根轨迹离开复极点 p_l 的出射角。

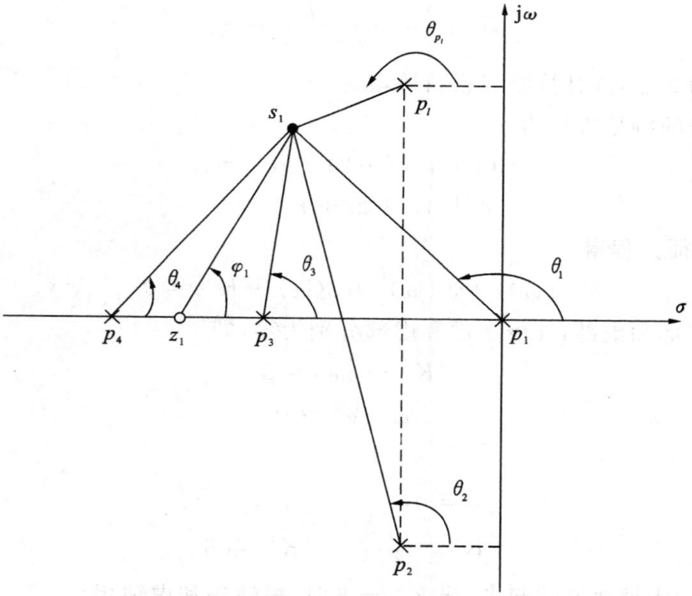

图 4-8　根轨迹出射角的确定

方程

$$\angle(s_1-z_1)-\angle(s_1-p_1)-\angle(s_1-p_2)-\angle(s_1-p_3)-\angle(s_1-p_4)-\angle(s_1-p_l)=\pi$$

其中，$\theta_{p_l}=\lim\limits_{s_1\to p_l}\angle(s_1-p_l)$。所以

$$\begin{aligned}\theta_{p_l}&=\pi+\angle(p_l-z_1)-\angle(p_l-p_1)-\angle(p_l-p_2)-\angle(p_l-p_3)-\angle(p_l-p_4)\\&=\pi+\varphi_1-\theta_1-\theta_2-\theta_3-\theta_4\end{aligned}$$

法则 8 若根轨迹与虚轴相交，则交点处的 K^* 值和 ω 值可用劳斯判据确定，也可令闭环特征方程中的 $s=\mathrm{j}\omega$，然后分别令其实部和虚部为零而求得。

证明 若根轨迹与虚轴相交，则闭环特征方程根必然有一部分是纯虚根，分布在虚轴上，系统处于临界稳定状态。直接使用劳斯判据，令劳斯表中第 1 列含有 K^* 的项为零，即可求出 K^*。如果根轨迹与正虚轴有一个交点，说明特征方程有一对纯虚根，可利用劳斯表中 s^2 项的系数构造辅助方程，求解此方程即可得到交点处的 ω 值。如果根轨迹与正虚轴有 2 个或 2 个以上的交点，则根轨迹有 2 对或 2 对以上的纯虚根，可用劳斯表中幂大于 2 的偶次方行的系数构造辅助方程求得交点。

除了用劳斯表求根轨迹和虚轴交点外，还可令 $s=\mathrm{j}\omega$，代入闭环特征方程得

$$1+G(\mathrm{j}\omega)H(\mathrm{j}\omega)=0$$

令闭环特征方程的实部和虚部分别相等，得

$$\mathrm{Re}[G(\mathrm{j}\omega)H(\mathrm{j}\omega)]=0$$

$$\mathrm{Im}[G(\mathrm{j}\omega)H(\mathrm{j}\omega)]=0$$

联立求解，即可得根轨迹和虚轴交点处的 K^* 和 ω。

【例 4-4】 设开环传递函数为

$$G_k(s)=\frac{K^*}{s(s+1)(s+2)}$$

求根轨迹与虚轴的交点，并计算临界根轨迹增益。

解 闭环系统的特征方程为

$$s(s+1)(s+2)+K^*=0$$

即

$$s^3+3s^2+2s+K^*=0$$

令 $s=\mathrm{j}\omega$，代入特征方程得

$$(\mathrm{j}\omega)^3+3(\mathrm{j}\omega)^2+2(\mathrm{j}\omega)+K^*=0$$

上式分解为实部和虚部，并令实部和虚部分别为零，即

$$K^*-3\omega^2=0$$

$$2\omega-\omega^3=0$$

解得

$$\begin{cases}\omega=0,\\K^*=0,\end{cases}\qquad\begin{cases}\omega=\pm\sqrt{2}\\K^*=6\end{cases}$$

当 $K^*=0$ 时，为根轨迹的起点；当 $K^*=6$ 时，根轨迹和虚轴相交，交点的坐标为 $\pm\mathrm{j}\sqrt{2}$。$K^*=6$ 时为临界根轨迹增益。

也可以用劳斯判据确定根轨迹和虚轴的交点及相应的 K^* 值。列劳斯表如下：

$$\begin{array}{lll}s^3 & 1 & 2\\ s^2 & 3 & K^*\\ s^1 & \dfrac{6-K^*}{3} & \\ s^0 & K^* & \end{array}$$

当劳斯表中 s^1 行等于 0 时，特征方程可能出现共轭虚根。令 s^1 行等于 0，则得 $K^* = 6$。共轭虚根可由 s^2 行的辅助方程求得，即

$$3s^2 + K^* = 3s^2 + 6 = 0，即\ s = \pm \mathrm{j}\sqrt{2}$$

法则 9　在 $n - m \geqslant 2$ 的情况下，闭环极点之和等于开环极点之和，满足 $\sum_{k=1}^{n} s_k = \sum_{j=1}^{n} p_j$；闭环各极点之积满足

$$\prod_{k=1}^{n}(-s_k) = \prod_{j=1}^{n}(-p_j) + K^* \prod_{i=1}^{m}(-z_i)$$

同时若一些根轨迹分支向左移动，则另一些分支必向右移动。

证明　设 s_k 为系统的任一个闭环特征根，则闭环特征方程可表示为

$$\prod_{k=1}^{n}(s - s_k) = s^n + (-\sum_{k=1}^{n} s_k)s^{n-1} + \cdots + \prod_{k=1}^{n}(-s_k) = 0$$

用开环传递函数表示闭环特征方程，可得

$$\prod_{j=1}^{n}(s - p_j) + K^* \prod_{i=1}^{m}(s - z_i)$$

$$= s^n + (-\sum_{j=1}^{n} p_j)s^{n-1} + \cdots + \prod_{j=1}^{n}(-p_j) + K^*[s^m + (-\sum_{i=1}^{m} z_i)s^{m-1} + \cdots + \prod_{i=1}^{m}(-z_i)] = 0$$

比较两式的系数知，当 $n \geqslant m + 2$ 时，上式中的第二项系数相等，即

$$\sum_{k=1}^{n} s_k = \sum_{j=1}^{n} p_j$$

在 $n-m \geqslant 2$ 的情况下，当 K^* 增加时，闭环系统的根之和是一个常数；若某些闭环特征根在 s 平面向左移动，则另一部分根必然向右移动。

4.2.2　控制系统根轨迹的绘制

在已知系统的开环零极点的情况下，利用绘制根轨迹的基本法则就可以迅速准确地确定出根轨迹的主要特征和大致图形。根据需要，再利用根轨迹方程的相角条件，利用试探法确定若干点，就可以绘制出准确的根轨迹。绘制根轨迹的一般步骤如下。

第一步：根据给定的开环传递函数，求出开环零极点，并把它们标在复平面上，判断系统根轨迹的分支数，以及起点和终点。

第二步：确定实轴上的根轨迹。

第三步：确定根轨迹的渐近线。

第四步：确定根轨迹的分离点。

第五步：计算根轨迹的起始角和终止角。

第六步：确定根轨迹与虚轴的交点。

第七步：大体绘出根轨迹的概略形状。

第八步：必要时对根轨迹进行修正，以画出系统精确的根轨迹。

需要注意的是，在根轨迹绘制过程中，由于需要对相角和模值进行图解测量，所以横坐标轴与纵坐标轴必须采用相同的坐标比例尺。

【例 4-5】 单位负反馈系统如图 4-9 所示，试绘制该系统的根轨迹。

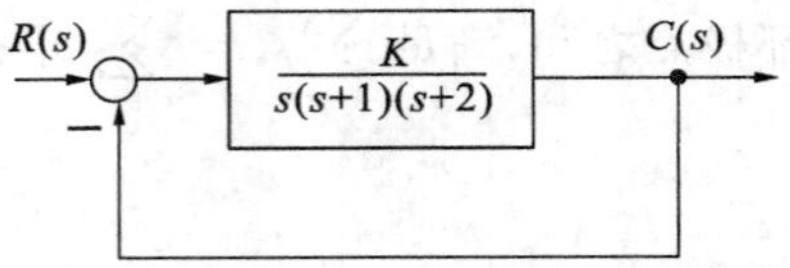

图 4-9　单位负反馈控制系统

解　系统的开环传递函数为

$$G(s)=\frac{K}{s(s+1)(s+2)}$$

(1)开环极点 $p_1=0$，$p_2=-1$，$p_3=-2$，无开环零点，因此系统有 3 条根轨迹分支，起点为 0，−1，−2，终点为 ∞，∞，∞。

(2)实轴上的根轨迹为 $(-\infty,-2]$，$[-1,0]$。

(3)渐近线：

与实轴的夹角为 $\varphi_a=\frac{(2k+1)\pi}{n-m}$，　$k=0,1,2$；

与实轴的交点为 $\sigma_a=\frac{0-2-1}{3}=-1$。

(4)分离点：

$$\frac{1}{d}+\frac{1}{d+1}+\frac{1}{d+2}=0$$

求解可得 $d_1=-0.42$，$d_2=-1.58$(不在实轴根轨迹上，舍去)。

(5)根轨迹与虚轴的交点。

将 $s=\mathrm{j}\omega$ 代入 $D(s)=s(s+1)(s+2)+K=0$，得到方程组

$$\begin{cases}K-3\omega^2=0\\2\omega-\omega^3=0\end{cases}$$

解得 $\omega=\pm1.414$，$K=6$。

完整的根轨迹图如图 4-10 所示。

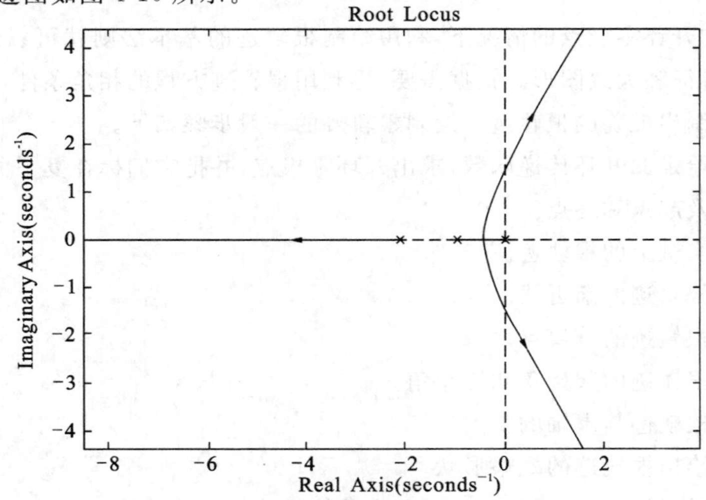

图 4-10　例 4-5 的根轨迹图

【例 4-6】 单位反馈控制系统的开环传递函数为

$$G(s)=\frac{K^*(s+5)}{s(s+2)(s+3)}$$

试概略绘出系统根轨迹图(要求确定分离点坐标 d)。

解　(1)系统有三个开环极点：$p_1=0$，$p_2=-2$，$p_3=-3$。开环零点为 $z_1=-5$。根轨迹有 3 条分支,起点为 0，-2，-3，终点为 -5，∞，∞。

(2)实轴上的根轨迹是 $[-5,-3]$，$[-2,0]$。

(3)渐近线：

与实轴的夹角为 $\varphi_a=\dfrac{(2k+1)\pi}{2}$，$k=0,1$；

与实轴的交点为 $\sigma_a=\dfrac{0-2-3-(-5)}{2}=0$。

(4)分离点：

$$\frac{1}{d}+\frac{1}{d+2}+\frac{1}{d+3}=\frac{1}{d+5}$$

求解可得 $d_1=-0.887$，$d_2=-2.596$(舍去)，$d_3=-6.517$。

(5)根轨迹与虚轴的交点。

特征方程为

$$D(s)=s^3+5s^2+(6+K^*)s+5K^*=0$$

令

$$\begin{cases}\mathrm{Re}[D(\mathrm{j}\omega)]=5K^*-5\omega^2=0\\ \mathrm{Im}[D(\mathrm{j}\omega)]=-\omega^3+(6+K^*)\omega=0\end{cases}$$

解得 $\omega=0$，$K^*=0$，因此与虚轴无交点。轨迹图如图 4-11 所示。

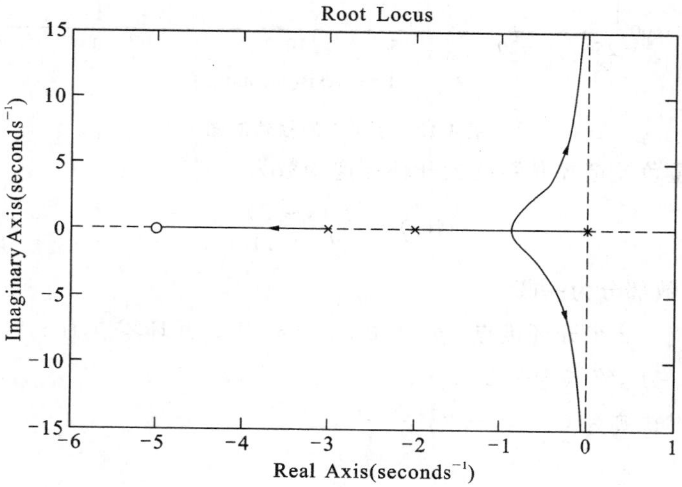

图 4-11　例 4-6 的根轨迹图

【例 4-7】 已知单位反馈系统的开环传递函数如下：

$$G(s)=\frac{K^{*}(s+20)}{s(s+10+\mathrm{j}10)(s+10-\mathrm{j}10)}$$

试绘出系统的根轨迹图。

解 (1)系统有 3 个开环极点：$p_1=-10-\mathrm{j}10$，$p_2=-10+\mathrm{j}10$，$p_3=0$。开环零点为 $z_1=-20$。根轨迹有 3 条分支,起点为 $-10-\mathrm{j}10$，$-10+\mathrm{j}10$，0,终点为-20，∞，∞；

(2)实轴上的根轨迹为$[-20,0]$。

(3)渐近线：

与实轴的夹角为 $\varphi_a=\dfrac{(2k+1)\pi}{2}$，$k=0,1$；

与实轴的交点为 $\sigma_a=\dfrac{0-10-\mathrm{j}10-10+\mathrm{j}10-(-20)}{2}=0$。

(4)起始角：$\theta_{p_1}=180°+45°-90°-135°=0°$，$\theta_{p_2}=0°$

完整的根轨迹图如图 4-12 所示。

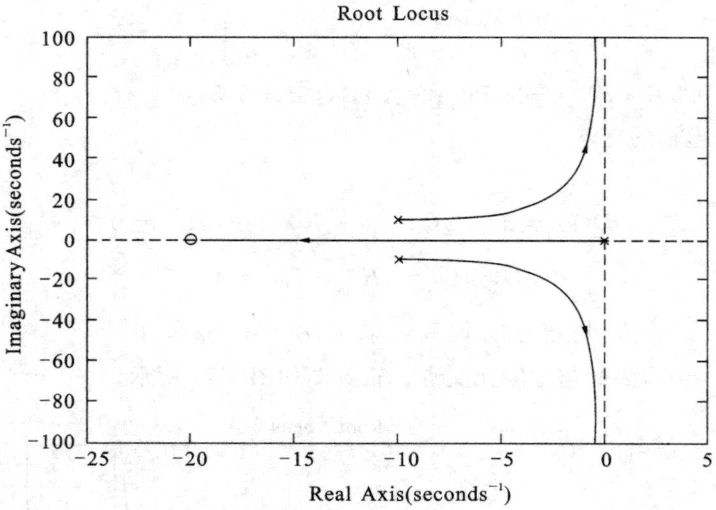

图 4-12 例 4-7 的根轨迹图

【例 4-8】 单位负反馈控制系统的开环传递函数为

$$G(s)=\frac{K(s+2)}{s(s+1)}$$

试证明根轨迹的复数部分为一圆。

证明 (1)系统有 2 个开环极点：$p_1=0$，$p_2=-1$。开环零点为 $z_1=-2$。根轨迹有 2 条分支,起点为 0,-1,终点为-2，∞。

(2)实轴上的根轨迹为$(-\infty,-2]$，$[-1,0]$。

(3)分离点：

$$\frac{1}{d}+\frac{1}{d+1}=\frac{1}{d+2}$$

解得分离点 $d_1=-0.59$,$d_2=-3.4$。

由根轨迹的相角条件可知

$$\angle(s+2)-\angle(s)-\angle(s+1)=\pi$$

令复平面上根轨迹上一点为 $s=\sigma+j\omega$，得

$$\arctan\frac{\omega}{\sigma+2}-\arctan\frac{\omega}{\sigma}-\arctan\frac{\omega}{\sigma+1}=\pi$$

即

$$\arctan\frac{\omega}{\sigma+2}-\arctan\frac{\omega}{\sigma}=\pi+\arctan\frac{\omega}{\sigma+1}$$

上式等号两侧同时取正切，得

$$\frac{\dfrac{\omega}{\sigma+2}-\dfrac{\omega}{\sigma}}{1+\dfrac{\omega}{\sigma+2}\cdot\dfrac{\omega}{\sigma}}=\frac{\omega}{\sigma+1}$$

化简后得

$$(\sigma+2)^2+\omega^2=(\sqrt{2})^2$$

可知上式为一个圆的方程，问题得证。系统的根轨迹图如图 4-13 所示。

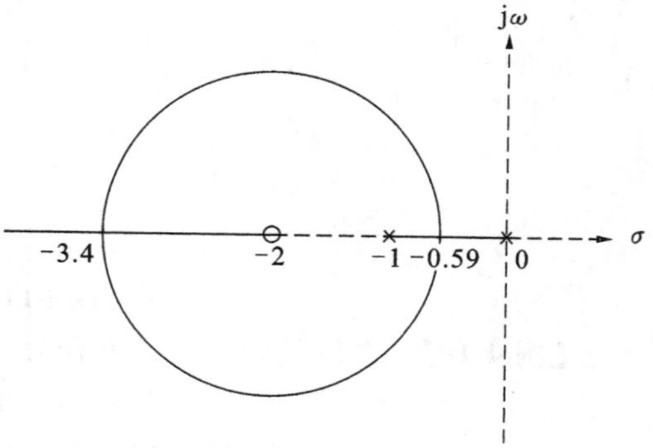

图 4-13　例 4-8 的根轨迹图

【例 4-9】 试绘出下列闭环特征方程的根轨迹：

$$s^3+3s^2+(K+2)s+10K=0$$

解　作等效开环传递函数

$$G^*(s)=\frac{K(s+10)}{s^3+3s^2+2s}$$

(1)系统有 3 个开环极点：$p_1=0$，$p_2=-1$，$p_3=-2$。开环零点为 $z_1=-10$。根轨迹有 3 条分支，起点为 0，−1，−2，终点为 −10，∞，∞。

(2)实轴上的根轨迹为 $[-10,-2]$，$[-1,0]$。

(3)渐近线：$\begin{cases}\sigma_a=\dfrac{-1-2-(-10)}{2}=3.5,\\ \varphi_a=\pm\dfrac{\pi}{2}。\end{cases}$

(4)分离点：

$$\frac{1}{d}+\frac{1}{d+1}+\frac{1}{d+2}=\frac{1}{d+10}$$

解得 $d_1=-0.4344$，$d_2=-14.4752$（舍），$d_3=-1.5904$（舍）。

(5)根轨迹与虚轴交点：

闭环特征方程为

$$D(s)=s^3+3s^2+(K+2)s+10K=0$$

把 $s=j\omega$ 代入上述方程并整理，令实部、虚部分别为零，得

$$\begin{cases}\mathrm{Re}(D(\mathrm{j}\omega)) = 10K - 3\omega^2 = 0\\ \mathrm{Im}(D(\mathrm{j}\omega)) = (K+2)\omega - \omega^3 = 0\end{cases}$$

可解得

$$\begin{cases}\omega = 0,\\ K = 0,\end{cases}\quad \begin{cases}\omega = \pm 1.69\\ K = \dfrac{6}{7}\end{cases}$$

根轨迹图如图 4-14 所示。

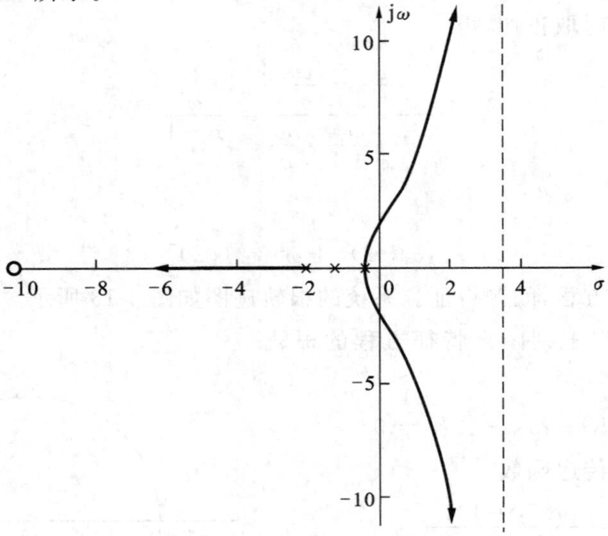

图 4-14　例 4-9 的根轨迹图

【例 4-10】 系统的闭环特征方程为

$$s^2(s+a)+K(s+1)=0 \quad (a>0)$$

(1)当 $a=10$ 时,作系统根轨迹,并求出系统阶跃响应分别为单调、阻尼振荡时(有复极点)K 的取值范围。

(2)若使根轨迹只具有一个非零分离点,此时 a 的取值?并作出根轨迹。

(3)当 $a=5$ 时,是否具有非零分离点,并作出根轨迹。

解　$$D(s)=s^2(s+a)+K(s+1)=0 \quad (a>0)$$

(1)当 $a=10$ 时,　$$D(s)=s^2(s+10)+K(s+1)=0$$

作等效开环传递函数

$$G^*(s)=\frac{K(s+1)}{s^2(s+10)}$$

当 $n=3$ 时有 3 条根轨迹,其中有 2 条趋向于无穷远处。

①实轴上的根轨迹为[−10,−1]。

②渐近线:$\begin{cases}\sigma_a = \dfrac{-10+1}{2} = -\dfrac{9}{2},\\ \varphi_a = \pm\dfrac{\pi}{2}。\end{cases}$

③分离点：$\dfrac{2}{d}+\dfrac{1}{d+10}=\dfrac{1}{d+1}\Rightarrow d_1=-2.5$，$d_2=-4$

$$K_{d_1}=\frac{|d_1|^2|d_1+10|}{|d_1+1|}=31.25,\quad K_{d_2}=\frac{|d_2|^2|d_2+10|}{|d_2+1|}=32$$

当 $31.25\leqslant K\leqslant 32$ 时，系统阶跃响应为单调收敛过程；

当 $0<K<31.25$ 及 $K>32$ 时，系统阶跃响应为阻尼振荡。

系统的根轨迹图如图 4-15 所示。

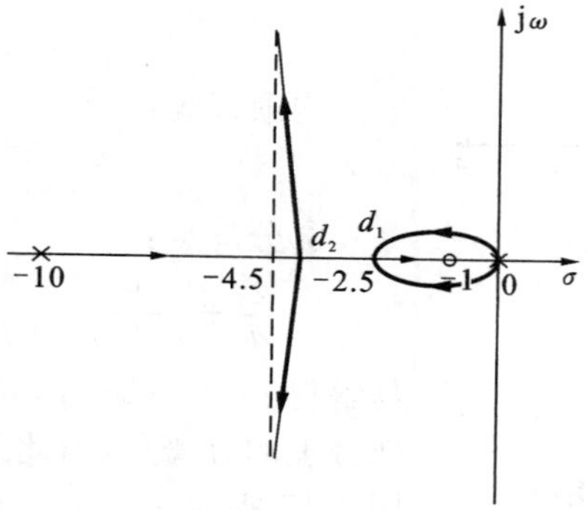

图 4-15　例 4-10 的根轨迹图(1)

(2)

$$D(s)=s^2(s+a)+K(s+1)=0$$

$$G^*(s)=\frac{K(s+1)}{s^2(s+a)}$$

分离点：$\dfrac{2}{d}+\dfrac{1}{d+a}=\dfrac{1}{d+1}\Rightarrow 2d^2+(a+3)d+2a=0$

易求得
$$d=\frac{-(a+3)\pm\sqrt{(a+3)^2-16a}}{2}$$

要使系统只有一个非零分离点，则 $(a+3)^2-16a=0$，即 $a=9$，$a=1$（舍去），系统的根轨迹图如图 4-16 所示。

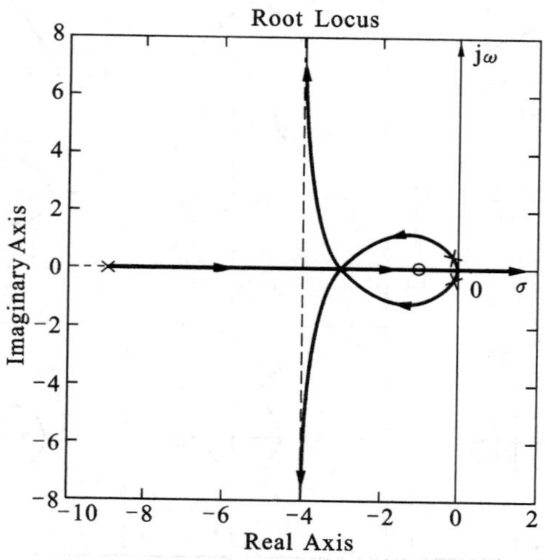

图 4-16　例 4-10 的根轨迹图(2)

(3) $a=5$，$D(s)=s^2(s+5)+K(s+1)=0$。

作等效开环传递函数

$$G^*(s)=\frac{K(s+1)}{s^2(s+5)}$$

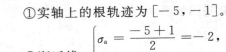

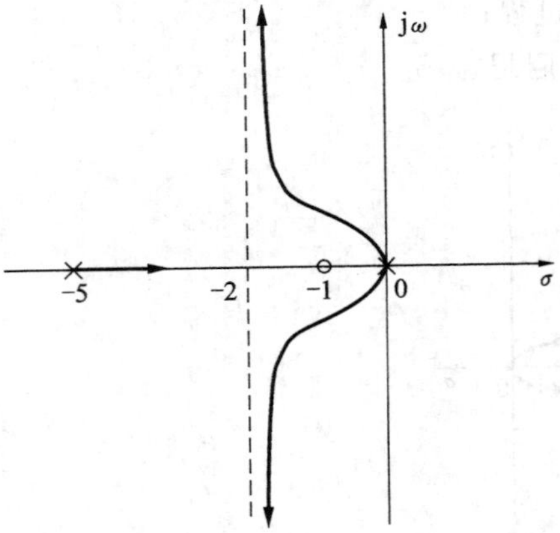

图 4-17　例 4-10 的根轨迹图(3)

当 $n=3$ 时有 3 条根轨迹，其中 2 条趋向于无穷远处。

①实轴上的根轨迹为 $[-5,-1]$。

②渐近线：$\begin{cases}\sigma_a=\dfrac{-5+1}{2}=-2,\\ \varphi_a=\pm\dfrac{\pi}{2}。\end{cases}$

③分离点：

$$\frac{2}{d}+\frac{1}{d+5}=\frac{1}{d+1}\Rightarrow d^2+4d+5=0$$

易解得 $d_1=-2+j$，$d_2=-2-j$。它们不可能是根轨迹上的分离点，因此无分离点。系统的根轨迹图如图 4-17 所示。

开环零极点的形式有多种，我们上面讲了其中几种情况，图 4-18 给出了常见的开环零极点分布及其相应的根轨迹，供绘制根轨迹作参考。

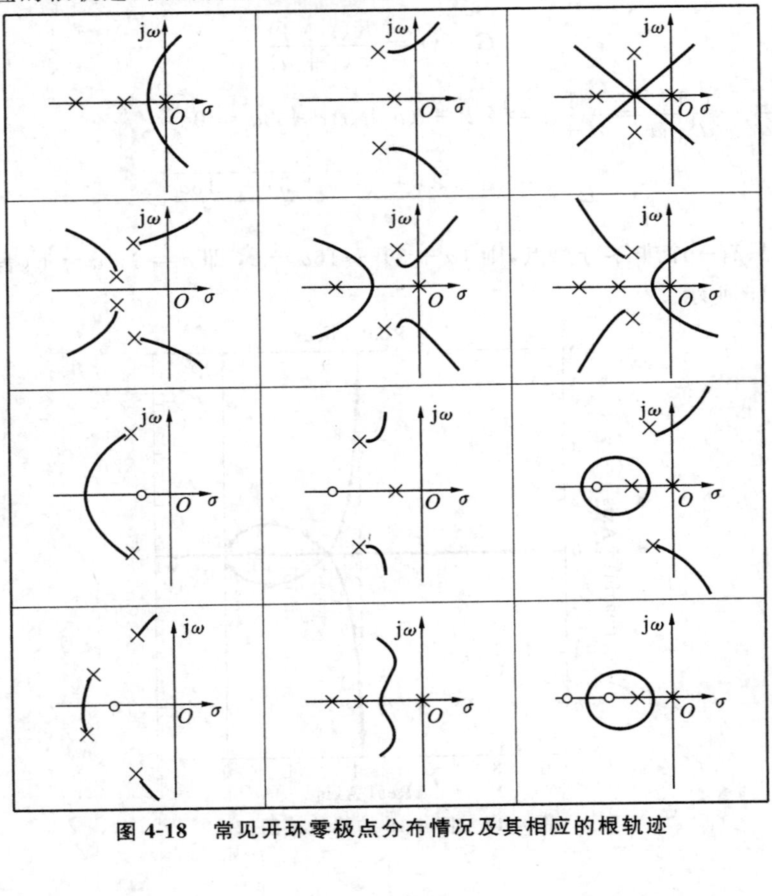

图 4-18　常见开环零极点分布情况及其相应的根轨迹

4.3 广义根轨迹

我们在 4.2 节讨论了以根轨迹增益 K^* 为变量的负反馈系统的根轨迹。在实际系统中，除根轨迹增益 K^* 以外，其他参数(如时间常数、测速机反馈系数等)的变化也会对系统性能产生影响。在多回路系统中，有时还需要分析正反馈系统的根轨迹。因此，我们称不以根轨迹增益 K^* 为变量、非负反馈系统的根轨迹为广义根轨迹。

4.3.1 参数根轨迹

除了开环增益外，还常常分析系统其他参数的变化对系统性能的影响，因此称以非开环增益为可变参数绘制的根轨迹为参数根轨迹。绘制参数根轨迹的法则与绘制常规根轨迹的法则完全相同。只要在绘制参数根轨迹时，引入等效单位反馈系统和等效传递函数的概念，将绘制参数根轨迹的问题转化为绘制 K^* 变化时根轨迹的问题来处理。

设负反馈系统开环传递函数为

$$G(s) = K\frac{M(s)}{N(s)}$$

其闭环传递函数为

$$1 + G(s) = 0$$

代入得

$$KM(s) + N(s) = 0$$

把方程左边展开成多项式，用不含变参数的各项除方程两端，得到

$$1 + G_1(s) = 0$$

其中

$$G_1(s) = A\frac{P(s)}{Q(s)} \tag{4-21}$$

式(4-21)为系统的等效开环传递函数。等效开环传递函数对应的闭环特征方程和原闭环特征方程完全相同。但值得注意的是，等效开环传递函数 $G_1(s)$ 对应的闭环零点与原系统的闭环零点并不一致，而系统的性能不仅与闭环极点有关，还与闭环零点有关。因此，在分析系统的动态性能时，需要将等效系统的根轨迹得到的闭环极点和原系统的闭环零点结合起来进行系统分析。

【例 4-11】 已知单位负反馈系统的开环传递函数为

$$G(s) = \frac{20}{(s+4)(s+b)}$$

试绘制参数 b 从零变化到无穷大时的根轨迹，并写出 $b=2$ 时系统的闭环传递函数。

解 系统闭环特征方程为

$$(s+4)(s+b) + 20 = 0$$

展开得

$$s^2 + 4s + 20 + b(s+4) = 0$$

得等效开环传递函数

$$G_1(s)=\frac{b(s+4)}{s^2+4s+20}$$

(1)根轨迹有 2 条,起始于 $p_1=-2+j4$,$p_2=-2-j4$,终止于 $z_1=-4$,∞ 。

(2)实轴上的根轨迹为 $(-\infty,-4]$。

(3)分离点:由
$$\frac{1}{d+2+j4}+\frac{1}{d+2-j4}=\frac{1}{d+4}$$
解得 $d_1=-0.472$(舍去),$d_2=-8.472$ 。

如图 4-19 所示,根轨迹是以开环零点为圆心、以开环零点到开环极点的距离为半径的圆。当 $b=2$ 时,两个闭环特征根为 $\lambda_{1,2}=-3\pm j4.36$ 。此时,闭环传递函数为

$$\Phi(s)=\frac{20}{(s+3+j4.36)(s+3-j4.36)}$$

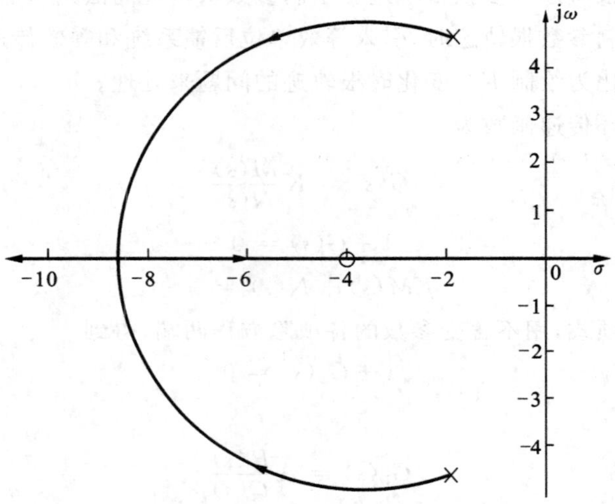

图 4-19　例 4-11 的根轨迹图

【例 4-12】 系统结构图如图 4-20 所示,试绘制时间常数 T 变化时系统的根轨迹,并分析参数 T 的变化对系统动态性能的影响。

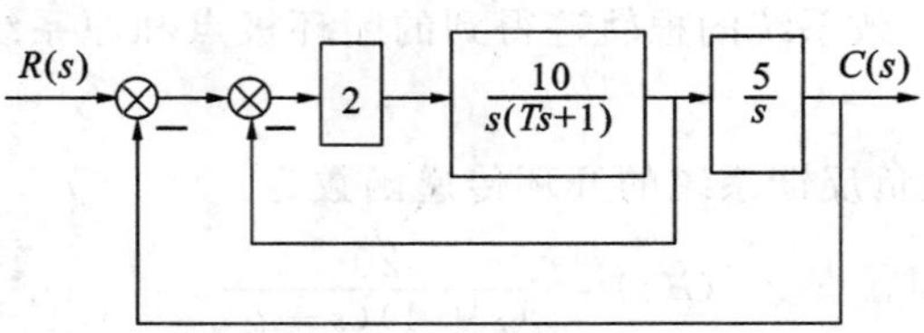

图 4-20　系统结构图

解
$$G(s)=\frac{100}{Ts^3+s^2+20s}$$

作等效开环传递函数

$$G_1(s)=\frac{(1/T)(s^2+20s+100)}{s^3}$$

(1)根轨迹有 3 条。由于 T 从零到无穷大时，$1/T$ 从无穷大到零，因此起始于 $z_1=-10$，$z_2=-10$，$z_3=+\infty$，终止于 $p_1=0$，$p_2=0$，$p_3=0$。

(2)实轴上的根轨迹为 $(-\infty,\ -10]$，$[-10,0]$。

(3)分离点：由 $\dfrac{3}{d}=\dfrac{2}{d+10}$ 解得 $d=-30$。

根据幅值条件知，对应的 $T=0.015$。

虚轴交点：闭环特征方程为

$$D(s)=Ts^3+s^2+20s+100=0$$

把 $s=\mathrm{j}\omega$ 代入上述方程，令实部、虚部分别为零，得

$$\begin{cases}\mathrm{Re}(D(\mathrm{j}\omega))=100-\omega^2=0\\ \mathrm{Im}(D(\mathrm{j}\omega))=20\omega-T\omega^3=0\end{cases}$$

解得 $\begin{cases}\omega=\pm 10,\\ T=0.2。\end{cases}$

(4)起始角：$\theta_{p_1}=60°$。

参数 T 从零到无穷大变化时的根轨迹如图 4-21 所示。

从根轨迹图可以看出，当 $0<T\leqslant 0.015$ 时，系统阶跃响应为单调收敛过程；当 $0.015<T<0.2$ 时，阶跃响应为振荡收敛过程；当 $T>0.2$ 时，有两条根轨迹分支在右半 s 平面，此时系统不稳定。

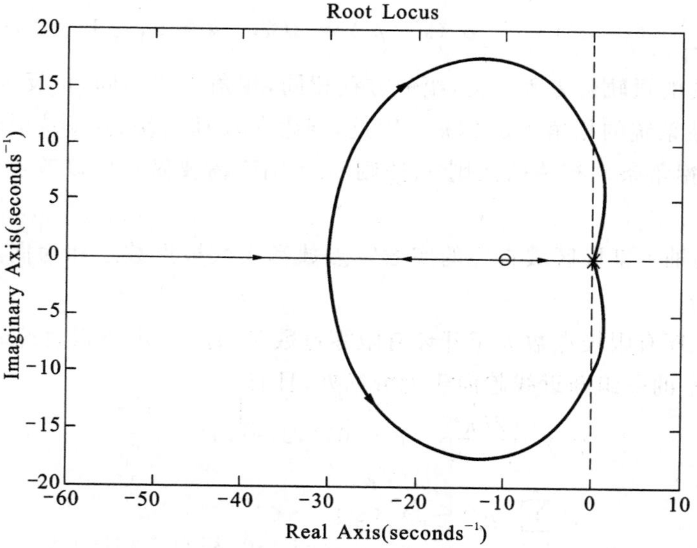

图 4-21　例 4-12 的根轨迹图

4.3.2　零度根轨迹

许多复杂系统可能由多条回路组成，其内回路可能是正反馈连接，所以有必要讨论正反馈

系统的根轨迹。系统为正反馈时，设其开环传递函数为

$$G(s)H(s)=\frac{K^*\prod_{i=1}^{m}(s-z_i)}{\prod_{j=1}^{n}(s-p_j)}$$

则系统闭环特征方程为

$$1-G(s)H(s)=0$$

其根轨迹方程为

$$\frac{K^*\prod_{i=1}^{m}(s-z_i)}{\prod_{j=1}^{n}(s-p_j)}=1 \tag{4-22}$$

得幅值方程

$$K^*=\frac{\prod_{j=1}^{n}|s-p_j|}{\prod_{i=1}^{m}|s-z_i|} \tag{4-23}$$

相角方程为

$$\angle G(s)H(s)=2k\pi$$

即

$$\sum_{i=1}^{m}\angle(s-z_i)-\sum_{j=1}^{n}\angle(s-p_j)=2k\pi,\quad k=0,\pm1,\pm2,\cdots \tag{4-24}$$

与负反馈系统的根轨迹方程相比，幅值方程相同，相角方程不同，负反馈系统的相角满足 $(2k+1)\pi$，正反馈系统的相角满足 $2k\pi$。因此，通常负反馈系统为 180° 根轨迹，正反馈系统为 0° 根轨迹。与相角条件有关的法则 4、法则 5、法则 7 需要做相应修改，修改之后的法则如下。

法则 4　当实轴上某段区域右边的实数零点数和实数极点数之和为偶数时，这段区域必为根轨迹的一部分。

法则 5　当开环有限极点数大于开环有限零点数时，有 $n-m$ 条根轨迹分支沿着与实轴夹角为 φ_a、交点为 σ_a 的一组渐近线趋向于无穷远处，且有

$$\varphi_a=\frac{2k\pi}{n-m},\quad k=0,1,2,\cdots,n-m-1 \tag{4-25}$$

$$\sigma_a=\frac{\sum_{j=1}^{n}(p_j)-\sum_{i=1}^{m}(z_i)}{n-m}\text{（与 180° 根轨迹相同）} \tag{4-26}$$

法则 7　始于开环复数极点处的根轨迹的起始角和止于开环复数零点处的根轨迹的终止角可分别按下式计算：

起始角
$$\theta_{p_l}=\sum_{i=1}^{m}(p_l-z_i)-\sum_{j=1,j\neq l}^{n}(p_l-p_j) \tag{4-27}$$

终止角

$$\theta_{z_l} = -\sum_{i=1,i\neq l}^{m}(z_l - z_i) + \sum_{j=1}^{n}(z_l - p_j) \tag{4-28}$$

【例 4-13】 正反馈系统的结构图如图 4-22 所示，试绘制该回路的根轨迹图，以及系统的临界开环增益。

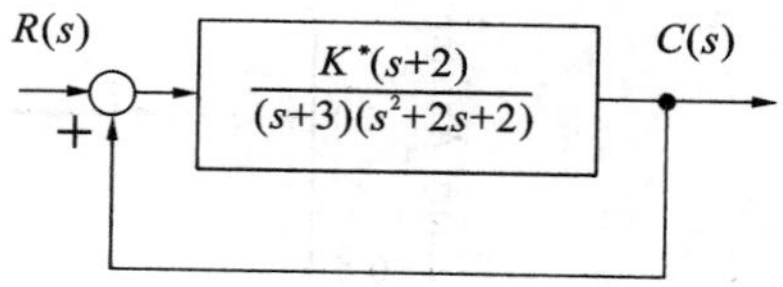

图 4-22　例 4-13 的系统结构图

解　(1)根轨迹有 3 条分支，起始于开环极点 $p_1 = -1+\mathrm{j}$，$p_2 = -1-\mathrm{j}$，$p_3 = -3$，终止于开环零点 $z_1 = -2$，$z_2 = +\infty$，$z_3 = +\infty$。

(2)实轴上的根轨迹为 $(-\infty, -3]$，$[-2, +\infty)$。

(3)渐近线：与实轴夹角 $\varphi_a = \dfrac{2k\pi}{n-m} = \dfrac{2k\pi}{2}$，$k = 0, 1$。

(4)分离点：由

$$\frac{1}{d+2} = \frac{1}{d+3} + \frac{1}{d+1-\mathrm{j}} + \frac{1}{d+1+\mathrm{j}}$$

得

$$(d+0.8)(d^2+4.7d+6.24) = 0$$

解得 $d = -0.8$。

(5)起始角：

$$\theta_{p_1} = \angle(p_1 - z_1) - \angle(p_1 - p_2) - \angle(p_1 - p_3)$$
$$= 45° - (90° + 26.6°) = -71.6°$$

根据根轨迹的对称性得 $\theta_{p_2} = 71.6°$。

(6)确定系统临界开环增益。

根轨迹过坐标原点，坐标原点对应的根轨迹增益为

$$K^* = \frac{|0-(-1+\mathrm{j})|\,|0-(-1-\mathrm{j})|\,|0-(-3)|}{|0-(-2)|} = \frac{2\times 3}{2} = 3$$

临界开环增益

$$K = K^*\frac{2}{3\times 2} = \frac{K^*}{3} = \frac{3}{3} = 1$$

系统的根轨迹如图 4-23 所示。

【例 4-14】 单位负反馈的开环传递函数为

$$G_k(s) = \frac{K(1+0.1s)}{s(s+1)(0.25s+1)^2}$$

(1)分别画出 $0 < K < +\infty$ 及 $-\infty < K < 0$ 时的根轨迹。

(2)用主导极点法求出系统处于临界阻尼时的开环增益，并写出对应的闭环传递函数。

解　(1) $G_k(s) = \dfrac{K(1+0.1s)}{s(s+1)(0.25s+1)^2} = \dfrac{K^*(s+10)}{s(s+1)(s+4)^2}$，式中 $K^* = 1.6K$。

(ⅰ)当 $0 < K < +\infty$ 时，按 180° 相角条件绘制根轨迹。

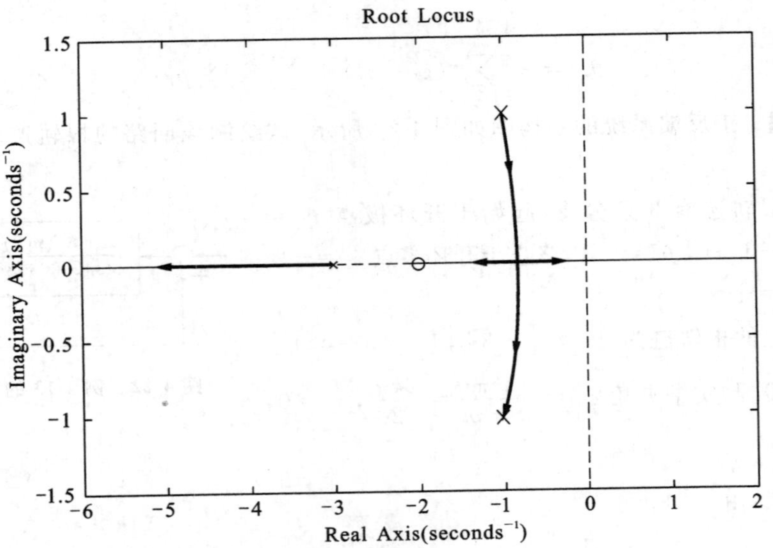

图 4-23 例 4-13 的根轨迹图

①根轨迹起始于 0,−1,−4,−4,终止于−10 和无穷远处。

②实轴上根轨迹是[−1,0],(−∞,−10]。

③根轨迹的渐近线:$\sigma_a = 0.33$,$\varphi_a = 60°,180°,300°$ 。

④根轨迹的分离点:由

$$\frac{1}{d+10} = \frac{1}{d} + \frac{1}{d+1} + \frac{2}{d+4}$$

用试探法求得 $d_1 = -0.45$,$d_2 = -2.25$,$d_3 = -12.5$ 。显然,d_1 和 d_3 在根轨迹上,故分离点为 $d_1 = -0.45$,$d_2 = -12.5$ 。

⑤根轨迹与虚轴的交点:系统的特征方程为

$$s^4 + 9s^3 + 24s^2 + (16 + K^*)s + 10K^* = 0$$

将 $s = j\omega$ 代入特征方程得

$$\begin{cases} \omega^4 - 24\omega^2 + 10K^* = 0 \\ -9\omega^3 + (16 + K^*)\omega = 0 \end{cases}$$

解方程组得 $\omega = \pm 1.53, K^* = 5.07, K = 3.17$ 。

当 $0 < K < +\infty$ 时,系统的根轨迹如图 4-24(a)所示。

(ⅱ)当 $-\infty < K < 0$ 时,按 0° 相角条件绘制根轨迹。

①根轨迹起始于 0,−1,−4,−4,终止于−10 和无穷远处。

②实轴上根轨迹是[−10,−1],[0,+∞)。

③根轨迹的渐近线:$\sigma_a = 0.33$,$\varphi_a = 0°,120°,240°$ 。

④根轨迹的分离点 $d_1 = -2.25$ 。

当 $-\infty < K < 0$ 时,系统的根轨迹如图 4-24(b)所示。

(2)求临界阻尼的开环增益。

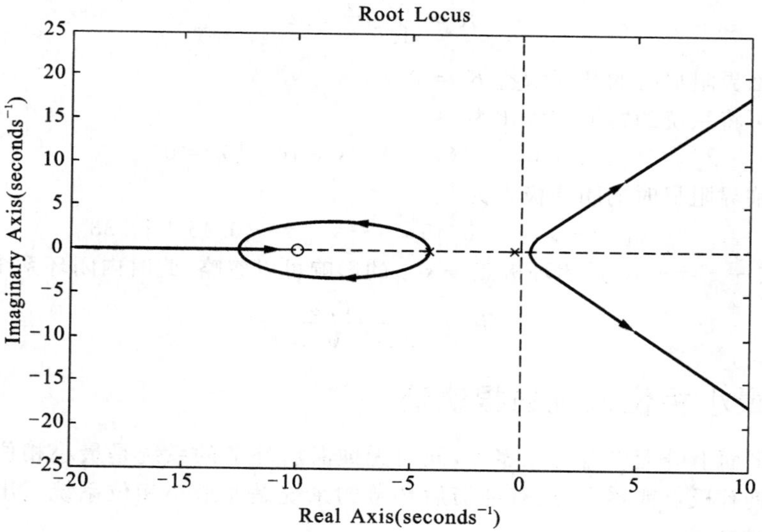

(a)

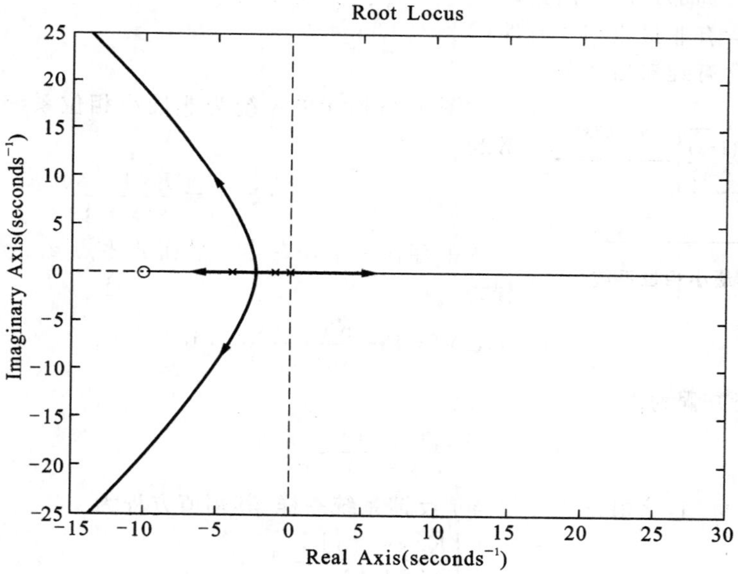

(b)

图 4-24　例 4-14 的根轨迹图

由于当 $-\infty < K < 0$ 时(属正反馈),系统不稳定,因此不存在临界阻尼状态。

当 $0 < K < +\infty$ 时,根据主导极点的概念,若系统的两个闭环主导极点 $-s_1 = -s_2 = -0.45$,则系统处于临界阻尼状态。

与 $-s_{1,2}$ 相应的 K^* 为

$$K^* = \frac{0.45 \times 0.55 \times 3.55^2}{9.55} = 0.33$$

$$K=\frac{K^*}{1.6}=0.2$$

所以系统处于临界阻尼时的开环增益 $K=0.2$。

用长除法可将系统的特征方程化为

$$(s+0.45)^2(s^2+8.1s+16.51)=0$$

所以系统处于临界阻尼时的闭环极点为

$$-s_1=-s_2=-0.45,\quad -s_{3,4}=-0.45\pm j0.33$$

显然,闭环零点 $-z=-10$ 及闭环极点 $-s_{3,4}$ 的影响可以忽略,此时内闭环系统传递函数为

$$G(s)=\frac{0.2}{(s+0.45)^2}$$

4.3.3 非最小相位系统的根轨迹

在右半 s 平面上既无极点也无零点,同时无纯滞后环节的系统是最小相位系统;反之,在右半 s 平面上具有极点或零点,或有纯滞后环节的系统是非最小相位系统。出现非最小相位系统有以下三种情况:

(1)系统中有局部正反馈回路;

(2)系统中含有非最小相位元件;

(3)系统中含有纯滞后环节。

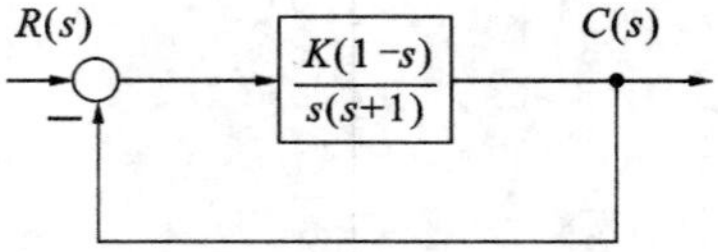

图 4-25 非最小相位系统

图 4-25 所示的系统为非最小相位系统,其开环传递函数为

$$G(s)=\frac{K(1-s)}{s(s+1)}$$

系统中存在一个在右半 s 平面的零点 $z_1=1$,系统特征方程为

$$1+G(s)=1+\frac{K(1-s)}{s(s+1)}=0$$

得系统的根轨迹方程为

$$\frac{K(s-1)}{s(s+1)}=1 \tag{4-29}$$

由式(4-29)可知,该根轨迹方程与正反馈系统一样,其幅值方程为

$$\left|\frac{K(s-1)}{s(s+1)}\right|=1 \tag{4-30}$$

相角方程为

$$\angle(s-1)-\angle s-\angle(s+1)=2k\pi,k=0,\pm1,\pm2,\cdots$$

因此,绘制该非最小相位系统时应按照 0° 根轨迹绘制法则,但并不是所有非最小相位系统的根轨迹都是按照 0° 根轨迹绘制法则,应根据系统的特征方程来确定。如果将非最小相位系统的开环传递函数写成式(4-2)的表达形式,将其分子和分母中 s 最高次项的系数都变为正。若此时系统的根轨迹方程与正反馈系统相同,那么按照 0° 根轨迹绘制法则作图;否则,按照 180° 根轨迹绘制法则作图。

【例 4-15】 试绘制出如图 4-25 所示系统的根轨迹。

解 根据以上分析可知,绘制本系统根轨迹需要按照 0° 根轨迹绘制法则作图。

(1)根轨迹有 2 条分支,起点为 $p_1 = 0$, $p_2 = -1$,终点为 $z_1 = 1$, $z = +\infty$;

(2)实轴上的根轨迹为 $[-1,0]$, $[1,+\infty)$ 。

(3)分离点:由

$$\frac{1}{d-1} = \frac{1}{d} + \frac{1}{d+1}$$

解得 $d_1 = -0.414$, $d_2 = 2.414$ 。

(4)与虚轴交点:系统的特征方程为 $s^2 + s - Ks + K = 0$

将 $s = j\omega$ 代入,令实部、虚部分别相等,得

$$\begin{cases} K - \omega^2 = 0 \\ K\omega - \omega = 0 \end{cases}$$

解得 $K = 1, \omega = \pm 1$ 。

系统的根轨迹如图 4-26 所示。

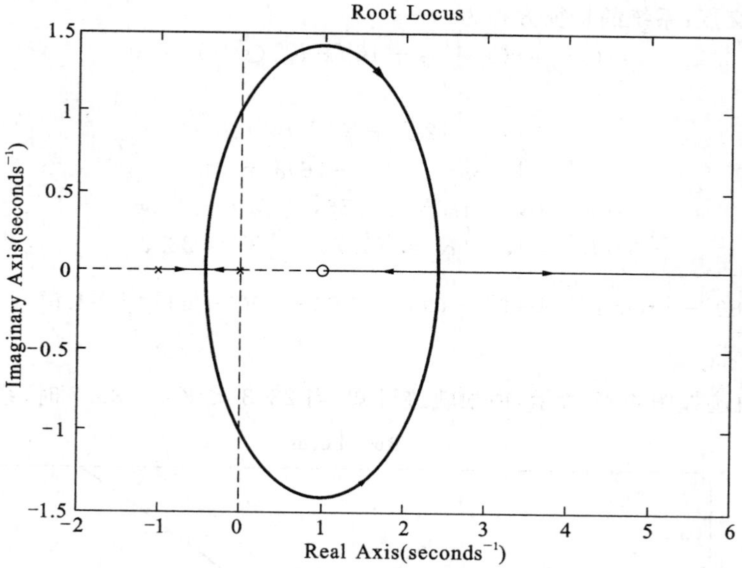

图 4-26　例 4-15 的根轨迹图

【例 4-16】　单位负反馈系统的开环传递函数为

$$G(s) = \frac{K^*(s+1)}{s(s-1)(s^2+4s+16)}$$

试绘制根轨迹,并确定使系统稳定的 K^* 的范围。

解　系统闭环特征方程为 $1 + G(s) = 0$,得到根轨迹方程为

$$\frac{K^*(s+1)}{s(s-1)(s^2+4s+16)} = -1$$

因此,根轨迹绘制需按照 180° 根轨迹绘制法则。

(1)根轨迹有 4 条分支,起点为 $p_1 = 0$, $p_2 = 1$, $p_3 = -2 - j2\sqrt{3}$, $p_4 = -2 + j2\sqrt{3}$,终点为 $z_1 = -1$, $z_2 = +\infty$, $z_3 = +\infty$, $z_4 = +\infty$ 。

(2)实轴上的根轨迹为 $(-\infty, -1]$, $[0,1]$ 。

(3)渐近线:与实轴夹角为

$$\varphi_a = \frac{(2k+1)\pi}{n-m} = \frac{(2k+1)\pi}{3}, \quad k=0,1,2$$

与实轴交点为

$$\sigma_a = \frac{0+1-2-j2\sqrt{3}-2+j2\sqrt{3}-(-1)}{3} = -\frac{2}{3}$$

(4)分离点：由

$$\frac{1}{d+1} = \frac{1}{d} + \frac{1}{d-1} + \frac{1}{d+2+j2\sqrt{3}} + \frac{1}{d+2-j2\sqrt{3}}$$

化简得

$$3d^4 + 10d^3 + 21d^2 + 24d - 16 = 0$$

用试探法可求得实数根 $d_1 = 0.45$，$d_2 = -2.5$，用长除法求得另外两个根 $d_{3,4} = -0.79 \pm j2.16$，$d_{3,4}$不满足幅值条件，舍去。

(5)与虚轴交点：系统的特征方程为

$$s(s-1)(s^2+4s+16) + K^*(s+1) = 0$$

于是有

$$\begin{cases} \omega^4 - 12\omega^2 + K^* = 0 \\ -3\omega^2 + (K^*-16)\omega = 0 \end{cases}$$

得

$$\begin{cases} \omega = 0, \\ K^* = 0, \end{cases} \quad \begin{cases} \omega = \pm 2.56, \\ K^* = 35.7, \end{cases} \quad \begin{cases} \omega = \pm 1.56 \\ K^* = 23.3 \end{cases}$$

(6)$\theta_{p_3} = 180° + \arctan\frac{\sqrt{3}}{6} + 90° - (90° + 30°) - (90° + 41°) = 54.5°$

$\theta_{p_4} = -54.5°$

系统的根轨迹如图 4-27 所示，由根轨迹可知，当 $23.3 < K^* < 35.7$ 时，系统稳定。

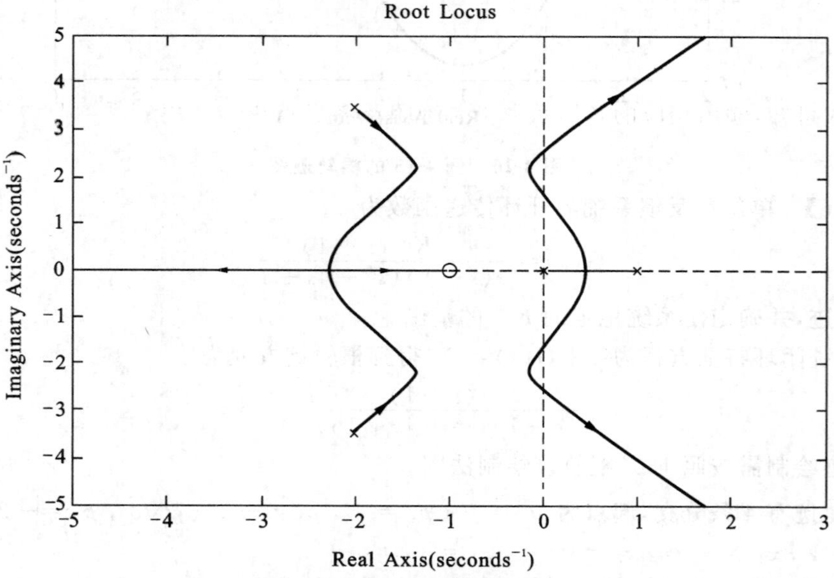

图 4-27　例 4-16 的根轨迹图

4.4　控制系统的根轨迹分析

在经典控制理论中，控制系统的设计与分析主要取决于系统在单位阶跃输入下的响应性能指标。通过根轨迹法来分析系统的稳定性，以及确定系统闭环极点随系统参数变化时在 s 平面的分布位置，从而得到响应的闭环传递函数。通过拉氏变换得到系统的单位阶跃响应，从而不难求出系统的各项性能指标。因此，可以通过了解参数变化对系统闭环极点位置分布的影响，来确定系统在某些待定参数下的性能，根据性能指标的要求，在根轨迹上选择合适的闭环极点的位置分布，从而改善系统性能。

4.4.1　闭环零极点和系统阶跃响应的关系

系统的单位阶跃响应表达式可以写成如下形式：

$$C(s)=\frac{K_r\prod_{i=1}^{m}(s-z_i)}{\prod_{j=1}^{q}(s+p_j)\prod_{k=1}^{r}(s^2+2\zeta_k\omega_k s+\omega_k^2)}\frac{1}{s}$$

其中，$-p_1\sim -p_q$ 为闭环传递函数实极点；q 为实极点个数；r 为共轭极点对数；$-z_1\sim -z_m$ 为闭环传递函数零点。

如果系统没有重极点，可以写成如下形式：

$$C(s)=\frac{A_0}{s}+\sum_{j=1}^{q}\frac{A_j}{s+p_j}+\sum_{k=1}^{r}\frac{B_k s+C_k}{s^2+2\zeta_k\omega_k s+\omega_k^2}$$

在初始条件为零的情况下通过拉氏反变换可得系统的单位阶跃响应，即

$$\begin{aligned}c(t)&=\mathscr{L}^{-1}[C(s)]\\&=A_0+\sum_{j=1}^{q}A_j\mathrm{e}^{-p_j t}+\sum_{k=1}^{r}A_k\mathrm{e}^{-\zeta_k\omega_k t}\sin(\omega_{dk}t+\varphi_k)\end{aligned}$$

由上式可知，输出响应的各项系数由系统闭环零极点决定。由于系数只决定了系统输出响应的初值，影响相对比较弱，而响应的形式完全由系统闭环极点决定，因此闭环极点是决定性能的主要因素。当系统所有极点都位于左半 s 平面时，系统才是稳定的。在系统稳定的前提下，极点离虚轴的距离越远，它对应的分量就衰减得越快，响应得越快。如典型二阶系统传递函数为

$$\Phi(s)=\frac{C(s)}{R(s)}=\frac{\omega_n^2}{s^2+2\zeta\omega_n s+\omega_n^2}$$

闭环极点 $s_{1,2}=-\zeta\omega_n\pm\omega_n\sqrt{\zeta^2-1}$。当 $0<\zeta<1$ 时，$s_{1,2}=-\zeta\omega_n\pm \mathrm{j}\omega_n\sqrt{1-\zeta^2}$，极点分布如图 4-28 所示。

分析可知 $\cos\beta=\dfrac{\zeta\omega_n}{\omega_n}=\zeta$，$\beta=\arccos\zeta$

在单位阶跃响应下系统输出

$$c(t)=\mathscr{L}^{-1}(s)=1-\frac{\mathrm{e}^{-\zeta\omega_n t}}{\sqrt{1-\zeta^2}}\sin(\omega_d t+\beta)$$

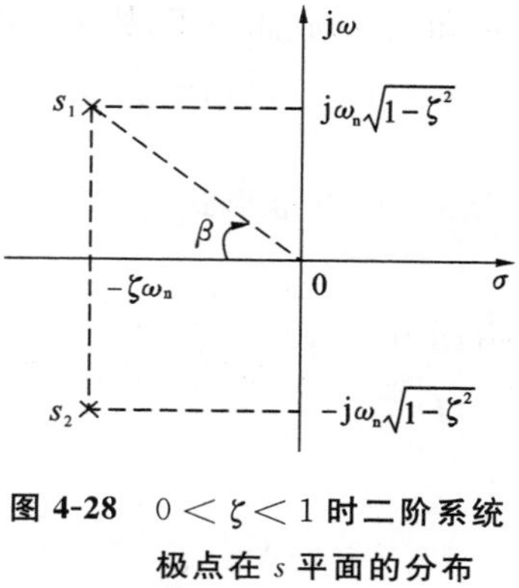

图 4-28　$0<\zeta<1$ 时二阶系统极点在 s 平面的分布

超调量
$$\sigma_p = e^{-\pi\zeta/\sqrt{1-\zeta^2}} \times 100\%$$

调节时间
$$t_s \approx \begin{cases} \dfrac{4}{\zeta\omega_n}, \Delta = 0.02 \\ \dfrac{3}{\zeta\omega_n}, \Delta = 0.05 \end{cases}$$

通过以上分析可知：①闭环极点离虚轴的距离（$\zeta\omega_n$）反映了系统过渡过程的长短，距离越大，过渡过程越快；②闭环极点的虚部（$\omega_n\sqrt{1-\zeta^2}$）决定了系统振荡频率；③闭环极点与坐标原点的距离即为系统无阻尼自然振荡频率 ω_n；④闭环极点与负实轴的夹角 β 决定了阻尼比 ζ，与负实轴夹角为 β 的直线称为等阻尼比线，β 决定了超调量的大小。

对于稳定的高阶系统，其闭环极点和零点在左半 s 平面有各种分布模式，但就距虚轴的距离而言，却有远近之别。如果所有的闭环极点中，距离虚轴最近的极点附近没有零点，并且其他极点又远离虚轴，那么该极点所对应的分量随时间变化衰减缓慢，无论从指数还是系数上看，在系统的响应过程中起主导作用，这样的闭环极点就是主导极点。一般来说，闭环主导极点定义为在系统响应过程中起主导作用的闭环极点，它们离虚轴的距离小于其他闭环极点的 1/4，并在其附近没有闭环零点。除闭环主导极点外，其他闭环极点对应的响应分量随时间推移而迅速衰减，对系统的响应过程影响甚微，因此其对系统的性能影响可以忽略不计。

在工程上利用主导极点可以对高阶系统进行降阶处理，从而可以利用一阶或二阶系统的性能指标对系统性能进行估算。如果系统中有闭环零极点相距很近，那么这样的闭环零极点就称为偶极子。一般极点和零点的距离与其自身的模值小一个数量级就可以称为偶极子。只要偶极子不十分接近坐标原点，它们对系统的动态性能影响就甚微，因此可以忽略它们的存在。因此，利用这一性质可以在系统中增加适当的零点，以抵消对动态过程影响较大的不利极点，从而改善系统性能。

【例 4-17】 三阶系统的闭环传递函数为
$$\Phi(s) = \frac{s+1.1}{(0.9s+1)(0.01s^2+0.1s+1)}$$
试估算系统的性能指标 σ_p，t_s。

解 系统有三个闭环极点 $s_1=-1.1$，$s_2=-5+\mathrm{j}8.7$，$s_3=-5-\mathrm{j}8.7$，闭环零点 $z_1=-1$。极点 s_1 和 z_1 构成偶极子，故主导极点不是 s_1，而是 s_2 和 s_3。系统可近似为二阶系统，即为
$$\Phi(s) = \frac{1}{0.01s^2+0.1s+1} = \frac{100}{s^2+10s+100}$$
对照二阶系统标准形式，得
$$\omega_n = 10, \quad \zeta = 0.5$$
性能指标为
$$\sigma_p = e^{-\pi\zeta/\sqrt{1-\zeta^2}} \times 100\% = 16.3\%$$
$$t_s \approx \frac{3}{\zeta\omega_n} = 0.6(\mathrm{s}), \quad \Delta = 0.05$$

4.4.2　增加开环零极点对系统性能的影响

系统根轨迹的形状和位置取决于系统开环零极点，因此可以通过增加开环零点和极点来改造根轨迹，从而来改善系统的性能。

【例 4-18】　负反馈系统的开环传递函数

$$G(s)=\frac{K^*}{s^2(s+1)}$$

试绘制系统的根轨迹，当负实轴上有一个开环零点时，即 $G(s)=\dfrac{K^*(s+a)}{s^2(s+1)}$，分析系统的稳定性。

解　绘制原系统的根轨迹。

(1)当 $n=3$ 时有 3 条根轨迹，起点为 $p_1=0$，$p_2=0$，$p_3=-1$，终点都趋向无穷远处。

(2)实轴上的根轨迹为$(-\infty,-1]$。

(3)渐近线：$\begin{cases}\sigma_a=-\dfrac{1}{3}, \\ \varphi_a=\pm 60°, \pm 180°。\end{cases}$

(4)分离点：由

$$\frac{2}{d}+\frac{1}{d+1}=0$$

得 $d=-\dfrac{2}{3}$。不在根轨迹上，舍去。

根轨迹如图 4-29(a)所示，系统的两条根轨迹分支都位于右半 s 平面，因此原系统始终是不稳定的。

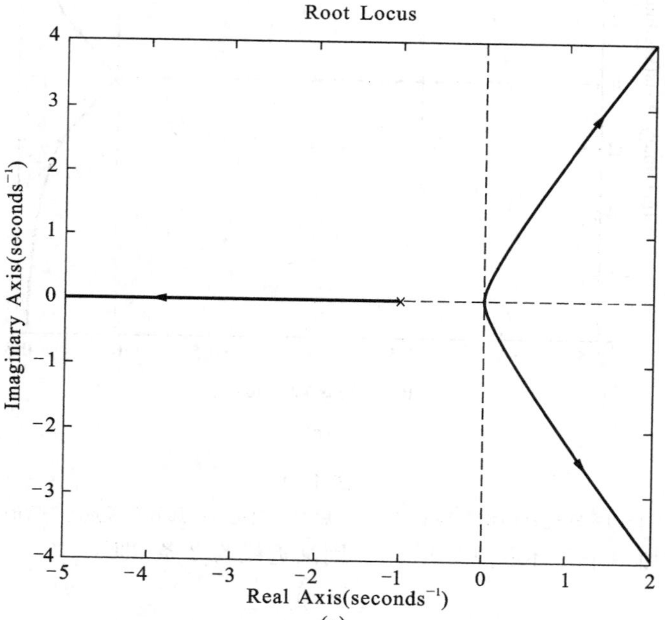

(a)

图 4-29　例 4-18 的根轨迹

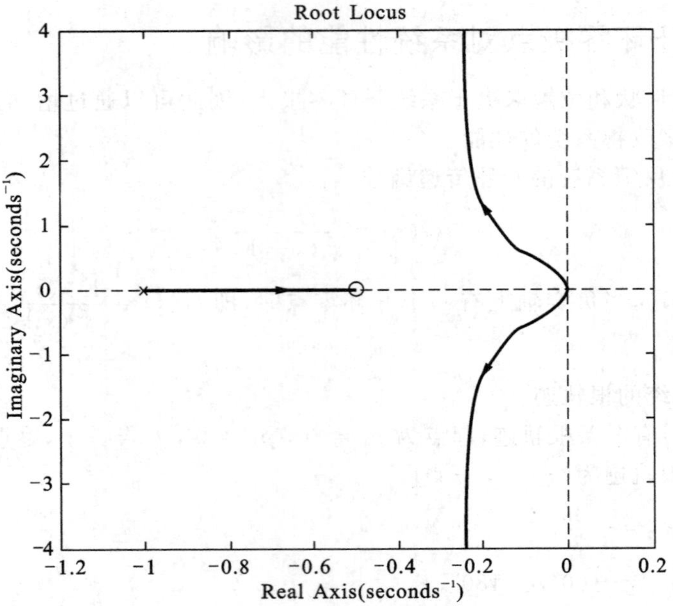

(b)

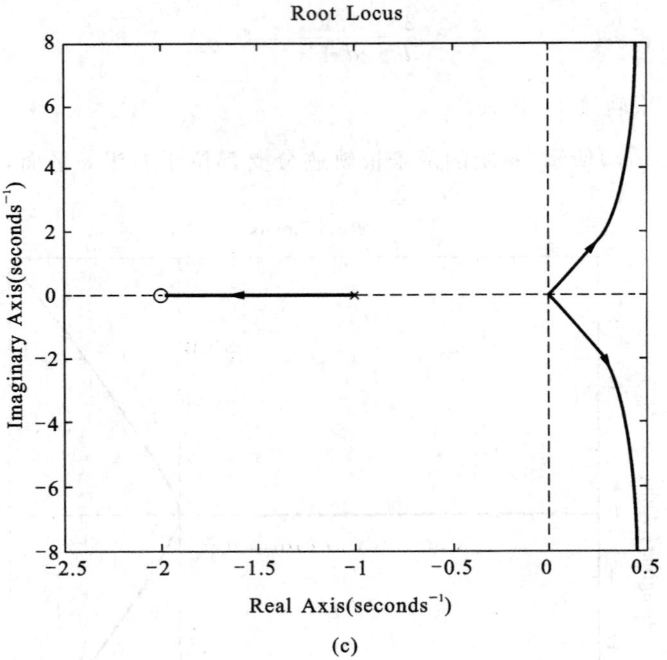

(c)

续图 4-29

(a)原系统的根轨迹；(b)加开环零点−0.5后的根轨迹；(c)加开环零点−2后的根轨迹

如果给系统增加一个开环零点 $z=-a$，则渐近线为2条，即

$$\begin{cases}\sigma_a = \dfrac{-1+a}{3} \\ \varphi_a = 90^\circ\end{cases}$$

当 $-1<-a<0$ 时，取 $a=0.5$，渐近线位于左半 s 平面，根轨迹如图 4-29(b)所示，3 条根轨迹都位于 s 平面的左半平面，无论 K^* 取何值，系统始终都是稳定的。

当 $-a<-1$ 时，取 $a=2$，渐近线位于右半 s 平面，根轨迹如图 4-29(c)所示，与原系统相比，根轨迹形状发生了变化，但是仍有 2 条分支在左半 s 平面，系统仍然是不稳定系统。

【例 4-19】 设负反馈系统的开环传递函数为

$$G(s)=\frac{K^*}{s(s+2)}$$

(1)试作出系统的根轨迹；

(2)加开环极点 $-b(b>0)$ 时，分析比较系统的性能有何变化。

解　(1)① $n=2$，系统有两条根轨迹分支，起始于开环极点 $p_1=0$，$p_2=-2$，终止于无穷远处。

②实轴上的根轨迹为 $[-2,0]$。

③渐近线：$\begin{cases}\sigma_a=\dfrac{-2}{2}=-1,\\ \varphi_a=\pm 90°。\end{cases}$

④分离点：$d=-1$。

系统的根轨迹图如图 4-30(a)所示，根轨迹位于左半 s 平面，系统是稳定的。

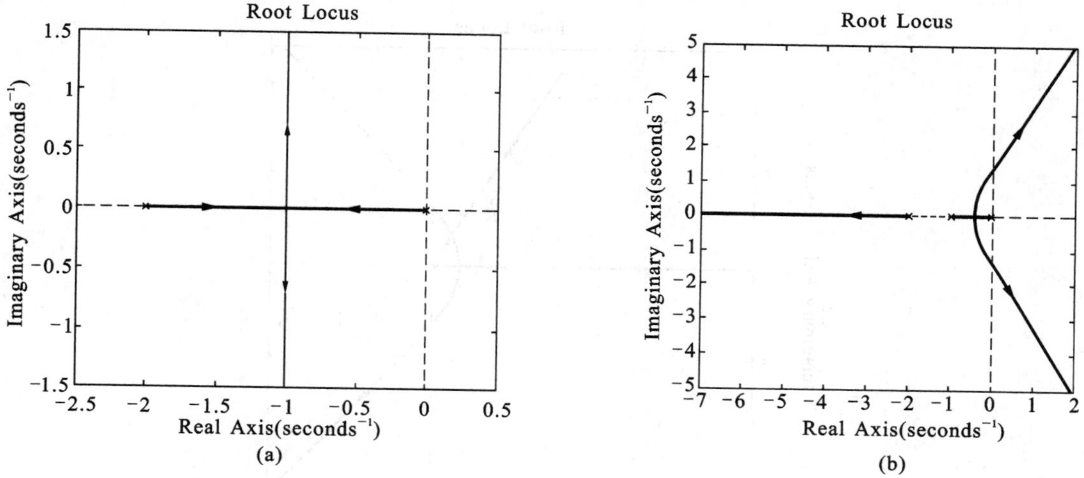

图 4-30　例 4-19 的根轨迹图

(a)原系统的根轨迹；(b)加开环极点后系统的根轨迹

(2)加开环极点 $-b(b>0)$ 时，系统传递函数为

$$G(s)=\frac{K^*}{s(s+2)(s+b)}$$

当 $n=3$ 时，系统有 3 条根轨迹分支，起始于开环极点 $p_1=0$，$p_2=-2$，$p_3=-b$，终止于无穷远处。

渐近线：$\begin{cases}\varphi_a=\pm 60°,\pm 180°,\\ \sigma_a=\dfrac{-2-b}{3}。\end{cases}$

取 $b=1$，绘制根轨迹如图 4-30(b)所示。

分析可知：增加开环极点后，根轨迹分支数增加，且渐近线与实轴夹角由 $\pm 90^\circ$ 变为 $\pm 60^\circ$ 和 $\pm 180^\circ$，与实轴的交点随着 b 的增加越来越远离虚轴。增加开环极点对系统根轨迹的影响总结如下几条：

①改变了根轨迹在实轴上的分布；

②增加了根轨迹分支数，使渐近线的条数、方向和与实轴的夹角都随之改变；

③使根轨迹分支向右偏移，削弱了系统的稳定性。

4.4.3 利用根轨迹分析系统性能

下面通过具体例子来说明根轨迹在分析系统性能中的作用。

【例 4-20】 单位负反馈系统的开环传递函数为

$$G(s)=\frac{K^*}{s(s+2)(s+5)}$$

(1)若要求闭环系统稳定，试确定 K^* 的取值范围；

(2)试用根轨迹法确定系统在欠阻尼状态下的开环增益 K 的范围；

(3)计算阻尼比 $\zeta=0.5$ 的 K 值以及相应的闭环极点，估算此时系统的性能指标。

解 (1)绘制系统根轨迹，如图 4-31 所示。

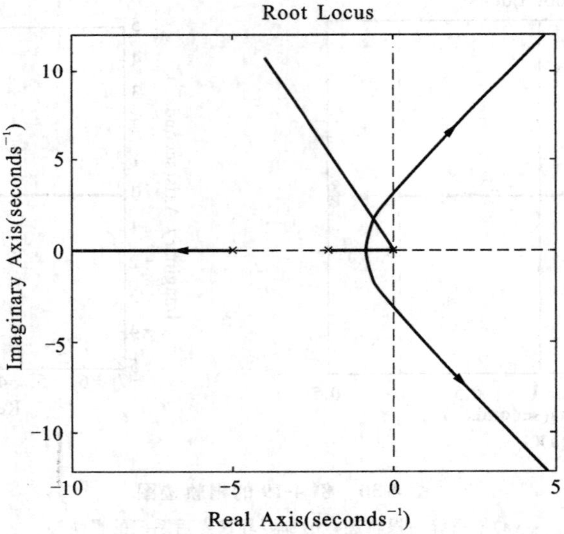

图 4-31 例 4-20 的根轨迹图

①当 $n=3$ 时有 3 条根轨迹，起点为 $p_1=0$，$p_2=-2$，$p_3=-5$，终点都趋向无穷远处。

②实轴上的根轨迹为 $[-2,0]$，$[-5,-\infty)$。

③渐近线：$\begin{cases}\sigma_a=\dfrac{-2-5}{3}=-\dfrac{7}{3},\\ \varphi_a=\pm 60^\circ,\pm 180^\circ。\end{cases}$

④分离点：由

$$\frac{1}{d}+\frac{1}{d+2}+\frac{1}{d+5}=0$$

试根求得 $d_1=-0.88$，$d_2=-2.5$（舍去）。

与虚轴的交点：将 $s=\mathrm{j}\omega$ 代入闭环特征方程

$$s^3+7s^2+10s+K^*=0$$

得

$$\begin{cases}10\omega-\omega^3=0\\K^*-7\omega^2=0\end{cases}$$

解得 $\omega=\pm3.16$，$K^*=70$。

与虚轴交点为 $s=\pm\mathrm{j}3.16$，此时 $K*=70$，系统临界稳定；当 $K^*>70$ 时，闭环系统不稳定。因此，系统稳定需 $0<K^*<49$。

(2) $G(s)=\dfrac{K^*}{s(s+2)(s+5)}=\dfrac{K}{s(0.5s+1)(0.2s+1)}$，其中 $K^*=10K$。

由上式可知分离点为 $d=-0.88$，由幅值条件可知此时

$$K_{\mathrm{d}}^*=|d||d+2||d+5|=4.1$$

对应于分离点，开环增益 $K=K_{\mathrm{d}}^*/10=0.41$。

对应于临界稳定点，开环增益 $K=K^*/10=7$。

因此，系统在欠阻尼状态下的开环增益 K 的范围为 $0.41<K<7$。

(3)为了确定满足阻尼比 $\zeta=0.5$ 条件时的 3 个闭环极点，首先作出 $\zeta=0.5$ 的等阻尼线，它与负实轴的夹角为 $\beta=\arccos\zeta=60°$，如图 4-31 所示。

等阻尼线与根轨迹的交点即为响应的闭环极点，设相应两个复数闭环极点为

$$s_1=-\zeta\omega_{\mathrm{n}}+\mathrm{j}\omega_{\mathrm{n}}\sqrt{1-\zeta^2}=-0.5\omega_{\mathrm{n}}+\mathrm{j}0.866\omega_{\mathrm{n}}$$

$$s_2=-\zeta\omega_{\mathrm{n}}-\mathrm{j}\omega_{\mathrm{n}}\sqrt{1-\zeta^2}=-0.5\omega_{\mathrm{n}}-\mathrm{j}0.866\omega_{\mathrm{n}}$$

闭环特征方程为

$$\begin{aligned}D(s)&=(s-s_1)(s-s_2)(s-s_3)\\&=s^3+(\omega_{\mathrm{n}}-s_3)s^2+(\omega_{\mathrm{n}}^2-s_3\omega_{\mathrm{n}})s-s_3\omega_{\mathrm{n}}^2\\&=s^3+7s^2+10s+K^*=0\end{aligned}$$

比较系数可得

$$\begin{cases}\omega_{\mathrm{n}}-s_3=7\\\omega_{\mathrm{n}}^2-s_3\omega_{\mathrm{n}}=10\\-s_3\omega_{\mathrm{n}}^2=K^*\end{cases}$$

解得

$$\begin{cases}\omega_{\mathrm{n}}=1.43\\s_3=-5.57\\K^*=11.4\end{cases}$$

故当 $\zeta=0.5$ 时，$K=1.14$。

闭环极点为

$$s_1=-0.715+\mathrm{j}1.24$$

$$s_2=-0.715-\mathrm{j}1.24$$

$$s_3=-5.57$$

所求的三个闭环极点中，s_3 距虚轴的距离是 $s_{1,2}$ 距虚轴距离的 $\dfrac{5.57}{0.715}=7.79$ 倍。可见，$s_{1,2}$ 是系统的主导闭环极点，通过由 $s_{1,2}$ 构成的二阶系统来估算原三阶系统的性能指标，原系统的闭环增益为 1。因此，相应的二阶系统闭环传递函数为

$$\Phi(s)=\frac{\omega_n^2}{(s+0.715+j1.24)(s+0.715-j1.24)}=\frac{2.05}{s^2+1.43s+2.05}$$

将 $\begin{cases}\omega_n=1.43\\ \zeta=0.5\end{cases}$ 代入性能指标公式，得

$$\sigma_p=e^{-\zeta\pi/\sqrt{1-\zeta^2}}\times 100\%=16.3\%$$

$$t_s=\frac{3}{\zeta\omega_n}=4.2(s)$$

原系统为 1 型系统，系统的速度误差系数为

$$K_v=\lim_{s\to 0}sG(s)=\lim_{s\to 0}s\frac{K}{s(0.2s+1)(0.5s+1)}=K=1.14$$

系统在单位斜坡信号作用下的稳态误差为

$$e_{ss}=\frac{1}{K_v}=\frac{1}{K}=0.877$$

【例 4-21】 单位负反馈系统的开环传递函数为

$$G(s)=\frac{K(0.25s+1)}{s(0.5s+1)}$$

试绘制 K 从 $0\to+\infty$ 变化时的系统根轨迹，并分析 K 对系统动态过程的影响。

解 对系统开环传递函数稍作变化，得

$$G(s)=\frac{K(0.25s+1)}{s(0.5s+1)}=\frac{K^*(s+4)}{s(s+2)}$$

式中，$K=2K^*$。

①当 $n=2$ 时有 2 条根轨迹，起点为 $p_1=0$，$p_2=-2$，终点为 $z_1=-4$，$+\infty$。

②实轴上的根轨迹为 $(-\infty,-4]$，$[-2,0]$。

③分离点：由

$$\frac{1}{d}+\frac{1}{d+2}=\frac{1}{d+4}$$

解 得 $d_1=-1.17$，$d_2=-6.83$。

d_1 对应的 $K=2K^*=2\dfrac{|d_1||d_1+2|}{|d_1+4|}=0.686$；

d_2 对应的 $K=2K^*=2\dfrac{|d_2||d_2+2|}{|d_2+4|}=23.3$。

绘制根轨迹，如图 4-32 所示，根轨迹的复数部分为圆，圆心为 z_1，半径为 $|z_1-d_2|=2.83$。

由根轨迹图分析可知，K 对系统动态过程的影响如下：

当 $0<K<0.686$ 时，系统有两个负实数极点，是过阻尼系统，系统阶跃响应呈非周期性变化；

当 $0.686<K<23.3$ 时，系统有一对复数极点，是欠阻尼系统，系统阶跃响应呈震荡衰减

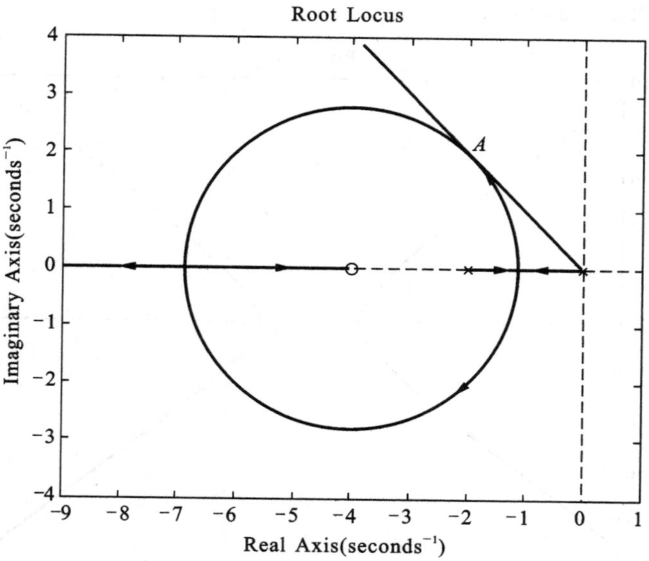

图 4-32　例 4-21 的根轨迹图

性变化；

当 $23.3 < K < +\infty$ 时，系统有两个负实数极点，是过阻尼系统，系统阶跃响应呈非周期性变化，响应的快速性大大提高。

【例 4-22】 单位负反馈系统的开环传递函数为

$$G(s) = \frac{K}{(s+1)^2 (s+4)^2}$$

(1)画出系统的根轨迹；

(2)可否通过选择 K 满足最大超调量 $\sigma_p \leqslant 4.32\%$ 的要求？

(3)可否通过选择 K 满足调节时间 $t_s \leqslant 2$ s($\Delta = 0.05$)的要求？

(4)可否通过选择 K 满足误差系数 $K_p \geqslant 10$ 的要求？

解　系统开环传递函数为

$$G(s) = \frac{K}{(s+1)^2 (s+4)^2}$$

(1)绘制根轨迹。

渐近线：$\begin{cases} \sigma_a = \dfrac{-1\times 2 - 4\times 2}{4} = -2.5, \\ \varphi_a = \dfrac{(2k+1)\pi}{4}, k = 0, \pm 1, -2。\end{cases}$

与虚轴交点：闭环特征方程为

$$D(s) = s^4 + 10s^3 + 33s^2 + 40s + 16 + K = 0$$

令
$$\begin{cases} \mathrm{Re}[D(\mathrm{j}\omega)] = \omega^4 - 33\omega^2 + 16 + K = 0 \\ \mathrm{Im}[D(\mathrm{j}\omega)] = 10\omega^3 - 40\omega = 0 \end{cases}$$

解得
$$\begin{cases} \omega = \pm 2 \\ K = 100 \end{cases}$$

系统的根轨迹如图 4-33 所示。

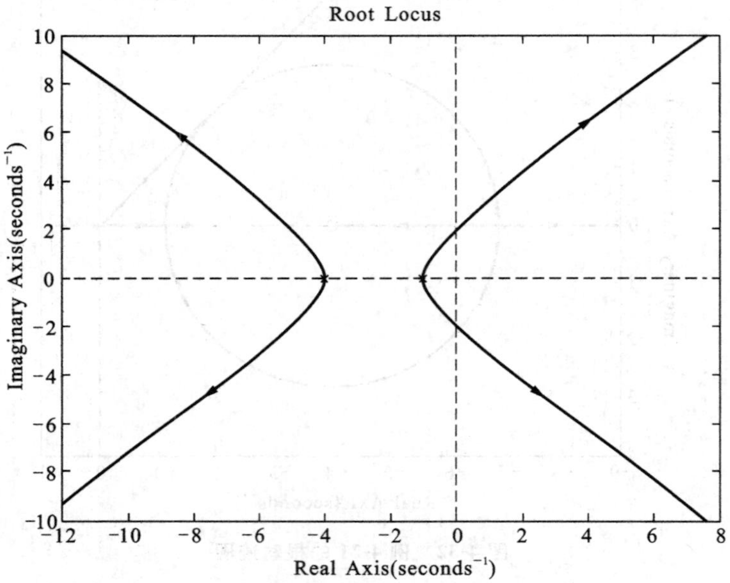

图 4-33　例 4-22 的根轨迹图

(2)由根轨迹可见,系统存在一对复数主导极点,系统性能可由二阶系统性能指标公式计算。$\sigma_p \leqslant 4.32\%$,对应于 $\zeta = \frac{\sqrt{2}}{2}$ 的等阻尼线与根轨迹交于一点,设该闭环主导极点为 $s_{1,2} = -a \pm ja$,对应的另外一对闭环复数极点为 $s_{3,4} = -b \pm jc$,则由闭环极点之和等于开环极点之和,即

$$-2a - 2b = 2 \times (-1) + 2 \times (-4)$$

得 $b = 5 - a$。

$$\begin{aligned} D(s) &= (s + a + ja)(s + a - ja)(s + 5 - a + ja)(s + 5 - a - ja) \\ &= s^4 + 10s^3 + (25 + 10a)s^2 + 50as + (50 - 20a + 4a^2)a^2 \\ &= s^4 + 10s^3 + 33s^2 + 40s + 16 + K = 0 \end{aligned}$$

解得 $a = 0.8$, $K = 7.3984$ 。

当 $0 < K \leqslant 7.3984$ 时,最大超调量满足 $\sigma_p \leqslant 4.32\%$ 的要求。

(3)当要求 $t_s = \frac{3}{\zeta\omega_n} \leqslant 2$ s ,即 $\zeta\omega_n \geqslant 1.5$,这表明主导极点必位于左半 s 平面,且距虚轴距离大于 1.5。由根轨迹可知,在系统稳定的范围内,主导极点的实部绝对值均小于 1,因此本系统不能满足调节时间 $t_s \leqslant 2$ s 的要求。

(4) $K_p = \lim\limits_{s \to 0} s G(s) = \frac{K}{16}$,而系统在临界稳定时 $K = 100$,所以,使系统稳定时 $K_p < \frac{K_c}{16} = 6.26$,不能通过选择 K 来满足误差系数 $K_p \geqslant 10$ 的要求。

4.5　利用 MATLAB 绘制系统根轨迹图

在理论分析中,往往只能画出根轨迹草图,而利用 MATLAB 可以迅速绘出精确的根轨迹

图，并求出相关参数。设闭环系统中的开环传递函数为

$$G_k(s)=K\frac{s^m+b_1s^{m-1}+\cdots+b_{m-1}+b_m}{s^n+a_1s^{n-1}+\cdots+a_{n-1}s+a_n}=K\frac{\text{num}}{\text{den}}$$
$$=K\frac{(s+z_1)(s+z_2)\cdots(s+z_m)}{(s+p_1)(s+p_2)\cdots(s+p_n)}=KG_0(s)$$

则闭环特征方程为

$$1+K\frac{\text{num}}{\text{den}}=0$$

特征方程的根随参数 K 的变化而变化，即为闭环根轨迹。控制系统工具箱中提供了函数 rlocus()，可用来绘制给定系统的根轨迹，调用格式有以下几种：

```
rlocus(num, den)
rlocus(num, den, K)
```

或者

```
rlocus(G)
rlocus(G, K)
```

以上给定命令可以在屏幕上画出根轨迹图，其中 G 为开环系统 $G_0(s)$ 的对象模型，K 为用户选择的增益向量。

控制系统工具箱中还有一个函数 rlocfind()，允许用户求取根轨迹上指定点处的开环增益值，并将该增益下所有的闭环极点显示出来。函数的调用格式为

```
[K, P]= rlocfind(G)
```

这个函数运行后，图形窗口中会出现要求用户使用鼠标定位的提示，用户可以用鼠标左键点击所关心的根轨迹上的点。这样将返回一个 K 变量，该变量为所选择点对应的开环增益，同时返回的 P 变量为该增益下所有的闭环极点位置。此外，该函数还将自动地将该增益下所有的闭环极点直接在根轨迹曲线上显示出来。

【例 4-23】 系统的开环传递函数模型为

$$G_k(s)=\frac{K}{s(s+1)(s+3)}=KG_0(s)$$

利用下面的 MATLAB 命令可以很容易地验证出系统的根轨迹，如图 4-34 所示。

```
G=tf(1, [conv([1,1], [1,3]), 0]);
rlocus(G);
[K, P]=rlocfind(G)
```

用鼠标点击根轨迹上与虚轴相交的点，在命令窗口中可发现如下结果：

```
selected_point =
    0+1.7081i
K=
    11.6709
```

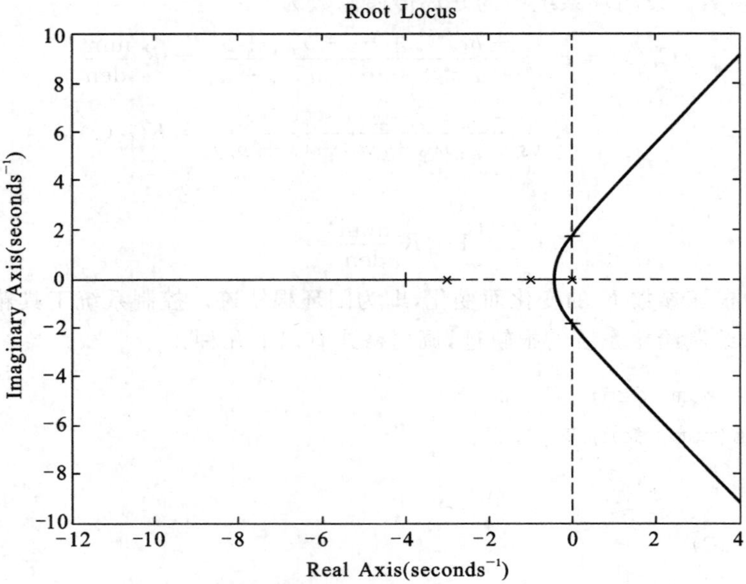

图 4-34　系统的根轨迹图

```
P=

      -3.9826
      -0.0087+1.7119i
      -0.0087-1.7119i
```

所以，要想使此闭环系统稳定，其增益范围应为 $0<K<11.6709$。

参数根轨迹反映了闭环根与开环增益 K 的关系，可以通过 K 的变化，观察对应根处阶跃响应的变化。考虑 $K=0.1,0.2,\cdots,1,2,\cdots,5$，这些增益下闭环系统的阶跃响应曲线可由以下 MATLAB 命令得到。

```
hold off;                        % 擦掉图形窗口中原有的曲线。
t=0:0.2:15;
Y=[ ];
for K=[0.1: 0.1: 1, 2: 5]
      GK=feedback(K* G, 1);
      y=step(GK, t);
      Y=[Y, y];
end
plot(t, Y)
```

对于 for 循环语句，循环次数由 K 给出，画出的图形如图 4-35 所示。可以看出，当 K 的值增加时，一对主导极点起作用，且响应速度变快。一旦 K 接近临界 K 值，振荡加剧，性能变坏。

【例 4-24】　单位反馈系统的开环传递函数为

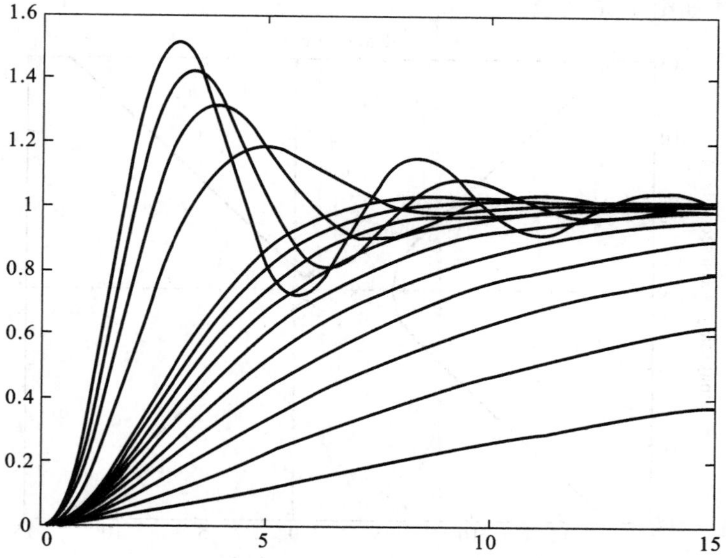

图 4-35　不同 K 值下的阶跃响应曲线

$$G(s)=K\frac{(s+3)}{s(s+5)(s+6)(s^2+2s+2)}$$

试在根轨迹上选择一点，求出该点的增益 K 及其闭环极点的位置，并判断该点系统的稳定性。

解　MATLAB 程序如下：

```
num= [1, 3];
den= conv(conv(conv([1, 0], [1, 5]), [1, 6]), [1, 2, 2]);
rlocus(num, den);
[k, poles]= rlocfind(sys);
range= [33: 1: 37]´;
cpole= rlocus(num, den, range);
[range, cpole]
```

运行结果如下：

```
selected_ point=
      -5.3780  -0.0476i
ans=
33.0000- 5.5745+0.6697i  -5.5745-0.6697i  -1.7990  -0.0260+1.3210i  -0.0260-1.3210i
34.0000- 5.5768+0.6850i  -5.5768-0.6850i  -1.8154  -0.0155+1.3340i  -0.0155-1.3340i
35.0000- 5.5791+0.7001i  -5.5791-0.7001i  -1.8313  -0.0052+1.3467i  -0.0052-1.3467i
36.0000- 5.5815+0.7147i  -5.5815-0.7147i  -1.8466  0.0048+1.3591i  0.0048-1.3591i
37.0000- 5.5838+0.7291i  -5.5838-0.7291i  -1.8615  0.0146+1.3712i  0.0146-1.3712i
```

系统的根轨迹如图 4-36 所示。

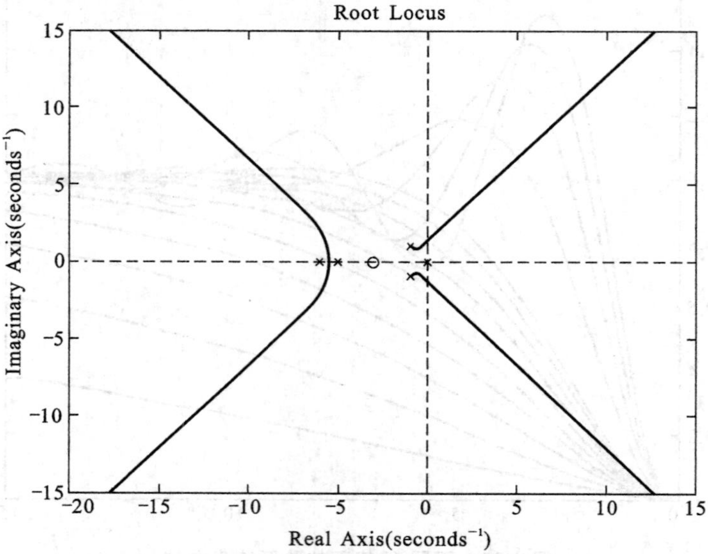

图 4-36　系统的根轨迹图

【例 4-25】 开环传递函数 $G(s)=\dfrac{K_1}{s(s+1)(s+2)}$，绘制其闭环根轨迹。

解　MATLAB 程序如下：

```
z=[];
p=[0, -1, -2];
k=1;
sys=zpk(z, p, k);
rlocus(sys)
```

运行结果如图 4-37 所示。

当根轨迹渐近线与实轴的交点 σ_a 已求出后，可得到方程 $\dfrac{K_1}{(s-\sigma_a)^{n-m}}=-1$，这是根轨迹渐近线的轨迹方程。

将 $G(s)=\dfrac{K_1}{(s-\sigma_a)^{n-m}}$ 作为一个开环传递函数，录入到 MATLAB 中，再使用根轨迹作图函数(命令)rlocus( )，其生成的轨迹就是原根轨迹的渐近线。

加渐近线程序如下：

```
z1=[];
p1=[-1, -1, -1];
k1=1;
sys1=zpk(z1, p1, k1);
hold on;
rlocus(sys1)
```

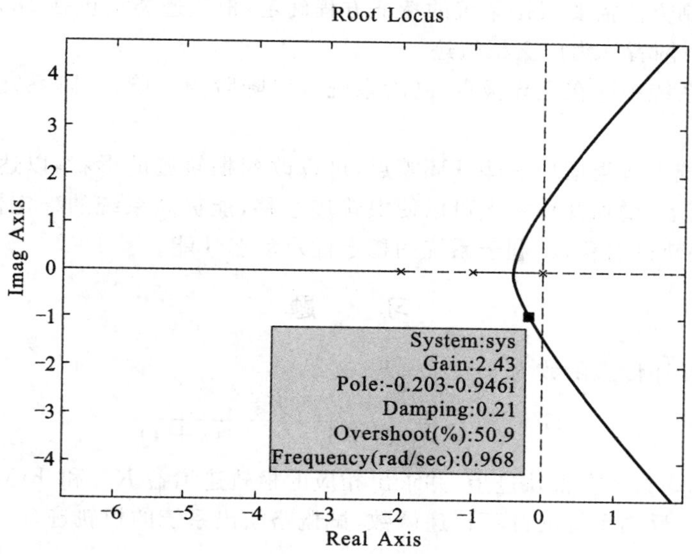

图 4-37　例 4-25 的根轨迹图(1)

运行结果如图 4-38 所示。

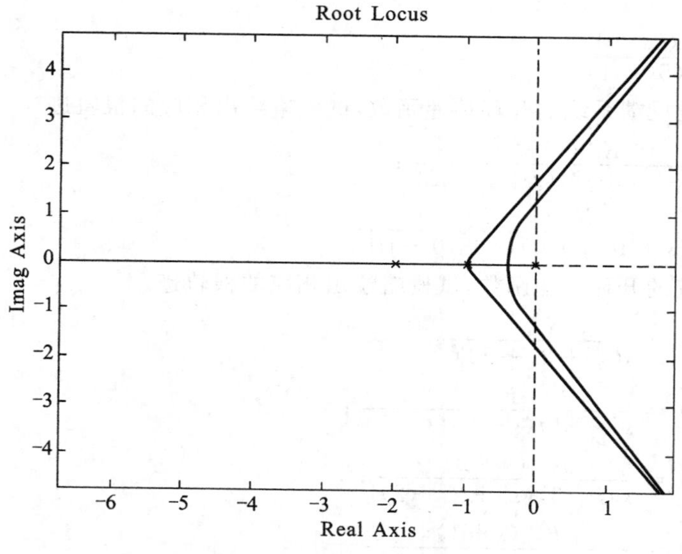

图 4-38　例 4-25 的根轨迹图(2)

本 章 小 结

(1)根轨迹是当系统某一参数从零变化到无穷大时，系统闭环特征方程根在复平面 s 上运动的轨迹，利用反馈系统中开环、闭环之间的关系，由开环传递函数直接寻求闭环根轨迹的总体规律的方法。讨论问题只在 s 平面中进行，不需要求解时域响应，又称复域分析法。

(2)绘制根轨迹应把握本章介绍的 9 条基本法则。用起终点法、实轴区段法、渐近线法等法则判断根轨迹的整体特征，然后计算相关的特征量，绘制大致根轨迹曲线。

(3)根轨迹绘制方法需要根据系统的特征方程确定,根轨迹类型包括 180° 根轨迹、参数根轨迹、0° 根轨迹,后两者称为广义根轨迹。

(4)如果高阶系统中存在主导极点,高阶系统可以降阶为一阶、二阶系统来分析其性能指标。

(5)通过在系统中适当增加一些开环零点,可以改变根轨迹的形状,以达到改善系统性能的目的。一般情况下,增加开环零点可以使根轨迹左移,能提高系统的稳定性和动态性能;增加开环极点将使根轨迹右移,不利于系统的稳定性及动态性能。

习　题

4-1 系统的开环传递函数为

$$G(s)H(s)=\frac{K^*}{(s+1)(s+2)(s+4)}$$

试证明点 $s_1=-1+\mathrm{j}\sqrt{3}$ 在根轨迹上,并求出相应的根轨迹增益 K^* 和开环增益 K。

4-2 已知单位反馈系统的开环传递函数,试概略绘出系统的根轨迹。

(1) $G(s)=\dfrac{K}{s(0.1s+1)(0.5s+1)}$;

(2) $G(s)=\dfrac{K^*(s+5)}{s(s+1)(s+3)}$;

(3) $G(s)=\dfrac{K(2s+1)}{s(5s+1)}$。

4-3 已知单位反馈系统的开环传递函数,试概略绘出相应的根轨迹。

(1) $G(s)=\dfrac{K^*(s+2)}{(s+1+\mathrm{j}2)(s+1-\mathrm{j}2)}$;

(2) $G(s)=\dfrac{K^*(s+20)}{s(s+10+\mathrm{j}10)(s+10-\mathrm{j}10)}$。

4-4 已知系统的开环传递函数,试概略绘出相应的根轨迹。

(1) $G(s)H(s)=\dfrac{K^*}{s(s^2+8s+20)}$;

(2) $G(s)H(s)=\dfrac{K^*}{s(s+1)(s+2)(s+5)}$;

(3) $G(s)H(s)=\dfrac{K^*(s+2)}{s(s+3)(s^2+2s+2)}$;

(4) $G(s)H(s)=\dfrac{K^*(s+1)}{s(s-1)(s^2+4s+16)}$。

4-5 已知系统的开环传递函数为

$$G(s)=\frac{K^*}{s(s^2+4s+8)}$$

试用根轨迹法确定使闭环系统稳定的开环增益 K 值范围。

4-6 单位反馈系统的开环传递函数为

$$G(s)=\frac{K(2s+1)}{(s+1)^2\left(\frac{4}{7}s-1\right)}$$

试绘制系统根轨迹，并确定使系统稳定的 K 值范围。

4-7　单位反馈系统的开环传递函数为

$$G(s)=\frac{K^{*}(s^{2}-2s+5)}{(s+2)(s-0.5)}$$

试绘制系统根轨迹，确定使系统稳定的 K 值范围。

4-8　试绘出下列多项式方程的根轨迹。

(1) $s^{3}+2s^{2}+3s+Ks+2K=0$；

(2) $s^{3}+3s^{2}+(K+2)s+10K=0$。

4-9　控制系统的结构如图 4-39 所示，试概略绘制其根轨迹。

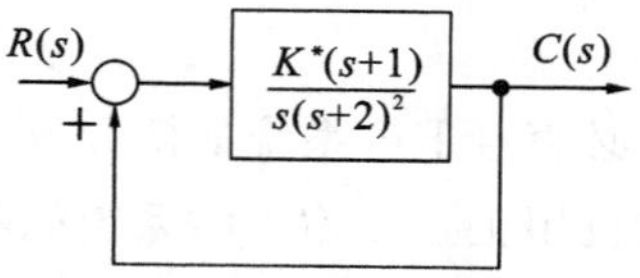

图 4-39　习题 4-9 控制系统的结构图

4-10　设单位反馈系统的开环传递函数为

$$G(s)=\frac{K^{*}(1-s)}{s(s+2)}$$

试绘制其根轨迹，并求出使系统产生重实根和纯虚根的 K^{*} 值。

4-11　已知单位反馈系统的开环传递函数，试绘制参数 b 从零变化到无穷大时的根轨迹，并写出 $b=2$ 时系统的闭环传递函数。

(1) $G(s)=\dfrac{20}{(s+4)(s+b)}$；

(2) $G(s)=\dfrac{30(s+b)}{s(s+10)}$。

第 5 章　控制系统的频率特性法

控制系统的时域分析法是研究系统在典型输入信号作用下的性能，对于一阶、二阶系统可以快速、直接地求出输出的时域表达式、绘制出响应曲线，从而利用时域指标直接评价系统的性能，具有直观、准确的优点。然而，工程实际中有大量的高阶系统，通过时域法求解高阶系统在外输入信号作用下的输出表达式相当困难。此外，在需要改善系统性能时，采用时域法也难以确定调整系统的结构或参数。

频域分析法是一种图解法，不必直接求解系统的微分方程，而是间接地运用系统的开环频率特性分析闭环响应。另外，有时也用正弦波输入时系统的响应来分析，但这种响应并不是单看某一个频率正弦波输入时的瞬态响应，而是考虑频率由低到高无数个正弦波输入下所对应的每个输出的稳态响应。因此，这种响应也叫频率响应。

本章将介绍频率特性的基本概念、典型环节和系统的频率特性的极坐标图和伯德图、奈奎斯特稳定判据和频域性能指标与时域性能指标之间的关系、开环频域性能分析等内容。

5.1　频率特性的基本概念

5.1.1　频率特性的定义

频率响应是时间响应的特例，是控制系统对正弦输入信号的稳态正弦响应。一个稳定的线性定常系统，在正弦信号的作用下，稳态时输出仍是一个与输入同频率的正弦信号，且稳态输出的幅值与相位是输入正弦信号频率的函数。

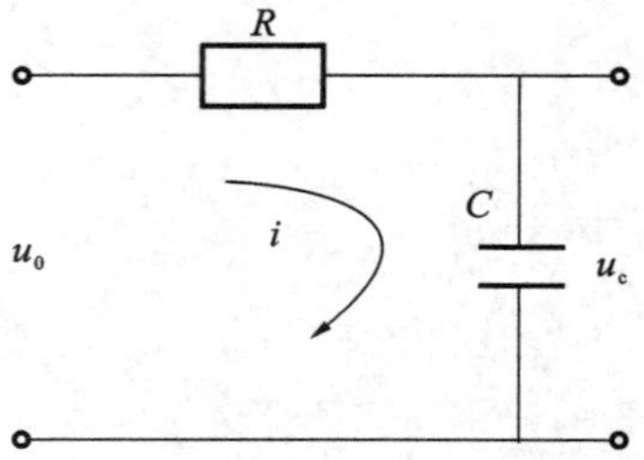

图 5-1　*RC* 网络

下面以 *RC* 网络为例，如图 5-1 所示，说明频率特性的基本概念。

由电路知识可知，网络微分方程为

$$T\frac{\mathrm{d}c(t)}{\mathrm{d}t}+c(t)=r(t) \tag{5-1}$$

式中：$T=RC$。

其传递函数为

$$\frac{C(s)}{R(s)}=\frac{1}{Ts+1} \tag{5-2}$$

设输入为正弦电压 $r(t)=R\sin(\omega t)$，则

$$C(s)=\frac{1}{Ts+1}R(s)=\frac{1}{Ts+1}\frac{R\omega}{s^2+\omega^2} \tag{5-3}$$

经拉氏反变换，得电容两端输出电压

$$c(t)=\frac{R\omega T}{1+\omega^2T^2}e^{-\frac{t}{T}}+\frac{R}{\sqrt{1+\omega^2T^2}}\sin(\omega t-\arctan\omega T) \tag{5-4}$$

式中：第一项为输出电压的暂态分量，将随时间增大而趋于零；第二项为输出的稳态分量，即

$$\lim_{t\to+\infty}c(t)=\frac{R}{\sqrt{1+\omega^2T^2}}\sin(\omega t-\arctan\omega T) \tag{5-5}$$

可见，网络的稳态输出仍然是正弦电压，并具有三个特点：

(1)输出电压的频率和输入电压频率相同；

(2)输出电压的幅值是输入电压幅值的 $\frac{1}{\sqrt{1+\omega^2T^2}}$ 倍；

(3)输出电压的相角比输入电压的相角延后 $\arctan\omega T$ 。

$\frac{1}{\sqrt{1+\omega^2T^2}}$ 和 $-\arctan\omega T$ 皆是 ω 的函数，前者为输入与输出幅值比，称为 RC 网络的幅频特性；后者为输入与输出的相位差，称为 RC 网络的相频特性。二者可以用一个式子来描述：

$$\frac{1}{\sqrt{1+\omega^2T^2}}\cdot e^{-j\arctan\omega T}=\left|\frac{1}{1+j\omega T}\right|\cdot e^{j\angle\frac{1}{1+j\omega T}}=\frac{1}{1+j\omega T} \tag{5-6}$$

可知，函数 $\frac{1}{1+j\omega}$ 完整地描述了 RC 网络在正弦电压作用下，稳态输出的电压幅值和相角随 ω 变化的规律，称为网络的频率特性。

将频率特性和传递函数表达式比较可知，只要将传递函数中的 s 以 $j\omega$ 置换，即得频率特性，亦即

$$\frac{1}{1+j\omega T}=\left.\frac{1}{1+Ts}\right|_{s=j\omega} \tag{5-7}$$

该结论非常重要，反映了幅频特性和相频特性与系统数学模型的本质关系，具有普遍性。

由此例可推导得出：对于稳定的线性定常系统，加入一个正弦信号，它的稳态响应是一个正弦信号。该稳态响应具有三个特点：

(1)其频率与输入信号的频率相同；

(2)其幅值放大了 $A(\omega)=|G(j\omega)|$ 倍；

(3)相位移动了 $\varphi(\omega)=\angle G(j\omega)$ 。

定义：

幅频特性——稳态响应的幅值与输入信号的幅值之比 $A(\omega)=|G(j\omega)|$，描述系统对不同频率输入信号在稳态时的放大特性；

相频特性——稳态响应与正弦输入信号的相位差 $\varphi(\omega)=\angle G(j\omega)$，描述系统的稳态响应对不同频率输入信号的相位移特性；

频率特性——幅频特性和相频特性可在复平面构成一个完整的向量，$G(j\omega)=A(\omega)e^{j\varphi(\omega)}$ 。

结论：当传递函数中的复变量 s 用 $j\omega$ 代替时，传递函数就转变为频率特性，反之亦然。故频率特性也是系统的数学模型。

若用一个复数 $G(j\omega)$ 来表示，则有

$$G(j\omega)=A(\omega)e^{j\varphi(\omega)} \tag{5-8}$$

此外，还可以将向量分解为实数部分和虚数部分，即

$$G(j\omega)=\mathrm{Re}G(j\omega)+j\mathrm{Im}G(j\omega) \tag{5-9}$$

$\mathrm{Re}G(j\omega)$ 称为实频特性，$\mathrm{Im}G(j\omega)$ 称为虚频特性。由复变函数理论可知

$$A(\omega)=\sqrt{\mathrm{Re}^2G(j\omega)+\mathrm{Im}^2G(j\omega)} \tag{5-10}$$

$$\varphi(\omega)=\arctan\frac{\mathrm{Im}G(j\omega)}{\mathrm{Re}G(j\omega)} \tag{5-11}$$

$$\mathrm{Re}G(j\omega)=A(\omega)\cos\varphi(\omega) \tag{5-12}$$

$$\mathrm{Im}G(j\omega)=A(\omega)\sin\varphi(\omega) \tag{5-13}$$

5.1.2 各数学模型之间的关系

到目前为止，我们已学习过的线性系统的数学模型有以下几种：微分方程、传递函数和频率特性，它们之间的关系如图 5-2 所示。

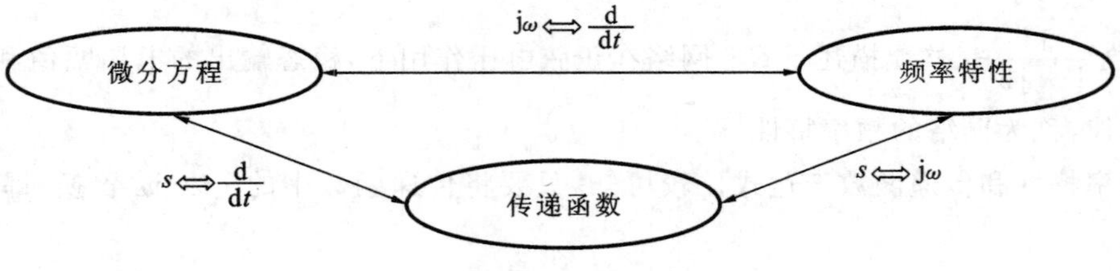

图 5-2 各数学模型之间的转换关系

由图可知：

(1)在已知系统的微分方程的情况下，将一次求导用 $j\omega$ 代替、二次求导用 $(j\omega)^2$ 代替，以此类推，即可得到 $G(j\omega)$。

(2)将传递函数中的 s 换为 $j\omega$ 来求取。

(3)实验法是对实际系统求频率特性的一种常用而重要的方法。在系统的传递函数或数学模型未知时，只有采用实验法。

5.1.3 正弦输入信号下系统输出和稳态误差的计算

在正弦信号作用下求系统的稳态输出和稳态误差时，由于正弦信号的拉氏变换 $R(s)$ 的极点位于虚轴上，不符合拉氏变换终值定理的应用条件，不能利用拉氏变换的终值定理来求解，但运用频率特性的概念来求解却非常方便。需要注意的是，此时的系统应当是稳定的。

根据幅频特性和相频特性的定义，可利用闭环传递函数 $\Phi(s)=\dfrac{C(s)}{R(s)}$ 对应的 $\Phi(j\omega)$ 的幅

频特性和相频特性方便地求解系统的稳态输出。同理，可利用偏差传递函数 $\Phi_e(s)=\dfrac{E(s)}{R(s)}$ 对应的 $\Phi_e(j\omega)$ 的幅频特性和相频特性方便地求解系统的稳态误差。

【例 5-1】 系统如图 5-3 所示，试确定在输入信号

$$r(t)=\sin(t+30°)-\cos(2t-45°)$$

作用下，系统的稳态输出 $c_{ss}(t)$ 和稳态误差 $e_{ss}(t)$ 。

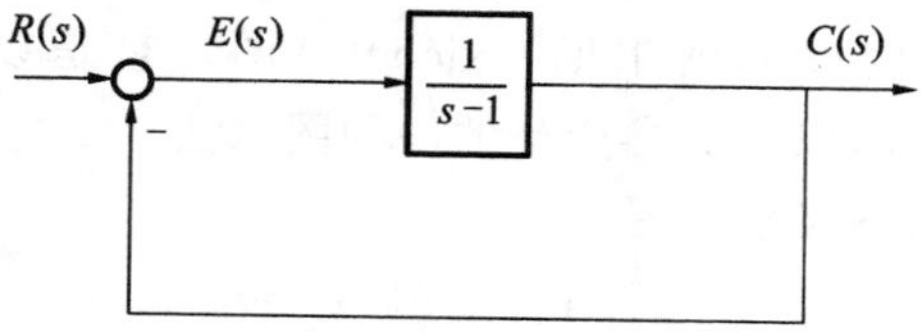

图 5-3　例 5-1 系统

解　因为 $r(t)=\sin(t+30°)-\cos(2t-45°)=\sin(t+30°)-\sin(2t+45°)$，所以输入信号为 $\omega=1$ 和 $\omega=2$ 的正弦信号的叠加。

因 $\Phi(s)=\dfrac{1}{s+2}$，故

$$\Phi(j\omega)=\frac{1}{j\omega+2}，|\Phi(j\omega)|=\frac{1}{\sqrt{\omega^2+4}}，\angle\Phi(j\omega)=-\arctan\frac{\omega}{2}$$

将 ω 值代入得

$$|\Phi(j)|=\frac{\sqrt{5}}{5},\quad \angle\Phi(j)=-\arctan 0.5\approx-26.6°$$

$$|\Phi(j2)|=\frac{\sqrt{2}}{4},\quad \angle\Phi(j2)=-\arctan 1=-45°$$

故

$$c(t)=\frac{\sqrt{5}}{5}\sin(t+56.6°)-\frac{\sqrt{2}}{4}\cos 2t$$

同理，

$$\Phi_e(s)=\frac{s+1}{s+2}$$

$$|\Phi_e(j)|=0.6325,\quad \angle\Phi(j)=45°-26.6°=18.4°$$

$$|\Phi_e(j2)|=0.7906,\quad \angle\Phi(j2)=63.4°-45°=18.4°$$

$$\begin{aligned}e_{ss}(t)&=0.6325\sin(t+48.4°)-0.7906\cos(2t-26.6°)\\&=0.6325\sin(t+48.4°)-0.7906\sin(2t+63.4°)\end{aligned}$$

5.1.4　频率特性的表示方法

工程上常用图形来表示频率特性，常用的有以下几种。

1. 极坐标图

极坐标图也称奈奎斯特(Nyquist)图(简称奈氏图)，又称开环幅相频率特性曲线(简称幅相曲线)。对于一个确定的频率，必有一个幅频特性的幅值和一个相频特性的相角与之对应，幅值与相角在复平面上代表一个向量。当频率 ω 从零变化到无穷时，相应向量的矢端就描绘

出一条曲线，该曲线就是幅相曲线(即极坐标图)。

2. 伯德图

伯德(Bode)图也称对数坐标图，它是由两幅图组成——对数幅频特性曲线和对数相频特性曲线，以 $\lg\omega$ 为横坐标，并按对数分度，分别以 $20\lg|G(j\omega)H(j\omega)|$ 和 $\varphi(j\omega)$ 作为纵坐标。对数幅频特性曲线的纵坐标的单位是分贝，记作 dB；对数相频特性曲线的单位是度(°)。

3. 对数幅相频率特性图

对数幅相频率特性图也称尼柯尔斯(Nichols)图。它是以相位 $\varphi(j\omega)$ 为横坐标，以 $20\lg|G(j\omega)H(j\omega)|$ 为纵坐标，以 ω 为参变量的一种图示法。

本章我们将介绍伯德图和极坐标图。

5.2 对数坐标图的绘制

5.2.1 对数坐标图及其特点

伯德图也称对数频率特性曲线，包括对数幅频特性曲线和对数相频特性曲线。横坐标均是频率 ω，并按对数分度，单位为弧度/秒(rad/s)，对数幅频特性曲线的纵坐标表示对数幅频特性 $L(\omega)=20\lg A(\omega)$，线性分度，单位是分贝(dB)。对数相频特性曲线的纵坐标表示相频特性 $\varphi(j\omega)$ 的函数值，线性分度，单位是度(°)。

按对数分度，即按 $\lg\omega$ 划分刻度。假设一个刻度是 $\lg\omega=0$，则右侧第一个刻度是 $\lg\omega=1$，第二个刻度是 $\lg\omega=2$，…，左侧第一个刻度是 $\lg\omega=-1$，第二个刻度是 $\lg\omega=-2$，…，这些刻度处表示的频率 ω 的值分别为 1，10，100，…和 0.1，0.01，…。从一个刻度经过一个单位长度，频率变化了 10 倍。若要在 $\omega=1$ 和 $\omega=10$ 之间标出 $\omega=2$，3，4，5，6，7，8，9，需先求相应的 $\lg\omega$ 值(见表 5-1)。

表 5-1 对数计算表

ω	2	3	4	5	6	7	8	9
$\lg\omega$	0.301	0.477	0.602	0.699	0.778	0.845	0.903	0.954

$\omega=2$，$\lg\omega=0.301$，表示 $\omega=2$ 的刻度在从 $\omega=1$ 处起的 0.301 个单位长度处，同理可确定 $\omega=3,4,\cdots,9$ 的刻度。若要在 $\omega=10$ 和 $\omega=100$ 之间标出 $\omega=20,30,\cdots,90$，同理要计算 $\lg\omega$ 的值，$\lg20=\lg10+\lg2$，$\lg30=\lg10+\lg3$，…，所以 $\omega=20$ 在 $\omega=10$ 右侧的 0.301 个单位长度处，以此类推。

在 ω 轴上，ω 每增大一倍的频率范围，称为一倍频程，如 ω 从 1 到 2，2 到 4，4 到 8 等，所有一倍频程在 ω 轴上的长度都相等，由 $\lg2\omega-\lg\omega=\lg2$，得一倍频程的长度是 0.301 个单位长度。

ω 每增大十倍的频率范围，称为十倍频程，如 ω 从 1 到 10，2 到 20，10 到 100 等，所有十倍频程在 ω 轴上的长度都相等，由 $\lg10\omega-\lg\omega=\lg10=1$，得十倍频程的长度是一个单位长度。对数分度与线性分度的关系如图 5-4 所示。

伯德图有如下优点。

(1)将幅频特性和相频特性分别作图，可使它们与频率之间的关系更加清晰。

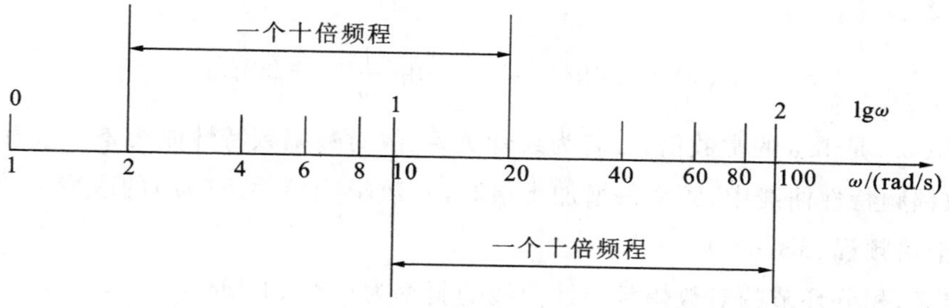

图 5-4　对数分度与线性分度的关系

(2)幅频特性的乘积运算可简化为加减运算。

$$A(\omega) = A_1(\omega)A_2(\omega)\cdots A_n(\omega) \tag{5-14}$$

$$\begin{aligned} L(\omega) &= 20\lg A(\omega) \\ &= 20\lg A_1(\omega) + 20\lg A_2(\omega) + \cdots + 20\lg A_n(\omega) \\ &= L_1(\omega) + L_2(\omega) + \cdots + L_n(\omega) \end{aligned} \tag{5-15}$$

对于相频特性而言，$\varphi(\omega) = \varphi_1(\omega) \pm \varphi_2(\omega) \pm \varphi_3(\omega) \pm \cdots \pm \varphi_n(\omega)$，本身就是加法运算，因此对于相频特性曲线的纵坐标无须采用对数坐标系。

(3)横轴用对数分度，扩展了低频段，兼顾了高频段，有利于系统的分析与综合。

(4)可用渐近线来表示幅频特性，使作图更为简单和方便。

5.2.2　典型环节的伯德图

1. 比例环节

传递函数：$G(s) = K\ (K>0)$

频率特性：$G(j\omega) = K$

对数幅频特性：

$$L(\omega) = 20\lg A(\omega) = 20\lg K \tag{5-16}$$

对数相频特性：

$$\varphi(\omega) = 0° \tag{5-17}$$

对数幅频特性曲线是一条幅值为 $20\lg K$ dB，且为平行于横轴的直线，对数相频特性曲线是一条与横轴重合的直线，如图 5-5 所示，说明比例环节可以完全、真实地复现任何频率的输入信号，幅值上有放大或衰减作用。$\varphi(\omega) = 0°$，表示输出与输入同相位，既不超前也不滞后。

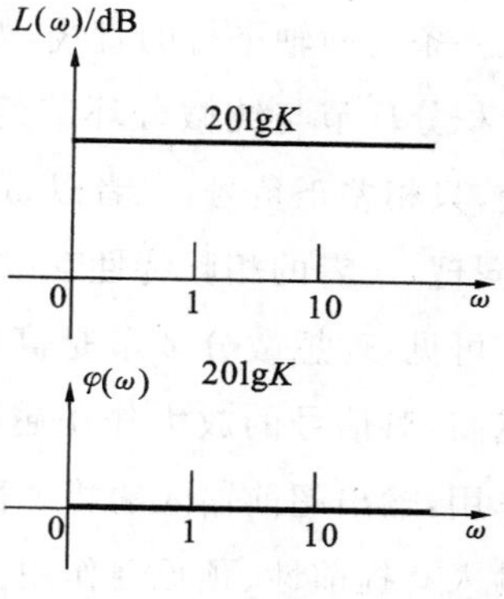

图 5-5　比例环节对应的伯德图

2. 积分环节

传递函数：$G(s) = \dfrac{1}{s}$

频率特性：$G(j\omega) = \dfrac{1}{j\omega}$，$A(\omega) = \dfrac{1}{\omega}$，$\varphi(\omega) = -90°$

对数幅频特性：

$$L(\omega) = 20\lg A(\omega) = 20\lg \frac{1}{\omega} = -20\lg\omega \tag{5-18}$$

可见，$L(\omega)$是 $\lg\omega$ 的常数倍，二者为线性关系，故对数幅频特性曲线是一条直线。

在对数幅频特性曲线中，频率每增加十倍时，对数幅频特性 $L(\omega)$的改变量称为斜率，单位是分贝/十倍频程(dB/dec)。

按此定义，积分环节的对数幅频特性曲线的斜率为－20 dB/dec。

当 $\omega=1$ 时，$L(1)=0$，即曲线与 ω 轴交于 $\omega=1$ 处。

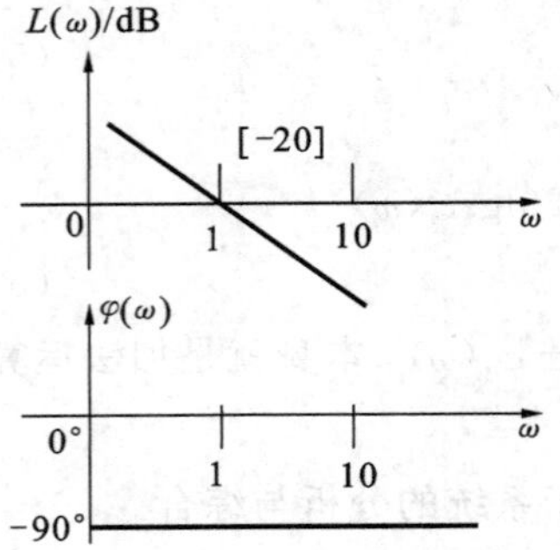

图 5-6　积分环节对应的伯德图

对数幅频特性曲线是一条斜率为－20 dB/dec，且与 ω 轴交于 $\omega=1$ 处的直线，对数相频特性曲线是一条与横轴平行的直线，如图 5-6 所示。

由图可知，积分环节是低通滤波器，放大低频信号、抑制高频信号，输入频率越低，对信号的放大作用越强，并且有相位滞后作用，输出滞后输入的相位恒为 90°。

若有两个积分环节，根据叠加定理，对数幅频特性曲线是一条斜率为－40 dB/dec，且与 ω 轴交于 $\omega=1$ 处的直线，$\varphi(1)=-180°$。

3. 纯微分环节

传递函数：$G(s) = s$

频率特性：$G(j\omega) = j\omega$，$A(\omega) = \omega$，$\varphi(\omega) = 90°$

对数幅频特性：

$$L(\omega) = 20\lg A(\omega) = 20\lg\omega \tag{5-19}$$

当 $\omega=1$ 时，$L(1)=0(\text{dB})$，即曲线与 ω 轴交于 $\omega=1$ 处。

对数幅频特性曲线是一条斜率为 20 dB/dec，且与 ω 轴交于 $\omega=1$ 处的直线，对数相频特性曲线是一条与横轴平行的直线，如图 5-7 所示。

积分环节与纯微分环节的对数幅频特性相比较，只相差正负号，二者以 ω 轴为基准，互为镜像；同理，二者的相频特性互以 ω 轴为镜像。

可见，理想微分环节是高通滤波器，输入频率越高，对信号的放大作用越强，并且有相位超前作用，输出超前输入的相位恒为 90°，说明输出对输入有提前性、预见性作用。

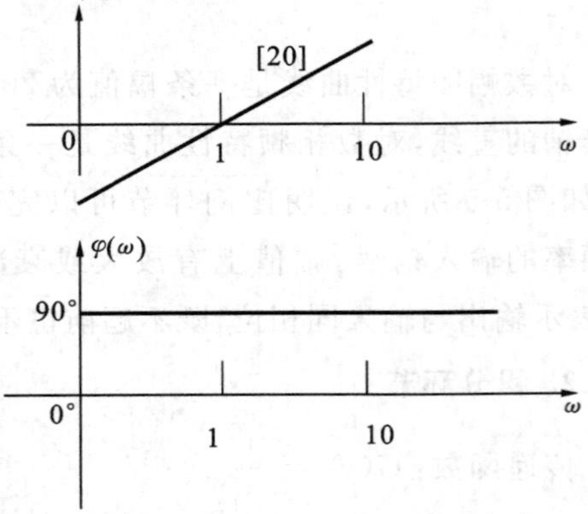

图 5-7　纯微分环节对应的伯德图

4. 惯性环节

传递函数：$G(s)=\dfrac{1}{Ts+1}$

频率特性：$G(j\omega)=\dfrac{1}{j\omega T+1}$，$A(\omega)=\dfrac{1}{\sqrt{T^2\omega^2+1}}$，$\varphi(\omega)=-\arctan\omega T$

对数幅频特性：

$$L(\omega)=20\lg A(\omega)=20\lg\frac{1}{\sqrt{1+\omega^2T^2}}=-20\lg\sqrt{1+\omega^2T^2} \tag{5-20}$$

当 $\omega\ll\dfrac{1}{T}$ 时，$L(\omega)\approx-20\lg 1=0$，即频率很低时，对数幅频特性曲线可以用零分贝线近似。

当 $\omega\gg\dfrac{1}{T}$ 时，

$$L(\omega)\approx-20\lg\omega T=-20\lg\omega-20\lg T \tag{5-21}$$

当 $\omega=\dfrac{1}{T}$ 时，$L\left(\dfrac{1}{T}\right)\approx 0$。

频率很高时，对数幅频特性曲线可以用斜率为−20 dB/dec，且与 ω 轴交于 $\omega=1/T$ 处的直线近似。因此，惯性环节的对数幅频特性曲线可以用两条直线近似，低频部分为零分贝线，高频部分为斜率为−20 dB/dec 的直线，两条直线交于 $\omega=1/T$ 处，频率 $1/T$ 称为惯性环节的转折频率。

渐近线与精确曲线之间存在误差，可以确定

$$\omega\ll\frac{1}{T},\quad \Delta L(\omega)=-20\lg\sqrt{1+\omega^2T^2} \tag{5-22}$$

$$\omega\gg\frac{1}{T},\quad \Delta L(\omega)=-20\lg\sqrt{1+\omega^2T^2}+20\lg\omega T \tag{5-23}$$

根据上式可计算得到误差曲线，如图 5-8 所示。误差曲线关于转折频率 $1/T$ 对称，且在转折频率 $1/T$ 处误差最大，约为−3 dB，根据误差曲线修正渐近线可得精确曲线。

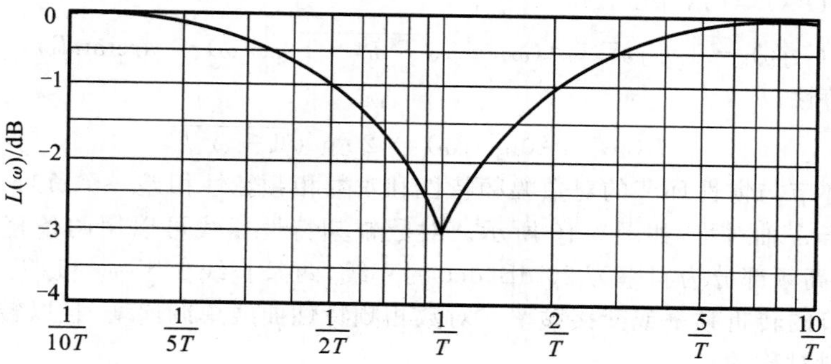

图 5-8　惯性环节误差曲线

对数相频特性：

$$\varphi(\omega)=-\arctan\omega T \tag{5-24}$$

惯性环节相频特性数据如表 5-2 所示。

表 5-2 惯性环节相频特性数据

ωT	0.01	0.02	0.05	0.1	0.2	0.3	0.5	0.7	1.0
$\varphi(\omega)$	−0.6	−1.1	−2.9	−5.7	−11.3	−16.7	−26.6	−35	−45
ωT	2.0	3.0	4.0	5.0	7.0	10	20	50	100
$\varphi(\omega)$	−63.4	−71.5	−76	−78.7	−81.9	−84.3	−87.1	−88.9	−89.4

对数相频特性曲线单调递减，且以转折频率为中心，两边的角度斜对称，如图 5-9 所示。

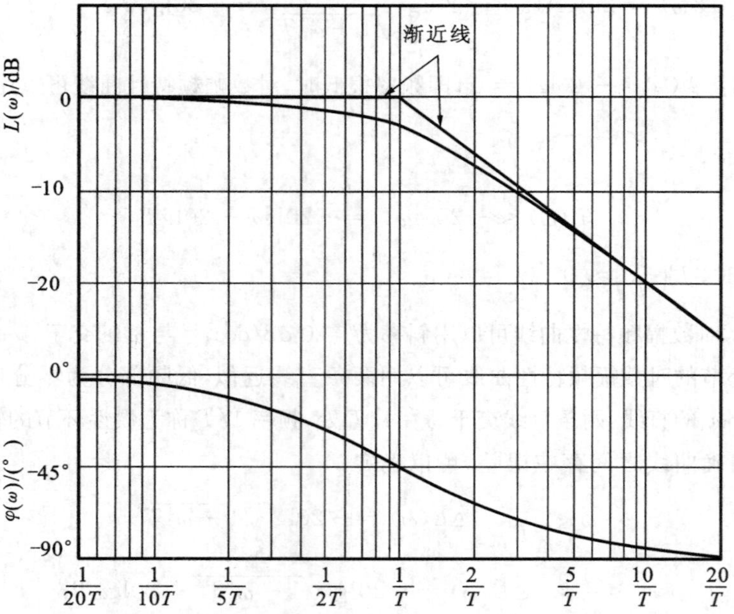

图 5-9 惯性环节对应的伯德图

5. 一阶微分环节

传递函数：$G(s) = Ts + 1$

频率特性：$G(\mathrm{j}\omega) = 1 + \mathrm{j}\omega T$ ，$A(\omega) = \sqrt{T^2\omega^2 + 1}$ ，$\varphi(\omega) = \arctan T\omega$

对数幅频特性：

$$L(\omega) = 20\lg A(\omega) = 20\lg \sqrt{1 + \omega^2 T^2} \tag{5-25}$$

一阶微分环节与惯性环节的对数幅频特性和对数相频特性相差一个负号，当 $T = \tau$ 时，二者的伯德图关于 ω 轴对称，如图 5-10 所示。对数幅频特性曲线可以用两条直线近似，低频部分为零分贝线，高频部分为斜率为 20 dB/dec 的直线，两条直线交于 $\omega = 1/T$ 处，频率 $1/T$ 称为一阶微分环节的转折频率或交接频率。对数相频特性曲线单调递增，且以转折频率为中心，两边的角度是斜对称的。

一阶微分环节具有放大高频信号的作用，输入频率 ω 越大，放大倍数越大，且输出超前于输入，相位超前范围为 0°～90°，输出对输入有提前性、预见性作用。

一阶微分环节的典型实例是控制工程中常用的比例微分控制器（PD 控制器），PD 控制器常用于改善二阶系统的动态性能，但存在放大高频干扰信号的问题。

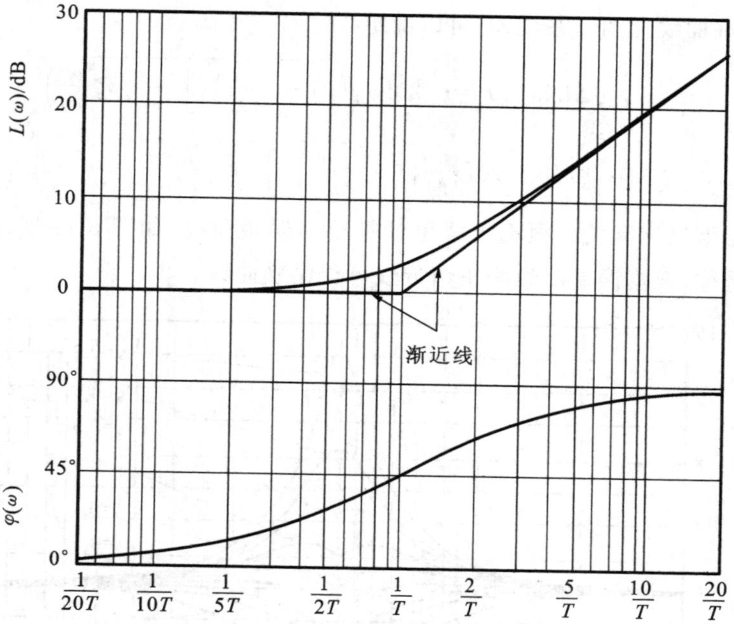

图 5-10　一阶微分环节对应的 Bode 图

6. 振荡环节

传递函数：$G(s)=\dfrac{1}{T^2s^2+2\zeta Ts+1}=\dfrac{\omega_n^2}{s^2+2\zeta\omega_n s+\omega_n^2}$

频率特性：

$$G(j\omega)=\frac{\omega_n^2}{-\omega^2+2\zeta j\omega\omega_n+\omega_n^2}=\frac{1}{-\dfrac{\omega^2}{\omega_n^2}+j2\zeta\dfrac{\omega}{\omega_n}+1} \tag{5-26}$$

对数幅频特性：

$$L(\omega)=-20\lg\sqrt{\left(1-\frac{\omega^2}{\omega_n^2}\right)^2+4\zeta^2\frac{\omega^2}{\omega_n^2}} \tag{5-27}$$

当 $\omega\ll\omega_n$ 时，$L(\omega)\approx-20\lg1=0$ (dB)，即频率很低时，对数幅频特性曲线可以用零分贝线近似表示。

当 $\omega\gg\omega_n$ 时，

$$L(\omega)\approx-20\lg\frac{\omega^2}{\omega_n^2}=-40\lg\frac{\omega}{\omega_n} \tag{5-28}$$

当 $\omega=\omega_n$ 时，$-40\lg\dfrac{\omega}{\omega_n}=0$，即频率很高时，对数幅频特性曲线可以用斜率为 -40 dB/dec，且与 ω 轴交于 $\omega=\omega_n$ 处的直线近似。

因此，振荡环节的对数幅频特性曲线可以用两条直线近似，低频部分为零分贝线，高频部分为斜率为 -40 dB/dec 的直线，两条直线交于 $\omega=\omega_n=1/T$ 处，频率 ω_n 称为二阶振荡环节的转折频率，如图 5-11 所示。

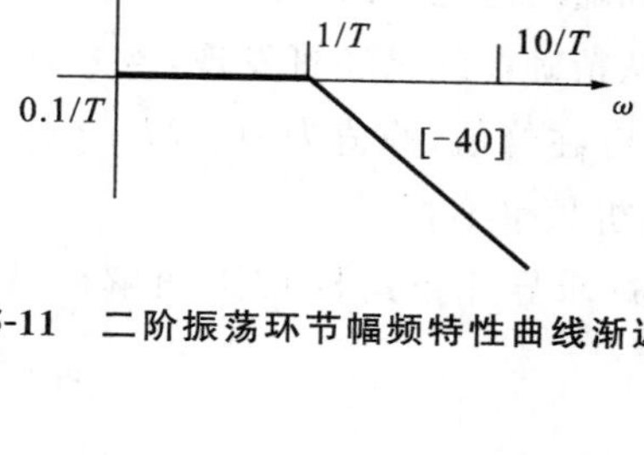

图 5-11　二阶振荡环节幅频特性曲线渐近线

渐近线与精确曲线之间存在误差，可以确定

$$\omega \ll \omega_n, \quad \Delta L(\omega,\zeta) = -20\lg\sqrt{\left[1-\left(\frac{\omega}{\omega_n}\right)^2\right]^2+\left(2\zeta\frac{\omega}{\omega_n}\right)^2} \tag{5-29}$$

$$\omega \gg \omega_n, \quad \Delta L(\omega,\zeta) = -20\lg\sqrt{\left[1-\left(\frac{\omega}{\omega_n}\right)^2\right]^2+\left(2\zeta\frac{\omega}{\omega_n}\right)^2}+20\lg\left(\frac{\omega}{\omega_n}\right)^2 \tag{5-30}$$

可见，误差与阻尼比有关。根据上式可计算得到误差曲线，如图 5-12 所示。误差曲线关于转折频率 ω_n 对称，根据误差曲线修正渐近线可得精确曲线。

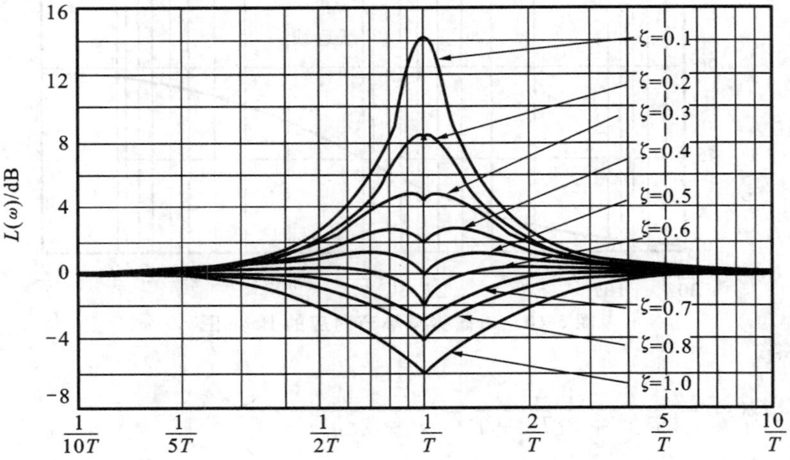

图 5-12　二阶振荡环节误差曲线

对数相频特性：$\varphi(\omega) = -\arctan\dfrac{2\zeta\dfrac{\omega}{\omega_n}}{1-\dfrac{\omega^2}{\omega_n^2}}$，与阻尼比 ζ 有关。

$$\omega = 0, \quad \varphi(0) = 0^\circ$$

$$\omega = \omega_n, \quad \varphi(\omega_n) = -90^\circ$$

$$\omega = \infty, \quad \varphi(\infty) = -180^\circ$$

再取 ω 为其他值，计算 $\varphi(\omega)$ 的值，描点画线。对数相频特性曲线单调递减，且以转折频率为中心，两边的角度斜对称，对数相频特性形状随 ζ 的不同而不同，ζ 越小，转折频率处的变化率越大，弯曲度越大，如图 5-13 所示。

由图可见，在低频段，曲线为零分贝线；在高频段，曲线的斜率为 -40 dB/dec，与渐近线一致；中间部分随阻尼比 ζ 的不同而不同。精确的曲线在转折频率 ω_n 处的值为 $-20\lg 2\zeta$。

同时，从精确曲线上还可发现，若 $\zeta \geqslant 0.707$，中间部分单调减小；若 $0 < \zeta < 0.707$，中间部分振荡且存在峰值，峰值为 $20\lg M_r$，ζ 越小，峰值越大，对应的频率为谐振频率 ω_r。注意，谐振频率和转折频率不相等。

对 $A(\omega)$ 求导并令其等于零，可解得 $A(\omega)$ 的极值对应的谐振频率 ω_r。

$$\omega_r = \omega_n\sqrt{1-2\zeta^2} \tag{5-31}$$

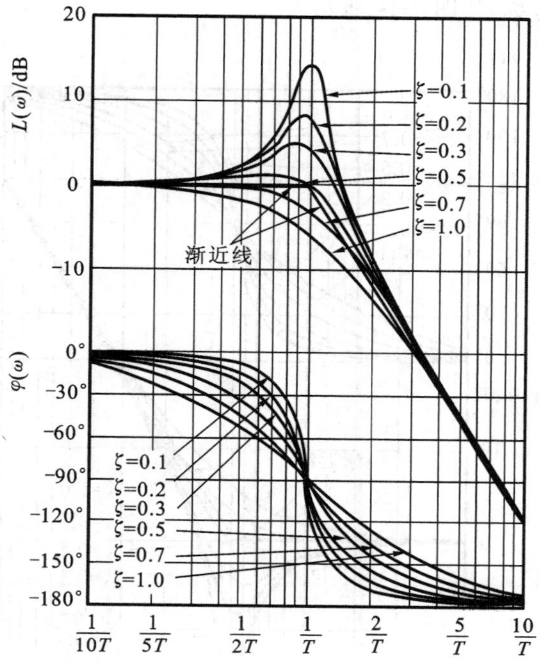

图 5-13　二阶振荡环节精确的伯德图

可见，谐振峰值频率与阻尼系数 ζ 有关，当 $\zeta \geqslant 0.707$ 时，无谐振峰值；当 $0 < \zeta < 0.707$ 时，有谐振峰值。

$$M_r = A(\omega_r) = \frac{1}{2\zeta\sqrt{1-\zeta^2}} \tag{5-32}$$

7. 二阶微分环节

传递函数：

$$G(s) = \tau^2 s^2 + 2\zeta\tau s + 1 = \frac{s^2 + 2\zeta\omega_n s + \omega_n^2}{\omega_n^2} \tag{5-33}$$

频率特性：

$$G(j\omega) = \frac{-\omega^2 + 2\zeta j\omega\omega_n + \omega_n^2}{\omega_n^2} = -\frac{\omega^2}{\omega_n^2} + j2\zeta\frac{\omega}{\omega_n} + 1 \tag{5-34}$$

对数幅频特性：

$$L(\omega) = 20\lg\sqrt{\left(1-\frac{\omega^2}{\omega_n^2}\right)^2 + 4\zeta^2\frac{\omega^2}{\omega_n^2}} \tag{5-35}$$

对数相频特性：

$$\varphi(\omega) = \arctan\frac{2\zeta\dfrac{\omega}{\omega_n}}{1-\dfrac{\omega^2}{\omega_n^2}} \tag{5-36}$$

二阶微分环节与振荡环节的对数幅频特性和对数相频特性相差一个负号，故在 $T=\tau$ 时，

二者的伯德图关于 ω 轴对称，如图 5-14 所示。

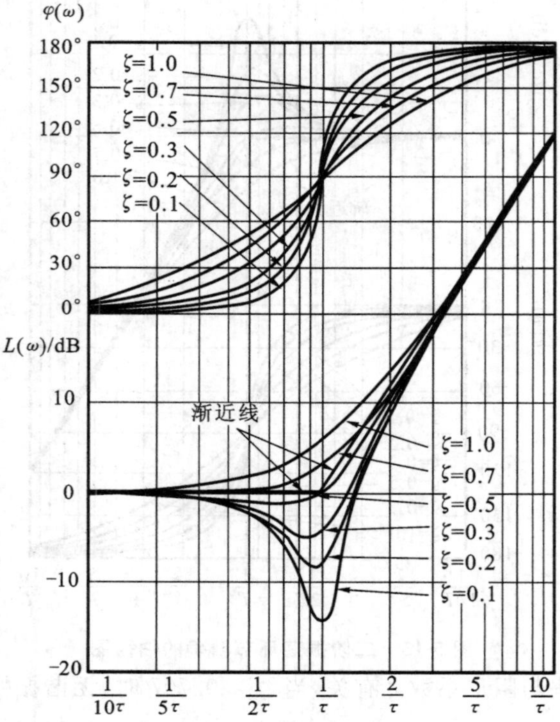

图 5-14　二阶微分环节对应的伯德图

对数幅频特性曲线可以用两条直线近似，低频部分为零分贝线，高频部分为斜率为 40 dB/dec 的直线，两条直线交于 $\omega=\omega_n=1/\tau$ 处，频率 ω_n 称为二阶微分环节的转折频率或交接频率。

对数相频特性曲线单调递增，且以转折频率为中心，两边的角度是斜对称的。对数相频特性的形状随 ζ 的不同而不同，ζ 越小，转折频率处的变化率越大，弯曲度越大。

8. 延迟环节

延迟环节传递函数为 $G(s)=e^{-\tau s}$。

对数幅频特性：

$$L(\omega)=20\lg 1=0\ (\text{dB}) \tag{5-37}$$

对数相频特性：

$$\varphi(\omega)=-\omega\tau(\text{rad})=-57.3\omega\tau(°) \tag{5-38}$$

对数幅频特性曲线与 ω 轴重合，对数幅频特性曲线单调递减，τ 越大递减越快，如图 5-15 所示。

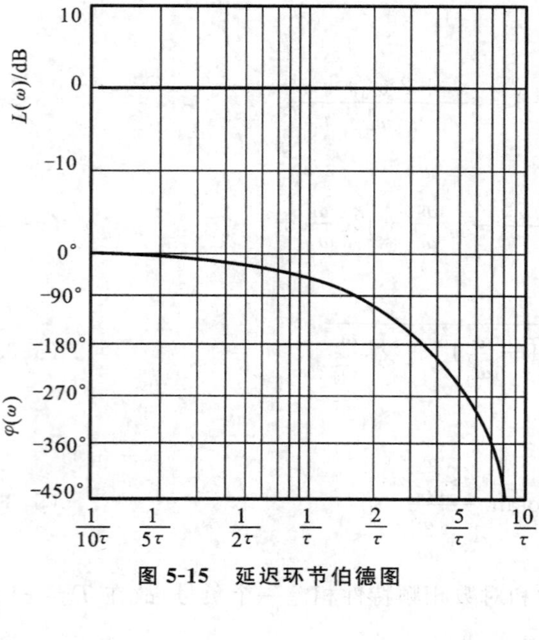

图 5-15　延迟环节伯德图

5.2.3　开环对数频率特性曲线的绘制

绘制对数幅频特性通常只画出近似折线，如需要较精确的曲线，就对近似折线进行适当修正。对于对数幅频特性曲线而言，由于各典型环节的对数幅频特性的渐近线都是一些不同斜率的直线，故叠加以后系统的对数渐近幅频特性曲线仍由不同斜率的线段组成。因此，手工绘制时，首先应确定低频渐近线的斜率和位置，然后确定各个转折频率和转折后线段的斜率。由低频到高频，依次绘出整个系统的对数渐近幅频特性曲线。绘制步骤如下。

(1)将 $G(s)$ 化成时间常数形式：

$$G(s)=\frac{K\prod_{i=1}^{m_1}(1+\tau_i s)\prod_{k=1}^{m_2}(1+2\zeta_k\tau_k s+\tau_k^2 s^2)\mathrm{e}^{-T_d s}}{s^{\nu}\prod_{j=1}^{n_1}(1+T_j s)\prod_{l=1}^{n_2}(1+2\zeta_l T_l s+T_l^2 s^2)} \tag{5-39}$$

式中：T_d 为延迟环节的延迟时间；$m_1+2m_2=m$，$\nu+n_1+2n_2=n$。

(2)求出 $20\lg K$，确定积分环节的个数 ν。

(3)求出各基本环节的转折频率，并按转折频率排序，在对数坐标图中标出。

(4)确定低频渐近线，其斜率为 $-\nu\times 20$ dB/dec，该渐近线或其延长线(当 $\omega<1$ 的频率范围内有转折频率时)经过点($\omega=1, L(1)=20\lg K$)。

(5)低频渐近线向右延伸，依次在各转折频率处改变直线的斜率，其改变量取决于该转折频率所对应的环节类型，如惯性环节为 -20 dB/dec、振荡环节为 -40 dB/dec、一阶微分环节为 20 dB/dec、二阶微分环节为 40 dB/dec 等，从而得到近似对数幅频特性。

最后的高频渐近线斜率为 $-20(n-m)$ dB/dec。

至于对数相频特性曲线的绘制，可先写出总的相频特性表达式，然后计算出每隔十倍频程或一倍频程的一个点，用光滑曲线连接即可。

【例 5-2】　单位反馈系统的开环传递函数为 $G(s)=\dfrac{s+20}{s+2}$，试绘制系统的开环对数特性曲线。

解　先把 $G(s)$ 化成时间常数形式：

$$G(s)=\frac{10(0.05s+1)}{0.5s+1}$$

(1)系统具有一个比例环节、一个惯性环节和一个一阶微分环节。其中，比例环节为 10，惯性环节和一阶微分环节对应的转折频率分别为 $1/0.5=2$，$1/0.05=20$。

(2)$K=10$，$\nu=0$。低频段斜率为 0 dB/dec，低频段与横轴平行，经过点($\omega=1, L(1)=20\lg K=20$ (dB))。

(3)低频向高频延续，先经过惯性环节转折频率 2，所以斜率在原基础上变化 -20 dB/dec，变为 -20 dB/dec；再遇到一阶微分环节的转折频率 20，斜率在原基础上变化 20 dB/dec，变为 0 dB/dec；最后的高频渐近线斜率为 $-20(n-m)=0$ dB/dec。

(4)坐标计算：$\dfrac{L(2)-L(20)}{\lg 2-\lg 20}=-20$。

因 $L(2)=L(1)=20$ (dB)，故 $L(20)=0$(dB)。

(5)根据表 5-3 中的相频特性数据，绘制相频特性曲线

$$\varphi(\omega) = \arctan 0.05\omega - \arctan 0.5\omega$$

表 5-3　例 5-2 系统的相频特性数据

ω	0.2	2	4	$2\sqrt{10}$	10	20	200
$\varphi(\omega)$	$-5.13°$	$-39.3°$	$-52.1°$	$-54.9°$	$-50°$	$-39.3°$	$-5.2°$

将表 5-3 中的数据描出，并用光滑曲线连接，如图 5-16 所示。

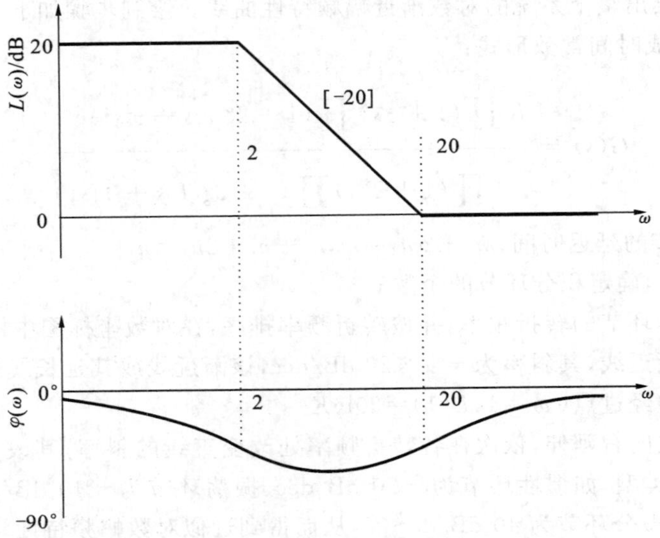

图 5-16　例 5-2 系统对应的伯德图

【例 5-3】 单位反馈系统的开环传递函数为 $G(s) = \dfrac{s+20}{s(s+2)}$，试绘制系统的开环对数特性曲线。

解　先把 $G(s)$ 化成时间常数形式：

$$G(s) = \frac{10(0.05s+1)}{s(0.5s+1)}$$

(1)系统具有一个比例环节、一个积分环节、一个惯性环节和一个一阶微分环节。其中，比例环节为 10，惯性环节和一阶微分环节对应的转折频率分别为 $1/0.5=2$，$1/0.05=20$。

(2)$K=10$，$\nu=1$。低频段斜率为 -20 dB/dec，经过点（$\omega=1$，$L(1)=20\lg K=20$ (dB)）。

(3)低频向高频延续，先经过惯性环节转折频率 2，所以斜率在原基础上变化 -20 dB/dec，变为 -40 dB/dec；再遇到一阶微分环节的转折频率 20，斜率在原基础上变化 20 dB/dec，变为 -20 dB/dec。最后的高频渐近线斜率为 $-20(n-m)=-20$ dB/dec。

(4)坐标计算：

由于 $\dfrac{L(1)-L(2)}{\lg 1-\lg 2}=-20$，且 $L(1)=20$ (dB)，故 $L(2)=20\lg 5$ (dB)。

又因 $\dfrac{L(2)-L(20)}{\lg 2-\lg 20}=-40$，且 $L(2)=20\lg 5$ (dB)，故 $L(20)=-20\lg 20$ (dB)。

(5)相频特性曲线的绘制：

$$\varphi(\omega) = -90^\circ + \arctan 0.05\omega - \arctan 0.5\omega$$

与例 5-2 相比较，该例的相频特性曲线即为例 5-2 中相频特性曲线向下平移 90°，如图 5-17 所示。

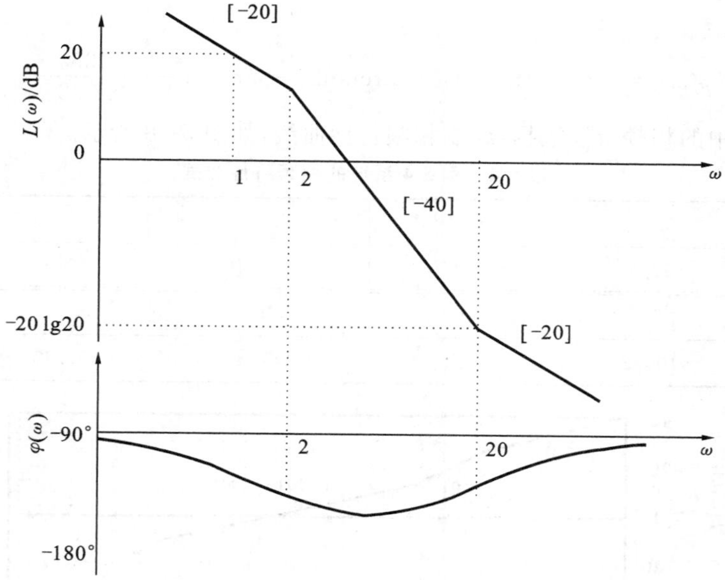

图 5-17　例 5-3 系统对应的伯德图

【例 5-4】　单位反馈系统的开环传递函数为

$$G(s) = \frac{2000(s+1)}{s(s+0.5)(s^2+14s+400)}$$

试绘制系统的开环对数特性曲线。

解　先把 $G(s)$ 化成时间常数形式

$$G(s) = \frac{10(s+1)}{s(2s+1)(0.0025s^2+0.035s+1)}$$

(1)系统具有一个比例环节、一个积分环节、一个惯性环节、一个一阶微分环节和一个二阶振荡环节。其中，比例环节为 10，惯性环节、一阶微分环节和二阶振荡环节对应的转折频率分别为 1/2，1 和 1/0.05＝20。

(2)$K=10$，$\nu=1$。低频段斜率为－20 dB/dec；由于在 1 之前有转折频率，所以低频渐近线的延长线经过点（$\omega=1$，$L(1)=20\lg K=20$ (dB)）。

(3)低频向高频延续，先经过惯性环节转折频率 0.5，所以斜率在原基础上变化－20 dB/dec，变为－40 dB/dec；再遇到一阶微分环节的转折频率 1，斜率在原基础上变化 20 dB/dec，变为－20 dB/dec；再经过二阶微分环节的转折频率 20，斜率在原基础上变化－40 dB/dec，变为－60 dB/dec；最后的高频渐近线斜率为 $-20(n-m)=-60$ dB/dec。

(4)坐标计算：首先利用低频渐近延长线

$$\frac{20\lg K - L(0.5)}{\lg 1 - \lg 0.5} = -20 \Rightarrow L(0.5) = 20\lg 20\ (\text{dB})$$

$$\frac{L(0.5)-L(1)}{\lg 0.5-\lg 1}=-40，由 L(0.5)=20\lg 20\ (\mathrm{dB})\Rightarrow L(1)=20\lg 5\ (\mathrm{dB})$$

$$\frac{L(1)-L(20)}{\lg 1-\lg 20}=-20，由 L(1)=20\lg 5\ (\mathrm{dB})\Rightarrow L(20)=-20\lg 4\ (\mathrm{dB})$$

(5)相频特性：

$$\varphi(\omega)=-90^\circ+\arctan\omega-\arctan 2\omega-\arctan\frac{0.035\omega}{1-0.0025\omega^2}$$

根据表 5-4 中的相频特性数据，绘制相频特性曲线，如图 5-18 所示。

表 5-4　例 5-4 系统的相频特性数据

ω	0.1	0.2	0.5	1	2
$\varphi(\omega)$	-95.8°	-104.5°	-109.4°	-110.4°	-106.6°
ω	5	10	20	50	100
$\varphi(\omega)$	-106.2°	-117.9°	-181.4°	-252.1°	-262°

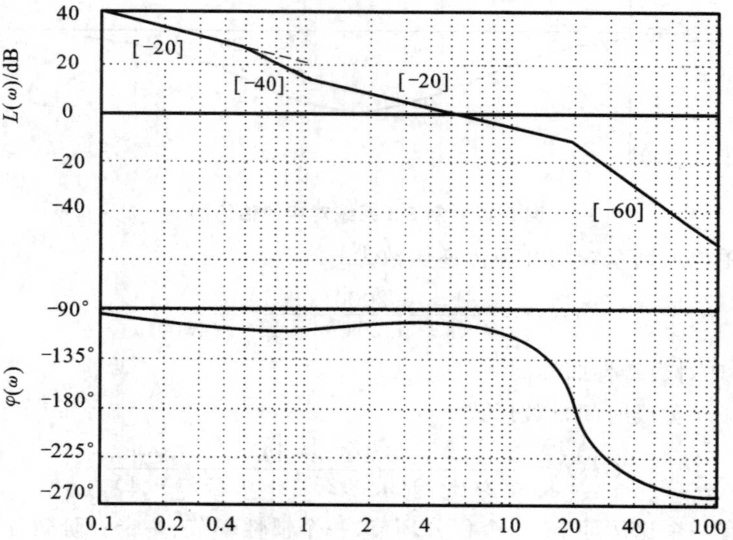

图 5-18　例 5-4 系统对应的伯德图

5.2.4　最小相位系统和非最小相位系统的伯德图

定义：系统的开环传递函数在右半 s 平面上既无极点也无零点，同时无纯滞后环节的系统是最小相位系统；反之，在右半 s 平面上具有极点或零点，或有纯滞后环节的系统是非最小相位系统。

例如，某最小相位系统的开环传递函数为

$$G_1(s)=\frac{1+T_2 s}{1+T_1 s}\quad (T_1>T_2>0)$$

另有一非最小相位系统，其频率特性如下：

$$G_2(s)=\frac{1-T_2s}{1+T_1s}$$

很显然，这两个系统的对数幅频特性是完全相同的，即

$$L(\omega)=20\lg\sqrt{\frac{1+T_2^2\omega^2}{1+T_1^2\omega^2}}$$

前一系统的相角为

$$\varphi_1(\omega)=\arctan\omega T_2-\arctan\omega T_1$$

后一系统的相角为

$$\varphi_2(\omega)=\arctan(-\omega T_2)-\arctan\omega T_1=-\arctan\omega T_2-\arctan\omega T_1$$

此外，$G_3(s)=\dfrac{1+T_2s}{1-T_1s}$，$G_4(s)=\dfrac{1-T_2s}{1-T_1s}$，$G_5(s)=\dfrac{1+T_2s}{1+T_1s}e^{-\tau s}$ 的幅频特性均与 $G_1(s)$ 相同，但相频特性均不同，它们的伯德图如图 5-19 所示。

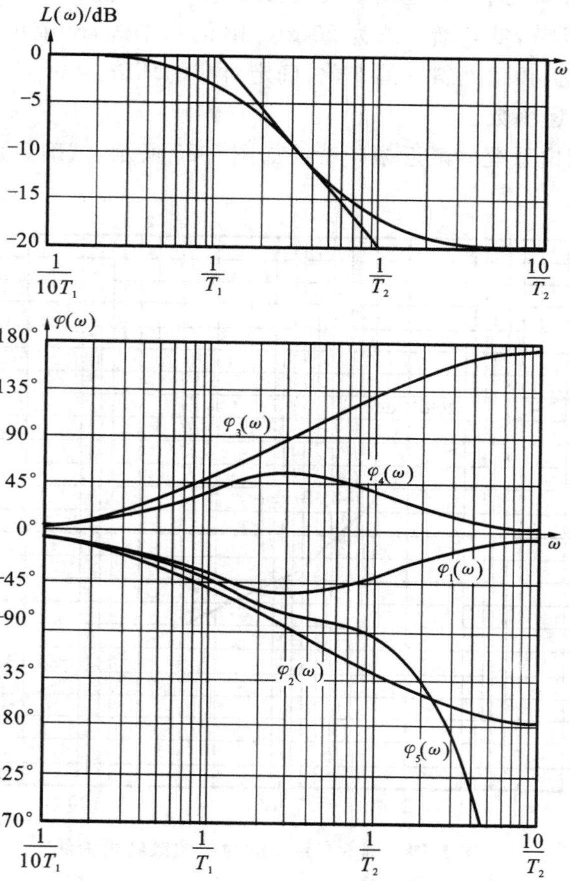

图 5-19　最小相位系统和非最小相位系统的伯德图对比

由图 5-19 可总结出最小相位系统的特点如下：

(1)在 $n\geqslant m$ 且幅频特性相同的情况下，最小相位系统的相角变化范围最小。

(2)当 $\omega=+\infty$ 时，其相角等于 $-90°(n-m)$，对数幅频特性曲线的斜率为 $-20(n-m)$

dB/dec。有时用这一特性来判断系统是否为最小相位系统。

(3) 在最小相位系统中，对数幅频特性的变化趋势和相频特性的变化趋势是一致的（幅频特性的斜率增加或减少时，相频特性的角度也随之增加或减少），因而由对数幅频特性即可唯一地确定其相频特性。因此，对于一个最小相位系统，只要知道其幅频特性，就能由此写出相应的传递函数，而无须再画出相频特性。而非最小相位系统则不然，必须同时考虑幅频特性和相频特性。

根据伯德图求取系统的传递函数可采用以下步骤：

(1)根据低频段直线的斜率，确定系统包含的积分（或微分）环节的个数。

(2)根据低频段直线或其延长线在 $\omega=1$ 的分贝值，确定系统增益 K。

注意到系统低频段渐近线可近似为

$$L(\omega)=20\lg K-20\nu\lg\omega$$

若系统含有积分环节，则该渐近线或其延长线与 0 dB 线（频率轴）的交点为 $\omega=\sqrt[\nu]{K}$；若系统不含积分环节，低频渐近线为 $20\lg K$ dB 的水平线，K 值可由该水平渐近线获得。

(3)根据渐近线转折频率处斜率的变化，确定对应的环节。

(4)获得系统的传递函数。

【例 5-5】 最小相位系统的渐近幅频特性如图 5-20 所示，试确定系统的传递函数。

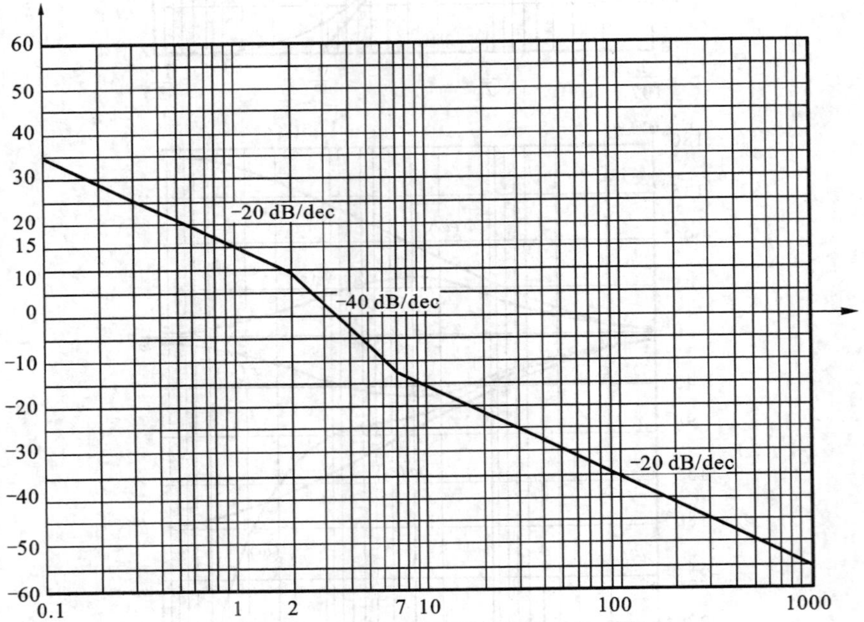

图 5-20 例 5-5 系统的对数幅频特性曲线

解 (1)由于低频段斜率为 −20 dB/dec，所以有一个积分环节。

(2)在 $\omega=1$ 处，$L(1)=15$ (dB)，可得 $20\lg K=15$，$K=5.6$。

(3)在 $\omega=2$ 处，斜率由 −20 dB/dec 变为 −40 dB/dec，故有惯性环节 $1/(s/2+1)$。

(4)在 $\omega=7$ 处，斜率由 −40 dB/dec 变为 −20 dB/dec，故有一阶微分环节 $s/7+1$。

综上，有

$$G(s)=\frac{5.6\left(\frac{1}{7}s+1\right)}{s\left(\frac{1}{2}s+1\right)}$$

【例 5-6】 最小相位系统的渐近幅频特性如图 5-21 所示，试确定系统的传递函数。

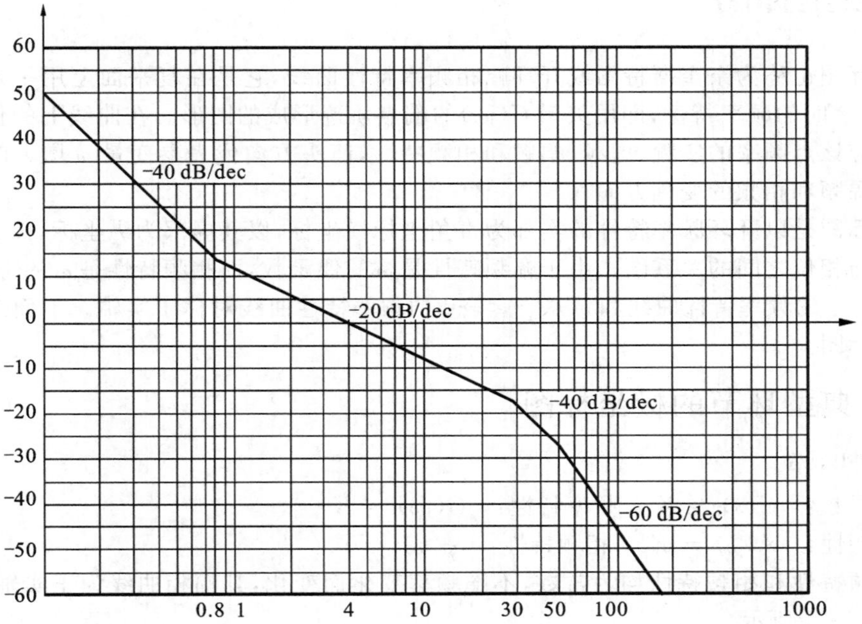

图 5-21　例 5-6 系统的对数幅频特性曲线

解　(1)由于低频段斜率为-40 dB/dec，所以有两个积分环节。

(2)在 $\omega=0.8$ 处，斜率由-40 dB/dec 变为-20 dB/dec，故有一阶微分环节 $s/0.8+1$。

(3)在 $\omega=30$ 处，斜率由-20 dB/dec 变为-40 dB/dec，故有惯性环节 $1/(s/30+1)$。

(4)在 $\omega=50$ 处，斜率由-40 dB/dec 变为-60 dB/dec，故有惯性环节 $1/(s/50+1)$。

综上，有

$$G(s)=\frac{K\left(\frac{1}{0.8}s+1\right)}{s^2\left(\frac{1}{30}s+1\right)\left(\frac{1}{50}s+1\right)}$$

因 $L(\omega)=20\lg K+20\lg\sqrt{1+\left(\frac{\omega}{0.8}\right)^2}-20\lg\omega^2-20\lg\sqrt{1+\left(\frac{\omega}{30}\right)^2}-20\lg\sqrt{1+\left(\frac{\omega}{50}\right)^2}$

故当 $\omega=4$ 时，$L(4)=0$ (dB)。这时可以不考虑转折频率在 $\omega=4$ 以上的环节的影响。

$$L(4)=L(\omega)\big|_{\omega=4}\approx\left[20\lg K+20\lg\frac{\omega}{0.8}-20\lg\omega^2\right]\Bigg|_{\omega=4}$$

$$=20\lg K+20\lg\frac{4}{0.8}-20\lg 4^2=20\lg\frac{4K}{0.8\times 4^2}=0$$

于是

$$\frac{K}{0.8\times 4}=1,\quad \text{即 } K=3.2$$

综上，可得
$$G(s)=\frac{3.2\left(\frac{1}{0.8}s+1\right)}{s^2\left(\frac{1}{30}s+1\right)\left(\frac{1}{50}s+1\right)}$$

5.3 极坐标图

极坐标图也称为奈奎斯特图或开环幅相频率特性曲线，它是在复平面上用一条曲线表示 ω 由 $0\to+\infty$ 时的频率特性，即用矢量 $G(\mathrm{j}\omega)$ 的端点轨迹形成的图形。在曲线上的任意一点可以确定对应该点频率的实频、虚频、幅频和相频特性，箭头方向代表参变量 ω 增大时对应的实频、虚频、幅频和相频的变化方向。

极坐标图是以开环频率特性的实部为直角坐标横坐标，以其虚部为纵坐标，以 ω 为参变量画出幅值与相位之间的关系图。由于幅频特性是 ω 的偶函数，而相频特性是 ω 的奇函数，所以 ω 从 $0\to+\infty$ 的频率特性曲线和 ω 从 $-\infty\to0$ 的频率特性曲线对称于实轴。下面介绍典型环节的极坐标图。

5.3.1 典型环节的极坐标图

1. 比例环节

传递函数：$G(s)=K$　频率特性：$G(\mathrm{j}\omega)=K$　(5-40)

幅频特性：$A(\omega)=K$　相频特性：$\varphi(\omega)=0°$

其幅频特性和相频特性均为常数，不随频率变化而变化，其幅相曲线为正实轴上一点（$K>0$），如图 5-22 所示。

2. 积分环节

传递函数：$G(s)=\frac{1}{s}$　频率特性：$G(\mathrm{j}\omega)=\frac{1}{\mathrm{j}\omega}$　(5-41)

幅频特性：$A(\omega)=\frac{1}{\omega}$　相频特性：$\varphi(\omega)=-90°$

实频特性：$\mathrm{Re}G(\mathrm{j}\omega)=0$　虚频特性：$\mathrm{Im}G(\mathrm{j}\omega)=\frac{1}{\omega}$

由于相位始终为$-90°$，所以其幅相曲线在负虚轴上。幅频特性随着频率变大而变小，如图 5-23 所示。

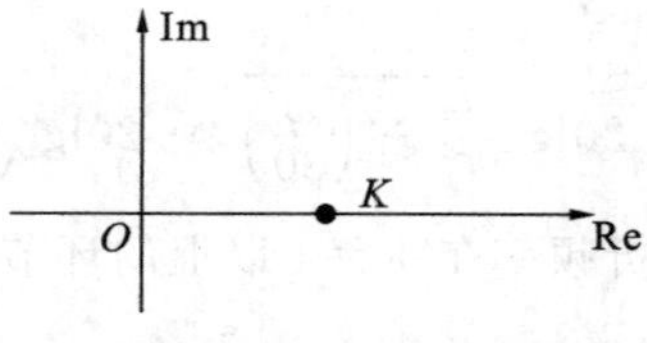

图 5-22　比例环节的极坐标图（$K>0$）

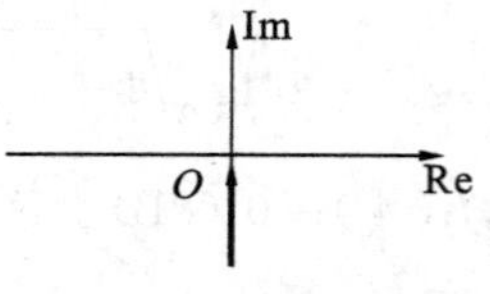

图 5-23　积分环节的极坐标图

3. 纯微分环节

传递函数：$G(s)=s$　频率特性：$G(\mathrm{j}\omega)=\mathrm{j}\omega$　(5-42)

幅频特性：$A(\omega)=\omega$　相频特性：$\varphi(\omega)=90°$

实频特性：$\mathrm{Re}G(\mathrm{j}\omega)=0$　虚频特性：$\mathrm{Im}G(\mathrm{j}\omega)=\omega$

该环节与积分环节相比，由于相位始终为 90°，所以其幅相曲线在正虚轴上。幅频特性随着频率变大而变大，如图 5-24 所示。

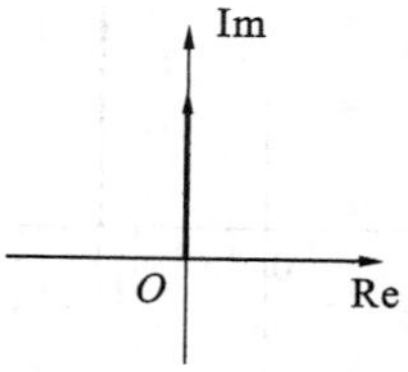

图 5-24　纯微分环节的极坐标图

4. 惯性环节

传递函数：　$G(s) = \dfrac{1}{Ts+1}$　　频率特性：　$G(j\omega) = \dfrac{1}{j\omega T+1}$　(5-43)

幅频特性：　$A(\omega) = \dfrac{1}{\sqrt{1+\omega^2 T^2}}$　　相频特性：　$\varphi(\omega) = -\arctan\omega T$　(5-44)

实频特性：　$\mathrm{Re}G(j\omega) = \dfrac{1}{1+\omega^2 T^2}$　　虚频特性：　$\mathrm{Im}G(j\omega) = -\dfrac{\omega T}{1+\omega^2 T^2}$　(5-45)

此时频率特性较为复杂，可采用取关键点方法和走势大致确定幅相曲线。

(1)取特殊点：

$$\omega = 0,\quad A(0) = 1,\quad \varphi(0) = 0°$$

$$\omega = \frac{1}{T},\quad A\left(\frac{1}{T}\right) = \frac{\sqrt{2}}{2},\quad \varphi\left(\frac{1}{T}\right) = -45°$$

$$\omega = \infty,\quad A(\infty) = 0,\quad \varphi(\infty) = -90°$$

(2)确定走势和象限：$A(\omega)$ 随着 ω 增大而减少，$\varphi(\omega)$ 始终为负，并处于 $-90°\sim 0°$ 之间。因此，曲线始终处于第四象限，并随着 ω 增大曲线上的点逐渐接近坐标原点。同样也可分析 $\mathrm{Re}G(j\omega)$ 和 $\mathrm{Im}G(j\omega)$。$\mathrm{Re}G(j\omega)$ 随着 ω 增大而减少，因此曲线往左走，$\mathrm{Im}G(j\omega)$ 随着 ω 增大先减少后增大，因此曲线先往下走再往上走，会出现极小值，该点对应的频率就是 $\omega = \dfrac{1}{T}$。惯性环节的幅相曲线如图 5-25 所示。

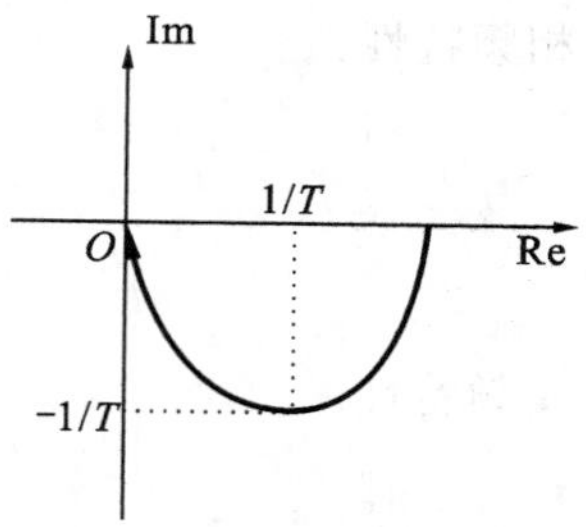

图 5-25　惯性环节的极坐标图

对其余典型环节或系统，分析其幅相曲线时均可采用上述方法。此处可证惯性环节的幅相曲线是半圆。

$$\left[\mathrm{Re}G(j\omega) - \frac{1}{2}\right]^2 + [\mathrm{Im}G(j\omega)]^2 = \left[\frac{1}{1+\omega^2 T^2} - \frac{1}{2}\right]^2 + \left[\frac{-\omega T}{1+\omega^2 T^2}\right]^2 = \left(\frac{1}{2}\right)^2 \tag{5-46}$$

5. 一阶微分环节

一阶微分环节的极坐标图如图 5-26 所示。

传递函数：　$G(s) = \tau s + 1$　　频率特性：　$G(j\omega) = j\omega\tau + 1$　(5-47)

幅频特性：　$A(\omega) = \sqrt{1+\omega^2\tau^2}$　　相频特性：　$\varphi(\omega) = \arctan\omega\tau$　(5-48)

实频特性：　$\mathrm{Re}G(j\omega) = 1$　　虚频特性：　$\mathrm{Im}G(j\omega) = \omega\tau$　(5-49)

此处利用 $\mathrm{Re}G(j\omega)$ 和 $\mathrm{Im}G(j\omega)$ 更容易得到其幅相曲线是平行于虚轴的直线。

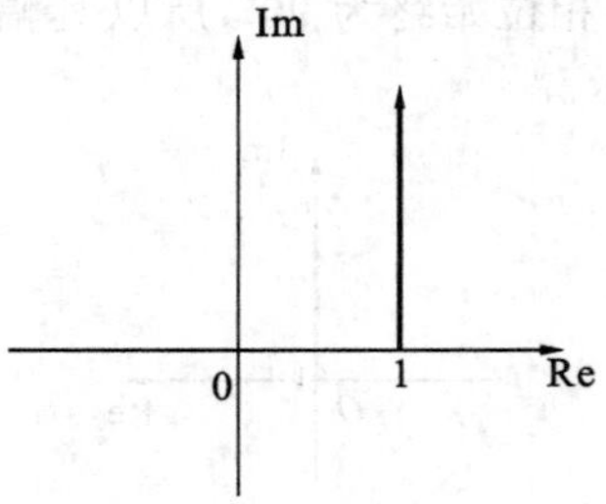

图 5-26　一阶微分环节的极坐标图

6. 振荡环节

传递函数：

$$G(s)=\frac{\omega_n^2}{s^2+2\zeta\omega_n s+\omega_n^2} \tag{5-50}$$

频率特性：

$$G(j\omega)=\frac{\omega_n^2}{(j\omega)^2+j2\zeta\omega_n\omega+\omega_n^2}=\frac{\left(1-\frac{\omega^2}{\omega_n^2}\right)-j2\zeta\frac{\omega}{\omega_n}}{\left(1-\frac{\omega^2}{\omega_n^2}\right)^2+4\zeta^2\frac{\omega^2}{\omega_n^2}} \tag{5-51}$$

幅频特性：

$$A(\omega)=\frac{1}{\sqrt{\left(1-\frac{\omega^2}{\omega_n^2}\right)^2+4\zeta^2\frac{\omega^2}{\omega_n^2}}} \tag{5-52}$$

相频特性：

$$\varphi(\omega)=-\arctan\frac{2\zeta\frac{\omega}{\omega_n}}{1-\frac{\omega^2}{\omega_n^2}} \tag{5-53}$$

实频特性：

$$\mathrm{Re}G(j\omega)=\frac{1-\frac{\omega^2}{\omega_n^2}}{\left(1-\frac{\omega^2}{\omega_n^2}\right)^2+4\zeta^2\frac{\omega^2}{\omega_n^2}} \tag{5-54}$$

相频特性：

$$\mathrm{Im}G(j\omega)=\frac{-j2\zeta\frac{\omega}{\omega_n}}{\left(1-\frac{\omega^2}{\omega_n^2}\right)^2+4\zeta^2\frac{\omega^2}{\omega_n^2}} \tag{5-55}$$

取特殊点：

$$\omega=0,\quad A(0)=1,\quad \varphi(0)=0^\circ$$

$$\omega=\omega_n,\quad A(\omega_n)=\frac{1}{2\zeta},\quad \varphi(\omega_n)=-90^\circ$$

$$\omega=\infty,\quad A(\infty)=0,\quad \varphi(\infty)=-180^\circ$$

据此，可以画出振荡环节幅相曲线的大致形状。通过逐点计算，可以画出振荡环节幅相曲线的精确形状，振荡环节的幅相曲线如图 5-27 所示。由图可见，无论 ζ 多大，当 $\omega=\omega_n$ 时，相角都等于 $-90°$，幅值为 $1/(2\zeta)$ 。

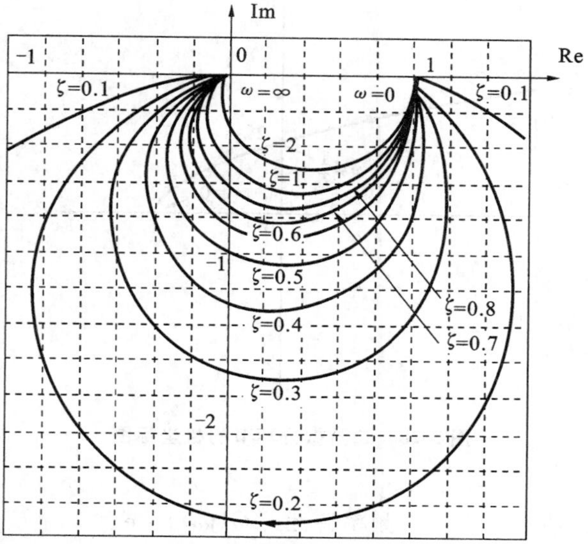

图 5-27　振荡环节的极坐标图

当阻尼比 ζ 比较小时，在 $\omega=\omega_n$ 附近将出现谐振峰值；当 $\zeta>0.707$ 时，ζ 越大，二阶振荡环节的极坐标图越接近于一个圆，与伯德图中二阶振荡环节的结论一致。

7. 二阶微分环节

传递函数：

$$G(s)=\frac{s^2+2\zeta\omega_n s+\omega_n^2}{\omega_n^2} \tag{5-56}$$

频率特性：

$$G(j\omega)=\frac{(j\omega)^2+j2\zeta\omega_n\omega+\omega_n^2}{\omega_n^2}=\frac{\omega_n^2-\omega^2}{\omega_n^2}+j\frac{2\zeta\omega}{\omega_n} \tag{5-57}$$

幅频特性：

$$A(\omega)=\sqrt{\left(1-\frac{\omega^2}{\omega_n^2}\right)^2+4\zeta^2\frac{\omega^2}{\omega_n^2}} \tag{5-58}$$

相频特性：

$$\varphi(\omega)=\arctan\frac{2\zeta\frac{\omega}{\omega_n}}{1-\frac{\omega^2}{\omega_n^2}} \tag{5-59}$$

实频特性：

$$\mathrm{Re}G(j\omega)=\frac{\omega_n^2-\omega^2}{\omega_n^2} \tag{5-60}$$

虚频特性：

$$\mathrm{Im}G(\mathrm{j}\omega)=\frac{2\zeta\omega}{\omega_{\mathrm{n}}} \tag{5-61}$$

二阶微分环节的幅相曲线如图 5-28 所示。

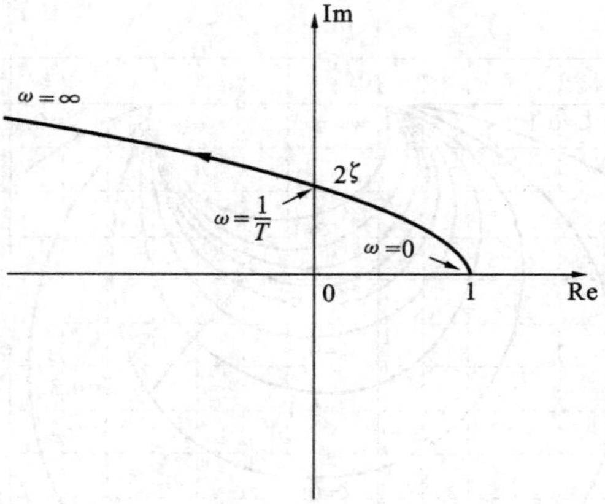

图 5-28　二阶微分环节的极坐标图

8. 延迟环节

传递函数：$G(s)=\mathrm{e}^{-\tau s}$　　频率特性：$G(\mathrm{j}\omega)=\mathrm{e}^{-\mathrm{j}\omega s}$　(5-62)

幅频特性：$A(\omega)=1$　　相频特性：$\varphi(\omega)=-\omega\tau(\mathrm{rad})=-57.3\omega\tau(°)$　(5-63)

实频特性：$\mathrm{Re}G(\mathrm{j}\omega)=\cos\omega\tau$　虚频特性：$\mathrm{Im}G(\mathrm{j}\omega)=-\sin\omega\tau$　(5-64)

延迟环节的幅相曲线是一个单位圆，如图 5-29 所示。

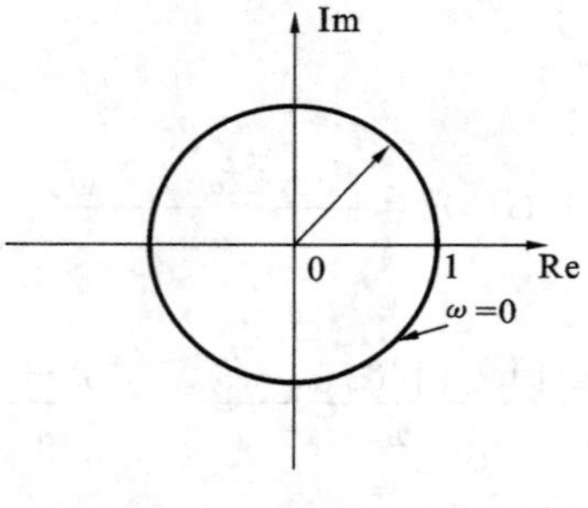

图 5-29　延迟环节的极坐标图

5.3.2　开环极坐标图

1. 开环极坐标图的绘制方法

(1)用幅频特性和相频特性计算作图。

设开环传递函数可分解为典型环节的乘积形式 $G(s)=G_1(s)G_2(s)\cdots G_n(s)$；

开环频率特性为 $G(\mathrm{j}\omega)=G_1(\mathrm{j}\omega)G_2(\mathrm{j}\omega)\cdots G_n(\mathrm{j}\omega)$；

开环幅频特性为 $A(\omega)=A_1(\omega)A_2(\omega)\cdots A_n(\omega)$；

开环相频特性为 $\varphi(\omega)=\varphi_1(\omega)+\varphi_2(\omega)+\cdots+\varphi_n(\omega)$。

求出幅频特性和相频特性表达式，然后再将一系列 ω 值代入，计算相应的幅频值和相频值，绘制出开环幅相曲线。此法对 $\omega=+\infty$时特别有效，因此一般系统 $\omega=+\infty$时都趋于坐标原点，以什么角度进入坐标原点，就需要分析其相频特性。

(2)按实频特性和虚频特性计算并作图。

将开环频率特性按实部和虚部分开，然后再用一系列 ω 值代入，计算相应的实频值和虚频值，绘制出开环幅相曲线。

方法(1)和(2)可同时使用、相互配合，方便绘制开环极坐标图。

2. 开环极坐标图的近似绘制

(1)确定 $\omega=0$ 对应的起点和 $\omega=+\infty$对应的终点。

(2)与坐标轴的交点(分别令 $\mathrm{Re}G(\mathrm{j}\omega)=0$ 和 $\mathrm{Im}G(\mathrm{j}\omega)=0$)。

(3)分析 ω 变化时实部、虚部、幅值和相角的变化范围和变化趋势。

对于最小相位系统，设开环传递函数可设为

$$G(s)=\frac{K}{s^{\nu}}\cdot\frac{\prod\limits_{k=1}^{m_1}(\tau_k s+1)\cdot\prod\limits_{l=1}^{m_2}(\tau_l^2 s^2+2\xi\tau_l s+1)}{\prod\limits_{i=1}^{n_1}(T_i s+1)\cdot\prod\limits_{j=1}^{n_2}(T_j^2 s^2+2\xi T_j s+1)} \tag{5-65}$$

开环频率特性可以表示为

$$G(\mathrm{j}\omega)=\frac{K}{(\mathrm{j}\omega)^{\nu}}\cdot\frac{\prod\limits_{k=1}^{m_1}(\mathrm{j}\tau_k\omega+1)\cdot\prod\limits_{l=1}^{m_2}[\tau_l^2(\mathrm{j}\omega)^2+\mathrm{j}2\xi\tau_l\omega+1]}{\prod\limits_{i=1}^{n_1}(\mathrm{j}T_i\omega+1)\cdot\prod\limits_{j=1}^{n_2}[T_j^2(\mathrm{j}\omega)^2+\mathrm{j}2\xi T_j\omega+1]} \tag{5-66}$$

① 极坐标图的起点，即 $\omega\to0$ 时，$G(\mathrm{j}0^+)$ 在复平面上的位置。幅相曲线起点示意图如图 5-30(a)所示。

0 型系统：　　$G(\mathrm{j}0^+)=K\angle0^\circ$

1 型及 1 型以上系统：

$$G(\mathrm{j}0^+)=\frac{K}{(\mathrm{j}\omega)^{\nu}}\Big|_{\omega\to0} \tag{5-67}$$

$$A(0)\to+\infty,\quad \varphi(0)=-\nu\times\frac{\pi}{2} \tag{5-68}$$

可见，起点的位置与系统的型别即积分环节个数有关。

② 极坐标图的终点，即 $\omega\to+\infty$ 时，$G(+\mathrm{j}\infty)$ 在复平面上的位置。幅相曲线终点示意图如图 5-30 所示。

$$G(+\mathrm{j}\infty)=\frac{K}{(\mathrm{j}\omega)^{n-m}}\bigg|_{\omega\to+\infty} \tag{5-69}$$

当 $n-m>0$ 时，

$$A(+\infty)=0,\quad \varphi(\omega)=-(n-m)\times\frac{\pi}{2} \tag{5-70}$$

可见，幅相曲线的终点趋于坐标原点，只是入射角不同，入射角的大小取决于分母多项式的次数与分子多项式的次数之差 $n-m$。

③ 与坐标轴的交点。

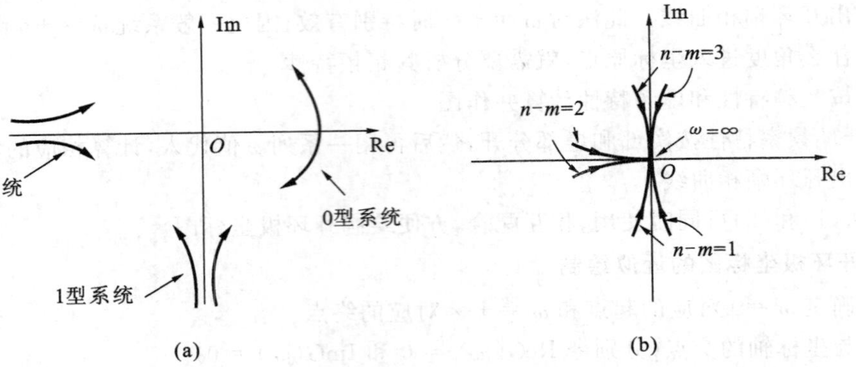

图 5-30　幅相曲线起点和终点示意图

(a)幅相曲线起点示意图；(b)幅相曲线终点示意图

令 $\mathrm{Im}(G_k(\mathrm{j}\omega))=0$，解得 ω_x，将其代入 $\mathrm{Re}(G_k(\mathrm{j}\omega))$ 即求得与实轴的交点。

令 $\mathrm{Re}(G_k(\mathrm{j}\omega))=0$，解得 ω_y，将其代入 $\mathrm{Im}(G_k(\mathrm{j}\omega))$ 即求得与虚轴的交点。

④ 变化范围(即幅相曲线所在象限)。

可根据相角范围决定所在象限，也可由实频和虚频范围确定。

【例 5-7】 系统的开环传递函数为 $G(s)=\dfrac{Ts}{Ts+1}$，试绘制系统极坐标图。

解　系统开环频率特性为

$$G(\mathrm{j}\omega)=\frac{\mathrm{j}\omega T}{\mathrm{j}\omega T+1}=\frac{T^2\omega^2+\mathrm{j}\omega T}{1+T^2\omega^2}$$

幅频特性：$A(\omega)=\omega T\cdot\dfrac{1}{\sqrt{1+\omega^2T^2}}$　　相频特性：$\varphi(\omega)=90^\circ-\arctan\omega T$

实频特性：$\mathrm{Re}G(\mathrm{j}\omega)=\dfrac{T^2\omega^2}{1+T^2\omega^2}$　　虚频特性：$\mathrm{Im}G(\mathrm{j}\omega)=\dfrac{\omega T}{1+T^2\omega^2}$

确定起点和终点：

$$A(0)=0,\quad \varphi(0)=90^\circ$$
$$A(\infty)=1,\quad \varphi(\infty)=0^\circ$$

题中实频特性和虚频特性均不可能为0($\omega=0$除外)，因此与坐标轴无交点。实部随着 ω 增大而减小，均大于0，所以曲线向左走，分布在右半平面；虚部随着 ω 增大先增大后减小，均大于0，因此整个曲线只能分布在第一象限。求出虚部最大值对应的频率为 $\omega=1/T$，此时虚部和实部均为 $1/2$。

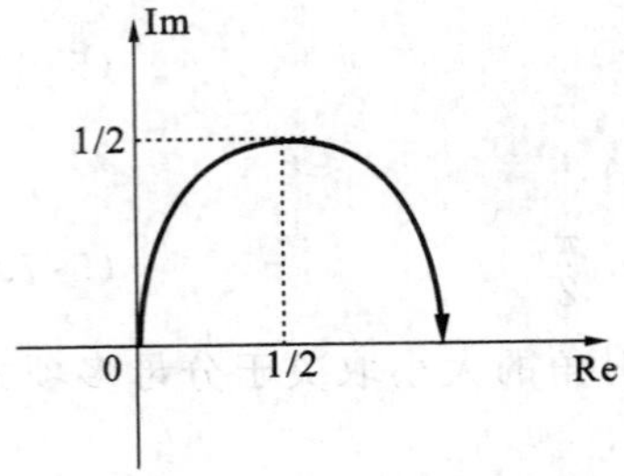

图 5-31　系统的极坐标图

由 $\left[\mathrm{Re}G(\mathrm{j}\omega)-\dfrac{1}{2}\right]^2+[\mathrm{Im}G(\mathrm{j}\omega)]^2=\left(\dfrac{1}{2}\right)^2$ 可证明其极坐标图为圆的一部分，如图 5-31 所示。

【例 5-8】 某 0 型反馈控制系统开环传递函数为

$$G_k(s)=\frac{k}{(T_1s+1)(T_2s+1)}\quad (T_1>T_2>0)$$

试绘制系统概略极坐标图。

解　系统开环频率特性为

$$G_k(j\omega)=\frac{k}{(j\omega T_1+1)(j\omega T_2+1)}$$

系统幅频特性：

$$A(\omega)=\frac{k}{\sqrt{1+\omega^2T_1^2}\ \sqrt{1+\omega^2T_2^2}}$$

系统相频特性：$\varphi(\omega)=-\arctan\omega T_1-\arctan\omega T_2$

起点：0 型系统，$A(0)=k$，$\varphi(0)=0°$

终点：$n-m=2$，$A(\infty)=0$，$\varphi(\infty)=-180°$

当 ω 增加时，$\varphi(\omega)$ 单调减小，从 0° 减小到 −180°，幅相曲线分布在第三、四象限，系统大致曲线如图 5-32 所示。

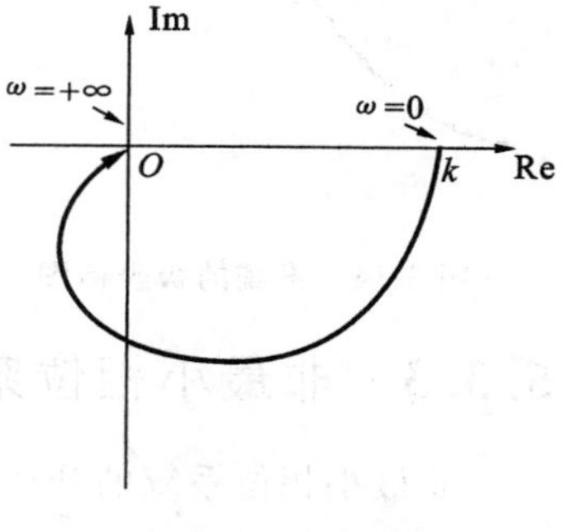

图 5-32　系统的极坐标图

【例 5-9】 单位反馈控制系统的开环传递函数为

$$G_k(s)=\frac{k}{s(s+1)}$$

试绘制系统概略极坐标图。

解　系统开环频率特性为

$$G_k(j\omega)=\frac{k}{j\omega(j\omega+1)}=-\frac{1}{1+\omega^2}-j\frac{1}{\omega(1+\omega^2)}$$

系统幅频特性：$A(\omega)=\dfrac{k}{\omega\sqrt{1+\omega^2}}$

系统相频特性：$\varphi(\omega)=-90°-\arctan\omega$

$$\mathrm{Re}G(j\omega)=-\frac{1}{1+\omega^2},\quad \mathrm{Im}G(j\omega)=-\frac{1}{\omega(1+\omega^2)}$$

起点：1 型系统，$A(0)=\infty$，$\varphi(0)=-90°$，$\mathrm{Re}G_k(j0)=-1$，$\mathrm{Im}G_k(j0)=\infty$

终点：$n-m=2$，$A(+\infty)=0$，$\varphi(+\infty)=-180°$

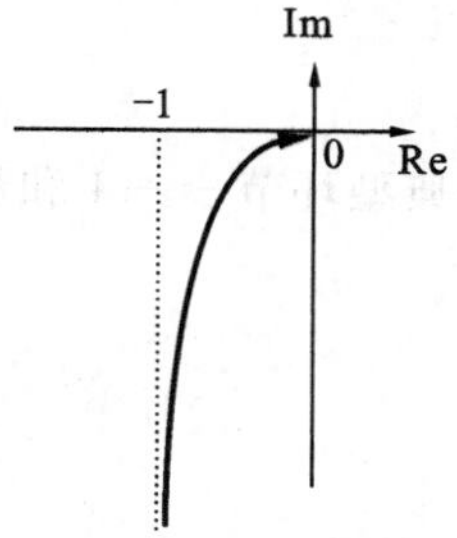

图 5-33　系统的极坐标图

当 ω 增加时，$\varphi(\omega)$ 单调减小，从 −90° 减小到 −180°，幅相曲线分布在第三象限，与坐标轴无交点。实频特性和相频特性单调增大，曲线向右向上运动。系统大致的曲线如图 5-33 所示。

【例 5-10】 单位反馈控制系统的开环传递函数为

$$G_k(s)=\frac{k(1+2s)}{s^2(0.5s+1)(s+1)}$$

试绘制系统概略极坐标图。

解　系统开环频率特性为

$$G_k(j\omega)=\frac{k(1+j2\omega)}{(j\omega)^2(j0.5\omega+1)(j\omega+1)}$$

$$=\frac{k}{\omega^2(1+0.25\omega^2)(1+\omega^2)}[-(1+2.5\omega^2)-j(0.5-\omega^2)\omega]$$

$$A(\omega)=\frac{k\sqrt{1+4\omega^2}}{\omega^2\sqrt{1+0.25\omega^2}\ \sqrt{1+\omega^2}}$$

$$\varphi(\omega) = -180° + \arctan 2\omega - \arctan 0.5\omega - \arctan\omega$$

$$\mathrm{Re}G(\mathrm{j}\omega) = -\frac{k(1+2.5\omega^2)}{\omega^2(1+0.25\omega^2)(1+\omega^2)}$$

$$\mathrm{Im}G(\mathrm{j}\omega) = \frac{-k\mathrm{j}(0.5-\omega^2)}{\omega(1+0.25\omega^2)(1+\omega^2)}$$

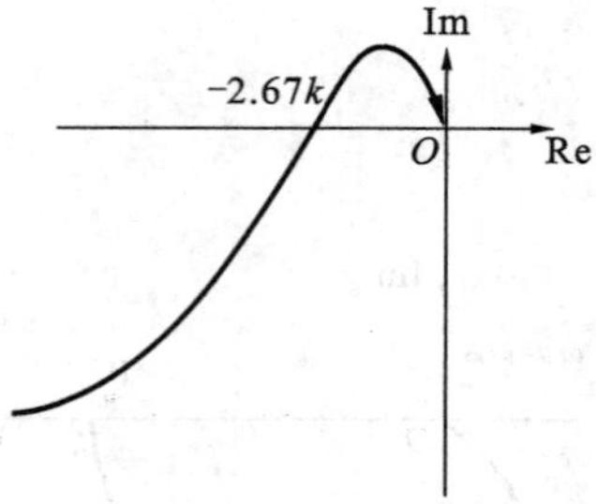

图 5-34　系统的极坐标图

起点：2 型系统，$\mathrm{Re}G(0) = -\infty^2$，$\mathrm{Im}G(0) = -\infty^1$

终点：$n-m=3$，$A(\infty) = 0$，$\varphi(\infty) = -270°$

实频特性始终小于 0，所以与虚轴没有交点，当 $\omega^2 = 0.5$ 即 $\omega = \sqrt{0.5}$（负值舍去）时，虚频特性为 0，此时与实轴交于 $-2.67k$ 点。系统大致的幅相曲线如图 5-34 所示。

由以上两个例子可知，当起点为某坐标轴的无穷远时，要考虑另一坐标轴的值是无限接近某一常数也为无穷大，只是为低阶无穷大。如果是前者，需将该常数用渐近线的形式画出。

5.3.3　非最小相位系统的极坐标图

非最小相位系统的开环频率特性设为

$$G(\mathrm{j}\omega) = \frac{N(\mathrm{j}\omega)}{D(\mathrm{j}\omega)} \frac{\prod_{i=1}^{m-l}(1-\tau_i s)}{\prod_{j=1}^{n-\nu}(1-T_j s)}$$

其中 $N(s)$，$D(s)$ 在右半 s 平面没有根。

下面讨论非最小相位系统的极坐标图。

(1) $G(s) = 1-\tau s$，$G(\mathrm{j}\omega) = 1-\mathrm{j}\omega\tau$

$\mathrm{Re}G(\mathrm{j}\omega) = 1$，$\mathrm{Im}G(\mathrm{j}\omega) = -\omega\tau$

$A(\omega) = \sqrt{1+\omega^2\tau^2}$，$\varphi(\omega) = -\arctan\omega\tau$

其极坐标图如图 5-35 所示。为便于比较，图 5-35 还给出了非最小典型环节 $\tau s-1$ 和最小典型环节 $1+\tau s$ 的极坐标图。

(2) $G(s) = \dfrac{1}{1-Ts}$，$G(\mathrm{j}\omega) = \dfrac{1}{1-\mathrm{j}\omega T}$

$\mathrm{Re}G(\mathrm{j}\omega) = \dfrac{1}{1+\omega^2T^2}$，$\mathrm{Im}G(\mathrm{j}\omega) = \dfrac{\omega T}{1+\omega^2T^2}$

$A(\mathrm{j}\omega) = \dfrac{1}{\sqrt{1+\omega^2T^2}}$，$\varphi(\omega) = \arctan\omega T$

其极坐标图如图 5-36 所示。为便于比较，图 5-36 还给出了非最小典型环节 $\dfrac{1}{Ts-1}$ 和最小典型环节 $\dfrac{1}{Ts+1}$ 的极坐标图。

注意：对于非最小相位系统，绝对不能用最小相位系统中确定起点和终点的规律来确定起点和终点，而应该根据实际情况分析，其分析方法与之前的分析方法相同。

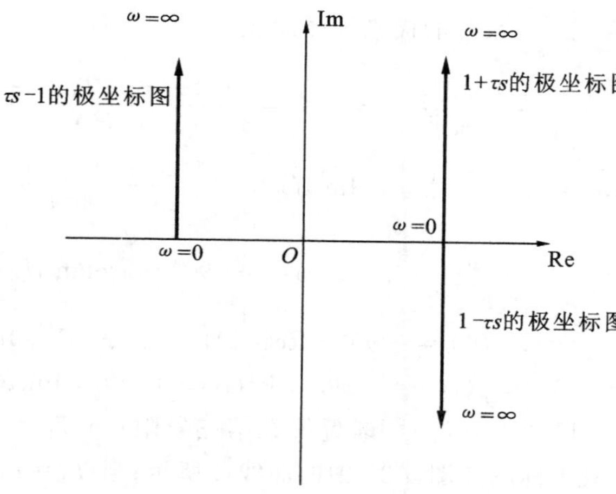

图 5-35　$1-\tau s$ 、$\tau s-1$ 和 $1+\tau s$ 的极坐标图

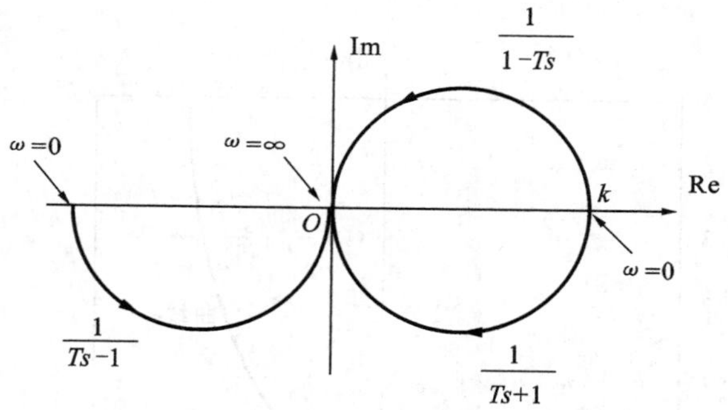

图 5-36　$\dfrac{1}{1-Ts}$ 、$\dfrac{1}{Ts-1}$ 和 $\dfrac{1}{Ts+1}$ 的极坐标图

【例 5-11】　系统的开环传递函数为 $G_1(s)=\dfrac{1-T_2 s}{s(1+T_1 s)}$,试绘制其大致的极坐标图,并与 $G_2(s)=\dfrac{1+T_2 s}{s(1+T_1 s)}$ 系统的极坐标图相比较。

解　(1) $G_1(\mathrm{j}\omega)=\dfrac{1-\mathrm{j}\omega T_2}{\mathrm{j}\omega(1+\mathrm{j}\omega T_1)}=\dfrac{-\omega(T_1+T_2)+\mathrm{j}(\omega^2 T_1 T_2-1)}{\omega(1+\omega^2 T_1^2)}$

$$\mathrm{Re}G(\mathrm{j}\omega)=\frac{-(T_1+T_2)}{1+\omega^2 T_1^2},\quad \mathrm{Im}G(\mathrm{j}\omega)=\frac{\omega^2 T_1 T_2-1}{\omega(1+\omega^2 T_1^2)}$$

$$A(\omega)=\frac{\sqrt{1+\omega^2 T_2^2}}{\omega\sqrt{1+\omega^2 T_1^2}},\quad \varphi(\omega)=-90°-\arctan\omega T_1+\arctan\omega T_2$$

当 $\omega=0$ 时,$A(0)=\infty$,$\varphi(0)=-90°$,$\mathrm{Re}G(\mathrm{j}0)=-(T_1+T_2)$,$\mathrm{Im}G(\mathrm{j}0)=-\infty$

当 $\omega=\infty$ 时,$A(\infty)=0$,$\varphi(\infty)=-270°$,$\mathrm{Re}G(\mathrm{j}\infty)=0$,$\mathrm{Im}G(\mathrm{j}\infty)=0$

令 $\mathrm{Im}G(\mathrm{j}\omega)=0$,解得与实轴交点对应的 $\omega=\dfrac{1}{\sqrt{T_1 T_2}}$,交点坐标为 $-T_2$ 。

极坐标图如图 5-37 中的曲线 1 所示。

(2)与 $G_2(s)=\dfrac{1+T_2 s}{s(1+T_1 s)}$ 系统的极坐标图对比。

$$G_2(j\omega)=\frac{1+j\omega T_2}{j\omega(1+j\omega T_1)}=\frac{\omega(T_2-T_1)-j(\omega^2 T_1 T_2+1)}{\omega(1+\omega^2 T_1^2)}$$

$$\mathrm{Re}G(j\omega)=\frac{T_2-T_1}{1+\omega^2 T_1^2},\quad \mathrm{Im}G(j\omega)=-\frac{\omega^2 T_1 T_2+1}{\omega(1+\omega^2 T_1^2)}$$

$$A(\omega)=\frac{\sqrt{1+\omega^2 T_2^2}}{\omega\sqrt{1+\omega^2 T_1^2}},\quad \varphi(\omega)=-90^\circ-\arctan\omega T_1+\arctan\omega T_2$$

当 $\omega=0$ 时，$A(0)=\infty$，$\varphi(0)=-90^\circ$，$\mathrm{Re}G(j0)=T_2-T_1$，$\mathrm{Im}G(j0)=-\infty$

当 $\omega=\infty$ 时，$A(\infty)=0$，$\varphi(\infty)=-90^\circ$，$\mathrm{Re}G(j\infty)=0$，$\mathrm{Im}G(j\infty)=0$

此时与虚轴无交点，但当 $T_1>T_2$ 时，渐近线在第三象限；当 $T_2>T_1$ 时，渐近线在第四象限；当 $T_1=2, T_2=1$ 时，极坐标图如图 5-37 中的曲线 2 所示；当 $T_1=1, T_2=2$ 时，极坐标图如图 5-37 中的曲线 3 所示。同理，可画出 $G_3(s)=\dfrac{s-1}{s(1+2s)}$ 系统的幅相曲线如图 5-37 中的曲线 4 所示。

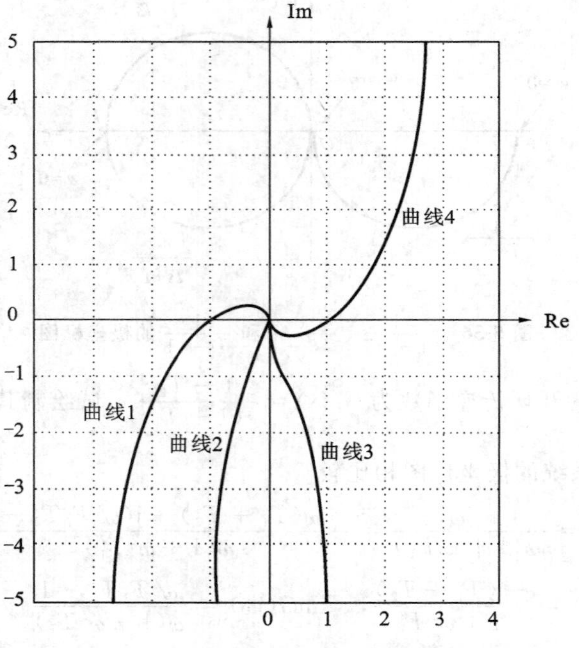

图 5-37　例 5-11 三个系统的极坐标图

5.4　奈奎斯特稳定判据

5.4.1　奈奎斯特判据的数学基础

第 3 章已经指出闭环控制系统稳定的充分必要条件是其特征方程式的所有根(闭环极点)都具有负实部，即都位于 s 平面的左半部。前面介绍了两种判断系统稳定性的方法。代数判据法根据特征方程根和系数的关系判断系统的稳定性。根轨迹法根据特征方程式的根随系统参量变化的轨迹来判断系统的稳定性。本节介绍另一种重要并且实用的方法——奈奎斯特稳定判据。这种方法可以根据系统的开环频率特性判断闭环系统的稳定性，并能确定系统的相对稳定性。

奈奎斯特稳定判据的数学基础是复变函数论中的映射定理，又称幅角原理。

映射定理 设有一复变函数为

$$F(s)=\frac{K_g(s-z_1)(s-z_2)\cdots(s-z_m)}{(s-p_1)(s-p_2)\cdots(s-p_n)} \tag{5-71}$$

其中，s 为复变量，以 s 复平面上的 $s=\sigma+j\omega$ 表示；$F(s)$为复变函数，以 $F(s)$复平面上的 $F(s)=U+jV$ 来表示。

s 平面和 $F(s)$平面的映射关系如图 5-38 所示。设对于 s 平面上除了有限奇点之外的任一点 s，复变函数 $F(s)$为解析函数，那么对于 s 平面上的每一点，在 $F(s)$平面上必定有一个对应的映射点。现考虑 s 平面上既不经过零点也不经过极点的一条封闭曲线 C_s。当变点 s 沿 C_s 顺时针方向绕行一周连续取值时，在 $F(s)$平面上也映射出一条封闭曲线 C_F。在 s 平面上，用阴影线表示的区域，称为 C_s 的内域。由于我们规定沿顺时针方向绕行，所以内域始终处于行进方向的右侧。在 $F(s)$平面上，由于 C_s 映射而得到的封闭曲线 C_F 的形状及位置严格地取决于 C_s。

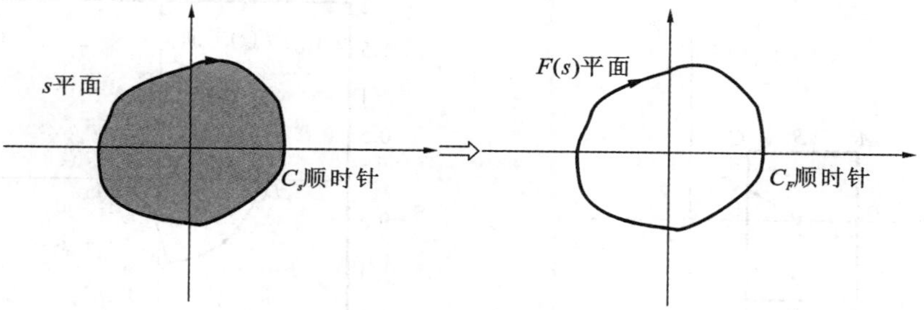

图 5-38 s 平面和 $F(s)$平面的映射关系

在以上映射关系中，不需知道围线 C_s 的确切形状和位置，只要知道它的内域所包含的零点和极点的数目，就可以预知封闭曲线 C_F 是否包围坐标原点及包围原点多少次；反之，根据已给的封闭曲线 C_F 是否包围原点和包围原点的次数，也可以推测出封闭曲线 C_s 的内域中有关零极点数的信息。

根据式(5-71)，$F(s)$复变函数的相角可表示为

$$\angle F(s)=\sum_{j=1}^{m}\angle(s-z_j)-\sum_{i=1}^{n}\angle(s-p_i) \tag{5-72}$$

下面以 $F(s)=\dfrac{s+2}{s}$ 为例，说明 C_s 曲线对 $F(s)$的零极点的不同包围情况下，C_F 曲线对坐标原点的包围情况。

(1)C_s 曲线即不包围零点又不包围极点，此时

$$\Delta\angle F(s)=\Delta\angle(s+2)-\Delta\angle(s+0)=0^\circ$$

即映射 C_F 曲线在 $F(s)$平面上变化一周后幅角变化 0°，表明 C_F 曲线不包围坐标原点(见图 5-39)。

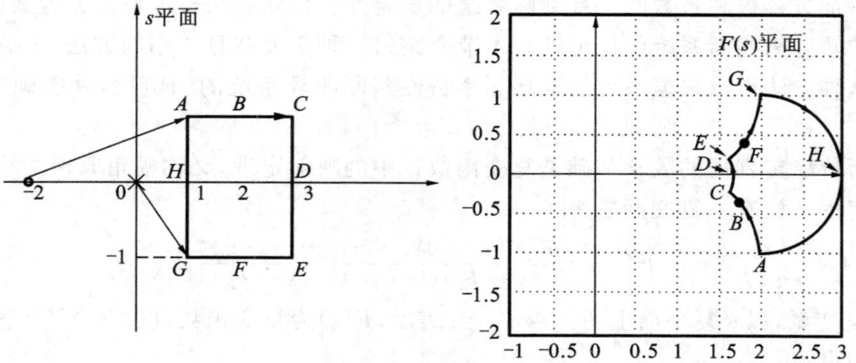

图 5-39　s 平面封闭曲线在 $F(s)$ 平面上的映射之一

(2)C_s 曲线包围零点但不包围极点，此时

$$\Delta\angle F(s) = \Delta\angle(s+2) - \Delta\angle(s+0) = -360^\circ$$

即映射 C_F 曲线在 $F(s)$ 平面上变化一周后幅角变化 -360°，表明 C_F 曲线顺时针包围坐标原点一圈（见图 5-40）。

若 s 平面上的封闭曲线包围了 $F(s)$ 的 Z 个零点，则在 $F(s)$ 平面上的映射曲线将沿顺时针方向围绕着坐标原点旋转 Z 周。

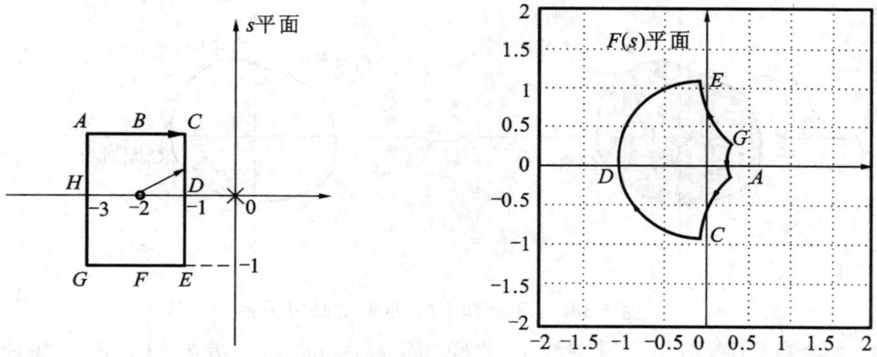

图 5-40　s 平面封闭曲线在 $F(s)$ 平面上的映射之二

(3)C_s 曲线包围极点但不包围零点，此时 $\Delta\angle F(s) = \Delta\angle(s+2) - \Delta\angle(s+0) = 360^\circ$，即映射 C_F 曲线在 $F(s)$ 平面上变化一周后幅角变化 360°，表明 C_F 曲线逆时针包围坐标原点一圈（见图 5-41）。

用类似分析方法可以推论，若 s 平面上的封闭曲线包围了 $F(s)$ 的 P 个极点，则当 s 沿着 s 平面上的封闭曲线顺时针方向移动一周时，在 $F(s)$ 平面上的映射曲线将沿逆时针方向围绕着坐标原点旋转 p 周。

(4)C_s 曲线既包围极点又包围零点，此时

$$\Delta\angle F(s) = \Delta\angle(s+2) - \Delta\angle(s+0) = 0^\circ$$

即映射 C_F 曲线在 $F(s)$ 平面上变化一周后幅角变化 0°，表明 C_F 曲线不包围坐标原点（见图 5-42）。

综上所述，可以归纳映射定理如下：

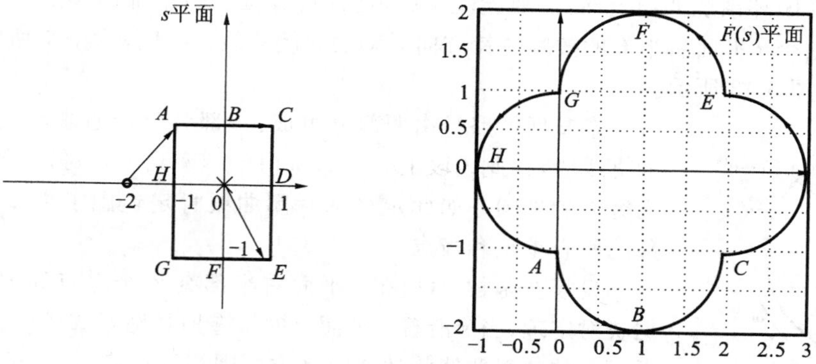

图 5-41　s 平面封闭曲线在 $F(s)$ 平面上的映射之三

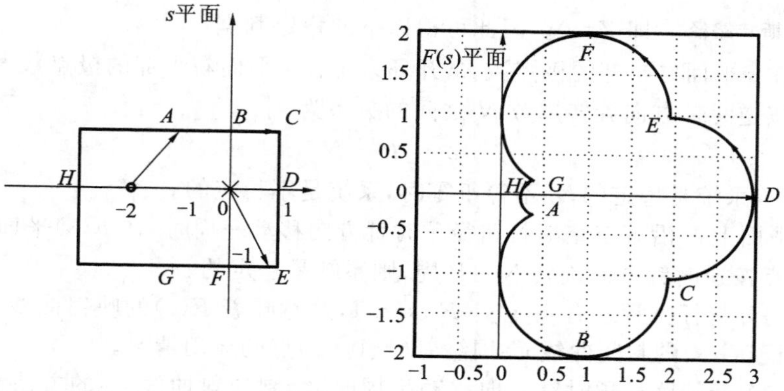

图 5-42　s 平面封闭曲线在 $F(s)$ 平面上的映射之四

设 s 平面上的封闭曲线包围了复变函数 $F(s)$ 的 Z 个零点和 P 个极点，并且此曲线不经过 $F(s)$ 的任一零点和极点，则当 s 沿着 s 平面上的封闭曲线顺时针方向移动一周时，在 $F(s)$ 平面上的映射曲线将沿逆时针方向围绕着坐标原点旋转 $P-Z$ 周。

5.4.2　奈奎斯特判据

现在讨论闭环控制系统的稳定性。设复变函数 $F(s)$ 为

$$F(s)=1+G(s)H(s)=1+G(s) \tag{5-73}$$

系统的开环传递函数可以写为

$$G(s)=\frac{K_g(s-z_1)(s-z_2)\cdots(s-z_m)}{(s-p_1)(s-p_2)\cdots(s-p_n)} \tag{5-74}$$

将式(5-74)代入式(5-73)，可得

$$F(s)=1+\frac{K_g(s-z_1)(s-z_2)\cdots(s-z_m)}{(s-p_1)(s-p_2)\cdots(s-p_n)}=\frac{(s-s_1)(s-s_2)\cdots(s-s_m)}{(s-p_1)(s-p_2)\cdots(s-p_n)} \tag{5-75}$$

由上式可见，复变函数 $F(s)$ 的零点为系统特征方程的根(闭环极点)s_1，s_2，…，s_m，而 $F(s)$ 的极点则为系统的开环极点 p_1，p_2，…，p_n。

闭环系统稳定的充分必要条件是特征方程的根(即 $F(s)$ 的零点)，都位于 s 平面的左半部。

为了判断闭环系统的稳定性，需要检验 $F(s)$是否具有位于右半部的零点。为此，可以选择一条包围整个 s 平面右半部的按顺时针方向运动的封闭曲线，通常称为奈奎斯特路径，简称奈氏路径，如图 5-43 所示。

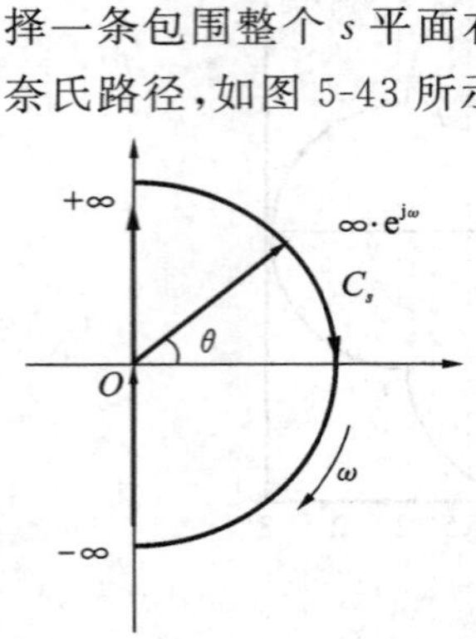

图 5-43　奈奎斯特路径

奈奎斯特路径由两部分组成：一部分是沿着虚轴由下向上移动的直线段，在此线段上 $s=j\omega$，ω 由 $-\infty$ 变到 $+\infty$；另一部分是半径为无穷大的半圆。如此定义的封闭曲线肯定包围了 $F(s)$的位于右半部的所有零点和极点。

设复变函数 $F(s)$在 s 平面右半部有 Z 个零点和 P 个极点。根据映射定理，当 s 沿着 s 平面上的奈奎斯特路径移动一周时，在 $F(s)$平面上的映射曲线将按逆时针方向围绕原点旋转 $P-Z$ 周。

由于闭环系统稳定的充要条件是，$F(s)$在 s 平面右半部无零点，即 $Z=0$。因此可得以下的稳定判据：

闭环系统在 s 平面右半部的极点数 Z，开环系统在 s 平面右半部的极点数 P，映射曲线 C_F 围绕坐标原点按逆时针方向旋转周数 N 之间的关系为

$$Z = P - N \tag{5-76}$$

Z 等于零时，系统是稳定的；Z 不等于零时，系统是不稳定的。

如果在 s 平面上，s 沿着奈奎斯特路径顺时针方向移动一周时，在 $F(s)$平面上的映射曲线 C_F 围绕坐标原点按逆时针方向旋转 $N=P$ 周，则系统是稳定的。

根据系统闭环特征方程式有 $G(s)=F(s)-1$，这意味着 $F(s)$的映射曲线 C_F 围绕原点的运动情况，相当于 $G(s)$的封闭曲线 C_G 围绕着$(-1, j0)$点的运动情况。

当 s 沿着奈奎斯特路径顺时针方向移动一周时，绘制映射曲线 C_G 的方法是，令 $s=j\omega$，代入 $G(s)$，得到开环频率特性 $G(j\omega)$，当 ω 由零变化至无穷大时，映射曲线 C_G 即为系统的开环频率特性曲线，即幅相曲线。一旦画出了 ω 从零到无穷大时的幅相曲线，则 ω 从负无穷大到 0 时的幅相曲线，根据对称于实轴的原理立即可得，而半径为无穷大的半圆对应的 $G(s)$为原点。

综上所述，可将奈奎斯特稳定判据（简称奈氏判据）表述如下：

闭环控制系统稳定的充分和必要条件是，当 ω 从 $-\infty$ 变化到 $+\infty$ 时，系统的开环频率特性曲线 $G(j\omega)$按逆时针方向包围$(-1, j0)$点 P 周，P 为位于 s 平面右半部的开环极点数目。

【例 5-12】　系统开环传递函数为

$$G(s) = \frac{K}{(T_1 s+1)(T_2 s+1)}, \quad T_1, T_2 > 0$$

绘制系统的幅相曲线，并判断系统的稳定性。

解　$A(\omega) = \dfrac{K}{\sqrt{1+T_1^2\omega^2}\sqrt{1+T_2^2\omega^2}}$，　$\varphi(\omega) = -\arctan\omega T_1 - \arctan\omega T_2$

$$\mathrm{Re}G(j\omega) = \frac{K(1-T_1 T_2 \omega^2)}{(1+T_1^2\omega^2)(1+T_2^2\omega^2)}, \quad \mathrm{Im}G(j\omega) = \frac{-K\omega(T_1+T_2)}{(1+T_1^2\omega^2)(1+T_2^2\omega^2)}$$

当 $\omega=0$ 时，$A(0)=K$，$\varphi(0)=0°$，$\mathrm{Re}G(j0)=K$，$\mathrm{Im}G(j0)=0$

当 $\omega=+\infty$ 时，$A(\infty)=0°$，$\varphi(\infty)=-\pi$，$\mathrm{Re}G(j\infty)=0$，$\mathrm{Im}G(j\infty)=0$

令 $\mathrm{Re}G(j\omega)=0$，解得 $\omega=\dfrac{1}{\sqrt{T_1 T_2}}$，此时 $\mathrm{Im}G\left(j\dfrac{1}{\sqrt{T_1 T_2}}\right)=\dfrac{-K\sqrt{T_1 T_2}}{T_1+T_2}$。绘制系统的

幅相曲线如图 5-44 所示。

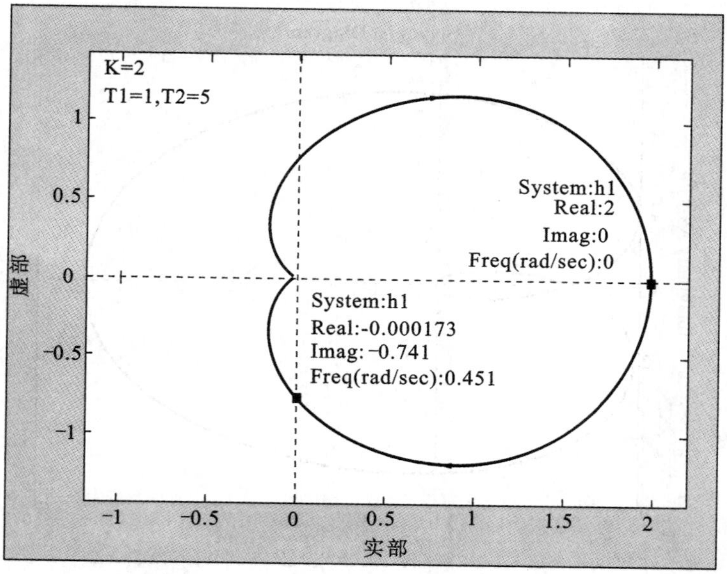

图 5-44　例 5-12 系统对应的幅相曲线

由图可见，幅相曲线不包围(−1, j0)点，$N=0$，闭环系统位于右半部的极点数 $Z=P-N=0$，系统是稳定的。

【例 5-13】　开环系统传递函数为

$$G_k(s)=\frac{K}{(s+2)(s^2+2s+5)},\quad K>0$$

试用奈奎斯特判据判断闭环系统的稳定性。

解　$A(\omega)=\dfrac{K}{\sqrt{4+\omega^2}\sqrt{(5-\omega^2)^2+4\omega^2}}$，　$\varphi(\omega)=-\arctan\dfrac{\omega}{2}-\arctan\dfrac{2\omega}{5-\omega^2}$

$\mathrm{Re}G(\mathrm{j}\omega)=\dfrac{K(10-4\omega^2)}{(10-4\omega^2)^2+\omega^2(9-\omega^2)^2}$，　$\mathrm{Im}G(\mathrm{j}\omega)=\dfrac{-K\omega(9-\omega^2)}{(10-4\omega^2)^2+\omega^2(9-\omega^2)^2}$

当 $\omega=0$ 时，$A(0)=\dfrac{K}{10}$，$\varphi(0)=0°$，$\mathrm{Re}G(\mathrm{j}0)=\dfrac{K}{10}$，$\mathrm{Im}G(\mathrm{j}0)=0$

当 $\omega=+\infty$ 时，$A(\infty)=0$，$\varphi(\infty)=-270°$，$\mathrm{Re}G(\mathrm{j}\infty)=0$，$\mathrm{Im}G(\mathrm{j}\infty)=0$

令 $\mathrm{Re}G(\mathrm{j}\omega)=0$，解得 $\omega=\sqrt{2.5}$($-\sqrt{2.5}$ 舍去)，此时 $\mathrm{Im}G(\mathrm{j}\sqrt{2.5})=\dfrac{-K}{\sqrt{2.5}\times 6.5}$。

令 $\mathrm{Im}G(\mathrm{j}\omega)=0$，解得 $\omega=0$ 和 $\omega=3$，此时 $\mathrm{Re}G(\mathrm{j}0)=\mathrm{Re}G(\mathrm{j}3)=\dfrac{-K}{26}$。

开环极点为−1，$-1\pm \mathrm{j}2$，都在左半 s 平面，所以 $P=0$。当 $K=52$ 时，系统的幅相曲线图如图 5-45 所示，可以看出曲线顺时针包围点(−1, j0)2 圈。所以闭环系统在右半 s 平面的极点数为 $Z=P-N=2$，闭环系统是不稳定的。

若要系统稳定，则 $\mathrm{Re}G(\omega)=\dfrac{-K}{26}>-1$，即 $K<26$ 时，幅相曲线不围绕点(−1, j0)。于是系统稳定的条件为 $0<K<26$。

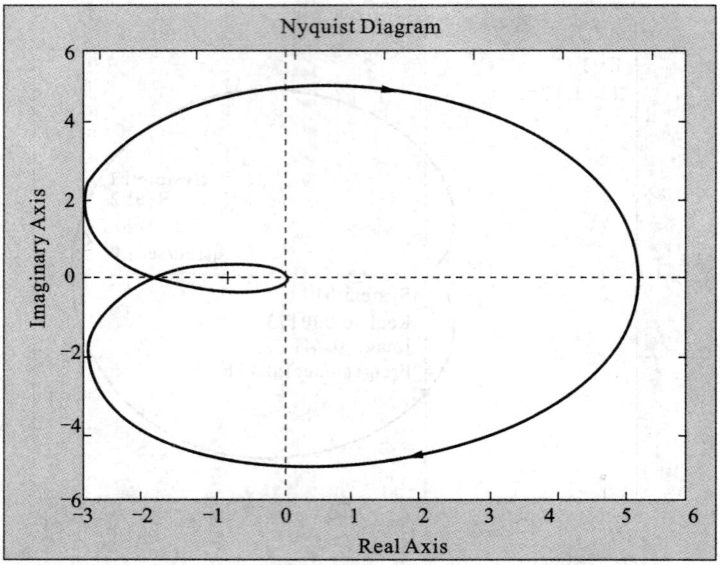

图 5-45　例 5-13 系统对应的幅相曲线

5.4.3　开环传递函数中有积分环节时奈氏判据的应用

虚轴上有开环极点的情况通常出现于系统中有串联积分环节的时候，即在 s 平面的坐标原点有开环极点。这时不能直接应用图 5-43 所示的奈奎斯特路径，因为映射定理要求此曲线不经过 $F(s)$ 的奇异点。

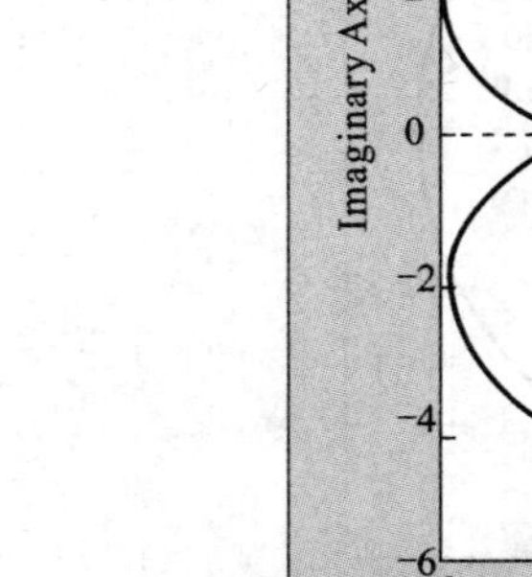

图 5-46　开环系统含积分环节时的奈奎斯特路径

为了在这种情况下应用奈氏判据，可以选择如图 5-46 所示的奈氏曲线，它与图 5-43 中奈氏曲线的区别仅在于，此曲线经过一个以原点为圆心，以无穷小量 ε 为半径的，位于右半 s 平面的小半圆，绕开了开环极点所在的原点。当 $R'\to 0$ 时，此小半圆的面积也趋近于零。因此，$F(s)$ 的位于右半 s 平面的零点和极点均被此奈氏曲线包围在内。而将位于坐标原点处的开环极点划到了左半部。这样处理是为了适应奈奎斯特判据的要求，因为应用奈氏判据时必须首先明确位于右半 s 平面和左半 s 平面的开环极点的数目。

当 s 沿着上述小半圆移动时，有 $s=\lim\limits_{R'\to 0}R'\mathrm{e}^{\mathrm{j}\theta'}$ 。

当 ω 从 0^- 沿小半圆变到 0^+ 时，θ' 按逆时针方向旋转了 π，$G(s)$ 在其平面上的映射为

$$G(s)\Big|_{s=\lim\limits_{R'\to 0}R'\mathrm{e}^{\mathrm{j}\theta'}}=\lim_{R'\to 0}\frac{K}{R'^{\nu}}\mathrm{e}^{-\mathrm{j}\nu\theta'}=+\infty\mathrm{e}^{-\mathrm{j}\nu\theta'} \tag{5-77}$$

式中：ν 为积分环节数目。

当 s 沿着小半圆从 $\omega=0^-$ 变化到 $\omega=0^+$ 时，θ' 角从 $-\pi/2$ 经 $0°$ 变化到 $\pi/2$，这时 $G(s)$ 平面上的映射曲线将沿着半径为无穷大的圆弧按顺时针方向从 $\nu\pi/2$ 经过 $0°$ 转到 $-\nu\pi/2$，相当

于沿着半径为无穷大的圆弧按顺时针方向旋转 $\nu/2$ 周。也就是说，对于 1 型系统，其开环幅相曲线需补画 $\pi/2$ 经过 0°转到 $-\pi/2$ 的半圆，而对于 2 型系统，需补画 π 经过 0°转到 $-\pi$ 的整圆。

将 $G(\mathrm{j}\omega)$ 曲线补画后，可照常使用奈氏判据，此时在计算不稳定的开环极点数目 P 时，$s=0$ 的开环极点不应计算在内。下面举例说明在上述情况下奈氏判据的应用。

【例 5-14】 系统的开环传递函数为 $G(s)=\dfrac{K}{s(T_1s+1)(T_2s+1)}$，$T_1,T_2,K>0$，试绘制系统的开环幅相曲线，并判断闭环系统的稳定性。

解 $A(\omega)=\dfrac{K}{\omega\sqrt{1+T_1^2\omega^2}\sqrt{1+T_2^2\omega^2}}$，　$\varphi(\omega)=-90°-\arctan\omega T_1-\arctan\omega T_2$

当 $\omega=0$ 时，$A(0)=\infty$，$\varphi(0)=-90°$

当 $\omega=+\infty$ 时，$A(\infty)=0$，$\varphi(\infty)=-270°$

令 $\mathrm{Im}G(\mathrm{j}\omega)=0$，解得与实轴的交点 $\omega=\dfrac{1}{\sqrt{T_1T_2}}$，交点 $\mathrm{Re}G(\mathrm{j}\dfrac{1}{\sqrt{T_1T_2}})=\dfrac{-KT_1T_2}{T_1+T_2}$。

系统的开环幅相曲线如图 5-47 所示。

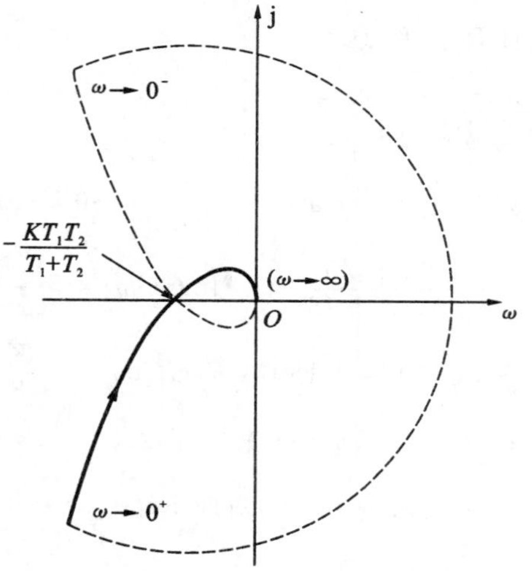

图 5-47　例 5-14 系统对应的幅相曲线

当 $-1<\dfrac{-KT_1T_2}{T_1+T_2}<0$ 时，曲线未包围点(−1，j0)，而 $P=0$，所以系统是稳定的。此时对应的 K 应满足 $0<K<\dfrac{T_1+T_2}{T_1T_2}=\dfrac{1}{T_1}+\dfrac{1}{T_2}$。

当 $\dfrac{-KT_1T_2}{T_1+T_2}<-1$ 时，曲线顺时针包围点(−1，j0)2 圈，系统是不稳定的系统，有 2 个闭环极点分布在右半 s 平面。

【例 5-15】 某 2 型系统的开环频率特性如图 5-48 所示，且右半 s 平面无极点，试用奈氏判据判断闭环系统的稳定性。

解 首先画出完整的奈氏曲线的映射曲线，如图 5-49 所示。

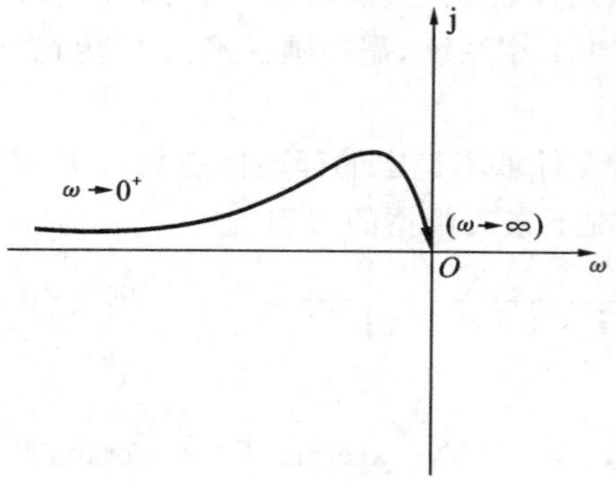

图 5-48　例 5-15 系统对应的极坐标图

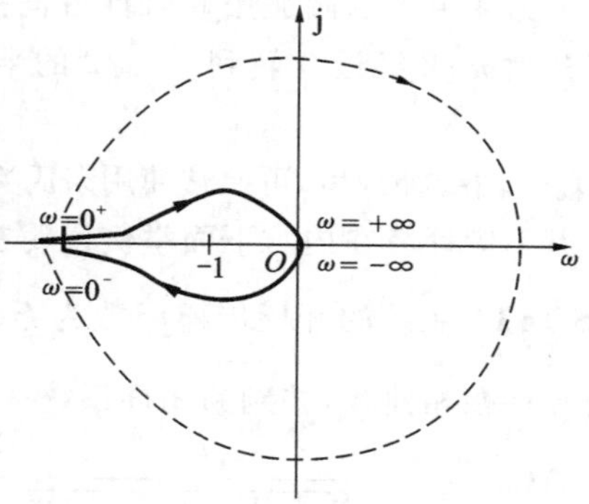

图 5-49　例 5-15 系统对应的完整奈氏曲线

从图可以看出：映射曲线顺时针包围点(−1, j0)2 圈。因 $P=0$，所以 $Z=P-N=2$，闭环系统是不稳定的。

奈奎斯特判据同样适用于非最小相位系统。

【例 5-16】 非最小相位系统开环传递函数为 $G(s)=\dfrac{K(s-1)}{(s-2)(s-4)}$，确定闭环系统稳定的 K 值范围，不稳定时求出闭环右极点数。

解　$A(\omega)=\dfrac{K\sqrt{\omega^2+1}}{\sqrt{\omega^2+4}\sqrt{\omega^2+16}}$

$$\varphi(\omega)=(180°-\arctan\omega)-\left(180°-\arctan\frac{\omega}{2}\right)-\left(180°-\arctan\frac{\omega}{4}\right)$$

$$\mathrm{Re}G(\mathrm{j}\omega)=\frac{-K(8+5\omega^2)}{(\omega^2+4)(\omega^2+16)},\quad \mathrm{Im}G(\mathrm{j}\omega)=\frac{K\omega(2-\omega^2)}{(\omega^2+4)(\omega^2+16)}$$

当 $\omega=0$ 时，$A(0)=\dfrac{K}{8}$，$\varphi(0)=-180°$，$\mathrm{Re}G(\mathrm{j}0)=-\dfrac{K}{8}$，$\mathrm{Im}G(\mathrm{j}0)=0$

当 $\omega=+\infty$ 时，$A(\infty)=0$，$\varphi(\infty)=-90°$，$\mathrm{Re}G(\mathrm{j}\infty)=0$，$\mathrm{Im}G(\mathrm{j}\infty)=0$

令 $\mathrm{Im}G(\mathrm{j}\omega)=0$，解得 $\omega=0$ 和 $\omega=\sqrt{2}$，对应 $\mathrm{Re}G(\mathrm{j}0)=-\dfrac{K}{8}$ 和 $\mathrm{Re}G(\sqrt{2}\mathrm{j})=-\dfrac{K}{6}$。奈氏曲线如图 5-50 所示。

开环系统有 2 个右极点，$P=2$。

当 $K>8$ 时，奈氏曲线逆时针包围点(−1, j0)1 圈，$N=1$，$Z=P-N=1$，系统不稳定。

当 $6<K<8$ 时，奈氏曲线逆时针包围点(−1, j0)2 圈，$N=2$，$Z=P-N=0$，系统稳定。

当 $K<6$ 时，奈氏曲线不包围点(−1, j0)，$N=0$，$Z=P-N=2$，系统不稳定。

通常在利用奈奎斯特曲线判断闭环系统稳定性时，为简便起见，只要画出 ω 从 0 变化到 $+\infty$ 的频率特性曲线。频率特性曲线对点(−1, j0)的包围情况可用频率特性的正负穿越情况来表示，如图 5-51 所示。当 ω 增加时，频率特性从上半 s 平面穿过负实轴的$(-\infty, -1)$段到下半 s 平面，称为频率特性对负实轴的$(-\infty, -1)$段的正穿越（这时随着 ω 的增加，频率特性的相角也是增加的），意味着逆时针包围点(−1, j0)；反之称为负穿越。

这时奈奎斯特稳定判据可以描述为：设开环系统传递函数 $G_k(s)$ 在右半平面的极点为 P，

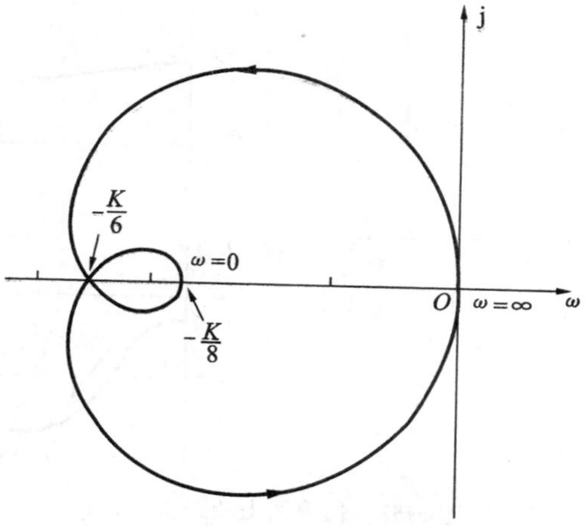

图 5-50　例 5-16 系统对应的完整奈氏曲线

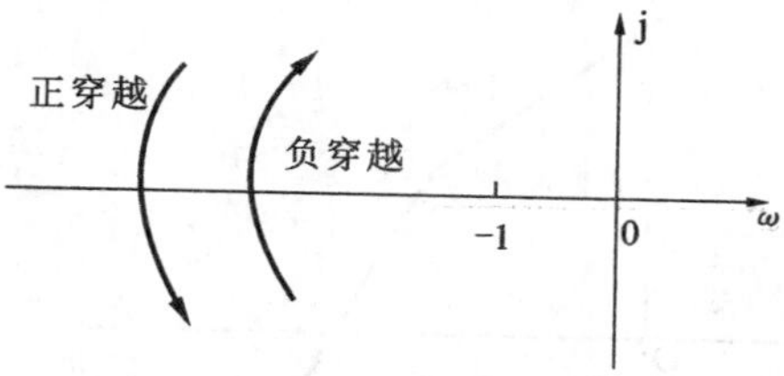

图 5-51　极坐标图上的正负穿越

则闭环系统分布在右半平面的闭环极点数为

$$Z = P - N = P - 2(N_+ - N_-)$$

5.4.4　对数稳定判据

系统开环频率特性的幅相曲线(极坐标图或奈奎斯特图)和伯德图之间存在着一定的对应关系。奈氏图上 $|G(j\omega)|=1$ 的单位圆与伯德图对数幅频特性的零分贝线相对应，单位圆以外对应于 $L(\omega)>0$。奈氏图上的负实轴对应于伯德图上相频特性的 $-\pi$ 线。相应地，在伯德图上，规定在 $L(\omega)>0$ 范围内，相频曲线 $\varphi(\omega)$ 由上而下穿越的 $-\pi$ 线为负穿越。如图 5-52 所示，正穿越以“+”表示，负穿越以“-”表示。

对于 s 平面原点有开环极点的情况，对数频率特性曲线也需要作出相应的修改。设 ν 为积分环节数，当 ω 由 0 变到 0^+ 时，相频特性曲线 $\varphi(\omega)$ 应在 ω 趋于 0 处，由上而下补画 $\nu\frac{\pi}{2}$。计算正负穿越次数时，应将补画的曲线看成对数相频曲线的一部分。

【例 5-17】 反馈控制系统的开环传递函数为 $G(s)=\frac{K}{s^2(Ts+1)}$，试用对数频率稳定判据判断系统的稳定性。

解　系统的开环对数频率特性曲线如图 5-53 所示。由于 $G(s)$ 有两个积分环节，故在对数相频曲线 ω 趋于 0 处，补画了 $-180°\sim0°$ 的虚线，作为对数相频曲线的一部分。显见 $N_+=0$，$N_-=1$。根据 $G(s)$ 的表达式知，$P=0$，所以 $Z=2$，说明闭环系统是不稳定的，有 2 个闭环极

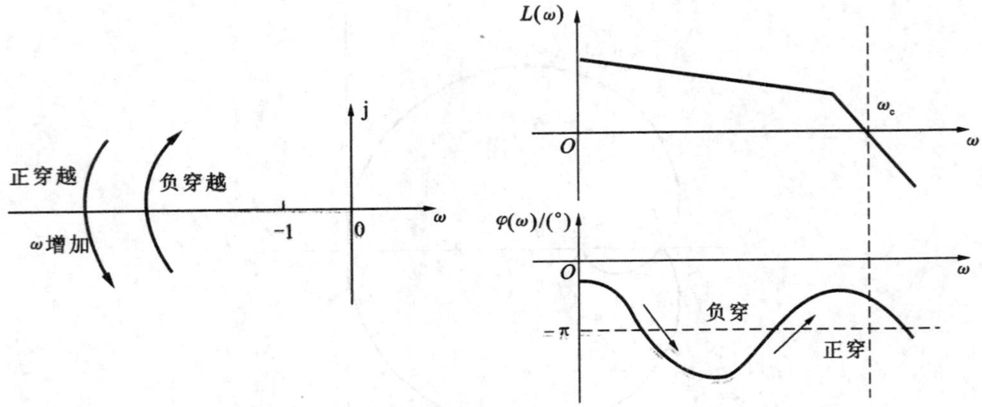

图 5-52　伯德图上的正负穿越

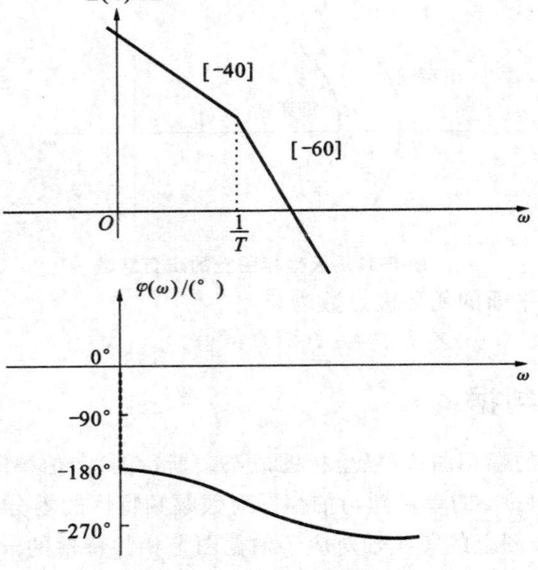

图 5-53　例 5-17 系统对应的伯德图

点位于右半 s 平面。

5.5　控制系统的相对稳定性

上面介绍了根据开环频率特性判断系统稳定性的奈奎斯特判据。利用这种方法不仅可以定性地判别系统稳定性，而且还可以定量地反映系统的相对稳定性，即稳定的裕度，后者与系统的瞬态响应指标有着密切的关系。

对于最小相位系统，$P=0$，根据奈奎斯特稳定判据，闭环系统稳定的充要条件是开环频率特性曲线不包围点(−1, j0)。如果开环频率特性曲线包围点(−1,j0)，则闭环系统是不稳定的，而当开环频率特性曲线穿过点(−1,j0)时，意味着系统处于稳定的临界状态。因此，系统开环频率特性曲线靠近点(−1,j0)的程度表征了系统的相对稳定性。它距离点(−1,j0)越远,闭环系统的相对稳定性越高。

定义　在频率特性上对应于幅值 $A(\omega)=1$ 的角频率称为截止频率,用 ω_c 表示(或称幅值穿越频率),在频率特性上对应于相角,$\varphi(\omega)=-180^\circ$ 处的角频率称为相角穿越频率,用 ω_g 表示,如图 5-54 所示。

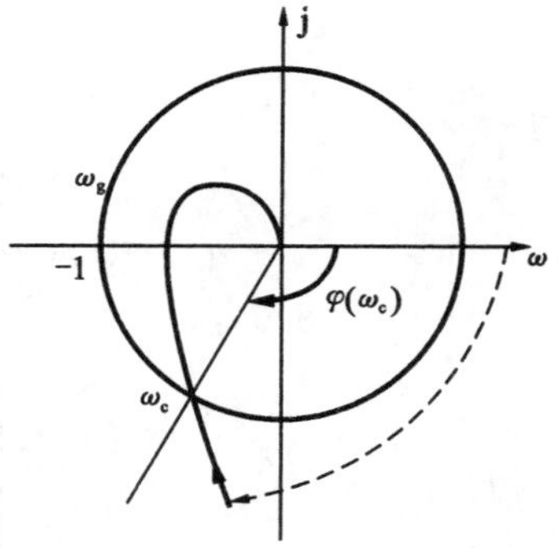

图 5-54　极坐标图上的幅值裕度和相角裕度

对于最小相位系统,当极坐标图穿过点(−1,j0)时,系统处于临界稳定状态,这时有

$$A(\omega_g)=1,\quad \varphi(\omega_c)>-180^\circ \text{ 且 } \omega_c\leqslant\omega_g$$

为使 $Z=0$,应有 $\varphi(\omega_c)>-180^\circ$ 且 $A(\omega_g)<1$。

系统的相对稳定性通常用相角裕度 γ 和幅值裕度 K_g 来衡量。

1. 相角裕度 γ

在截止频率 ω_c 处,使系统达到稳定的临界状态所要附加的相角滞后量,称为相角裕度,以 γ 表示。不难看出

$$\gamma=180^\circ+\varphi(\omega_c) \tag{5-78}$$

式中:$\varphi(\omega_c)$ 为开环相频特性在 $\omega=\omega_c$ 处的相角。

2. 幅值裕度 K_g

在相角穿越频率 ω_g 处开环幅频特性的倒数 $\dfrac{1}{A(\omega_g)}$ 称为幅值裕度,以 K_g 表示,即

$$K_g=\frac{1}{A(\omega_g)} \tag{5-79}$$

它是一个系数,若开环增益增加该系数倍,则开环频率特性曲线将穿过点(−1, j0),闭环系统达到稳定的临界状态。在伯德图中,幅值裕度用分贝数来表示。

$$L_g=20\lg K_g \tag{5-80}$$

式中:L_g 称为对数幅值裕度。由于 L_g 应用较多,通常可直接称为幅值裕度。对于一个稳定的最小相位系统,其相角裕度应为正值,幅值裕度应大于 1 dB(或对数幅值裕度大于 0 dB)。

严格地讲,应当同时给出相角裕度和幅值裕度,才能确定系统的相对稳定性。但在很多情况下,相角裕度和幅值裕度是统一的,因此在粗略估计系统的暂态响应指标时,有时主要是对相角裕度提出要求。

保持适当的稳定裕度,可以预防系统中元部件性能变化可能带来的不利影响。为了得到较满意的暂态响应,一般相角裕度应当在 30°至 70°之间,而幅值裕度应大于 6 dB。

对于最小相位系统,开环对数幅频和对数相频曲线存在单值对应关系,如图 5-55 所示。当要求相角裕度在 30°至 70°之间时,意味着开环对数幅频特性曲线在截止频率 ω_c 附近的斜率应大

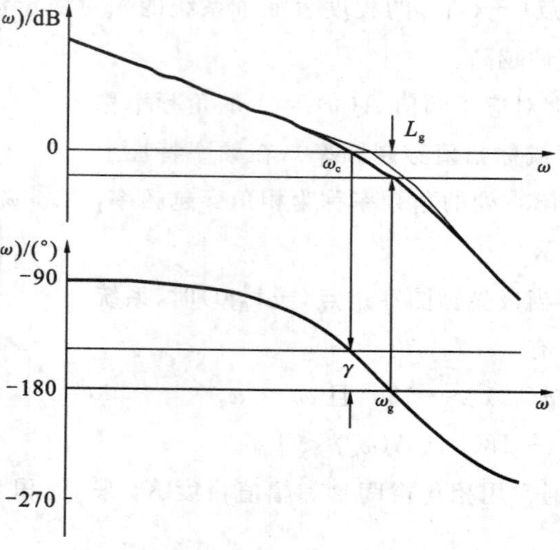

图 5-55 伯德图上的幅值裕度和相角裕度

于−40 dB/dec,且有一定的宽度。在大多数实际系统中,要求斜率为−20 dB/dec,如果此斜率设计为−40 dB/dec,系统即使稳定,相角裕度也过小。如果此斜率为−60 dB/dec 或更小,则系统是不稳定的。

【例 5-18】 单位反馈系统的开环传递函数为

$$G(s)=\frac{K_g}{s(s+1)(s+10)}$$

试分别确定 $K_g=3$,$K_g=30$ 和 $K_g=300$ 时的相角裕度和幅值裕度。

解 传递函数以零极点的形式给出,故应先将其化成时间常数形式的传递函数

$$G(s)=\frac{K_g/10}{s(s+1)(0.1s+1)}=\frac{K}{s(s+1)(0.1s+1)}$$

式中:$K=K_g/10$ 为系统的开环增益,要求 $K=0.3$,$K=3$ 和 $K=30$ 时的 γ 值。

分别画出 $K=0.3$,$K=3$ 和 $K=30$ 时系统的对数幅频特性曲线(见图 5-56),三者的对数相频特性曲线相同。

当 $K=0.3$ 时,$\omega_{c1}=0.3$;当 $K=3$ 时,$\omega_{c2}=1.73$;当 $K=30$ 时,$\omega_{c3}=5.48$。

将上述 ω_c 的值代入

$$\gamma=180°+\varphi(\omega_c)=180°-90°-\arctan\omega_c-\arctan0.1\omega_c$$

可求得 $\gamma_1=71.6°$,$\gamma_2=20.2°$,$\gamma_3=-18.4°$。

令
$$\varphi(\omega_c)=-90°-\arctan\omega_c-\arctan0.1\omega_c=-180°$$

有
$$\arctan\frac{1.1\omega}{1-0.1\omega^2}=90°,\quad 1-0.1\omega^2=0$$

可得
$$\omega_g=\sqrt{10}=3.16,\quad A(\sqrt{10})=\frac{K}{\sqrt{10}\sqrt{11}\sqrt{1.1}}=\frac{K}{11}$$

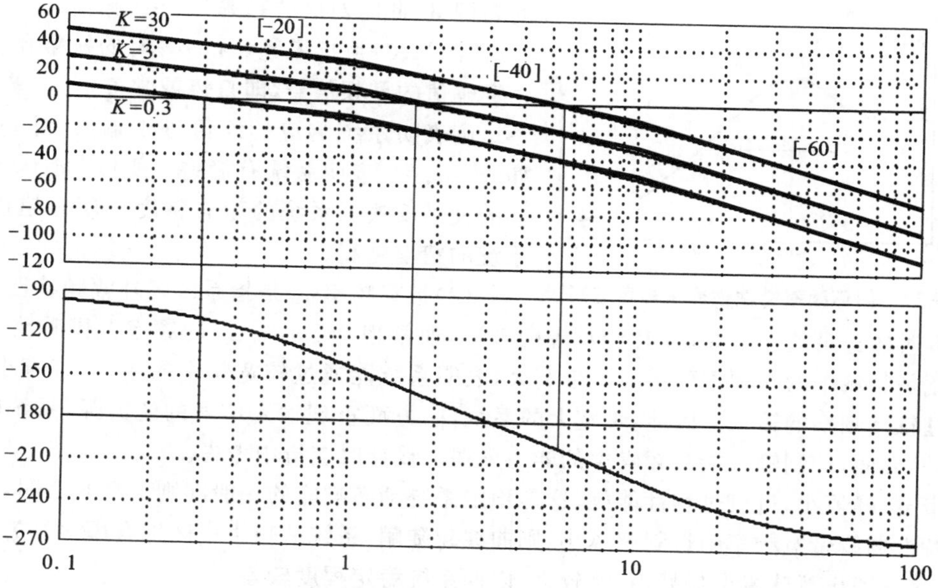

图 5-56　例 5-18 系统对应的伯德图

所以幅值裕度 $K_g = \dfrac{11}{K}$。

当 $K = 0.3$ 时，$K_g = \dfrac{11}{0.3} > 1$，$L_g = 20\lg\dfrac{11}{0.3} \approx 31.3\ (\text{dB})$；

当 $K = 3$ 时，$K_g = \dfrac{11}{3} > 1$，$L_g = 20\lg\dfrac{11}{3} \approx 11.3\ (\text{dB})$；

当 $K = 30$ 时，$K_g = \dfrac{11}{30} < 1$，$L_g = 20\lg\dfrac{11}{30} \approx -8.7\ (\text{dB})$。

一般而言，当 $L(\omega)$ 在 ω_c 处的斜率处于 -20 dB/dec 段时，系统是稳定的；当 $L(\omega)$ 在 ω_c 处的斜率处于 -40 dB/dec 段时，系统可能稳定也可能不稳定，即使稳定，相角裕度 γ 也是较小的；当 $L(\omega)$ 在 ω_c 处的斜率处于 -60 dB/dec 段时，系统是一般是不稳定的，除非 -60 dB/dec 段非常短，且该段两端所接折线的斜率大于 -40 dB/dec，此时即使稳定，相角裕度 γ 也是非常小的。

5.6　用频率特性分析系统性能

5.6.1　闭环频率特性及其性能指标

针对系统的闭环频率特性可定义一组频域性能指标。

闭环频率特性曲线在数值和形状上的一般特点常用几个特征量来表示，即谐振峰值 M_r、频带 ω_b 和零频幅比 $M(0)$，如图 5-57 所示。这些特征量又称频域性能指标，它们在很大程度上能够间接地表明系统动态过程的品质。

(1)谐振峰值 M_r 是指闭环幅频特性 $M(\omega) = |\Phi(j\omega)|$ 的最大值。峰值大，表明系统对某个频率的正弦信号反映强烈，有共振的倾向。这意味着系统的平稳性较差，阶跃响应将有过大

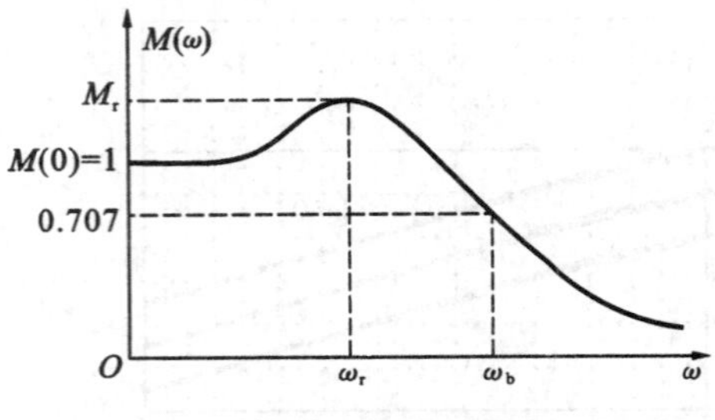

图 5-57　闭环频率特性性能指标示意图

的超调量,此时对应的频率为谐振频率 ω_r 。

(2)$M(0)$是指零频($\omega=0$)时的振幅比。输入一定幅值的零频信号,即直流或常值信号,若 $M(0)=1$,则表明系统响应的终值等于输入,静差为零。如 $M(0)\neq1$,表明系统有静差。所以,$M(0)$与 1 相差的大小反映了系统的稳态精度,$M(0)$越接近 1,系统的精度越高。

(3)带宽频率 ω_b 是指系统闭环幅频特性下降到频率为零时的分贝值以下 3 dB 时所对应的频率,通常把 $0\leqslant\omega\leqslant\omega_b$ 的频率范围称为系统带宽。带宽是频域中的一项重要指标。带宽大,表明系统能通过较宽频率的输入;带宽小,系统只能通过较低频率的输入。因此,带宽大的系统,一方面重现输入信号的能力强,系统响应速度快;另一方面,抑制输入端高频噪声的能力就弱。设计时应折中考虑。

频带宽,峰值小,过渡过程性能好,这是稳定系统动态响应的一般准则。经验表明,闭环对数幅频特性曲线带宽频率附近斜率越小,则曲线越陡峭,系统从噪声中区别有用信号的特性越好,但是这一般也意味着谐振峰值 M_r 较大,因而系统稳定程度较差。

5.6.2　频域性能指标与稳态性能的关系

由第 3 章的内容可知,控制系统的稳态性能可用系统响应的稳态误差来表示,而给定输入信号的稳态误差将取决于系统类型和开环放大系数。如果通过频率特性曲线能确定系统的无差度阶数 ν(即积分环节的个数)和开环放大系数 K,则可求得系统的稳态误差。

1. ν 的确定

在伯德图上,低频渐近线的斜率为 -20ν dB/dec,由此可确定 ν 值。

2. K 值的确定

(1)低频渐近线为

$$L_1(\omega)=20\lg\left|\frac{K}{(\mathrm{j}\omega)^\nu}\right|=20\lg K-20\nu\lg\omega \tag{5-81}$$

当 $\omega=1$ 时,$L_1(1)=20\lg K$,有

$$K=10^{\frac{L_1(1)}{20}} \tag{5-82}$$

根据对数幅频特性的低频渐近线(或其延长线)与 $\omega=1$ 垂直线的交点确定 K 值,如图 5-58所示。

(2) 当 $\nu\geqslant1$ 时,K 也可由 $L_1(\omega)$ 与横轴的交点 ω_0 来求,如图 5-59 所示。

当 $\omega=\omega_0$ 时,$L(\omega_0)=0$,有 $0=20\log K-20\nu\log\omega_0$,即

$$K=\omega_0^\nu \tag{5-83}$$

以外,还可以利用闭环幅频特性的零频值 $M(0)$分析系统的稳态性能。在单位阶跃输入信号时,根据终值定理,可得系统时域的响应终值:

$$c(\infty)=\lim_{t\to\infty}c(t)=\lim_{s\to0}s\Phi(s)\frac{1}{s}=\lim_{\omega\to0}|\Phi(\omega)|=M(0) \tag{5-84}$$

单位负反馈系统的稳态误差为

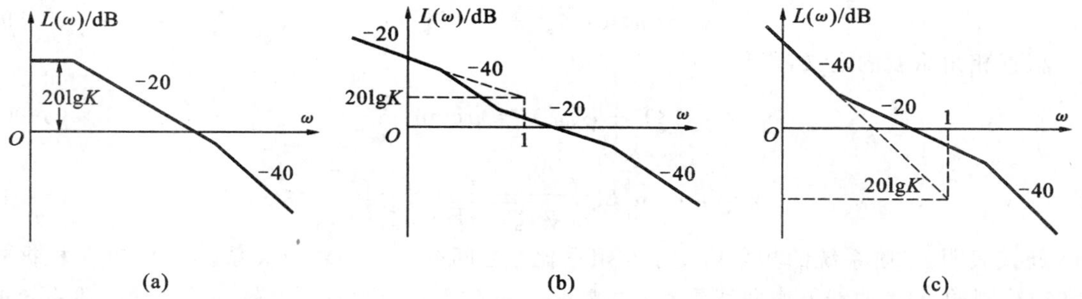

图 5-58　根据对数幅频特性的低频渐近线(或其延长线)与 $\omega=1$ 垂直线的交点确定 K

(a)0 型系统;(b)1 型系统;(c)2 型系统

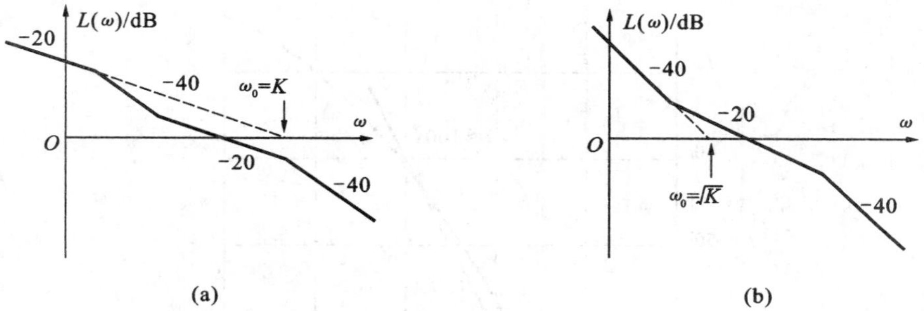

图 5-59　根据对数幅频特性的低频渐近线(或其延长线)与 0 dB 线的交点确定 K

(a)1 型系统;(b)2 型系统

$$e_{ssr}=1-c(\infty)=1-M(0) \tag{5-85}$$

当 $\nu=0$ 时,$M(0)=\dfrac{K}{1+K}<1$,故

$$e_{ssr}=1-M(0)=\frac{1}{1+K} \tag{5-86}$$

因此 K 越大,稳态误差越小,$M(0)$越接近于 1。

当 $\nu>0$ 时,　　$M(0)=1$,　$e_{ssr}=1-M(0)=0$

所以对单位反馈系统而言,可根据闭环频率特性的零频值 $M(0)$来确定系统的稳态误差。

5.6.3　频域性能指标与时域性能指标的关系

1. 典型二阶系统的开环频域指标与瞬态性能指标的关系

设典型二阶系统的开环频率特性为

$$G(j\omega)=\frac{\omega_n^2}{j\omega(j\omega+2\zeta\omega_n)} \tag{5-87}$$

为了寻找 γ 和时域指标的关系,先求 γ 和 ζ 的关系。

由于 $A(\omega_c)=1$,可得

$$\frac{\omega_n^2}{\omega_c\sqrt{\omega_c^2+4\zeta^2\omega_n^2}}=1 \tag{5-88}$$

化简后,可求得

$$\omega_c = \omega_n\left(\sqrt{4\zeta^4+1}-2\zeta^2\right)^{\frac{1}{2}} \tag{5-89}$$

根据相角裕度的定义，得

$$\gamma = 180^\circ + \varphi(\omega_c) = \arctan\frac{2\zeta\omega_n}{\omega_c} \tag{5-90}$$

即

$$\gamma = \arctan\left[2\zeta\left(\frac{1}{\sqrt{4\zeta^4+1}-2\zeta^2}\right)^{\frac{1}{2}}\right] \tag{5-91}$$

此式表明，二阶系统的相角裕度 γ 与阻尼比 ζ 之间存在一一对应关系。图 5-60 是根据式(5-91)绘制的 γ-ζ 曲线。由曲线看到：ζ 越大，γ 就越大；ζ 越小，γ 就越小。为使二阶系统的过渡过程不致于振荡得太厉害及调节时间过长，一般希望 $30^\circ \leqslant \gamma \leqslant 70^\circ$。

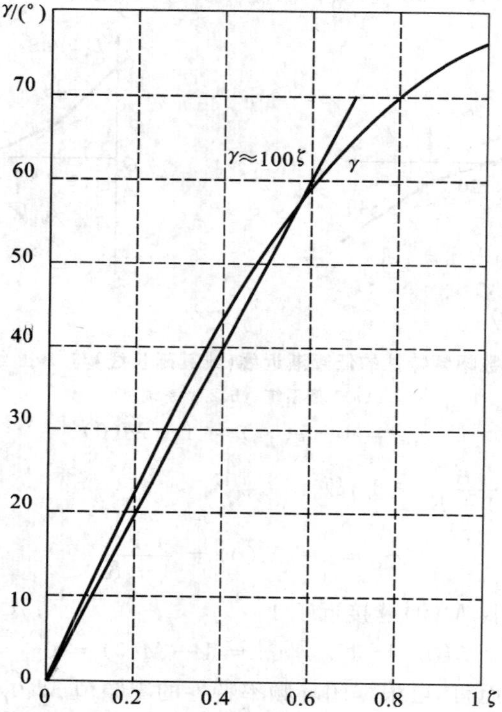

图 5-60　欠阻尼典型二阶系统的 γ 和 ζ 的关系曲线

由图 5-60 可知，相角裕度与阻尼系数的关系，当 $0<\zeta<0.7$ 时，可近似为线性关系

$$\zeta \approx 0.01\gamma \tag{5-92}$$

由于超调量是 ζ 的单值函数，随着 ζ 的增大而减小，因此，γ 越小，阶跃响应的超调量越大，随之对应的系统的相对稳定性也就越差。因此，可用相角裕度来表征系统瞬态响应的相对稳定性。

由式(5-90)可求得调整时间为

$$t_s \approx \begin{cases} \dfrac{3}{\zeta\omega_n} = \dfrac{6}{\omega_c\tan\gamma}, & \Delta = 5 \\[2ex] \dfrac{4}{\zeta\omega_n} = \dfrac{8}{\omega_c\tan\gamma}, & \Delta = 2 \end{cases} \tag{5-93}$$

由式(5-93)可知，如果系统的 γ 固定不变，则瞬态响应的调整时间与截止频率 ω_c 成方比，ω_c 越高，t_s越短。于是，可用截止频率 ω_c 来表征系统瞬态响应的快速性。

2. 欠阻尼二阶系统闭环频率性能指标与瞬态性能指标之间的关系

欠阻尼二阶系统闭环频率特性为

$$\Phi(j\omega)=\frac{\omega_n^2}{(j\omega)^2+2\zeta\omega_n(j\omega)+\omega_n^2} \tag{5-94}$$

幅频特性：

$$M(\omega)=\frac{\omega_n^2}{\sqrt{(\omega_n^2-\omega^2)^2+(2\zeta\omega_n\omega)^2}} \tag{5-95}$$

令 $\dfrac{dM}{d\omega}=0$，可得当 $0<\zeta<\dfrac{1}{\sqrt{2}}$ 时，

$$\omega_r=\omega_n\sqrt{1-2\zeta^2} \tag{5-96}$$

$$M_r=\frac{1}{2\zeta\sqrt{1-\zeta^2}} \tag{5-97}$$

令 $M(\omega)=\dfrac{1}{\sqrt{2}}M(0)=\dfrac{1}{\sqrt{2}}$ 时，可得带宽频率

$$\omega_b=\omega_n\sqrt{1-2\zeta^2+\sqrt{2-4\zeta^2+4\zeta^4}} \tag{5-98}$$

分析 $\omega_r=\omega_n\sqrt{1-2\zeta^2}$ 可知，当 $\zeta>0.707$ 时，ω_r 为虚数，说明系统不产生谐振，此时闭环幅频特性 $M(\omega)$ 随着 ω 的增加而单调衰减；当 $0<\zeta\leqslant 0.707$ 时，欠阻尼二阶系统的谐振峰值 M_r 是阻尼系数 ζ 的单值函数，并随着 ζ 的减小而不断增大。当 $\zeta\to 0$ 时，有 $M_r\to+\infty$。如图5-61所示。

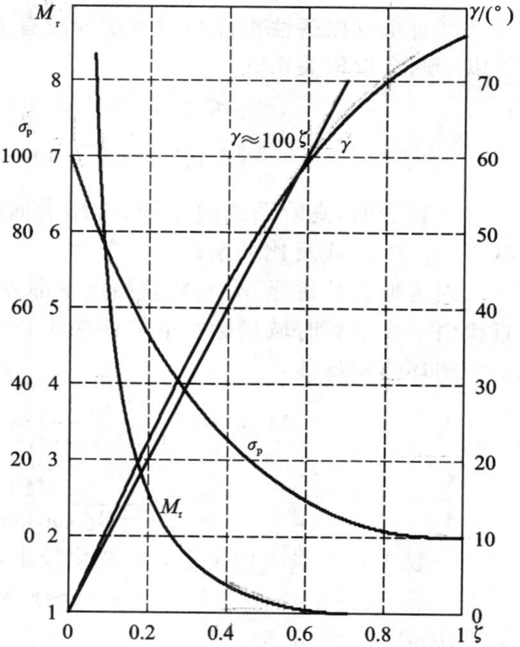

图5-61　M_r，σ_p，ζ 和 γ 的关系曲线

(1) M_r 和 σ_p 的关系。

当系统的阻尼比 ζ 越小，M_r 越大，系统的动态性能越好。而系统的超调量较大，收敛慢，平稳性较差。当 $M_r=1.2\sim1.5$ 时，由图5-62可清楚看到对应的 $\sigma_p=20\%\sim30\%$，这时的瞬态响应有适度的振荡，平稳性较好。因此，在进行控制系统设计时，常以 $M_r=1.3$ 作为设计依据。

(2) M_r，ω_b 与 t_s 的关系。

$$\omega_b t_s=\begin{cases}\dfrac{3}{\zeta}\sqrt{1-2\zeta^2+\sqrt{2-4\zeta^2+4\zeta^4}}, & \Delta=5\\[2ex] \dfrac{4}{\zeta}\sqrt{1-2\zeta^2+\sqrt{2-4\zeta^2+4\zeta^4}}, & \Delta=5\end{cases} \tag{5-99}$$

由图5-63可知，$\omega_b t_s$ 随 M_r 的增加而单调增加。当 M_r 固定不变，则调整时间 t_s 与带宽频率 ω_b 成反比。

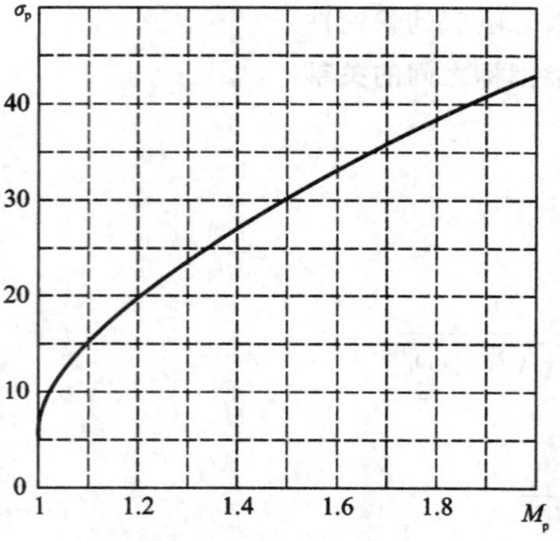

图 5-62　二阶系统 M_r 和 σ_p 的关系曲线

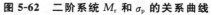

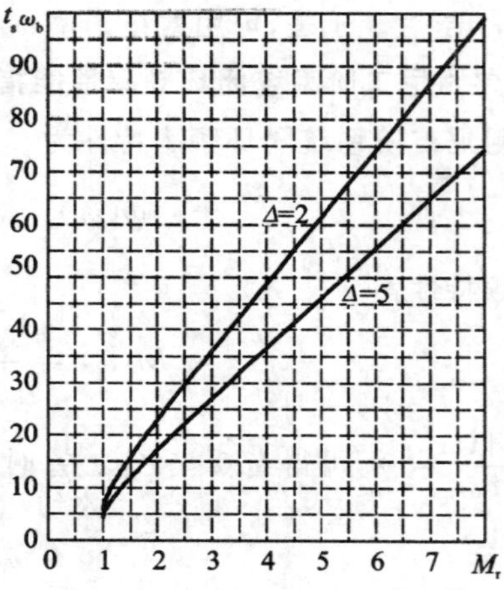

图 5-63　二阶系统 M_r 和 $\omega_b t_s$ 的关系曲线

3. 高阶系统的频域指标与瞬态性能指标之间的关系

高阶系统振荡性指标和时域指标没有准确的关系式。但是，通过对大量系统的研究，归纳了以下两个近似关系式：

$$\sigma_p = 0.16 + 0.4(M_r - 1) \quad (1 \leqslant M_r \leqslant 1.8) \tag{5-100}$$

$$t_s = \frac{\pi}{\omega_c}[2 + 1.5(M_r - 1) + 2.5(M_r - 1)^2] \quad (1 \leqslant M_r \leqslant 1.8) \tag{5-101}$$

上式表明，高阶系统的 σ_p 随 M_r 增大而增大；调节时间 t_s 随 M_r 增大而增大，且随 ω_c 增大而减小；t_s 和 ω_c 成反比关系。

因为振荡性指标 M_r 和相角裕度 γ 都表征系统的稳定程度，那么能否找到 γ 和 M_r 的关系，直接由 γ 来估算时域指标？下面就来研究 M_r 和 γ 的关系。

闭环幅频特性：

$$\begin{aligned} M(\omega) &= \left|\frac{G(j\omega)}{1 + G(j\omega)}\right| = \frac{A(\omega)}{|1 - A(\omega)\cos\gamma_d - jA(\omega)\sin\gamma_d|} \\ &= \frac{A(\omega)}{\sqrt{1 - 2A(\omega)\cos\gamma_d + A^2(\omega)}} \end{aligned} \tag{5-102}$$

一般 $M(\omega)$ 极大值附近，γ_d 变化较小，$M(\omega)$ 极大值发生在截止频率 ω_c 附近，有

$$\cos\gamma_d \approx \cos\gamma = 常数 \tag{5-103}$$

令 $\dfrac{dM(\omega)}{dA(\omega)} = 0$，得

$$A(\omega) = \frac{1}{\sin\gamma_d} \approx \frac{1}{\sin\gamma} \tag{5-104}$$

将式(5-104)代入式(5-102)，即得

$$M_r \approx \frac{1}{\sin\gamma} \tag{5-105}$$

式(5-105)建立了 M_r 和 γ 的关系。若 γ 较小，则谐振峰值 M_r 便较大，系统容易趋于振荡。

5.7　MATLAB 在频域分析中的应用

5.7.1　伯德图

绘制系统对数频率特性图(伯德图)的函数为 bode()。

bode(num, den):绘制出以连续时间多项式传递函数表示的系统伯德图。

bode(a, b, c, d):绘制出系统的一组伯德图,它们是针对连续状态空间系统[a, b, c, d]的每个输入的伯德图,其中频率范围由函数自动选取,而且在响应快速变化的位置会自动采用更多取样点。

bode(a, b, c, d, iu):得到从系统第 iu 个输入到所有输出的伯德图。

bode(a, b, c, d, iu, ω)或 bode(num, den, ω):利用指定的角频率矢量绘制出系统的伯德图。

当带输出变量[mag, pha, ω]或[mag, pha]引用函数时,可得到系统伯德图相应的幅值 mag、相角 pha 及角频率点 ω 矢量或只是返回幅值与相角。相角以度为单位,幅值可转换为分贝单位:magdb=20×log10(mag),指令格式为[mag, pha, ω]= bode(num, den, ω)。

【例 5-19】 系统开环传递函数

$$G(s)=\frac{1}{T^2s^2+2\zeta Ts+1}$$

令 $T=0.1$, $\zeta=2, 1, 0.5, 0.1, 0.01$,分别用 MATLAB 绘制伯德图并保持。

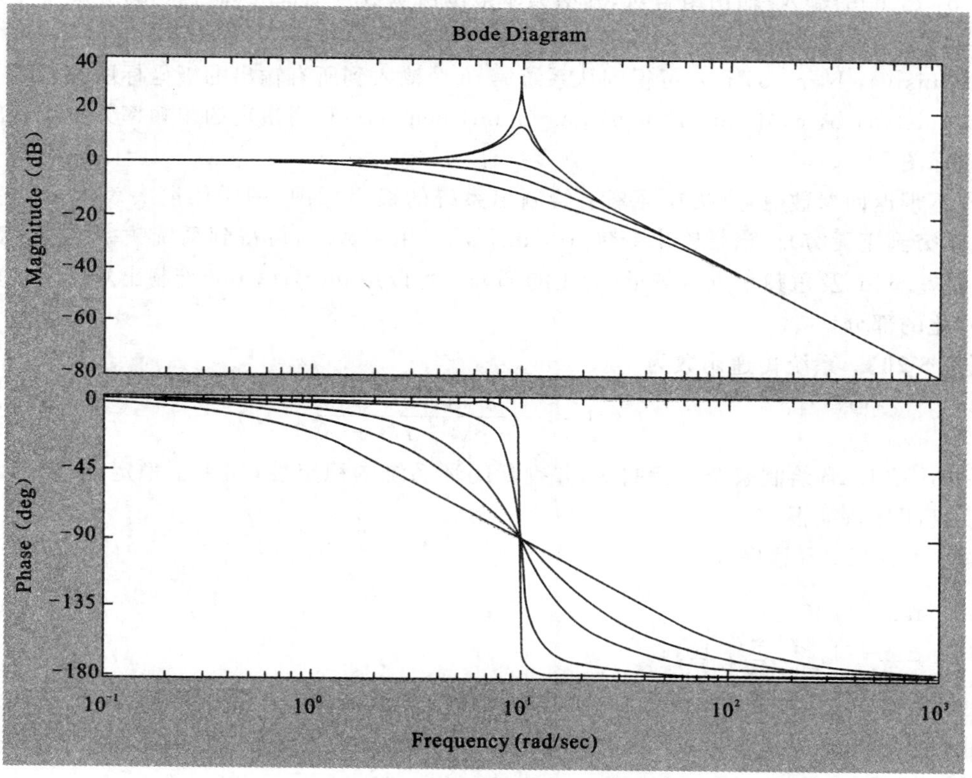

图 5-64　例 5-19 系统对应的伯德图

解 MATLAB 程序如下：

```
T= 0.1;
k= 1:5;
zata= [2, 1, 0.5, 0.1, 0.01];
num= [1];
for m= zata(k);
den= [T^2 2* m* T 1]
bode(num, den);
hold on;
end
```

由图 5-64 可知，阻尼比越大，相角裕度越大，超调量越小，相(幅)频曲线变化越慢，说明频率越小，频率是阻尼比的减函数，二者成反比。

5.7.2 奈奎斯特图

绘制系统极坐标图的函数为 nyquist()。

nyquist(num, den)：绘制出以连续时间多项式传递函数表示的系统的极坐标图。

nyquist(a, b, c, d)：绘制出系统的一组奈奎斯特曲线，每条曲线相应于连续状态空间系统[a, b, c, d]的输入/输出组合对，其中频率范围由函数自动选取，而且在响应快速变化的位置会自动采用更多取样点。

nyquist(a, b, c, d, iu)：可得到从系统第 iu 个输入到所有输出的极坐标图。

nyquist(a, b, c, d, iu, ω)或 nyquist(num, den, ω)：利用指定的角频率矢量绘制出系统的极坐标图。

当不带返回参数时，直接在屏幕上绘制出系统的极坐标图(图中用箭头表示 ω 的变化方向，负无穷到正无穷)。当带输出变量[re, im, ω]引用函数时，可得到系统频率特性函数的实部 re 和虚部 im 及角频率点 ω 矢量(为正的部分)，可以用 plot(re, im)绘制出对应 ω 从负无穷到零变化的部分。

【例 5-20】 系统传递函数为

$$G(s)=\frac{1000}{s^3+8s^2+17s+10}$$

用 MATLAB 绘制奈奎斯特曲线，并判断闭环系统的稳定性；如果不稳定，求出有几个具有正实部闭环特征根。

解 MATLAB 程序如下：

```
num= [1000];
den= [1, 8, 17, 10];
nyquist(num, den)
```

由图 5-65 知，$z=0-2*(0-1)=2$，所以在 s 平面右半平面有两个极点，即 2 个具有正实部闭环特征根。

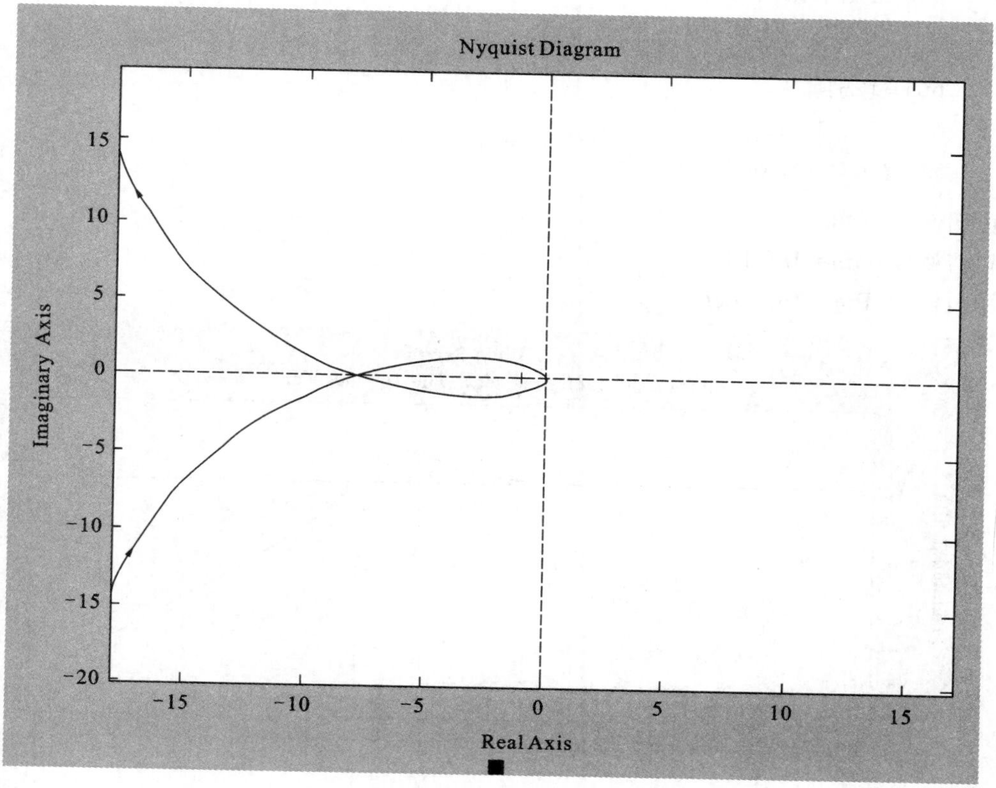

图 5-65　例 5-20 系统对应的极坐标图

若只绘制正频率部分的极坐标图，指令可改为：

```
[re, im]=nyquist(num, den)
plot(re, im)
```

5.7.3　计算幅值裕度和相角裕度

求幅值裕度和相角裕度及对应的转折频率的函数为 margin()。

margin(num, den)：计算出连续系统传递函数表示的幅值裕度和相角裕度，并绘制相应的波特图。

margin(a, b, c, d)：计算出连续状态空间系统表示的幅值裕度和相角裕度，并绘制相应波特图。

[gm, pm, ωg, ωc]=margin(mag, phase, ω)：由幅值 mag(不是以 dB 为单位)、相角 phase 及角频率 ω 矢量计算出系统幅值裕度和相角裕度及相应的相角穿越频率 ω_g、截止频率 ω_c，而不直接绘出伯德图曲线。

【例 5-21】　系统传递函数为

$$G(s)=\frac{25}{s^2+s+25}$$

用 MATLAB 绘制伯德图，并求取系统的相角裕度及幅值裕度。

解 MATLAB 程序如下：

```
num=[25];
den=[1, 1, 25];
margin(num, den);
```

由图 5-66 可知：

幅值裕度：Gm＝Inf dB

相角裕度：Pm＝16.3 deg

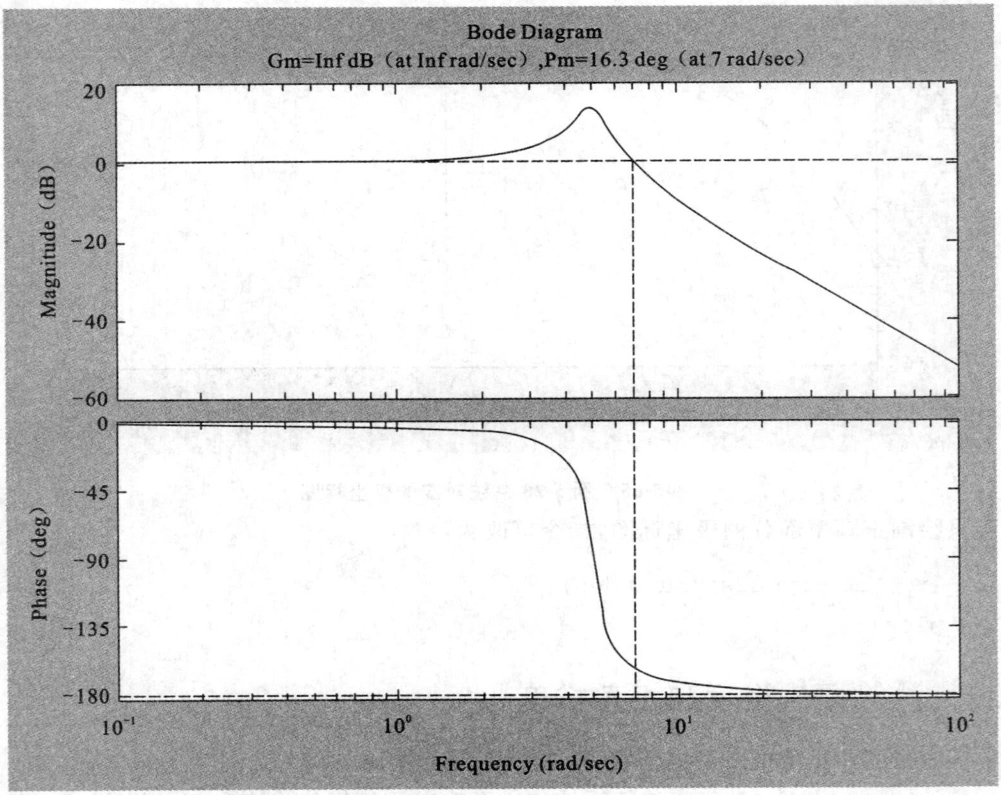

图 5-66　例 5-21 系统对应的极坐标图

5.7.4 计算谐振峰值、谐振频率和带宽

MATLAB 没有直接求闭环频率特性的谐振频率、谐振峰值和带宽的函数。下面举例说明如何用 MATLAB 求闭环传递函数的谐振频率、谐振峰值和带宽。

【例 5-22】 系统传递函数为

$$G(s)=\frac{1}{s(0.5s+1)(s+1)}$$

用 MATLAB 绘制伯德图，并求闭环传递函数的谐振频率、谐振峰值和带宽。

系统的伯德图如图 5-67 所示。

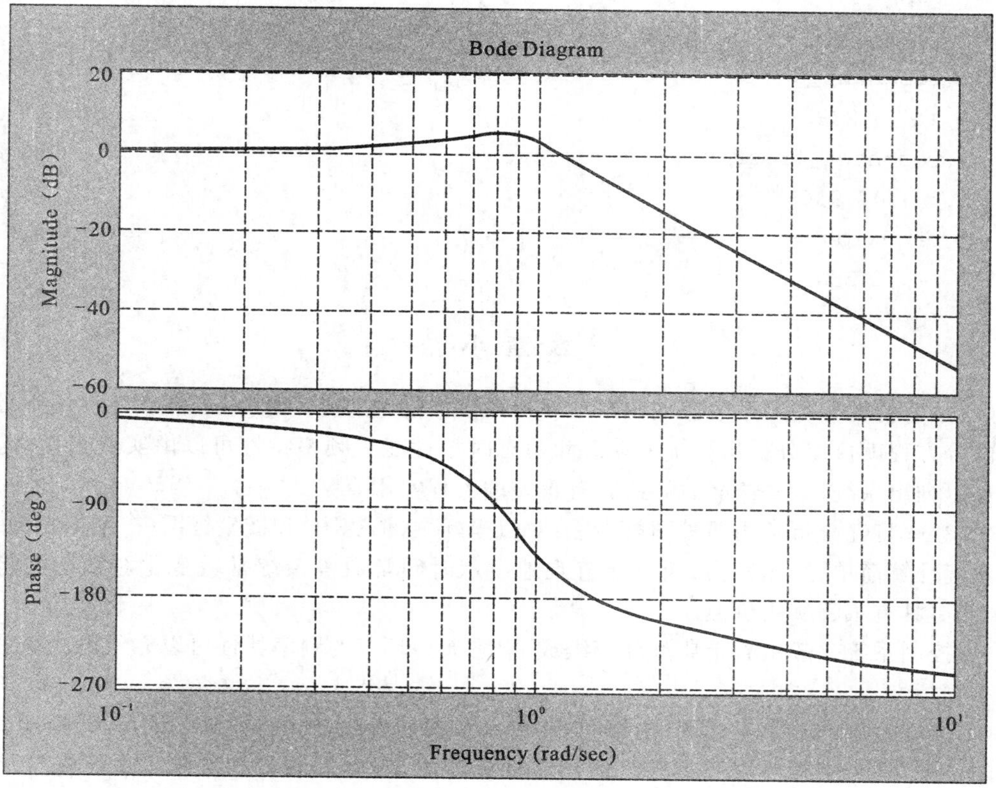

图 5-67　例 5-22 系统对应的伯德图

解　MATLAB 程序如下：

```
num=[1];
den=[0.5, 1.5, 1, 0];
g=tf(num, den);                          %开环传递函数
sys=feedback(g, 1);                      %闭环传递函数
w=logspace(-1, 1);                       %确定频率范围为(0.1, 10)
bode(sys, w)                             %绘制伯德图
grid
[mag, phase, w]=bode(sys, w);            %计算闭环频率特性的幅值和相角
[Mr, k]=max(mag);                        %计算幅值的最大值
resonant_peak=20* log0(Mr)               %计算谐振峰值
resonant_frequency=w(k)                  %计算谐振频率
n=1;
while 20* log10(mag(n))>-3;n=n+1;        %计算带宽
end
bandwidth=w(n)                           %显示带宽
```

运行结果如下：

```
resonant_peak=
    5.2388
resonant_frequency=
    0.7906
bandwidth=
    1.2649
```

本章小结

(1)频率特性是在频率内应用图解法评价系统性能的一种工程方法，频率特性法不必解系统的微分方程就可以分析出系统的动态和稳态时域性能。频率特性可以由实验求出，这对于一些难以列出系统动态方程的场合，具有重要的工程实用意义。

(2)频率特性分析常用两种图解方法：对数坐标图(伯德图)和极坐标图(奈奎斯特图)。伯德图不但计算简单，绘图容易，而且能直观地显示时间常数等系统常数变化对系统性能的影响，因此更具有工程实用价值。

(3)控制系统一般由若干典型环节组成，熟悉典型环节的频率特性可以方便地获得系统的开环频率特性。

(4)开环系统的对数坐标图(伯德图)是控制系统分析和设计的主要工具，其低频段表征了系统的稳态性能，中频段表征了系统的动态性能和稳定性，高频段则反映了系统的抗干扰能力。

(5)奈奎斯特稳定判据利用系统的开环幅相频率特性(奈奎斯特曲线)是否包围 GH 平面中的点(-1, j0)来判断闭环系统的稳定性。它不但能判断闭环系统的绝对稳定性(稳态性能)，还能分析系统的相对稳定性(动态性能)。

(6)伯德图是与奈奎斯特图对应的另一种频率图示方法，绘制伯德图比绘制奈奎斯特图要简便得多。因此，利用伯德图来分析系统稳定性及求取稳定裕度——相角裕度和幅值裕度，也比奈奎斯特图方便。

(7)谐振频率、谐振峰值和带宽是重要的闭环频域性能指标，根据它们与时域性能指标间的转换关系可以估计系统的重要时域性能指标。

习　题

5-1　典型二阶系统的开环传递函数 $G(s)=\dfrac{\omega_n^2}{s(s+2\zeta\omega_n)}$，当取 $r(t)=2\sin t$ 时，系统的稳态输出为 $c_{ss}(t)=2\sin(t-45^\circ)$，试确定系统参数 ω_n 和 ζ。

5-2　单位负反馈系统的开环传递函数 $G(s)=\dfrac{1}{s+1}$，求在下列输入信号作用下系统的稳态输出 $c_{ss}(t)$ 和稳态误差 $e_{ss}(t)$。

(1) $r(t)=\sin 2t$；

(2) $r(t) = \sin(t + 30°) - 2\cos(2t - 45°)$ 。

5-3　系统的单位阶跃响应 $c(t) = 1 - 1.8e^{-4t} + 0.8e^{-9t}$，试确定系统的频率特性。

5-4　绘制下列开环传递函数的对数渐近幅频特性曲线：

(1) $G(s) = \dfrac{2}{(2s+1)(8s+1)}$；

(2) $G(s) = \dfrac{200}{s^2(s+1)(10s+1)}$；

(3) $G(s) = \dfrac{8(s/0.1+1)}{s(s^2+s+1)(s/2+1)}$；

(4) $G(s) = \dfrac{10(s^2/400+s/10+1)}{s(s+1)(s/0.1+1)}$。

5-5　已知最小相位系统的对数渐近幅频特性如图 5-68 所示，试确定系统的开环传递函数。

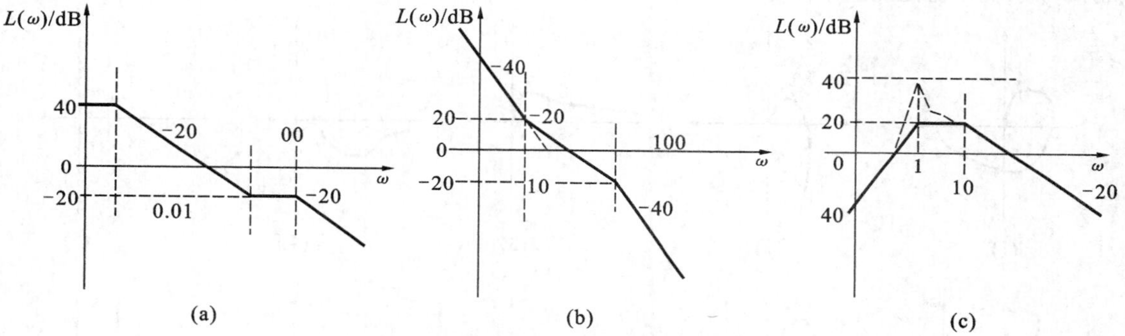

图 5-68　习题 5-5 的开环对数幅频特性曲线

5-6　系统开环传递函数

$$G(s) = \frac{K(\tau s+1)}{s^2(Ts+1)},\quad K,\tau,T > 0,$$

试分析并绘制 $\tau > T$ 和 $T > \tau$ 情况下的概略幅相曲线。

5-7　系统开环传递函数

$$G(s) = \frac{1}{s^{\nu}(s+1)(s+2)}$$

试分别绘制 $\nu = 0,1,2$ 时的概略开环幅相曲线。

5-8　已知下列系统的开环传递函数(所有参数均大于 0)：

(1) $G(s) = \dfrac{K}{(T_1s+1)(T_2s+1)(T_3s+1)}$；

(2) $G(s) = \dfrac{K}{s(T_1s+1)(T_2s+1)}$；

(3) $G(s) = \dfrac{K}{s^2(Ts+1)}$；

(4) $G(s) = \dfrac{K(T_1s+1)}{s^2(T_2s+1)}$；

(5) $G(s)=\dfrac{K}{s^3}$；

(6) $G(s)=\dfrac{K(T_1s+1)(T_2s+1)}{s^3}$；

(7) $G(s)=\dfrac{K(T_5s+1)(T_6s+1)}{s(T_1s+1)(T_2s+1)(T_3s+1)(T_4s+1)}$；

(8) $G(s)=\dfrac{K}{Ts-1}$；

(9) $G(s)=\dfrac{-K}{-Ts+1}$；

(10) $G(s)=\dfrac{K}{s(Ts-1)}$。

及其对应的幅相曲线分别如图 5-69 所示，应用奈奎斯特稳定判据判断各系统的稳定性，若闭环系统不稳定，指出系统在 s 平面右半部的闭环极点数。

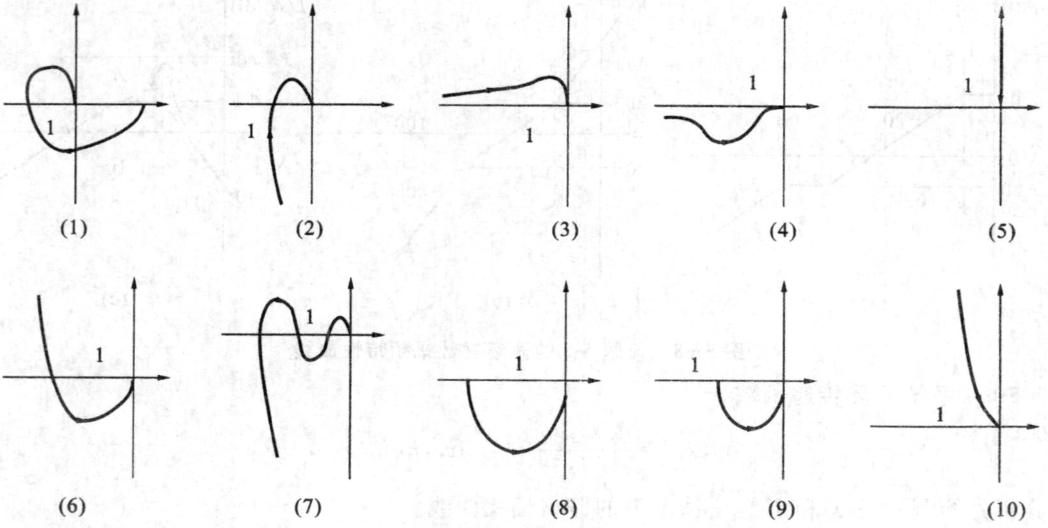

图 5-69　习题 5-8 的开环对数幅频特性曲线

5-9　系统开环传递函数

$$G(s)=\frac{K}{s(Ts+1)(s+1)},\quad K,T>0,$$

试用奈奎斯特稳定判据判断系统闭环稳定条件：

(1) $T=2$ 时，K 值的范围；

(2) $K=10$ 时，T 值的范围；

(3) K，T 值的范围。

5-10　求题 5-4 中各系统的 $\omega_c,\gamma,\sigma_p,t_s(\Delta=5)$。

第6章　控制系统的校正

前面几章讨论的几种控制系统的分析方法，是在系统结构和参数已知的前提下，分析系统的静、动态性能及其参数之间的关系，一般称这个过程为系统分析。本章则是讨论系统分析的逆问题，即控制系统的设计问题。它是根据对系统的要求，选择合适的控制方案和系统结构来计算参数和选择元器件，通过仿真和实验研究建立能满足要求的实用系统。这样一项复杂的工作，既要考虑技术要求，又要考虑经济性、可靠性、安装工艺、使用维修等多方面要求。这里只限于讨论其中的技术部分，即从控制观点出发，用数学方法寻找一个能满足技术要求的控制系统，通常把这项工作称为系统的综合。

控制系统可划分为广义对象(或受控系统)和控制器两大部分。广义对象(包括受控对象、执行机构、阀门和检测装置等)是系统的基本部分，它们在设计过程中往往是已知不变的，通常称为系统的"原有部分"、"固有部分"或"不可变部分"。一般来说，仅由这部分构成的系统，其性能较差，难以满足技术要求，甚至是不稳定的，必须引入附加装置进行校正，这样的附加装置称为校正装置或补偿装置。控制器的核心组成部分是校正装置，因此综合的主要任务就在于设计控制器。可以说，综合的中心是校正，综合的具体任务是选择校正方式，确定系统结构和校正装置的类型以及计算参数等，这些工作的出发点和归宿点都是满足对系统技术性能的要求，这些要求在单变量系统中往往都是以性能指标的形式给出。

6.1　系统校正的基本概念

6.1.1　系统的性能指标

性能指标的提法虽然很多，但大体上可归纳为三大类，即稳态指标、时域动态指标和频域动态指标，这些内容在第3章和第5章中已作过介绍，下面只作简单的归纳。

1. 稳态指标

稳态指标是衡量系统稳态精度的指标。控制系统稳态精度的表征——稳态误差 e_{ss}，一般用以下三种误差系数来表示：

(1)稳态位置误差系数 K_p，表示系统跟踪单位阶跃输入时系统稳态误差的大小；

(2)稳态速度误差系数 K_v，表示系统跟踪单位速度输入时系统稳态误差的大小；

(3)稳态加速度误差系数 K_a，表示系统跟踪单位加速度输入时系统稳态误差的大小。

2. 时域动态指标

时域动态指标通常为上升时间 t_r、峰值时间 t_p、调节时间 t_s 和超调量 σ_p 等。

3. 频域动态指标

频域动态指标分为开环频域指标和闭环频域指标两种。开环频域指标为相角裕量 γ、幅

值裕量 K_g（或 L_g）和截止频率 ω_c 等；闭环频域指标为谐振峰值 M_r、谐振频率 ω_r 和频带宽度 ω_b 等。

6.1.2 系统的校正方式

为使系统满足性能指标而引入的附加装置，称为校正装置，其传递函数用 $G_c(s)$ 表示。校正装置 $G_c(s)$ 与系统固有部分的连接方式，称为系统的校正方案。在控制系统中，校正方案基本上分为 3 种。校正装置与原系统在前向通道串联连接，称为串联校正，如图 6-1 所示；由原系统的某一元件引出反馈信号构成局部负反馈回路，校正装置设置在这一局部反馈通道上，称为反馈校正（也称并联校正），如图 6-2 所示；前馈校正又称顺馈校正，单独作用于开环控制系统，也可作为反馈控制系统的附加校正而组成复合控制系统，如图 6-3 所示。如第 3 章所述对干扰和输入进行补偿的复合控制，称为复合校正。

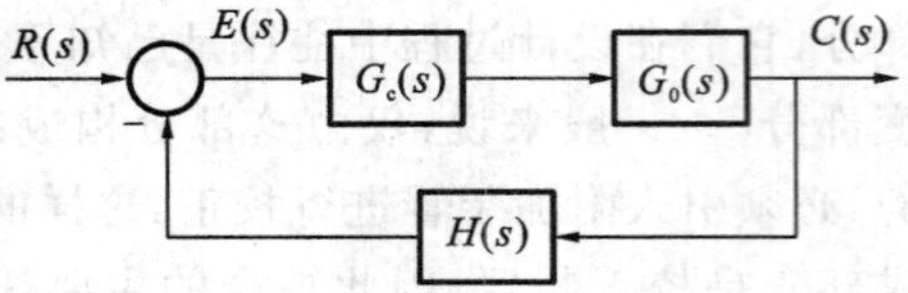

图 6-1 串联校正

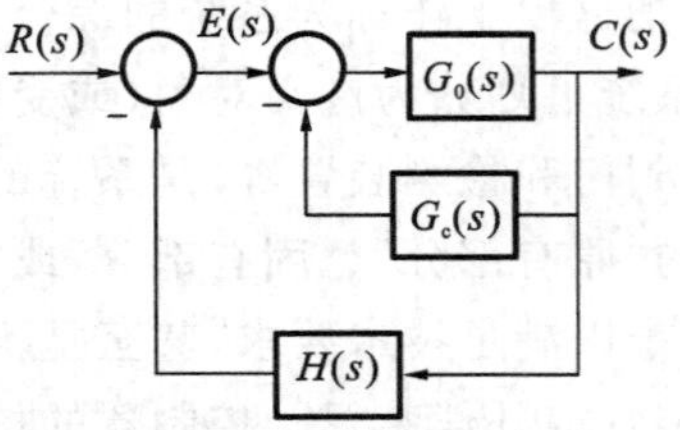

图 6-2 反馈校正

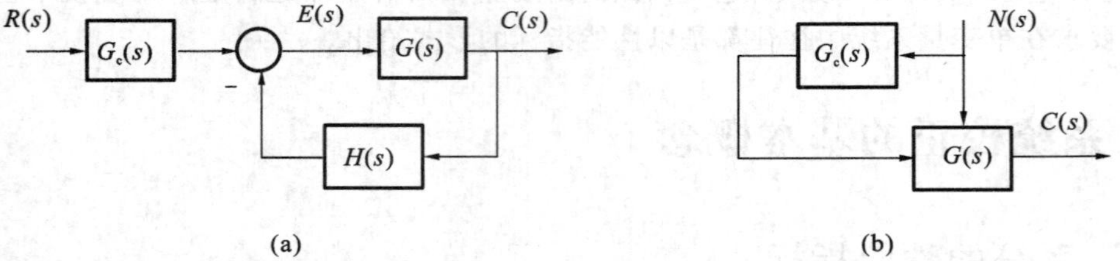

图 6-3 前馈校正

（a）前馈校正（对给定值处理）；（b）前馈校正（对扰动的补偿）

6.1.3 PID 控制器

1. 比例（P）控制器

$$G_c(s) = k_p \tag{6-1}$$

它的作用是提高系统开环增益，减小系统稳态误差，加快系统的响应速度，但会降低系统的相对稳定性。图 6-4 所示的为带有比例控制器的标准二阶系统，闭环传递函数为

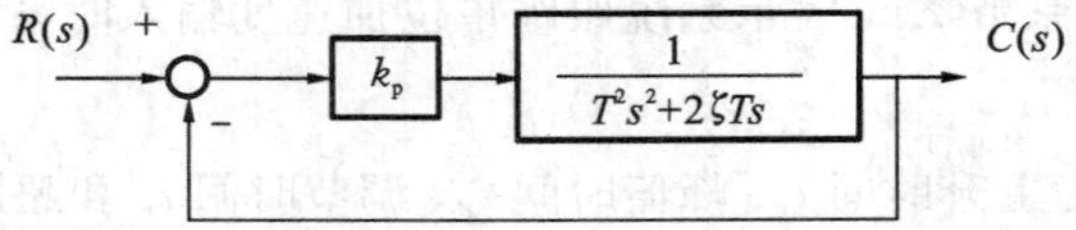

图 6-4 带有比例控制器的标准二阶系统

$$\Phi(s)=\frac{k_p}{T^2s^2+2\zeta Ts+k_p}=\frac{1}{\frac{T^2}{k_p}s^2+\frac{2\zeta T}{k_p}s+1}$$

系统的时间常数和阻尼系数分别为

$$T'=\frac{T}{\sqrt{k_p}},\quad \zeta'=\frac{\zeta}{\sqrt{k_p}}$$

由此可见，当 k_p 增大时，时间常数和阻尼系数均减小。这意味着，通过适当调整比例控制器参数，既可以提高系统的稳态性能，又可以加快系统的响应速度。然而，仅用比例控制器校正系统是不够的，过大的开环增益不仅会使系统的超调量增大，而且会使系统的稳定裕度减小，对高阶系统来说，甚至会使系统变为不稳定。

2. 积分(I)控制器

$$G_c(s)=\frac{1}{T_i s} \tag{6-2}$$

在控制系统中，采用积分控制器可以提高系统的型别，消除或减小系统的稳态误差，使系统的稳态性能得到改善。然而，积分控制器的引入，会影响系统的稳定性。正如第 3 章中提到的，在这类系统中，只有采用比例加积分控制器才有可能达到既能保持系统的稳定性又能提高系统的稳态性能的目的。此外，引入积分控制器会使系统的反应速度降低。

3. 比例微分(PD)控制器

$$G_c(s)=k_p(1+\tau_d s) \tag{6-3}$$

从图 6-5 中可以看出，只要适当地选取微分时间常数，就可以利用 PD 控制器提供的相位超前，使系统的相角裕度增大。而且，由于校正后系统的截止频率增大，系统的响应速度变快。然而，在 $\omega>1/\tau_d$ 时，虽然相角裕度增大了，但是校正装置的幅值也在继续增大，这种幅值的增加并不是所希望的，因为它放大了可能存在于系统内部的高频噪声。

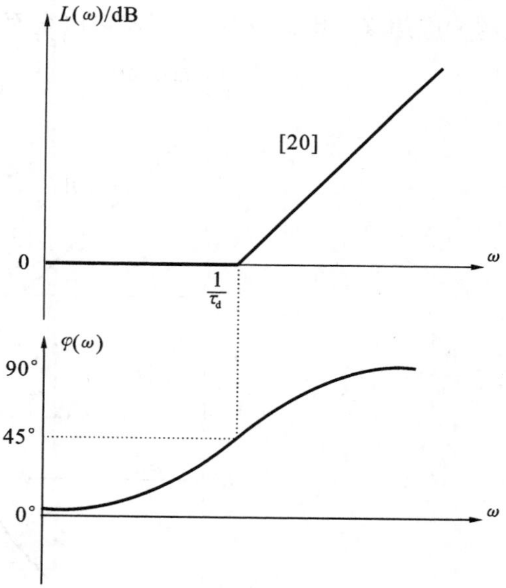

图 6-5　PD 控制器的伯德图

4. 比例积分(PI)控制器

$$G_c(s)=k_p\left(1+\frac{1}{T_i s}\right) \tag{6-4}$$

由图 6-6 可知，比例积分控制器可以提高型别，减小稳态误差。同时，只要积分时间常数 T_i 足够大，PI 控制器对系统中频段和高频段的不利影响可大为减小，使系统能基本上保持原来的响应速度和稳定裕度。

5. 比例(PID)控制规律

$$G_c(s)=k_p\left(1+\frac{1}{T_i s}+\tau_d s\right) \tag{6-5}$$

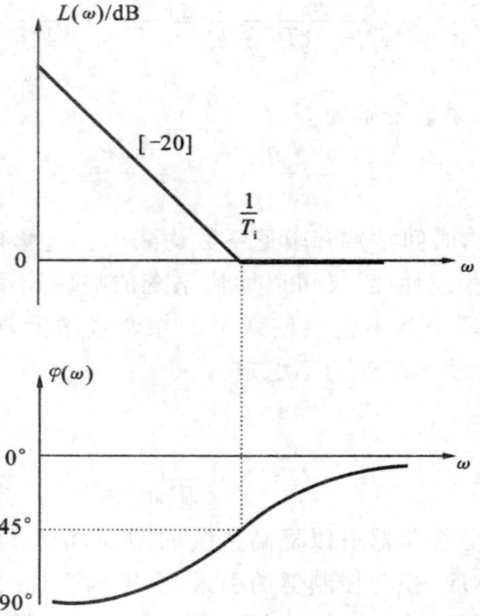

图 6-6　PI 控制器的伯德图

由图 6-7 可知，在低频区主要是 PI 控制器起作用，用来提高系统的型别，消除或减小系统的稳态误差；在中、高频区，主要是 PD 控制器起作用，用来增大截止频率和相角裕度，提高系统的响应速度。因此，PID 控制器可以全面地改善系统的性能。

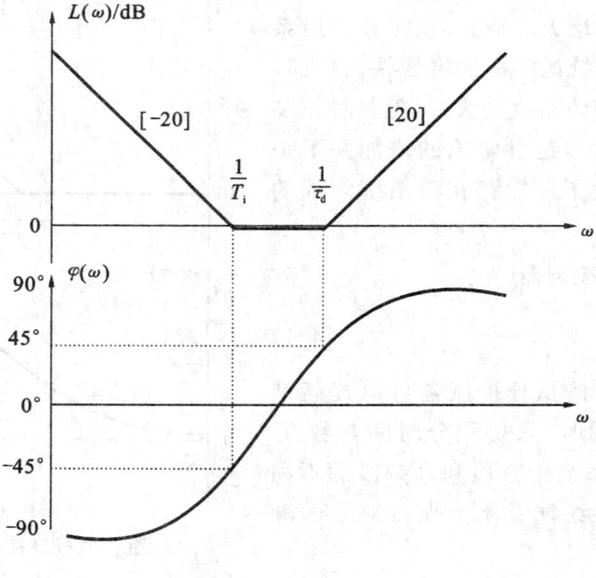

图 6-7　PID 控制器的伯德图($k_p = 1$)

6.2 常用校正装置及其特性

6.2.1 超前校正装置

图 6-8 所示的为常用的无源超前网络。

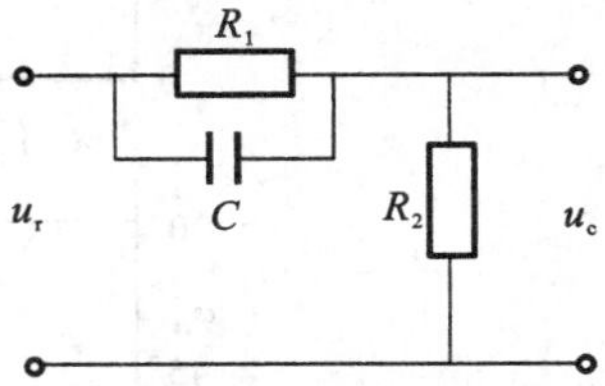

图 6-8 无源超前网络

假设无源超前网络信号源的阻抗很小,可以忽略不计,而输出负载的阻抗为无穷大,则其传递函数为

$$G_c(s)=\frac{R_2}{R_2+\dfrac{1}{\dfrac{1}{R_1}+sC}}=\frac{R_2(1+R_1Cs)}{R_2+R_1+R_1R_2Cs}$$

$$=\frac{\dfrac{R_1R_2C}{R_1+R_2}\dfrac{R_1+R_2}{R_2}s+1}{\dfrac{R_1+R_2}{R_2}\left(\dfrac{R_1R_2C}{R_1+R_2}s+1\right)} \tag{6-6}$$

令 $T=\dfrac{R_1R_2C}{R_1+R_2}$ 为时间常数,$a=\dfrac{R_1+R_2}{R_2}$ 为分度系数,则

$$G_c(s)=\frac{1}{a}\frac{1+aTs}{1+Ts} \tag{6-7}$$

注:采用无源超前网络进行串联校正时,整个系统的开环增益要下降 a 倍,因此需要提高放大器增益加以补偿,如图 6-9 所示。此时的传递函数为

$$aG_c(s)=\frac{1+aTs}{1+Ts} \tag{6-8}$$

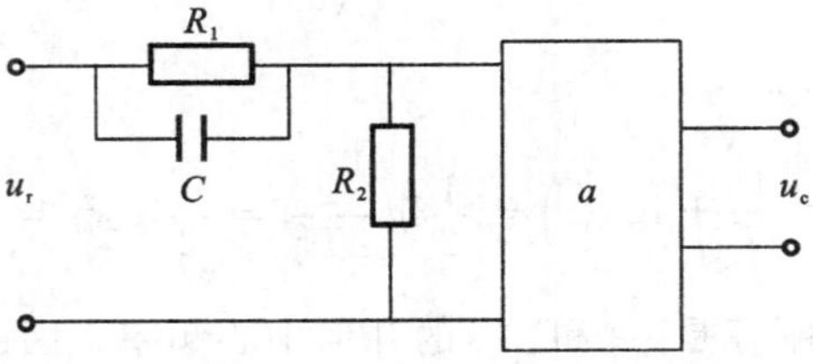

图 6-9 带有附加放大器的无源超前校正网络

加了放大器以后的超前校正网络的伯德图如图 6-10 所示。

对应式(6-8),得

$$20\lg|aG_c(s)|=20\lg\sqrt{1+(aT\omega)^2}-20\lg\sqrt{1+(T\omega)^2} \tag{6-9}$$

$$\varphi_c(\omega)=\arctan(aT\omega)-\arctan(T\omega) \tag{6-10}$$

画出对数频率特性,如图 6-10 所示。显然,超前网络对频率在 $\dfrac{1}{aT}$ 至 $\dfrac{1}{T}$ 之间的输入信号有明显的微分作用,在该频率范围内输出信号相角比输入信号相角超前,超前网络的名称由此而得。

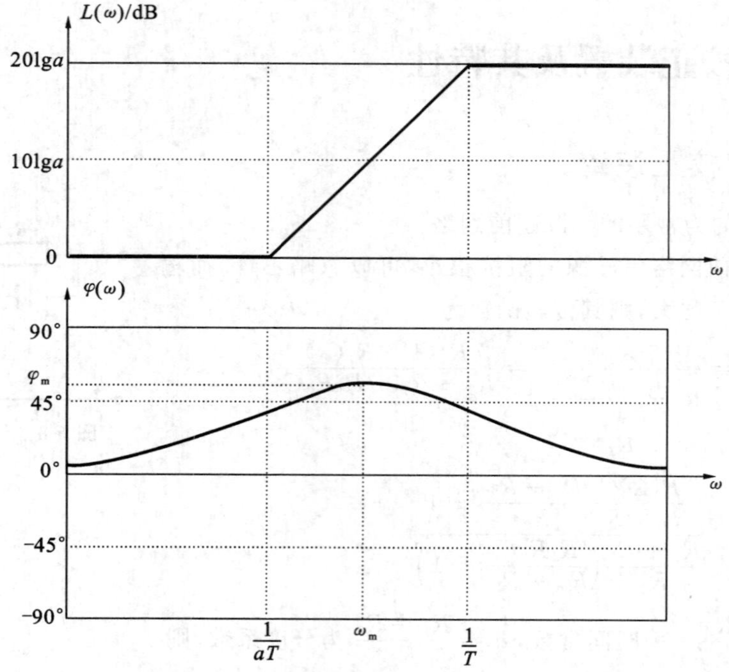

图 6-10　超前校正网络的伯德图（$a=10$）

由式(6-10)知

$$\varphi_c(\omega)=\arctan(aT\omega)-\arctan(T\omega)=\arctan\frac{(a-1)T\omega}{1+a\,(T\omega)^2} \tag{6-11}$$

将上式求导并令其为零,得最大超前角频率

$$\omega_m=\frac{1}{T\sqrt{a}} \tag{6-12}$$

因 $\frac{1}{aT}$ 与$\frac{1}{T}$ 的几何中心为

$$\frac{1}{2}\left(\lg\frac{1}{aT}+\lg\frac{1}{T}\right)=\frac{1}{2}\lg\frac{1}{aT^2}=\frac{1}{2}\lg\omega_m^2=\lg\omega_m \tag{6-13}$$

由此可知,$\omega_m=\frac{1}{T\sqrt{a}}$ 刚好是 $\frac{1}{a}$ 和 $\frac{1}{aT}$ 的几何中心频率。因此,几何中心对应的 $L_c(\omega_m)$ 也是纵坐标的几何中心,故有

$$L_c(\omega_m)=10\lg a \tag{6-14}$$

将式(6-12) 代入式(6-11),得最大超前角

$$\varphi_m=\varphi_c(\omega_m)=\arctan\frac{a-1}{2\sqrt{a}}=\arcsin\frac{a-1}{a+1} \tag{6-15}$$

相应地,有

$$a=\frac{1+\sin\varphi_m}{1-\sin\varphi_m} \tag{6-16}$$

由式(6-15) 和式(6-16)可画出最大超前相角 φ_m 与分度系数 a 的关系曲线,如图 6-11 所示。由图可知,a 增大,φ_m 便增大。但 a 不能取得太大(为了保证较高的信噪比),a 一般不超

过 20，最大相位超前角一般不大于 65°。如果需要大于 65° 的相位超前角，则要通过两个超前网络串联来实现，并在所串联的两个网络之间加一个隔离放大器，以消除它们之间的负载效应。

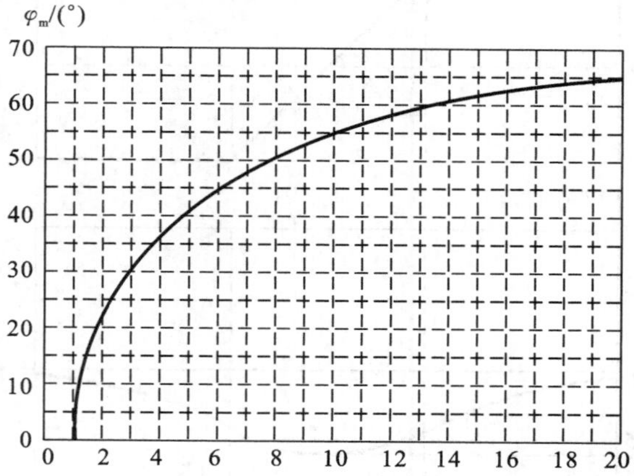

图 6-11　超前网络的最大超前角与 a 的关系曲线

6.2.2　滞后校正装置

图 6-12 所示的为常见的无源滞后网络。

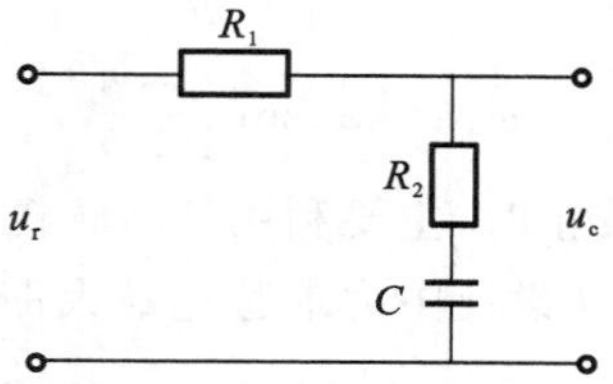

图 6-12　无源滞后网络

条件：如果信号源的内部阻抗为零，负载阻抗为无穷大，则滞后网络的传递函数为

$$\frac{U_c(s)}{U_r(s)} = G_c(s) = \frac{R_2 + \dfrac{1}{sC}}{R_2 + R_1 + \dfrac{1}{sC}} = \frac{R_2 Cs + 1}{(R_1 + R_2)Cs + 1} = \frac{\dfrac{R_1 + R_2}{R_1 + R_2} R_2 Cs + 1}{(R_1 + R_2)Cs + 1} \tag{6-17}$$

令 $T = (R_1 + R_2)C$ 为时间常数，$b = \dfrac{R_2}{R_1 + R_2} < 1$ 为分度系数，则

$$G_c(s) = \frac{1 + bTs}{1 + Ts} \tag{6-18}$$

由图 6-13 可知，当 $\omega < \dfrac{1}{T}$ 时，滞后网络对信号没有衰减作用；当 $\dfrac{1}{T} < \omega < \dfrac{1}{bT}$ 时，滞后网络对信号有积分作用，滞后网络呈滞后特性；当 $\omega > \dfrac{1}{bT}$ 时，滞后网络对信号衰减作用为 $20\lg b$，b 越小，这种衰减作用越强。

滞后校正网络的相位始终小于零，这就是滞后校正网络的名称由来。类似于超前网络的分析方法，滞后校正网络的最大滞后角发生在 $\dfrac{1}{T}$ 与 $\dfrac{1}{bT}$ 的几何中心，称为最大滞后角频率，计算公式为

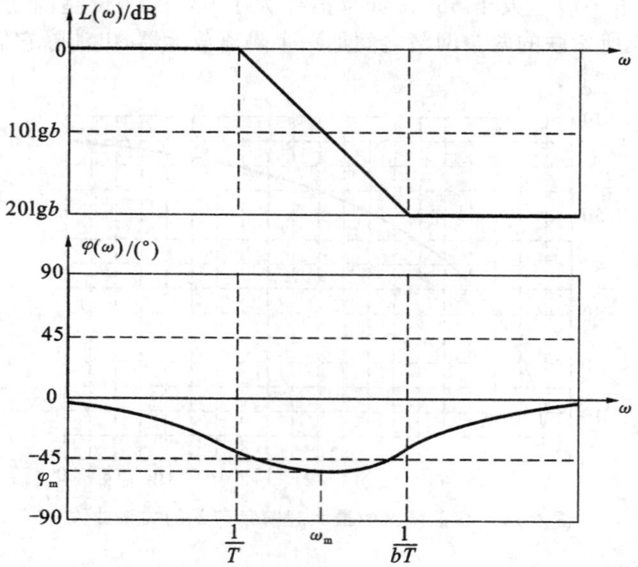

图 6-13　无源滞后网络的伯德图

$$\omega_m = \frac{1}{T\sqrt{b}} \tag{6-19}$$

$$\varphi_m = \arcsin\frac{1-b}{1+b} \tag{6-20}$$

采用无源滞后网络进行串联校正时，主要利用其高频幅值衰减的特性，以降低系统的开环截止频率，提高系统的相角裕度。在设计中力求避免最大滞后角发生在校正后系统开环截止频率 ω_c'' 附近。选择滞后网络参数时，通常使网络的转折频率 $\frac{1}{bT}$ 远小于 ω_c''。一般取

$$\frac{1}{bT} = \frac{\omega_c''}{10} \tag{6-21}$$

滞后网络在 ω_c'' 处产生的相位滞后按下式确定：

$$\varphi_c(\omega_c'') = \arctan(bT\omega_c'') - \arctan(T\omega_c'') = \frac{(b-1)T\omega_c''}{1+b(T\omega_c'')^2} \tag{6-22}$$

将 $\omega_c''T = \frac{10}{b}$ 代入式(6-22)得

$$\varphi_c(\omega_c'') = \arctan\frac{(b-1)\frac{10}{b}}{1+b\left(\frac{10}{b}\right)^2} = \arctan\frac{10(b-1)}{100+b} \approx \arctan[0.1(b-1)] \tag{6-23}$$

由于 $b<1$，所以式(6-23)的结果很小，从而避免了相位滞后对相角裕度的影响。

滞后校正网络还有一种作用，就是改善系统的稳态性能，只需将滞后校正网络加上一个放大倍数为 b 的放大器，此时系统的伯德图变成图 6-14 所示的曲线。此时，只需要满足 $\frac{1}{bT}$ 小于 ω_c''，那么原系统加上滞后校正后，低频段将向上平移 $-20\lg b$ 个单位，中频段和高频段保持不变，从而在不影响系统稳定裕度和响应速度的前提下可提高系统的稳态性能。

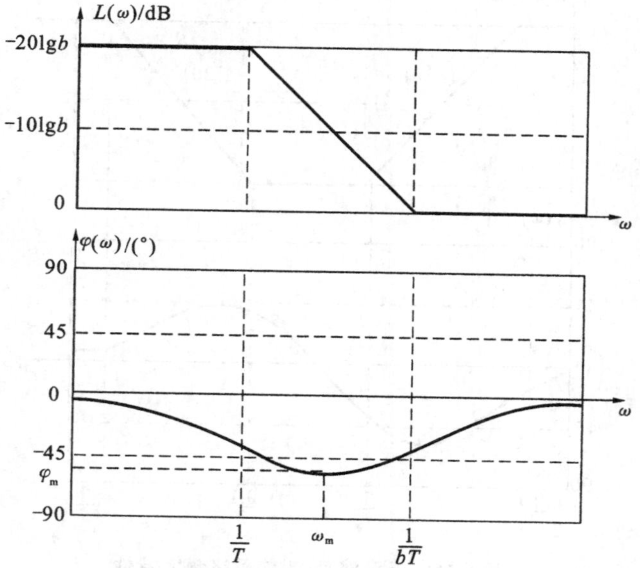

图 6-14　加了放大器后滞后校正网路的伯德图

6.2.3　滞后-超前校正装置

图 6-15 所示的为常见的无源滞后-超前网络。

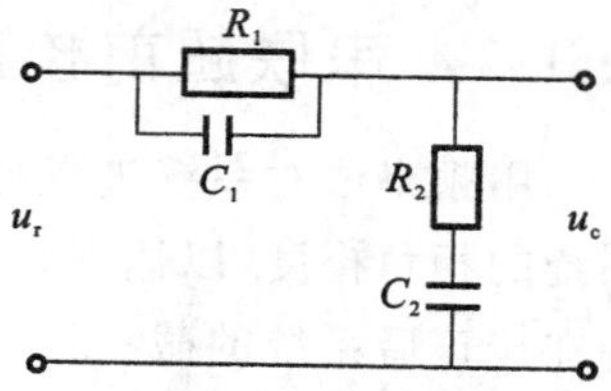

图 6-15　无源滞后-超前网络

传递函数为

$$G_c(s)=\frac{U_c(s)}{U_r(s)}=\frac{R_2+\dfrac{1}{sC_2}}{\dfrac{1}{\dfrac{1}{R_1}+sC_1}+R_2+\dfrac{1}{sC_2}}$$

$$=\frac{(R_1C_1s+1)(R_2C_2s+1)}{R_1C_1R_2C_2s^2+(R_1C_1+R_2C_2+R_1C_2)s+1}=\frac{(T_as+1)(T_bs+1)}{(T_1s+1)(T_2s+1)} \tag{6-24}$$

式中：$T_a=R_1C_1$；$T_b=R_2C_2$。

设 $T_1>T_a$，$\frac{T_a}{T_1}=\frac{T_2}{T_b}=\frac{1}{a}$，其中 $a>1$，则有 $T_1=aT_a$，$T_2=\frac{T_b}{a}$。

于是，式(6-24)可表示为

$$G_c(s)=\frac{(T_as+1)(T_bs+1)}{(aT_as+1)\left(\dfrac{T_b}{a}s+1\right)} \tag{6-25}$$

当 $a=10$，$T_b=10T_a$ 时，滞后-超前网络的伯德图如图 6-16 所示。

由图 6-16 可知，校正网络先具有相位滞后特性，后具有相位超前特性，故得名滞后-超前校正网络。先利用滞后校正，提高系统的稳态性能，再利用超前校正，提高系统的稳定裕度和响应速度，因此不能颠倒过来说成超前-滞后校正网络。

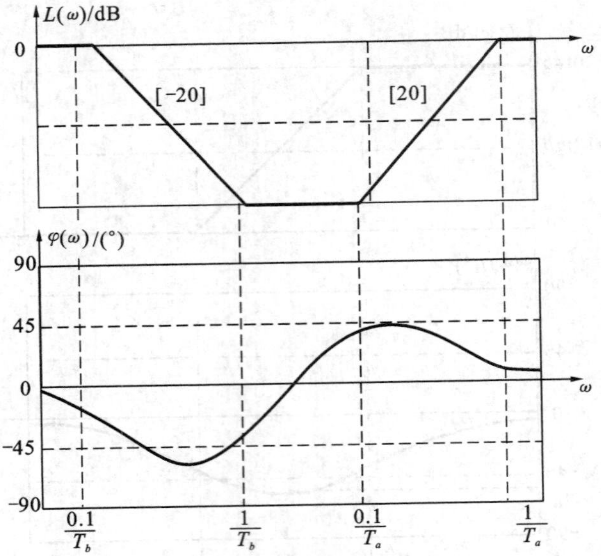

图 6-16 无源滞后-超前网络频率特性

6.3 频率法串联校正

6.3.1 串联超前校正

用频率法对系统进行超前校正的基本原理，是利用超前校正网络的相位超前特性来增大系统的相角裕度，以达到改善系统瞬态响应的目的。为此，要求校正网络最大的相位超前角出现在校正后系统的截止频率处。

用频率法对系统进行串联超前校正的一般步骤可归纳如下。

(1)根据稳态误差的要求，确定开环增益 K。

(2)根据所确定的开环增益 K，画出未校正系统的伯德图，计算未校正系统的相角裕度 γ。

(3)由给定的相角裕度 γ，计算超前校正装置提供的相位超前角 φ，即

$$\varphi = \varphi_m = \underset{\text{给定的}}{\underset{\uparrow}{\gamma''}} - \underset{\text{校正前}}{\underset{\uparrow}{\gamma}} + \varepsilon \leftarrow \text{补偿} \tag{6-26}$$

ε 是用于补偿因超前校正装置的引入，使系统截止频率增大而增加的相角滞后量。ε 值通常是这样估计的：如果未校正系统的开环对数幅频特性在截止频率处的斜率为 -40 dB/dec，一般取 $\varepsilon = 5^\circ \sim 10^\circ$；如果为 -60 dB/dec，则取 $\varepsilon = 15^\circ \sim 20^\circ$。

(4)根据所确定的最大相位超前角 φ_m，算出 a 的值。

$$a = \frac{1 + \sin\varphi_m}{1 - \sin\varphi_m} \tag{6-27}$$

(5)因为校正装置在 ω_m 处的幅值为 $10\lg a$，为使 ω_m 成为校正后系统的截止频率，则未校正系统的对数幅频特性曲线幅值为 $-10\lg a$ 处的频率应等于 ω_m，该频率 ω_m 就是校正后系统的

开环截止频率 ω_c''，即 $\omega_c''=\omega_m$ 。

(6)确定校正网络的参数 T。

由 $\omega_m=\dfrac{1}{T\sqrt{a}}$ 可知

$$T=\frac{1}{\omega_m\sqrt{a}} \tag{6-28}$$

(7)画出校正后系统的伯德图，并验证相角裕度是否满足要求。如果不满足，则需增大 ε 值，从第(3)步开始重新进行计算。

【例 6-1】 某单位反馈系统的开环传递函数为 $G(s)=\dfrac{4K}{s(s+2)}$，设计一个超前校正装置，使校正后系统的静态速度误差系数 $K_v=20\ s^{-1}$，相角裕度 $\gamma\geqslant 50°$，幅值裕度 L_g 不小于 10 dB。

解 (1)根据对静态速度误差系数的要求，确定系统的开环增益 K。

$$K_v=\lim_{s\to 0}s\frac{4K}{s(s+2)}=2K=20,\quad 得\ K=10$$

当 $K=10$ 时，未校正系统的开环频率特性为

$$G(j\omega)=\frac{40}{j\omega(j\omega+2)}=\frac{20}{\omega\sqrt{1+\left(\frac{\omega}{2}\right)^2}}\angle -90°-\arctan\frac{\omega}{2}$$

(2)绘制未校正系统的伯德图，如图 6-17 中的曲线 1 所示。由图可知，未校正系统的相角裕度为 $\gamma=17°$ 。

(3)根据相角裕度的要求确定超前校正网络的相位超前角：

$$\varphi_m=\gamma-\gamma_1+\varepsilon=50°-17°+5°=38°$$

(4) $a=\dfrac{1+\sin\varphi_m}{1-\sin\varphi_m}=\dfrac{1+\sin 38°}{1-\sin 38°}=4.2$ 。

(5)超前校正装置在 ω_m 处的幅值为 $10\lg a=10\lg 4.2=6.2(\text{dB})$，据此，未校正系统的开环对数幅值为 -6.2 dB，对应的频率 $\omega=\omega_m=9\ s^{-1}$ 为校正后系统的截止频率 ω_c''。

(6)计算超前校正网络的转折频率：

$$T=\frac{1}{\omega_m\sqrt{a}}=\frac{1}{9\times\sqrt{4.2}}=0.054$$

$$G_c(s)=\frac{1}{a}\frac{1+aTs}{1+Ts}=0.238\times\frac{1+0.227s}{1+0.054s}$$

为了补偿因超前校正网络的引入而造成系统开环增益的衰减，必须使附加放大器的放大倍数 $a=4.2$。

(7)校正后系统开环传递函数为

$$G_c(s)G_0(s)=\frac{20(1+0.227s)}{s(1+0.5s)(1+0.054s)}$$

其函数图形对应图 6-17 中的曲线 2。由图可见，校正后系统的相角裕度为 $\gamma\geqslant 50°$，幅值裕度为 $L_g=+\infty$ dB，均已满足系统设计要求。

基于上述分析，可知串联超前校正有如下特点。

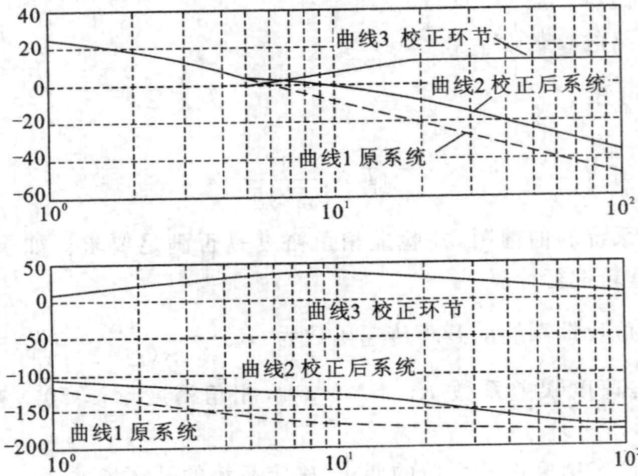

图 6-17　例 6-1 系统的伯德图

(1)主要对未校正系统的中频段进行校正,使校正后中频段幅频特性的斜率为－20 dB/dec,且有足够大的相角裕度。

(2)超前校正会使系统瞬态响应的速度变快。由例 6-1 知,校正后系统的截止频率由未校正前的 6.3 增大到 9,表明校正后系统的频带变宽,瞬态响应速度变快,但系统抗高频噪声的能力变差。对此,在设计校正装置时必须引起注意。

(3)超前校正一般虽能有效地改善动态性能,但当未校正系统的相频特性在截止频率附近急剧下降时,若用单级超前校正网络去校正,收效不大,这是因为校正后系统的截止频率向高频段移动。在新的截止频率处,由于未校正系统的相角滞后量过大,因而用单级的超前校正网络难以获得较大的相角裕度。

6.3.2　串联滞后校正

由于滞后校正网络具有低通滤波器的特性,因而当它与系统的不可变部分串联时,会使系统开环频率特性的中频段和高频段增益降低且使截止频率 ω_c 减小,从而有可能使系统获得足够大的相角裕度,但它不影响频率特性的低频段。由此可见,滞后校正在一定的条件下,也能使系统同时满足动态和静态的要求。

不难看出,滞后校正的不足之处是:校正后系统的截止频率会减小,瞬态响应的速度要变慢;在截止频率 ω_c 处,滞后校正网络会产生一定的相角滞后量。为了使这个滞后角尽可能地小,理论上总希望 $G_c(s)$ 两个转折频率 ω_1,ω_2 比 ω_c 越小越好,但考虑物理实现上的可行性,一般取 $\omega_2=\dfrac{1}{T}=(0.1\sim0.25)\omega_c$ 为宜。

应用频率法设计串联滞后校正网络的步骤如下。

(1)根据稳态性能要求,确定开环增益 K。

(2)利用已确定的开环增益,画出未校正系统对数频率特性曲线,确定未校正系统的截止频率 ω_c、相角裕度 γ 和幅值裕度 L_g。

(3)选择不同的 ω_c'',计算或查出不同的 γ 值,在伯德图上绘制 $\gamma(\omega_c'')$ 曲线。

(4)根据相角裕度 γ'' 要求，选择校正后系统的截止频率 ω''_c。考虑到滞后网络在新的截止频率 ω''_c 处，会产生一定的相角滞后 $\varphi_c(\omega''_c)$，因此，下列等式成立：

$$\underset{\text{指标要求值}}{\gamma''} = \gamma(\omega''_c) + \underset{\text{可取}-6^\circ}{\varphi_c(\omega''_c)} \tag{6-29}$$

根据式(6-29)的计算结果，在 $\gamma(\omega''_c)$ 曲线上可查出相应的 ω''_c 值。

(5)根据下述关系确定滞后网络参数 b 和 T：

$$20\lg b + L'(\omega''_c) = 0 \tag{6-30}$$

$$\frac{1}{bT} = 0.1\omega''_c \tag{6-31}$$

式(6-30)成立的原因是显然的，因为要保证校正后系统的截止频率为上一步所选的 ω''_c 值，就必须使滞后网络的衰减量 $20\lg b$ 在数值上等于未校正系统在新的截止频率 ω''_c 处的对数幅频值 $L'(\omega''_c)$，该值在未校正系统的对数幅频特性曲线上可以查出，于是通过式(6-30)可以算出 b 值。

根据式(6-31)，由已确定的 b 值可以算出滞后网络的 T 值。如果求得的 T 值过大，难以实现，则可将式(6-31)中的系数 0.1 适当增大，如在 0.1 ～ 0.25 范围内选取，而 $\varphi_c(\omega''_c)$ 的估计值应在 $-14^\circ \sim -6^\circ$ 范围内确定。

(6)验算已校正系统的相角裕度和幅值裕度。

【例 6-2】 单位反馈控制系统的开环传递函数 $G(s) = \dfrac{K}{s(0.1s+1)(0.2s+1)}$，若要求校正后的静态速度误差系数等于 30 s^{-1}，相角裕度不低于 40°，幅值裕度不小于 10 dB，截止频率不小于 2.3 rad/s，请设计串联校正装置。

解　(1)首先确定开环增益：

$$K_v = \lim_{s\to 0} sG(s) = K = 30$$

(2)未校正系统开环传递函数应取

$$G(s) = \frac{30}{s(0.1s+1)(0.2s+1)}$$

画出未校正系统的伯德图，如图 6-18 中曲线 1 所示。

由图可得 $\omega'_c = 12$ rad/s，此时

$$\begin{aligned}\gamma &= 180^\circ - 90^\circ - \arctan(\omega'_c \times 0.1) - \arctan(\omega'_c \times 0.2)\\ &= 90^\circ - 50.19^\circ - 67.38^\circ = -27.57^\circ\end{aligned}$$

这说明未校正系统不稳定，且截止频率远大于要求值。在这种情况下，采用串联超前校正是无效的。可以证明，当 $\gamma'' = 30^\circ$ 时，

$$\varphi_m = \gamma'' - \gamma + \varepsilon = 30^\circ - (-27.6^\circ) + 20^\circ = 77.6^\circ$$

$$a = \frac{1+\sin\varphi_m}{1-\sin\varphi_m} = 84.73$$

而截止频率也向右移动。因此，此处不能选择串联超前校正网络。考虑到本题对系统截止频率值要求不大，故选用串联滞后校正，可以满足需要的性能指标。

(3)计算 $\gamma(\omega''_c) = 90^\circ - \arctan(0.1\omega''_c) - \arctan(0.2\omega''_c)$。

因 $\gamma'' = \gamma(\omega''_c) + \varphi(\omega''_c)$，故 $\gamma(\omega''_c) = \gamma'' - \varphi(\omega''_c) = 40^\circ - (-6^\circ) = 46^\circ$。

于是，可查得 $\omega''_c = 2.7$ rad/s 时，$\gamma(2.7) = 46.5°$ 可满足要求。由于指标要求 $\omega''_c \geqslant 2.3$ rad/s，故 ω''_c 值可在 2.3～2.7 rad/s 范围内任取。考虑到① ω''_c 取值较大时，已校正系统响应速度较快；②滞后网络时间常数 T 值较小，便于实现，故选取 $\omega''_c = 2.7$ rad/s。然后，可计算出 $L'(\omega''_c) = 21$ dB。

(4)计算滞后网络参数：

$$20\lg b + L'(\omega''_c) = 0,\quad b = 0.09$$

$$\frac{1}{bT} = 0.1\omega''_c,\quad T = \frac{1}{0.1\omega''_c b} = 41.2\ \text{s},\quad bT = 3.7\ \text{s}$$

则滞后网络的传递函数为

$$G_c(s) = \frac{1 + bTs}{1 + Ts} = \frac{1 + 3.7s}{1 + 41.2s}$$

滞后网络的伯德图如图 6-18 中曲线 3 所示，校正后系统的伯德图如图 6-18 中曲线 2 所示。

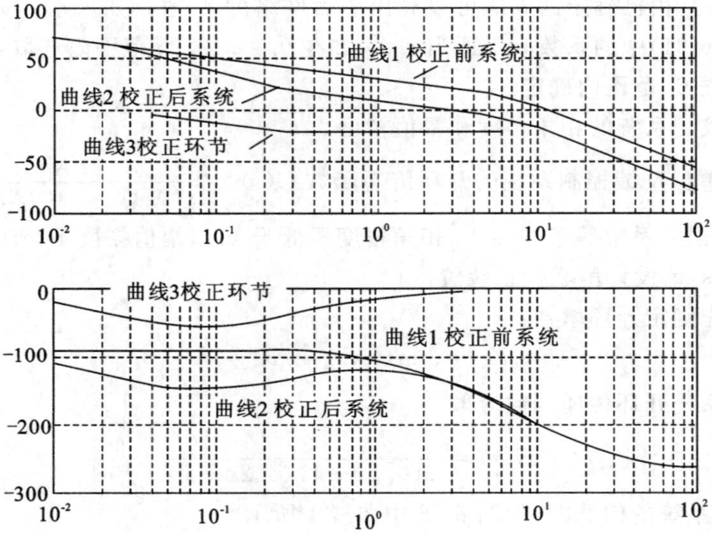

图 6-18　例 6-2 系统的伯德图

(5)验算指标(相角裕度和幅值裕度)：

$$\varphi_c(\omega''_c) \approx \arctan[0.1(b-1)] = -5.2°$$

$$\varphi_c(\omega''_c) = \arctan\frac{(b-1)T\omega''_c}{1 + b(T\omega''_c)^2} = -5.21°$$

因 $\gamma'' = \gamma(\omega''_c) + \varphi(\omega''_c) = 46.5° - 5.2° = 41.3° > 40°$，满足要求。未校正前的相位穿越频率 ω_g，$\varphi(\omega_g) = -180°$，$1 - 0.1\omega_g \times 0.2\omega_g = 0$，$\omega_g = 7.07$ rad/s，校正后的相位穿越频率 $\omega'_g = 6.8$ rad/s。

求幅值裕度：$L_g = -20\lg|G_c(j\omega'_g)G_0(j\omega'_g)| = 10.5\ \text{dB} > 10\ \text{dB}$。

串联超前校正和串联滞后校正的适用范围和特点如下。

(1)超前校正是利用超前网络的相角超前特性对系统进行校正，而滞后校正则是利用滞后网络的幅值在高频段的衰减特性。

(2)用频率法进行超前校正，旨在提高开环对数幅频渐近线在截止频率处的斜率(由 −40 dB/dec 提高到 −20 dB/dec)和相角裕度，并增大系统的频带宽度。频带的变宽意味着校正后的系统响应变快，调整时间缩短。

(3)同一系统超前校正系统的频带宽度一般总大于滞后校正系统，因此，如果要求校正后的系统具有宽的频带和良好的瞬态响应，则采用超前校正。当噪声电平较高时，显然频带越宽的系统抗噪声干扰的能力也越差。对于这种情况，宜对系统采用滞后校正。

(4)超前校正需要增加一个附加的放大器，以补偿超前校正网络对系统增益的衰减。

(5)滞后校正虽然能改善系统的静态精度，但它促使系统的频带变窄，瞬态响应速度变慢。如果要求校正后的系统既有快速的瞬态响应，又有高的静态精度，则应采用滞后-超前校正。

在某些应用中，采用滞后校正可能得出时间常数大到不能实现的结果。

6.3.3　串联滞后-超前校正

串联滞后-超前校正兼有滞后校正和超前校正的优点，即已校正系统响应速度快，超调量小，抑制高频噪声的性能也较好。当未校正系统不稳定，且对校正后系统的动态和静态性能(响应速度、相角裕度和稳态误差)均有较高要求时，显然，仅采用上述超前校正或滞后校正，均难以达到预期的校正效果，此时宜采用串联滞后-超前校正。

串联滞后-超前校正综合应用了滞后校正和超前校正的特点，即利用校正装置的超前部分来增大系统的相角裕度，以改善其动态性能，利用它的滞后部分来改善系统的静态性能，两者分工明确，相辅相成。

串联滞后-超前校正的设计步骤如下。

(1)根据稳态性能要求，确定开环增益 K。

(2)绘制未校正系统的对数幅频特性，求出未校正系统的截止频率 ω_c、相角裕度 γ 及幅值裕度 L_g 等。

(3)在未校正系统对数幅频特性上，选择斜率从 −20 dB/dec 变为 −40 dB/dec 的转折频率作为校正网络超前部分的转折频率 ω_b。这种选法可以降低校正后系统的阶次，且可保证中频区斜率为 −20 dB/dec，并占据较宽的频带。

(4)根据响应速度要求，选择系统的截止频率 ω''_c 和校正网络的衰减因子 $\frac{1}{a}$；要保证校正后系统截止频率为所选的 ω''_c，下列等式应成立：

$$-20\lg a + L'(\omega''_c) + 20\lg T_b\omega''_c = 0 \tag{6-32}$$

式中：$-20\lg a$ 为滞后-超前网络贡献的幅值衰减的最大值，$L'(\omega''_c)$ 为未校正系统的幅值量，$20\lg T_b\omega''_c$ 为滞后-超前网络超前部分在 ω''_c 处贡献的幅值，$L'(\omega''_c)+20\lg T_b\omega''_c$ 可由未校正系统对数幅频特性的 −20 dB/dec 延长线在 ω''_c 处的数值确定。因此，由式(6-32)可求出 a 值。

校正网络传递函数为

$$G_c(s) = \frac{(T_a s+1)(T_b s+1)}{(aT_a s+1)\left(\frac{T_b}{a}s+1\right)} = \frac{\left(1+\frac{s}{\omega_a}\right)\left(1+\frac{s}{\omega_b}\right)}{\left(1+\frac{s}{\omega_a/a}\right)\left(1+\frac{s}{a\omega_b}\right)} \tag{6-33}$$

(5)根据相角裕度要求，估算校正网络滞后部分的转折频率 ω_a。

(6)检验校正后系统开环系统的各项性能指标。

【例 6-3】 未校正系统开环传递函数为

$$G_0(s)=\frac{K_v}{s\left(\frac{1}{6}s+1\right)\left(\frac{1}{2}s+1\right)}$$

设计校正装置，使系统满足下列性能指标：①在最大指令速度为 180° s^{-1} 时，位置滞后误差不超过 1°；②相角裕度为 45°±3°；③幅值裕度不低于 10 dB；④过渡过程调节时间不超过 3 s。

解 (1)确定开环增益 $K=K_v=180$。

(2)作出未校正系统的伯德图，如图 6-19 中曲线 1 所示。由图可得，未校正系统截止频率

$$\omega_c'=12.6\ \text{rad/s}$$

$$\gamma=180°-90°-\arctan\frac{1}{6}\omega_c'-\arctan\frac{1}{2}\omega_c'=-55.5°$$

$$\varphi(\omega_g)=-180°\Rightarrow\omega_g=3.464\ \text{rad/s}$$

$L_g=-20\lg|G_0(j\omega_g)|=-30$ dB，表明未校正系统不稳定。

(3)分析为何要采用滞后-超前网络校正。

①如果采用串联超前校正，要将未校正系统的相角裕度从 −55.5° 变化到 45°，至少选用两级串联超前网络。显然，校正后系统的截止频率将过大，可能超过 25 rad/s。由 $M_r=\frac{1}{\sin\gamma}=\sqrt{2}$ 可得 $t_s=\frac{\pi}{\omega_c}[2+1.5(M_r-1)+2.5(M_r-1)^2]=0.38$ s，比要求的指标提高了近 10 倍。另外，系统带宽过大，造成输出噪声电平过高，需要附加前置放大器，从而使系统结构复杂化。

②如果采用串联滞后校正，可以使系统的相角裕度提高到 45° 左右，但是对于该例题要求的高性能系统，会产生严重的缺点。首先，滞后网络时间常数太大 ($\omega_c''=1$)，$L'(\omega_c'')=45.1$ dB，由 $20\lg b+L'(\omega_c'')=0$ 计算出 $b=\frac{1}{200}$，$\frac{1}{bT}=\frac{\omega_c''}{10}\Rightarrow T=2000$ s，无法实现。另外，由于滞后校正极大地减小了系统的截止频率，使得系统的响应迟缓，响应速度指标不满足。上述分析表明，纯超前校正和纯滞后校正都不宜采用，所以本题只能选用滞后-超前校正网络。

(4)研究校正前系统的伯德图可以发现(步骤(3)的要求，即 −20 dB/dec 变为 −40 dB/dec 的转折频率作为校正网络超前部分的转折频率 ω_b) $\omega_b=2$。

$$M_r=\frac{1}{\sin\gamma}=\sqrt{2},\quad t_s=\frac{\pi}{\omega_c''}[2+1.5(M_r-1)+2.5(M_r-1)^2]$$

$$\omega_c''=\frac{\pi}{t_s}[2+1.5(M_r-1)+2.5(M_r-1)^2]$$

因 $t_s\leqslant 3$ s，故 $\omega_c''\geqslant 3.2$ rad/s。

考虑到中频区斜率为 −20 dB/dec，故 ω_c'' 应在 3.2 ～ 6 rad/s 范围内选取。选 $\omega_c''=3.5$ rad/s，相应的 $L'(\omega_c'')+20\lg T_b\omega_c''=34$ dB (从图 6-19 中得到，亦可计算)。

由 $-20\lg a+L'(\omega_c'')+20\lg T_b\omega_c''=0$ 解得 $a=50$，此时，滞后-超前校正网络的传递函数可表示为

$$G_c(s)=\frac{\left(1+\dfrac{s}{\omega_a}\right)\left(1+\dfrac{s}{\omega_b}\right)}{\left(1+\dfrac{s}{\omega_a/a}\right)\left(1+\dfrac{s}{a\omega_b}\right)}=\frac{\left(1+\dfrac{s}{\omega_a}\right)\left(1+\dfrac{s}{2}\right)}{\left(1+\dfrac{50s}{\omega_a}\right)\left(1+\dfrac{s}{100}\right)}$$

(5)根据相角裕度要求，估算校正网络滞后部分的转折频率 ω_a 。

$$G_c(j\omega)G_0(j\omega)=\frac{180\left(1+\dfrac{j\omega}{\omega_a}\right)}{j\omega\left(1+\dfrac{j\omega}{6}\right)\left(1+\dfrac{50j\omega}{\omega_a}\right)\left(1+\dfrac{j\omega}{100}\right)}$$

$$\gamma''=180^\circ+\arctan\frac{\omega''_c}{\omega_a}-90^\circ-\arctan\frac{\omega''_c}{6}-\arctan\frac{50\omega''_c}{\omega_a}-\arctan\frac{\omega''_c}{100}$$

$$=57.7^\circ+\arctan\frac{3.5}{\omega_a}-\arctan\frac{175}{\omega_a}\Rightarrow\omega_a=0.78\ \text{rad/s}$$

$$G_c(s)=\frac{\left(1+\dfrac{s}{0.78}\right)\left(1+\dfrac{s}{2}\right)}{\left(1+\dfrac{50s}{0.78}\right)\left(1+\dfrac{s}{100}\right)}=\frac{(1+1.28s)(1+0.5s)}{(1+64s)(1+0.01s)}$$

$$G_c(s)G_0(s)=\frac{180(1+1.28s)}{s(1+0.167s)(1+64s)(1+0.01s)}$$

校正网络的伯德图如图 6-19 中曲线 3 所示，校正后系统的伯德图如图 6-19 中曲线 2 所示。

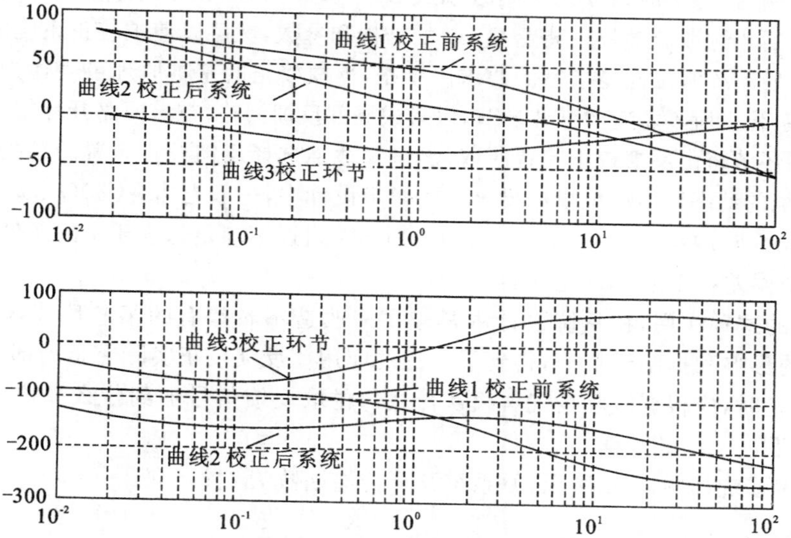

图 6-19　滞后-超前校正例 6-3 系统的伯德图

(6)验算精度指标。$\gamma''=45.5^\circ$，$L''_g=27$ dB，满足要求。

6.4　频率法反馈校正

在控制系统的校正中，反馈校正也是常用的校正方式之一。反馈校正除了与串联校正一样，可以改善系统的性能以外，还可以抑制反馈环内不利因素对系统的影响。

如将校正装置 $G_c(s)$ 与原系统某一部分构成一个局部反馈回路，如图 6-20 所示。校正装置设置在局部反馈回路的反馈通道中，就形成了反馈校正。

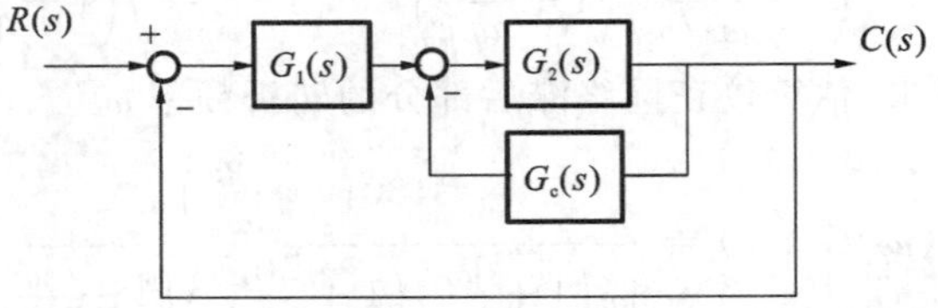

图 6-20　反馈校正系统

设置局部反馈后，系统的开环传递函数为

$$G(s)=\frac{G_1(s)G_2(s)}{1+G_2(s)G_c(s)} \tag{6-34}$$

如果在对系统动态性能起主要影响的频率范围内，则有下列关系成立：

$$|G_2(j\omega)G_c(j\omega)|\gg 1$$

则式(6-34)可表示为

$$G(s)=\frac{G_1(s)}{G_c(s)} \tag{6-35}$$

式(6-35)表明，接为局部反馈后，系统的开环特性几乎与被反馈校正装置包围的 $G_2(s)$ 无关。而当 $|G_2(j\omega)G_c(j\omega)|\ll 1$ 时，式(6-34)可表示成 $G(s)\approx G_1(s)G_2(s)$，与原系统特性一致。

因此，只要适当选取反馈校正装置 $G_c(s)$ 的结构和参数，就可以使被校正系统的特性发生预期的变化，从而使系统满足性能指标的要求。于是，反馈校正的基本原理可表述为：用反馈校正装置来包围原系统中所不希望的某些环节，以形成局部反馈回路，在该回路开环幅值远大于 1 的条件下，被包围环节将由反馈校正装置所取代，只要适当选择反馈校正装置的结构和参数，就可以使校正后系统的动态性能满足指标要求。在初步设计中，一般把 $|G_2(j\omega)G_c(j\omega)|\gg 1$ 的条件简化为 $|G_2(j\omega)G_c(j\omega)|>1$，在 $|G_2(j\omega)G_c(j\omega)|=1$ 附近不满足远大于 1 的条件，将会引起一定的误差，这个误差在工程上是允许的。

反馈校正的这种作用，在系统设计中常被用来改造不希望有的某些环节，以及消除非线性、参数变化的影响和抑制干扰等，得到了广泛的应用。反馈校正实际上是局部反馈校正。采用局部反馈校正时，应根据实际情况解决从什么部位取反馈信号加到什么部位和选择合适的测量元件等问题。

【例 6-4】 系统如图 6-21 所示，原系统开环传递函数为

$$G_k(s)=G_1(s)G_2(s)G_3(s)=\frac{K_1}{0.007s+1}\cdot\frac{K_2}{0.9s+1}\cdot\frac{K_3}{s}=\frac{K}{s(0.007s+1)(0.9s+1)}$$

式中：$K=K_1K_2K_3$ 。

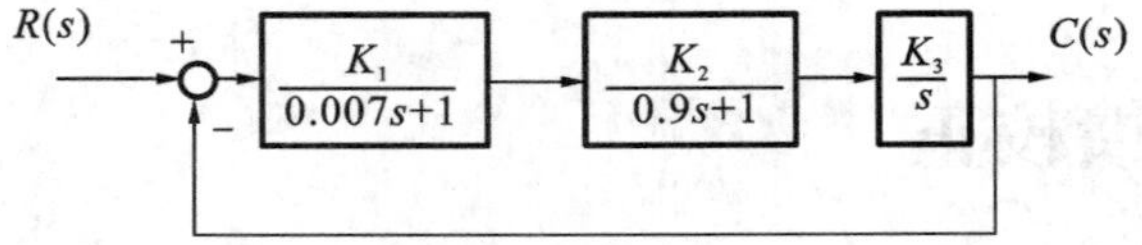

图 6-21　例 6-4 的原系统结构图

要求采用局部反馈校正，使系统满足以下性能指标：$K_v \geqslant 1000$，调节时间 $t_s \leqslant 0.8$ s，超调量 $\sigma_p \leqslant 25\%$。

解　设采用如图 6-22 所示的局部反馈方案。

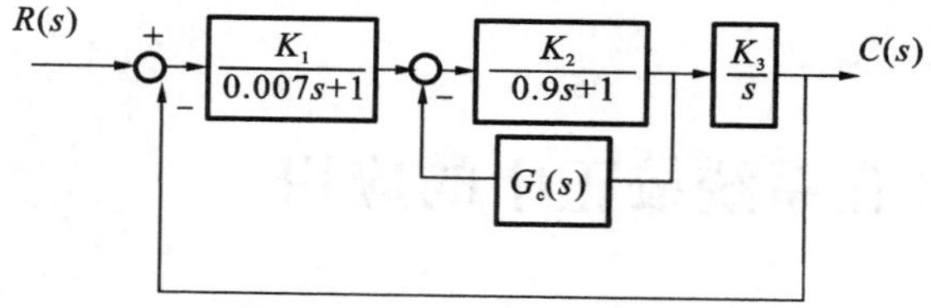

图 6-22　例 6-4 的局部反馈校正系统

(1)以 $K = K_v = 1000$ 作原系统开环对数渐近幅频特性，如图 6-23 中曲线 1 所示。通过计算判断原系统不稳定。

(2)作期望特性。根据超调量 $\sigma_p = 25\%$，可推导出 $\zeta = 0.4$，$\gamma = 40°$；再根据 $t_s = 0.8$ 算出截止频率的要求值为 9.66 rad/s，取 $\omega_c'' = 10$ rad/s，在 ω_c'' 附近斜率为 −20 dB/dec 的频段应有一定的宽度。过 ω_c'' 作斜率为 −20 dB/dec 的直线，与原有系统特性交于 $\omega = 111.1$ rad/s 处。期望特性的高频段从 $\omega = 111.1$ rad/s 起与原有系统特性重合。低频部分选择在 $\omega = 2.5$ rad/s 处斜率由 −20 dB/dec 转为 −40 dB/dec，与原系统特性交于 $\omega = 0.025$ rad/s 处。$\omega < 0.025$ rad/s 的频段，期望特性与原系统特性重合。期望特性如图 6-23 中曲线 2 所示。校正后系统的开环对数渐近幅频特性就是期望特性。经校验，校正后系统的超调量为 $\sigma_p = 19.6\%$，调节时间 $t_s = 0.677$ s，满足性能指标的要求。

(3)求局部反馈校正装置。在图 6-23 中，由原系统曲线 1 减去期望曲线 2，得到小闭环的开环特性 $20\lg|G_2(j\omega)G_c(j\omega)|$（见图 6-23 中曲线 3）。在 $\omega = 0.025 \sim 111.1$ rad/s 范围内，由曲线 3 求出小闭环的开环传递函数

$$G_2(s)G_c(s) = \frac{40s}{(0.9s+1)(0.4s+1)}$$

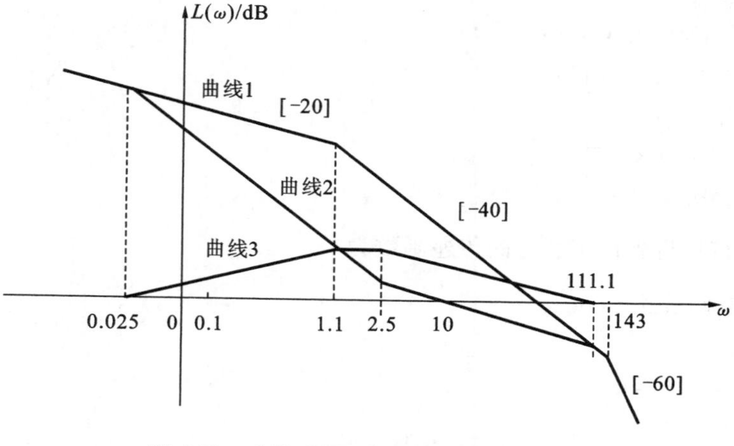

图 6-23　系统采用局部反馈校正后的特性

1—原有系统特性；2—校正后系统特性；3—小闭环的开环特性

已知 $G_2(s)=\dfrac{K_2}{0.9s+1}$，则可求出局部反馈校正装置 $G_c(s)$ 的传递函数

$$G_c(s)=\frac{(40/K_2)s}{0.4s+1}$$

K_2 已知，可求出 $40/K_2$。

6.5 MATLAB 在系统校正中的应用

6.5.1 超前校正装置的设计

【例 6-5】 单位负反馈系统的开环传递函数 $G(s)=\dfrac{K}{s(0.5s+1)}$，要求系统的速度误差系数 $K_v\geqslant 20$，稳定相角裕度 $\gamma\geqslant 50°$，为满足系统性能指标的要求，试用 MATLAB 设计超前校正装置。

解 根据稳态性能指标要求，$K=20$，所以 $G(s)=\dfrac{20}{s(0.5s+1)}$。

编写 MATLAB 程序如下：

```
num=20; den=[0.5, 1, 0];
[gm, pm, wcg, wcp]=margin(num, den);
dpm=50-pm+8;
phi=dpm* pi/180;
a=(1+sin(phi))/(1- sin(phi));
mm=-10* log10(a);
[mu, pu, w]=bode(num, den);
mu_db=20* log10(mu);
wc=spline(mu_db, w, mm);
T=1/(wc* sqrt(a));
p=a* T;
nk=[p, 1]; dk=[T, 1];
gc=tf(nk, dk)
```

可以从命令窗口得到校正装置的传递函数为

```
Transfer function:
0.2344 s+1
-------------
0.05088 s+1
```

再输入下面的命令：

```
h=tf(num, den); h1=tf(nk, dk);
```

```
g=h* h1;
[gm1, pm1, wcg1, wcp1]=margin(g);
```

可以得到校正后系统的相角裕度：

```
pm1 =
   52.3547
```

满足设计要求。

6.5.2　滞后校正装置的设计

【例 6-6】 单位负反馈系统的开环传递函数 $G(s)=\dfrac{K}{s(0.5s+1)(s+1)}$，利用 MATLAB 采用滞后校正装置，要求系统的速度误差系数 $K_v\geqslant 5$，稳定相角裕度 $\gamma\geqslant 40°$。

解　根据稳态性能指标要求，$K=5$，所以 $G(s)=\dfrac{5}{s(0.5s+1)(s+1)}$。

编写 MATLAB 程序如下：

```
num=5; den=[0.5, 1.5, 1, 0];
[gm, pm, wcg, wcp]=margin(num, den);
dpm=-180+40+12;
[mu, pu, w]=bode(num, den);
wc=spline(pu, w, dpm);
mu_db=20* log10(mu);
m_wc=spline(w, mu_db, wc);
beta=10^(- m_wc/20);
w2=0.2* wc;
T=1/(beta* w2);
nk=[beta* T, 1];
dk=[T, 1];
h1=tf(nk, dk)
```

可以从命令窗口得到校正装置的传递函数为

```
Transfer function:
10.76 s+1
----------------
102.3 s+1
```

再输入下面的命令：

```
h=tf(num, den); h1=tf(nk, dk);
g=h* h1;
[gm1, pm1, wcg1, wcp1]=margin(g);
```

可以得到校正后系统的相角裕度：

```
pm1 =
  41.5138
```

满足设计要求。

6.5.3 PI 调节器设计

【例 6-7】 单位负反馈系统的开环传递函数为

$$G(s)=\frac{55.58}{(0.049s+1)(0.026s+1)(0.00167s+1)}$$

试用 MATLAB 对该系统串联一个 PI 调节器。

解 编写 MATLAB 程序如下：

```
num=55.58;
den=conv(conv([0.049, 1], [0.026, 1]), [0.00167, 1]);
g0=tf(num, den)
[gm, pm, wcg, wcp]=margin(num, den);
[mu, pu, w]= bode(num, den);
mu_db=20* log10(mu);
wc=30;
gr=spline(w, mu_db, wc);
kc=10^(-gr/20);
t1=0.049;
nc=[t1 1]; dc=[t1 0];
gc=tf(kc* nc, dc)
```

可得到校正环节的传递函数为

```
Transfer function:
0.00199 s+0.04062
--------------------
0.049 s
```

再输入下面的命令：

```
g=series(g0, gc);
[gm1, pm1, wcg1, wcp1]=margin(g);
```

可得到校正后的相角裕度：

```
pm1 =
  44.9768
```

本章小结

(1)在控制系统中常常需要通过增加附加环节的手段来改善系统的性能,称为系统的校正。校正环节的引入是解决动态性能与稳态性能相互矛盾的有效方法。根据校正装置引入的位置不同,校正分为串联校正和反馈校正两大类。

(2)串联校正主要分为两大类:一类是超前校正、滞后校正、滞后-超前校正三种;另一类是 PID 校正。串联校正装置的设计方法较多,但最常用的是伯德图的频率特性设计法。

(3)串联超前校正能够提供超前相位,以提高系统的相对稳定性和响应速度,但可能放大高频噪声。超前校正装置的传递函数为 $\dfrac{1+aTs}{1+Ts}(a>1)$,参数 a 决定了最大超前相位的大小。

(4)串联滞后校正能够在保持同样的相对稳定性的前提下提高系统的稳态准确性,或者在保持同样稳态误差的情况下提高相对稳定性,但可能降低响应速度。滞后校正利用的是所提供的高频幅值衰减而不是其相位滞后,因此应尽可能避免其相位滞后的影响。滞后校正传递函数为 $\dfrac{1+bTs}{1+Ts}(b<1)$。

(5)反馈校正的本质是在某个频域区间内,以反馈通道传递函数的倒数特性来替代原系统中不希望的特性,以期达到改善系统性能的目的。反馈校正还可以减弱被包围部分特性参数变化对系统性能的不良影响。

(6)只需要合理选择参数,即可用 PID 校正较为全面地改善系统的稳态性能和动态性能,因此,PID 校正在过程控制中获得了广泛的应用。

习　　题

6-1　单位负反馈系统开环传递函数 $G_k(s)=\dfrac{K}{s(s+1)}$,要求系统开环截止频率 $\omega_c \geqslant 4.4$ rad/s,相角裕度 $\gamma \geqslant 45°$,在单位斜坡函数输入信号作用下,稳态误差 $e_{ss} \leqslant 0.1$,试求无源超前网络参数。

6-2　单位反馈系统开环传递函数 $G_k(s)=\dfrac{K}{s(s+1)(0.5s+1)}$,要求采用串联滞后校正网络,使校正后系统的速度误差系数 $K_v=5$,相角裕度 $\gamma \geqslant 40°$。

6-3　单位反馈系统的开环传递函数为

$$G_k(s)=\frac{K}{s(\frac{1}{60}s+1)(\frac{1}{10}s+1)}$$

试设计串联校正装置,使校正后系统满足 $K_v \geqslant 126$,开环截止频率 $\omega_c \geqslant 20$ rad/s,相角裕度 $\gamma \geqslant 30°$。

6-4　单位反馈系统开环传递函数为

$$G_k(s)=\frac{0.08K}{s(s+0.5)}$$

要求满足性能指标 $K_v \geqslant 4$,相角裕度 $\gamma \geqslant 50°$,超调量 $\sigma_p \leqslant 30\%$,试用频率法设计校正

装置。

6-5 复合控制系统如图 6-24 所示，要求校正后系统为 2 型，试求顺馈校正装置的传递函数 $G_r(s)$。

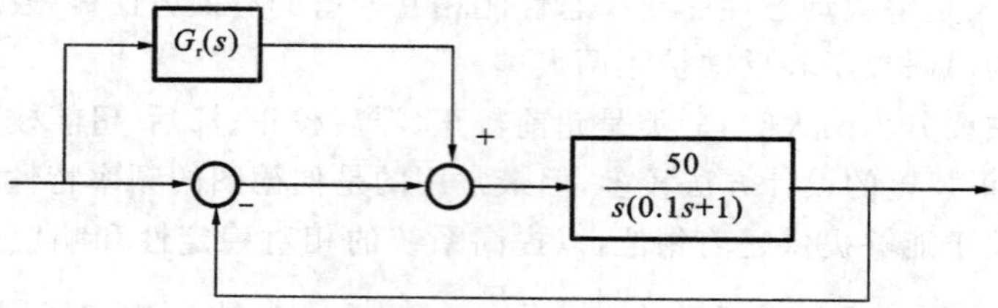

图 6-24　习题 6-5 对应的复合控制系统

6-6 系统如图 6-25 所示，其中外 $N(s)$ 为可测的扰动量，试选择 $G_N(s)$ 和 K'，使系统输出完全不受扰动信号的影响。在单位阶跃给定输入时，输出的超调量 $\sigma_p \leqslant 25\%$，峰值时间为 2 s。

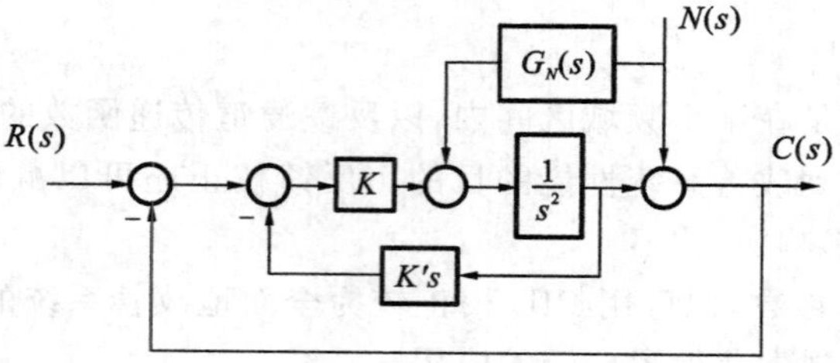

图 6-25　习题 6-6 对应的控制系统

第 7 章　线性离散控制系统

在控制系统中，若所有信号都是时间的连续函数，则称为连续系统，前面六章所讲述的系统都是连续控制系统。如果控制系统中有一处或者几处信号是时间断续函数，或者说这些信号定义在离散时间上，则称为离散控制系统。离散控制系统可分为采样控制系统和数字控制系统。离散信号是脉冲序列形式的离散系统称为采样控制系统，离散信号是数字信号形式的离散系统称为数字控制系统，最常见的数字控制系统是计算机控制系统。离散系统的分析方法与连续系统的分析方法有很多类似之处，通常使用差分方程描述线性离散系统，用 z 变换的方法建立脉冲传递函数来研究离散系统。

7.1　信号的采样与保持

7.1.1　采样过程的数学描述

采样过程是将连续信号转换成脉冲信号的过程，实现这个采样过程的装置称为采样器，又称为采样开关，如图 7-1(a)所示。假设采样开关以周期 T(s)闭合一次，闭合的持续时间为 τ(s)，则一个连续信号 $f(t)$通过采样开关后输出周期性的采样信号 $f^*(t)$，相邻采样间的时间 T 称为采样周期，闭合的持续时间 τ 称为采样时间。采样周期 T 可以是固定值，也可以是变化值，为了便于对采样过程用数学描述，假定采样周期 T 是固定周期。采样时间 τ 一般非常小，远小于采样周期 T，因此，理想采样器认为 $\tau=0$，连续信号 $f(t)$如图 7-1(b)所示，通过理想采样器后得到的理想输出信号为 $f^*(t)$如图 7-1(c)所示，理想信号输出如图 7-1(d)所示。

为了将采样过程用数学的方式来描述，可将采样过程看成是一个脉冲调制过程。因此，理想采样器是一个载波信号为 $\delta_T(t)$的幅值调节器，$\delta_T(t)$为理想单位脉冲序列，如图 7-2(a)所示。输入信号 $f(t)$经过载波信号为 $\delta_T(t)$的幅值调节器后，得到调制的输出信号 $f^*(t)$，如图 7-2(b)所示。采样器的输出信号 $f^*(t)$等于输入信号 $f(t)$与单位脉冲序列 $\delta_T(t)$的乘积。数学形式描述为

$$f^*(t)=f(t)\delta_T(t) \tag{7-1}$$

单位脉冲序列的数学描述为

$$\delta_T(t)=\sum_{n=0}^{+\infty}\delta(t-nT) \tag{7-2}$$

其中，$\delta(t-nT)$是单位脉冲函数，在 $t=nT$ 时其值为 1。将式(7-2)代入式(7-1)，可得理想采样器输入信号与输出信号关系的数学表达式为

$$f^*(t)=\sum_{n=0}^{+\infty}f(t)\delta(t-nT) \tag{7-3}$$

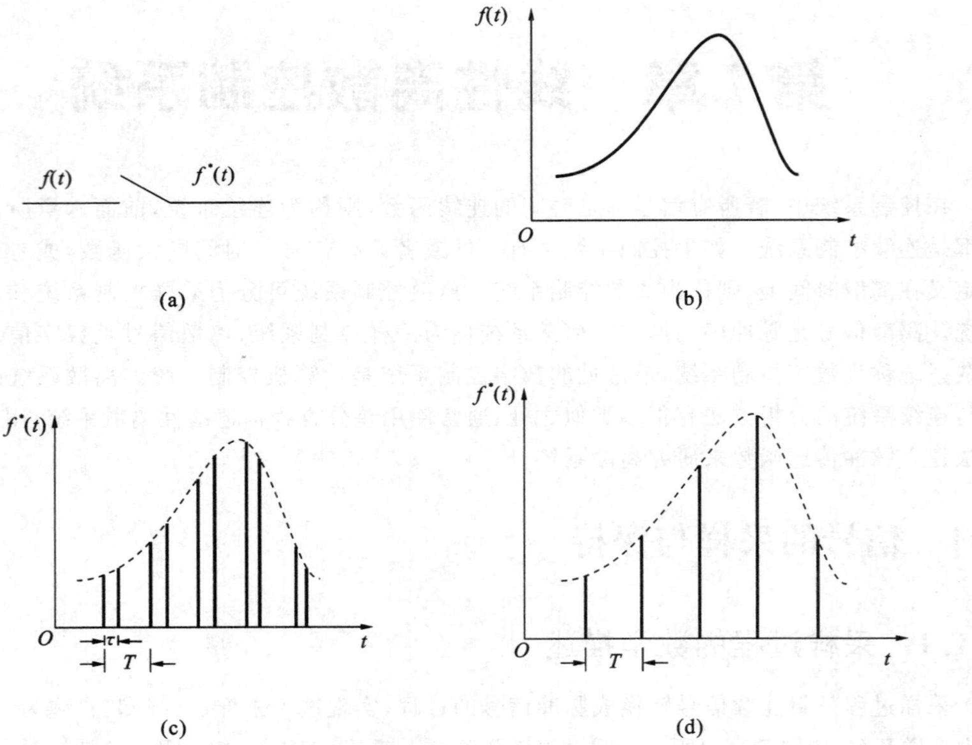

图 7-1 采样过程

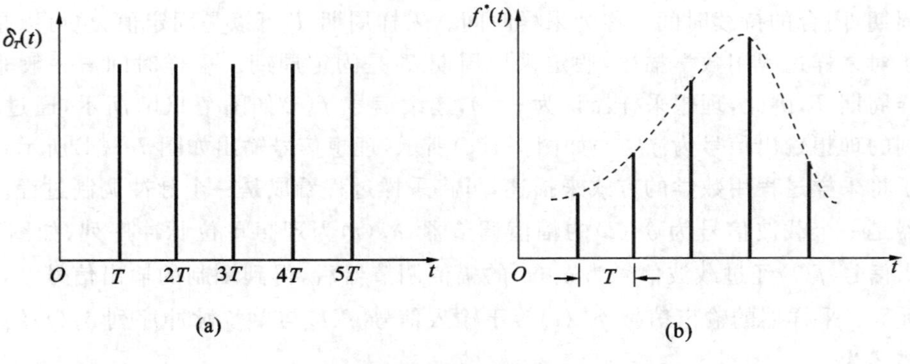

图 7-2 理想采样过程

由于理想采样器仅在 $t=nT$ 时有瞬时值,上式可改写成

$$f^*(t)=\sum_{n=0}^{+\infty}f(nT)\delta(t-nT) \tag{7-4}$$

7.1.2 采样定理

采样输出信号 $f^*(t)$只能反映采样时刻上的信息,不能反映连续信号的全部信息,采样周期越小,即采样频率越大,获得连续信号的信息也越多。要想由采样信号复现连续信号,就需要选择合适的采样频率,香农采样定理给出了从采样信号中不失真地复现原连续信号所必须

的理论上最小的采样周期。

香农采样定理：连续输入信号 $f(t)$ 具有有限频谱，$\omega_{\max}$ 为频谱 $F(\mathrm{j}\omega)$ 的最大角频率，采样输出信号 $f^*(t)$ 能够不失真地复现原连续信号 $f(t)$ 需满足采样角频率 $\omega_s \geqslant 2\omega_{\max}$，$\omega_s = \dfrac{2\pi}{T}$，$T$ 为采样周期。

图 7-3 所示的为连续信号 $f(t)$ 的频谱 $F(\mathrm{j}\omega)$，研究 $F^*(\mathrm{j}\omega)$ 与 $F(\mathrm{j}\omega)$ 的关系能够更深入地理解香农采样定理。

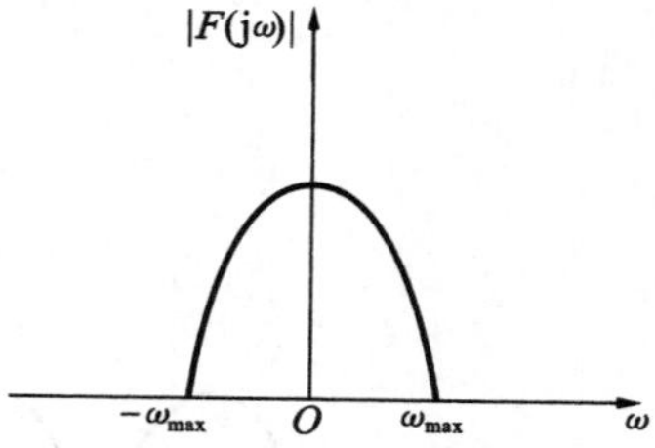

图 7-3　连续信号频谱

由于 $f^*(t)=f(t)\delta_T(t)$，理想单位脉冲序列 $\delta_T(t)$ 展开成傅里叶级数为

$$\delta_T(t) = \sum_{n=-\infty}^{+\infty} c_n \mathrm{e}^{\mathrm{j}n\omega_s t} \tag{7-5}$$

式中：c_n 是傅里叶系数，且

$$c_n = \frac{1}{T}\int_{-\frac{T}{2}}^{\frac{T}{2}} \delta_T(t)\mathrm{e}^{-\mathrm{j}n\omega_s t}\mathrm{d}t = \frac{1}{T} \tag{7-6}$$

将式(7-6)代入式(7-5)，得

$$\delta_T(t) = \frac{1}{T}\sum_{n=-\infty}^{+\infty} \mathrm{e}^{\mathrm{j}n\omega_s t}$$

则

$$f^*(t) = f(t)\delta_T(t) = \frac{1}{T}\sum_{n=-\infty}^{+\infty} f(t)\mathrm{e}^{\mathrm{j}n\omega_s t}$$

上式两边取拉普拉斯变换，得

$$F^*(s) = \frac{1}{T}\sum_{n=-\infty}^{+\infty} F(s+\mathrm{j}n\omega_s)$$

令 $s=\mathrm{j}\omega$，得

$$F^*(\mathrm{j}\omega) = \frac{1}{T}\sum_{n=-\infty}^{+\infty} F(\mathrm{j}\omega+\mathrm{j}n\omega_s) \tag{7-7}$$

显然，连续信号是单一的连续频谱，而采样信号频谱为无限多个频谱之和。

如图 7-4 所示，当 $\omega_s > 2\omega_{\max}$ 时，采样信号的频谱不发生重叠，采用如图 7-5 所示的理想滤波器，可过滤掉高频分量，保留采样频谱的主分量，主分量形状与连续频谱的一致，幅值变化了 $\dfrac{1}{T}$，因此采样信号能够不失真地复现原连续信号。

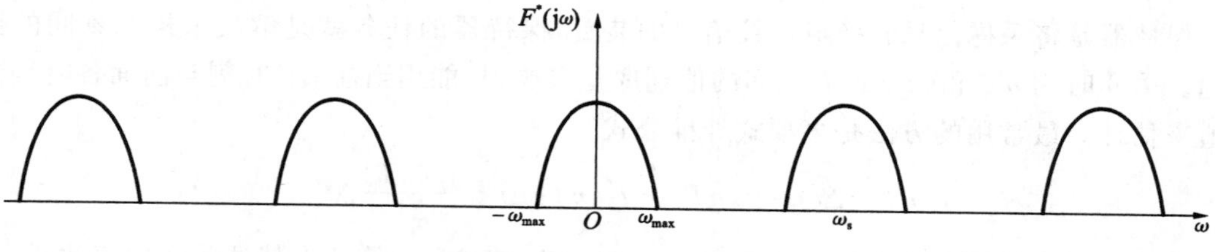

图 7-4　采样信号频谱

如图 7-6 所示，当 $\omega_s = 2\omega_{\max}$ 时，与 $\omega_s > 2\omega_{\max}$ 的情况一样，选择合适的理想滤波器，采样信号也能够不失真地复现原连续信号。

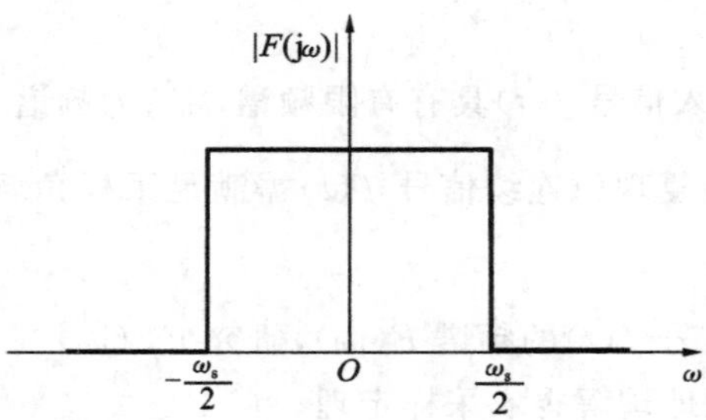

图 7-5 理想滤波器

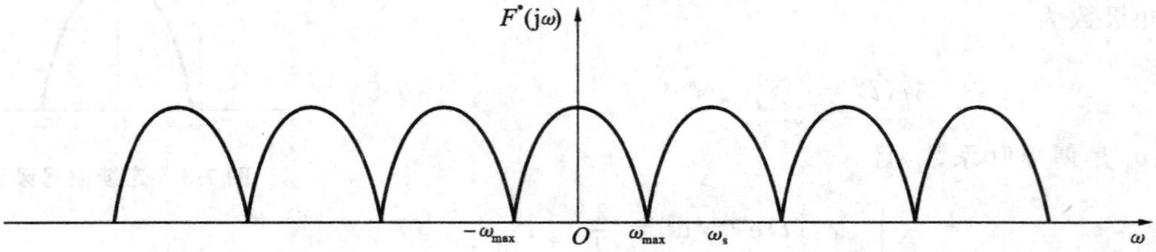

图 7-6 采样信号频谱

如图 7-7 所示，当 $\omega_s<2\omega_{max}$时，采样信号的频谱发生了重叠，通过滤波器无法得到频谱的主分量，因此无法复现原连续信号。

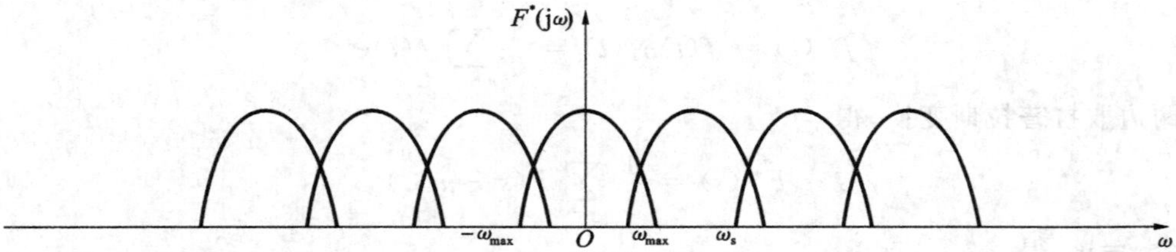

图 7-7 采样信号频谱

从理论上来说，当采样频率 $\omega_s\geqslant 2\omega_{max}$时，都能够使采样信号不失真地复现原连续信号，但实际应用中一般选择 $\omega_s>2\omega_{max}$，而不是刚好 $\omega_s=2\omega_{max}$。此外，ω_s 选得越大，获得连续信号的信息也越多，理论上效果会更好，但实际应用中 ω_s 选择过大，会增加大量的计算，导致整个系统控制起来更困难，因此需要根据实际情况，选择合适的采样角频率。

7.1.3 零阶保持器

保持器是将采样信号转换成连续信号的装置，保持器的任务就是解决采样时刻间的插值问题。采样时刻 nT 和$(n+1)T$ 之间的值到底是多少，只能用当前 nT 时刻与前面各时刻的采样值来估计。最常用的方法是多项式外推公式：

$$f(nT+\Delta t)=f(nT)+f'(nT)\Delta t+\frac{f''(nT)}{2!}\Delta t^2+\cdots$$

选择上式中的第一项得到 $f(nT+\Delta t)=f(nT)$，该式称为零阶保持器的数学表达式，式中 $0\leqslant\Delta t<T$。选择上式中的前两项 $f(nT+\Delta t)=f(nT)+f'(nT)\Delta t$，该式称为一阶保持器的数学表达式。同理，选择上式中的前三项得到的数学表达式称为二阶保持器的数学表达式。零阶保持器是使用最广泛的保持器。

由零阶保持器的数学表达式可知，它把前一个采样时刻 nT 的采样值 $f(nT)$ 一直保持到下一个采样时刻 $(n+1)T$。如图 7-8 所示，信号 $f^*(t)$ 经过零阶保持器后得到阶梯信号 $f_h(t)$。

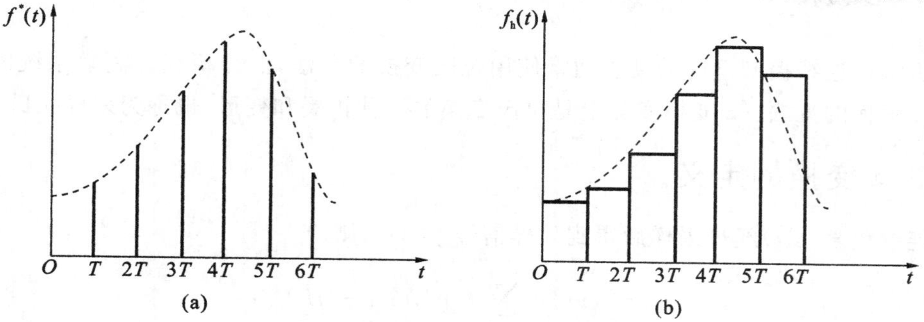

图 7-8　零阶保持器的输出特性

零阶保持器的单位脉冲响应为幅值是 1、持续时间为 T 的矩形脉冲，可分解成两个阶跃函数的叠加，常用符号 $g_h(t)$ 表示，即

$$g_h(t)=1(t)-1(t-T)$$

由于单位脉冲响应函数的拉氏变换即为系统的传递函数，将上式两边取拉氏变换可得零阶保持器的传递函数为

$$G_h(s)=\mathscr{L}[1(t)-1(t-T)]=\frac{1-e^{-Ts}}{s} \tag{7-8}$$

令 $s=j\omega$ 代入式(7-8)，可得零阶保持器的频率特性为

$$G_h(j\omega)=\frac{1-e^{-j\omega T}}{j\omega}=\frac{e^{\frac{-j\omega T}{2}}(e^{\frac{j\omega T}{2}}-e^{\frac{-j\omega T}{2}})}{j\omega}=T\frac{\sin(\frac{\omega T}{2})}{\omega T/2}e^{\frac{-j\omega T}{2}}$$

将 $T=\frac{2\pi}{\omega_s}$ 代入上式，得

$$G_h(j\omega)=\frac{2\pi}{\omega_s}\frac{\sin(\frac{\pi\omega}{\omega_s})}{\pi\omega/\omega_s}e^{-j\frac{\pi\omega}{\omega_s}}$$

绘制零阶保持器的幅频特性和相频特性曲线如图 7-9 所示，由图可知零阶保持器具有低通特性、相角滞后性和时间滞后性。

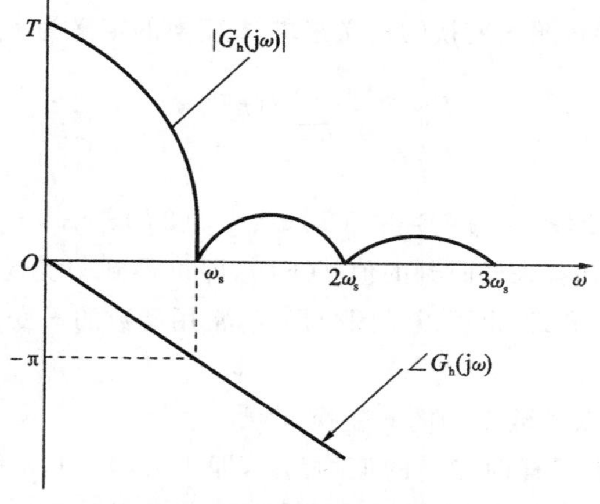

图 7-9　零阶保持器的幅频特性和相频特性

7.2　z 变换

分析线性连续控制系统的性能通常使用拉氏变换的方法，而分析线性离散系统的性能一般使用 z 变换的方法。z 变换实际上是拉氏变换的一种扩展和变形，也称为采样拉氏变换。

7.2.1　z 变换的定义

设连续信号 $f(t)$经过采样后得到采样信号 $f^*(t)$，则

$$f^*(t) = \sum_{n=0}^{+\infty} f(nT)\delta(t-nT)$$

对采样信号 $f^*(t)$进行拉氏变换，得

$$F^*(s) = \sum_{n=0}^{+\infty} f(nT)\mathrm{e}^{-nTs} \tag{7-9}$$

由上式可知，采样信号的拉氏变换结果含有超越函数 e^{-nTs}。超越函数的计算通常比较复杂，因此为了简单方便，引入新的变量 z，令 $z=\mathrm{e}^{sT}$，则 $s=\frac{1}{T}\ln z$，代入式(7-9)，得采样信号 $f^*(t)$的 z 变换定义为

$$F(z) = \sum_{n=0}^{+\infty} f(nT)z^{-n} \tag{7-10}$$

记 $F(z)=Z[f^*(t)]$，为了书写方便常写成 $F(z)=Z[f(t)]$。z 变换是针对采样信号进行分析时使用的一种方法，对连续信号的 z 变换是指先将连续信号进行采样，再对采样后的信号进行 z 变换分析。

7.2.2　z 变换的求法

求离散时间函数的 z 变换有多种方法，常用的两种方法为级数求和法和部分分式法。

1. 级数求和法

级数求和法就是直接按照 z 变换的定义来求，z 变换的定义为

$$F(z) = \sum_{n=0}^{+\infty} f(nT)z^{-n}$$

展开后为

$$F(z) = f(0) + f(T)z^{-1} + f(2T)z^{-2} + \cdots$$

由上式可知，只要得到各采样时刻的值 $f(nT)$，即可得到 z 变换的级数展开式，级数展开式可以是无穷级数的表达形式，也可以是闭合形式，常用函数的 z 变换的级数展开式都可以写成闭合形式。

【例 7-1】　求单位阶跃函数 $1(t)$的 z 变换。

解　由于 $1(t)$在所有采样时刻上的值均为 1，即 $1(nT)=1，n=0,1,2,\cdots,+\infty$，则由式(7-10)可得

$$Z[1(t)]=\sum_{n=0}^{+\infty}z^{-n}=1+z^{-1}+z^{-2}+\cdots+z^{-n}+\cdots$$

当$|z^{-1}|<1$时，上式无穷级数收敛，可得单位阶跃函数$1(t)$的z变换为

$$Z[1(t)]=\frac{z}{z-1}$$

【例 7-2】　求指数函数$e^{-at}(a>0)$的z变换。

解　e^{-at}在采样时刻上的值为e^{-anT}，则由式(7-10)可得

$$Z[e^{-at}]=\sum_{n=0}^{+\infty}e^{-anT}z^{-n}=1+e^{-aT}z^{-1}+1+e^{-2aT}z^{-2}+\cdots$$

上式结果为无穷级数，当公比$|e^{-aT}z^{-1}|<1$时，级数收敛，可得指数函数$e^{-at}(a>0)$的z变换为

$$Z[e^{-at}]=\sum_{n=0}^{+\infty}e^{-anT}z^{-n}=\frac{1}{1-e^{-aT}z^{-1}}=\frac{z}{z-e^{-aT}}$$

2. 部分分式法

已知连续时间函数$f(t)$的拉氏变换$F(s)$，用部分分式法将其展开为部分分式和的形式，求出每部分的时间函数，再通过查表得到最终的$F(z)$。

已知$F(s)=\dfrac{M(s)}{N(s)}$，$M(s)$和$N(s)$是含有s的多项式，$F(s)$有n个单极点时，则$F(s)$用部分分式法展开为

$$F(s)=\frac{A_1}{s-p_1}+\frac{A_2}{s-p_2}+\cdots+\frac{A_n}{s-p_n}$$

式中：$A_i(i=1,2,\cdots,n)$为系数，A_i可由留数法求出。

对上式逐项取拉氏反变换得

$$f(t)=\sum_{i=1}^{n}A_i e^{p_i t}$$

查表7-1可得

$$F(z)=\sum_{i=1}^{n}A_i\frac{z}{z-e^{p_i T}}$$

【例 7-3】　求$F(s)=\dfrac{a}{s(s+a)}$的z变换$F(z)$。

解　将$F(s)$用部分分式法展开为

$$F(s)=\frac{a}{s(s+a)}=\frac{1}{s}-\frac{1}{s+a}$$

对上式逐项取拉氏反变换得

$$f(t)=1-e^{-at}$$

查表7-1可得$F(s)$的z变换为

$$F(z)=\frac{z}{z-1}-\frac{z}{z-e^{-aT}}$$

常用时间函数的z变换如表7-1所示，通常情况下简单时间函数的z变换可直接查表。

表 7-1　z 变换表

序　号	$f(t)$	$F(s)$	$F(z)$
1	$\delta(t-nT)$	e^{-nsT}	z^{-n}
2	$\delta(t)$	1	1
3	$1(t)$	$\frac{1}{s}$	$\frac{z}{z-1}$
4	t	$\frac{1}{s^2}$	$\frac{Tz}{(z-1)^2}$
5	$\frac{t^2}{2}$	$\frac{1}{s^3}$	$\frac{T^2z(z+1)}{2(z-1)^3}$
6	$a^{\frac{t}{T}}$	$\frac{1}{s-\frac{1}{T}\ln a}$	$\frac{z}{z-a}$
7	e^{-at}	$\frac{1}{s+a}$	$\frac{z}{z-e^{-aT}}$
8	te^{-at}	$\frac{1}{(s+a)^2}$	$\frac{Tze^{-aT}}{(z-e^{-aT})^2}$
9	$\frac{t^2}{2}e^{-at}$	$\frac{1}{(s+a)^3}$	$\frac{T^2ze^{-aT}}{2(z-e^{-aT})^2}+\frac{T^2ze^{-2aT}}{(z-e^{-aT})^3}$
10	$1-e^{-at}$	$\frac{a}{s(s+a)}$	$\frac{(1-e^{-aT})z}{(z-1)(z-e^{-aT})}$
11	$t-\frac{1}{a}(1-e^{-at})$	$\frac{a}{s^2(s+a)}$	$\frac{Tz}{(z-1)^2}-\frac{(1-e^{-aT})z}{a(z-1)(z-e^{-aT})}$
12	$e^{-at}-e^{-bt}$	$\frac{b-a}{(s+a)(s+b)}$	$\frac{z(e^{-aT}-e^{-bt})}{(z-e^{-aT})(z-e^{-bT})}$
13	$\sin(\omega t)$	$\frac{\omega}{s^2+\omega^2}$	$\frac{z\sin(\omega T)}{z^2-2z\cos(\omega T)+1}$
14	$\cos(\omega t)$	$\frac{s}{s^2+\omega^2}$	$\frac{z[z-\cos(\omega T)]}{z^2-2z\cos(\omega T)+1}$
15	$1-\cos(\omega t)$	$\frac{\omega^2}{s(s^2+\omega^2)}$	$\frac{z}{z-1}-\frac{z[z-\cos(\omega T)]}{z^2-2z\cos(\omega T)+1}$
16	$e^{-at}\sin(\omega t)$	$\frac{\omega}{(s+a)^2+\omega^2}$	$\frac{ze^{-aT}\sin(\omega T)}{z^2-2ze^{-aT}\cos\omega T+e^{-2aT}}$
17	$e^{-at}\cos(\omega t)$	$\frac{s+a}{(s+a)^2+\omega^2}$	$\frac{z^2-ze^{-aT}\cos(\omega T)}{z^2-2ze^{-aT}\cos(\omega T)+e^{-2aT}}$

由于 z 变换只是对连续时间函数的采样序列进行变换，因此 z 变换与连续时间函数不是一一对应的，而是与其采样序列一一对应。也就是说，$F(z)$ 与 $f^*(t)$ 是相对应的，而 $F(z)$ 与 $f(t)$ 不是一一对应的。

7.2.3　z 变换的基本定理

z 变换是拉氏变换的一种扩展，因此 z 变换的一些基本定理与拉氏变换的基本定理十分相似，常用 z 变换的基本定理如下。

1. 线性定理

设 $F_1(z)=Z[f_1(t)]$，$F_2(z)=Z[f_2(t)]$，则

$$Z[f_1(t)+f_2(t)]=F_1(z)+F_2(z)$$

它表示两个函数之和的 z 变换等于单个函数 z 变换后之和。

设 $F(z)=Z[f(t)]$，则

$$Z[Af(t)]=AF(z)$$

式中：A 为常数。该式表示函数与常数相乘后的 z 变换等于函数的 z 变换与常数的乘积。

一般情况下，有

$$Z[A_1f_1(t)+A_2f_2(t)]=A_1F_1(z)+A_2F_2(z)$$

式中：A_1 和 A_2 为常数。

2. 实数位移定理

设 $F(z)=Z[f(t)]$，$f(t-kT)$ 比 $f(t)$ 滞后 k 个采样周期，则

$$Z[f(t-kT)]=z^{-k}F(z)$$

$f(t+kT)$ 比 $f(t)$ 超前 k 个采样周期，则

$$Z[f(t+kT)]=z^k\left[F(z)-\sum_{n=0}^{k-1}f(nT)z^{-n}\right]$$

式中：k 为整数。

证明　若 $Z[f(t)]=F(z)$，则

$$Z[f(t-kT)]=\sum_{n=0}^{+\infty}f(nT-kT)z^{-n}=z^{-k}\sum_{n=0}^{+\infty}f(nT-kT)z^{-(n-k)}$$

令 $n-k=m$，则

$$Z[f(t-kT)]=z^{-k}\sum_{m=-k}^{+\infty}f(mT)z^{-m}$$

根据物理可实现性，当 $t<0$ 时 $f(t)=0$，所以上式变为

$$Z[f(t-kT)]=z^{-k}\sum_{m=0}^{+\infty}f(mT)z^{-m}=z^{-k}F(z)$$

同理

$$Z[f(t+kT)]=\sum_{n=0}^{+\infty}f(nT+kT)z^{-n}$$

令 $k+n=r$，则

$$\begin{aligned}Z[f(t+kT)]&=\sum_{r=k}^{+\infty}f(rT)z^{-(r-k)}=z^k\sum_{r=k}^{+\infty}f(rT)z^{-n}\\&=z^k\left[\sum_{r=0}^{+\infty}f(rT)z^{-r}-\sum_{r=0}^{k-1}f(rT)z^{-r}\right]\\&=z^k\left[F(z)-\sum_{n=0}^{k-1}f(kT)z^{-n}\right]\end{aligned}$$

当 $f(0)=f(T)=f(2T)=\cdots=f[(k-1)T]=0$ 时，即在零初始条件下，则实数位移定理可表示为 $Z[f(t+kT)]=z^kF(z)$。

3. 初值定理

设 $F(z)=Z[f(t)]$，且极限 $\lim\limits_{z\to+\infty}F(z)$ 存在，则 $\lim\limits_{n\to 0}f(nT)=\lim\limits_{z\to+\infty}F(z)$。初值定理将离散信号 $f^*(t)$ 在 $t=0$ 的极限值与 $F(z)$ 中 z 趋于无穷大时的极限值对应起来，因此可以在 z 域中进行分析，得到时域中的初始值。

证明 根据 z 变换定义，$F(z)$ 可写成

$$F(z)=\sum_{n=0}^{+\infty}f(nT)z^{-n}=f(0)+f(T)z^{-1}+f(2T)z^{-2}+\cdots$$

当 z 趋于无穷时，上式的两端取极限，得

$$\lim_{z\to+\infty}F(z)=f(0)=\lim_{n\to 0}f(nT)$$

4. 终值定理

设 $F(z)=Z[f(t)]$，且极限 $\lim\limits_{n\to+\infty}f(nT)$ 存在，则

$$\lim_{n\to+\infty}f(nT)=\lim_{z\to 1}(z-1)F(z)$$

终值定理与初值定理类似，将时域中离散信号 $f^*(t)$ 在 t 趋于无穷大时的极限值与 $F(z)$ 中 z 趋于 1 的极限值对应，对控制系统进行稳态分析时十分有用。终值定理还有另外一种表示形式为

$$\lim_{n\to+\infty}f(nT)=\lim_{z\to 1}(1-z^{-1})F(z)$$

证明 考虑以下两个有限序列

$$\sum_{k=0}^{n}f(kT)z^{-k}=f(0)+f(T)z^{-1}+\cdots+f(nT)z^{-n}$$

$$\sum_{k=0}^{n}f[(k-1)T]z^{-k}=f(-T)+f(0)z^{-1}+f(T)z^{-2}+\cdots+f[(n-1)T]z^{-n}$$

假定 $t<0$ 时所有的 $f(t)=0$，因此在上式中 $f(-T)=0$，比较上面两个式子，得

$$\sum_{k=0}^{n}f[(k-1)T]z^{-k}=z^{-1}\sum_{k=0}^{n-1}f(kT)z^{-k}$$

令 $z\to 1$ 时，

$$\lim_{z\to 1}\left[\sum_{k=0}^{n}f(kT)z^{-k}-z^{-1}\sum_{k=0}^{n-1}f(kT)z^{-k}\right]=\sum_{k=0}^{n}f(kT)-\sum_{k=0}^{n-1}f(kT)=f(nT)$$

在上式中取 $n\to+\infty$ 时的极限，得

$$\lim_{n\to+\infty}f(nT)=\lim_{n\to+\infty}\left\{\lim_{z\to 1}\left[\sum_{k=0}^{n}f(kT)z^{-k}-z^{-1}\sum_{k=0}^{n-1}f(kT)z^{-k}\right]\right\}$$

在该式右端改变取极限的次序，且因上式方括号中当 $n\to+\infty$ 时，两者的级数和均为 $f(z)$，由此得

$$\lim_{n\to+\infty}f(nT)=\lim_{z\to 1}(1-z^{-1})F(z)$$

终值定理的另一种常用形式是

$$\lim_{n\to+\infty}f(nT)=\lim_{z\to 1}(z-1)F(z)$$

必须注意的是，终值定理成立的条件是 $(1-z^{-1})F(z)$ 在单位圆上和圆外没有极点，即脉

冲函数序列应当是收敛的，否则求出的终值是错误的。如函数 $F(z)\frac{z}{z-2}$，其对应的脉冲序列函数为 $f(k)=2^k$，当 $k\to+\infty$ 时是发散的，而直接应用终值定理得

$$f(k)\big|_{k\to+\infty}=\lim_{z\to1}(1-z^{-1})\frac{z}{z-2}=0\neq2^k$$

与实际情况相矛盾，这是因为函数 $F(z)$ 不满足终值定理的条件所致。

【例 7-4】 已知 $F(z)=\dfrac{0.79z^2}{(z-1)(z^2-0.42z+0.21)}$，试用终值定理求 $f(nT)$ 的终值。

解 由终值定理得

$$\lim_{n\to+\infty}f(nT)=\lim_{z\to1}(z-1)F(z)=\lim_{z\to1}(z-1)\frac{0.79z^2}{(z-1)(z^2-0.42z+0.21)}=1$$

7.2.4 z 反变换

已知 z 变换的表达式 $F(z)$，求离散函数 $f^*(t)$ 的过程称为 z 反变换。在连续系统中，若已知系统的传递函数 $F(s)$，通常采用拉氏反变换的方法求系统的输出响应 $f(t)$。在离散系统中，通常采用 z 反变换的方法求系统的输出响应。

常用的 z 反变换法有三种：部分分式法、幂级数法和留数法。进行 z 反变换时，设 $t<0$ 时，$f(0)=0$。

1. 部分分式法

与拉氏反变换中的部分分式法类似，用部分分式法求 z 反变换是先将表达式分解成简单的函数之和，再通过查 z 变换表得到部分分式各项 z 反变换。由于 z 变换表中所有 $F(z)$ 的分子上都有因子 z，所以将 $\frac{F(z)}{z}$ 展开成部分分式之和，然后再乘以 z，得到的 $F(z)$ 展开式的分子上都有因子 z，再查表得到 $F(z)$ 的 z 反变换。

【例 7-5】 已知 $F(z)=\dfrac{z}{(z-1)(z-2)}$，用部分分式法求其 z 反变换。

解 由 $\dfrac{F(z)}{z}=\dfrac{-1}{z-1}+\dfrac{1}{z-2}$，得 $F(z)=\dfrac{-z}{z-1}+\dfrac{z}{z-2}$。

查 z 变换表可得

$$f(nT)=-1+2^n$$

相应的采样函数为

$$f^*(t)=\sum_{n=0}^{+\infty}(-1+2^n)\delta(t-nT)$$

2. 幂级数法

幂级数法又称为长除法，将函数 $F(z)$ 的分子除以分母，结果按 z^{-1} 升幂排列得

$$F(z)=a_0+a_1z^{-1}+a_2z^{-2}+\cdots+a_nz^{-n}+\cdots \tag{7-11}$$

z 变换定义为 $F(z)=\sum_{n=0}^{+\infty}f(nT)z^{-n}$，展开后为

$$F(z)=f(0)+f(T)z^{-1}+f(2T)z^{-2}+\cdots \tag{7-12}$$

将式(7-11)与式(7-12)比较可得 $a_0=f(0)$，$a_1=f(T)$，$a_2=f(2T)$，…，即式(7-11)中系数为各采样时刻上的采样值。采样时间序列为

$$f^*(t)=\sum_{n=0}^{+\infty}f(nT)\delta(t-nT)=a_0\delta(t)+a_1\delta(t-T)+a_2\delta(t-2T)+\cdots$$

【例 7-6】 已知 $F(z)=\dfrac{z}{(z-1)(z-2)}$，用幂级数法求其 z 反变换。

解
$$F(z)=\frac{z}{(z-1)(z-2)}=\frac{z}{z^2-3z+2}$$

用分子除以分母可得

$$F(z)=z^{-1}+3z^{-2}+7z^{-3}+15z^{-4}+\cdots$$

与式(7-12)比较后得

$$f(0)=0,f(T)=1,f(2T)=3,f(3T)=7,f(4T)=15,\cdots$$

相应的采样函数为

$$f^*(t)=\delta(t-T)+3\delta(t-2T)+7\delta(t-3T)+15\delta(t-4T)+\cdots$$

3. 留数法

留数法也称为反演积分法，其公式为

$$f(nT)=\frac{1}{2\pi \mathrm{j}}\oint F(z)z^{n-1}\mathrm{d}z=\sum_{i=1}^{k}\mathrm{Res}\left[F(z)z^{n-1}\right]_{z\to z_i} \tag{7-13}$$

式(7-13)中，$\mathrm{Res}\left[F(z)z^{n-1}\right]_{z\to z_i}$ 表示函数 $F(z)z^{n-1}$ 在极点 z_i 处的留数，$f(nT)$ 是函数 $F(z)z^{n-1}$ 所有极点的留数之和。

【例 7-7】 已知 $F(z)=\dfrac{z}{(z-1)(z-2)}$，用留数法求其 z 反变换。

解 $F(z)$ 有两个极点 $z_1=1$，$z_2=2$。

极点 z_1 处的留数为

$$\mathrm{Res}\left[F(z)z^{n-1}\right]_{z\to 1}=\lim_{z\to 1}\left[(z-1)\frac{z}{(z-1)(z-2)}z^{n-1}\right]=-1$$

极点 z_2 处的留数为

$$\mathrm{Res}\left[F(z)z^{n-1}\right]_{z\to 2}=\lim_{z\to 2}\left[(z-2)\frac{z}{(z-1)(z-2)}z^{n-1}\right]=2^n$$

由式(7-13)得 $f(nT)=-1+2^n$，相应的采样函数为

$$f^*(t)=\sum_{n=0}^{+\infty}(-1+2^n)\delta(t-nT)$$

显然，结果与例 7-6 相同。

由于 z 变换只是对连续时间函数的采样序列进行变换，因此 z 反变换也只能得到连续函数在采样时刻的采样值。也就是说，若已知 $F(z)$，通过 z 反变换只能得到 $f^*(t)$，而不能得到 $f(t)$。

7.3 离散系统的数学模型

线性连续控制系统常用微分方程或者传递函数来描述，与连续系统类似，在线性离散控制

系统中，常用差分方程或者脉冲传递函数来建立数学模型。

7.3.1　线性常系数差分方程

对于线性定常离散系统，系统在某时刻的输出不但与该时刻的输入有关，而且还可能与该时刻之前的输入/输出和该时刻之后的输入/输出有关，常用差分方程描述线性定常离散系统。与微分方程不同的是，差分方程分为前向差分方程和后向差分方程。

前向差分方程的形式为

$$\begin{aligned}&a_n y(k+n)+a_{n-1}y(k+n-1)+\cdots+a_1 y(k+1)+a_0 y(k)\\&=b_m x(k+m)+b_{m-1}x(k+m-1)+\cdots+b_1 x(k+1)+b_0 x(k)\end{aligned}$$

后向差分方程的形式为

$$\begin{aligned}&a_n y(k)+a_{n-1}y(k-1)+\cdots+a_1 y(k-n+1)+a_0 y(k-n)\\&=b_m x(k)+b_{m-1}x(k-1)+\cdots+b_1 x(k-m+1)+b_0 x(k-m)\end{aligned}$$

差分方程有经典法、迭代法和 z 变换法三种解法。经典法求解差分方程十分复杂，因此，本章仅介绍迭代法和 z 变换法求解线性常系数差分方程。

1. 迭代法

迭代法又称为数值递推法，根据已知的初始条件，利用递推关系计算出序列值，适用于计算机求解。

【例 7-8】　已知差分方程

$$y(k)-4y(k-1)+5y(k-2)=x(k)$$

输入序列 $x(k)=1$，初始条件为 $y(0)=0$，$y(1)=1$，试用迭代法求输出序列 $y(k)$，$k=0,1,2,3,4,5,6$。

解　根据初始条件知

$y(0)=0$

$y(1)=1$

$y(2)=4y(1)-5y(0)+x(2)=4-0+2=6$

$y(3)=4y(2)-5y(1)+x(3)=24-5+2=21$

$y(4)=4y(3)-5y(2)+x(4)=84-30+2=56$

$y(5)=4y(4)-5y(3)+x(5)=224-105+2=121$

$y(6)=4y(5)-5y(4)+x(6)=484-280+2=206$

2. z 变换法

用 z 变换的方法求解差分方程与用拉氏变换法求解微分方程类似，对差分方程的两边取 z 变换，利用 z 变换的实数位移定理，得到含有 z 变量的代数方程，求出输出表达式 $Y(z)$，对 $Y(z)$ 求 z 反变换，得到输出序列 $y(nT)$。

【例 7-9】　已知差分方程

$$y(k+2)+3y(k+1)+2y(k)=0$$

初始条件为 $y(0)=0$，$y(1)=1$，试用 z 变换法求输出序列 $y(k)$。

解　对差分方程中的每一项进行 z 变换，根据实数位移定理得

$$z^2Y(z)-z^2Y(0)-zY(1)+3zY(z)-3zY(0)+2Y(z)=0$$

将 $y(0)=0, y(1)=1$ 代入上式，得

$$(z^2+3z+2)Y(z)=z$$

即
$$Y(z)=\frac{z}{z^2+3z+2}=\frac{z}{z+1}-\frac{z}{z+2}$$

查 z 变换表可得

$$y^*(t)=\sum_{n=0}^{+\infty}[(-1)^n-(-2)^n]\delta(t-nT)$$

或写成
$$y(k)=(-1)^k-(-2)^k, k=0,1,2,\cdots$$

7.3.2 脉冲传递函数

对于线性连续系统，传递函数是最基本、最重要的概念之一，它描述了线性连续系统输入与输出之间的关系。对于线性离散系统，描述系统的采样输入与输出关系的特征函数称为脉冲传递函数。与传递函数一样，脉冲传递函数也是非常重要的概念。

1. 脉冲传递函数的定义

开环离散系统如图 7-10 所示。

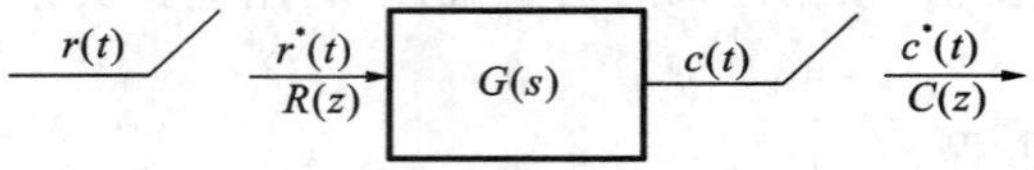

图 7-10 开环离散系统

设输入采样信号为 $r^*(t)$，输出采样信号为 $c^*(t)$，脉冲传递函数的定义为在零初始条件(系统的输入量和输出量在 $t<0$ 时的值均为零)下，系统输出采样信号的 z 变换与输入采样信号的 z 变换之比，记为

$$G(z)=\frac{Z[c^*(t)]}{Z[r^*(t)]}=\frac{C(z)}{R(z)}$$

对大多数实际系统而言，其输出一般是连续信号，因此在系统的输出端假设存在一个采样开关，与输入端的采样开关同步，且有相同的采样周期，这个输出采样开关实际上并不存在，只是为了用脉冲传递函数分析离散系统，对系统的输出信号进行了采样，如图 7-11 所示。

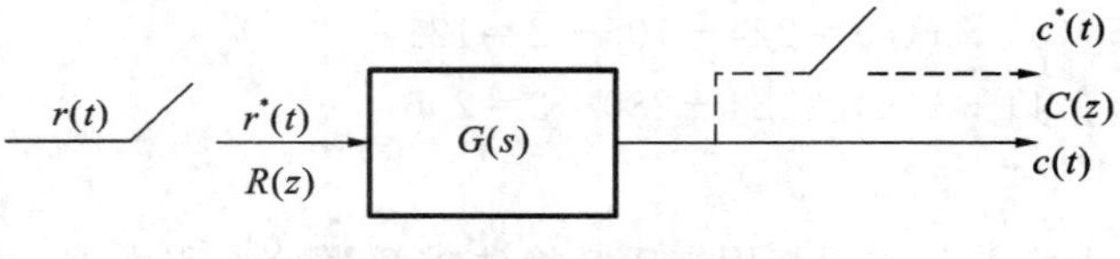

图 7-11 开环离散系统

2. 脉冲传递函数的求法

通常有两种方式求离散系统的脉冲传递函数，一种是已知离散系统的差分方程，另一种是已知离散系统连续部分的传递函数。

(1)已知离散系统的差分方程，求脉冲传递函数。

已知离散系统的差分方程，对差分方程进行 z 变换，得到含有 z 变量的代数方程，由代数

方程可得到系统的脉冲传递函数。

【例 7-10】 某环节的差分方程为

$$c(k)-4c(k-1)+5c(k-2)=r(k-1)$$

求其脉冲传递函数 $G(z)$。

解 对差分方程两边取 z 变换，得

$$C(z)-4z^{-1}C(z)+5z^{-2}C(z)=z^{-1}R(z)$$

$$G(z)=\frac{C(z)}{R(z)}=\frac{z^{-1}}{1-4z^{-1}+5z^{-2}}=\frac{z}{z^2-4z+5}$$

(2)已知离散系统连续部分的传递函数，求脉冲传递函数。

已知离散系统连续部分的传递函数，将传递函数用部分分式法展开成简单函数之和，再通过查 z 变换表得到系统的脉冲传递函数。

【例 7-11】 如图 7-10 所示的开环系统 $G(s)=\dfrac{2}{(s+1)(s+3)}$，求其脉冲传递函数 $G(z)$。

解 将 $G(s)$ 用部分分式法展开，得

$$G(s)=\frac{1}{s+1}-\frac{1}{s+3}$$

查 z 变换表得

$$G(z)=\frac{z}{z-e^{-T}}-\frac{z}{z-e^{-3T}}=\frac{z(e^{-T}-e^{-3T})}{(z-e^{-T})(z-e^{-3T})}$$

3. 开环系统脉冲传递函数

设离散系统如图 7-12 所示。

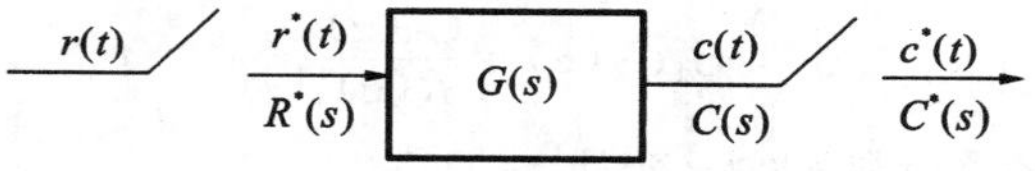

图 7-12　开环离散系统

系统方程为 $C(s)=R^*(s)G(s)$，对该方程进行离散化，得

$$C^*(s)=[R^*(s)G(s)]^*=R^*(s)G^*(s) \tag{7-14}$$

这是采样拉氏变换的一个重要性质，即采样拉氏变换 $R^*(s)$ 与连续函数的拉氏变换 $G(s)$ 相乘后再离散化为 $R^*(s)$ 与 $G^*(s)$ 的乘积。

(1)串联环节时脉冲传递函数。

开环离散系统由两个串联环节组成，当两个串联环节之间有采样开关时，如图 7-13 所示。

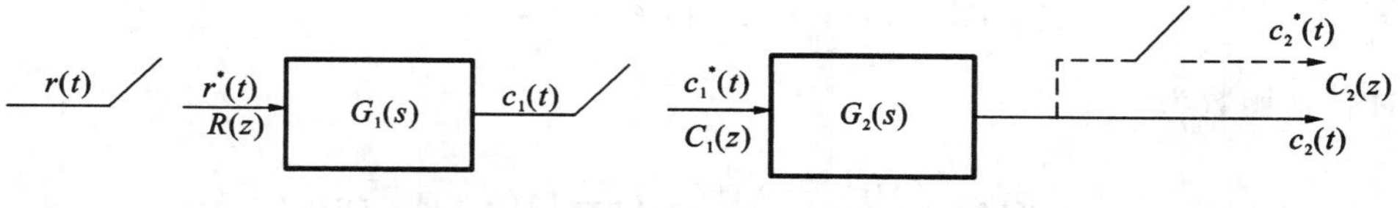

图 7-13　串联环节之间有采样开关时的开环离散系统

根据脉冲传递函数的定义，有

$$G_1(z)=\frac{C_1(z)}{R(z)} \tag{7-15}$$

$$G_2(z)=\frac{C_2(z)}{C_1(z)} \tag{7-16}$$

将式(7-15)与式(7-16)相乘可得开环系统脉冲传递函数

$$G_1(z)G_2(z)=\frac{C_2(z)}{R(z)}$$

它表明两个串联环节之间有采样开关时的脉冲传递函数等于各环节的脉冲传递函数的乘积。当有多个串联环节且相邻环节之间有采样开关时，总的传递函数等于各个环节的脉冲传递函数的乘积。

当两个串联环节之间没有采样开关时的开环离散系统如图 7-14 所示。

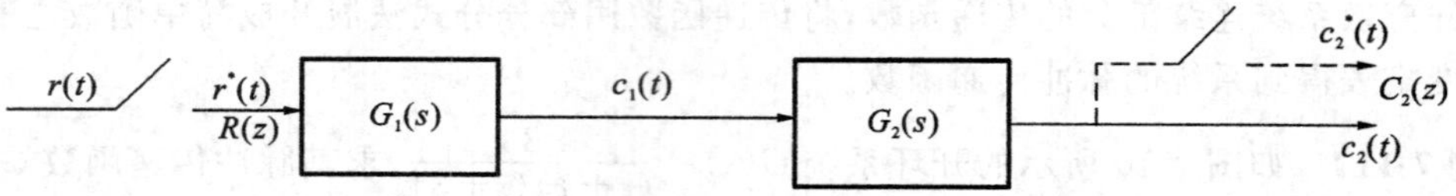

图 7-14　串联环节之间无采样开关时的开环离散系统

$$C_1(s)=R^*(s)G_1(s) \tag{7-17}$$

$$C_2(s)=C_1(s)G_2(s)=G_1(s)G_2(s)R^*(s) \tag{7-18}$$

对式(7-18)进行离散化得

$$C_2^*(s)=[G_1(s)G_2(s)]^*R^*(s)=G_1G_2(s)^*R^*(s)$$

两边取 z 变换得

$$C_2(z)=G_1G_2(z)R(z)$$

脉冲传递函数为

$$G_1G_2(z)=\frac{C_2(z)}{R(z)}$$

式中：$G_1G_2(z)$是指 $G_1(s)G_2(s)$乘积的 z 变换。

上式表明，两个串联环节之间没有采样开关时的脉冲传递函数等于各个环节传递函数的乘积后的 z 变换，当有多个串联环节且相邻环节之间没有采样开关时，总的传递函数等于各个环节传递函数的乘积后的 z 变换。值得注意的是，一般情况下 $G_1G_2(z)\neq G_1(z)G_2(z)$。

【例 7-12】 设开环离散系统如图 7-13 和图 7-14 所示，$G_1(s)=\frac{1}{s}$，$G_2(s)=\frac{1}{s+1}$，分别求两种形式下的脉冲传递函数 $G(z)$。

解 对于图 7-13 所示的开环离散系统，有

$$G_1(z)=\frac{z}{z-1},\quad G_2(z)=\frac{z}{z-e^{-T}}$$

开环脉冲传递函数为

$$\frac{C_2(z)}{R(z)}=G_1(z)G_2(z)=\frac{z^2}{(z-1)(z-e^{-T})}$$

对于图 7-14 所示的开环离散系统，有

$$G_1(s)G_2(s)=\frac{1}{s(s+1)}$$

开环脉冲传递函数为

$$\frac{C_2(z)}{R(z)}=G_1G_2(z)=Z\left[\frac{1}{s(s+1)}\right]=\frac{z}{z-1}-\frac{z}{(z-e^{-T})}=\frac{z(1-e^{-T})}{(z-1)(z-e^{-T})}$$

显然，相邻串联环节之间有无采样开关时，其脉冲传递函数是不相等的。

(2)有零阶保持器时脉冲传递函数。

有零阶保持器的开环离散系统如图 7-15 所示。

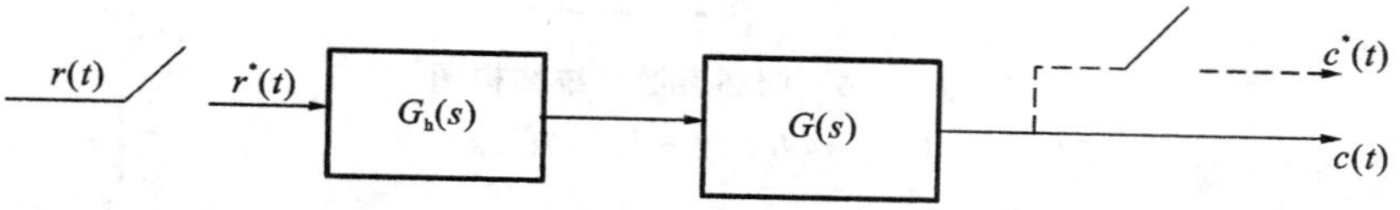

图 7-15　有零阶保持器的开环离散系统

由于零阶保持器的传递函数不是有理分式，不能直接用串联环节开环脉冲传递函数的求法来求脉冲传递函数。在实际计算中，需对零阶保持器的传递函数进行变换后求解。

零阶保持器的传递函数为

$$G_h(s)=\frac{1-e^{-sT}}{s}$$

由图 7-15 可得

$$C(s)=G_h(s)G(s)R^*(s)=\left[\frac{G(s)}{s}-\frac{e^{-sT}G(s)}{s}\right]R^*(s)$$

对上式两边取 z 变换，其中 e^{-sT} 为 z^{-1}，得

$$C(z)=Z\left[\frac{G(s)}{s}-\frac{e^{-sT}G(s)}{s}\right]R(z)$$

$$\frac{C(z)}{R(z)}=(1-z^{-1})Z\left[\frac{G(s)}{s}\right] \tag{7-19}$$

【例 7-13】　离散系统如图 7-15 所示，已知 $G(s)=\dfrac{1}{s(s+1)}$，求系统的脉冲传递函数。

解

$$\frac{G(s)}{s}=\frac{1}{s^2(s+1)}$$

$$Z\left[\frac{G(s)}{s}\right]=\frac{Tz}{(z-1)^2}-\frac{z}{z-1}+\frac{z}{z-e^{-T}}$$

由式(7-19)可得系统的脉冲传递函数为

$$\begin{aligned}\frac{C(z)}{R(z)}&=(1-z^{-1})Z\left[\frac{G(s)}{s}\right]\\&=(1-z^{-1})\left[\frac{Tz}{(z-1)^2}-\frac{z}{z-1}+\frac{z}{z-e^{-T}}\right]\\&=\frac{(e^{-T}+T-1)z+(1-Te^{-T}-e^{-T})}{(z-1)(z-e^{-T})}\end{aligned}$$

4. 闭环离散系统脉冲传递函数

闭环离散系统由于采样开关个数和位置的不同，有着不同的结构图，对应的脉冲传递函数是不一样的，常见的闭环离散系统的结构如图 7-16 所示。

由图 7-16 可得

$$C(s)=G(s)E^*(s) \tag{7-20}$$

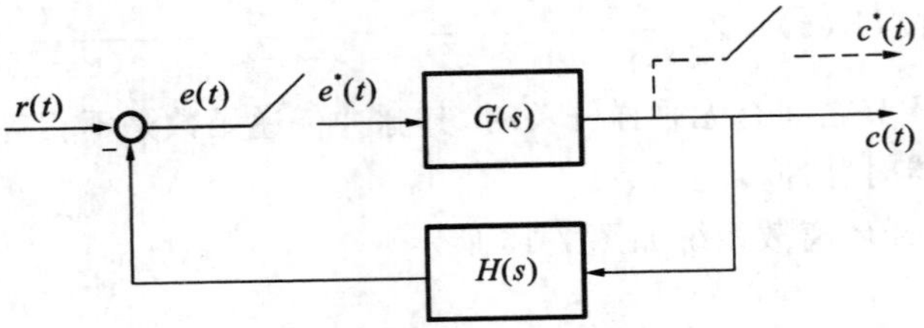

图 7-16　闭环离散系统结构图

$$E(s)=R(s)-H(s)C(s) \tag{7-21}$$

将式(7-20)代入式(7-21)得

$$E(s)=R(s)-H(s)G(s)E^*(s) \tag{7-22}$$

对式(7-22)进行离散化得

$$E^*(s)=R^*(s)-HG^*(s)E^*(s)$$

整理得

$$E^*(s)=\frac{R^*(s)}{1+HG^*(s)} \tag{7-23}$$

对式(7-20)进行离散化得

$$C^*(s)=G^*(s)E^*(s) \tag{7-24}$$

将式(7-23)代入式(7-24),得

$$C^*(s)=\frac{G^*(s)R^*(s)}{1+HG^*(s)}$$

取 z 变换得闭环离散系统的脉冲传递函数为

$$\frac{C(z)}{R(z)}=\frac{G(z)}{1+HG(z)} \tag{7-25}$$

定义 $\Phi_e(z)=\dfrac{E(z)}{R(z)}=\dfrac{1}{1+HG(z)}$为闭环离散系统的误差脉冲传递函数,定义 $1+HG(z)=0$ 为闭环离散系统的特征方程。

【例 7-14】 闭环离散系统如图 7-17 所示,试求其闭环脉冲传递函数 $\Phi(z)$。

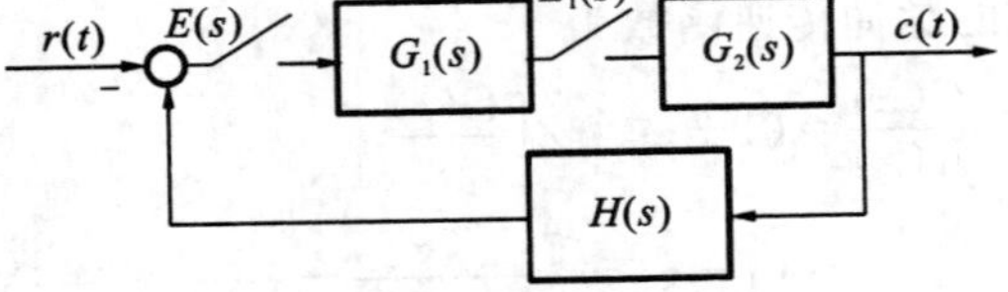

图 7-17　闭环离散系统结构图

解　由图可得

$$E(s)=R(s)-C(s)H(s) \quad ①$$

$$E_1(s)=E^*(s)G_1(s) \quad ②$$

$$C(s)=E_1^*(s)G_2(s) \quad ③$$

对式②进行离散化得

$$E_1{}^*(s)=E^*(s)G_1^*(s) \quad ④$$

将式③代入式①得

$$E(s)=R(s)-E_1^*(s)G_2(s)H(s) \qquad ⑤$$

对式⑤进行离散化得

$$E^*(s)=R^*(s)-E_1^*(s)G_2H^*(s) \qquad ⑥$$

将式④代入式⑥得

$$E^*(s)=R^*(s)-E^*(s)G_1^*(s)G_2H^*(s)$$

即

$$E^*(s)=\frac{R^*(s)}{1+G_1^*(s)G_2H^*(s)} \qquad ⑦$$

对式③进行离散化得

$$C^*(s)=E_1^*(s)G_2^*(s) \qquad ⑧$$

将式④和式⑦代入式⑧得

$$C^*(s)=E_1^*(s)G_2^*(s)=E^*(s)G_1^*(s)G_2^*(s)=\frac{R^*(s)G_1^*(s)G_2^*(s)}{1+G_1^*(s)G_2H^*(s)}$$

对上式进行 z 变换得

$$\Phi(z)=\frac{C(z)}{R(z)}=\frac{G_1(z)G_2(z)}{1+G_1(z)G_2H(z)}$$

【例 7-15】 闭环离散系统如图 7-18 所示，试求其输出采样信号的 z 变换函数 $C(z)$。

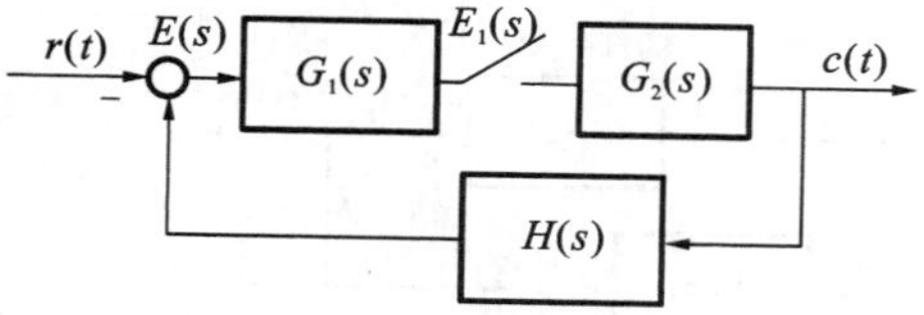

图 7-18　闭环离散系统结构图

解　由图可得

$$E(s)=R(s)-C(s)H(s) \qquad ①$$

$$E_1(s)=E(s)G_1(s) \qquad ②$$

$$C(s)=E_1^*(s)G_2(s) \qquad ③$$

将式①代入式②得

$$E_1(s)=[R(s)-C(s)H(s)]G_1(s) \qquad ④$$

将式③代入式④得

$$E_1(s)=[R(s)-E_1^*(s)G_2(s)H(s)]G_1(s) \qquad ⑤$$

对式⑤进行离散化得

$$E_1^*(s)=RG_1^*(s)-E_1^*(s)G_2HG_1^*(s)$$

$$E_1^*(s)=\frac{RG_1^*(s)}{1+G_2HG_1^*(s)} \qquad ⑥$$

对式③进行离散化得

$$C^*(s)=E_1^*(s)G_2^*(s) \qquad ⑦$$

将式⑥代入式⑦得

$$C^*(s)=\frac{RG_1^*(s)G_2^*(s)}{1+G_2HG_1^*(s)}$$

对上式进行 z 变换得

$$C(z)=\frac{RG_1(z)G_2(z)}{1+G_2HG_1(z)}$$

由上式可知，无法求出 $\Phi(z)=\frac{C(z)}{R(z)}$，因此有些系统的脉冲传递函数是无法求出的，只能求出其输出采样信号的 z 变换函数。

表 7-2　典型离散系统的输出 z 变换函数

序号	系统结构图	输出的 z 变换 $C(z)$
1	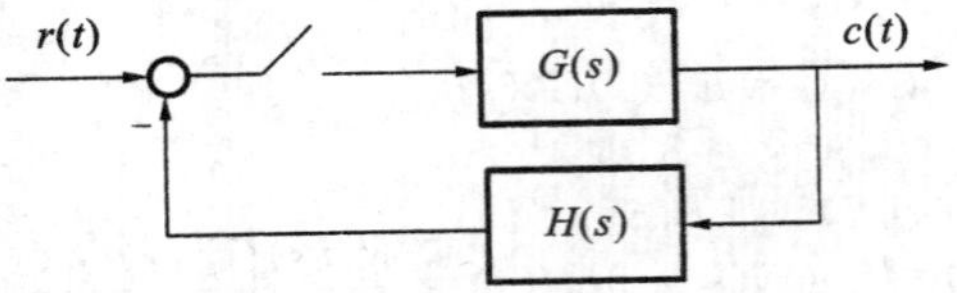	$\frac{G(z)R(z)}{1+HG(z)}$
2	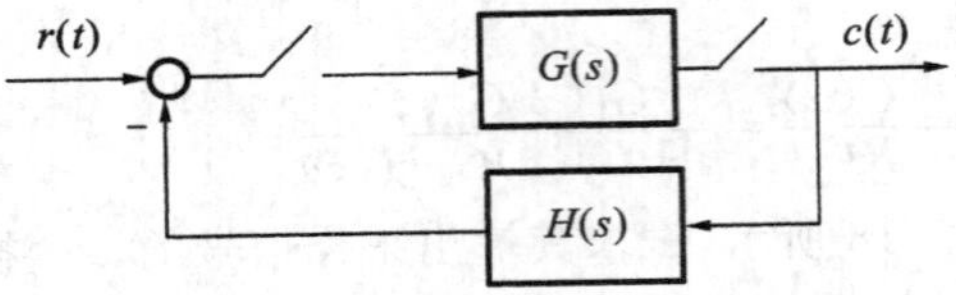	$\frac{G(z)R(z)}{1+H(z)G(z)}$
3	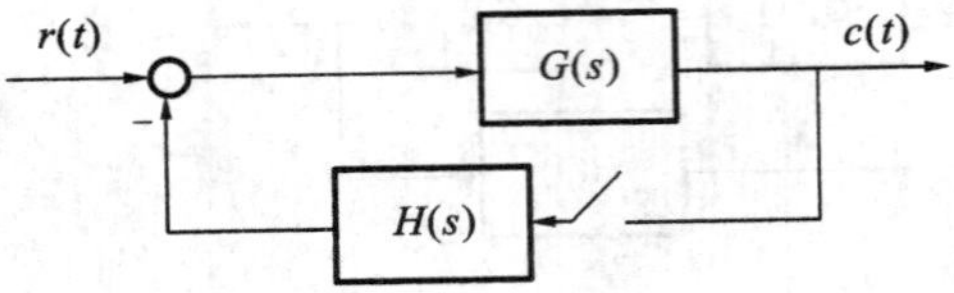	$\frac{GR(z)}{1+HG(z)}$
4	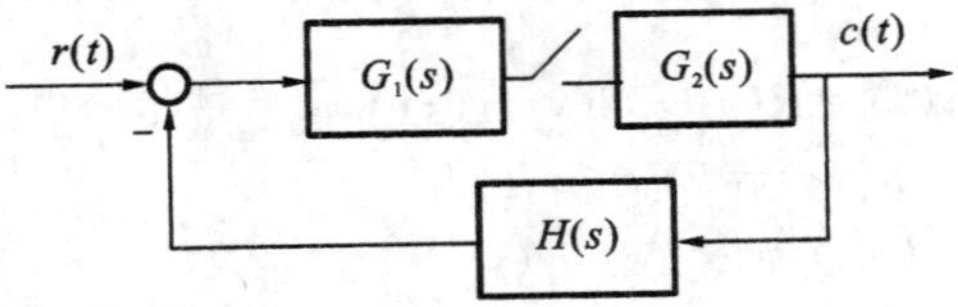	$\frac{RG_1(z)G_2(z)}{1+G_2HG_1(z)}$
5	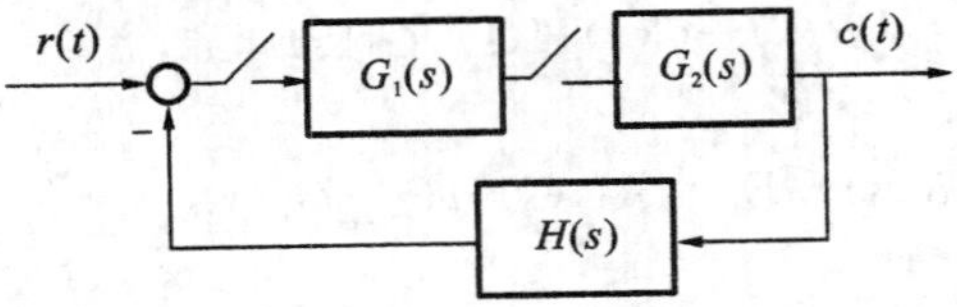	$\frac{R(z)G_1(z)G_2(z)}{1+G_1(z)G_2H(z)}$
6	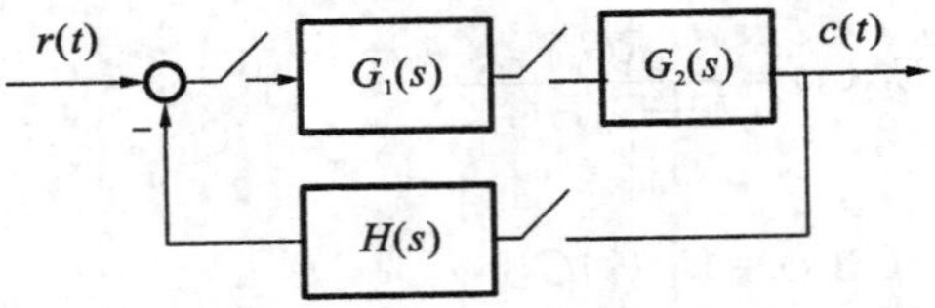	$\frac{R(z)G_1(z)G_2(z)}{1+G_1(z)G_2(z)H(z)}$

7.4　离散系统的稳定性分析

与线性连续系统的稳定性分析类似，线性定常离散系统也要分析系统的稳定性和稳态误差，连续系统是在 s 平面上分析系统的稳定性，离散系统则是在 z 平面上分析系统的稳定性。为了将 s 平面上的稳定性条件转换到 z 平面上，首先要研究两个平面之间的映射关系。

7.4.1　离散控制系统稳定的充要条件

在 z 变换的定义中，已经给出了 z 和 s 之间的关系

$$z=e^{sT}$$

s 平面上任何一点可表示为 $s=\sigma+j\omega$，代入上式可得

$$z=e^{(\sigma+j\omega)T}=e^{\sigma T}e^{j\omega T}$$

由上式可得

$$|z|=e^{\sigma T},\quad \angle z=\omega T$$

当 $\sigma=0$ 时，$s=j\omega$，$|z|=1$，ω 从 $-\infty$ 到 $+\infty$ 变化时，对应于 s 平面上的虚轴，映射到 z 平面为以原点为圆心的单位圆。

当 $\sigma<0$ 时，$|z|<1$，ω 从 $-\infty$ 到 $+\infty$ 变化时，对应于左半 s 平面上的点，映射到 z 平面为以原点为圆心的单位圆内。

当 $\sigma>0$ 时，$|z|>1$，ω 从 $-\infty$ 到 $+\infty$ 变化时，对应于右半 s 平面上的点，映射到 z 平面为以原点为圆心的单位圆外。

映射关系如图 7-19 所示。

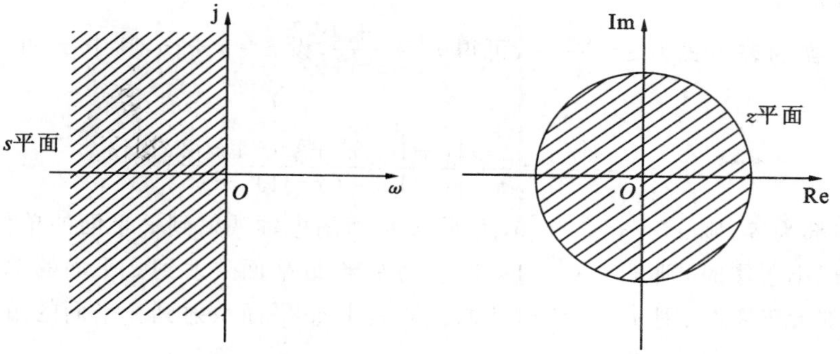

图 7-19　s 平面在 z 平面上的映射

在连续系统中，系统稳定的充要条件是系统特征方程的全部特征根在左半 s 平面，由于左半 s 平面映射到 z 平面为单位圆内，因此线性定常离散系统稳定的充要条件为系统特征方程的全部特征根在 z 平面的单位圆内，或者说特征根的模均小于 1。

【例 7-16】　离散系统如图 7-20 所示，$G(s)=\dfrac{1}{s(s+1)}$，$H(s)=1$，$T=1$ s，试分析系统的稳定性。

解　由 $G(s)$ 可知系统的开环脉冲传递函数为

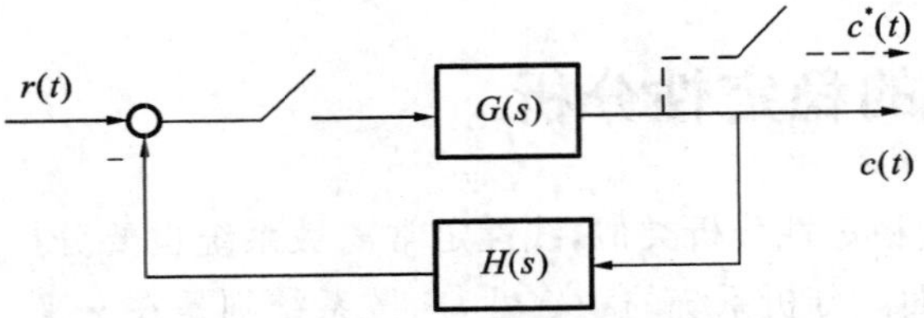

图 7-20　闭环离散系统结构图

$$G(z)=\frac{z(1-e^{-T})}{(z-1)(z-e^{-T})}=\frac{z(1-e^{-1})}{(z-1)(z-e^{-1})}$$

系统的闭环特征方程为 $1+G(z)=0$，即 $1+\frac{z(1-e^{-1})}{(z-1)(z-e^{-1})}=0$，亦即

$$z^2-0.736z+0.368=0$$

方程的根为

$$z_1=0.368+j0.482,\quad z_2=0.368-j0.482$$

因 $|z_1|<1$，$|z_2|<1$，所以系统稳定。

7.4.2　劳斯稳定判据

对连续系统进行稳定性分析通常使用劳斯判据。劳斯判据能够根据系统特征方程的系数之间的关系来判断系统的全部特征根是否在左半 s 平面，判定方法简单，使用方便。然而劳斯判据不能直接应用于离散系统的稳定性分析，离散系统中判断系统的稳定性并非是系统的全部特征根在左半 z 平面，而是在 z 平面的单位圆内。因此，引入一种新的变换使 z 平面的单位圆内映射到新的平面的左半平面，这个新的平面称为 w 平面，这种坐标变换称为双线性变换，又称为 w 变换。

双线性变换的表达式为 $z=\frac{w+1}{w-1}$，可得 $w=\frac{z+1}{z-1}$，设 $z=x+jy$，其中 x 和 y 为任意变量，则

$$w=\frac{z+1}{z-1}=\frac{x+jy+1}{x+jy-1}=\frac{x^2+y^2-1-j2y}{(x-1)^2+y^2}\tag{7-26}$$

式中：当 w 实部为零，则 $x^2+y^2-1=0$，说明 w 平面的虚轴映射到 z 平面的单位圆上；

当 w 实部小于零时，则 $x^2+y^2-1<0$，说明左半 w 平面映射到 z 平面的单位圆内；

当 w 实部大于零时，则 $x^2+y^2-1>0$，说明右半 w 平面映射到 z 平面的单位圆外。

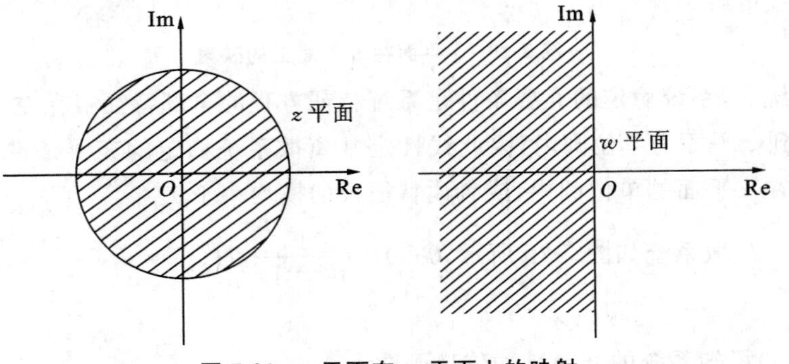

图 7-21　z 平面在 w 平面上的映射

映射关系如图 7-21 所示。经过 w 变换后，可以将判断系统特征方程的全部特征根是否在 z 平面的单位圆内，转换为判断 w 平面上的特征方程 $1+HG(w)=0$ 的所有特征根是否全部位于左半 w 平面，这样就可以直接使用劳斯判据来判断系统的稳定性。

【例 7-17】 离散系统如图 7-22 所示，其中 $G_h(s)$ 为零阶保持器，$G_h(s)=\dfrac{1-e^{-Ts}}{s}$，$G(s)=\dfrac{1}{s(s+1)}$，$H(s)=1$，$T=1$ s，试分析系统的稳定性。

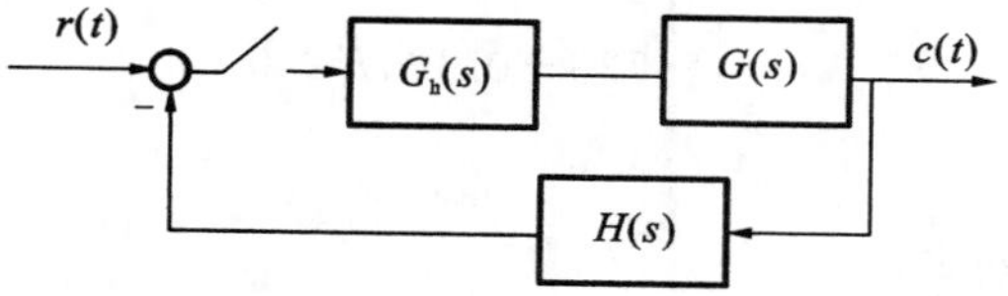

图 7-22　闭环离散系统结构图

解　系统的开环脉冲传递函数为

$$Z[G_h(s)G(s)]=(1-z^{-1})Z\left[\frac{1}{s^2(s+1)}\right]=\frac{e^{-1}z+(1-2e^{-1})}{(z-1)(z-e^{-1})}$$

系统的闭环特征方程为 $1+G(z)=0$，即 $1+\dfrac{e^{-1}z+(1-2e^{-1})}{(z-1)(z-e^{-1})}=0$，亦即

$$z^2-z+0.632=0$$

令 $z=\dfrac{w+1}{w-1}$，代入上式得

$$0.632w^2+0.736\omega+2.632=0$$

列劳斯表如下：

w^2	0.632	2.632
w^1	0.736	
w^0	2.632	

劳斯表中第 1 列全为正数，故系统是稳定的。

【例 7-18】 离散系统如图 7-22 所示，其中 $G_h(s)$ 为零阶保持器，$G_h(s)=\dfrac{1-e^{-Ts}}{s}$，$G(s)=\dfrac{K}{s(s+1)}$，$H(s)=1$，$T=1$ s，求系统稳定时 K 的范围。

解　系统的开环脉冲传递函数为

$$Z[G_h(s)G(s)]=(1-z^{-1})Z\left[\frac{K}{s^2(s+1)}\right]=\frac{K[e^{-1}z+(1-2e^{-1})]}{(z-1)(z-e^{-1})}$$

系统的闭环特征方程为 $1+G(z)=0$，即

$$1+\frac{K[e^{-1}z+(1-2e^{-1})]}{(z-1)(z-e^{-1})}=0$$

亦即

$$z^2+(0.368K-1.368)z+(0.264K+0.368)=0$$

令 $z=\dfrac{w+1}{w-1}$，代入上式得

$$0.632Kw^2+(1.264-0.528K)w+2.736-0.104K=0$$

列劳斯表如下：

$$\begin{array}{lll} w^2 & 0.632K & 2.736-0.104K \\ w^1 & 1.264-0.528K & \\ w^0 & 2.736-0.104K & \end{array}$$

系统稳定的条件是劳斯表中第 1 列全大于零，即

$$\begin{cases} 0.632K>0 \\ 1.264-0.528K>0 \\ 2.736-0.104K>0 \end{cases}$$

可解得 $0<K<2.39$。

7.4.3 朱利稳定判据

对于高阶系统，用劳斯判据判断系统的稳定性时需要先进行 w 变换，而 w 变换计算量很大，使用不方便，而采用朱利稳定判据来判断则比较简单。朱利稳定判据是直接利用离散系统特征方程的系数来判断系统的全部特征根是否位于 z 平面的单位圆内。

设离散系统的特征方程为

$$D(z)=a_n z^n+a_{n-1}z^{n-1}+\cdots+a_1 z+a_0=0 \tag{7-27}$$

式中：$a_0,a_1,\cdots,a_n$ 均为大于零的实数。

根据特征方程的系数，列朱利表如下。

表 7-3 朱利表

行	z^0	z^1	z^2	…	z^{n-k}	…	z^{n-1}	z^n
1	a_0	a_1	a_2	…	a_{n-k}	…	a_{n-1}	a_n
2	a_n	a_{n-1}	a_{n-2}	…	a_k	…	a_1	a_0
3	b_0	b_1	b_2	…	b_{n-k}	…	b_{n-1}	…
4	b_{n-1}	b_{n-2}	b_{n-3}	…	b_{k-1}	…	b_0	
5	c_0	c_1	c_2	…		c_{n-2}		
6	c_{n-2}	c_{n-3}	c_{n-4}	…		c_0		
⋮	⋮	⋮	⋮	⋮	⋮			
$2n-5$	p_0	p_1	p_2	p_3				
$2n-4$	p_3	p_2	p_1	p_0				
$2n-3$	q_0	q_1	q_2					

朱利表共有 $2n-3$ 行 $n+1$ 列，第 1 行是特征方程按 z 的升幂排列的系数，第 2 行为特征方程按 z 的降幂排列的系数，从第 3 行起至 $2n-3$ 行中各元素定义如下：

$$b_k=\begin{vmatrix} a_0 & a_{n-k} \\ a_n & a_k \end{vmatrix}, \quad k=0,1,\cdots,n-1$$

$$c_k=\begin{vmatrix} b_0 & b_{n-k-1} \\ b_{n-1} & b_k \end{vmatrix}, k=0,1,\cdots,n-2$$

$$d_k=\begin{vmatrix} c_0 & c_{n-k-2} \\ c_{n-2} & c_k \end{vmatrix}, k=0,1,\cdots,n-3$$

$$\vdots \qquad\qquad \vdots$$

$$q_k=\begin{vmatrix} p_0 & p_{3-k} \\ p_3 & p_k \end{vmatrix}, k=0,1,2$$

朱利稳定判据:离散系统特征方程 $D(z)=0$ 的全部特征根位于 z 平面的单位圆内的充分必要条件是 $D(1)>0,(-1)^nD(-1)>0$,且以下 $n-1$ 个条件成立:

$$|a_0|<|a_n|, |b_0|>|b_{n-1}|, |c_0|>|c_{n-2}|, |d_0|>|d_{n-3}|, \cdots, |q_0|>|q_2|$$

【例 7-19】 离散系统的闭环特征方程为

$$D(z)=z^3+2z^2+4z+2=0$$

试用朱利判据判断系统的稳定性。

解 由于 $n=3$,$2\times3-3=3$,故朱利阵列有 3 行 4 列。由已知闭环特征方程系数可得

$$a_0=2,\quad a_1=4,\quad a_2=2,\quad a_3=1$$

$$b_0=\begin{vmatrix} a_0 & a_3 \\ a_3 & a_0 \end{vmatrix}=3,\quad b_1=\begin{vmatrix} a_0 & a_2 \\ a_3 & a_1 \end{vmatrix}=6,\quad b_2=\begin{vmatrix} a_0 & a_1 \\ a_3 & a_2 \end{vmatrix}=0$$

朱利表为

z^0	z^1	z^2	z^3
2	4	2	1
1	2	4	2
3	6	0	

由朱利表可得

$$D(1)=1+2+4+2=9>0$$

$$D(-1)=-1+2-4+2=-1<0$$

因 $|a_0|>|a_3|$,不满足条件,故系统是不稳定的。

7.5 离散系统的稳态误差分析

离散系统的稳态误差是离散系统稳态性能的重要指标,与连续系统稳态误差常用拉氏变换的终值定理计算类似,离散系统的稳态误差通常使用 z 变换的终值定理来计算。

典型的离散闭环控制系统如图 7-23 所示,当 $H(s)=1$ 时,为单位反馈控制系统,本节以单位反馈控制系统为例,研究系统的稳态误差。

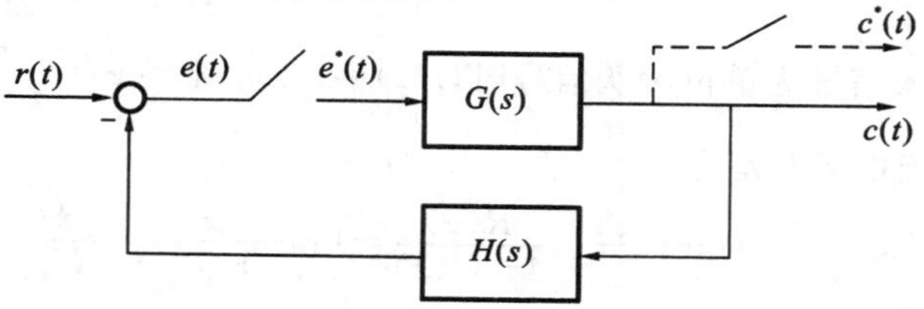

图 7-23　闭环离散系统结构图

$e^*(t)$为系统采样误差信号，其 z 变换为

$$E(z)=\frac{R(z)}{1+G(z)}$$

误差脉冲传递函数为

$$\Phi_e(z)=\frac{E(z)}{R(z)}=\frac{1}{1+G(z)}$$

当离散控制系统是稳定系统时，根据 z 变换的终值定理，可得离散系统的稳态误差为

$$e_{ss}(\infty)=\lim_{t\to+\infty}e^*(t)=\lim_{z\to1}(z-1)E(z)=\lim_{z\to1}\frac{(z-1)R(z)}{1+G(z)} \tag{7-28}$$

由式(7-28)可知，离散系统的稳态误差与 $G(z)$和 $R(z)$有关，即与系统本身的结构类型和输入信号有关。

【例 7-20】 离散系统如图 7-23 所示，其中 $G(s)=\frac{1}{s(s+1)}$，$H(s)=1$，$T=1$ s，输入信号为单位阶跃信号 $1(t)$时，求离散系统相应的稳态误差。

解 由 $G(s)$可知系统的开环脉冲传递函数为

$$G(z)=\frac{z(1-e^{-T})}{(z-1)(z-e^{-T})}=\frac{z(1-e^{-1})}{(z-1)(z-e^{-1})}$$

系统的闭环特征方程为 $1+G(z)=0$，即 $1+\frac{z(1-e^{-1})}{(z-1)(z-e^{-1})}=0$

亦即

$$z^2-0.736z+0.368=0$$

方程的根为 $z_1=0.368+j0.482$，$z_2=0.368-j0.482$

因$|z_1|<1$，$|z_2|<1$，所以系统稳定，故可应用终值定理的方法求稳态误差。

当输入信号 $r(t)=1(t)$时，$R(z)=\frac{z}{z-1}$。

系统的稳态误差为

$$\begin{aligned}e_{ss}(\infty)&=\lim_{z\to1}(z-1)E(z)=\lim_{z\to1}\frac{(z-1)R(z)}{1+G(z)}\\&=\lim_{z\to1}\frac{z-1}{1+\frac{z(1-e^{-1})}{(z-1)(z-e^{-1})}}\left(\frac{z}{z-1}\right)=0\end{aligned}$$

与连续系统中把 $G(s)$中 $s=0$ 的极点数作为划分系统类型的标准类似，离散系统中把 $G(z)$中 $z=1$ 的极点数 λ 作为划分离散系统类型的标准，$\lambda=0,1,2,\cdots$的系统分别称为 0 型、1 型、2 型离散系统等。下面分析典型输入信号下的离散系统稳态误差。

7.5.1 单位阶跃输入时的稳态误差

当离散系统的输入信号为单位阶跃信号时，$r(t)=1(t)$，则 $R(z)=\frac{z}{z-1}$。

由式(7-28)得系统稳态误差为

$$e_{ss}(\infty)=\lim_{z\to1}(z-1)\frac{R(z)}{1+G(z)}=\lim_{z\to1}\frac{z}{1+G(z)}=\frac{1}{K_p} \tag{7-29}$$

式中：$K_p=\lim_{z\to1}[1+G(z)]$称为稳态位置误差系数。

对于0型系统，即 $\lambda=0$ 时，K_p 为常数，$e_{ss}(\infty)=\dfrac{1}{K_p}$ 为常数。

对于1型及以上系统，即 $\lambda\geqslant 1$ 时，$K_p=\infty$，$e_{ss}(\infty)=\dfrac{1}{K_p}=0$。

当输入信号为单位阶跃信号时，0型系统存在稳态误差，1型及以上系统不存在稳态误差。

7.5.2 单位斜坡输入时的稳态误差

当离散系统的输入信号为单位斜坡信号时，$r(t)=t$，则 $R(z)=\dfrac{Tz}{(z-1)^2}$。

由式(7-28)得系统稳态误差为

$$e_{ss}(\infty)=\lim_{z\to 1}(z-1)\frac{R(z)}{1+G(z)}=\lim_{z\to 1}\frac{Tz}{(z-1)[1+G(z)]}=\lim_{z\to 1}\frac{T}{(z-1)G(z)}=\frac{T}{K_v} \tag{7-30}$$

式中：$K_v=\lim\limits_{z\to 1}(z-1)G(z)$ 称为稳态速度误差系数。

对于0型系统，即 $\lambda=0$ 时，$K_v=0$，$e_{ss}(\infty)=\dfrac{T}{K_v}=\infty$。

对于1型系统，即 $\lambda=1$ 时，K_v 是常数，$e_{ss}(\infty)=\dfrac{T}{K_v}$ 为常数。

对于2型及以上系统，即 $\lambda\geqslant 2$ 时，$K_v=\infty$，$e_{ss}(\infty)=\dfrac{T}{K_v}=0$。

当输入信号为单位斜坡信号时，0型系统的输出不能跟踪输入信号，1型系统存在稳态误差，2型及以上的系统不存在稳态误差。

7.5.3 单位抛物线输入时的稳态误差

当离散系统的输入信号为单位抛物线信号时，$r(t)=\dfrac{t^2}{2}$，则

$$R(z)=\frac{T^2z(z+1)}{2\,(z-1)^3}$$

由式(7-28)得系统稳态误差为

$$\begin{aligned}e_{ss}(\infty)&=\lim_{z\to 1}(z-1)\frac{R(z)}{1+G(z)}=\lim_{z\to 1}\frac{T^2z(z+1)}{2(z-1)^2[1+G(z)]}\\&=\lim_{z\to 1}\frac{T^2}{(z-1)^2G(z)}=\frac{T^2}{K_a}\end{aligned} \tag{7-31}$$

式中：$K_a=\lim\limits_{z\to 1}(z-1)^2G(z)$ 称为稳态加速度误差系数。

对于0型和1型系统，即 $\lambda=0$ 和 $\lambda=1$ 时，$K_a=0$，$e_{ss}(\infty)=\dfrac{T^2}{K_a}=\infty$。

对于2型系统，即 $\lambda=2$ 时，K_a 是常数，$e_{ss}(\infty)=\dfrac{T^2}{K_a}$ 为常数。

对于3型及以上系统，即 $\lambda\geqslant 3$ 时，$K_a=\infty$，$e_{ss}(\infty)=\dfrac{T^2}{K_a}=0$。

当输入信号为单位抛物线信号时，0型和1型系统的输出不能跟踪输入信号，2型系统存在稳态误差，3型及以上的系统不存在稳态误差。典型离散系统的稳态误差如表7-4所示。

表 7-4 典型输入信号稳态误差表

系统型别	稳态误差		
	单位阶跃信号输入	单位斜坡信号输入	单位抛物线信号输入
0 型	$\frac{1}{K_p}$	∞	∞
1 型	0	$\frac{T}{K_v}$	∞
2 型	0	0	$\frac{T^2}{K_a}$

7.6 离散系统的动态性能分析

分析线性定常离散系统的动态性能，通常是分析其时间响应。利用 z 变换法，在时域中分析离散系统的时间响应，得到系统各项动态性能指标。离散系统的闭环极点在 z 平面上的分布对系统的动态性能有很大的影响，因此要研究两者之间的关系。

7.6.1 离散控制系统的时间响应及性能指标

在分析离散系统的时间响应时，通常默认输入信号为单位阶跃信号。若已知离散系统的结构和参数，根据已知输入信号 $R(z)=\frac{z}{z-1}$，可求出系统的脉冲传递函数或输出信号的 z 变换函数 $C(z)$，再通过 z 反变换，则可得到输出信号的脉冲序列 $c^*(t)$。$c^*(t)$ 为单位阶跃输入信号下的动态响应。根据动态响应曲线可以方便地分析离散系统的动态性能。

【例 7-21】 离散系统如图 7-24 所示，零阶保持器 $G_h(s)=\frac{1-e^{-Ts}}{s}$，$G(s)=\frac{1}{s(s+1)}$，$H(s)=1$，$T=1$ s，输入信号为单位阶跃信号 $1(t)$，试分析系统的动态性能。

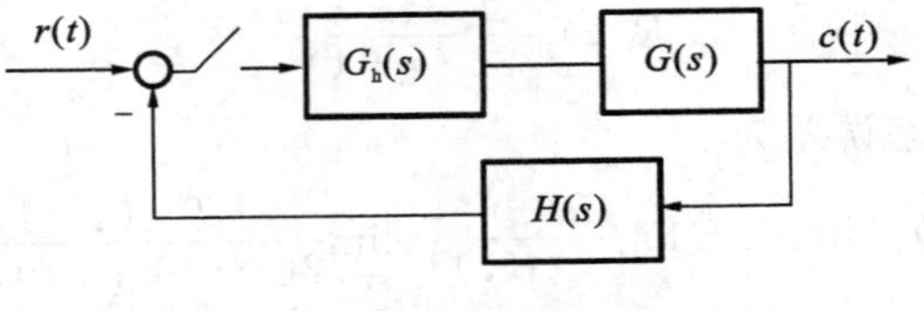

图 7-24 闭环离散系统结构图

解 系统的开环脉冲传递函数为

$$Z[G_h(s)G(s)]=(1-z^{-1})Z\left[\frac{1}{s^2(s+1)}\right]=\frac{e^{-1}z+(1-2e^{-1})}{(z-1)(z-e^{-1})}=\frac{0.368z+0.264}{z^2-1.368z+0.368}$$

闭环脉冲传递函数为

$$\Phi(z)=\frac{0.368z+0.264}{z^2-z+0.632}$$

输入信号的 z 变换函数为 $R(z)=\frac{z}{z-1}$。

输出响应的 z 变换函数为

$$C(z)=\Phi(z)R(z)=\frac{0.368z^2+0.264z}{z^3-2z^2+1.632z-0.632}$$

求 $C(z)$ 的 z 反变换，用幂级数法，可得

$$C(z)=0.368z^{-1}+z^{-2}+1.4z^{-3}+1.4z^{-4}+1.147z^{-5}+0.895z^{-6}+0.802z^{-7}+\cdots$$

与 z 变换的定义进行比较系数，可得

$$c(0)=0,\quad c(T)=0.368,\quad c(2T)=1,\quad c(3T)=1.4$$

$$c(4T)=1.4,\quad c(5T)=1.147,\quad c(6T)=0.895,\quad c(7T)=0.802$$

绘制单位阶跃响应曲线如图 7-25 所示。

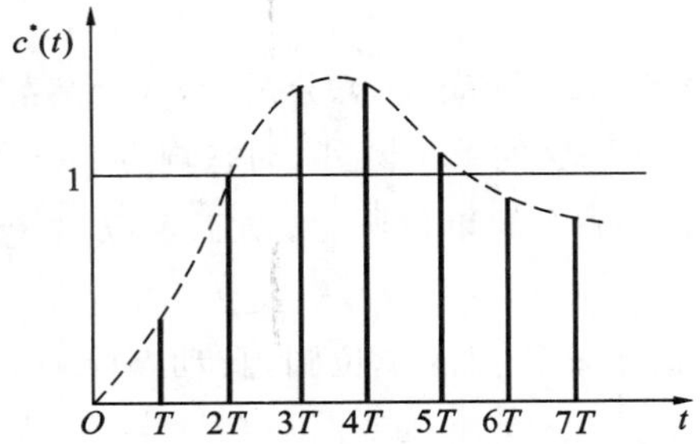

图 7-25　闭环离散系统结构图

由图 7-25 可得离散系统的近似性能指标为：上升时间 $t_r=2$ s，峰值时间 $t_p=4$ s，超调量 $\sigma_p=40\%$。

由于离散系统只有在各采样时刻上有值，因此性能指标只能按采样时刻上的采样值来计算，与时间相关的性能指标都是采样周期的整数倍，性能指标都是近似值。

7.6.2　闭环极点的分布与动态性能的关系

与连续系统一样，离散系统的闭环极点在 z 平面上的分布，对系统的动态性能有重要的影响。下面根据闭环极点在 z 平面上的位置分三种情况讨论。

1. 单极点在正实轴上

设系统的闭环单极点在正实轴上，则

$$\frac{C(z)}{R(z)}=\frac{a}{z-p} \tag{7-32}$$

式中：p 为正实数；a 为常数。

在单位阶跃输入的作用下，输出响应为

$$c(nT)=Z^{-1}\left[\frac{a}{z-p}\cdot\frac{z}{z-1}\right]=b+cp^n \tag{7-33}$$

式中：b 和 c 为常数。

b 为 $c^*(t)$ 的稳态分量，极点 p 对应的动态分量为 cp^n。

当 $p>1$ 时，闭环极点位于 z 平面的单位圆外，动态响应 cp^n 是发散序列。

当 $p=1$ 时，闭环极点位于 z 平面的单位圆上，动态响应 $cp^n=c$，即幅值为 c 的等幅脉冲序列。

当 $0<p<1$ 时，闭环极点位于 z 平面的单位圆内，动态响应 cp^n 是收敛的脉冲序列。

2. 单极点在负实轴上

设系统的闭环单极点在负实轴上，则

$$\frac{C(z)}{R(z)}=\frac{a}{z+p} \tag{7-34}$$

式中：p 为正实数；a 为常数。

在单位阶跃信号输入的作用下，输出响应为

$$c(nT)=Z^{-1}\left[\frac{a}{z+p}\cdot\frac{z}{z-1}\right]=b+c\,(-p)^n \tag{7-35}$$

式中：b 和 c 为常数。

b 为 $c^*(t)$ 的稳态分量，极点 $-p$ 对应的动态分量为 $c\,(-p)^n$。

当 $p>1$ 时，闭环极点位于 z 平面的单位圆外，动态响应 $c\,(-p)^n$ 是交替变号发散序列。

当 $p=1$ 时，闭环极点位于 z 平面的单位圆上，动态响应 $c\,(-p)^n=(-1)^n c$，即交替变号幅值为 c 的等幅脉冲序列。

当 $0<p<1$ 时，闭环极点位于 z 平面的单位圆内，动态响应 $c\,(-p)^n$ 是交替变号收敛的脉冲序列。

图 7-26 所示的为闭环实极点分布与相应的动态响应。

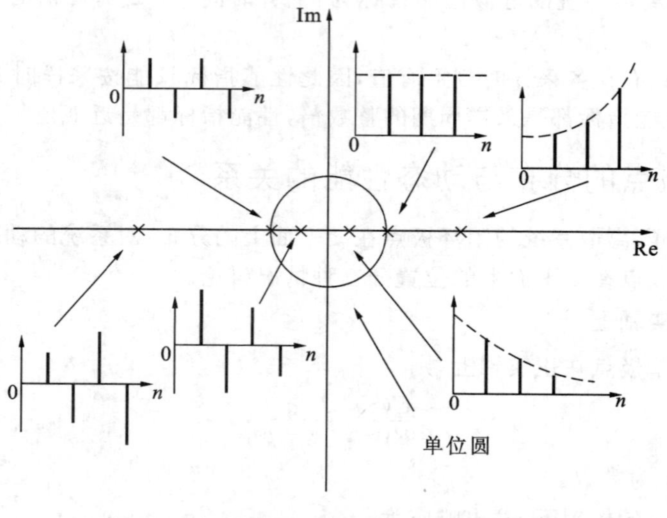

图 7-26　闭环实极点分布与相应的动态响应图

3. 共轭复数极点在 z 平面上

若系统的闭环极点为共轭复数极点，则

$$\frac{C(z)}{R(z)}=\frac{a}{(z-p)(z-\overline{p})}$$

式中：p 和 $\overline{p}$ 为共轭复数；a 为常数。

令 $p=|p|\mathrm{e}^{\mathrm{j}\theta}$，则 $\overline{p}=|p|\mathrm{e}^{-\mathrm{j}\theta}$。

在单位阶跃信号输入的作用下，输出响应为

$$c(nT)=Z^{-1}\left[\frac{a}{(z-p)(z-\overline{p})}\cdot\frac{z}{z-1}\right]=b+cp^n+\overline{c}(\overline{p})^n \tag{7-36}$$

式中：b 为稳态分量；c 和 $\overline{c}$ 为共轭复数。

令 $c=|c|e^{j\varphi}$，则 $\overline{c}=|c|e^{-j\varphi}$，动态分量

$$cp^n+\overline{c}(\overline{p})^n=|c|e^{j\varphi}[|p|e^{j\theta}]^n+|c|e^{-j\varphi}[|p|e^{-j\theta}]^n=2|c||p|^n\cos(n\theta+\varphi)$$

当 $|p|>1$ 时，闭环复数极点位于 z 平面的单位圆外，动态响应是发散振荡脉冲序列，对应图 7-27 中 b 点的对应波形。

当 $|p|=1$ 时，闭环复数极点位于 z 平面的单位圆上，动态响应是等幅振荡脉冲序列。

当 $0<|p|<1$ 时，闭环复数极点位于 z 平面的单位圆内，动态响应是收敛的振荡脉冲序列，对应图 7-27 中 a 点的对应波形。

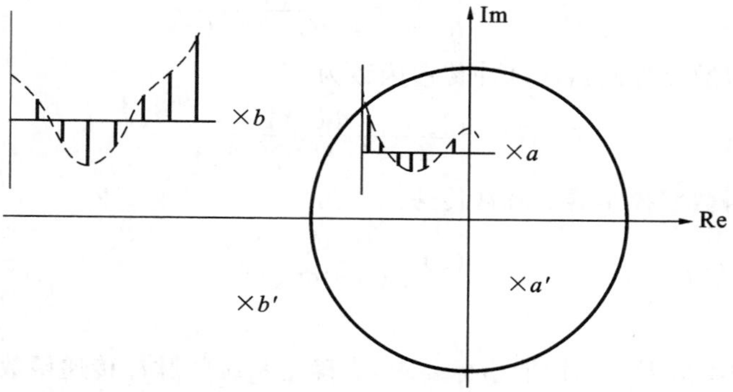

图 7-27　闭环复数极点分布与相应的动态响应图

综上所述，离散系统的动态性能与闭环极点在 z 平面的位置密切相关，当闭环极点位于 z 平面的单位圆内时，输出动态响应为收敛的脉冲序列；当闭环极点位于 z 平面的单位圆上时，输出动态响应为等幅脉冲序列；当闭环极点位于 z 平面的单位圆外时，输出动态响应为发散序列。

7.7　离散系统的校正

7.7.1　校正方式

对线性离散系统的设计，是根据离散系统性能指标的要求设计校正装置，也就是设计离散系统的控制器。控制器分为连续控制器和数字控制器，本节只介绍数字控制器。设计数字控制器有两种方法：模拟化设计法和直接数字设计法。模拟化设计法是按连续系统理论设计校正装置，然后再把校正装置离散化。直接数字设计法是根据系统的性能指标，对系统进行离散化分析，得到系统的脉冲传递函数，再按离散系统理论设计控制器。由于直接数字设计法比模拟化设计法更简单，使用也更广泛，本节只介绍直接数字设计法。

7.7.2　数字控制器的脉冲传递函数

设离散系统如图 7-28 所示，图中 $G_d(z)$ 为数字控制器的脉冲传递函数，$G(s)$ 为被控对象

的传递函数，离散系统为单位反馈控制系统。

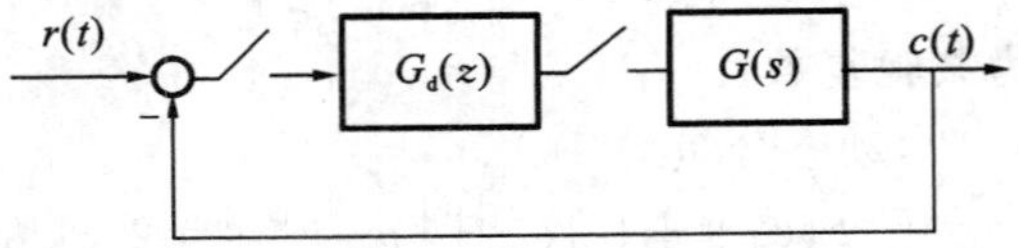

图 7-28　有数字控制器的闭环离散系统结构图

由图 7-28 可得系统的闭环脉冲传递函数为

$$\Phi(z)=\frac{C(z)}{R(z)}=\frac{G_d(z)G(z)}{1+G_d(z)G(z)} \tag{7-37}$$

误差脉冲传递函数为

$$\Phi_e(z)=\frac{E(z)}{R(z)}=\frac{1}{1+G_d(z)G(z)} \tag{7-38}$$

由式(7-37)可得数字控制器的脉冲传递函数为

$$G_d(z)=\frac{\Phi(z)}{G(z)[1-\Phi(z)]} \tag{7-39}$$

由式(7-38)可得数字控制器的脉冲传递函数为

$$G_d(z)=\frac{1-\Phi_e(z)}{G(z)\Phi_e(z)} \tag{7-40}$$

显然，$\Phi(z)=1-\Phi_e(z)$。

由上可知，根据离散系统的性能指标要求，先确定系统的脉冲传递函数或者误差脉冲传递函数，然后利用式(7-39)或式(7-40)可求得数字控制器的脉冲传递函数。

7.7.3　最少拍系统及设计

在采样过程中，一个采样周期称为一拍，最少拍系统是指在典型输入作用下，能在有限拍内结束响应过程，且在采样时刻上无稳态误差的离散系统。

常见的典型输入有单位阶跃信号、单位斜坡信号、单位抛物线信号，它们的 z 变换可表示为如下形式：

$$R(z)=\frac{A(z)}{(1-z^{-1})^m} \tag{7-41}$$

式中：$A(z)$是不含 $1-z^{-1}$因子的多项式；$m=1,2,3$。

最少拍系统设计的原则是被控对象 $G(z)$无延迟且在 z 平面单位圆上及单位圆外无零极点，选择闭环脉冲传递函数 $\Phi(z)$，使系统能在典型输入作用下，经过最少拍后在采样时刻上准确跟踪输入信号，稳态误差为零。根据选择的脉冲传递函数 $\Phi(z)$，求出数字控制器的脉冲传递函数 $G_d(z)$。

由终值定理得离散系统的稳态误差为

$$e_{ss}(\infty)=\lim_{z\to1}(z-1)E(z)=\lim_{z\to1}(z-1)\Phi_e(z)R(z)=\lim_{z\to1}(z-1)\frac{A(z)}{(1-z^{-1})^m}\Phi_e(z) \tag{7-42}$$

式(7-42)表明，使稳态误差为零的条件是 $\Phi_e(z)$中包含$(1-z^{-1})^m$ 的因子。

取 $\Phi_e(z)=(1-z^{-1})^mF(z)$，$F(z)$是不含 $1-z^{-1}$因子的多项式。为了简化 $G_d(z)$，取 $F(z)=1$，则

$$\Phi_e(z)=(1-z^{-1})^m$$

$$\Phi(z)=1-\Phi_e(z)=1-(1-z^{-1})^m=b_1z^{-1}+b_2z^{-2}+\cdots+b_mz^{-m} \tag{7-43}$$

由式(7-43)可知,$\Phi(z)$的全部极点均位于 z 平面的原点。

最少拍系统设计步骤为:

(1)根据已知被控对象的传递函数 $G(s)$,求其 z 变换 $G(z)$;

(2)根据典型的输入信号 $r(t)$ 选择合适的 $\Phi_e(z)$;

(3)由已知 $\Phi_e(z)$,可得 $\Phi(z)=1-\Phi_e(z)$;

(4)根据式(7-39)或式(7-40)得到数字控制器的脉冲传递函数 $G_d(z)$。

典型输入作用下,最少拍系统的数字控制器脉冲传递函数如下。

1. 单位阶跃输入

当输入信号 $r(t)=1(t)$ 时,$R(z)=\dfrac{z}{z-1}=\dfrac{1}{1-z^{-1}}$。

取 $\Phi_e(z)=1-z^{-1}$,则

$$\Phi(z)=1-\Phi_e(z)=z^{-1}$$

$$G_d(z)=\frac{z^{-1}}{(1-z^{-1})G(z)}$$

$$E(z)=\Phi_e(z)R(z)=1$$

对 $E(z)$ 取 z 反变换,得

$$e(0)=1,\quad e(T)=e(2T)=\cdots=0$$

可见,系统经过一拍后可完全跟踪输入信号,也就是说,经过一拍后 $c^*(t)=r^*(t)$。这样的离散系统称为一拍系统,其调节时间 $t_s=T$,如图 7-29 所示。

2. 单位斜坡输入

当输入信号 $r(t)=t$ 时,$R(z)=\dfrac{Tz}{(z-1)^2}=\dfrac{Tz^{-1}}{(1-z^{-1})^2}$。

取 $\Phi_e(z)=(1-z^{-1})^2$,则

$$\Phi(z)=1-\Phi_e(z)=2z^{-1}-z^{-2}$$

$$G_d(z)=\frac{2z^{-1}-z^{-2}}{(1-z^{-1})^2G(z)}$$

$$E(z)=\Phi_e(z)R(z)=Tz^{-1}$$

对 $E(z)$ 取 z 反变换,得

$$e(0)=0,\quad e(T)=T,\quad e(2T)=e(3T)=\cdots=0$$

可见,系统经过二拍后可完全跟踪输入信号,也就是说,经过二拍后 $c^*(t)=r^*(t)$。这样的离散系统称为二拍系统,其调节时间 $t_s=2T$,如图 7-30 所示。

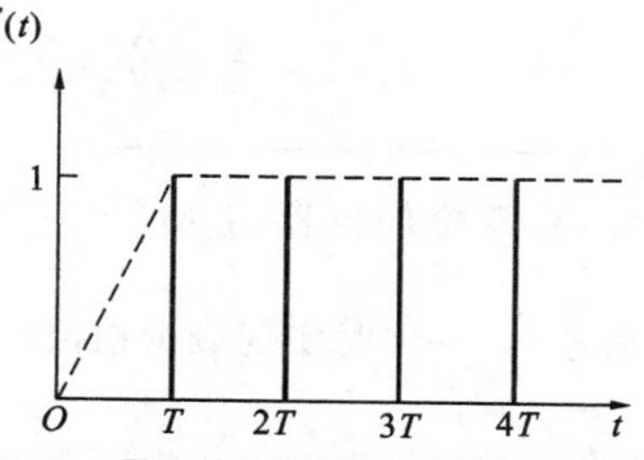

图 7-29　最少拍系统的单位阶跃响应序列

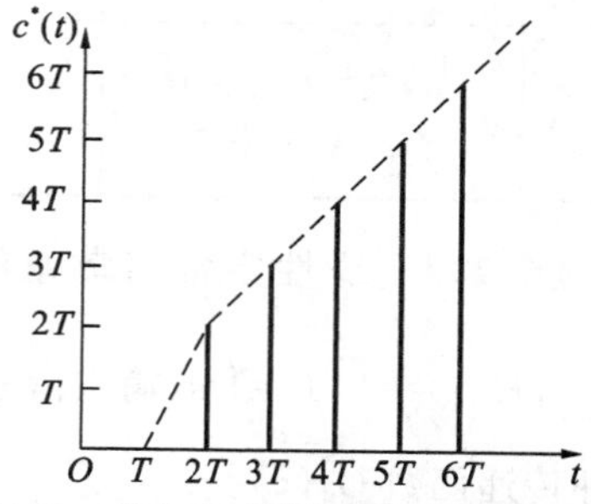

图 7-30　最少拍系统的单位斜坡响应序列

3. 单位抛物线输入

当输入信号 $r(t)=\frac{t^2}{2}$时，

$$R(z)=\frac{T^2z(z+1)}{2(z-1)^3}=\frac{\frac{1}{2}T^2z^{-1}(1+z^{-1})}{(1-z^{-1})^3}$$

取 $\Phi_e(z)=(1-z^{-1})^3$，则

$$\Phi(z)=1-\Phi_e(z)=3z^{-1}-3z^{-2}+z^{-3}$$

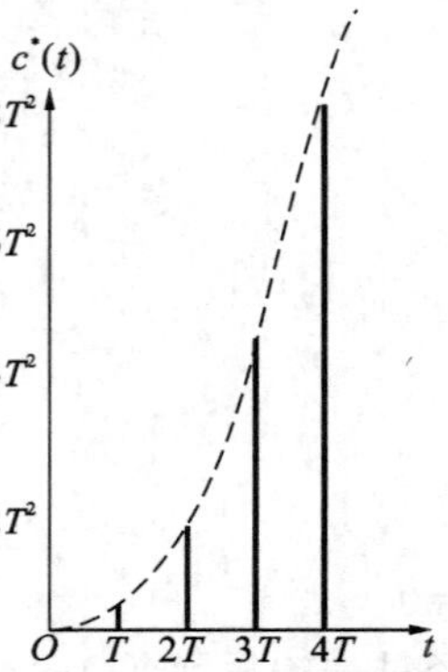

图 7-31　最少拍系统的单位抛物线响应序列

$$G_d(z)=\frac{3z^{-1}-3z^{-2}+z^{-3}}{(1-z^{-1})^3G(z)}$$

$$E(z)=\Phi_e(z)R(z)=\frac{1}{2}T^2z^{-1}+\frac{1}{2}T^2z^{-2}$$

对 $E(z)$取 z 反变换，得

$$e(0)=0,\quad e(T)=\frac{1}{2}T^2,$$

$$e(2T)=\frac{1}{2}T^2,\quad e(3T)=e(4T)=\cdots=0$$

可见，系统经过三拍后可完全跟踪输入信号，也就是说，经过三拍后 $c^*(t)=r^*(t)$。这样的离散系统称为三拍系统，其调节时间 $t_s=3T$，如图 7-31 所示。

各种典型输入信号下，最少拍系统的设计结果如表 7-5 所示。

表 7-5　最小拍系统设计结果

典型输入信号		误差脉冲传递函数	闭环脉冲传递函数	数字控制器脉冲传递函数	调节时间
$r(t)$	$R(z)$	$\Phi_e(z)$	$\Phi(z)$	$G_d(z)$	t_s
$1(t)$	$\frac{1}{1-z^{-1}}$	$1-z^{-1}$	z^{-1}	$\frac{z^{-1}}{(1-z^{-1})G(z)}$	T
t	$\frac{Tz^{-1}}{(1-z^{-1})^2}$	$(1-z^{-1})^2$	$2z^{-1}-z^{-2}$	$\frac{2z^{-1}-z^{-2}}{(1-z^{-1})^2G(z)}$	$2T$
$\frac{t^2}{2}$	$\frac{\frac{1}{2}T^2z^{-1}(1+z^{-1})}{(1-z^{-1})^3}$	$(1-z^{-1})^3$	$3z^{-1}-3z^{-2}+z^{-3}$	$\frac{3z^{-1}-3z^{-2}+z^{-3}}{(1-z^{-1})^3G(z)}$	$3T$

【例 7-22】 线性定常离散系统如图 7-32 所示，零阶保持器 $G_h(s)=\frac{1-e^{-Ts}}{s}$，$G(s)=\frac{1}{s(s+1)}$，$H(s)=1$，$T=1$ s，输入信号为单位斜坡信号 $r(t)=t$ 时实现最少拍控制，求数字控制器脉冲传递函数 $G_d(z)$。

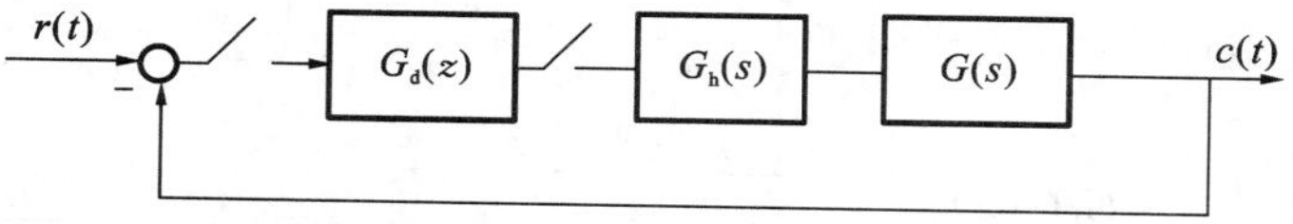

图 7-32　有数字控制器的闭环离散系统结构图

解　系统的开环脉冲传递函数为

$$G_1(z)=Z[G_h(s)G(s)]=(1-z^{-1})Z\left[\frac{1}{s^2(s+1)}\right]=\frac{e^{-1}z+(1-2e^{-1})}{(z-1)(z-e^{-1})}=\frac{0.368z+0.264}{(z-1)(z-0.368)}$$

当输入信号为单位斜坡信号 $r(t)=t$ 时，取

$$\Phi_e(z)=(1-z^{-1})^2,\quad \Phi(z)=2z^{-1}-z^{-2}$$

则

$$\begin{aligned}G_d(z)&=\frac{\Phi(z)}{\Phi_e(z)G_1(z)}=\frac{2z^{-1}-z^{-2}}{(1-z^{-1})^2G_1(z)}\\&=\frac{2z^{-1}-z^{-2}}{(1-z^{-1})^2\dfrac{0.368z+0.264}{(z-1)(z-0.368)}}\\&=\frac{5.43(z-0.368)(z-0.5)}{(z-1)(z+0.717)}\end{aligned}$$

7.8　MATLAB 在离散系统中的应用

7.8.1　连续系统的离散化

连续系统模型和离散系统模型之间转换用函数 c2d()和函数 d2c()实现。函数 c2d()用于将连续系统传递函数转换成离散系统传递函数，其调用格式为 sysd＝c2d(sys，Ts，method)。其中，sys 表示离散化的连续系统，Ts 是离散化采样时间，method 是采用的离散化方法。如果没有具体指定，缺省时表示'zoh'即采用零阶保持器。函数 d2c()用于将离散系统传递函数转换成连续系统传递函数，其调用格式为 sys＝d2c(sysd，method)。其中，sysd 表示离散系统，method 是采用的离散化方法，如果没有具体指定，缺省时表示'zoh'即采用零阶保持器。

【例 7-23】　离散系统如图 7-33 所示，零阶保持器 $G_h(s)=\frac{1-e^{-Ts}}{s}$，$G(s)=\frac{1}{s(s+1)}$，$H(s)=1$，$T=1$ s，试编写 MATLAB 程序求系统的闭环脉冲传递函数。

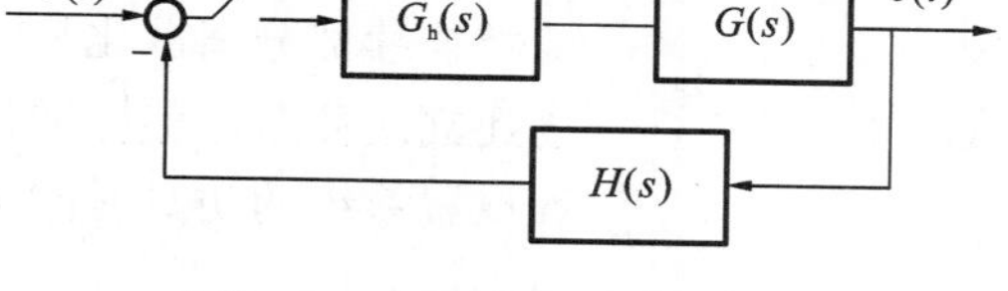

图 7-33　闭环离散系统结构图

解　用计算的方法求解可得系统的闭环传递函数为

$$\Phi(z)=\frac{G_hG(z)}{1+G_hGH(z)}$$

$$G_hG(z)=Z[G_h(s)G(s)]=(1-z^{-1})Z\left[\frac{1}{s^2(s+1)}\right]=\frac{e^{-1}z+(1-2e^{-1})}{(z-1)(z-e^{-1})}=\frac{0.368z+0.264}{(z-1)(z-0.368)}$$

$$\Phi(z)=\frac{G_hG(z)}{1+G_hGH(z)}=\frac{\dfrac{0.368z+0.264}{(z-1)(z-0.368)}}{1+\dfrac{0.368z+0.264}{(z-1)(z-0.368)}}=\frac{0.368z+0.264}{z^2-z+0.632}$$

MATLAB 程序如下：

```
G1= zpk([],[0,- 1],1);          %建立开环连续系统模型
G2= c2d(G1,1,'zoh');            %将连续部分离散化
Sys= feedback(G2,1)             %建立闭环系统的脉冲传递函数
```

运行结果如下：

```
Zero/pole/gain:
0.36788(z+ 0.7183)
----------
(z^2- z+ 0.6321)
```

7.8.2　离散系统的动态响应

1. 单位脉冲响应

函数 impulse()可以直接绘制单位脉冲响应曲线，其调用格式为 impulse(sys,t)。其中，sys 为系统传递函数，t 为系统仿真时间。

2. 单位阶跃响应

函数 step()可以直接绘制单位阶跃响应曲线，其调用格式为 step(sys,t)。其中，sys 为系统传递函数，t 为系统仿真时间。

3. 任意输入响应

函数 lsim()可以直接绘制响应曲线，其调用格式为 lsim(sys,u,t,x)。其中，sys 为系统传递函数，u 为输入，t 为系统仿真时间，x 用于设定初始状态，缺省时为 0。

【例 7-24】 试用 MATLAB 程序求例 7-23 中系统的单位脉冲响应、单位阶跃响应和单位斜坡响应。

解　MATLAB 程序如下：

```
G1=zpk([],[0,-1],1);            %建立开环连续系统模型
G2=c2d(G1,1,'zoh');             %将连续部分离散化
sys=feedback(G2,1)              %建立闭环系统的脉冲传递函数
t=0:1:20;                       %设置系统的仿真时间为 20 s
figure(1)
impulse(sys,t)                  %绘制系统的单位脉冲响应曲线
figure(2)
step(sys,t)                     %绘制系统的单位阶跃响应曲线
```

```
u=t;
figure(3)
lsim(sys,u,t,0)                    %绘制系统的单位斜坡响应曲线
```

运行结果：图 7-34 所示的为单位脉冲响应，图 7-35 所示的为单位阶跃响应，图 7-36 所示的为单位斜坡响应。

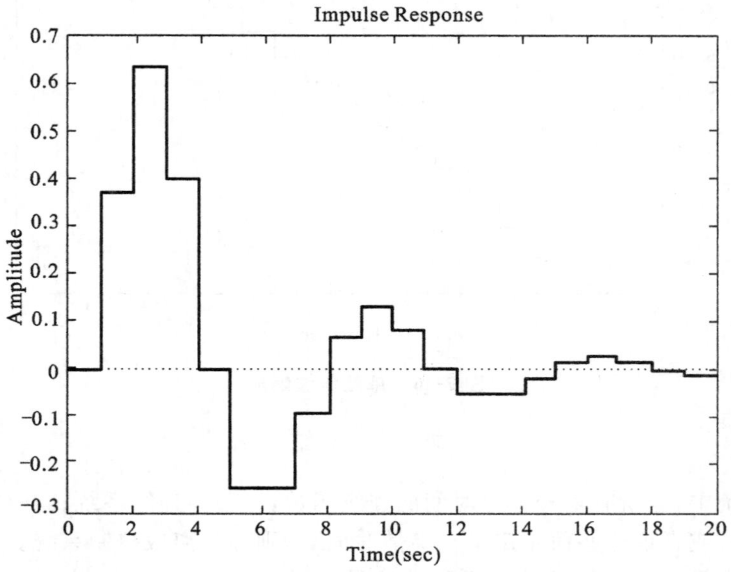

图 7-34　单位脉冲响应

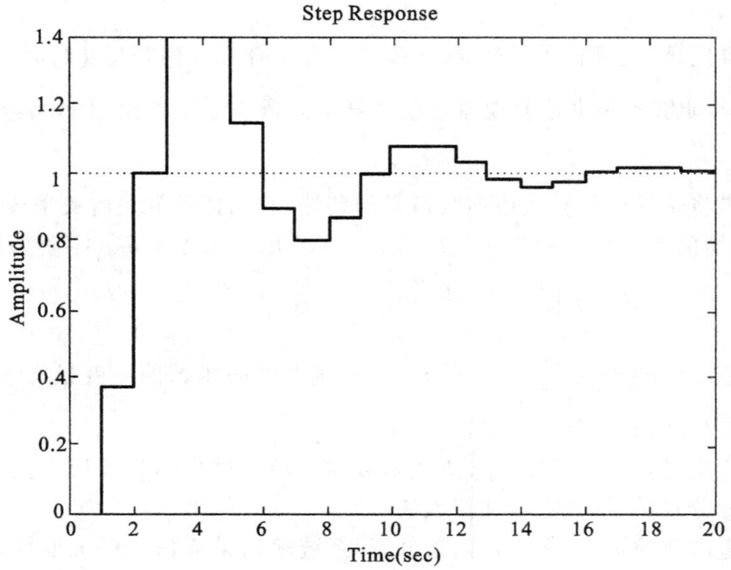

图 7-35　单位阶跃响应

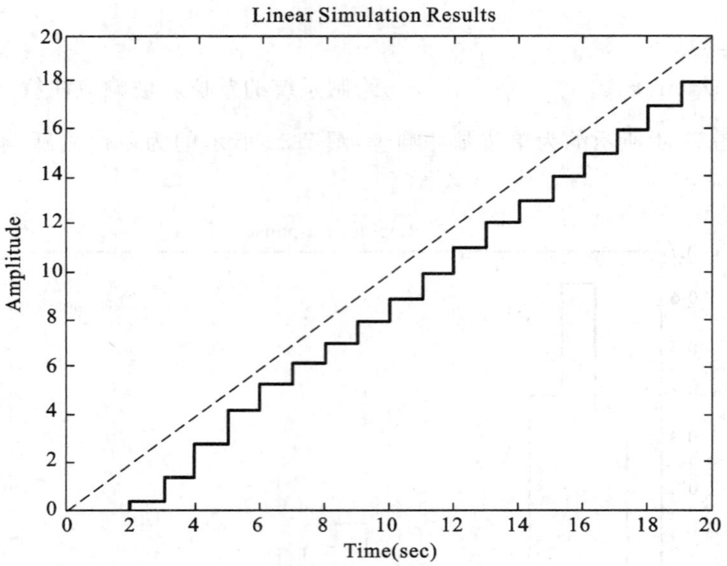

图 7-36　单位斜坡响应

本章小结

(1)控制系统中,若所有信号都是时间的连续函数,则称为连续系统;有一处或者几处信号是时间断续函数,或者说这些信号定义在离散时间上,则称为离散控制系统。

(2)采样过程是把连续信号转换成脉冲信号的过程,实现这个采样过程的装置称为采样器,又称为采样开关。理想采样器输入信号与输出信号关系的数学表达式为 $f^*(t)=\sum\limits_{n=0}^{+\infty}f(t)\delta(t-nT)$ 。

(3)香农采样定理:连续输入信号 $f(t)$具有有限频谱,$\omega_{\max}$为频谱 $F(\mathrm{j}\omega)$的最大角频率,采样输出信号 $f^*(t)$能够不失真地复现原连续信号 $f(t)$需满足采样角频率 $\omega_s\geqslant2\omega_{\max}$,$\omega_s=\dfrac{2\pi}{T}$,$T$ 为采样周期。

(4)保持器是将采样信号转换成连续信号的装置,它的任务就是解决采样时刻之间的插值问题。零阶保持器的数学表达式为 $f(nT+\Delta t)=f(nT)$,$0\leqslant\Delta t<T$。零阶保持器的传递函数为 $G_h(s)=\mathscr{L}[1(t)-1(t-T)]=\dfrac{1-e^{-Ts}}{s}$ 。

(5)z 变换定义为 $F(z)=\sum\limits_{n=0}^{+\infty}f(nT)z^{-n}$ 。求离散时间函数的 z 变换有多种方法,常用的两种方法为级数求和法和部分分式法。

(6)已知 z 变换的表达式 $F(z)$,求离散函数 $f^*(t)$的过程称为 z 反变换。常用的 z 反变换法有三种:部分分式法、幂级数法和留数法。

(7)脉冲传递函数的定义:在零初始条件下,系统输出采样信号的 z 变换与输入采样信号的 z 变换之比,记为 $G(z)=\dfrac{Z[c^*(t)]}{Z[r^*(t)]}=\dfrac{C(z)}{R(z)}$。零初始条件是指系统的输入量和输出量在 $t<$

0 时的值均为零。

(8)离散系统是在 z 平面上分析系统的稳定性。线性定常离散系统稳定的充要条件为系统的特征方程的全部特征根在 z 平面的单位圆内，或者说特征根的模均小于 1。

(9)劳斯判据不能直接应用于离散系统的稳定性分析，因为离散系统中判断系统的稳定性并非是系统的全部特征根在左半 z 平面，而是在 z 平面的单位圆内。因此，引入一种新的变换使 z 平面的单位圆内映射到新的平面的左半部分，这个新的平面称为 w 平面，这种坐标变换称为双线性变换，又称为 w 变换。

(10)误差脉冲传递函数为 $\Phi_e(z)=\dfrac{E(z)}{R(z)}=\dfrac{1}{1+G(z)}$。当离散控制系统是稳定系统时，根据 z 变换的终值定理，可得离散系统的稳态误差为

$$e_{ss}(\infty)=\lim_{t\to+\infty}e^*(t)=\lim_{z\to1}(z-1)E(z)=\lim_{z\to1}\frac{(z-1)R(z)}{1+G(z)}$$

(11)数字控制器的脉冲传递函数为 $G_d(z)=\dfrac{\Phi(z)}{G(z)[1-\Phi(z)]}$ 或者 $G_d(z)=\dfrac{1-\Phi_e(z)}{G(z)\Phi_e(z)}$。

(12)最少拍系统是指在典型输入作用下，能在有限拍内结束响应过程，且在采样时刻上无稳态误差的离散系统。最少拍系统设计步骤为：根据已知被控对象的传递函数 $G(s)$，求其 z 变换 $G(z)$。根据典型的输入信号 $r(t)$ 选择合适的 $\Phi_e(z)$。由已知 $\Phi_e(z)$，可得 $\Phi(z)=1-\Phi_e(z)$。根据公式可得到数字控制器的脉冲传递函数 $G_d(z)$。

习　题

7-1　求下列函数的 z 变换。

(1) $e(t)=te^{-2t}$；　　(2) $e(t)=t\sin(\omega t)$；

(3) $e(t)=e^{-at}\sin(\omega t)$；　　(4) $E(s)=\dfrac{s}{(s+1)(s+2)}$；

(5) $E(s)=\dfrac{s+1}{s^2(s+3)}$；　　(6) $E(s)=\dfrac{s+1}{s^2+1}$。

7-2　试分别用部分分式法、幂级数法和留数法求下列函数的 z 反变换。

(1) $X(z)=\dfrac{3z}{(z-1)(z-2)}$；　　(2) $X(z)=\dfrac{2z}{(z-1)^2(z-3)}$；

(3) $X(z)=\dfrac{5z(z^2-1)}{(z^2+1)^2}$；　　(4) $X(z)=\dfrac{z}{(z-1)(z+0.5)^2}$。

7-3　求下列函数的终值。

(1) $Y(z)=\dfrac{3z}{(z-1)(z-2)}$；

(2) $Y(z)=\dfrac{0.792z^2}{(z-1)(z^2-0.416z+0.208)}$；

(3) $Y(z)=\dfrac{(1-e^{-T})z}{(z-1)(z-e^{-T})}$。

7-4　试用两种方法求解下列差分方程。

(1) $y(k+2)+2y(k+1)+y(k)=x(k)$，其中 $y(0)=y(1)=1, x(k)=1$；

(2) $y(k+2)+4y(k+1)+2y(k)=k$，其中 $y(0)=y(1)=0$。

7-5 开环离散系统的结构如图 7-37(a)和(b)所示，$G_1(s)=\frac{1}{s+1}$，$G_2(s)=\frac{2}{s+2}$ 的采样周期为 T，求系统的开环脉冲传递函数。

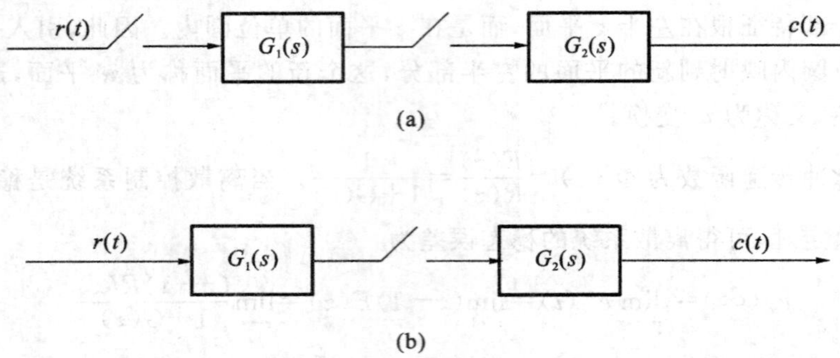

图 7-37 开环离散系统结构图

7-6 求图 7-38(a)和(b)中闭环离散系统的脉冲传递函数 $\Phi(z)$ 或系统的输出函数 $C(z)$。

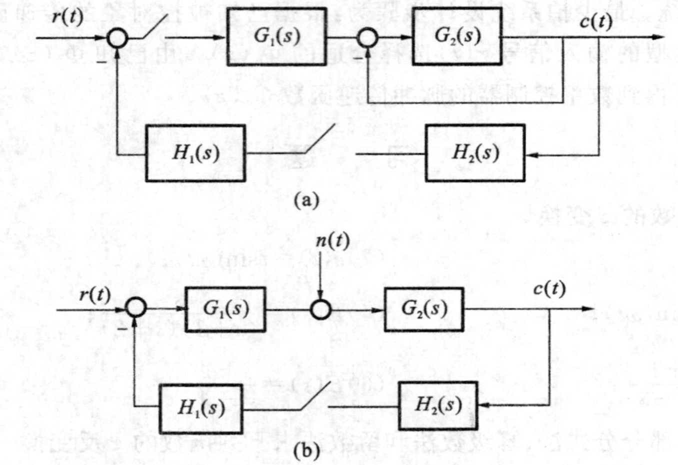

图 7-38 闭环离散系统结构图

7-7 闭环离散系统如图 7-39 所示，零阶保持器 $G_h(s)=\frac{1-e^{-Ts}}{s}$，$G(s)=\frac{1}{s^2}$，求其单位阶跃响应 $c(nT)$，采样周期 $T=1$ s。

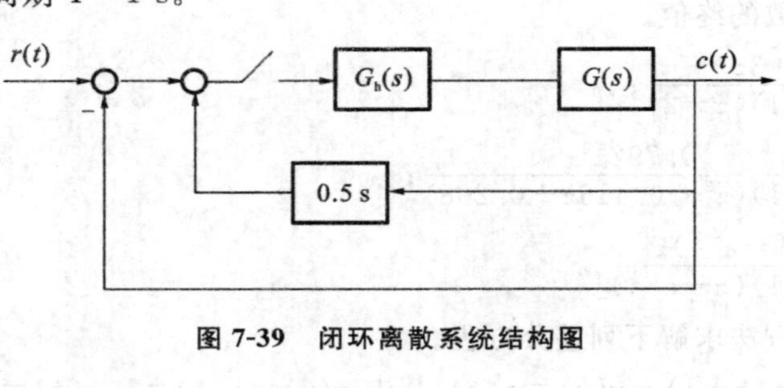

图 7-39 闭环离散系统结构图

7-8　闭环离散系统如图 7-40 所示，采样周期 $T=1$ s，零阶保持器 $G_h(s)=\dfrac{1-e^{-Ts}}{s}$，$G(s)=\dfrac{K}{s(s+5)}$，试确定使系统稳定时 K 的范围。

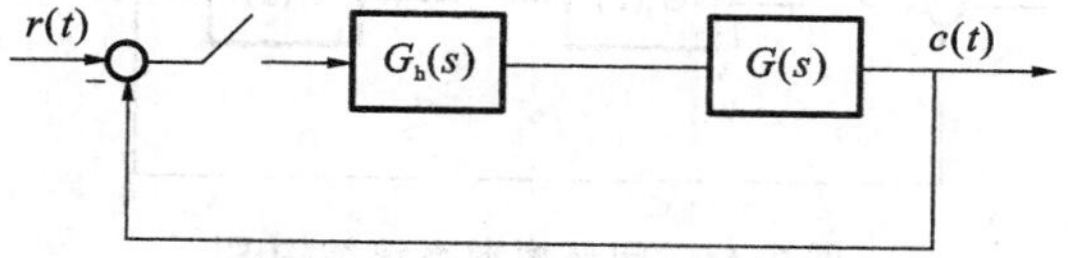

图 7-40　闭环离散系统结构图

7-9　闭环离散系统如图 7-41 所示，采样周期 $T=1$ s，零阶保持器 $G_h(s)=\dfrac{1-e^{-Ts}}{s}$，$G(s)=\dfrac{0.05}{0.05s+1}$。

(1)求系统的闭环脉冲传递函数；

(2)当 $k=1$ 时，分别求 $r(t)$ 为单位阶跃信号和单位斜坡信号时 $c(t)$ 的稳态值。

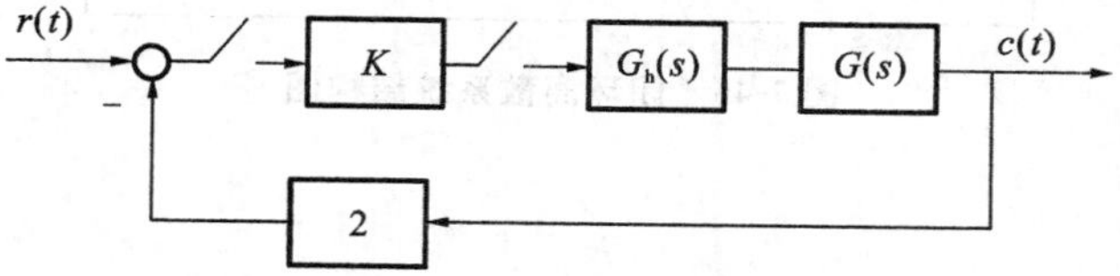

图 7-41　闭环离散系统结构图

7-10　闭环离散采样系统的结构如图 7-42 所示，采样周期 $T=0.1$ s，零阶保持器 $G_h(s)=\dfrac{1-e^{-Ts}}{s}$，$G(s)=\dfrac{K}{s(0.1s+1)}$，当输入信号为单位阶跃信号时，求系统稳态误差 $e_{ss}(\infty)=0.05$ 的 K 值。

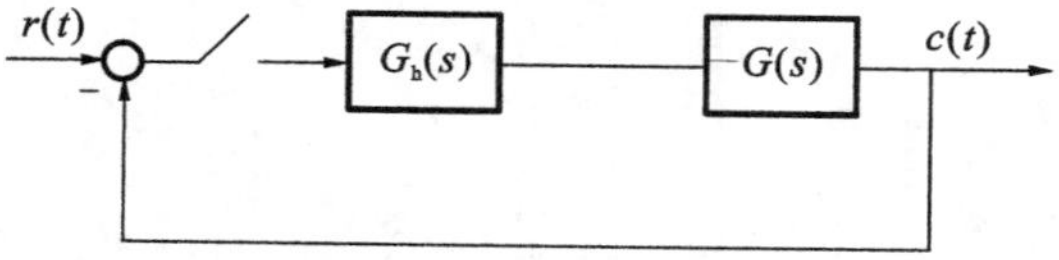

图 7-42　闭环离散系统结构图

7-11　闭环离散系统如图 7-43 所示，零阶保持器 $G_h(s)=\dfrac{1-e^{-Ts}}{s}$，$G(s)=\dfrac{5}{s(s+3)}$，$T=1$ s，输入信号为单位阶跃信号 $1(t)$。

(1)求系统的输出响应 $c^*(t)$(算至 $n=5$)；

(2)画出 $c^*(t)$ 和 $e^*(t)$ 的响应曲线。

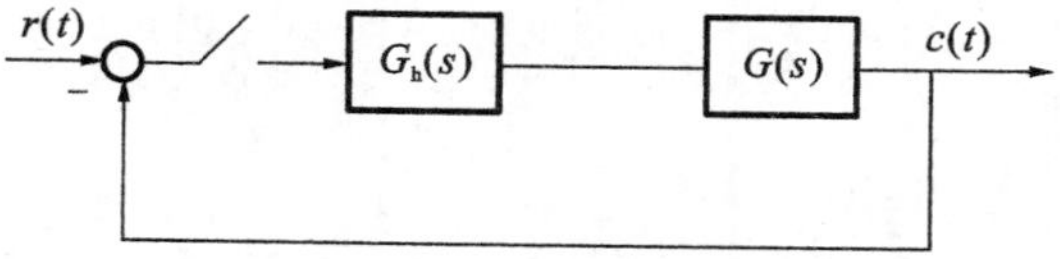

图 7-43　闭环离散系统结构图

7-12 闭环离散系统如图 7-44 所示，采样周期 $T=1\ \mathrm{s}$，$G(s)=\dfrac{2}{s(s+2)}$，试求 $r(t)=t$ 时最少拍系统控制器的脉冲传递函数 $G_d(z)$。

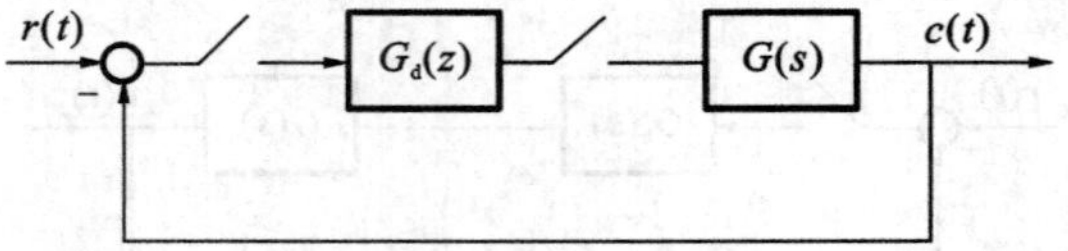

图 7-44　闭环离散系统结构图

7-13 闭环离散系统如图 7-45 所示，采样周期 $T=1\ \mathrm{s}$，零阶保持器 $G_h(s)=\dfrac{1-e^{-Ts}}{s}$，$G(s)=\dfrac{2}{s}$，试求 $r(t)=3+2t$ 时最少拍系统控制器的脉冲传递函数 $G_d(z)$。

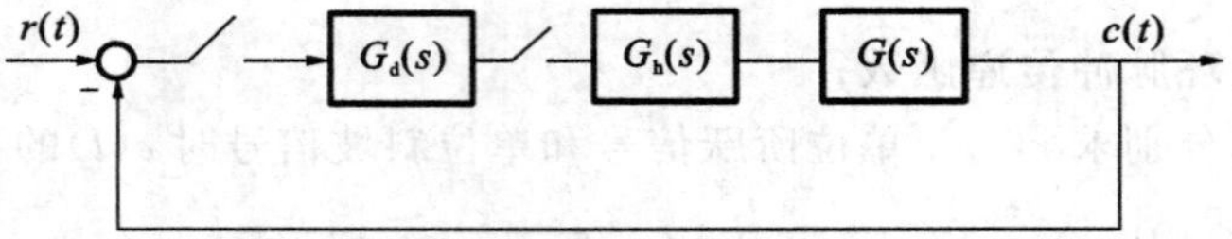

图 7-45　闭环离散系统结构图

第 8 章　非线性控制系统

前面各章讨论的是线性系统，实际的物理系统由于其组成元件总是或多或少地带有非线性特性，可以说都是非线性系统。所谓非线性是指元件或环节的静特性不是按线性规律变化。如果控制系统包含一个或一个以上具有非线性静特性的元件或环节，则称这类系统为非线性系统。例如，放大元件的输入信号在一定范围内时，输入/输出呈线性关系，当输入信号超过一定范围时，放大元件就会出现饱和现象。在一些常见的测量装置中，当输入信号在零值附近的某一小范围之内时，没有输出，只有当输入信号大于此范围时，才有输出，即输入/输出特性中总有一个不灵敏区（也称死区）。各种传动机构由于机械加工和装配上的缺陷，在传动过程中总存在着间隙，其输入/输出特性为间隙特性。有时为了改善系统的性能或者简化系统的结构，还常常在系统中引入非线性部件或者更复杂的非线性控制器。

死区、饱和、间隙、继电特性和摩擦是控制系统中常见的非线性因素。有些非线性对系统的运行是有害的，应设法克服它的有害影响；有些非线性是有益的，应在设计时予以考虑。目前从事控制工作的工程师和研究人员在对于非线性控制系统的研究上有了一些成果，但是由于非线性的复杂性，研究成果远远不能满足实际需要。线性系统理论仍然是系统理论的基础，许多非线性系统由线性系统组合或改造而来。因此，许多非线性系统的分析仍然要借助于线性系统理论的成果。本章介绍两种非线性系统分析方法：描述函数法和相平面法。

8.1　非线性控制系统概述

8.1.1　非线性系统的特征

如图 8-1 所示的液位控制系统，设 H 为液位高度，Q_i为液体流入量，Q_o为液体流出量，A为出水的截面积。

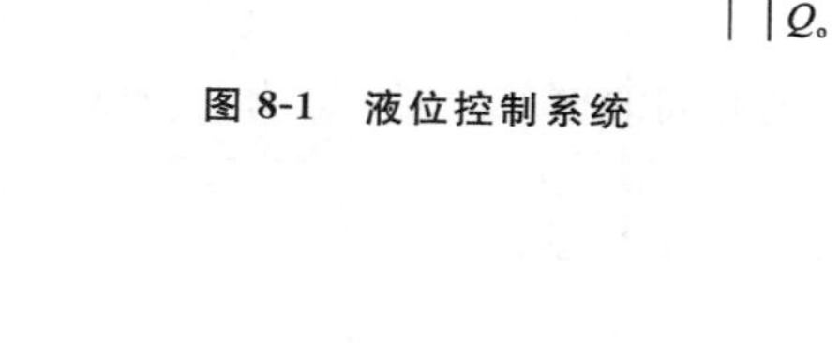

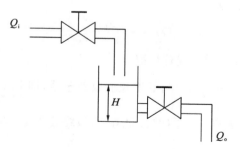

图 8-1　液位控制系统

根据流体力学原理，有

$$Q_o = K\sqrt{H} \tag{8-1}$$

其中，比例系数 K 取决于液体的黏度与阀阻。

列出液位系统的动态方程

$$A\frac{dH}{dt} = Q_i - Q_o = Q_i - K\sqrt{H} \tag{8-2}$$

由上式可知，液位 H 和液体的输入量 Q_i 之间的数学关系是非线性微分方程。

描述线性系统运动状态的数学模型是线性微分方程，其重要特征是可以应用叠加原理；而描述非线性系统运动状态的数学模型是非线性微分方程，不能应用叠加原理。由于两类系统的根本区别，它们的运动规律是很不相同的。非线性系统主要具有的运动特点归纳如下。

1. 稳定性

线性系统的稳定性只取决于系统的结构和参数，而与外部作用和初始条件无关。因此，讨论线性系统的稳定性时，可不考虑外部作用和初始条件。只要线性系统是稳定的，就可断言系统所有可能的运动都是稳定的。

对于非线性系统，平衡状态可能有多个，也就是说非线性系统不存在系统是否稳定的笼统概念，必须针对系统某一具体的运动状态，才能讨论其是否稳定的问题。例如，一个非线性系统的非线性微分方程为

$$\frac{dx}{dt} = -x + x^2 = -x(1-x) \tag{8-3}$$

令 $\frac{dx}{dt}=0$，可得系统存在两个平衡状态 $x_{e_1}=0, x_{e_2}=1$。

将非线性系统(8-3)变为

$$\frac{dx}{x(x-1)} = dt$$

两边积分可得

$$\left|\frac{x}{x-1}\right| = ce^{-t}$$

设 $t=0$ 时，系统的初始条件为 $x_0 \neq 1$，常数项为

$$C = \frac{x_0}{x_0 - 1}$$

可以求得上述微分方程的解为

$$x(t) = \frac{x_0 e^{-t}}{1 - x_0 + x_0 e^{-t}} \tag{8-4}$$

根据式(8-4)，可以判断 $x(t)$ 的变化情况：

当 $0 < x_0 < 1$ 时，$\frac{dx}{dt} < 0$，$x(t)$ 随时间的增长而收敛于零，即 $\lim\limits_{t\to+\infty} x(t) = 0$；

当 $x_0 < 0$ 时，$\frac{dx}{dt} > 0$，$x(t)$ 随时间的增长而增大，最终趋于零，即 $\lim\limits_{t\to+\infty} x(t) = 0$；

当 $x_0 > 1$ 时，$\frac{dx}{dt} > 0$，$x(t)$ 随时间的增长而增大，$\lim\limits_{t\to\ln\frac{x_0}{x_0-1}} x(t) = \frac{x_0 - 1}{1 - x_0 + x_0 - 1} \to +\infty$。不同初始条件下的时间响应曲线如图 8-2 所示。

由以上分析可得，$x_{e_1}=0$ 这个平衡状态是稳定的，因为它对 $x_0<1$ 的扰动具有恢复原状态的能力；而 $x_{e_2}=1$ 这个平衡状态是不稳定的，稍加扰动后它要么收敛到零，要么发散到无穷，不可能再回到这个平衡状态。

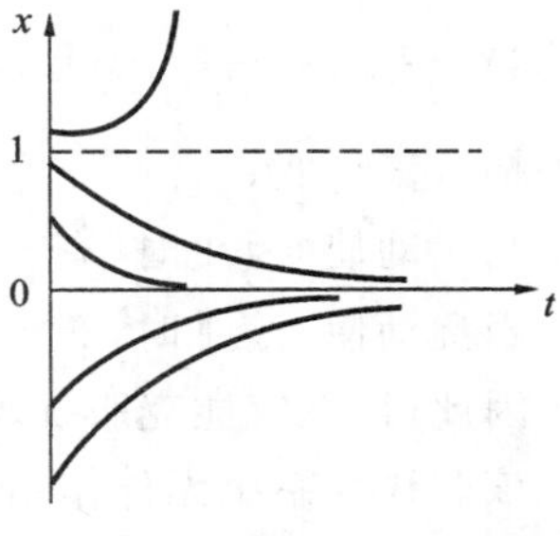

图 8-2　非线性系统的时域响应

由此可见，非线性系统可能存在多个平衡状态，其中某些平衡状态是稳定的，另一些平衡状态是不稳定的。初始条件不同，系统的运动可能趋于不同的平衡状态，运动的稳定性就不同。所以，非线性系统的稳定性不仅与系统的结构和参数有关，而且还与运动的初始条件、输入信号有直接关系。

2. 时域响应

线性系统的时域响应曲线形状与输入信号的大小及初始条件无关。图 8-3 中的虚线表明，对于线性系统，阶跃输入信号的大小只影响响应的幅值，而不会改变响应曲线的形状。非线性系统的时间响应与输入信号的大小和初始条件有关。图 8-3 中的实线表明，对于非线性系统，随着阶跃输入信号的大小不同，响应曲线的幅值和形状会产生显著变化，从而使输出具有多种不同的形式。同是振荡收敛的，但振荡频率和调节时间均不相同，还可能出现非周期形式，甚至发散的情况，这是由于非线性特性不遵守叠加原理的结果。

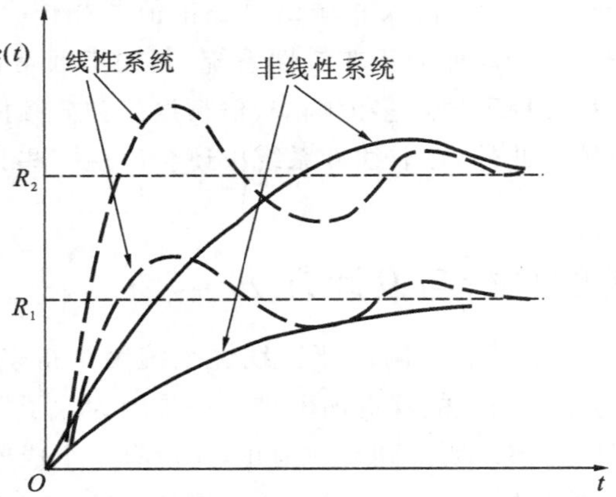

图 8-3　不同大小输入信号时的响应曲线

3. 自激振荡

线性定常系统只有在临界稳定的情况下，才能产生等幅振荡。这种振荡是需要参数配合达到的，实际上是很难观察到的，而且等幅振荡的幅值及相角与初始条件有关，一旦受到扰动，原来的运动便不能维持，因此线性系统的等幅振荡不具有稳定性。也可以说，线性系统的临界等幅振荡仅在理论上成立，在实际中是不存在的。

对于非线性系统来说，有些非线性系统在没有外界周期变化信号的作用下，系统中就能产生具有固定振幅和频率的稳定周期运动。如非线性电路中著名的范德波尔方程

$$\frac{d^2x}{dt^2}-2\rho(1-x^2)\frac{dx}{dt}+x=0,\quad \rho>0 \tag{8-5}$$

当 $x=1$ 时，$\frac{d^2x}{dt^2}+x=0$，相当于是典型二阶线性系统中系统阻尼比 $\zeta=0$ 时的情况，$x(t)$ 呈等幅振荡形式；

当扰动使 $x<1$ 时，有 $-2\rho(1-x^2)<0$，相当于是 $\zeta<0$ 时的情况，$x(t)$ 呈发散形式；

当扰动使 $x>1$ 时，有 $-2\rho(1-x^2)>0$，相当于是 $\zeta>0$ 时的情况，$x(t)$ 呈收敛形式。

因此，该系统能克服扰动对 x 的影响，保持幅值为 1 的等幅振荡。

该非线性系统无外作用时，也可能存在稳定的等幅振荡，这种固定振幅和频率的稳定周期运动称为自激振荡，其振幅和频率由系统本身的特性所决定。自激振荡具有一定的稳定性，当受到某种扰动之后，只要扰动的振幅在一定的范围之内，这种振荡状态仍能恢复。在多数情况下，不希望系统有自激振荡。长时间大幅度的振荡会造成机械磨损、能量消耗，并带来控制误差，但有时又故意引入高频小幅度的颤振来克服间隙、摩擦等非线性因素给系统带来的不利影响。因此，必须对自激振荡产生的条件、自激振荡振幅和频率的确定，以及自激振荡的抑制等问题进行研究。所以说自激振荡是非线性系统一个十分重要的特征，也是研究非线性系统的一个重要内容。

4. 频率响应

对于稳定的线性系统，当输入为某一恒定幅值和不同频率 ω 的正弦信号时，稳态输出的幅值 A_c 是频率 ω 的单值连续函数。输入和输出仅在幅值和相位上有所不同，因而可以用频率特性法来分析和综合校正系统。而对于非线性系统，其输出通常包含有一定数量高次谐波的非正弦函数，有可能会发生跳跃谐振、多值响应、倍频振荡和分频振荡等现象，因此不能用纯频率法分析和综合校正系统。此外，在非线性系统中还会出现一些其他怪异现象，在此不再详述。

8.1.2 非线性系统的分析与设计方法

对于非线性系统，建立数学模型的问题要比线性系统困难得多，至于求解非线性微分方程，并用其解来分析非线性系统的性能就更加困难。这是因为除了极特殊的情况外，多数非线性微分方程无法直接求得解析解。所以到目前为止，还没有一个成熟、通用的方法可以用来分析和设计各种不同的非线性系统，目前研究非线性系统常用的工程近似方法有以下几种。

1. 相平面法

相平面法是时域分析法在非线性系统中的推广应用，通过在相平面上绘制相轨迹，可以求出微分方程在任何初始条件下的解，所得结果比较精确和全面。但对于高于二阶的系统，需要讨论变量空间中的曲面结构，从而大大增加了工程使用的难度，故相平面法仅适用于一、二阶非线性系统的分析。

2. 描述函数法

描述函数法是一种频域分析方法，它是线性理论中的频率法在非线性系统中的推广应用，其实质是应用谐波线性化的方法，将非线性元件的特性线性化，然后用频率法的一些结论来研究非线性系统。这种方法不受系统阶次的限制，且所得结果也比较符合实际，因此它得到了广泛应用。

3. 计算机求解法

用模拟计算机或数字计算机直接求解非线性微分方程，对于分析和设计复杂的非线性系统，几乎是唯一有效的方法。随着计算机的广泛应用，这种方法定会有更大的发展。

应当指出的是，这些方法主要是解决非线性系统的“分析”问题，而且是以稳定性问题为中心展开的，非线性系统“综合”方法的研究远不如稳定性问题的成果，可以说到目前为止还没有一种简单而实用的综合方法，可以用来设计任意的非线性控制系统。因此，本章以系统分析为主，着重介绍广泛应用的相平面法和描述函数法。

8.2　典型非线性环节及其对系统的影响

在实际控制系统中，最常见的非线性特性有死区特性、饱和特性、间隙特性和继电特性等。在多数情况下，这些非线性特性都会对系统正常工作带来不利影响。下面从物理概念上对包含这些非线性特性的系统进行一些分析，有时为了说明问题，仍运用线性系统的某些概念和方法。虽然分析不够严谨，但便于了解，而且所得出的一些概念和结论对于从事实际系统的调试工作是具有参考价值的。

1. 死区

对于线性无静差系统，系统进入稳态时的稳态误差为零。若控制器中包含有死区特性，则系统进入稳态时，稳态误差可能为死区范围内的某一值，因此死区对系统最直接的影响是造成稳态误差。当输入信号是斜坡函数时，死区的存在会造成系统输出量在时间上的滞后，从而降低了系统的跟踪速度。摩擦死区特性可能造成运动系统的低速不均匀；另一方面，死区的存在会造成系统等效开环增益的下降，减弱过渡过程的振荡性，从而可提高系统的稳定性。此外，死区也能滤除在输入端做小幅度振荡的干扰信号，提高系统的抗干扰能力。在图 8-4 所示的非线性系统中，K_1、K_2、K_3 分别为测量元件、放大元件和执行元件的传递系数，Δ_1、Δ_2、Δ_3 分别为它们的死区。

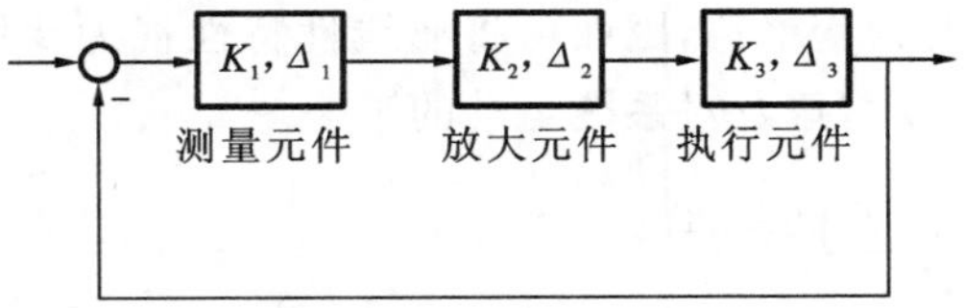

图 8-4　包含死区特性的非线性控制系统

若把放大元件和执行元件的死区折算到测量元件的位置（此时放大元件和执行元件无死区），则有下式成立：

$$\Delta=\Delta_1+\frac{\Delta_2}{K_1}+\frac{\Delta_3}{K_1K_2}$$

显而易见，处于系统前向通路最前面的测量元件，其死区所造成的影响最大，而放大元件和执行元件死区的不良影响可以通过提高该元件前级的传递系数来减小。

2. 饱和

饱和特性将使系统在大信号作用之下的等效增益降低。一般来讲，等效增益降低，会使系统超调量下降，振荡性减弱，稳态误差增大。处于深度饱和的控制器对误差信号的变化失去反应，从而使系统丧失闭环控制作用。在一些系统中经常利用饱和特性做信号限幅，限制某些物理参量，保证系统安全合理地工作。

若线性系统为振荡发散，当加入饱和限制后，系统就会出现自激振荡的现象。这是因为随着输出量幅值的增加，系统的等效增益在下降，系统的运动有收敛的趋势；而当输出量幅值减小时，等效增益增加，系统的运动有发散的趋势，故系统最终应维持等幅振荡，出现自激振荡现象。

3. 间隙

间隙特性又称回环特性，在齿轮传动中，由于间隙存在，当主动齿轮方向改变时，从动齿轮保持原位不动，直到间隙消失后才改变传动方向。铁磁元件中的磁滞现象也是一种回环特性。间隙特性对系统性能的影响有两个方面：一是增大了系统的稳态误差，降低了控制精度，这相当于死区的影响；二是因为间隙特性使系统频率响应的相角滞后增大，从而使系统过渡过程的振荡加剧，甚至使系统变得不稳定。

以上只是对系统前向通道中包含某个典型非线性特性的情况进行了直观的讨论，所得结论为一般情况下的定性结论，这些结论对于从事实际系统的调试工作是具有参考价值的。

继电特性、死区、饱和、间隙和摩擦等非线性是实际系统中常见的典型非线性环节。很多情况下，非线性系统可以表示为在线性系统的某些环节的输入端或输出端加入非线性环节。因此，非线性因素的影响使线性系统的运动发生变化。以下分析中，采用简单的折线代替实际的非线性曲线，将非线性特性分段线性化，而由此产生的误差一般处于工程所允许的范围之内。

设非线性特性可以表示为

$$y=f(x)$$

将非线性特性视为一个环节，环节的输入为 x，输出为 y，按照线性系统中比例增益的描述，定义非线性环节输出 y 和输入 x 的比值为等效增益，即

$$k=\frac{y}{x}=\frac{f(x)}{x} \tag{8-6}$$

非线性环节的等效增益为变增益，因而可将非线性特性视为变增益的比例环节。下面定性分析典型非线性环节、等效增益及对系统运动的影响。

8.2.1 死区(不灵敏区)特性

图 8-5 为死区特性的静特性图，图中 x 为非线性元件的输入信号，y 为非线性元件的输出信号，其数学表达式为

$$y=\begin{cases}0, & |x|\leqslant\Delta \\ K[x-\Delta \operatorname{sgn} x], & |x|>\Delta\end{cases} \tag{8-7}$$

式中：Δ 为死区宽度；K 为线性输出的斜率。

$$\operatorname{sgn} x=\begin{cases}1, & x>0 \\ 0, & x=0 \\ -1, & x<0\end{cases}$$

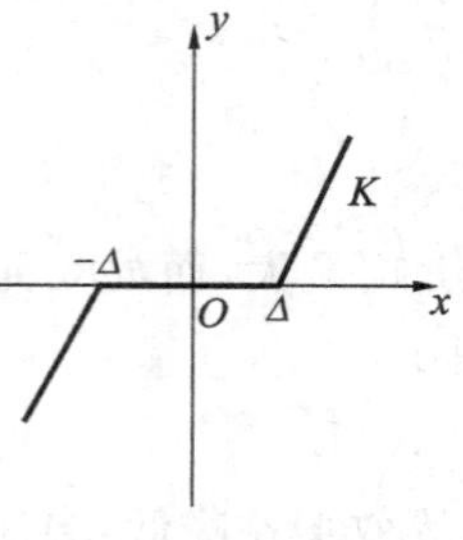

图 8-5　死区特性

死区特性也称为不灵敏区，表示输入信号在零值附近变化时，元件或环节无信号输出，只有当输入信号大于某一数值(死区)时，输出

信号才会出现，并与输入信号呈线性关系。对于实际的死区特性，可看成是一变增益的放大器。

当 $|x| \leqslant \Delta$ 时，$k=0$，系统处于开环状态，失去调节作用。

当 $|x| > \Delta$ 时，k 为 $|x|$ 的增函数，当 $|x|$ 趋于无穷时，k 趋近于 K。

这种特性大量存在于各类放大器中。在控制系统中，死区可以由各种原因引起，如静摩擦、电机的启动电压、电路中的不灵敏值、系统的库仑摩擦、调节器和执行机构的死区等。死区对系统性能可产生不同的影响，最直接的影响是使系统增大了稳态误差，降低了控制精度；但另一方面，减小了系统开环增益，死区的存在使系统震荡性变小，超调量减小。

8.2.2　饱和特性

图 8-6 为饱和特性的静特性图，图中 x 为非线性元件的输入信号，y 为非线性元件的输出信号，其数学表达式为

$$y=\begin{cases} Kx, & |x| \leqslant a \\ Ka\operatorname{sgn}x, & |x| > a \end{cases} \tag{8-8}$$

式中：a 为线性区宽度；K 为线性区特性的斜率。

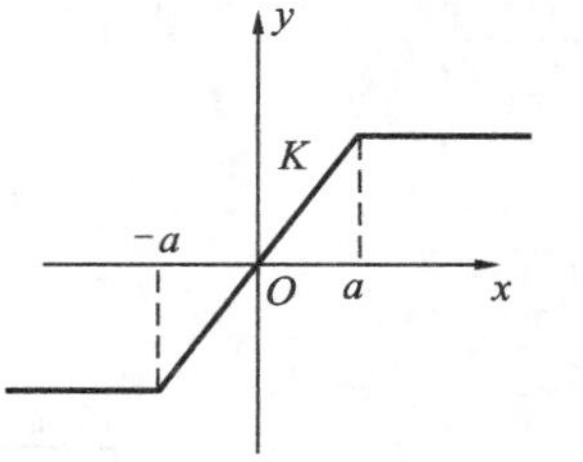

图 8-6　饱和特性

如放大器及执行机构受电源电压或功率的限制都会呈现饱和特性。当 $|x| \leqslant a$ 时，等效增益为 K；当 $|x| > a$ 时，等效增益逐渐减小到零。

饱和非线性特性使开环增益在饱和时下降，从而促使系统稳定，但比例增益的减小又会增加稳态误差，使控制精度下降。

8.2.3　间隙(回环)特性

图 8-7 为间隙特性的静特性图，图中 x 为非线性元件的输入信号，y 为非线性元件的输出信号，其数学表达式为

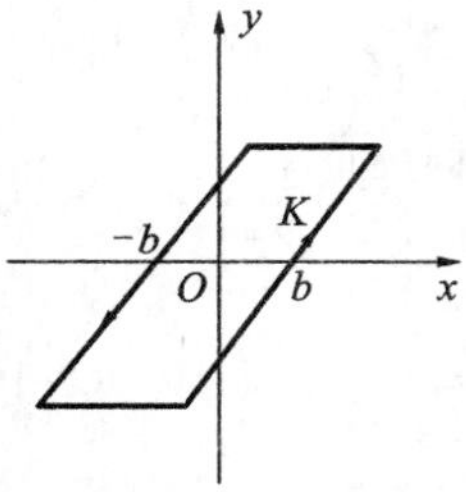

图 8-7　间隙特性

$$y=\begin{cases} K[x-b], & \dot{x}>0 \\ K[x+b], & \dot{x}<0 \\ b\operatorname{sgn}x, & \dot{x}=0 \end{cases} \tag{8-9}$$

式中：$2b$ 为间隙宽度；K 为间隙特性斜率。

如机械传动设备中的齿轮、涡轮轴上必存在间隙特性，间隙特性的输出不仅与输入信号大小有关，还与输入信号变化的方向有关。间隙特性有回环，输入信号和输出信号之间是多值函数。

间隙特性的存在往往使控制系统产生自激振荡。同时，由于间隙特性往往使输出信号在相位上产生滞后，从而使得系统的稳定裕度减小，动态特性变坏，有死区，从而增加了静态误差，降低了控制精度。

8.2.4　继电特性

继电器、接触器及电力电子等电气元件的特性通常变为继电特性。该类元件常用于弱电信号控制强电信号以及保护装置的场合。常见的继电特性有：理想继电特性、具有死区的继电

特性、具有滞环的继电特性以及具有死区和滞环的继电特性。图 8-8 为继电特性的静特性图，图中 x 为非线性元件的输入信号，y 为非线性元件的输出信号。

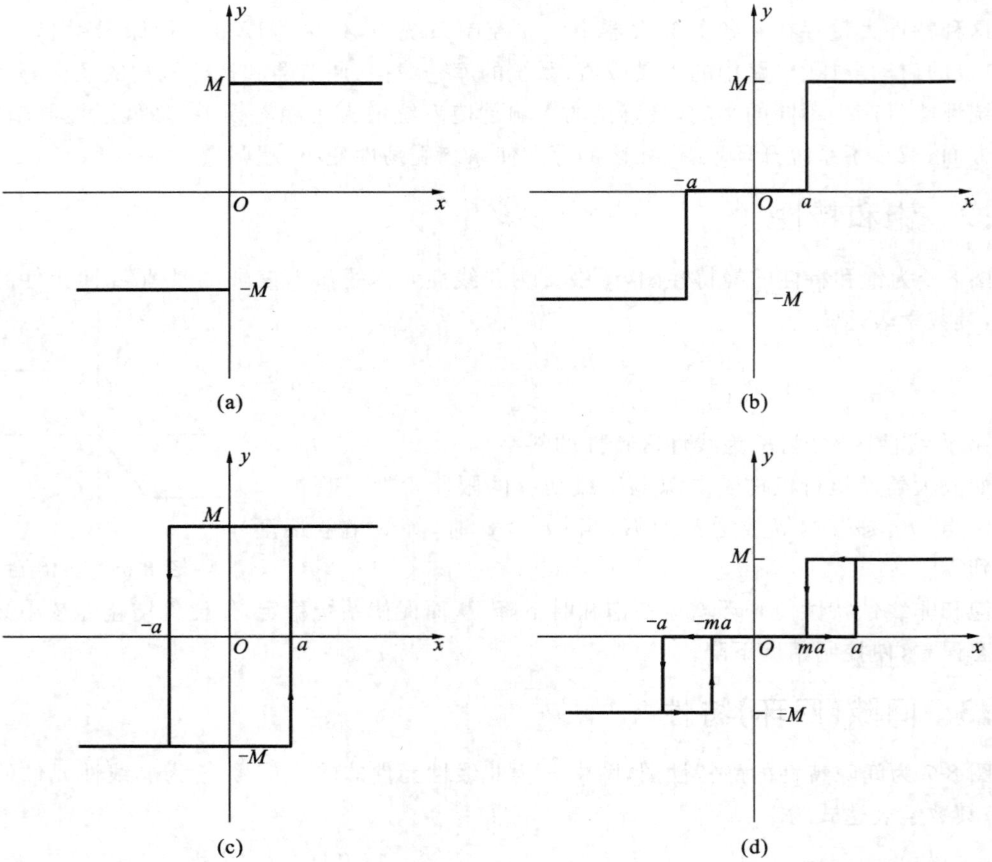

图 8-8　继电特性

(a)理想继电器；(b)带死区继电器；(c)具有滞环的继电器；(d)具有死区和滞环的继电器

理想继电特性：

$$y=\begin{cases}M, & x\geqslant 0^{+}\\ -M, & x\leqslant 0^{-}\end{cases} \tag{8-10}$$

具有死区的继电特性：

$$y=\begin{cases}M, & x>a\\ 0, & -a\leqslant x\leqslant a\\ -M, & x<-a\end{cases} \tag{8-11}$$

具有滞环的继电特性：

$$y=\begin{cases}M, & \dot{x}>0, x>a; \dot{x}<0, x>-a\\ -M, & \dot{x}>0, x<a; \dot{x}<0, x<-a\end{cases} \tag{8-12}$$

具有死区和滞环的继电特性：

$$y=\begin{cases} M, & \dot{x}>0, x>a \\ & \dot{x}<0, x>ma \\ 0, & \dot{x}>0, -ma<x<a \\ & \dot{x}<0, -a<x<ma \\ & \dot{x}>0, x<-ma \\ -M, & \dot{x}<0, x<-a \end{cases} \tag{8-13}$$

式中：x 为继电器吸上电压；ma 为继电器释放电压；M 为饱和输出。

对于实际继电器，可以看成是一个变增益的比例放大器。当输入 x 趋于 0 时，等效增益 k 趋于无穷；当 $|x|$ 增加时，k 减小；当 $|x|\to+\infty$ 时，$k\to 0$。带理想继电特性的一阶、二阶系统可以稳定，一般的很多情况下系统会自激振荡。带死区的继电特性的非线性系统，由于死区的影响，稳态误差增加，超调量减小，振荡性减小。带滞环的继电特性，将会增加系统的稳态误差，对其他动态性能的影响，类似于死区、饱和非线性特性的综合效果。对于带死区和滞环的继电特性，产生滞后，使系统的稳定性降低。非线性系统利用继电控制可以实现快速跟踪。

8.3　描述函数法

描述函数法是一种从频率域来近似分析非线性系统的方法。它的基本思想是：当系统满足一定的假设条件时，系统中非线性环节在正弦输入信号作用下的输出为一周期函数，可展开成傅里叶级数，输出可近似用一次谐波分量或基波来表示，由此得到的输出和输入比的近似等效频率特性即为描述函数。这种分析方法主要用来研究系统在无外作用的情况下，是否会产生自激振荡以及抑制自激振荡。描述函数是一种近似分析方法，对系统的阶次没有限制，仅对非线性特性和系统结构有一定要求，因此得到了广泛的应用。

8.3.1　描述函数的基本概念

设非线性环节的输入信号为正弦信号

$$x(t)=A\sin\omega t$$

其输出 $y(t)$ 一般为周期函数信号，可以展开为傅里叶级数

$$y(t)=A_0+\sum_{n=1}^{+\infty}[A_n\cos(n\omega t)+B_n\sin(n\omega t)]$$

若非线性环节的输入输出部分的静态特性曲线是奇对称的，即 $y(x)=-y(-x)$，于是输出中将不会出现直流分量，从而 $A_0=0$。上式中，

$$A_n=\frac{1}{\pi}\int_0^{2\pi}y(t)\cos(n\omega t)\mathrm{d}(\omega t)$$

$$B_n=\frac{1}{\pi}\int_0^{2\pi}y(t)\sin(n\omega t)\mathrm{d}(\omega t)$$

同时，若线性部分的 $G(s)$ 具有低通滤波器的特性，从而非线性输出中的高频分量部分被线性部分大大削弱，可以近似认为非线性环节的稳态输出中只包含有基波分量，即

$$y(t)=A_1\cos(\omega t)+B_1\sin(\omega t)=Y_1\sin(\omega t+\varphi_1) \tag{8-14}$$

式中：

$$A_1 = \frac{1}{\pi}\int_0^{2\pi} y(t)\cos(\omega t)\mathrm{d}(\omega t) \tag{8-15}$$

$$B_1 = \frac{1}{\pi}\int_0^{2\pi} y(t)\sin(\omega t)\mathrm{d}(\omega t) \tag{8-16}$$

$$Y_1 = \sqrt{A_1^2 + B_1^2} \tag{8-17}$$

$$\varphi_1 = \arctan\frac{A_1}{B_1} \tag{8-18}$$

描述函数的定义：非线性元件稳态输出的基波分量与输入正弦信号的复数之比称为非线性环节的描述函数，用 $N(A)$ 来表示。

$$N(A) = \frac{Y_1}{A}\mathrm{e}^{\mathrm{j}\varphi_1} = \frac{\sqrt{A_1^2 + B_1^2}}{A}\angle\arctan\frac{A_1}{B_1} \tag{8-19}$$

式中：当 $\varphi_1 \neq 0$ 时，$N(A)$ 为复数。

由上可知，只有满足如下条件的非线性系统才能用描述函数的进行分析。

(1)非线性系统的结构图可以简化为只有一个非线性环节 N 和一个线性环节 $G(s)$ 串联的闭环结构。

(2)非线性特性的静态输入与输出的关系是奇对称的，即 $y(x) = -y(-x)$，以保证非线性环节在正弦信号作用下的输出中不包含直流分量。

(3)系统的线性部分 $G(s)$ 具有良好的低通滤波特性，以保证非线性环节在正弦输入作用下的输出中的高频分量被大大削弱。

应当指出的是，在一般情况下，描述函数是一个与输入信号幅值 A 和频率 ω 有关的复数，故应表示为 $N(A,\omega)$。但是，实际大多数非线性环节中不包含储能元件，它们的输出与输入信号的频率无关，所以常见非线性环节的描述函数仅是输入信号幅值 A 的函数 $N(A)$，且 $N(A)$ 为 A 的复函数。若非线性的特性是单值奇对称的，那么 $y(t)$ 是奇函数，则

$$A_1 = 0, \varphi_1 = 0, N(A) = \frac{B_1}{A}$$

即描述函数 $N(A)$ 是输入信号幅值 A 的实函数。

8.3.2 典型非线性特性的描述函数

非线性特性的描述函数的求取步骤如下。

(1)设输入信号为正弦信号，即 $x(t) = A\sin(\omega t)$，根据非线性的输入、输出特性，画出输出 $y(t)$ 的波形并写出其表达式。

(2)计算 $y(t)$ 的基波分量(设非线性特性奇对称，$A_0 = 0$)：

$$A_1 = \frac{1}{\pi}\int_0^{2\pi} y(t)\cos(\omega t)\mathrm{d}(\omega t)$$

$$B_1 = \frac{1}{\pi}\int_0^{2\pi} y(t)\sin(\omega t)\mathrm{d}(\omega t)$$

(3)根据描述函数定义求出 $N(A)$。

1. 死区特性的描述函数

图 8-9 所示的为死区特性及其在正弦信号 $x(t) = A\sin(\omega t)$ 作用下的输出响应波形，当 A

$\geqslant\Delta$ 时，输出 $y(t)$ 的表达式为

$$y(t)=\begin{cases}0, & 0\leqslant \omega t<\varphi_1\\ K[A\sin(\omega t)-\Delta] & \varphi_1\leqslant \omega t<\pi-\varphi_1\\ 0, & \pi-\varphi_1\leqslant \omega t\leqslant \pi\end{cases}$$

式中：$\varphi_1=\arcsin\dfrac{\Delta}{A}$；$K$ 为线性部分的斜率。

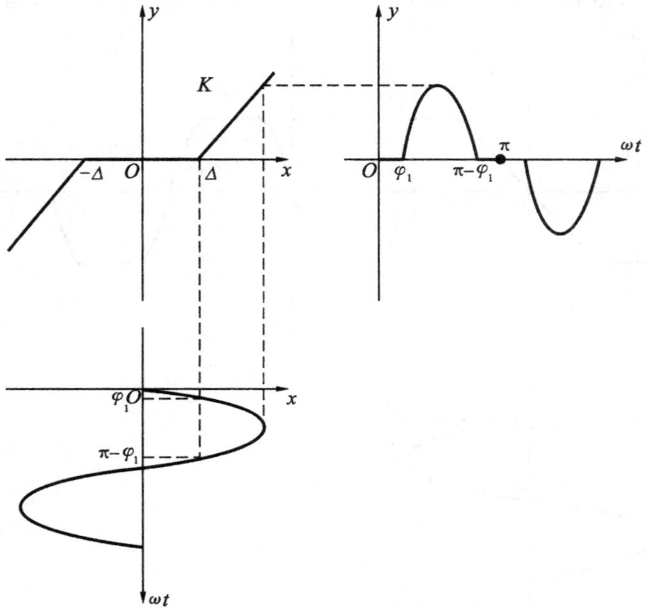

图 8-9　死区特性及其正弦响应波形

死区特性是单值奇对称的，$y(t)$ 是奇对称函数，因此 $A_0=A_1=0$，$\varphi_1=0$。

因为 $y(t)$ 波形具有半波和 1/4 波对称的特点，因此

$$\begin{aligned}B_1&=\frac{1}{\pi}\int_0^{2\pi}y(t)\sin(\omega t)\mathrm{d}(\omega t)\\&=\frac{4}{\pi}\int_{\varphi_1}^{\frac{\pi}{2}}K[A\sin(\omega t)-\Delta]\sin(\omega t)\mathrm{d}(\omega t)\\&=\frac{4KA}{\pi}\int_{\varphi_1}^{\frac{\pi}{2}}\sin^2(\omega t)\mathrm{d}(\omega t)-\frac{4K\Delta}{\pi}\int_{\varphi_1}^{\frac{\pi}{2}}\sin(\omega t)\mathrm{d}(\omega t)\\&=\frac{4KA}{\pi}\left[\frac{\omega t}{2}-\frac{1}{4}\sin(2\omega t)\right]\Bigg|_{\varphi_1}^{\frac{\pi}{2}}-\frac{4K\Delta}{\pi}[-\cos(\omega t)]\Bigg|_{\varphi_1}^{\frac{\pi}{2}}\\&=\frac{4KA}{\pi}\left[\frac{\pi}{4}-\frac{\varphi_1}{2}+\frac{1}{4}\sin2\varphi_1-\frac{\Delta}{A}\cos\varphi_1\right]\\&=\frac{2KA}{\pi}\left[\frac{\pi}{2}-\arcsin\frac{\Delta}{A}-\frac{\Delta}{A}\sqrt{1-\left(\frac{\Delta}{A}\right)^2}\right]\end{aligned}$$

由描述函数定义得死区特性的描述函数为

$$N(A)=\frac{B_1}{A}=\frac{2K}{\pi}\left[\frac{\pi}{2}-\arcsin\frac{\Delta}{A}-\frac{\Delta}{A}\sqrt{1-\left(\frac{\Delta}{A}\right)^2}\right]\quad (A\geqslant\Delta) \tag{8-20}$$

由上式可见，死区特性的描述函数是正弦输入信号幅值的实函数，与输入正弦信号的频率 ω 无关。当$\frac{\Delta}{A}$值很小时，$N(A)\approx K$，即输入幅值很大或死区很小时，死区的影响可以忽略。

2. 饱和特性的描述函数

图 8-10 所示的为饱和特性及其正弦输入 $x(t)=A\sin(\omega t)$ 作用下的输出响应波形。

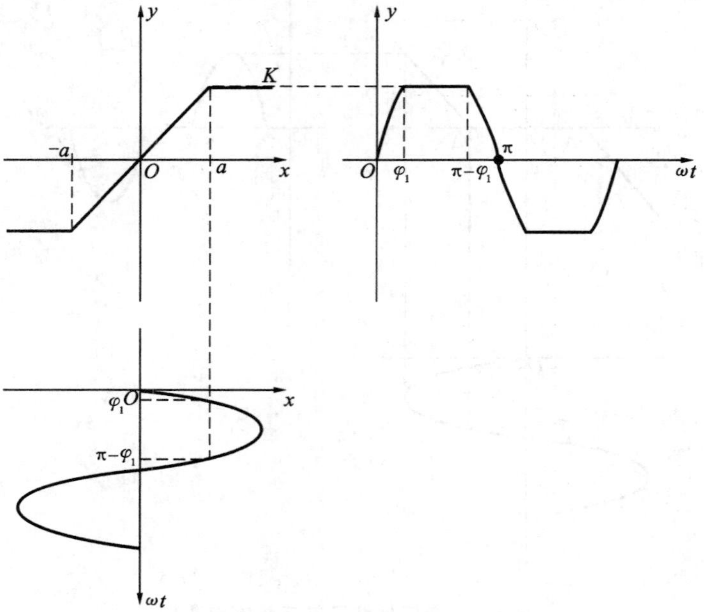

图 8-10 饱和特性及其正弦响应波形

当 $A\geqslant a$ 时，输出 $y(t)$ 的数学表达式为

$$y(t)=\begin{cases}KA\sin(\omega t), & 0\leqslant\omega t<\varphi_1\\ Ka, & \varphi_1\leqslant\omega t<\pi-\varphi_1\\ KA\sin(\omega t), & \pi-\varphi_1\leqslant\omega t\leqslant\pi\end{cases}$$

式中：$\varphi_1=\arcsin\frac{a}{A}$；$a$ 为线性范围；K 为线性部分的斜率。

由于饱和特性是单值奇对称的，$y(t)$是奇对称函数，因此 $A_0=A_1=0$，$\varphi_1=0$。因为 $y(t)$波形具有半波和 1/4 波对称的特点，于是可得 B_1，即

$$\begin{aligned}B_1&=\frac{1}{\pi}\int_0^{2\pi}y(t)\sin(\omega t)\mathrm{d}(\omega t)\\&=\frac{4}{\pi}\int_0^{\varphi_1}KA\sin^2(\omega t)\mathrm{d}(\omega t)+\frac{4}{\pi}\int_{\varphi_1}^{\frac{\pi}{2}}Ka\sin(\omega t)\mathrm{d}(\omega t)\\&=\frac{2KA}{\pi}\left[\arcsin\frac{a}{A}+\frac{a}{A}\sqrt{1-\left(\frac{a}{A}\right)^2}\right]\end{aligned}$$

由描述函数定义得死区特性的描述函数为

$$N(A)=\frac{B_1}{A}=\frac{2K}{\pi}\left[\arcsin\frac{a}{A}+\frac{a}{A}\sqrt{1-\left(\frac{a}{A}\right)^2}\right]\quad(A\geqslant a)\tag{8-21}$$

由上式可见，饱和特性描述函数是正弦波输入信号幅值的实函数，与输入频率 ω 无关。

3. 间隙特性的描述函数

图 8-11 所示的为间隙特性及其在正弦信号 $x(t)=A\sin(\omega t)$ 作用下的输出响应波形。

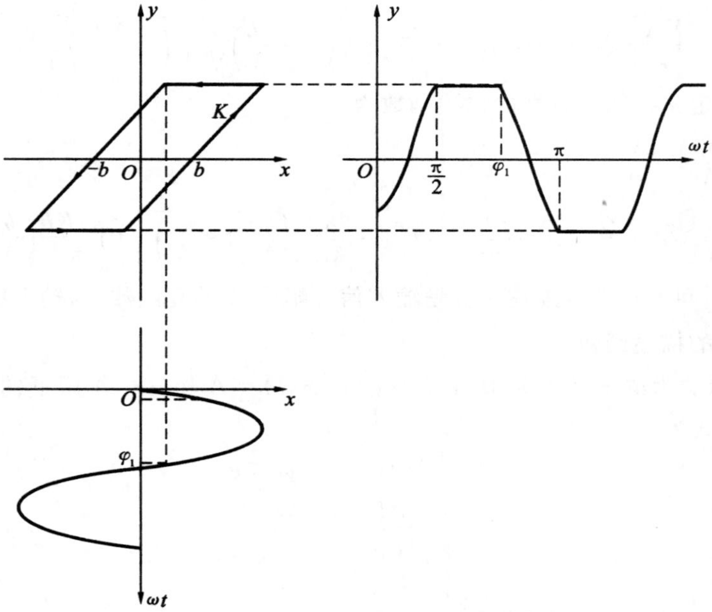

图 8-11　间隙特性及其正弦响应波形

输出 $y(t)$ 的数学表达式为

$$y(t)=\begin{cases}K[A\sin(\omega t)-b], & 0\leqslant\omega t<\frac{\pi}{2}\\ K(A-b), & \frac{\pi}{2}\leqslant\omega t<\varphi_1\\ K[A\sin(\omega t)+b], & \varphi_1\leqslant\omega t\leqslant\pi\end{cases}$$

式中：$\varphi_1=\pi-\arcsin\left(1-\frac{2b}{A}\right)$。

由于间隙特性为多值函数，所以 A_1，B_1 都需要计算。

$$\begin{aligned}A_1&=\frac{1}{\pi}\int_0^{2\pi}y(t)\cos(\omega t)\mathrm{d}(\omega t)\\&=\frac{2}{\pi}\left\{\int_0^{\pi/2}K[A\sin(\omega t)-b]\cos(\omega t)\mathrm{d}(\omega t)+\int_{\pi/2}^{\varphi_1}K(A-b)\cos(\omega t)\mathrm{d}(\omega t)\right.\\&\quad\left.+\int_{\varphi_1}^{\pi}K[A\sin(\omega t)+b]\cos(\omega t)\mathrm{d}(\omega t)\right\}\\&=\frac{4Kb}{\pi}\left(\frac{b}{A}-1\right)\end{aligned}$$

$$\begin{aligned}B_1 &= \frac{1}{\pi}\int_0^{2\pi} y(t)\sin(\omega t)\mathrm{d}(\omega t)\\ &= \frac{2}{\pi}\left\{\int_0^{\pi/2} K[A\sin(\omega t)-b]\sin(\omega t)\mathrm{d}(\omega t)+\int_{\pi/2}^{\varphi_1} K(A-b)\sin(\omega t)\mathrm{d}(\omega t)\right.\\ &\left.\quad+\int_{\varphi_1}^{\pi} K[A\sin(\omega t)+b]\sin(\omega t)\mathrm{d}(\omega t)\right\}\\ &= \frac{KA}{\pi}\left[\frac{\pi}{2}+\arcsin\left(1-\frac{2b}{A}\right)+2\left(1-\frac{2b}{A}\right)\sqrt{\frac{b}{A}\left(1-\frac{b}{A}\right)}\right]\end{aligned}$$

由描述函数定义得间隙特性的描述函数为

$$\begin{aligned}N(A) &= \frac{B_1}{A}+\mathrm{j}\frac{A_1}{A}\\ &= \frac{K}{\pi}\left[\frac{\pi}{2}+\arcsin\left(1-\frac{2b}{A}\right)+2\left(1-\frac{2b}{A}\right)\sqrt{\frac{b}{A}\left(1-\frac{b}{A}\right)}\right]+\mathrm{j}\frac{4Kb}{\pi A}\left(\frac{b}{A}-1\right)\quad (A\geqslant b)\end{aligned}$$

由上式可见，间隙特性的描述函数是输入信号幅值 A 的复函数，与输入频率无关。

4. 继电特性的描述函数

图 8-12 所示的为继电特性及其在正弦信号 $x(t)=A\sin(\omega t)$ 作用下的输出波形。输出 $y(t)$ 的数学表达式为

$$y(t)=\begin{cases}0, & 0\leqslant\omega t<\varphi_1\\ M, & \varphi_1\leqslant\omega t<\varphi_2\\ 0, & \varphi_2\leqslant\omega t\leqslant\pi\end{cases}$$

式中：$\varphi_1=\arcsin\dfrac{h}{A}$；$\varphi_2=\pi-\arcsin\dfrac{mh}{A}$。

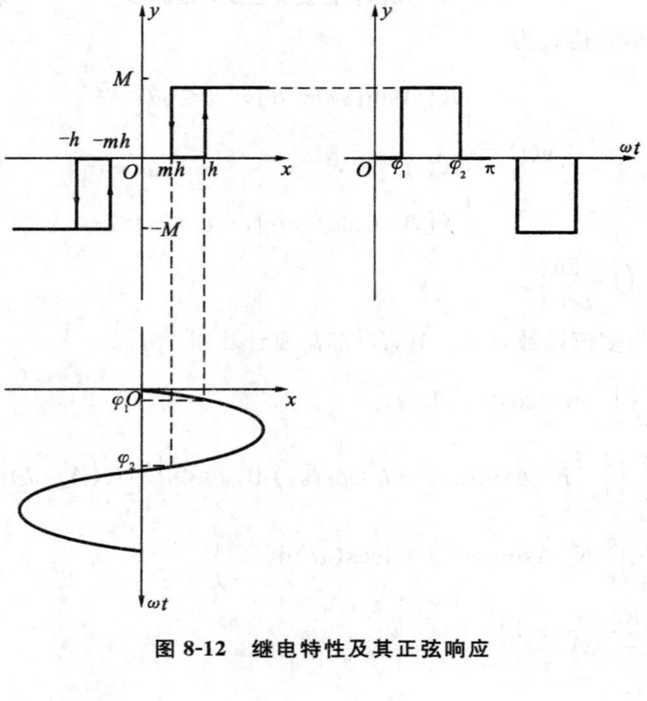

图 8-12　继电特性及其正弦响应

由于继电特性为多值函数，所以 A_1，B_1 都需要计算。

$$A_1=\frac{1}{\pi}\int_0^{2\pi}y(t)\cos(\omega t)\mathrm{d}(\omega t)=\frac{2}{\pi}\int_{\varphi_1}^{\varphi_2}M\cos(\omega t)\mathrm{d}(\omega t)=\frac{2Mh}{\pi A}(m-1)$$

$$B_1=\frac{1}{\pi}\int_0^{2\pi}y(t)\sin(\omega t)\mathrm{d}(\omega t)=\frac{2}{\pi}\int_{\varphi_1}^{\varphi_2}M\sin(\omega t)\mathrm{d}(\omega t)=\frac{2M}{\pi}\left[\sqrt{1-\left(\frac{mh}{A}\right)^2}+\sqrt{1-\left(\frac{h}{A}\right)^2}\right]$$

由描述函数定义可得继电特性的描述函数为

$$\begin{aligned}N(A)&=\frac{B_1}{A}+\mathrm{j}\,\frac{A_1}{A}\\&=\frac{2M}{\pi A}\left[\sqrt{1-\left(\frac{mh}{A}\right)^2}+\sqrt{1-\left(\frac{h}{A}\right)^2}\right]+\mathrm{j}\,\frac{2Mh}{\pi A^2}(m-1)\quad(A\geqslant h)\end{aligned}\tag{8-22}$$

由上式可见，继电特性的描述函数是正弦输入信号幅值的复函数，与输入频率无关。

在式(8-22)中，令 $h=0$，就可得到无死区无滞环的理想继电特性的描述函数

$$N(A)=\frac{4M}{\pi A}\tag{8-23}$$

在式(8-22)中，令 $m=1$，就可得到有死区无滞环的继电特性的描述函数

$$N(A)=\frac{4M}{\pi A}\sqrt{1-\left(\frac{h}{A}\right)^2}\quad(A\geqslant h)\tag{8-24}$$

在式(8-22)中，令 $m=-1$，就可得到无死区有滞环的继电特性的描述函数为

$$N(A)=\frac{4M}{\pi A}\sqrt{1-\left(\frac{h}{A}\right)^2}-\mathrm{j}\,\frac{4Mh}{\pi A^2}\quad(A\geqslant h)\tag{8-25}$$

表 8-1 列出了一些常见非线性特性的描述函数，以供查用。

表 8-1　常见非线性特性的描述函数

类型	非线性特性	描 述 函 数
理想继电特性	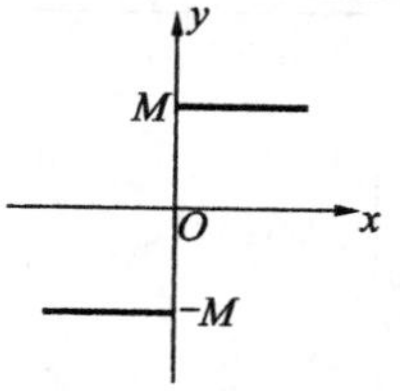	$\frac{4M}{\pi A}$
死区继电特性	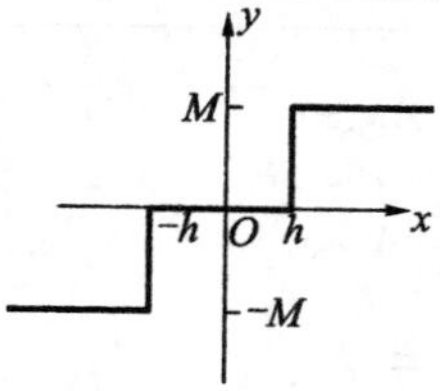	$\frac{4M}{\pi A}\sqrt{1-\left(\frac{h}{A}\right)^2}\quad(A\geqslant h)$
滞环继电特性	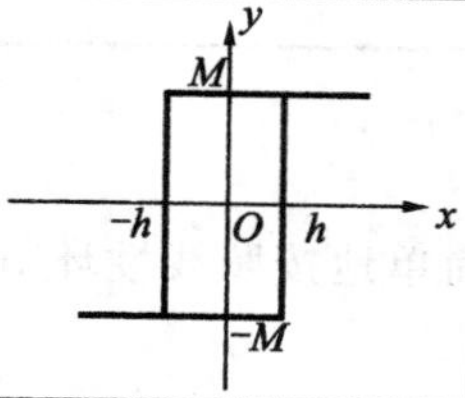	$\frac{4M}{\pi A}\sqrt{1-\left(\frac{h}{A}\right)^2}-\mathrm{j}\,\frac{4Mh}{\pi A^2}\quad(A\geqslant h)$

续表

<table>
<tr><th>类型</th><th>非线性特性</th><th>描述函数</th></tr>
<tr><td>死区加滞环继电特性</td><td>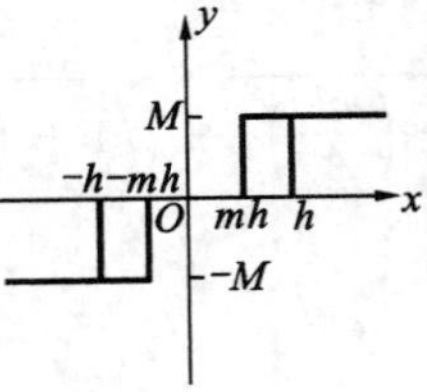
</td><td>$\frac{2M}{\pi A}\left[\sqrt{1-\left(\frac{mh}{A}\right)^2}+\sqrt{1-\left(\frac{h}{A}\right)^2}\right]+\mathrm{j}\frac{2Mh}{\pi A^2}(m-1)\quad(A\geqslant h)$</td></tr>
<tr><td>单值非线性</td><td>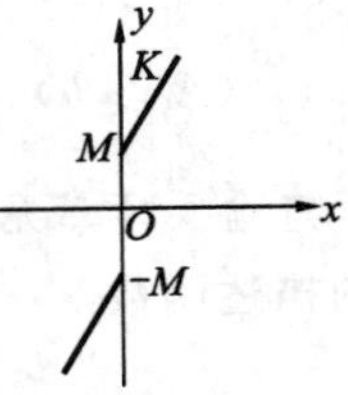
</td><td>$K+\frac{4M}{\pi A}$</td></tr>
<tr><td>死区特性</td><td>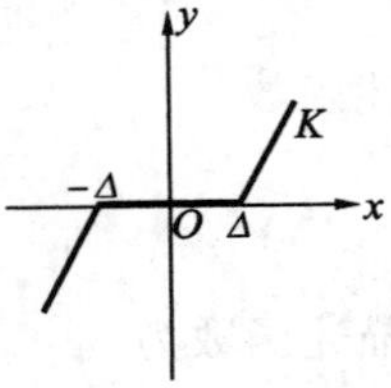
</td><td>$\frac{2K}{\pi}\left[\frac{\pi}{2}-\arcsin\frac{\Delta}{A}-\frac{\Delta}{A}\sqrt{1-\left(\frac{\Delta}{A}\right)^2}\right]\quad(A\geqslant\Delta)$</td></tr>
<tr><td>间隙特性</td><td>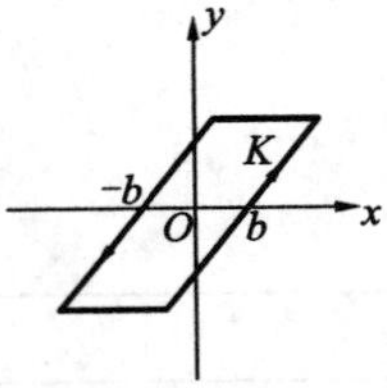
</td><td>$\frac{K}{\pi}\left[\frac{\pi}{2}+\arcsin\left(1-\frac{2b}{A}\right)+2\left(1-\frac{2b}{A}\right)\sqrt{\frac{b}{A}\left(1-\frac{b}{A}\right)}\right]+\mathrm{j}\frac{4Kb}{\pi A}\left(\frac{b}{A}-1\right)\quad(A\geqslant b)$</td></tr>
<tr><td>饱和特性</td><td>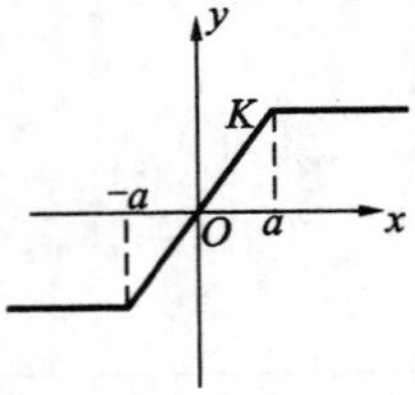
</td><td>$\frac{2K}{\pi}\left[\arcsin\frac{a}{A}+\frac{a}{A}\sqrt{1-\left(\frac{a}{A}\right)^2}\right]\quad(A\geqslant a)$</td></tr>
<tr><td>具有死区的饱和特性</td><td>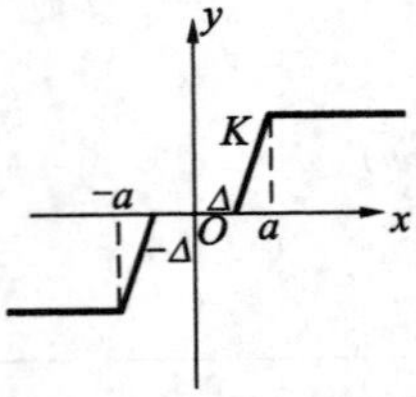
</td><td>$\frac{2K}{\pi}\left(\frac{\pi}{2}-\alpha-\frac{\sin 2\alpha}{2}\right)\quad(\Delta<A<a)$
$\frac{2K}{\pi}\left(\beta-\alpha-\frac{\sin 2\alpha-\sin 2\beta}{2}\right)\quad(A>a)$
$\alpha=\arcsin\frac{\Delta}{A},\beta=\arcsin\frac{a}{A}$</td></tr>
</table>

8.3.3 非线性系统的简化

当非线性系统中含有两个或两个以上非线性环节时，一般不能简单地按照线性环节的串、并联方法求总的描述函数，而应按照以下方法进行计算。

1. 非线性特性的并联计算

设系统中有两个非线性环节并联，其描述函数分别为 $N_1(A)$ 和 $N_2(A)$，如图 8-13 所示。

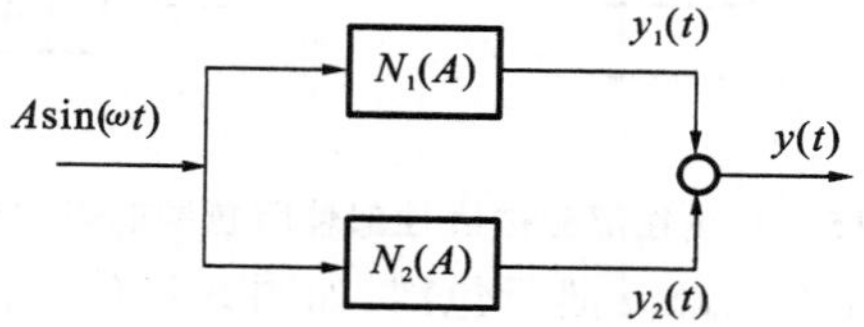

图 8-13　非线性特性并联

显然，非线性环节并联后总输出为两个非线性环节的输出之和，即

$$y(t)=y_1(t)+y_2(t)$$

若将 $y(t)$ 展开成傅里叶级数，则 $y(t)$ 的一次谐波分量应为 $y_1(t)$ 和 $y_2(t)$ 的一次谐波分量之和。按照描述函数的定义，总的描述函数应为

$$N(A)=N_1(A)+N_2(A)$$

2. 非线性特性的串联计算

当两个非线性环节串联时，其总的描述函数不等于两个非线性环节描述函数的乘积，而是需要通过折算，先求出这两个非线性环节的等效非线性特性，然后根据等效的非线性特性来求总的描述函数。一般说来，如果两个非线性环节串联的前后次序不同，那么其等效的非线性特性也是不同的，总的描述函数也不一样，这是与线性环节串联的区别。

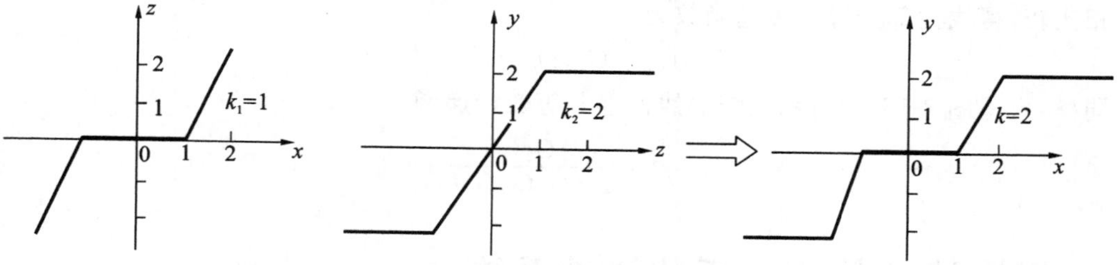

图 8-14　非线性特性串联

图 8-14 所示的为两个非线性特性相串联，由串联后的等效非线性特性，对照表的死区加饱和非线性特性，可见，$k=2$，$a=2$，$\Delta=1$。于是，等效非线性特性的描述函数为

$$\begin{aligned}N(A)&=\frac{2k}{\pi}\left[\arcsin\frac{a}{A}-\arcsin\frac{\Delta}{A}+\frac{a}{A}\sqrt{1-\left(\frac{a}{A}\right)^2}-\frac{\Delta}{A}\sqrt{1-\left(\frac{\Delta}{A}\right)^2}\right]\\&=\frac{4}{\pi}\left[\arcsin\frac{2}{A}-\arcsin\frac{1}{A}+\frac{2}{A}\sqrt{1-\left(\frac{2}{A}\right)^2}-\frac{1}{A}\sqrt{1-\left(\frac{1}{A}\right)^2}\right]\quad(A\geqslant 2)\end{aligned}$$

3. 线性部分的等效变换

如果非线性系统是非典型结构，图 8-15(a)所示的非线性部件被线性部件局部反馈所包围。对于这种结构，可以根据等效变换法则，将线性部分叠加成一个线性部件，系统为如图 8-15(b)所示的典型结构。

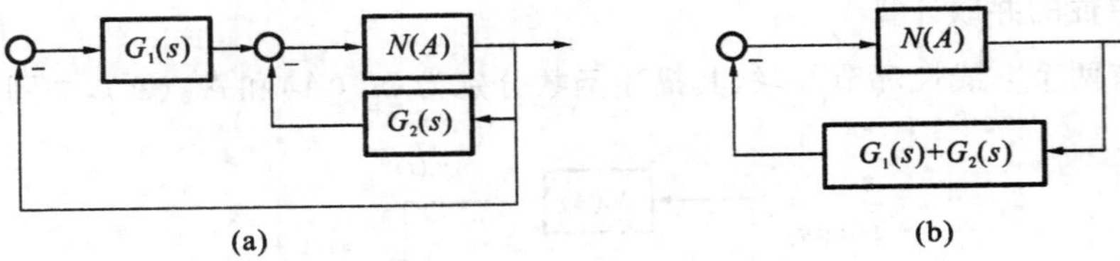

图 8-15 非线性部分被线性部件所包围的等效变换

或当线性部件被非线性部件局部反馈所包围，如图 8-16(a)所示，根据等效法则，可简化为图 8-16(b)所示的典型结构。

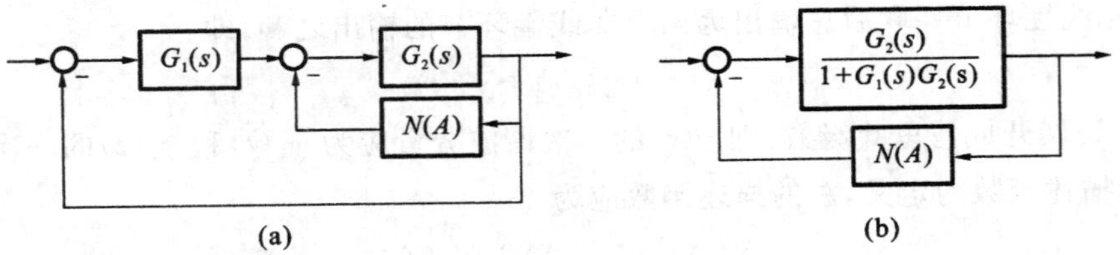

图 8-16 非线性部分为局部反馈时的等效变换

还有另外一种方法，即通过求系统的闭环特征方程得到系统的线性部分等效传递函数。图 8-15(a)所示系统的闭环传递函数为

$$1+G_1(s)N(A)+G_2(s)N(A)=0$$

与典型非线性系统结构传递函数

$$1+G(s)N(A)=0$$

相比较，得线性部分等效传递函数为

$$G(s)=G_1(s)+G_2(s)$$

同样，可得图 8-16(a)所示系统的线性部分等效传递函数

$$G(s)=\frac{G_2(s)}{1+G_1(s)G_2(s)}$$

8.4 用描述函数法分析非线性系统

应用描述函数法可以分析研究非线性系统是否稳定、是否产生自激振荡，产生自激振荡时的振幅与频率的确定，以及如何消除自激振荡等。

8.4.1 系统的典型结构及描述函数法应用的基本假设

假设非线性系统经过等效变换后，可表示为非线性部分 $N(A)$ 与线性部分 $G(s)$ 相串联构成的典型结构，如图 8-17 所示。

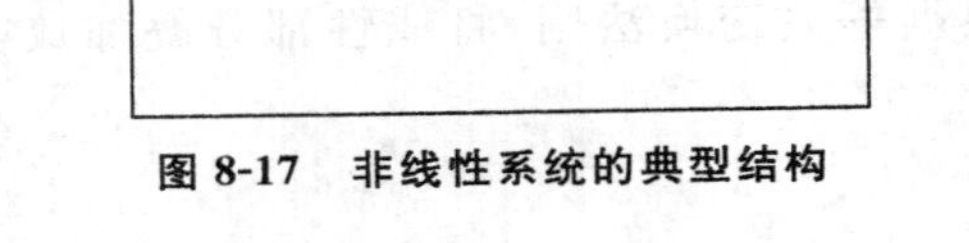

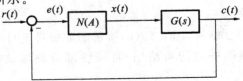

图 8-17 非线性系统的典型结构

自激振荡是由非线性系统的内部自发的持续振荡，与加于系统的输入、干扰等外部作用无关（分析时可设 $r(t)=0$，$n(t)=0$）。当系统处于自激振荡状态时，非线性部分和线性部分的输入、输出均为同频率的正弦值。在这种条件下，非线性部分可用描述函数表示，线性部分可用频率特性表示，从而建立起非线性系统自激振荡时的理论模型，这是描述函数法分析系统的稳定性和自激振荡的必要前提。

假设自激振荡时非线性部分的输入端为正弦波信号，则其输出除了包含基波分量外，还有高次谐波分量。一般情况下，高次谐波的幅值比基波幅值要小，且在经过线性部分之后，由于线性部分的低通滤波效应，将使高次谐波分量进一步被衰减，致使线性部分的输出完全可认为只是基波分量的响应。因此，系统自激振荡时各部分的输入、输出只是基波分量的正弦量在起作用。实际系统的自激振荡表现也证明了这一点。

综上所述，描述函数法应用对系统的基本假设是：

(1)非线性系统可表示为图 8-17 所示的典型结构；

(2)非线性环节的输入输出特性是奇对称的，以保证非线性环节的输出中不包含直流分量，并且非线性环节在正弦信号作用下的输出中，高次谐波幅值小于基波分量幅值；

(3)系统的线性部分具有较好的低通滤波性能。

以上条件满足时，可以将非线性环节近似于线性环节来分析，用其描述函数当作“频率特性”，借助线性理论中的奈氏判据来分析非线性系统的稳定性。

8.4.2　非线性系统的稳定性分析

非线性系统结构中的非线性部分可以用描述函数 $N(A)$ 表示，线性部分 $G(s)$ 用频率特性 $G(\mathrm{j}\omega)$ 表示，其中 $G(s)$ 的极点均位于左半 s 平面。

由系统的典型结构图，可得到系统的闭环频率特性

$$\Phi(\mathrm{j}\omega)=\frac{C(\mathrm{j}\omega)}{R(\mathrm{j}\omega)}=\frac{N(A)G(\mathrm{j}\omega)}{1+N(A)G(\mathrm{j}\omega)}$$

闭环特征方程

$$1+N(A)G(\mathrm{j}\omega)=0$$

即

$$G(\mathrm{j}\omega)=-\frac{1}{N(A)} \tag{8-26}$$

若假设非线性环节的输入信号为正弦信号 $A\sin(\omega t)$，存在幅值 A 和频率 ω 满足式(8-26)。由于在系统的输出端的正弦信号为 $-A\sin(\omega t)$，系统中出现了等幅振荡，式(8-26)就是系统产生等幅振荡的条件，称 $-1/N(A)$ 为非线性特性的负倒描述函数，$-1/N(A)$ 曲线中箭头方向是沿着幅值 A 从小变大的。将式(8-26)与线性系统中利用开环频率特性判断闭环系统稳定性的奈氏判据相比较，可以把非线性系统中的负倒描述函数理解为广义的点 $(-1,\mathrm{j}0)$。据此，可以把线性系统理论的奈氏判据应用到非线性系统中。

由奈氏判据 $Z=P-N$ 可知，若 $G(s)$ 的极点均在左半 s 平面，即 $P=0$；如果系统稳定，即 $Z=0$，则要求 $G(\mathrm{j}\omega)$ 曲线不能包围曲线 $-1/N(A)$，否则非线性系统是不稳定的。

利用描述函数分析非线性系统稳定性的广义奈氏判据是：

(1)若 $G(\mathrm{j}\omega)$ 曲线不包围 $-1/N(A)$ 曲线，则非线性系统是稳定的，如图 8-18(a)所示；

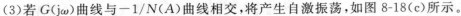

(2)若 $G(j\omega)$ 曲线包围 $-1/N(A)$ 曲线，则非线性系统是不稳定的，如图 8-18(b)所示；

(3)若 $G(j\omega)$ 曲线与 $-1/N(A)$ 曲线相交，将产生自激振荡，如图 8-18(c)所示。

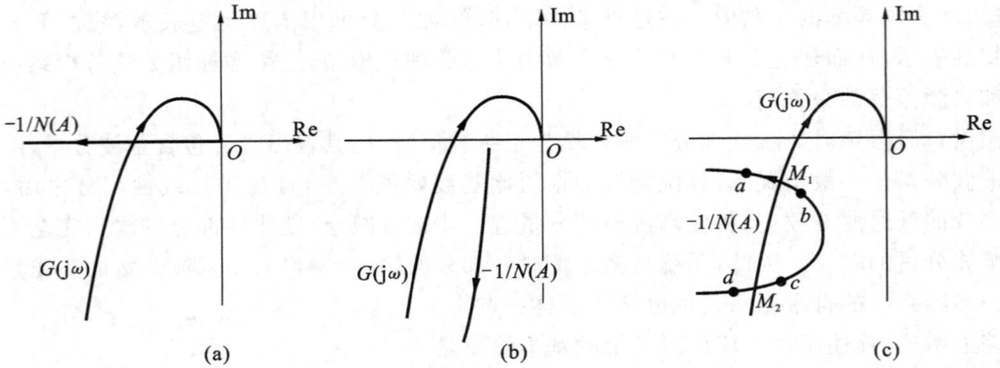

图 8-18　非线性系统的稳定性分析

8.4.3　自激振荡分析与计算

由上节分析可知，当线性部分的频率特性 $G(j\omega)$ 与负倒描述函数曲线 $-1/N(A)$ 相交时，非线性系统会产生自激振荡。交点处 $G(j\omega)$ 曲线对应的 ω 是自激振荡的频率，曲线 $-1/N(A)$ 的幅值 A 是自激振荡的振幅值。下面进一步分析自激振荡的条件和自激振荡的稳定性。

非线性系统典型结构的闭环特征方程为

$$1+N(A)G(j\omega)=0$$

可以改写为

$$G(j\omega)N(A)=-1=e^{-j\pi}$$

即

$$|G(j\omega)N(A)|=1$$

$$\angle G(j\omega)+\angle N(A)=-\pi$$

自激振荡的稳定性是指，当非线性系统受到扰动作用而偏离原来的周期运动状态时，若扰动消失后，系统能够回到原来的等幅振荡状态，则称其为稳定的自激振荡。反之，则称其为不稳定的自激振荡。

如图 8-18(c)所示，线性部分的频率特性 $G(j\omega)$ 与负倒描述函数曲线 $-1/N(A)$ 有两个相交点 M_1、M_2，说明系统有两个自激振荡点。

对于 M_1 点，如果扰动使得幅值 A 增大，则工作点将由 M_1 点移至 a 点。由于 a 点不被 $G(j\omega)$ 包围，系统是稳定的，故系统振荡衰减，振幅 A 自行衰减，工作点将沿 $-1/N(A)$ 曲线又回到 M_1 点。如果受到扰动使振幅 A 减小，则工作点由 M_1 移至 b 点。b 点被 $G(j\omega)$ 包围，系统是不稳定，振荡增强，振幅 A 增加，工作点将沿 $-1/N(A)$ 曲线又回到 M_1 点。所以在 M_1 点，系统受到扰动后终会维持 M_1 点是稳定的自激振荡。

对于 M_2 点，如果扰动使得幅值 A 减小，则工作点将由 M_2 点移至 d 点。由于 d 点不被 $G(j\omega)$ 包围，系统是稳定的，故振荡衰减，振幅 A 进一步减小，工作点将沿 $-1/N(A)$ 曲线向幅值不断减小的方向移动，从而不能再回到 M_2 点。如果扰动使得幅值 A 增加，则工作点将由 M_2 点移至 c 点。由于 c 点被 $G(j\omega)$ 包围，系统是不稳定的，故振荡加剧，振幅 A 进一步增加，

工作点将沿 $-1/N(A)$ 曲线向幅值不断增加的方向移动，也不能再回到 M_2 点。M_2 点处受到扰动后等幅振荡不能维持，所以 M_2 点是不稳定的自激振荡。

判别自激振荡稳定的方法总结如下：在复平面自激振荡附近，当按幅值 A 增大的方向沿 $-1/N(A)$ 曲线移动时，若系统从不稳定区域进入稳定区域，则该交点处的自激振荡是稳定的。反之，若按幅值 A 增大的方向沿 $-1/N(A)$ 曲线移动是从稳定区域进入不稳定区域时，则该交点处的自激振荡是不稳定的。

对于稳定的自激振荡，其振幅和频率是确定并且是可以测量的，具体的计算方法是：振幅可由 $-1/N(A)$ 曲线的自变量 A 来确定，振荡频率 ω 由 $G(\mathrm{j}\omega)$ 曲线的自变量 ω 来确定。需要注意的是，计算得到的振幅和频率，是非线性环节的输入信号 $x(t)=A\sin(\omega t)$ 的振幅和频率，而不是系统的输出信号 $c(t)$。

【例 8-1】 非线性系统中 $G(s)$ 的极点均在左半 s 平面，$G(\mathrm{j}\omega)$ 和 $-1/N(A)$ 的轨迹如图 8-19 所示，试判断该系统是否稳定。

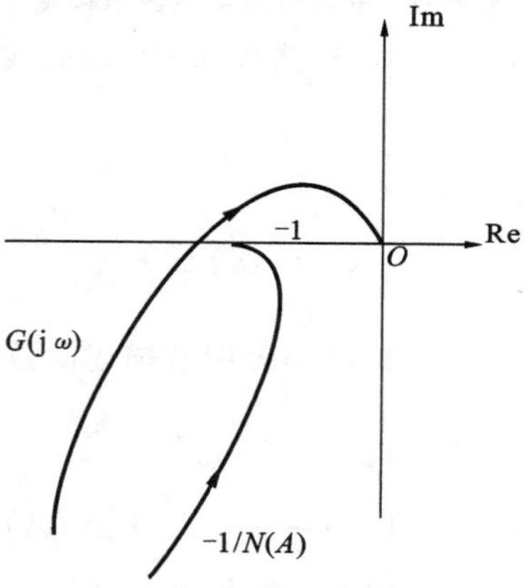

图 8-19　非线性系统的 $G(\mathrm{j}\omega)$ **及** $-1/N(A)$ **轨迹图**

解　由图 8-19 可知，$G(\mathrm{j}\omega)$ 曲线包围了 $-1/N(A)$ 曲线，所以不论幅值 A 如何变化，该非线性系统都是不稳定的。

【例 8-2】 非线性系统的 $G(\mathrm{j}\omega)$ 及 $-1/N(A)$ 的轨迹如图 8-20 所示，试判断该系统有几个点存在自激振荡。

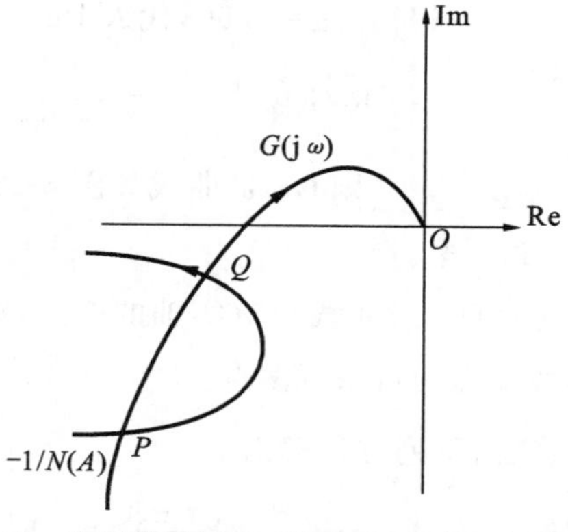

图 8-20　非线性系统的 $G(\mathrm{j}\omega)$ **及** $-1/N(A)$ **轨迹图**

解 由图 8-20 可知，在复平面上 $G(j\omega)$ 曲线与 $-1/N(A)$ 相交，系统可能发生自激振荡。图中，$-1/N(A)$ 曲线沿箭头方向由稳定区经交点 P 进入不稳定区，所以 P 点不存在自激振荡；而 $-1/N(A)$ 曲线沿箭头方向从不稳定区经交点 Q 进入到稳定区，所以交点 Q 处存在自激振荡。

【例 8-3】 具有理想继电型非线性元件的非线性控制系统如图 8-21 所示，试确定系统自振荡的幅值和频率。

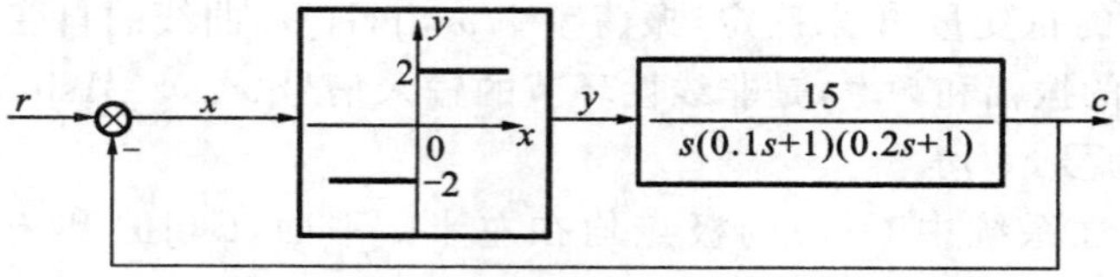

图 8-21 非线性控制系统结构图

解 (1)在复平面上分别绘制 $-1/N(A)$ 曲线和 $G(j\omega)$ 曲线。

①绘制 $-1/N(A)$ 曲线。

由理想继电型非线性特性可知

$$N(A)=\frac{4M}{\pi A}$$

由图 8-17 的系统结构图可知，$M=2$，则得负倒数描述函数

$$-\frac{1}{N(A)}=-\frac{\pi A}{4M}=-\frac{\pi A}{8}$$

当 A 从 $0\to+\infty$ 变化时，$-1/N(A)=0\to-\infty$，$-1/N(A)$ 曲线起始于坐标原点(0,0)，并随着幅值 A 的增大沿着复平面的复实轴向左移动，终止于 $-\infty$，如图 8-22 所示。

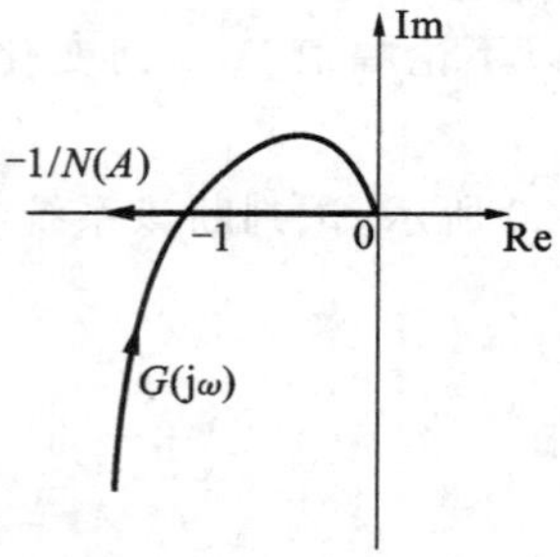

图 8-22 $-1/N(A)$ **曲线和** $G(j\omega)$ **曲线**

②绘制 $G(j\omega)$ 曲线。

由于 $G(j\omega)$ 与实轴相交，故

$$\mathrm{Im}G(j\omega)=\frac{-15(1-0.02\omega^2)}{\omega(1+0.05\omega^2+0.0004\omega^4)}=0$$

解得 $\omega=\sqrt{50}$，代入 $\mathrm{Re}G(j\omega)$ 求得

$$\mathrm{Re}G(j\omega)\Big|_{\omega=\sqrt{50}}=\frac{-4.5}{1+0.05\omega^2+0.0004\omega^4}\Big|_{\omega=\sqrt{50}}=-1$$

则 $G(j\omega)$ 曲线如图 8-22 所示。

(2)确定系统自振荡的幅值和频率。

由图 8-22 可见，$(-1,j0)$ 点为 $G(j\omega)$ 曲线与负实轴的交点，亦是 $-1/N(A)$ 和 $G(j\omega)$ 的交点。因 $-1/N(A)$ 穿出 $G(j\omega)$，故交点为自激振荡点。

自振频率 $\omega=\sqrt{50}$，自振振幅由下列方程解出。

$$-\frac{1}{N(A)}=\mathrm{Re}G(j\omega)\big|_{\omega=\sqrt{50}}=-1,\quad 即\frac{-\pi A}{8}=-1,\quad A=\frac{8}{\pi}=2.55$$

【例 8-4】 具有理想继电器特性的非线性系统如图 8-23 所示，其中线性部分的传递函数为 $G(s)=10/s(s+2)(s+3)$，试确定其自激振荡的幅值和频率。

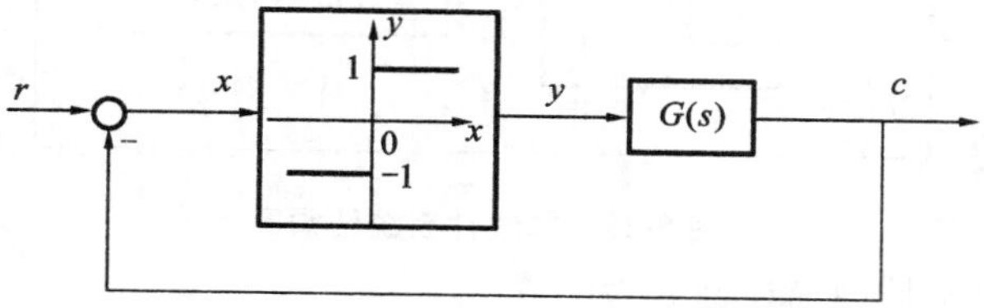

图 8-23　非线性系统结构图

解　继电器非线性的描述函数为

$$N(A)=\frac{4M}{\pi A}=\frac{4}{\pi A}$$

负倒描述函数为

$$-\frac{1}{N(A)}=-\frac{\pi A}{4}$$

当 $A=0$ 时，$-1/N(A)=0$；当 $A=+\infty$ 时，$-1/N(A)=-\infty$。因此，当 $A=0\to+\infty$ 时，$-1/N(A)$ 曲线为整个负实轴。线性部分的频率特性为

$$G(j\omega)=\frac{10}{j\omega(j\omega+2)(j\omega+3)}=-\frac{50}{\omega^4+13\omega^2+36}-j\frac{10(6-\omega^2)}{\omega(\omega^4+13\omega^2+36)}$$

画出 $G(j\omega)$ 和 $-1/N(A)$ 曲线，如图 8-24 所示，两曲线在负实轴上有一个交点，且该自激振荡点是稳定的。

令 $\text{Im}[G(j\omega)]=0$，即

$$\frac{10(6-\omega^2)}{\omega(\omega^4+13\omega^2+36)}=0\Rightarrow 6-\omega^2=0$$

可求得自激振荡频率 $\omega=\sqrt{6}$(rad/s)(负值舍去)。将 $\omega=\sqrt{6}$ 代入 $G(j\omega)$ 的实部，得

$$\text{Re}[G(j\omega)]\big|_{\omega=\sqrt{6}}=-\frac{50}{\omega^4+13\omega^2+36}\bigg|_{\omega=\sqrt{6}}=-0.33$$

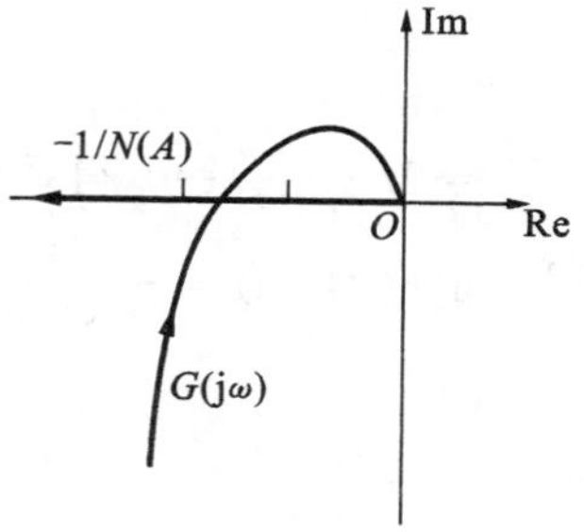

图 8-24　$-1/N(A)$ 曲线和 $G(j\omega)$ 曲线

由 $G(j\omega)N(A)=-1$，可得

$$-\frac{1}{N(A)}=G(j\omega)$$

即

$$-\frac{1}{N(A)}=-\frac{\pi A}{4}=-0.33$$

于是求得自激振荡的幅值为 $A=0.42$，自激振荡频率为

$$\omega=\sqrt{6}\text{(rad/s)}$$

【例 8-5】 带死区继电器的非线性系统如图 8-25 所示，$M=3, h=1$。

(1)分析该分线性系统的稳定性；

(2)如果要使系统不产生自激振荡，如何调整系统参数。

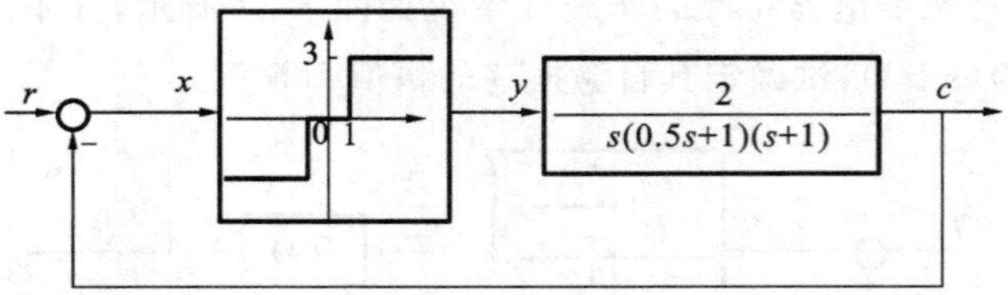

图 8-25　非线性系统结构图

解　(1)死区继电特性的描述函数为

$$N(A)=\frac{4M}{\pi A}\sqrt{1-\left(\frac{h}{A}\right)^2}$$

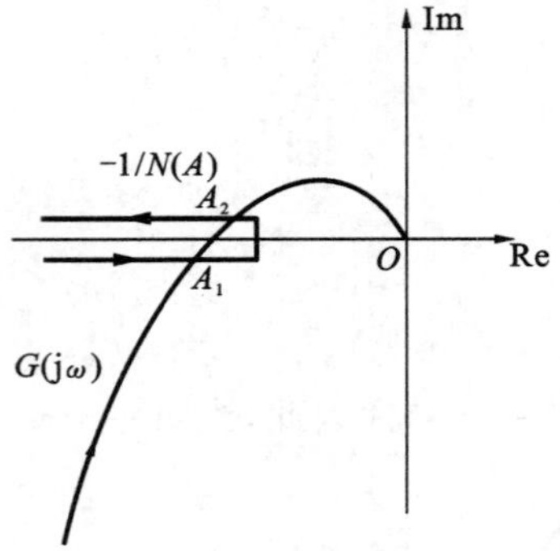

图 8-26　$-1/N(A)$曲线和 $G(j\omega)$曲线

可以画出该系统中非线性环节的$-1/N(A)$曲线和线性环节的 $G(j\omega)$曲线，如图 8-26 所示。

计算曲线$-1/N(A)$的极值点。令

$$\frac{d(-1/N(A))}{dA}=-\frac{\pi}{12}\frac{A[2(A^2-h^2)-A^2]}{(A^2-h^2)\sqrt{A^2-h^2}}=0$$

由此可知，$-1/N(A)$曲线当 $A=\sqrt{2}h\Big|_{h=1}=\sqrt{2}$ 时，取得极值

$$-\frac{1}{N(A)}\Big|_{A=\sqrt{2}}=-\frac{\pi}{6}$$

线性环节的频率特性

$$G(j\omega)=\frac{2[-1.5\omega-j(1-0.5\omega^2)]}{\omega(0.25\omega^4+1.25\omega^2+1)}$$

令 $\mathrm{Im}G(j\omega)=0$，得系统的振荡频率 $\omega=\sqrt{2}$，代入得 $\mathrm{Re}G(j\omega)=-0.667$。

根据 $G(j\omega)=-\dfrac{1}{N(A)}$，将 $\omega=\sqrt{2}$代入得

$$-\frac{\pi A}{12\sqrt{1-1/A^2}}=-0.667$$

得到交点处 $A_1=1.11$，$A_2=2.3$。

由奈奎斯特稳定性判据可知，A_1 为不稳定的交点，A_2 为稳点交点，A_2 点对应的系统的自激振荡为稳定的自激振荡，振幅为 2.3，振荡角频率为$\sqrt{2}$ rad/s。

(2)为了使系统不产生自激振荡，根据奈奎斯特稳定判据可知，可以调节系统参数。

方法一：减小线性部分传递函数 $G(s)$的比例增益 K，从而使$-1/N(A)$曲线和 $G(j\omega)$曲线不相交。此时，根据奈奎斯特稳定判据可知系统是稳定的，不产生自激振荡。

方法二：调整非线性环节的参数，根据 $G(j\omega)=-\dfrac{1}{N(A)}$，如果$-\dfrac{1}{N(\sqrt{2}h)}<-0.667$，即$-\dfrac{\pi h}{2M}<-0.667$，继电器参数满足$\dfrac{M}{h}<2.36$ 时，系统不产生自激振荡。

8.5 相平面法

相平面法是一种求解一、二阶常微分方程的图解法。通过图解法将一阶和二阶系统的运动过程转化为位置和速度平面上的相轨迹，从而比较直观准确地反映系统的稳定性、平衡位置、稳态精度、时间响应以及初始条件及参数对系统运动的影响。

8.5.1 相平面的基本概念

设一个二阶时不变系统可以用下列常微分方程描述：

$$\ddot{x}=f(x,\dot{x}) \tag{8-27}$$

式中：$f(x,\dot{x})$是 $x(t)$和 $\dot{x}(t)$的线性或非线性函数，可以对方程稍作变换。

已知

$$\ddot{x}=\frac{\mathrm{d}\dot{x}}{\mathrm{d}t}=\frac{\mathrm{d}\dot{x}}{\mathrm{d}x}\frac{\mathrm{d}x}{\mathrm{d}t}=\dot{x}\frac{\mathrm{d}\dot{x}}{\mathrm{d}x} \tag{8-28}$$

则常微分方程可写为

$$\frac{\mathrm{d}\dot{x}}{\mathrm{d}x}=\frac{f(x,\dot{x})}{\dot{x}} \tag{8-29}$$

二阶系统的时间解既可用 x 与 t 的关系图来表示，也可以把 t 当作参变量，用 x 与 $\dot{x}$ 的关系曲线来表示。如果用 x 与 $\dot{x}$ 作为平面上的直角坐标轴，则系统在每一时刻上的运动状态都对应该平面中的一个点。当时间 t 变化时，该点在 x-$\dot{x}$ 平面上便描绘出一条表征系统状态变化过程的相轨迹，x-$\dot{x}$ 平面称为相平面。如图 8-27 所示，x-$\dot{x}$ 平面中的曲线同样很直观地表示了系统的运动特性。从某种意义上来说，甚至比 $x(t)$曲线更形象，可获得更多的信息。在相平面上，由一族相轨迹构成的图形，称为相平面图。在一些情况下，相平面图对称于 x 轴、$\dot{x}$ 轴或同时对称于 x 轴和 $\dot{x}$ 轴。用相平面图来分析系统性能的方法称之为相平面法。

显然，如果把方程 $\ddot{x}=f(x,\dot{x})$看作是一个质点运动方程，用 x 表示质点的位置，那么 $\dot{x}$ 就表示质点的运动速度。用 x 和 $\dot{x}$ 描述方程的解，也就是用质点的“状态”(位置和速度)来表示该质点的运动。在物理学中，这种不直接用时间变量而用状态变量来描述运动的方法称为相空间法，也称为状态空间法。在自动控制理论中，把具有直角坐标 x-$\dot{x}$ 的平面称为相平面。相平面是二维的状态空间(平面)，相平面上的每个点对应着系统的一个运动状态，这个点就称为相点。相点是随时间 t 的变化在 x-$\dot{x}$ 平面上描绘出的轨迹线，表征了系统运动状态(相)的演变过程，这种轨迹称为相轨迹。对于二阶系统，它的状态变量只有两个，所以二阶系统的运动可在相平面上表示出来。对于三阶系统，它有三个状态变量，必须用三维空间来描述其相轨迹，这就比较困难了。对于三阶以上的系统，要作其相轨迹就更加困难，然而原则上可以将二维空间中表示点运动的概念扩展到 n 维空间中去。

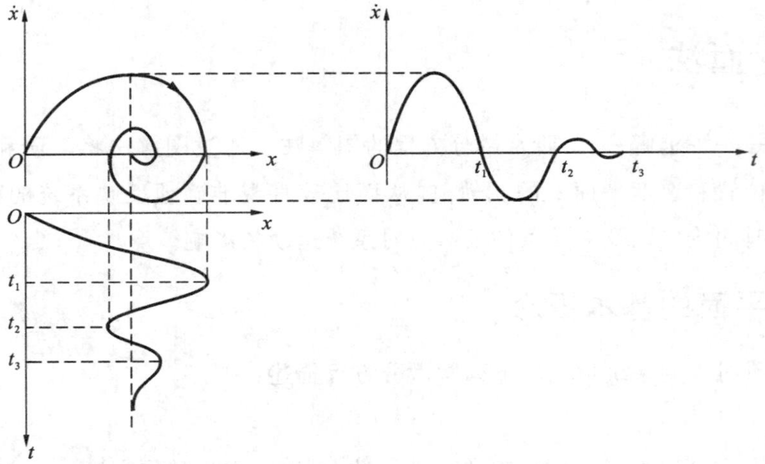

图 8-27 $x(t)$、$\dot{x}(t)$和 x-$\dot{x}$ 平面曲线

1. 相轨迹的斜率

相轨迹在相平面上任意一点$(x,\dot{x})$处的斜率$\frac{\mathrm{d}\dot{x}}{\mathrm{d}x}=\frac{f(x,\dot{x})}{\dot{x}}$，只要在点$(x,\dot{x})$处不同时满足$\dot{x}=0$ 和 $f(x,\dot{x})=0$，则相轨迹的斜率就是一个确定的值。这样，通过该点的相轨迹不可能多于一条，相轨迹不会在该点相交，这些点是相平面上的普通点。

2. 奇点

相平面上同时满足 $\dot{x}=0$ 和 $f(x,\dot{x})=0$ 的点处，其相轨迹的斜率为

$$\frac{\mathrm{d}\dot{x}}{\mathrm{d}x}=\frac{f(x,\dot{x})}{\dot{x}}=\frac{0}{0}$$

即相轨迹的斜率不确定，通过该点的相轨迹可以有无穷多条。这些点是相轨迹的交点，称为奇点。显然，奇点只分布在相平面的 x 轴上，由于在奇点处，$\dot{x}=f(x,\dot{x})=0$，故奇点也称为平衡点。

3. 相轨迹的运动方向

在相平面的上半平面，$\dot{x}>0$，相轨迹上的点沿相轨迹向 x 轴的正方向移动，所以上半部分相轨迹箭头向右；同理，在相平面的下半平面，$\dot{x}<0$，相轨迹箭头向左。综上所述，相轨迹在相平面上总是按顺时针方向运动。

4. 相轨迹通过 x 轴的方向

因为在 x 轴上所有的点都满足 $\dot{x}=0$，所以除去其中 $f(x,\dot{x})=0$ 的奇点外，在其他点上的斜率 $\mathrm{d}\dot{x}/\mathrm{d}x\to+\infty$，相轨迹总是以垂直方向穿过 x 轴的。这表示相轨迹与相平面的 x 轴是正交的。

8.5.2 相轨迹的绘制

求解系统的相轨迹有两类方法，即解析法和图解法。解析法只适用于系统的微分方程较为简单、便于求解的场合。当用解析法比较困难时，常采用图解法。

1. 解析法

解析法就是通过求解微分方程的办法，找出变量的关系，从而在相平面上绘制相轨迹。解析法有以下两种方法。

(1)消去参变量 t：根据微分方程式(8-27)和式(8-28)，先求解出状态 $\dot{x}(t)$ 和 $x(t)$ 的函数，然后消去中间变量 t，得到相轨迹方程 $\dot{x}=g(x)$，进而在相平面上绘制相轨迹。

(2)直接积分法：根据微分方程式(8-27)转换成两个一阶微分方程得到的式(8-29)为相轨迹斜率方程。对式(8-29)进行积分就可求得相轨迹方程 $\dot{x}=g(x)$，根据此式即可在相平面上绘制相轨迹了。

【例 8-6】 描述系统运动的微分方程为

$$\ddot{x}+x=0$$

初始条件为 $x(0)=x_0$，$\dot{x}(0)=0$，试绘制系统运动的相轨迹。

解　先用消去参变量 t 法求解。

根据初始条件可以求得系统运动微分方程的解为

$$x(t)=x_0\cos t$$

经求导得 $\dot{x}(t)=-x_0\sin t$，消去参变量 t，可以得到

$$\dot{x}^2(t)+x^2(t)=x_0^2$$

再采用直接积分法求解。

系统的微分方程改写为 $\dot{x}\dfrac{\mathrm{d}\dot{x}}{\mathrm{d}x}=-x$，即 $\dot{x}\mathrm{d}\dot{x}=-x\mathrm{d}x$

对上式两边积分，并考虑到初始条件，得 $\dot{x}^2(t)+x^2(t)={x_0}^2$。两种解法结果一致，画出系统运动的相轨迹，如图 8-28 所示。

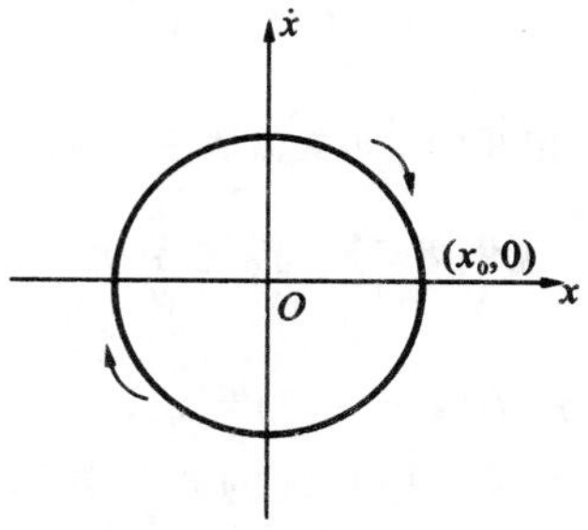

图 8-28　系统运动的相轨迹

2. 图解法

图解法是不必求解微分方程的解，直接通过各种逐步作图的办法，在相平面上画出相轨迹的方法。当系统的微分方程用解析法难以求解时，可采用图解法。对于非线性系统，图解法尤为重要。工程中常见的图解法有等倾线法和 δ 法，这里介绍只介绍等倾线法。

等倾线法的基本思想是将相轨迹的曲线形式用一系列短的折线近似代替，每段短折线都有不同的斜率。等倾线是指相平面上相轨迹斜率相等的各点的连线。在画出等倾线的基础上可以用画折线来代替相轨迹，从来完成相轨迹的绘制。

等倾线法适用于下述一般形式的系统：

$$\ddot{x}=f(x,\dot{x})$$

上式也可写为

$$\frac{\mathrm{d}\dot{x}}{\mathrm{d}x}=\frac{f(x,\dot{x})}{\dot{x}}$$

式中：$\dfrac{\mathrm{d}\dot{x}}{\mathrm{d}x}$为相轨迹的斜率。

若令

$$\frac{\mathrm{d}\dot{x}}{\mathrm{d}x}=\alpha \tag{8-30}$$

则有

$$\alpha=\frac{f(x,\dot{x})}{\dot{x}} \tag{8-31}$$

若在相平面上绘制相轨迹，由式(8-30)可以看到，相轨迹上各点的斜率为 α，令 α 为某一常

数，式(8-31)即为一条等倾线方程。也就是说，相轨迹上的点满足式(8-31)时，相轨迹在该点处的斜率均为α，这条曲线就称为等倾线。当α取不同值时，由式(8-31)可以绘制若干条不同的等倾线，在每条等倾线上画出相应的α值的短线，以表示相轨迹通过这些等倾线时切线的斜率，短线上的箭头表示相轨迹前进的方向。任意给定一个初始条件($x(0)$，$\dot{x}(0)$)，就相当于在相平面上给定了一条相轨迹的起点，从该点出发，按照它所在等倾线上的短线方向作一条小线段，让它与第二条等倾线相交；再由这个交点出发，按照第二条等倾线上的短线方向再作一条小线段，让它与第三条等倾线相交；依次连续作下去，就可以得到一条从给定起始条件出发，由各小线段组成的折线，最后把这条折线光滑处理，就得到所要求的系统相轨迹，如图 8-29 所示。

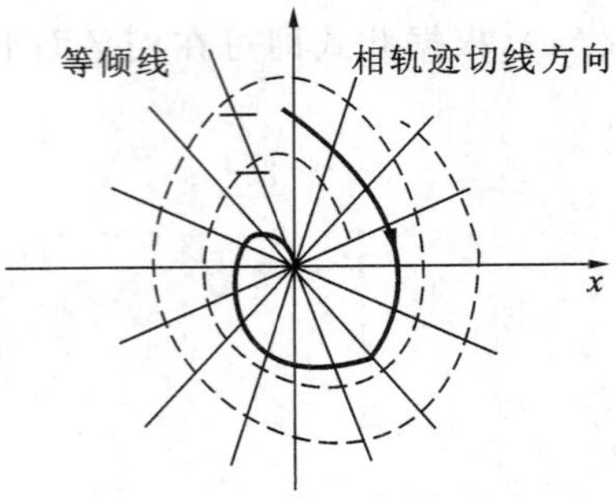

图 8-29　用等倾线法绘制相轨迹

【例 8-7】 描述系统运动的微分方程为

$$\ddot{x}+x=0$$

初始条件为 $x(0)=x_0$，$\dot{x}(0)=0$，试用等倾线法绘制系统运动的相轨迹。

解　把系统的微分方程改写为

$$\dot{x}\frac{\mathrm{d}\dot{x}}{\mathrm{d}x}+x=0$$

令

$$\alpha=\frac{\mathrm{d}\dot{x}}{\mathrm{d}x}$$

则有

$$\dot{x}=-\frac{1}{\alpha}x$$

上式即为等倾线方程。显然，等倾线为通过相平面坐标原点的直线，其斜率为$-1/\alpha$，而α是相轨迹通过等倾线时切线的斜率。若令α为不同的值，就可以绘出具有不同斜率的一族等倾线，在每条等倾线上画出斜率为α的短线，所有短线的总体就形成了相轨迹的切线方向场，如图 8-30 所示。图中画出了从初始点(x_0,0)出发，沿方向场绘出的系统相轨迹。该相轨迹为一个圆，与例 8-6 中用解析法所得结论一致。

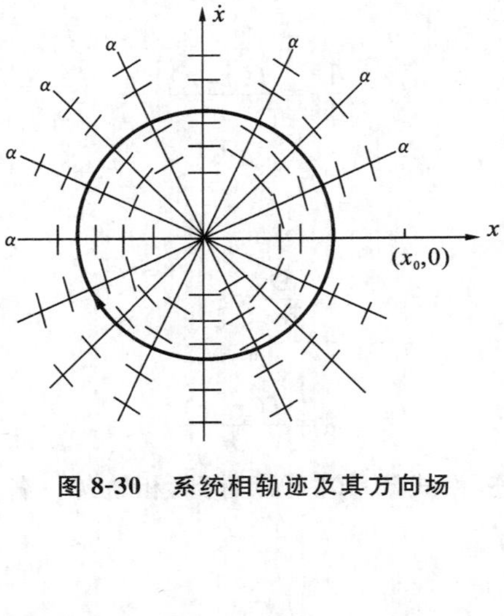

图 8-30　系统相轨迹及其方向场

用等倾线法绘制相轨迹时，还需要说明以下几点。

第一，横轴（x 轴）与纵轴（$\mathrm{d}x/\mathrm{d}t$ 轴）所选用的比例尺应当一致，这样 α 值才与相轨迹切线的斜率相同。

第二，在相平面的上半平面，由于相轨迹 $\dot{x}>0$，总是沿着 x 增加的方向运动（向右运动）；而在下半平面，相轨迹总是沿着 x 减小的方向运动（向左运动）。

第三，除平衡点（即 x 的各阶导数为零的点）外，通过 x 轴时相轨迹的斜率为 $\alpha=\dfrac{f(x,\dot{x})}{\dot{x}}=\pm\infty$，所以相轨迹是与 x 轴垂直的。

第四，一般来说，等倾线的条数越多，作图的精确度越高，但等倾线的条数过多，人工作图所产生的积累误差也会增加，所以等倾线的条数应取得适当。另外，采用平均斜率的方法作相轨迹，可以提高作图的精确度。即两条等倾线之间的相轨迹，其切线的斜率可近似取这两条等倾线上切线斜率的平均值。例如，有两条相邻的等倾线，其中 $\alpha_1=-1$，$\alpha_2=-1.2$，则这两条等倾线之间的相轨迹斜率可近似取为 $(\alpha_1+\alpha_2)/2=-1.1$。

一般说来，线性系统的等倾线是直线，非线性系统的等倾线往往是曲线或折线。当等倾线是直线时，采用等倾线法还是比较方便的。

【例 8-8】 含有死区继电器特性的非线性系统如图 8-31 所示，输入 $r(t)=3$，线性部分的输入与输出关系为

$$\frac{\mathrm{d}^2c}{\mathrm{d}t^2}+\frac{\mathrm{d}c}{\mathrm{d}t}=y$$

非线性部分的输入与输出关系由下式表示：

$$y=f(e)=\begin{cases}1, & e>1\\ 0, & -1<e<1\\ -1, & e<-1\end{cases}$$

试用等倾线法绘制相轨迹。

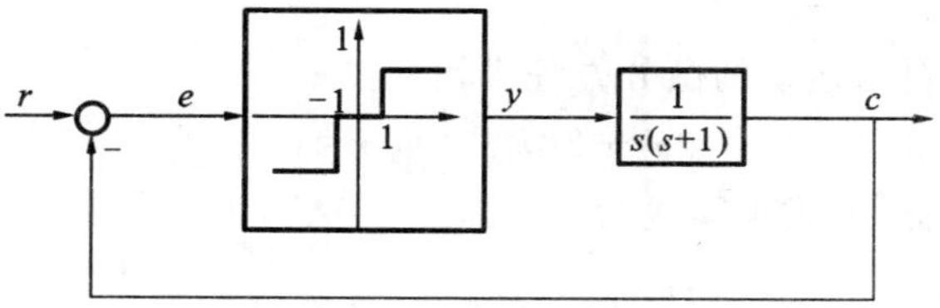

图 8-31　非线性系统结构图

解　引入新的变量 $e=r-c$，并选择相变量 $x=e$，得

$$\ddot{x}=-\dot{x}-f(x)$$

于是有

$$\frac{\mathrm{d}\dot{x}}{\mathrm{d}x}=-\frac{\dot{x}+f(x)}{\dot{x}}=\alpha$$

由非线性特性 $f(e)$ 的三种可能值，将相平面分为三个区。

Ⅰ区：$x>1$，$f(x)=1$。此区域内等倾线方程为

$$\alpha=-\frac{\dot{x}+1}{\dot{x}}\quad 或\quad \dot{x}=\frac{-1}{\alpha+1}$$

它是一组与水平轴平行的直线。

Ⅱ区：$-1<x<1, f(x)=0$。此区域内等倾线方程为

$$\alpha=-1$$

它是斜率为-1的直线。

Ⅲ区：$x<-1, f(x)=-1$。此区域内等倾线方程为

$$\alpha=-\frac{\dot{x}-1}{\dot{x}} \quad 或 \quad \dot{x}=\frac{1}{\alpha+1}$$

它是一组与水平轴平行的直线。

作相轨迹图，如图 8-32 所示。

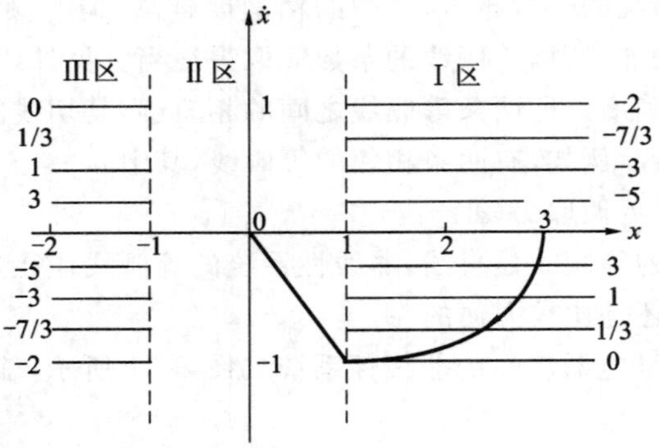

图 8-32　等倾线绘制相轨迹图

8.5.3　线性系统的相轨迹

1. 二阶线性系统的相轨迹

相平面法是分析非线性二阶系统的重要方法，但是在介绍非线性系统的相平面分析之前，先掌握各种线性二阶系统相平面图的作法及其特点是十分必要的。下面以二阶系统的自由运动为例，介绍线性系统的相轨迹。

描述二阶线性系统自由运动的微分方程式如下：

$$\ddot{x}+2\zeta\omega_n\dot{x}+\omega_n^2x=0 \tag{8-32}$$

取 x-$\dot{x}$ 为相平面坐标，上式可写成为

$$\begin{cases}\dfrac{d\dot{x}}{dt}=-(2\zeta\omega_n\dot{x}+\omega_n^2x)\\[2mm]\dfrac{dx}{dt}=\dot{x}\end{cases}$$

或

$$\frac{d\dot{x}}{dx}=\frac{-(2\zeta\omega_n\dot{x}+\omega_n^2x)}{\dot{x}} \tag{8-33}$$

由时域分析法讨论可知，线性二阶系统自由运动形式由特征方程的根分布特点所决定。主要有以下几种情况。

(1)无阻尼等幅振荡($\zeta=0$)。

①利用消去变参量 t 的方法求相轨迹方程。

当 $\zeta=0$ 时，微分方程(8-32)的解为

$$x(t)=A\sin(\omega_n t+\varphi) \tag{8-34}$$

对上式求导得

$$\dot{x}(t)=A\omega_n\cos(\omega_n t+\varphi) \tag{8-35}$$

式中：$A=\sqrt{x_0^2+\dot{x}_0^2/\omega_n^2}$是由初始条件决定的常量。

消去 t，得相轨迹方程

$$\frac{x^2}{A^2}+\frac{\dot{x}^2}{A^2\omega_n^2}=1 \tag{8-36}$$

显然，相轨迹是一个椭圆。

②利用直接积分的方法求相轨迹方程方法。

当 $\zeta=0$ 时，方程(8-33)为

$$\frac{\mathrm{d}\dot{x}}{\mathrm{d}x}=-\frac{\omega_n^2 x}{\dot{x}} \tag{8-37}$$

对上式积分，同样可得相轨迹方程

$$\frac{x^2}{A^2}+\frac{\dot{x}^2}{A^2\omega_n^2}=1 \tag{8-38}$$

当取不同初始值 x_0，$\dot{x}_0$ 时，式(8-38)在相平面上呈现一族同心椭圆，每一个椭圆对应一个等幅振荡，如图 8-33(a)所示。

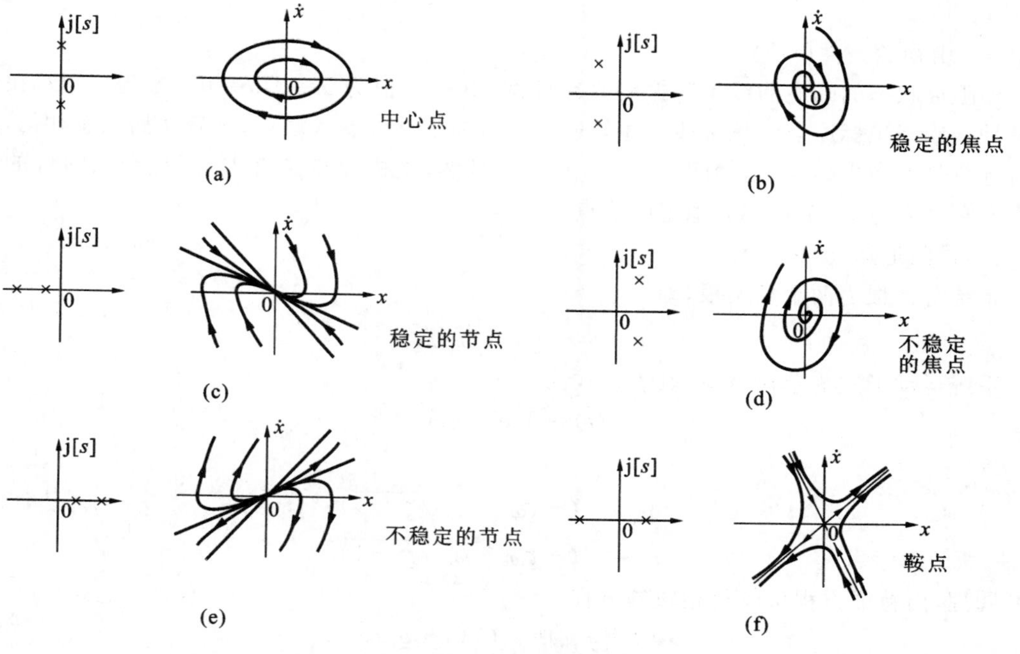

图 8-33　系统特征根和相轨迹的对应关系

相轨迹随时间变化的方向：在 x-$\dot{x}$ 平面的上半平面内，$\dot{x}>0$，x 随时间的增大而增大，所以相轨迹方向自左至右指向 x 增加方向；在 x-$\dot{x}$ 平面的下半平面内，$\dot{x}<0$，x 随时间的增大而减小，故相轨迹方向应自右至左指向 x 减小方向。所以，相轨迹的方向如图 8-33(a)中箭头所示。

相轨迹的斜率:相轨迹与横坐标轴的交点($\dot{x}=0, x\neq 0$),由式(8-33)可知,$\frac{d\dot{x}}{dx}=+\infty$,所以相轨迹垂直地穿过横坐标轴。由于在相平面上对应每一个给定的初始条件,根据解析函数的微分方程解的唯一定理,可以证明通过初始条件确定的点的相轨迹只有一条,因此由所有可能初始条件确定的相轨迹不会相交。只有在平衡点上,由于 $d\dot{x}/dx=0/0$ 为不定,可以有无穷多个相轨迹逼近或离开它,可见这种点相应之下有点"不平常",因此称为奇点。图 8-33(a)中的坐标原点即为奇点。当 $\zeta=0$ 时,只有唯一的孤立奇点,而且奇点附近的相轨迹是一族封闭曲线,这种奇点通常称为中心点。

(2)欠阻尼衰减振荡($0<\zeta<1$)。

由第 3 章分析可知,欠阻尼时系统特征根为

$$p_{1,2}=-\zeta\omega_n\pm j\omega_d$$

方程的解为

$$x(t)=Ae^{-\zeta\omega_n t}\cos(\omega_d t+\varphi)$$

$$\omega_d=\omega_n\sqrt{1-\zeta^2}$$

式中:A,φ 都是由初始条件决定的常数。

可用上述同样的方法求得系统欠阻尼运动时的相轨迹方程

$$(\dot{x}+\zeta\omega_n x)^2+\omega_d^2x^2=C_0\exp\left(\frac{2\zeta\omega_n}{\omega_d}\arctan\frac{\dot{x}+\zeta\omega_n x}{\omega_d x}\right) \tag{8-39}$$

式中:C_0 由初始条件所决定。

欠阻尼状态的响应曲线是一振荡衰减曲线,其稳态值为 $x=0, \dot{x}=0$。方程(8-39)在相平面上是一族绕坐标原点的螺旋线。相轨迹移动方向是从外卷入原点,不管初始状态如何,最终相轨迹总是卷向坐标原点,如图 8-33(b)所示。显然,坐标原点是奇点,而且奇点附近的相轨迹均向它卷入,这种奇点称为稳定的焦点。

(3)过阻尼运动($\zeta>1$)。

系统特征根为两个负实根,即

$$p_{1,2}=-\zeta\omega_n\pm\omega_n\sqrt{\zeta^2-1}$$

系统运动形式为单调衰减,其表达式为

$$x(t)=A_1e^{p_1t}+A_2e^{p_2t}$$

令

$$q_1=-(-\zeta\omega_n+\omega_n\sqrt{\zeta^2-1})$$

$$q_2=-(-\zeta\omega_n-\omega_n\sqrt{\zeta^2-1})$$

同理,由特征方程可解得相轨迹方程

$$(\dot{x}+q_2x)^{q_2}=C_0(\dot{x}+q_1x)^{q_1} \tag{8-40}$$

式中:C_0 由初始条件确定的常数。

过阻尼系统在各种初始条件下的响应均单调地衰减到零,其响应的相轨迹单调地趋向于平衡点——原点。方程(8-40)代表了一族通过坐标原点的"抛物线"。当给定不同初始值时,其相轨迹如图 8-33(c)所示。显然,坐标原点是一个奇点,这种奇点称为稳定的节点。

(4)负阻尼运动。

此种情况下系统处于不稳定状态，按照特征根的不同分布，可分为两种情况讨论。

①发散振荡（$-1<\zeta<0$）。

系统特征根为具有正实部的一对共轭复数根，特征方程的解 $x(t)$ 为发散振荡，因此，对应的相轨迹是发散的螺旋线，如图 8-33(d)所示。由于随 $t\to+\infty$ 时，$x(t)\to+\infty$，$\dot{x}(t)\to+\infty$，因此相轨迹远离坐标原点。显然，坐标原点为不稳定的焦点。

②单调发散运动（$\zeta<-1$）。

系统特征根为 2 个正实根，即

$$p_{1,2}=|\zeta|\omega_n\pm\omega_n\sqrt{\zeta^2-1}$$

系统的自由运动呈非振荡发散形式，相轨迹的形式与 $\zeta>1$ 的情况相同，只是运动方向相反，是一族从原点出发向外单调发散的抛物线，其相轨迹如图 8-33(e)所示。同理，坐标原点为不稳定的节点。

(5)无阻尼正反馈系统。

系统微分方程为

$$\ddot{x}-\omega_n^2x=0$$

系统特征根为实根 $\pm\omega_n$，由于

$$\frac{d\dot{x}}{dx}=\frac{\omega_n^2x}{\dot{x}}$$

对上式积分，得相轨迹方程

$$\frac{\dot{x}^2}{A^2\omega_n^2}-\frac{x^2}{A^2}=1 \tag{8-41}$$

式中：$A=\sqrt{\dot{x}^2/\omega_n^2-x_0^2}$。

方程(8-41)是一族等边双曲线，如图 8-33(f)所示。坐标原点为奇点，其附近相轨迹像马鞍形，故称这种奇点为鞍点。

综上所述，二阶系统的运动形式与系统特征根的分布有密切的关系，不同的特征根分布对应着不同的运动形式以及不同的奇点类型。

2. 特殊二阶线性系统的相轨迹

(1)系统微分方程为

$$\ddot{x}=M$$

由方程可见，系统的两个特征根位于 s 平面的坐标原点。

因为 $\ddot{x}=\dot{x}\dfrac{d\dot{x}}{dx}$，则有

$$\dot{x}d\dot{x}=Mdx$$

对上式进行积分，得系统的相轨迹方程

$$\frac{1}{2}\dot{x}^2-Mx=A$$

式中：$A=\frac{1}{2}\dot{x}_0^2-Mx_0$。相轨迹是一族抛物线，如图 8-34(a)、(b)、(c)所示。

(2)系统微分方程为

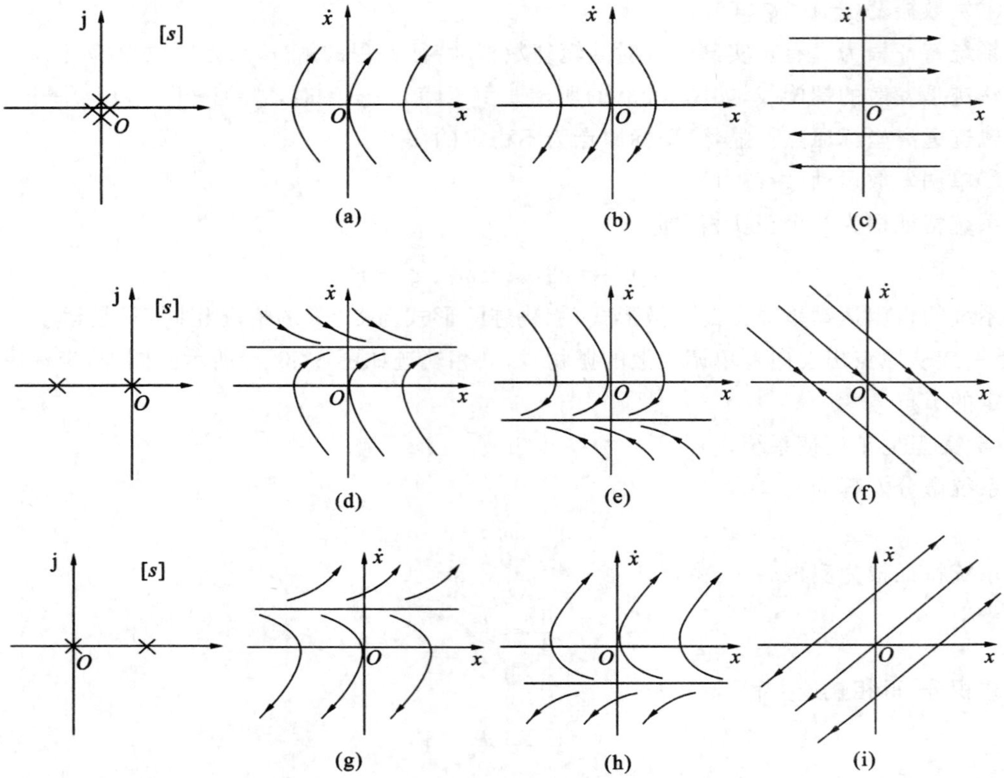

图 8-34　特殊二阶线性系统的相轨迹

(a)$M>0$;(b)$M<0$;(c)$M=0$;(d)$M>0$;(e)$M<0$;(f)$M=0$;(g)$M>0$;(h)$M<0$;(i)$M=0$

$$T\ddot{x}+\dot{x}=M$$

由上式可见，系统的两个特征根分别为 0，$-\frac{1}{T}$。另外，$\dot{x}=M$ 满足方程 $T\ddot{x}+\dot{x}=M$，因此，$\dot{x}=M$ 为一条相轨迹。由于 $\ddot{x}=\dot{x}\frac{\mathrm{d}\dot{x}}{\mathrm{d}x}$，将它代入方程 $T\ddot{x}+\dot{x}=M$ 并整理成如下形式：

$$\frac{\mathrm{d}\dot{x}}{\mathrm{d}x}=\frac{M-\dot{x}}{T\dot{x}}$$

显然，上式是系统相轨迹的斜率方程。

令 $\frac{\mathrm{d}\dot{x}}{\mathrm{d}x}=a$，$a$ 为常数，则有等倾线(即等斜率线)方程

$$\dot{x}=\frac{M}{Ta+1}$$

当 a 取不同数值时，可获得不同的等倾线(这里是一族水平线)。

当 $a\to+\infty$ 时，$\dot{x}=0$，表明相轨迹垂直穿过 x 轴。

当 $a\to-\frac{1}{T}$ 时(在 $T>0$ 的条件下)，$\dot{x}=+\infty$，表明相平面无穷远处的相轨迹斜率为 $-\frac{1}{T}$。

当 $a=0$ 时，$\dot{x}=M$，显然 $\dot{x}=M$ 既是一条相轨迹又是一条等倾线。因为相轨迹互不相交，

故其他相轨迹均以此线为渐近线。

该系统的相轨迹大致图形如图 8-34(d)、(e)、(f)和图 8-34(g)、(h)、(i)所示。

在描述非线性系统运动特性的相轨迹中，除了上面所介绍的“奇点”外，还有一种奇线——封闭的相轨迹曲线，通常称为极限环。它表示实际系统具有一种特殊运动方式——自振。在极限环附近的相轨迹，可能卷向极限环或从极限环卷出。

如果在极限环附近，起始于极限环外部或内部的相轨迹均收敛于该极限环，则该极限环称为稳定极限环。系统呈现稳定的自振，如图 8-35(a)所示。

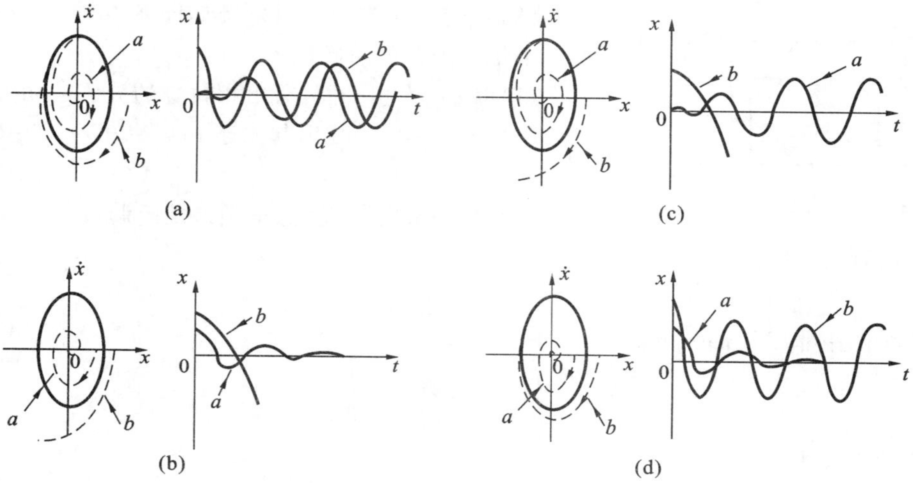

图 8-35 各种类型的极限环节

如果极限环附近的相轨迹都是从极限环附近发散出去，则极限环称为不稳定极限环。这时，环内为稳定区，环外为不稳定区。如果相轨迹起始于稳定区内，则该相轨迹收敛于极限环内的奇点。但是如果相轨迹起始于不稳定区，则随着时间增加，该相轨迹将发散出去，如图 8-35(b)所示。

如果起始于极限环外部各点的相轨迹，从极限环发散出去，而起始于极限环内部各点的相轨迹却收敛于极限环，如图 8-35(c)所示，或者相反，如图 8-35(d)所示，则这种极限环称为半稳定极限环。

应当注意的是，极限环将相平面分割成内部平面和外部平面，相轨迹不能从内部直接穿过极限环而进入外部平面，或者相反，当 $\zeta=0$ 时，二阶系统的相轨迹虽然是一族封闭曲线，但它不是极限环。

8.5.4 用相平面分析非线性系统

相平面上绘制的是二阶系统的相轨迹，它不仅能分析二阶系统的自由运动特性，也能分析系统在外界作用下的运动特性，并能确定系统的性能指标，如运动时间、运动速度和最大超调量等。

用相平面法分析非线性系统的步骤如下：

(1)根据非线性特性将相平面划分为若干区域，建立每个区域的线性微分方程来描述系统的运动特性；

(2)根据分析问题的需要，选择合适的相平面坐标轴，通常选择 e-$\dot{e}$ 或 c-$\dot{c}$ 作为相平面的坐标轴；

(3)根据非线性特性建立相平面上开关线方程，必须注意的是，开关线方程的变量应与坐标轴所选坐标变量一致；

(4)求解每个区域的微分方程，绘制相轨迹；

(5)平滑地将各个区域的相轨迹连起来，得到整个系统的相轨迹。据此可用来分析非线性系统的运动特性。

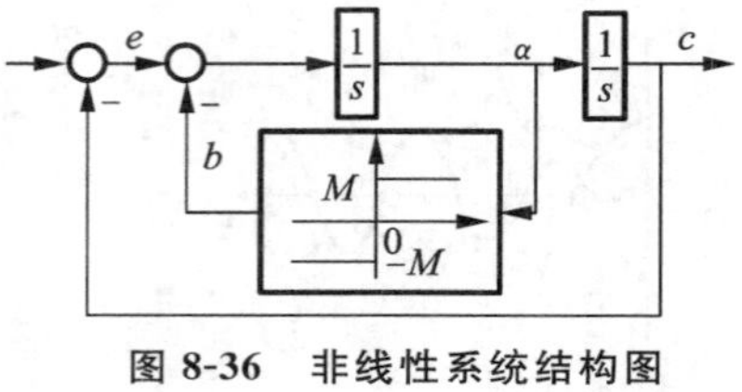

图 8-36　非线性系统结构图

【例 8-9】 非线性控制系统如图 8-36 所示，$t=0$ 时加上一个幅度为 2 的阶跃输入。

(1)以 c-$\dot{c}$ 为相平面，写出相轨迹的分区运动方程；

(2)若 $M=0.5$，画出起始于 $c(0)=0$，$\dot{c}(0)=0$ 的相轨迹；

(3)利用相轨迹计算稳态误差及超调量。

解　(1)由线性部分得

$$\dot{c}=\alpha,\quad \dot{\alpha}=e-b,\quad e=r-c$$

由结构图中非线性部分可得

$$b=\begin{cases}M, & \dot{c}>0 \quad \text{Ⅰ区}\\ -M, & \dot{c}<0 \quad \text{Ⅱ区}\end{cases}$$

整理得运动方程为

$$\begin{cases}\ddot{c}=r-c-M\Rightarrow \ddot{c}+c=2-M, & \dot{c}>0 \quad \text{Ⅰ区}\\ \ddot{c}=r-c+M\Rightarrow \ddot{c}+c=2+M, & \dot{c}<0 \quad \text{Ⅱ区}\end{cases}$$

开关线方程为 $\dot{c}=0$。

(2)Ⅰ区：方程整理得 $\frac{\mathrm{d}\dot{c}}{\mathrm{d}c}=-\frac{c-2+M}{\dot{c}}$，$(c-2+M)^2+\dot{c}^2=A_1^2$

当 $M=0.5$ 时，$A_1=1.5$，所以 $(c-1.5)^2+\dot{c}^2=1.5^2$ 轨迹为圆，奇点为 $c=2-M$，$\dot{c}=0$。

Ⅱ区：同上述过程一致得 $(c-2-M)^2+\dot{c}^2=A_2^2$

当 $M=0.5$ 时，$A_2=0.5$，所以 $(c-2.5)^2+\dot{c}^2=0.5^2$ 轨迹为圆，奇点为 $c=2+M$，$\dot{c}=0$。

起点为(0,0)的相轨迹如图 8-37 所示。

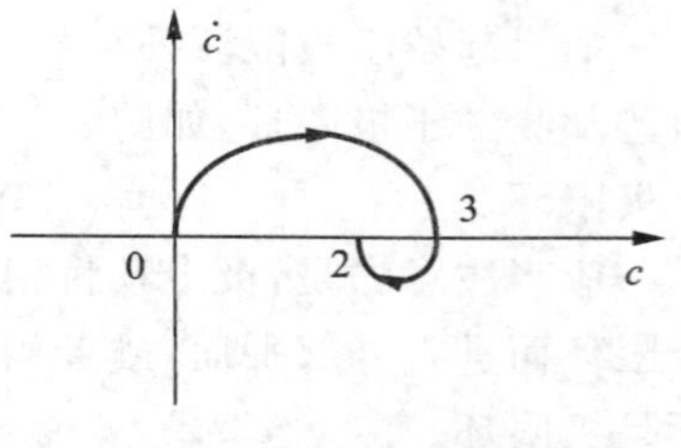

图 8-37　非线性系统相轨迹

(3)由相轨迹图可以得到稳态误差为 0。

超调量：$\sigma_p=\frac{3-2}{2}\times 100\%=50\%$

【例 8-10】 具有继电器特性的非线性控制系统如图 8-38 所示。

(1)试绘出起点在 $c_0=2$，$\dot{c}_0=0$ 的相轨迹图 c-$\dot{c}$；

(2)计算相轨迹旋转一周所需的时间。

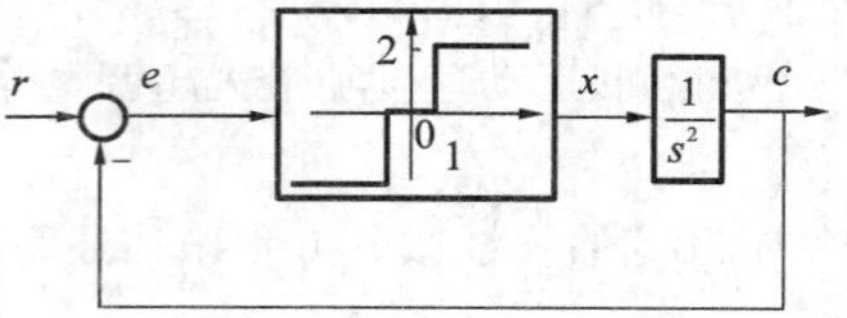

图 8-38　非线性系统结构图

解　(1)由非线性环节得　$x=\begin{cases}0, & |e|\leqslant 1\\ 2, & e>1\\ -2, & e<-1\end{cases}$

由线性部分　$\dfrac{C(s)}{X(s)}=\dfrac{1}{s^2}$

得描述线性部分的微分方程为 $\ddot{c}=x$，则

$$\begin{cases}\ddot{c}=0, & |e|\leqslant 1\\ \ddot{c}=2, & e>1\\ \ddot{c}=-2, & e<-1\end{cases}$$

绘制 c-$\dot{c}$ 平面的相轨迹图。$e=r-c$，令 $r=0$，则 $e=-c$，于是

$$\begin{cases}\ddot{c}=0, & |c|\leqslant 1 & \text{Ⅰ区}\\ \ddot{c}=-2, & c>1 & \text{Ⅱ区}\\ \ddot{c}=2, & c<-1 & \text{Ⅲ区}\end{cases}$$

可得开关线方程 $c=\pm 1$。

由已知条件知，起点 $c_0=2,\dot{c}_0=0$，因此初始点 $A(2,0)$从Ⅱ区开始，下面绘制相轨迹。

Ⅱ区：

$$\begin{cases}\ddot{c}=-2\\ \dot{c}=-2t+C_1\\ c=-t^2+C_1t+C_2\end{cases}$$

把 $c_0=2,\dot{c}_0=0$ 代入得 $C_1=0,C_2=2$，即

$$\begin{cases}\ddot{c}=-2\\ \dot{c}=-2t\\ c=-t^2+2\end{cases}$$

相轨迹为开口向左的抛物线，即

$$c=-0.25\dot{c}^2+0.25\dot{c}_0^2+c_0=-0.25\dot{c}^2+2$$

在右开关线 $c=1$ 处的交点为 $c_{01}=1,\dot{c}_{01}=-2$，交点坐标为 $B(1,-2)$。

Ⅰ区：

$$\begin{cases}\ddot{c}=0\\ \dot{c}=C_3\\ c=C_3t+C_4\end{cases}$$

把初值(1,−2)代入得

$$\begin{cases}\ddot{c}=0\\ \dot{c}=-2\\ c=-2t+1\end{cases}$$

纵坐标不变为−2，而横坐标随时间变化，因此相轨迹为平行横轴的直线。

在左开关线处的交点为 $c_{02}=-1,\dot{c}_{02}=-2$，交点坐标为 $C(-1,-2)$。

Ⅲ区：

$$\begin{cases}\ddot{c}=2\\ \dot{c}=2t+C_5\\ c=t^2+C_5t+C_6\end{cases}$$

代入初始条件(－1,－2)得

$$\begin{cases}\ddot{c}=2\\ \dot{c}=2t-2\\ c=t^2-2t-1\end{cases}$$

得

$$c=0.25\dot{c}^2-0.25\dot{c}_{02}^2+c_{02}=0.25\dot{c}^2-2$$

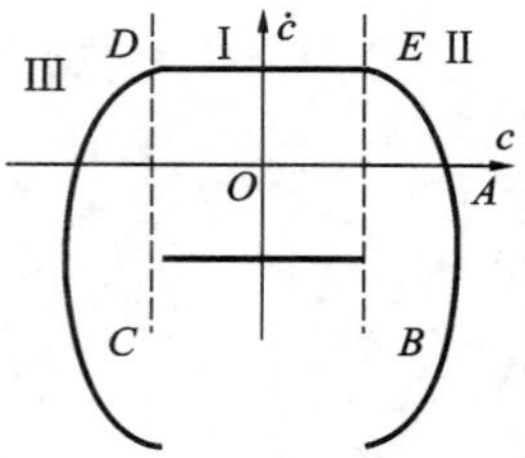

图 8-39　非线性系统相轨迹

其相轨迹为开口向右的抛物线，在开关线处的交点坐标为 $D(-1,2)$。以此类推，得到如图 8-39 所示的相轨迹。

注意：每个区的初始值是不同的。当进入Ⅱ区时的第一个位置即为Ⅱ区的初始值，每个区的初始值的求法就是根据上一个区的区域根轨迹方程可以求出进入下一区的初始值，以此一个个区经过后，会变成一个连续的曲线轨迹——非线性系统的相轨迹。

(2)相轨迹旋转一周所需的时间为

$$T=2\left(t_{AB}+t_{BC}+\frac{1}{2}t_{CD}\right)=6$$

【例 8-11】 含有继电特性的非线性系统如图 8-40 所示，并假定继电器具有理想的继电特性，试画出 e-$\dot{e}$ 平面上的相轨迹并分析运动规律。

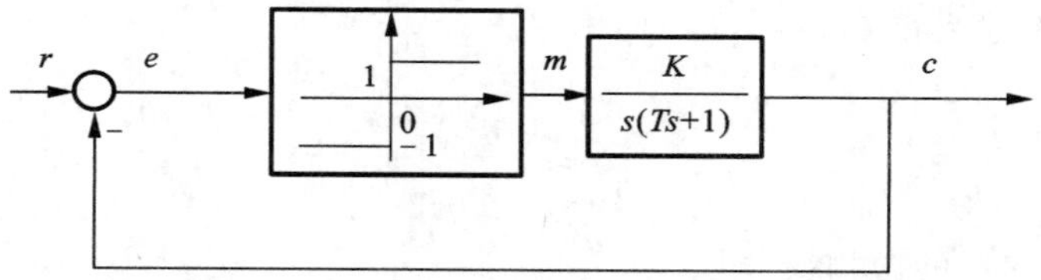

图 8-40　非线性系统结构图

解　理想继电器特性的数学表达式为

$$m=\begin{cases}1, & e>0\\ -1, & e<0\end{cases}$$

假设系统初始状态为静止平衡状态，继电系统运动方程为

$$T\ddot{e}+\dot{e}+Km=T\ddot{r}+\dot{r}$$

对于阶跃输入 $r(t)=R_0\cdot 1(t)$，当 $t>0$ 时，有 $\dot{r}=\ddot{r}=0$，所以上式为

$$T\ddot{e}+\dot{e}+Km=0$$

从而得方程组

$$\begin{cases}T\ddot{e}+\dot{e}+K=0, & e>0\\ T\ddot{e}+\dot{e}-K=0, & e<0\end{cases}$$

显然，两个方程均为线性微分方程。因为继电特性是由两条直线段组成，所以两条直线段内继电系统的特性仍为线性的，只是在继电器切换时才表现出非线性特性。

将 $\ddot{e}=\dot{e}\dfrac{\mathrm{d}\dot{e}}{\mathrm{d}e}$，则有

$$T\dot{e}\frac{\mathrm{d}\dot{e}}{\mathrm{d}e}+\dot{e}+Km=0$$

或

$$\mathrm{d}e=-\frac{T\dot{e}}{Km+\dot{e}}\mathrm{d}\dot{e}$$

对上式两边进行积分，得相轨迹方程

$$e=e_0+T\dot{e}_0-T\dot{e}+TKm\ln\frac{\dot{e}+Km}{\dot{e}_0+Km}$$

由假设条件 $e_0=R_0,\dot{e}_0=0$，代入上式可得

$$e=R_0-T\dot{e}+TKm\ln\left(\frac{\dot{e}}{Km}+1\right)$$

代入 m 值，则有

$$\begin{cases} e=R_0-\tau\dot{e}+TK\ln\left(\dfrac{\dot{e}}{K}+1\right), & e>0 \\ e=R_0-\tau\dot{e}-TK\ln\left(-\dfrac{\dot{e}}{K}+1\right), & e<0 \end{cases}$$

得开关线方程为 $e=0$。

根据上两式可作出继电系统的相轨迹，如图 8-41 所示。由图可见，相轨迹起始于 $(R_0,0)$ 点，到达 $\dot{e}$ 轴 A 点时，继电器切换，相轨迹方程按上式的第二个方程变化。这样依次进行，最后趋于坐标原点(0,0)，得系统完整的相轨迹如图 8-41 所示。另外由图可见，相轨迹转换均在纵轴上，这种直线称为开关线，它表示继电器工作状态的转换。

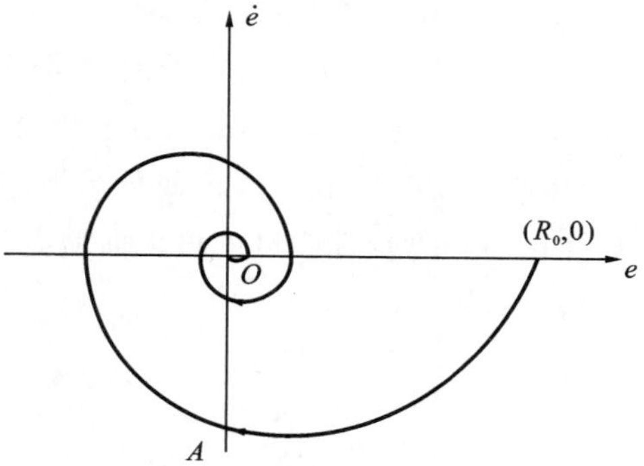

图 8-41　非线性系统相轨迹

【例 8-12】　系统结构如图 8-42 所示，分析速度反馈对继电系统阶跃响应的影响，其中 $\tau<T$。

解　理想继电特性的数学表达式为

$$m=\begin{cases} 1, & e+\tau\dot{e}>0 \\ -1, & e+\tau\dot{e}<0 \end{cases}$$

系统运动方程为

$$T\ddot{e}+\dot{e}+Km=T\ddot{r}+\dot{r}$$

对于阶跃输入 $r(t)=R_0\cdot 1(t)$，当 $t>0$ 时，$\dot{r}=\ddot{r}=0$，上式为

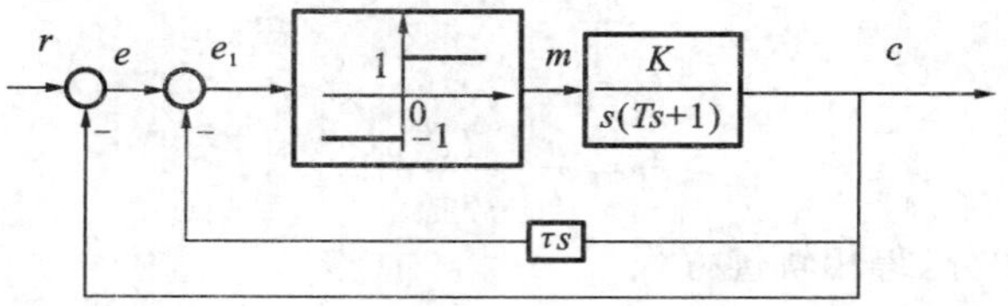

图 8-42　非线性系统结构图

$$T\ddot{e}+\dot{e}+Km=0$$

将理想继电特性的数学表达式代入，得方程组

$$\begin{cases}T\ddot{e}+\dot{e}+K=0, & e+\tau\dot{e}>0\\ T\ddot{e}+\dot{e}-K=0, & e+\tau\dot{e}<0\end{cases}$$

上述方程组与上例比较，可见它们完全相同，不同之处仅是方程所对应的区域不同。具有速度反馈的继电系统的相轨迹方程为

$$\begin{cases}e=R_0-T\dot{e}-TK\ln\left(\dfrac{\dot{e}}{K}+1\right), & e+\tau\dot{e}>0\\ e=R_0-T\dot{e}-TK\ln\left(-\dfrac{\dot{e}}{K}+1\right), & e+\tau\dot{e}<0\end{cases}$$

由上两式边界条件可得开关线方程为

$$e+\tau\dot{e}=0$$

根据开关线方程及相轨迹方程可作出系统的相轨迹，如图 8-43 所示。将此相轨迹图与图 8-41 比较，可看出两者主要是开关线不同。未接入速度反馈时，开关线为 $e=0$ 的虚轴；在接入速度反馈后，开关线逆时针转动了一个角度 $\varphi=\arctan\tau$。由于开关线逆时针方向转动的结果，相轨迹将提前进行切换，这样就使得系统阶跃响应的超调量减小，调节时间缩短，系统的动态性能得到改善。由于开关线转角随着速度反馈强度的增大而增大，因此当 $\tau<T$ 时，系统性能将随着速度反馈强度的增大而得到改善。

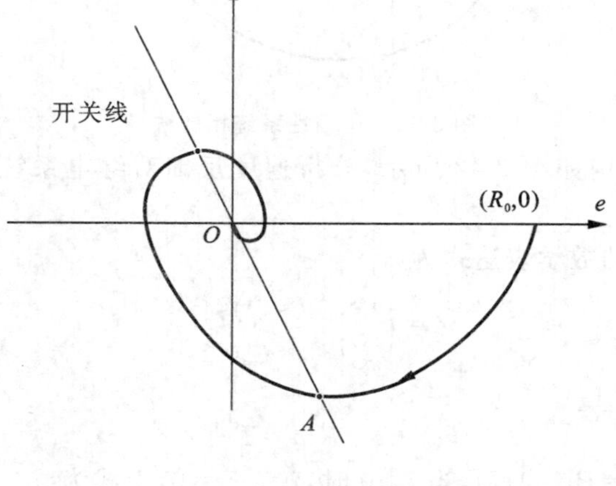

图 8-43　非线性系统相轨迹

8.6　利用 MATLAB 进行非线性控制系统分析

8.6.1　用相平面分析非线性系统

【例 8-13】　绘制如图 8-44 所示系统在单位阶跃输入作用下系统的相轨迹，系统初始状态为零状态。试用相平面法分析系统的运动特性。

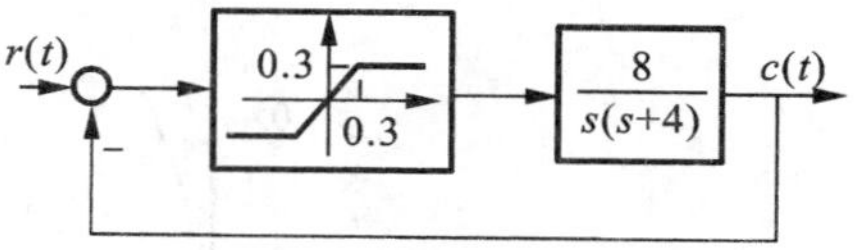

图 8-44　非线性控制系统

解　建立如图 8-45 所示的 simulink 模型，对应系统设置的相关参数，如将饱和非线性模块中 upper limit 设为 0.3，lower limit 设为 −0.3。

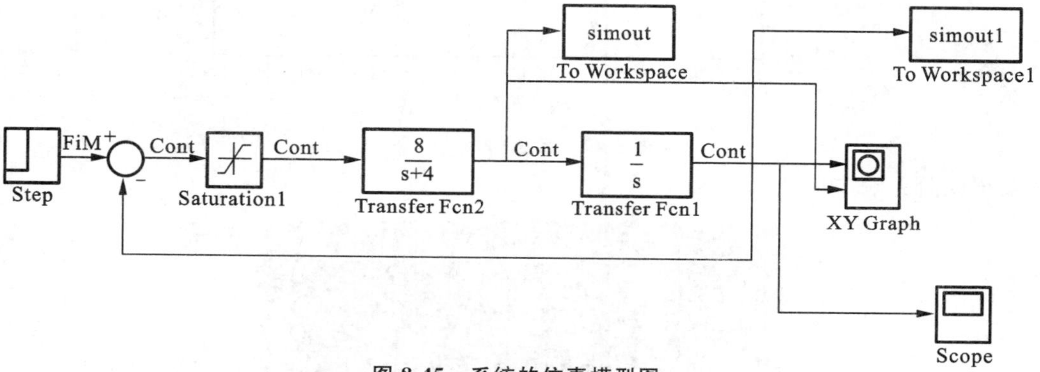

图 8-45　系统的仿真模型图

在 XY Graph 模块中设置参数，如图 8-46 所示。

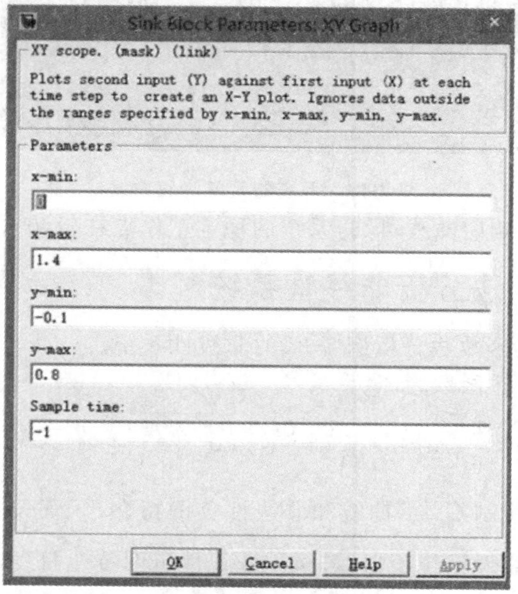

图 8-46　XY Graph **模块里设置参数**

相轨迹可以直接由 XY Graph 得到，如图 8-47 所示。

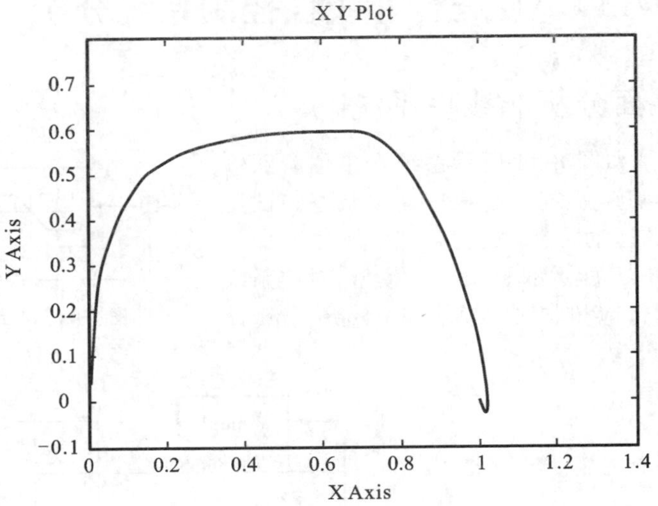

图 8-47　系统的相轨迹图

系统的阶跃响应曲线如图 8-48 所示。

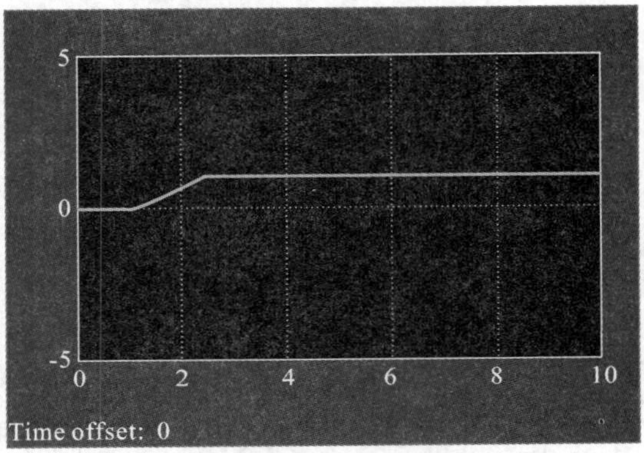

图 8-48　系统的阶跃响应曲线

分析相轨迹图和阶跃响应曲线可知，系统的稳定工作点在(1,0)，系统的稳定输出为 1。

8.6.2　用描述函数法分析非线性系统

【例 8-14】　试用描述函数法分析例 8-13 的非线性系统。

解　非线性环节的描述函数为

$$N(A)=\frac{2}{\pi}\left[\arcsin\frac{0.3}{A}+\frac{0.3}{A}\sqrt{1-\left(\frac{0.3}{A}\right)^2}\right]\quad (A\geqslant 0.3)$$

在开环幅相平面上，绘制 $G(\mathrm{j}\omega)$ 曲线和非线性负倒特性 $-\dfrac{1}{N(A)}$ 曲线，若轨迹不包围非线性负倒特性曲线，则此非线性系统稳定；若包围非线性负倒特性曲线，则系统不稳定；若两者相交，则在交点处系统将处于临界稳定状态，产生等幅振荡。

MATLAB 程序如下：

```
G=zpk([],[0,-4],8);
nyquist(G);
hold on
A=2:0.01:60;
x=real(-1./((2*(asin(0.3./A)+(0.3./A).* sqrt(1-(0.3./A).^2)))/pi+j*0));
y=imag(-1./((2*(asin(0.3./A)+(0.3./A).* sqrt(1-(0.3./A).^2)))/pi+j*0));
plot(x,y);
axis([-10 0 -1 1]);
hold on
```

在 MATLAB 中运行以上程序，绘制的 $G(\mathrm{j}\omega)$ 曲线和 $-\frac{1}{N(A)}$ 曲线，如图 8-49 所示，根据奈奎斯特稳定判据，该非线性系统是稳定的，与上次结论一致。

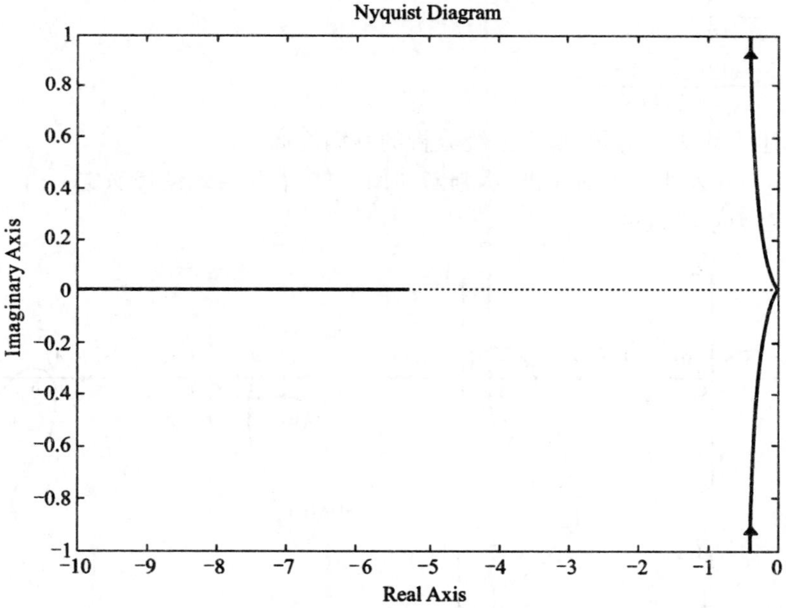

图 8-49　非线性系统的 $G(\mathrm{j}\omega)$ 曲线和 $-\frac{1}{N(A)}$ 曲线仿真图

本 章 小 结

(1)控制系统有线性系统与非线性系统之分，但是严格地说，理想的线性系统在实际中并不存在。当可以忽略实际系统中的非线性的影响时，可采用线性化的方法进行研究，此时采用线性系统理论进行分析和设计；当实际系统中的非线性程度比较严重时，采用线性方法进行研究得到的结论与实际系统的真实情况偏差较大，有时甚至会得出错误的结论，故有必要对非线性系统作专门的研究。

(2)非线性系统的数学模型一般是非线性微分方程,它与线性系统的本质区别在于不能应用叠加原理。能否用叠加原理是线性系统和非线性系统的本质区别。

(3)非线性系统是各种各样的,为了深入了解非线性系统的特性,本章对几种典型非线性环节及其对系统的影响进行了较为详细的分析。

(4)本章讨论了非线性系统的分析方法,主要有相平面法和描述函数法。相平面法能精确地分析系统,其要点是在相平面上作出状态变量随时间变化的相轨迹,进而分析系统的性能,但系统的阶次限于二阶或低于二阶。描述函数法是一种近似方法,用来分析在无外作用的情况下非线性系统的稳定性和自激问题。这种方法不受系统阶次的限制,对系统的初步分析和设计十分方便,但描述函数法只能研究系统的频率响应特性,不能给出时间响应的确切信息,它的应用有一定的限制条件。

习　题

8-1　三个非线性系统的非线性环节一样,线性部分分别为

(1)$G(s)=\dfrac{5}{s(10s+1)}$;

(2)$G(s)=\dfrac{2(2s+1)}{s(6s+1)(5s+1)}$。

试问用描述函数法分析时,哪个系统分析的准确度高?

8-2　设 $G(s)$ 在左半 s 平面无极点,判断如图 8-50 中各系统是否稳定;$-1/N(A)$ 与 $G(j\omega)$ 两曲线交点是否为自激振荡点。

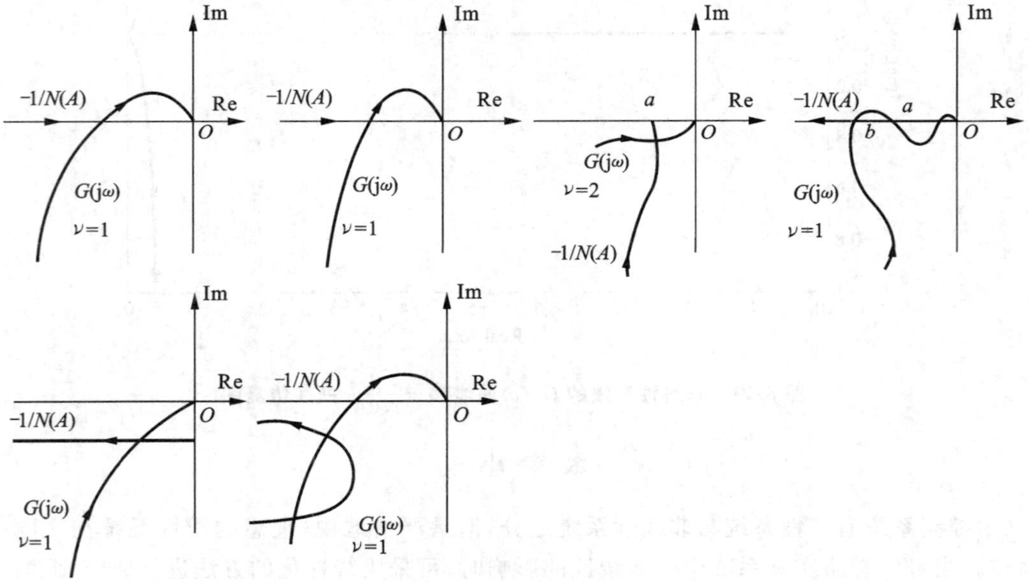

图 8-50　自振分析

8-3　如图 8-51 所示的非线性系统，非线性部分的描述函数为 $N(A)=\frac{4M}{\pi A}(M=1)$，试用描述函数法讨论：

(1)该系统是否存在稳定的自激振荡点；

(2)确定其自激振荡的幅值和频率。

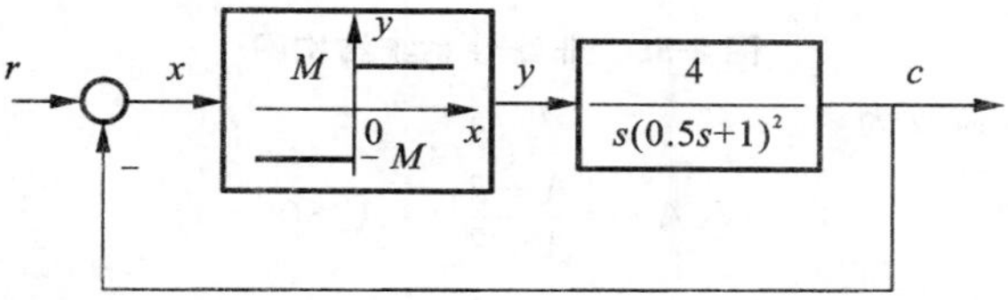

图 8-51　非线性控制系统框图

8-4　非线性系统如图 8-52 所示。

(1)该系统是否存在稳定的自激振荡点。

(2)确定其自激振荡的幅值 A 和频率 ω。

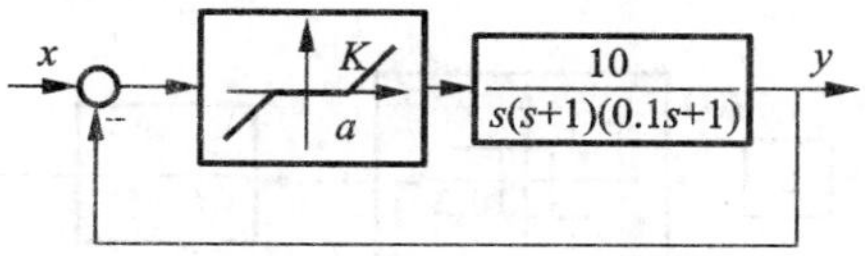

图 8-52　非线性控制系统框图

8-5　将图 8-53 的非线性系统简化成环节串联的典型结构图形式，并写出线性部分的传递函数。

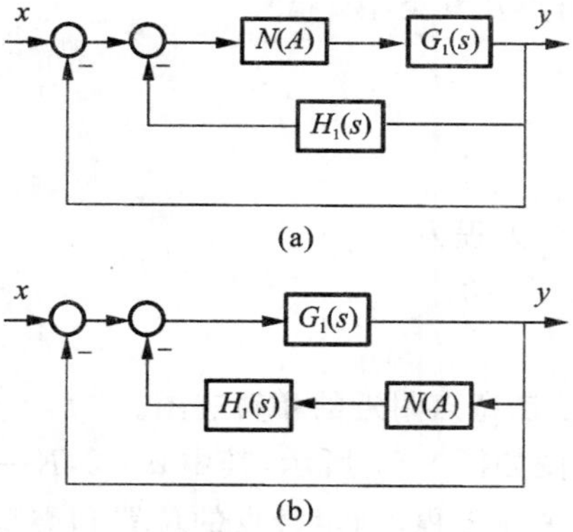

图 8-53　非线性系统结构图

8-6　非线性系统的结构图如图 8-54 所示，试用描述函数法分析系统的稳定性。

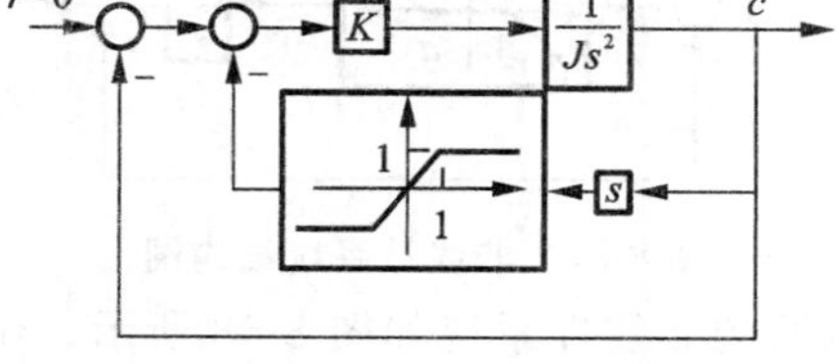

图 8-54　非线性系统结构图

8-7 非线性系统的结构图如图 8-55 所示。

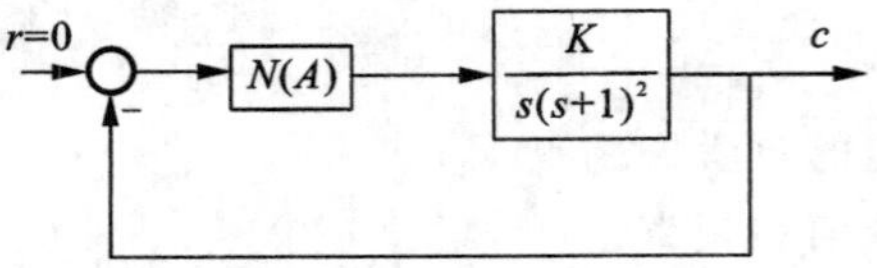

图 8-55 非线性系统结构图

图中非线性环节的描述函数为

$$N(A)=\frac{A+6}{A+2}\quad (A>0)$$

试用描述函数法确定：

(1)使该非线性系统稳定、不稳定以及产生周期运动时，线性部分的 K 值范围；

(2)判断周期运动的稳定性，并计算稳定周期运动的振幅和频率。

8-8 非线性系统如图 8-56 所示，试用描述函数法分析周期运动的稳定性，并确定系统输出信号振荡的振幅和频率。

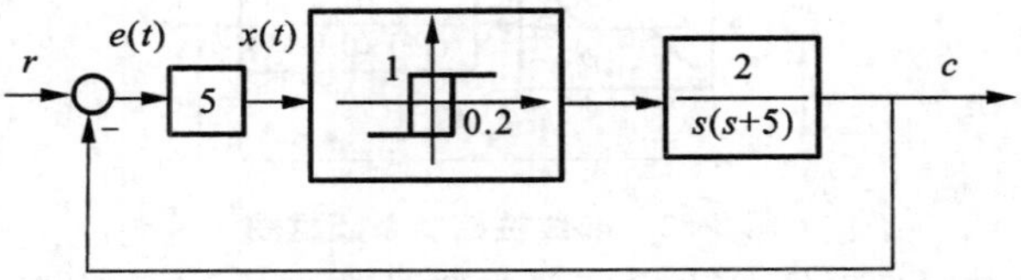

图 8-56 非线性系统结构图

8-9 试确定下列方程的奇点及其类型。

(1) $\ddot{x}+\dot{x}+|x|=0$；

(2) $\begin{cases}\dot{x}_1=x_1+x_2\\ \dot{x}_2=2x_1+x_2\end{cases}$。

8-10 若非线性系统的微分方程为

(1) $\ddot{x}+(3\dot{x}-0.5)\dot{x}+x+x^2=0$；

(2) $\ddot{x}+x\dot{x}+x=0$。

试求系统的奇点，并概略绘制奇点附近的相轨迹图。

8-11 非线性系统的结构图如图 8-57 所示，其中 $a=2$，$K=1$。系统开始是静止的，输入信号 $r(t)=4\times 1(t)$，试写出开关线方程，确定奇点的位置和类型，画出该系统的相平面图，并分析系统的运动特点。

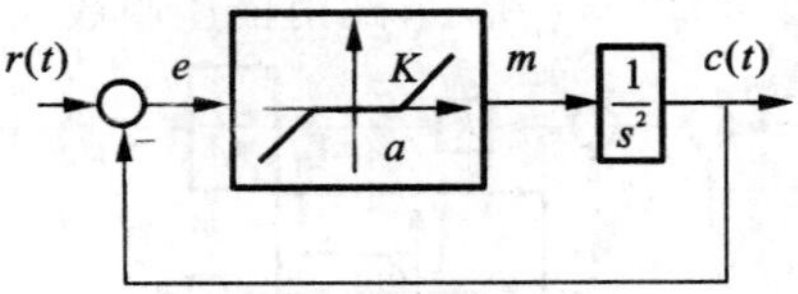

图 8-57 非线性系统结构图

8-12 已知具有理想继电器的非线性系统如图 8-58 所示。试用相平面法分析：

(1) $T_d=0$ 时系统的运动；

(2)$T_d=0.5$ 时系统的运动,并说明比例微分控制对改善系统性能的作用;

(3)$T_d=2$ 时系统的运动特点。

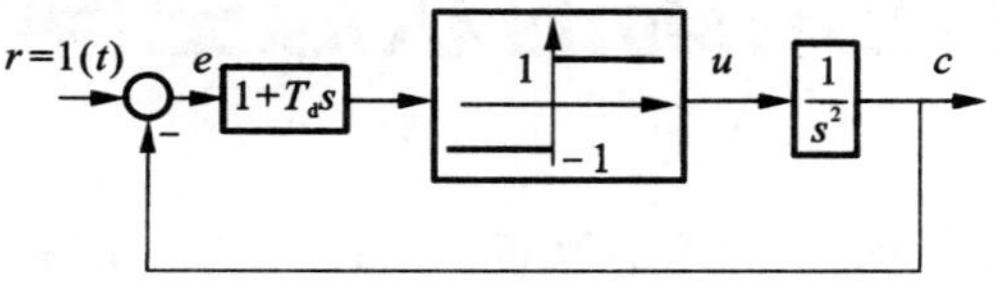

图 8-58　具有理想继电器的非线性系统

8-13　二阶系统的微分方程描述为

$$\begin{cases}\dot{x}=y\\ \dot{y}=2y-x+u\end{cases}$$

式中:x 为系统的输出,u 为控制作用。控制作用 u 由下述切换函数决定:

$$u=\begin{cases}-4x, & x(0.5x+y)>0\\ 4x, & x(0.5x+y)<0\end{cases}$$

(1)根据切换函数对相平面 x-y 进行分区,讨论各分区奇点的位置和性质;

(2)绘制相平面 x-y 上系统的相轨迹图;

(3)根据相轨迹图,讨论相平面原点的稳定性。

8-14　设非线性系统如图 8-59 所示,设系统初始条件为零,$r(t)=1(t)$。

(1)试在平面 e-$\dot{e}$ 上绘制相轨迹图;

(2)判断该系统是否稳定,最大稳态误差是多少?

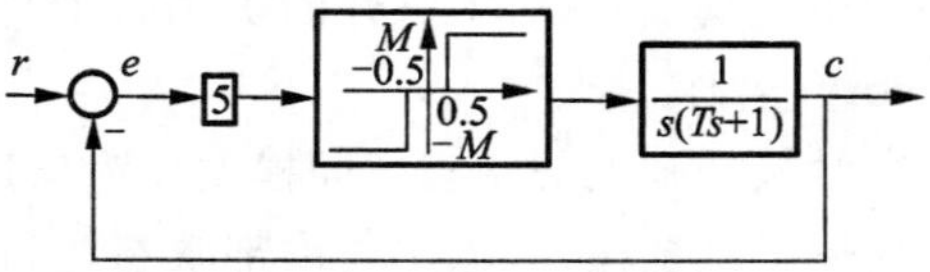

图 8-59　非线性控制系统

8-15　如图 8-60 所示的非线性控制系统,在 $t=0$ 时加上一个幅度为 4 的阶跃输入,系统的初始状态为 $\dot{e}(0)=0$,$e(0)=4$,问经过多少秒系统状态可到达原点。

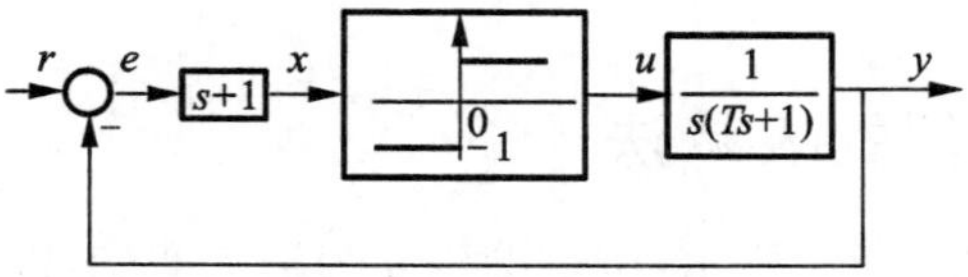

图 8-60　继电控制系统

第 9 章　线性系统的状态空间分析与综合

1940—1950 年，建立了经典控制理论，其特征是：①以传递函数作为描述“受控对象”动态过程的数学模型，进行系统分析与综合；②适用范围仅限于线性、定常（时不变）、确定性的、集中参数的单变量（单输入单输出，Single-Input Single-Output，简称 SISO）系统；③能解决的问题是以系统稳定性为核心的动态品质。主要局限有：①经典控制理论建立的输入与输出关系，描述的只是系统的外部特性，并不能完全反映系统内部的动态特征；②传递函数描述只考虑零初始条件，难以反映非零初始条件对系统性能的影响。

20 世纪 50 年代兴起的以航天技术为代表的更加复杂的控制对象是一个多变量系统（多输入多输出，Mulit-Input Mulit-Output，简称 MIMO），具有非线性和时变特性，甚至具有不确定的、分布参数特性等。在控制目标上，希望能解决在某种目标函数意义下的最优化问题，如最少燃料消耗、最小时间等。所有这些，都给包括系统建模和控制方法等在内的理论和方法提出了新问题，这些问题是经典控制理论所不能解决的。因此，现代控制理论应运而生。

1950—1960 年，不少科学家为此作出了杰出贡献，其中应特别提到的是庞特里亚金的“极值原理”、贝尔曼（Bellman）的“动态规划”、卡尔曼（Kalman）的“滤波”及“能控性和能观性”等理论。正是这些理论上的突破性成果奠定了现代控制理论的基础，并成为控制理论由经典控制理论发展到现代控制理论的里程碑。1960 年召开的美国自动化大会上正式确定了现代控制理论（Modern Control Theory）名称。

现代控制理论是以建立在时域基础上的状态空间模型作为描述受控对象动态过程的数学模型。系统的状态空间模型描述了系统输入、输出与内部状态之间的关系，揭示了系统内部状态的运动规律，反映了控制系统动态特性的全部信息。

9.1　线性系统的状态空间描述

9.1.1　状态空间模型的表示法

【例 9-1】 RLC 电路如图 9-1 所示，试以电压 u 为输入变量，以电容上的电压 u_C 为输出变量，列写其状态空间表达式。

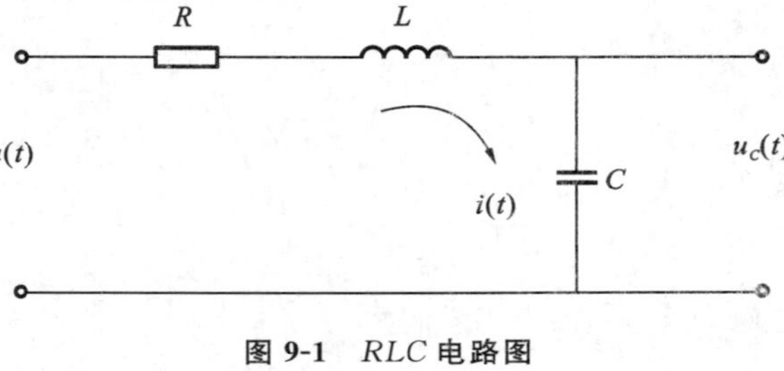

图 9-1　RLC 电路图

解　由电路理论可知，满足如下关系：

$$\begin{cases} L\dfrac{\mathrm{d}i(t)}{\mathrm{d}t}+Ri(t)+u_C(t)=u(t) \\ C\dfrac{\mathrm{d}u_C(t)}{\mathrm{d}t}=i(t) \end{cases}$$

经典控制理论：消去变量 $i(t)$，得到关于 $u_C(t)$ 的 $n=2$ 阶微分方程：

$$\frac{\mathrm{d}^2u_C(t)}{\mathrm{d}t^2}+\frac{R}{L}\frac{\mathrm{d}u_C(t)}{\mathrm{d}t}+\frac{1}{LC}u_C(t)=\frac{1}{LC}u(t)$$

对上述方程进行拉氏变换，得

$$(s^2+2\zeta s+\omega_0^2)U_C(s)=\omega_0^2U(s)$$

得到传递函数

$$G(s)=\frac{\omega_0^2}{s^2+2\zeta s+\omega_0^2}$$

式中：$\omega_0=\dfrac{1}{LC}$，$\zeta=\dfrac{R}{2L}$。

现代控制理论：选择 $\begin{pmatrix}x_1\\x_2\end{pmatrix}=\begin{pmatrix}i(t)\\u_C(t)\end{pmatrix}$ 流过电容的电流 $i(t)$ 和电容上的电压 $u_C(t)$ 作为 2 个状态变量，$n=2$（2 个储能元件）；一个输入为 $u(t)$，$m=1$；另一个输出 $y=u_C$，$r=1$。向量 $\boldsymbol{x}=[x_1,x_2]^{\mathrm{T}}$ 完全描述了电路的内部状态和动态过程，由状态变量的初始值 $x(0)$ 和外部输入 $u(t)$ 唯一确定，输出 $y(t)=u_C(t)$。

由于

$$\begin{cases} \dfrac{\mathrm{d}i(t)}{\mathrm{d}t}=-\dfrac{R}{L}i(t)-\dfrac{1}{L}u_C(t)+\dfrac{1}{L}u(t) \\ \dfrac{\mathrm{d}u_C(t)}{\mathrm{d}t}=\dfrac{1}{C}i(t) \end{cases}$$

可列写出矩阵形式的状态方程：

$$\begin{bmatrix}\dot{x}_1\\\dot{x}_2\end{bmatrix}=\underbrace{\begin{bmatrix}-R/L & -1/L\\1/C & 0\end{bmatrix}}_{\text{系数矩阵}\boldsymbol{A}}\begin{bmatrix}x_1\\x_2\end{bmatrix}+\underbrace{\begin{bmatrix}1/L\\0\end{bmatrix}}_{\text{控制矩阵}\boldsymbol{B}}u(t),\quad y=\underbrace{[0\quad 1]}_{\text{输出矩阵}\boldsymbol{C}}\begin{bmatrix}x_1\\x_2\end{bmatrix}$$

状态：动态系统的状态，是指能完全描述系统时域行为的一组相互独立的变量组（给定变量组的初始值 $x(t_0)$ 和输入函数 $u(t)(t\geqslant 0)$，就能完全确定输出 $y(t)(t\geqslant 0)$）。

状态向量：系统有 n 个状态变量 $x_1(t),x_2(t),\cdots,x_n(t)$，用这 n 个状态变量作为分量所构成的向量（通常以列向量表示）称为系统的状态向量：$\boldsymbol{x}(t)=[x_1(t),x_2(t),\cdots,x_n(t)]^{\mathrm{T}}$。

状态空间：以状态变量 $x_1,x_2,\cdots,x_n$ 为坐标轴所组成的 n 维空间，称为状态空间 X^n。状态空间中的每一个点均代表系统的某一特定状态。系统在 $t\geqslant 0$ 时的各瞬时状态在状态空间中构成一条轨线。

另外，也可以从方程 $\dfrac{\mathrm{d}^2u(t)}{\mathrm{d}t^2}+\dfrac{R}{L}\dfrac{\mathrm{d}u(t)}{\mathrm{d}t}+\dfrac{1}{LC}u_C(t)=\dfrac{1}{LC}u(t)$ 出发：

$$\text{选择}\begin{cases} x_1=u_C \\ x_2=\dot{u}_C=\dot{x}_1 \\ \dot{x}_2=\ddot{u}_C=-2\zeta x_2-\omega_0^2x_1+\omega_0^2u \end{cases}\Rightarrow\begin{bmatrix}\dot{x}_1\\\dot{x}_2\end{bmatrix}=\begin{bmatrix}0 & 1\\-\omega_0^2 & -2\zeta\end{bmatrix}\begin{bmatrix}x_1\\x_2\end{bmatrix}+\begin{bmatrix}0\\\omega_0^2\end{bmatrix}u$$

选取 $u_C(t)=y(t)$ 作为电路输出量，则状态空间模型的输出方程为 $y=[1,0]\begin{bmatrix}x_1\\x_2\end{bmatrix}$。

由此可见，一个系统的状态变量的选取不是唯一的，相应的状态空间模型也是不同的，这使得可以通过适当选取状态变量，使系统的状态空间模型具有特殊的结构（能控标准型、能观标准型、对角型、约当型等），从而极大地方便控制系统的分析与设计。

9.1.2 状态空间模型的一般形式

状态空间模型把输入对输出的影响分成两段来描述。第一段是输入引起系统内部状态发生变化，由一阶向量微分方程 $\dot{\boldsymbol{x}}(t)=f(\boldsymbol{x}(t),\boldsymbol{u}(t),t)$（状态方程）来描述；第二段是系统内部状态变化引起系统输出的变化，用一个代数方程 $y(t)=\phi(x(t),u(t),t)$（输出方程，也称观测方程）来描述。

设系统有 m 个输入，r 个输出，选取 n 个中间变量，分别如下：

状态向量：$\boldsymbol{x}(t)=[x_1(t),\cdots,x_n(t)]^{\mathrm{T}}$；

输入向量：$\boldsymbol{u}(t)=[u_1(t),\cdots,u_m(t)]^{\mathrm{T}}$；

输出向量：$\boldsymbol{y}(t)=[y_1(t),\cdots,y_r(t)]^{\mathrm{T}}$。

对线性定常系统，状态空间模型写成如下规范形式：

$$\begin{cases}\underset{n\times 1}{\underline{\underline{\dot{\boldsymbol{x}}(t)}}}=\underset{n\times n}{\underline{\underline{\boldsymbol{A}}}}\,\underset{n\times 1}{\underline{\underline{\boldsymbol{x}(t)}}}+\underset{n\times m}{\underline{\underline{\boldsymbol{B}}}}\,\underset{m\times 1}{\underline{\underline{\boldsymbol{u}(t)}}}\\ \underset{r\times 1}{\underline{\underline{\boldsymbol{y}(t)}}}=\underset{r\times n}{\underline{\underline{\boldsymbol{C}}}}\,\underset{n\times 1}{\underline{\underline{\boldsymbol{x}(t)}}}+\underset{r\times m}{\underline{\underline{\boldsymbol{D}}}}\,\underset{m\times 1}{\underline{\underline{\boldsymbol{u}(t)}}}\end{cases} \tag{9-1}$$

物理意义：

$\boldsymbol{A}$——系数矩阵，描述状态变量本身对状态量变化的影响；

$\boldsymbol{B}$——输入（控制）矩阵，描述输入量对状态变量变化的影响；

$\boldsymbol{C}$——输出矩阵，描述状态变量对输出量变化的影响；

$\boldsymbol{D}$——直接转移矩阵，描述输入量对输出量变化的直接影响。

实际中，很少有输入量直接传递到输出端，因而通常情况下 $\boldsymbol{D}=\boldsymbol{O}$，故线性定常系统可用 $(\boldsymbol{A},\boldsymbol{B},\boldsymbol{C})$ 表示。

多输入多输出系统状态结构图如图 9-2 所示。系统的输出量和状态变量是两个不同的概念，输出量是人们希望从系统外部能测量到的某些信息；而状态变量则是完全描述系统动态行为的一组变量，在许多实际系统中往往难以直接从外部测量得到，甚至根本就不是物理量。如何恰当地选择输出量，要根据需要来决定。

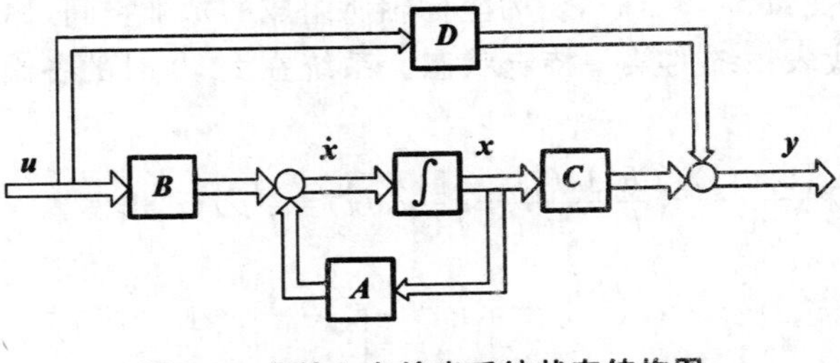

图 9-2 多输入多输出系统状态结构图

9.1.3　状态空间模型的建立

1. 根据状态变量图列写线性系统的状态空间表达式

为了描述系统的结构，可采用积分环节、比例环节和相加点三种图形符号来表示状态变量之间的关系。这种图形称为系统的状态变量图。图 9-3 给出了这三种基本符号的示意图。在状态变量图中，每一个积分环节的输出都代表系统的一个状态变量。

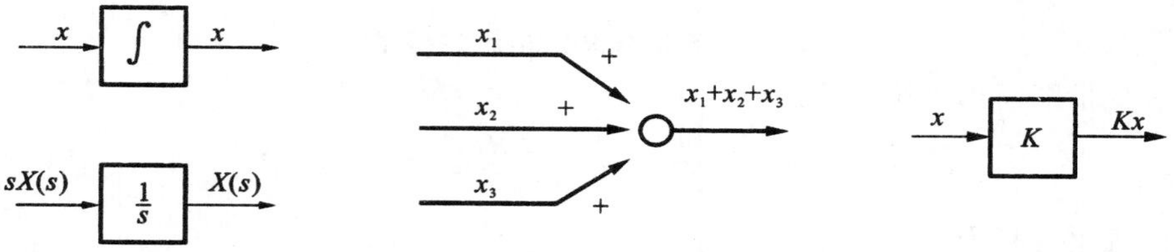

图 9-3　状态变量图的三种基本图形符号

(a)积分环节；(b)相加点；(c)比例环节

通常，可以根据系统的状态空间表达式画出系统的状态变量图，也可以由给定系统的结构图、传递函数(或微分方程)画出系统的状态变量图。如果一个控制系统的结构图主要由比例环节、积分环节、惯性环节、二阶振荡环节等基本环节所组成，则其组成传递函数方框图要改画成状态变量图是很方便的，那么只要把其中的一阶惯性环节和二阶振荡环节按下图所示的方式改画成局部状态变量图，如图 9-4 和图 9-5 所示，进而就可以画出整个系统的状态变量图。

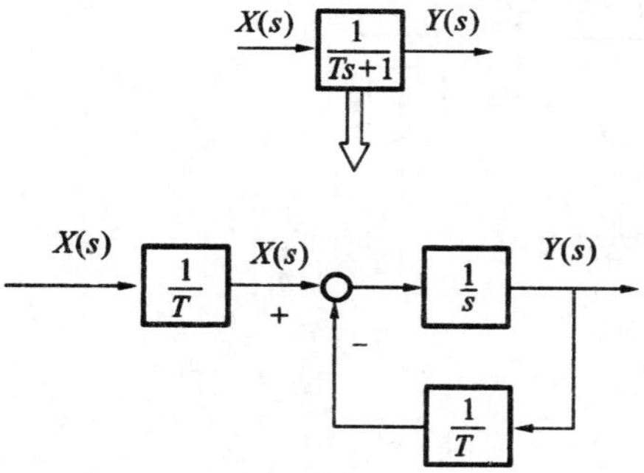

图 9-4　将一阶惯性环节改成变量图

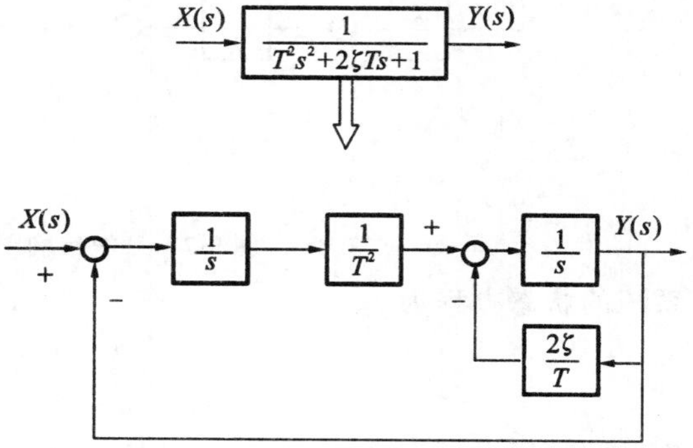

图 9-5　将二阶振荡环节改成变量图

画出整个系统的状态变量图后，只要取每个积分环节的输出作为系统的状态变量，根据图示的状态变量间的关系，就可以直接得到系统的状态方程和输出方程。

【例 9-2】　一阶系统的微分方程为 $T\dot{y}=ku$，试建立其状态空间表达式。

解　对 $T\dot{y}=ku$ 取拉氏变换，得到传递函数为

$$\frac{Y(s)}{U(s)}=\frac{k}{Ts+1}=\frac{k}{T}\frac{s^{-1}}{1+s^{-1}/T}$$

据此，可以画出系统的一阶系统方块图。将方块图改画为状态变量图，指定积分器的输出

为状态变量 x_1，即选取系统的输出为状态变量，$x_1=y$。其系统结构图和状态变量图分别如图 9-6(a)、(b)所示。

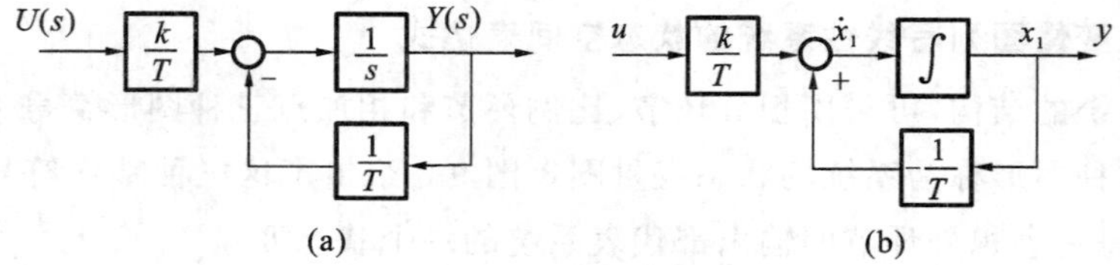

图 9-6 系统结构图和状态变量图

由状态变量图写出系统的状态方程

$$\dot{x}_1=-\frac{1}{T}x_1+\frac{k}{T}u$$

系统的输出方程为

$$y=x_1$$

【例 9-3】 一阶系统的微分方程为 $T\dot{y}+y=k(\tau\dot{u}+u)$，试建立其状态空间表达式。

解 其传递函数为

$$\frac{Y(s)}{U(s)}=\frac{k(\tau s+1)}{Ts+1}=\frac{k}{T}\left(\frac{s^{-1}}{1+\frac{1}{T}s^{-1}}+\frac{\tau}{1+\frac{1}{T}s^{-1}}\right)$$

其系统结构图和状态变量图分别如图 9-7(a)、(b)所示。

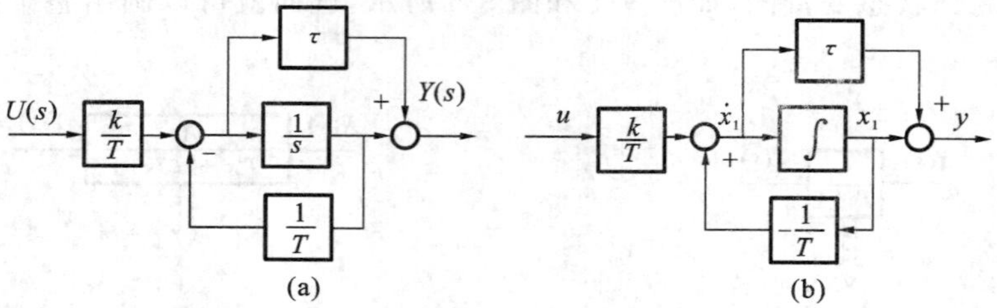

图 9-7 系统结构图和状态变量图

系统的状态方程为

$$\dot{x}=-\frac{1}{T}x_1+\frac{k}{T}u$$

系统的输出方程为

$$\dot{y}=\left(1-\frac{\tau}{T}\right)x_1+\frac{k\tau}{T}u$$

【例 9-4】 系统的微分方程为 $T^2\ddot{y}+2T\zeta\dot{y}+y=ku$，试确立系统的状态空间表达式。

解 其传递函数为

$$\frac{Y(s)}{U(s)}=\frac{k}{T^2s^2+2T\zeta s+1}=\frac{k}{T^2}\frac{(s^{-1})^2}{1+\frac{2\zeta}{T}s^{-1}+\frac{1}{T^2}(s^{-1})^2}$$

根据其传递函数可直接画出二阶系统的状态变量图，如图 9-8 所示。图中，积分器的输出选定为系统的状态变量 $x_1=y$ 及 $x_2=\dot{y}$，因此按状态变量图便可直接写出系统的状态方程与

输出方程

$$\begin{cases}\dot{x}_1=x_2\\ \dot{x}_2=-\dfrac{1}{T^2}x_1-\dfrac{2\zeta}{T}x_2+\dfrac{k}{T^2}u\\ y=x_1\end{cases}$$

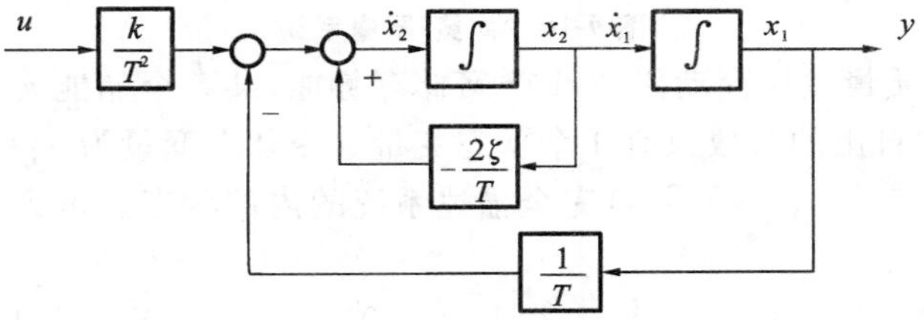

图 9-8　状态变量图

【例 9-5】　系统传递函数为$\dfrac{Y(s)}{U(s)}=\dfrac{s+3}{s^2+3s+2}$，试画出系统的状态变量图。

解　$\dfrac{Y(s)}{U(s)}=\dfrac{s+3}{s^2+3s+2}=3\dfrac{(s^{-1})^2}{1+3s^{-1}+2(s^{-1})^2}+\dfrac{s^{-1}}{1+3s^{-1}+2(s^{-1})^2}$

系统的状态变量图如图 9-9 所示。

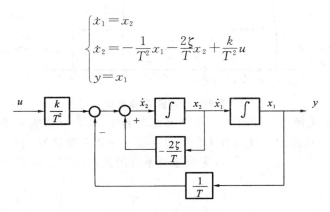

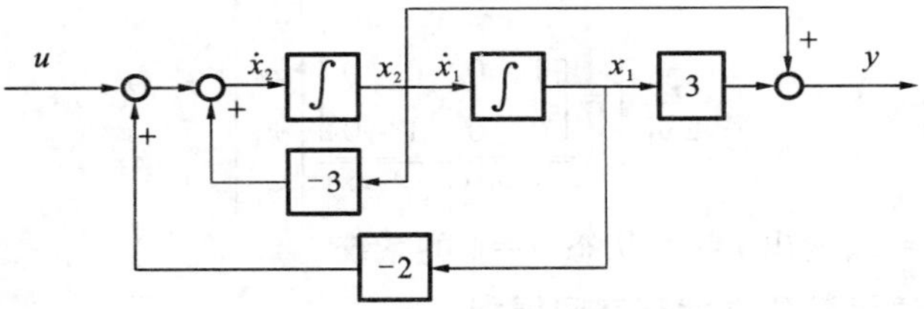

图 9-9　状态变量图

因此，系统的状态方程为

$$\begin{cases}\dot{x}_1=x_2\\ \dot{x}_2=-2x_1-3x_2+u\end{cases}$$

输出方程为

$$y=3x_1+x_2$$

或写成

$$\begin{bmatrix}\dot{x}_1\\ \dot{x}_2\end{bmatrix}=\begin{bmatrix}0 & 1\\ -2 & -3\end{bmatrix}\begin{bmatrix}x_1\\ x_2\end{bmatrix}+\begin{bmatrix}0\\ 1\end{bmatrix}u$$

$$y=[3\quad 1]\begin{bmatrix}x_1\\ x_2\end{bmatrix}$$

2. 根据系统的物理机理直接建立状态空间模型

下面通过例题来介绍根据系统的机理建立线性定常连续系统状态空间模型的方法。

【例 9-6】　弹簧质量(机械)系统如图 9-10 所示，忽略摩擦力，试以 m_1 受力 u_1、m_2 受力 u_2 为输入变量，以质量 m_1 的偏离平衡位置的位移 y_1、质量 m_2 偏离平衡位置的位移 y_2 为输出变量，列写其状态空间表达式。

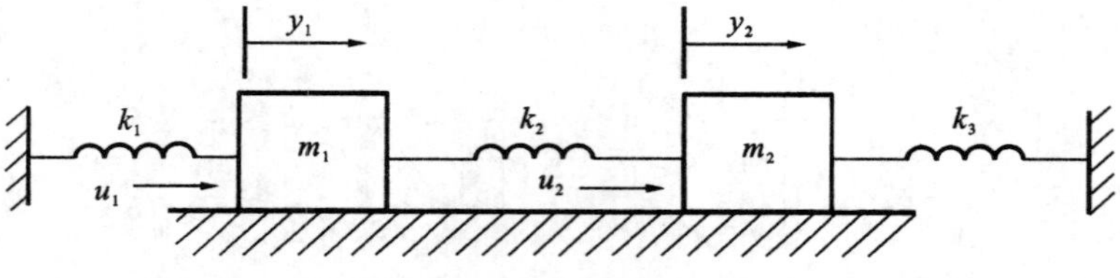

图 9-10 弹簧-质量系统

解 系统有 2 个质量块储存动能，3 个弹簧储存势能，共 5 个储能元件，但由于两端固定，3 个弹簧只有 2 个是"自由的"，故只有 4 个状态变量。令状态变量为 $x_1=y_1$，$x_2=\dot{y}_1$，$x_3=y_2$，$x_4=\dot{y}_2$，向量 $\boldsymbol{x}=[x_1\quad x_2\quad x_3\quad x_4]^{\mathrm{T}}$ 可完全描述系统的内部状态。可列写出矩阵形式的状态方程和输出方程：

$$\begin{bmatrix}\dot{x}_1\\ \dot{x}_2\\ \dot{x}_3\\ \dot{x}_4\end{bmatrix}=\underbrace{\begin{bmatrix}0 & 1 & 0 & 0\\ -\dfrac{k_1+k_2}{m_1} & 0 & \dfrac{k_2}{m_1} & 0\\ 0 & 0 & 0 & 1\\ \dfrac{k_2}{m_2} & 0 & -\dfrac{k_2+k_3}{m_2} & 0\end{bmatrix}}_{\text{系数矩阵}\boldsymbol{A},\,n\times n=4\times 4}\begin{bmatrix}x_1\\ x_2\\ x_3\\ x_4\end{bmatrix}+\underbrace{\begin{bmatrix}0 & 0\\ \dfrac{1}{m_1} & 0\\ 0 & 0\\ 0 & \dfrac{1}{m_2}\end{bmatrix}}_{\text{控制矩阵}\boldsymbol{B}}\begin{bmatrix}u_1\\ u_2\end{bmatrix}$$

$$\begin{bmatrix}y_1\\ y_1\end{bmatrix}=\underbrace{\begin{bmatrix}1 & 0 & 0 & 0\\ 0 & 0 & 1 & 0\end{bmatrix}}_{\text{输出矩阵}\boldsymbol{C},\,p\times n=2\times 4}\begin{bmatrix}x_1\\ x_2\\ x_3\\ x_4\end{bmatrix}$$

该系统为输入 $m=2$、输出 $r=2$、状态 $n=4$ 的系统。

3. 根据系统的传递函数建立状态空间模型

单输入单输出线性定常系统传递函数的一般形式为

$$G(s)=\frac{Y(s)}{U(s)}=\frac{b_n s^n+b_{n-1}s^{n-1}+\cdots+b_1 s+b_0}{s^n+a_{n-1}s^{n-1}+\cdots+a_1 s+a_0} \tag{9-2}$$

若 $b_n\neq 0$，则通过长除法，传递函数总可以转化成

$$G(s)=\frac{Y(s)}{U(s)}=\frac{c_{n-1}s^{n-1}+\cdots+c_1 s+c_0}{s^n+a_{n-1}s^{n-1}+\cdots+a_1 s+a_0}+d \tag{9-3}$$

式中：d 是某个适当的常数。

系统可用等效并联结构来表示，如图 9-11 所示。

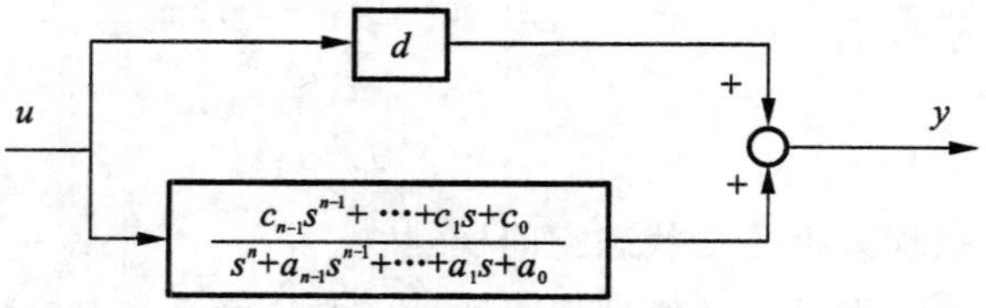

图 9-11 等效并联结构图

例如：

$$G(s)=\frac{2s^2+7s-1}{s^2+3s+2}=\frac{s-5+2(s^2+3s+2)}{s^2+3s+2}=\frac{s-5}{s^2+3s+2}+2$$

这相当于将系统分解成两个环节的并联，d 相当于直接转移矩阵 $\boldsymbol{D}$。以下只考虑 $d=0$ 的情况。

【例 9-7】 考虑分子多项式为 1 的 3 阶系统的传递函数，其表示为

$$G(s)=\frac{Y(s)}{U(s)}=\frac{1}{s^3+a_2s^2+a_1s+a_0}$$

解 对应的微分方程为

$$\dddot{y}(t)+a_2\ddot{y}(t)+a_1\dot{y}(t)+a_0y(t)=u(t)$$

选择系统输出及其各阶导数作为状态变量 $x_1=y, x_2=\dot{y}, x_3=\ddot{y}$（有几阶导数就有几个状态变量），可以将经典传递函数表示为状态空间的“能控标准型”，即

$$\begin{cases}\dot{x}_1=x_2\\ \dot{x}_2=x_3\\ \dot{x}_3=-a_0x_1-a_1x_2-a_2x_3+u\end{cases}$$

$$\begin{bmatrix}\dot{x}_1\\ \dot{x}_2\\ \dot{x}_3\end{bmatrix}=\begin{bmatrix}0&1&0\\0&0&1\\-a_0&-a_1&-a_2\end{bmatrix}\begin{bmatrix}x_1\\x_2\\x_3\end{bmatrix}+\begin{bmatrix}0\\0\\1\end{bmatrix}u$$

$$y=[1\quad 0\quad 0][x_1\quad x_2\quad x_3]^{\mathrm{T}}$$

系统的状态变量图如图 9-12 所示。

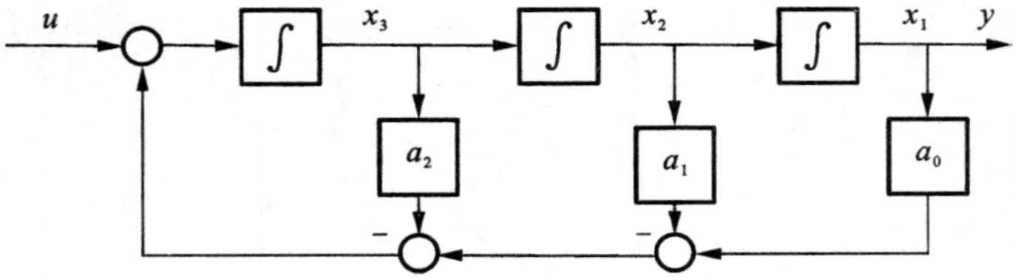

图 9-12　状态变量图

【例 9-8】 考虑一般分子多项式的 3 阶系统的传递函数，其表示为

$$\frac{Y(s)}{U(s)}=\frac{b_2s^2+b_1s+b_0}{s^3+a_2s^2+a_1s+a_0}=\frac{b(s)}{a(s)}$$

解 令

$$\begin{cases}Y(s)=(b_2s^2+b_1s+b_0)E(s)\\ U(s)=(s^3+a_2s^2+a_1s+a_0)E(s)\end{cases}$$

选取

$$\begin{cases}x_1=e(t)\\ x_2=\dot{e}(t)\\ x_3=\ddot{e}(t)\end{cases}$$

式中：$e(t)$ 为 $E(s)$ 的反拉氏变换，可得

$$\begin{cases}y=b_2x_3+b_1x_2+b_0x_1\\ u=\dot{x}_3+a_2x_3+a_1x_2+a_0x_1\end{cases}$$

对应的微分方程为

$$\dddot{y}(t)+a_2\ddot{y}(t)+a_1\dot{y}(t)+a_0y(t)=b_2\ddot{u}(t)+b_1\dot{u}(t)+b_0u(t)$$

得到状态空间描述为
$$\begin{cases}\dot{x}_1=x_2\\ \dot{x}_2=x_3\\ \dot{x}_3=-a_2x_3-a_1x_2-a_0x_1+u\end{cases}$$

其状态变量图如图 9-13 所示。可以将经典传递函数表示为状态空间的“能控标准型”，此时

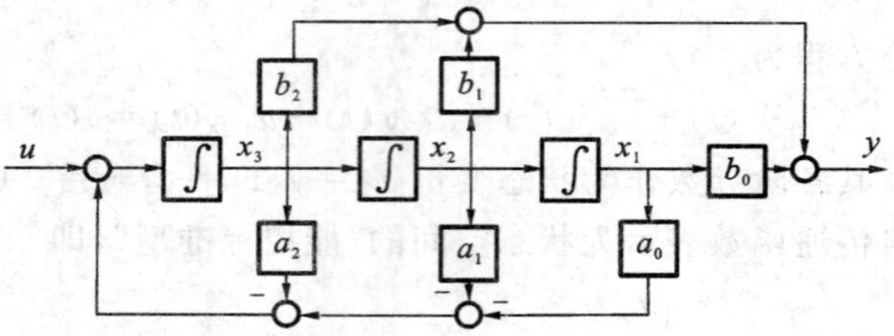

图 9-13　状态变量图

$$\begin{bmatrix}\dot{x}_1\\ \dot{x}_2\\ \dot{x}_3\end{bmatrix}=\begin{bmatrix}0&1&0\\0&0&1\\-a_0&-a_1&-a_2\end{bmatrix}\begin{bmatrix}x_1\\x_2\\x_3\end{bmatrix}+\begin{bmatrix}0\\0\\1\end{bmatrix}u,\quad y=\begin{bmatrix}b_0&b_1&b_2\end{bmatrix}\begin{bmatrix}x_1\\x_2\\x_3\end{bmatrix}$$

同理，可推广到

$$G(s)=\frac{Y(s)}{U(s)}=\frac{b_{n-1}s^{n-1}+\cdots+b_1s+b_0}{s^n+a_{n-1}s^{n-1}+\cdots+a_1s+a_0}+d$$

对应的状态空间模型可表示为

$$\begin{cases}\begin{bmatrix}\dot{x}_1\\ \vdots\\ \dot{x}_{n-1}\\ \dot{x}_n\end{bmatrix}=\begin{bmatrix}0&1&0&\cdots&0\\0&0&1&\cdots&0\\ \vdots&\vdots&\vdots&&\vdots\\0&0&0&0&0\\-a_0&-a_1&-a_2&\cdots&-a_{n-1}\end{bmatrix}\begin{bmatrix}x_1\\ \vdots\\ x_{n-1}\\ x_n\end{bmatrix}+\begin{bmatrix}0\\ \vdots\\ 0\\ 1\end{bmatrix}u\\ y=\begin{bmatrix}b_0&b_1&\cdots&b_{n-1}\end{bmatrix}\begin{bmatrix}x_1\\ \vdots\\ x_{n-1}\\ x_n\end{bmatrix}+du\end{cases}\tag{9-4}$$

在模型(9-4)中，输入信号能对系统的每一个状态进行控制，故称其为能控标准型。

另外适当选择变量，也可以利用传递函数极点多项式 $s^n+a_{n-1}s^{n-1}+\cdots+a_1s+a_0$ 的系数和零点多项式 $b_{n-1}s^{n-1}+\cdots+b_1s+b_0$ 的系数将经典传递函数表示为状态空间的“能观标准型”实现，如式(9-5)所示。

$$\begin{cases}\begin{bmatrix}\dot{x}_1\\ \dot{x}_2\\ \vdots\\ \dot{x}_n\end{bmatrix}=\begin{bmatrix}0&\cdots&0&-a_0\\1&\cdots&0&-a_1\\ \vdots&&\vdots&\vdots\\0&\cdots&1&-a_n\end{bmatrix}\begin{bmatrix}x_1\\x_2\\ \vdots\\x_n\end{bmatrix}+\begin{bmatrix}b_0\\b_1\\ \vdots\\b_{n-1}\end{bmatrix}u\\ y=\begin{bmatrix}0&\cdots&0&1\end{bmatrix}\begin{bmatrix}x_1\\ \vdots\\ x_{n-1}\\ x_n\end{bmatrix}\end{cases}\tag{9-5}$$

(1)串联法。串联法的思想是将一个 n 阶传递函数分解成若干个低阶传递函数的乘积，然后写出这些低阶传递函数的状态空间实现，最后利用串联关系写出原系统的状态空间模型。

【例 9-9】 求传递函数 $G(s)=\dfrac{4s+8}{s^3+8s^2+19s+12}$的状态空间实现。

解　将所给的传递函数分解成“相乘”形式：

$$G(s)=\frac{4(s+2)}{(s+1)(s+3)(s+4)}=\frac{4}{s+1}\cdot\frac{1}{s+3}\cdot\frac{s+2}{s+4}=\frac{4}{s+1}\cdot\frac{1}{s+3}\cdot\left(\frac{-2}{s+4}+1\right)$$

系统可以看成 3 个一阶环节的串联，如图 9-14 所示。

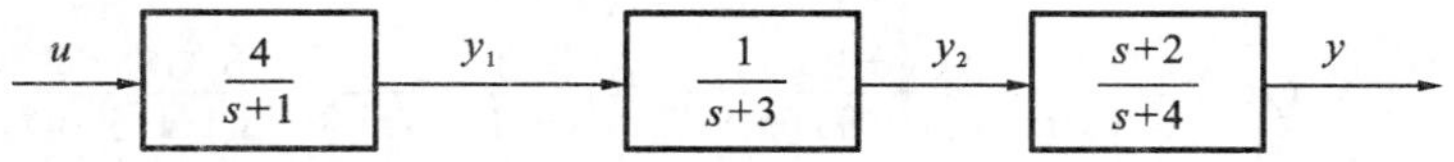

图 9-14　系统串联分解图

依每个环节的分母多项式列写状态方程，依分子多项式列写输出方程，可分别写出每个一阶环节的状态空间模型：

$$\begin{cases}\dot{x}_1=-x_1+4u_1,\\ y_1=x_1,\end{cases}\quad \begin{cases}\dot{x}_2=-3x_2+u_2,\\ y_2=x_2,\end{cases}\quad \begin{cases}\dot{x}_3=-4x_3+u_3\\ y=-2x_3+u_3\end{cases}$$

由于以上 3 个子系统是串联的，因此有 $u_2=y_1=x_1$，$u_3=y_2=x_2$，将这些关系代入上式中，经整理可得

$$\begin{cases}\dot{x}_1=-x_1+4u,\\ \dot{x}_2=x_1-3x_2,\\ \dot{x}_3=x_2-4x_3,\end{cases}\quad y=x_2-2x_3$$

即
$$\begin{bmatrix}\dot{x}_1\\ \dot{x}_2\\ \dot{x}_3\end{bmatrix}=\begin{bmatrix}-1&0&0\\ 1&-3&0\\ 0&1&-4\end{bmatrix}\begin{bmatrix}x_1\\ x_2\\ x_3\end{bmatrix}+\begin{bmatrix}4\\ 0\\ 0\end{bmatrix}u,\quad y=\begin{bmatrix}0&1&-2\end{bmatrix}\begin{bmatrix}x_1\\ x_2\\ x_3\end{bmatrix}$$

相应的状态变量图如图 9-15 所示，上面这根线反映直接传递 $d=1$。

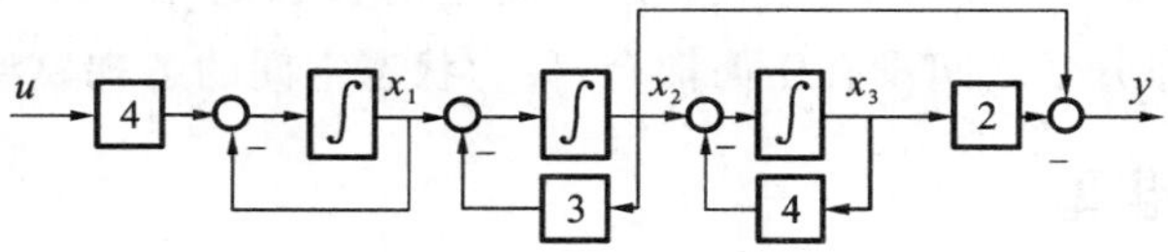

图 9-15　串联结构的状态变量图

(2)并联法。并联法的思想是将一个复杂传递函数分解成若干个低阶传递函数的和，然后写出这些低阶传递函数的状态空间实现，最后利用并联关系写出原系统的状态空间模型。

【例 9-10】 用“并联法”求上题传递函数 $G(s)=\dfrac{4s+8}{s^3+8s^2+19s+12}$状态空间实现。

解　传递函数特征方程的根相异，分别为 -1，-3，-4，可以将所给的传递函数分解成如下“相加”形式：

$$G(s)=\frac{4(s+2)}{(s+1)(s+3)(s+4)}=\frac{c_1}{s+1}+\frac{c_2}{s+3}+\frac{c_3}{s+4}$$

可求得

$$c_1=\lim_{s\to-1}G(s)(s+1)=\lim_{s\to-1}\frac{4(s+2)}{(s+3)(s+4)}=\frac{2}{3}$$

$$c_2=\lim_{s\to-3}G(s)(s+3)=\lim_{s\to-3}\frac{4(s+2)}{(s+1)(s+4)}=2$$

$$c_3=\lim_{s\to-4}G(s)(s+4)=\lim_{s\to-4}\frac{4(s+2)}{(s+1)(s+3)}=-\frac{8}{3}$$

于是
$$G(s)=\frac{4(s+2)}{(s+1)(s+3)(s+4)}=\frac{2/3}{s+1}+\frac{2}{s+3}-\frac{8/3}{s+4}$$

系统可以看成 3 个一阶环节的并联，可分别写出每个一阶环节的状态空间模型：

$$\begin{cases}\dot{x}_1=-x_1+2u_1/3,\\ y_1=x_1,\end{cases}\quad\begin{cases}\dot{x}_2=-3x_2+2u_2,\\ y_2=x_2,\end{cases}\quad\begin{cases}\dot{x}_3=-4x_3-8u_3/3\\ y_3=x_3\end{cases}$$

由于以上 3 个子系统是并联的，因此有 $u=u_1=u_2=u_3$，$y=y_1+y_2+y_3$，将这些关系代入上式中，经整理可得

$$\begin{cases}\dot{x}_1=-x_1+2u/3,\\ \dot{x}_2=-3x_2+2u, \quad y=x_1+x_2+x_3\\ \dot{x}_3=-4x_3-8u/3,\end{cases}$$

即
$$\begin{bmatrix}\dot{x}_1\\ \dot{x}_2\\ \dot{x}_3\end{bmatrix}=\begin{bmatrix}-1&0&0\\0&-3&0\\0&0&-4\end{bmatrix}\begin{bmatrix}x_1\\x_2\\x_3\end{bmatrix}+\begin{bmatrix}2/3\\2\\-8/3\end{bmatrix}u,\quad y=\begin{bmatrix}1&1&1\end{bmatrix}\begin{bmatrix}x_1\\x_2\\x_3\end{bmatrix}$$

或
$$\begin{bmatrix}\dot{x}_1\\ \dot{x}_2\\ \dot{x}_3\end{bmatrix}=\begin{bmatrix}-1&0&0\\0&-3&0\\0&0&-4\end{bmatrix}\begin{bmatrix}x_1\\x_2\\x_3\end{bmatrix}+\begin{bmatrix}1\\1\\1\end{bmatrix}u,\quad y=\begin{bmatrix}\frac{2}{3}&2&-\frac{3}{8}\end{bmatrix}\begin{bmatrix}x_1\\x_2\\x_3\end{bmatrix}$$

对于这种由并联环节构成的系统，其状态空间中的状态矩阵具有对角形结构。并联组合而成的系统，各个状态分量之间没有任何耦合，称为状态空间的解耦模型或对角模型。

9.1.4 对角标准型

若 SISO(单输入单输出)线性定常系统传递函数特征方程无重特征值且满足

$$s^n+a_1s^{n-1}+\cdots+a_{n-1}s+a_n=(s-\lambda_1)(s-\lambda_2)\cdots(s-\lambda_{n-1})(s-\lambda_n) \tag{9-6}$$

此时，适当选择变量可将经典传递函数表示为状态空间的"对角标准型"，系统的传递函数可写成

$$G(s)=\frac{Y(s)}{U(s)}=\frac{K(s-z_1)(s-z_2)\cdots(s-z_m)}{(s-\lambda_1)(s-\lambda_2)\cdots(s-\lambda_n)}\xrightarrow{\text{必可分解成}}\sum_{i=1}^{n}\frac{c_i}{s-\lambda_i} \tag{9-7}$$
$$=\frac{c_1}{s-\lambda_1}+\frac{c_2}{s-\lambda_2}+\cdots+\frac{c_n}{s-\lambda_n}$$

如何确定展开系数 c_i 呢？先把它写成分列式，两边同乘以 $s-\lambda_i$，再取极限 $s\to\lambda_i$，就把系数 c_i"提取"出来了，即

$$c_i=\lim_{s\to\lambda_i}G(s)(s-\lambda_i) \tag{9-8}$$

选择状态变量

$$X_i(s)=\frac{U(s)}{s-\lambda_i},i=1,2,\cdots,n \tag{9-9}$$

即

$$sX_i(s)-\lambda_iX_i(s)=U(s)\Rightarrow\dot{x}_i(t)\Rightarrow\lambda_ix_i(t)+u(t) \tag{9-10}$$

$$\begin{cases}\dot{x}_1(t)=\lambda_1x_1(t)+u(t)\\ \dot{x}_2(t)=\lambda_2x_2(t)+u(t)\\ \vdots\\ \dot{x}_n(t)=\lambda_nx_n(t)+u(t)\end{cases}\Rightarrow\underbrace{\begin{bmatrix}\dot{x}_1\\ \dot{x}_2\\ \vdots\\ \dot{x}_n\end{bmatrix}=\begin{bmatrix}\lambda_1&&&\\&\lambda_2&&\\&&\ddots&\\&&&\lambda_n\end{bmatrix}\begin{bmatrix}x_1\\ x_2\\ \vdots\\ x_n\end{bmatrix}+\begin{bmatrix}1\\ 1\\ \vdots\\ 1\end{bmatrix}u(t)}_{\text{状态空间表达式}} \tag{9-11}$$

以下求 $\boldsymbol{C}$：

$$Y(s)=G(s)U(s)=\sum_{i=1}^{n}\frac{c_i}{s-\lambda_i}U(s)=\sum_{i=1}^{n}c_i\frac{U(s)}{s-\lambda_i}=\sum_{i=1}^{n}c_iX_i(s) \tag{9-12}$$

输出方程为

$$y=\sum_{i=1}^{n}c_ix_i(t)=[c_1\ \cdots\ c_n]\begin{bmatrix}x_1\\ \vdots\\ x_n\end{bmatrix} \tag{9-13}$$

于是 $\boldsymbol{C}=[c_1\quad\cdots\quad c_n]$，$c_1,\cdots,c_n$ 为对应特征值的待定系数。

9.1.5　约当标准型

当 SISO 线性定常系统的传递函数特征方程具有重特征值时(设只有一个重特征值 λ_1，重数为 j，存在 j 重极点)满足

$$s^n+a_1s^{n-1}+\cdots+a_{n-1}s+a_n=(s-\lambda_1)^j(s-\lambda_{j+1})\cdots(s-\lambda_{n-1})(s-\lambda_n) \tag{9-14}$$

此时，系统的传递函数可写成

$$\begin{aligned}G(s)=\frac{Y(s)}{U(s)}&=\frac{K(s-z_1)(s-z_2)\cdots(s-z_m)}{(s-\lambda_1)^j(s-\lambda_{j+1})\cdots(s-\lambda_n)}\\ &\xlongequal{\text{必可分解成}}\underbrace{\frac{c_{11}}{(s-\lambda_1)^j}+\frac{c_{12}}{(s-\lambda_1)^{j-1}}+\cdots+\frac{c_{1j}}{s-\lambda_1}}_{\text{对应}j\text{重极点}}\\ &\quad\underbrace{+\frac{c_{j+1}}{s-\lambda_{j+1}}+\frac{c_{j+2}}{s-\lambda_{j+2}}+\cdots+\frac{c_n}{s-\lambda_n}}_{\text{对应}n-j\text{个单极点}}\end{aligned} \tag{9-15}$$

先看如何求出 c_{11}。先在等式两边同乘以 $(s-\lambda_1)^j$，

$$\begin{aligned}G(s)(s-\lambda_1)^j&=c_{11}+c_{12}(s-\lambda_1)+\cdots+c_{1j}(s-\lambda_1)^{j-1}\\ &\quad+\left[\frac{c_{j+1}}{s-\lambda_{j+1}}+\cdots+\frac{c_n}{s-\lambda_n}\right](s-\lambda_1)^j\end{aligned} \tag{9-16}$$

两边取极限 $s\to\lambda_1$，就可以求出 c_{11}。c_{12} 如何求呢？可在上式的基础上对 s 求一次导数，得

$$\frac{\mathrm{d}}{\mathrm{d}s}[G(s)(s-\lambda_1)^j]=c_{12}+\cdots+c_{1j}(j-1)(s-\lambda_1)^{j-2}$$
$$+\frac{\mathrm{d}}{\mathrm{d}s}\left[\frac{c_{j+1}}{s-\lambda_{j+1}}+\cdots+\frac{c_n}{s-\lambda_n}\right](s-\lambda_1)^j \tag{9-17}$$
$$+\left[\frac{c_{j+1}}{s-\lambda_{j+1}}+\cdots+\frac{c_n}{s-\lambda_n}\right]\mathrm{j}\,(s-\lambda_1)^{j-1}$$

再取极限 $s\to\lambda_1$，此时，右边除常数项 c_{12} 外，后面的项至少存在一个因子 $s-\lambda_1\to 0$，这样就可以求出 c_{12}。现总结规律如下：

对应 j 重极点系数的求法为

$$c_{1i}=\frac{1}{(i-1)!}\lim_{s\to\lambda_1}\frac{\mathrm{d}^{(i-1)}}{\mathrm{d}s^{(i-1)}}[G(s)(s-\lambda_1)^j],\quad i=1,2,\cdots,j \tag{9-18}$$

令 $j=i=1$，上述公式就退化成单极点系数的求法。

对应单极点系数的求法仍然为

$$c_i=\lim_{s\to\lambda_i}G(s)(s-\lambda_i),i=j+1,j+2,\cdots,n$$

对重根部分，取状态变量

$$\begin{cases}X_1(s)=\dfrac{U(s)}{(s-\lambda_1)^j}=\dfrac{1}{s-\lambda_1}\dfrac{U(s)}{(s-\lambda_1)^{j-1}}=\dfrac{X_2(s)}{s-\lambda_1}\\ X_2(s)=\dfrac{U(s)}{(s-\lambda_1)^{j-1}}=\dfrac{1}{s-\lambda_1}\dfrac{U(s)}{(s-\lambda_1)^{j-2}}=\dfrac{X_3(s)}{s-\lambda_1}\\ \quad\vdots\\ X_j(s)=\dfrac{U(s)}{s-\lambda_1}\end{cases} \tag{9-19}$$

对单根部分，取状态变量

$$\begin{cases}X_{j+1}(s)=\dfrac{U(s)}{s-\lambda_{j+1}}\\ \quad\vdots\\ X_n(s)=\dfrac{U(s)}{s-\lambda_n}\end{cases} \tag{9-20}$$

$$\Rightarrow\begin{cases}sX_1(s)=\lambda_1X_1(s)+X_2(s)\\ sX_2(s)=\lambda_1X_2(s)+X_3(s)\\ \quad\vdots\\ sX_j(s)=\lambda_1X_j(s)+U(s)\end{cases}\qquad\begin{cases}sX_{j+1}(s)=\lambda_{j+1}X_{j+1}(s)+U(s)\\ \quad\vdots\\ sX_n(s)=\lambda_nX_n(s)+U(s)\end{cases}$$

$$\Rightarrow\begin{cases}\dot{x}_1=\lambda_1x_1+x_2\\ \dot{x}_2=\lambda_1x_2+x_3\\ \quad\vdots\\ \dot{x}_j=\lambda_1x_j+u\end{cases}\qquad\begin{cases}\dot{x}_{j+1}=\lambda_{j+1}x_{j+1}+u\\ \quad\vdots\\ \dot{x}_n=\lambda_nx_n+u\end{cases}$$

状态空间方程为

$$\begin{bmatrix}\dot{x}_1\\ \vdots\\ \dot{x}_j\\ \cdots\\ \dot{x}_{j+1}\\ \vdots\\ \dot{x}_n\end{bmatrix}=\begin{bmatrix}\lambda_1 & 1 & 0 & \vdots & & & \\ & \ddots & 1 & \vdots & & & \\ & & \lambda_1 & \vdots & & & \\ \cdots & \cdots & \cdots & \cdots & \cdots & \cdots & \cdots\\ & & & \vdots & \lambda_{j+1} & & \\ & & & \vdots & & \ddots & \\ & & & \vdots & & & \lambda_n\end{bmatrix}\begin{bmatrix}x_1\\ \vdots\\ x_j\\ \cdots\\ x_{j+1}\\ \vdots\\ x_n\end{bmatrix}+\begin{bmatrix}0\\ \vdots\\ 1\\ \cdots\\ 1\\ \vdots\\ 1\end{bmatrix}u \tag{9-21}$$

$$\begin{aligned}Y(s)=&\underbrace{\frac{c_{11}}{(s-\lambda_1)^j}U(s)+\frac{c_{12}}{(s-\lambda_1)^{j-1}}U(s)+\cdots+\frac{c_{1j}}{s-\lambda_1}U(s)}_{\text{对应}j\text{重极点}}\\ &+\underbrace{\frac{c_{j+1}}{s-\lambda_{j+1}}U(s)+\frac{c_{j+2}}{s-\lambda_{j+2}}U(s)+\cdots+\frac{c_n}{s-\lambda_n}U(s)}_{\text{对应}n-j\text{个单极点}}\\ =&\underbrace{c_{11}\frac{U(s)}{(s-\lambda_1)^j}+c_{12}\frac{U(s)}{(s-\lambda_1)^{j-1}}+\cdots+c_{1j}\frac{U(s)}{s-\lambda_1}}_{\text{对应}j\text{重极点}}\\ &+\underbrace{c_{j+1}\frac{U(s)}{s-\lambda_{j+1}}+\cdots+c_n\frac{U(s)}{s-\lambda_n}}_{\text{对应}n-j\text{个单极点}}\\ =&\underbrace{c_{11}X_1(s)+c_{12}X_2(s)+\cdots+c_{1j}X_j(s)}_{\text{对应}j\text{重极点}}\\ &+\underbrace{c_{j+1}X_{j+1}(s)+c_{j+2}X_{j+2}(s)+\cdots+c_nX_n(s)}_{\text{对应}n-j\text{个单极点}}\end{aligned}$$

$$y=\underbrace{c_{11}x_1+c_{12}x_2+\cdots+c_{1j}x_j}_{\text{对应}j\text{重极点}}+\underbrace{c_{j+1}x_{j+1}+c_{j+2}x_{j+2}+\cdots+c_nx_n}_{\text{对应}n-j\text{个单极点}} \tag{9-22}$$

输出方程为

$$y=[c_{11}\ \cdots\ c_{1j}\ \vdots\ c_{j+1}\ \cdots\ c_n][x_1\ \cdots\ x_j\ \vdots\ x_{j+1}\ \cdots\ x_n]^{\mathrm{T}} \tag{9-23}$$

表明适当选择变量,可将经典传递函数表示为状态空间的“约当标准型”。

【例 9-11】 系统传递函数为 $G(s)=\dfrac{3(s+5)}{(s+3)^2(s+2)(s+1)}$,求其约当标准型实现。

解 $n=4$,2 重极点 $\lambda_1=\lambda_2=-3$,2 个单极点 $\lambda_3=-2,\lambda_4=-1$,可以分解为

$$G(s)=\frac{c_{11}}{(s+3)^2}+\frac{c_{12}}{s+3}+\frac{c_3}{s+2}+\frac{c_4}{s+1}$$

易求得

$$c_{11}=\frac{1}{(1-1)!}\lim_{s\to-3}\frac{\mathrm{d}^{(1-1)}}{\mathrm{d}s^{(1-1)}}[G(s)(s+3)^2]=\lim_{s\to-3}\frac{3(s+5)}{(s+2)(s+1)}=3$$

$$c_{12}=\frac{1}{(2-1)!}\lim_{s\to-3}\frac{\mathrm{d}^{(2-1)}}{\mathrm{d}s^{(2-1)}}[G(s)(s+3)^2]=\lim_{s\to-3}\frac{\mathrm{d}}{\mathrm{d}s}\frac{3(s+5)}{(s+2)(s+1)}=6$$

$$c_3=\lim_{s\to-2}\frac{3(s+5)}{(s+3)^2(s+1)}=-9$$

$$c_4=\lim_{s\to-1}\frac{3(s+5)}{(s+3)^2(s+2)}=3$$

状态方程为

$$\begin{bmatrix}\dot{x}_1\\ \dot{x}_2\\ \cdots\\ \dot{x}_3\\ \dot{x}_4\end{bmatrix}=\begin{bmatrix}-3 & 1 & \vdots & & \\ 0 & -3 & \vdots & & \\ \cdots & \cdots & \vdots & \cdots & \cdots\\ & & \vdots & -2 & 0\\ & & \vdots & 0 & -1\end{bmatrix}\begin{bmatrix}x_1\\ x_2\\ \cdots\\ x_3\\ x_4\end{bmatrix}+\begin{bmatrix}0\\ 1\\ \cdots\\ 1\\ 1\end{bmatrix}u$$

输出方程为

$$y=\begin{bmatrix}3 & 6 & \vdots & -9 & 3\end{bmatrix}\begin{bmatrix}x_1\\ x_2\\ \cdots\\ x_3\\ x_4\end{bmatrix}$$

9.2 线性定常系统的状态转移矩阵

9.2.1 齐次状态方程的解

状态方程

$$\dot{\boldsymbol{x}}(t)=\boldsymbol{A}\boldsymbol{x}(t) \tag{9-24}$$

1. 拉普拉斯变换法

将式(9-24)取拉氏变换，有 $s\boldsymbol{X}(s)=\boldsymbol{A}\boldsymbol{X}(s)+\boldsymbol{x}(0)$，则

$$\boldsymbol{X}(s)=(\lambda\boldsymbol{I}-\boldsymbol{A})^{-1}\boldsymbol{x}(0)$$

然后进行拉氏逆变换求解得

$$\boldsymbol{x}(t)=\mathscr{L}^{-1}[(\lambda\boldsymbol{I}-\boldsymbol{A})^{-1}]\boldsymbol{x}(0)$$

2. 幂级数法

设状态方程(9-24)的解是 t 的向量幂级数

$$\boldsymbol{x}(t)=\boldsymbol{b}_0+\boldsymbol{b}_1t+\boldsymbol{b}_2t^2+\cdots+\boldsymbol{b}_kt^k+\cdots \tag{9-25}$$

则

$$\dot{\boldsymbol{x}}(t)=\boldsymbol{b}_1t+2\boldsymbol{b}_2t+\cdots+k\boldsymbol{b}_kt^{k-1}+\cdots=\boldsymbol{A}\boldsymbol{x}(t)=\boldsymbol{A}(\boldsymbol{b}_0+\boldsymbol{b}_1t+\boldsymbol{b}_2t^2+\cdots+\boldsymbol{b}_kt^k+\cdots) \tag{9-26}$$

对比式(9-25)和式(9-26)得

$$\begin{cases}\boldsymbol{b}_1=\boldsymbol{A}\boldsymbol{b}_0\\ \boldsymbol{b}_2=\dfrac{1}{2}\boldsymbol{A}^2\boldsymbol{b}_0\\ \boldsymbol{b}_3=\dfrac{1}{6}\boldsymbol{A}^3\boldsymbol{b}_0\\ \quad\vdots\\ \boldsymbol{b}_k=\dfrac{1}{k!}\boldsymbol{A}^k\boldsymbol{b}_0\end{cases} \tag{9-27}$$

且 $\boldsymbol{x}(0)=\boldsymbol{b}_0$，故

$$\boldsymbol{x}(t)=(\boldsymbol{I}+\boldsymbol{A}t+\frac{1}{2}\boldsymbol{A}^2t^2+\cdots+\frac{1}{k!}\boldsymbol{A}^kt^k+\cdots)\boldsymbol{x}(0)=\mathrm{e}^{\boldsymbol{A}t}\boldsymbol{x}(0)=\boldsymbol{\Phi}(t)\boldsymbol{x}(0) \tag{9-28}$$

定义状态转移矩阵

$$\boldsymbol{\Phi}(t)=\boldsymbol{I}+\boldsymbol{A}t+\frac{1}{2}\boldsymbol{A}^2t^2+\cdots+\frac{1}{k!}\boldsymbol{A}^kt^k+\cdots=\mathrm{e}^{\boldsymbol{A}t}=\mathscr{L}^{-1}[(s\boldsymbol{I}-\boldsymbol{A})^{-1}] \tag{9-29}$$

具有如下性质：

(9-30)

(1)$\boldsymbol{\Phi}(0)=\boldsymbol{I}$；

(2)$\dot{\boldsymbol{\Phi}}(t)=\boldsymbol{A}\boldsymbol{\Phi}(t)$；

(3)$\boldsymbol{\Phi}(t_1\pm t_2)=\boldsymbol{\Phi}(t_1)\boldsymbol{\Phi}(\pm t_2)=\boldsymbol{\Phi}(\pm t_2)\boldsymbol{\Phi}(t_1)$；

(4)$\boldsymbol{\Phi}^{-1}(t)=\boldsymbol{\Phi}(-t)$，$\boldsymbol{\Phi}^{-1}(-t)=\boldsymbol{\Phi}(t)$；

(5)$\boldsymbol{\Phi}(t_2-t_0)=\boldsymbol{\Phi}(t_2-t_1)\boldsymbol{\Phi}(t_1-t_0)$；

(6)若 $\boldsymbol{AB}=\boldsymbol{BA}$，则 $\mathrm{e}^{(\boldsymbol{A}+\boldsymbol{B})t}=\mathrm{e}^{\boldsymbol{A}t}\mathrm{e}^{\boldsymbol{B}t}$；若 $\boldsymbol{AB}\neq\boldsymbol{BA}$，则 $\mathrm{e}^{(\boldsymbol{A}+\boldsymbol{B})t}\neq\mathrm{e}^{\boldsymbol{A}t}\mathrm{e}^{\boldsymbol{B}t}$。

9.2.2　非齐次状态方程的解

状态方程

$$\dot{\boldsymbol{x}}(t)=\boldsymbol{A}\boldsymbol{x}(t)+\boldsymbol{B}u(t) \tag{9-31}$$

将式(9-31)改写为

$$\dot{\boldsymbol{x}}(t)-\boldsymbol{A}\boldsymbol{x}(t)=\boldsymbol{B}u(t) \tag{9-32}$$

两边同时乘以 $\mathrm{e}^{-\boldsymbol{A}t}$ 得

$$\mathrm{e}^{-\boldsymbol{A}t}[\dot{\boldsymbol{x}}(t)-\boldsymbol{A}\boldsymbol{x}(t)]=\frac{\mathrm{d}}{\mathrm{d}t}[\mathrm{e}^{-\boldsymbol{A}t}\boldsymbol{x}(t)]=\mathrm{e}^{-\boldsymbol{A}t}\boldsymbol{B}u(t) \tag{9-33}$$

将上式由 0 积分到 t 得

$$\mathrm{e}^{-\boldsymbol{A}t}\boldsymbol{x}(t)-\boldsymbol{x}(0)=\int_0^t\mathrm{e}^{-\boldsymbol{A}\tau}\boldsymbol{B}u(\tau)\mathrm{d}\tau \tag{9-34}$$

所以求得解为

$$\begin{aligned}x(t)&=\mathrm{e}^{\boldsymbol{A}t}\boldsymbol{x}(0)+\int_0^t\mathrm{e}^{\boldsymbol{A}(t-\tau)}\boldsymbol{B}u(\tau)\mathrm{d}\tau\\&=\boldsymbol{\Phi}(t-t_0)x(t_0)+\int_{t_0}^t\boldsymbol{\Phi}(t-\tau)\boldsymbol{B}u(\tau)\mathrm{d}\tau,\quad t\geqslant t_0\end{aligned} \tag{9-35}$$

式中：$\boldsymbol{\Phi}(t)=\mathrm{e}^{\boldsymbol{A}t}$ 为系统的状态转移矩阵。

9.2.3　状态转移矩阵的计算

1. 拉氏变换法

由转移矩阵定义可知

$$\boldsymbol{\Phi}(t)=\mathrm{e}^{\boldsymbol{A}t}=\mathscr{L}^{-1}[(s\boldsymbol{I}-\boldsymbol{A})^{-1}] \tag{9-36}$$

2. 特征值、特征向量法

(1)若矩阵 $\boldsymbol{A}$ 的特征值互异，即特征值为 $\lambda_1,\lambda_2,\cdots,\lambda_n$ 互不相同，则有

$$\boldsymbol{\Phi}(t)=\boldsymbol{P}\begin{bmatrix} e^{\lambda_1 t} & 0 & \cdots & 0 \\ 0 & e^{\lambda_2 t} & \cdots & 0 \\ \vdots & \vdots & & \vdots \\ 0 & 0 & \cdots & e^{\lambda_n t} \end{bmatrix}\boldsymbol{P}^{-1} \tag{9-37}$$

式中：$\boldsymbol{P}$ 是将矩阵 $\boldsymbol{A}$ 变换为对角矩阵的非奇异线性变换矩阵。

(2)若有相同的特征值，则存在非奇异变换矩阵 $\boldsymbol{P}$，将 $\boldsymbol{A}$ 化为约当型矩阵

$$\overline{\boldsymbol{A}}=\boldsymbol{P}^{-1}\boldsymbol{A}\boldsymbol{P} \tag{9-38}$$

利用类似的方法，假设 $\boldsymbol{A}$ 为 5×5 方阵，其特征值为 λ_1(3 重)和 λ_2(2 重)可得

$$\boldsymbol{\Phi}(t)=e^{\boldsymbol{A}t}=\boldsymbol{P}e^{\overline{\boldsymbol{A}}t}\boldsymbol{P}^{-1}=\boldsymbol{P}\begin{bmatrix} e^{\lambda_1 t} & te^{\lambda_1 t} & t^2e^{\lambda_1 t}/2 & 0 & 0 \\ 0 & e^{\lambda_1 t} & te^{\lambda_1 t} & 0 & 0 \\ 0 & 0 & e^{\lambda_1 t} & 0 & 0 \\ 0 & 0 & 0 & e^{\lambda_2 t} & te^{\lambda_2 t} \\ 0 & 0 & 0 & 0 & e^{\lambda_2 t} \end{bmatrix}\boldsymbol{P}^{-1} \tag{9-39}$$

此方法依赖于矩阵特征值与特征向量的求解，特征值与特征向量本身较难计算，而且常常是复数，这就给计算带来了困难。当对于某些特殊情况，如对称矩阵，用此方法还是比较方便的。

【例 9-12】 试求如下线性定常系统的状态转移矩阵 $\boldsymbol{\Phi}(t)$ 和状态转移矩阵的逆矩阵 $\boldsymbol{\Phi}^{-1}(t)$。

$$\begin{bmatrix} \dot{x}_1 \\ \dot{x}_2 \end{bmatrix}=\begin{bmatrix} 0 & 1 \\ -2 & -3 \end{bmatrix}\begin{bmatrix} x_1 \\ x_2 \end{bmatrix}$$

解

$$\boldsymbol{A}=\begin{bmatrix} 0 & 1 \\ -2 & -3 \end{bmatrix}$$

其状态转移矩阵由下式确定

$$\boldsymbol{\Phi}(t)=e^{\boldsymbol{A}t}=\mathscr{L}^{-1}[(s\boldsymbol{I}-\boldsymbol{A})^{-1}]$$

由于

$$s\boldsymbol{I}-\boldsymbol{A}=\begin{bmatrix} s & 0 \\ 0 & s \end{bmatrix}-\begin{bmatrix} 0 & 1 \\ -2 & -3 \end{bmatrix}=\begin{bmatrix} s & -1 \\ 2 & s+3 \end{bmatrix}$$

其逆矩阵为

$$(s\boldsymbol{I}-\boldsymbol{A})^{-1}=\frac{1}{(s+1)(s+2)}\begin{bmatrix} s+3 & 1 \\ -2 & s \end{bmatrix}$$

$$=\begin{bmatrix} \dfrac{s+3}{(s+1)(s+2)} & \dfrac{1}{(s+1)(s+2)} \\ \dfrac{-2}{(s+1)(s+2)} & \dfrac{s}{(s+1)(s+2)} \end{bmatrix}$$

因此

$$\boldsymbol{\Phi}(t)=e^{\boldsymbol{A}t}=\mathscr{L}^{-1}[(s\boldsymbol{I}-\boldsymbol{A})^{-1}]=\begin{bmatrix} 2e^{-t}-e^{-2t} & e^{-t}-e^{-2t} \\ -2e^{-t}+2e^{-2t} & -e^{-t}+2e^{-2t} \end{bmatrix}$$

由于 $\boldsymbol{\Phi}^{-1}(t)=\boldsymbol{\Phi}(-t)$，故可求得状态转移矩阵的逆为

$$\boldsymbol{\Phi}^{-1}(t)=\mathrm{e}^{-\boldsymbol{A}t}=\begin{bmatrix}2\mathrm{e}^{t}-\mathrm{e}^{2t} & \mathrm{e}^{t}-\mathrm{e}^{2t}\\ -2\mathrm{e}^{t}+2\mathrm{e}^{2t} & -\mathrm{e}^{t}+2\mathrm{e}^{2t}\end{bmatrix}$$

【例 9-13】 求下列系统的时间响应

$$\begin{bmatrix}\dot{x}_1\\ \dot{x}_2\end{bmatrix}=\begin{bmatrix}0 & 1\\ -2 & -3\end{bmatrix}\begin{bmatrix}x_1\\ x_2\end{bmatrix}+\begin{bmatrix}0\\ 1\end{bmatrix}u$$

式中：$u(t)$ 为 $t=0$ 时作用于系统的单位阶跃函数，即 $u(t)=1(t)$。

解

$$\boldsymbol{A}=\begin{bmatrix}0 & 1\\ -2 & -3\end{bmatrix},\quad \boldsymbol{B}=\begin{bmatrix}0\\ 1\end{bmatrix}$$

而在上例中已求得

$$\boldsymbol{\Phi}(t)=\mathrm{e}^{\boldsymbol{A}t}=\begin{bmatrix}2\mathrm{e}^{-t}-\mathrm{e}^{-2t} & \mathrm{e}^{-t}-\mathrm{e}^{-2t}\\ -2\mathrm{e}^{-t}+2\mathrm{e}^{-2t} & -\mathrm{e}^{-t}+2\mathrm{e}^{-2t}\end{bmatrix}$$

因此，系统对单位阶跃输入的响应为

$$\boldsymbol{x}(t)=\mathrm{e}^{\boldsymbol{A}t}\boldsymbol{x}(0)+\int_0^t\begin{bmatrix}2\mathrm{e}^{-(t-\tau)}-\mathrm{e}^{-2(t-\tau)} & \mathrm{e}^{-(t-\tau)}-\mathrm{e}^{-2(t-\tau)}\\ -2\mathrm{e}^{-(t-\tau)}+2\mathrm{e}^{-2(t-\tau)} & -\mathrm{e}^{-(t-\tau)}+2\mathrm{e}^{-2(t-\tau)}\end{bmatrix}\begin{bmatrix}0\\ 1\end{bmatrix}1(t)\mathrm{d}\tau$$

得

$$\begin{bmatrix}x_1(t)\\ x_2(t)\end{bmatrix}=\begin{bmatrix}2\mathrm{e}^{-t}-\mathrm{e}^{-2t} & \mathrm{e}^{-t}-\mathrm{e}^{-2t}\\ -2\mathrm{e}^{-t}+2\mathrm{e}^{-2t} & -\mathrm{e}^{-t}+2\mathrm{e}^{-2t}\end{bmatrix}\begin{bmatrix}x_1(0)\\ x_2(0)\end{bmatrix}+\begin{bmatrix}\frac{1}{2}-\mathrm{e}^{-t}+\frac{1}{2}\mathrm{e}^{-2t}\\ \mathrm{e}^{-t}-\mathrm{e}^{-2t}\end{bmatrix}$$

如果初始状态为零，即 $\boldsymbol{x}(0)=\boldsymbol{0}$，可将 $\boldsymbol{x}(t)$ 简化为

$$\boldsymbol{x}(t)=\begin{bmatrix}x_1(t)\\ x_2(t)\end{bmatrix}=\begin{bmatrix}\frac{1}{2}-\mathrm{e}^{-t}+\frac{1}{2}\mathrm{e}^{-2t}\\ \mathrm{e}^{-t}-\mathrm{e}^{-2t}\end{bmatrix}$$

9.3 线性定常系统的能控性和能观测性

9.3.1 线性定常系统的状态能控性

考虑线性连续时间系统

$$\dot{\boldsymbol{x}}(t)=\boldsymbol{A}\boldsymbol{x}(t)+\boldsymbol{B}u(t)\tag{9-40}$$

其中，$\boldsymbol{x}(t)\in\mathbf{R}^n$，$u(t)\in\mathbf{R}^1$，$\boldsymbol{A}\in\mathbf{R}^{n\times n}$，$\boldsymbol{B}\in\mathbf{R}^{n\times 1}$（单输入），且初始条件为 $\boldsymbol{x}(t)|_{t=0}=\boldsymbol{x}(0)$。

如果施加一个无约束的控制信号，在有限的时间间隔 $[t_0,t_1]$ 内，使初始状态转移到任一终止状态，则称由式(9-40)描述的系统在 $t=t_0$ 时为状态（完全）能控的。如果每一个状态都能控，则称该系统为状态（完全）能控的。

下面我们将推导状态能控的条件。不失一般性，设终止状态为状态空间原点，并设初始时刻为零，即 $t=0$。式(9-40)的解为

$$\boldsymbol{x}(t)=\mathrm{e}^{\boldsymbol{A}t}\boldsymbol{x}(0)+\int_0^t\mathrm{e}^{\boldsymbol{A}(t-\tau)}\boldsymbol{B}u(\tau)\mathrm{d}\tau$$

利用状态能控性的定义，可得

$$\boldsymbol{x}(t_1)=\boldsymbol{0}=\mathrm{e}^{\boldsymbol{A}t_1}\boldsymbol{x}(0)+\int_0^{t_1}\mathrm{e}^{\boldsymbol{A}(t_1-\tau)}\boldsymbol{B}u(\tau)\mathrm{d}\tau$$

或

$$\boldsymbol{x}(0)=-\int_0^{t_1}\mathrm{e}^{-\boldsymbol{A}\tau}\boldsymbol{B}u(\tau)\mathrm{d}\tau \tag{9-41}$$

将 $\mathrm{e}^{-\boldsymbol{A}\tau}$ 写为 $\boldsymbol{A}$ 的有限项的形式，即

$$\mathrm{e}^{-\boldsymbol{A}\tau}=\sum_{k=0}^{n-1}\alpha_k(\tau)\boldsymbol{A}^k \tag{9-42}$$

将式(9-42)代入式(9-41)，可得

$$\boldsymbol{x}(0)=-\sum_{k=0}^{n-1}\boldsymbol{A}^k\boldsymbol{B}\int_0^{t_1}\alpha_k(\tau)u(\tau)\mathrm{d}\tau \tag{9-43}$$

记 $\int_0^{t_1}\alpha_k(\tau)u(\tau)\mathrm{d}\tau=\beta_k$，则式(9-43)成为

$$\boldsymbol{x}(0)=-\sum_{k=0}^{n-1}\boldsymbol{A}^k\boldsymbol{B}\beta_k=-[\boldsymbol{B}\quad \boldsymbol{AB}\quad \cdots\quad \boldsymbol{A}^{n-1}\boldsymbol{B}]\begin{bmatrix}\beta_0\\ \beta_1\\ \vdots\\ \beta_{n-1}\end{bmatrix} \tag{9-44}$$

如果系统是状态能控的，那么给定任一初始状态 $\boldsymbol{x}(0)$，都应满足式(9-44)。这就要求 $n\times n$ 矩阵 $\boldsymbol{Q}=[\boldsymbol{B}\quad \boldsymbol{AB}\quad \cdots\quad \boldsymbol{A}^{n-1}\boldsymbol{B}]$ 的秩为 n。由此分析，可将状态能控性的代数判据归纳为：当且仅当 $n\times n$ 矩阵 $\boldsymbol{Q}$ 满秩，即

$$\mathrm{R}(\boldsymbol{Q})=\mathrm{R}(\boldsymbol{B}\quad \boldsymbol{AB}\quad \cdots\quad \boldsymbol{A}^{n-1}\boldsymbol{B})=n \tag{9-45}$$

时，由式(9-40)确定的系统才是状态能控的。

1. 能控性判据一

如果系统的状态方程为 $\dot{\boldsymbol{x}}=\boldsymbol{A}x+\boldsymbol{B}u$，状态能控性的条件为 $n\times nr$ 矩阵

$$\boldsymbol{Q}_c=[\boldsymbol{B}\quad \boldsymbol{AB}\quad \cdots\quad \boldsymbol{A}^{n-1}\boldsymbol{B}] \tag{9-46}$$

满秩，即 $\mathrm{R}(\boldsymbol{Q}_c)=n$。

【例 9-14】 考虑由下式确定的系统的能控性

$$\begin{bmatrix}\dot{x}_1\\ \dot{x}_2\end{bmatrix}=\begin{bmatrix}1 & 1\\ 0 & -1\end{bmatrix}\begin{bmatrix}x_1\\ x_2\end{bmatrix}+\begin{bmatrix}0\\ 1\end{bmatrix}u$$

解 由于

$$\det\boldsymbol{Q}_c=\det[\boldsymbol{B}\quad \boldsymbol{AB}]=\begin{vmatrix}1 & 1\\ 0 & 0\end{vmatrix}=0$$

所以该系统是状态不能控的。

【例 9-15】 考虑由下式确定的系统的能控性：

$$\begin{bmatrix}\dot{x}_1\\ \dot{x}_2\end{bmatrix}=\begin{bmatrix}1 & 1\\ 2 & -1\end{bmatrix}\begin{bmatrix}x_1\\ x_2\end{bmatrix}+\begin{bmatrix}0\\ 1\end{bmatrix}u$$

解

$$\det \boldsymbol{Q}_c = \det[\boldsymbol{B} \quad \boldsymbol{AB}] = \begin{vmatrix} 0 & 1 \\ 1 & -1 \end{vmatrix} \neq 0$$

即 $\boldsymbol{Q}_c$ 为非奇异即为满秩，因此系统是状态能控的。

2. 能控性判据二

(1)当矩阵 $\boldsymbol{A}$ 的特征值 $\lambda_1, \lambda_2, \cdots, \lambda_n$ 是两两相异的。由线性变换可将式 $\dot{\boldsymbol{x}}(t) = \boldsymbol{Ax}(t) + \boldsymbol{Bu}(t)$ 变为对角线规范型

$$\dot{\bar{\boldsymbol{x}}} = \begin{bmatrix} \lambda_1 & & & \\ & \lambda_1 & & \\ & & \ddots & \\ & & & \lambda_n \end{bmatrix} \bar{\boldsymbol{x}} + \bar{\boldsymbol{B}}u \tag{9-47}$$

系统 $\dot{\boldsymbol{x}}(t) = \boldsymbol{Ax}(t) + \boldsymbol{Bu}(t)$ 完全能控的充分必要条件是，在 $\bar{\boldsymbol{B}}$ 中不含元素全为零的行。

(2)矩阵 $\boldsymbol{A}$ 的特征值 $\lambda_1(\sigma_1重), \lambda_2(\sigma_2重), \cdots, \lambda_l(\sigma_l重)$，且当 $i \neq j$ 时，$\lambda_i \neq \lambda_j$。也就是说，每个特征值只用一个约当块表示。该系统状态完全能控的充分必要条件是，系统经非奇异变换后的约当标准型

$$\dot{\bar{\boldsymbol{x}}} = \begin{bmatrix} \boldsymbol{J}_1 & & & \\ & \boldsymbol{J}_1 & & \\ & & \ddots & \\ & & & \boldsymbol{J}_k \end{bmatrix} \bar{\boldsymbol{x}} + \bar{\boldsymbol{B}}u \tag{9-48}$$

式中：与每个约当块 $\boldsymbol{J}_i (i = 1, 2, \cdots, k)$ 的最后一行相对应的 $\bar{\boldsymbol{B}}$ 矩阵中所有的那些行，其元素不全为零。

如果两个约当块有相同的特征值，上述结论不成立。

可以证明，非奇异线性变换不改变系统的能控性。

【例 9-16】 (1)下列系统是状态能控的：

$$\begin{bmatrix} \dot{x}_1 \\ \dot{x}_2 \end{bmatrix} = \begin{bmatrix} -1 & 0 \\ 0 & -2 \end{bmatrix} \begin{bmatrix} x_1 \\ x_2 \end{bmatrix} + \begin{bmatrix} 2 \\ 5 \end{bmatrix} u$$

$$\begin{bmatrix} \dot{x}_1 \\ \dot{x}_2 \\ \dot{x}_3 \end{bmatrix} = \begin{bmatrix} -1 & 1 & 0 \\ 0 & -1 & 0 \\ 0 & 0 & -2 \end{bmatrix} \begin{bmatrix} x_1 \\ x_2 \\ x_3 \end{bmatrix} + \begin{bmatrix} 0 \\ 4 \\ 3 \end{bmatrix} u$$

$$\begin{bmatrix} \dot{x}_1 \\ \dot{x}_2 \\ \dot{x}_3 \\ \dot{x}_4 \\ \dot{x}_5 \end{bmatrix} = \begin{bmatrix} -2 & 1 & 0 & & 0 \\ 0 & -2 & 1 & & \\ 0 & 0 & -2 & & \\ & & & -5 & 1 \\ 0 & & & 0 & -5 \end{bmatrix} \begin{bmatrix} x_1 \\ x_2 \\ x_3 \\ x_4 \\ x_5 \end{bmatrix} + \begin{bmatrix} 0 & 1 \\ 0 & 0 \\ 3 & 0 \\ 0 & 0 \\ 2 & 1 \end{bmatrix} \begin{bmatrix} u_1 \\ u_2 \end{bmatrix}$$

(2)下列系统是状态不能控的：

$$\begin{bmatrix} \dot{x}_1 \\ \dot{x}_2 \end{bmatrix} = \begin{bmatrix} -1 & 0 \\ 0 & -2 \end{bmatrix} \begin{bmatrix} x_1 \\ x_2 \end{bmatrix} + \begin{bmatrix} 2 \\ 0 \end{bmatrix} u$$

$$\begin{bmatrix}\dot{x}_1\\\dot{x}_2\\\dot{x}_3\end{bmatrix}=\begin{bmatrix}-1&1&0\\0&-1&0\\0&0&-2\end{bmatrix}\begin{bmatrix}x_1\\x_2\\x_3\end{bmatrix}+\begin{bmatrix}4&2\\0&0\\3&0\end{bmatrix}\begin{bmatrix}u_1\\u_2\end{bmatrix}$$

$$\begin{bmatrix}\dot{x}_1\\\dot{x}_2\\\dot{x}_3\\\dot{x}_4\\\dot{x}_5\end{bmatrix}=\begin{bmatrix}-2&1&0&&0\\0&-2&1&&\\0&0&-2&&\\&&&-5&1\\0&&&0&-5\end{bmatrix}\begin{bmatrix}x_1\\x_2\\x_3\\x_4\\x_5\end{bmatrix}+\begin{bmatrix}4\\2\\1\\3\\0\end{bmatrix}u$$

3. 用传递函数判断系统能控性

状态可控的条件也可用传递函数或者传递矩阵描述。状态可控性的条件是在传递函数或传递函数矩阵中不出现相约现象。如果发生相约，那么在被约去的模态中，系统不可控。

【例 9-17】 判断有下列传递函数的系统是否是可控的。

$$\frac{Y(s)}{U(s)}=\frac{s+1}{(s+1)(s+2)}$$

解 显然，在此传递函数的分子和分母中存在可约的因子 $s+1$，因此系统少了一阶。由于有相约因子，因此系统不可控。

也可以将该传递函数写成状态方程，得到相同结论。状态方程为

$$\begin{bmatrix}\dot{x}_1\\\dot{x}_2\end{bmatrix}=\begin{bmatrix}0&1\\-2&-3\end{bmatrix}\begin{bmatrix}x_1\\x_2\end{bmatrix}+\begin{bmatrix}1\\-2\end{bmatrix}u$$

可控性矩阵为

$$[\boldsymbol{B}\quad \boldsymbol{AB}]=\begin{bmatrix}1&-2\\-2&4\end{bmatrix}$$

因矩阵的秩为 1，故系统状态不可控。

9.3.2 线性定常系统的输出能控性

定义：若在有限时间间隔 $[t_0,t_1]$ 内，存在无约束分段连续控制函数 $u(t)$，$t\in[t_0,t_1]$，能使任意输出 $\boldsymbol{y}(t_0)$ 转移到任意最终输出 $\boldsymbol{y}(t_1)$，则称此系统是输出完全能控，简称输出能控。

考虑下列状态空间表达式所描述的线性定常系统：

$$\begin{cases}\dot{\boldsymbol{x}}=\boldsymbol{Ax}+\boldsymbol{Bu}\\ \boldsymbol{y}=\boldsymbol{Cx}+\boldsymbol{Du}\end{cases}$$

式中：$\boldsymbol{x}\in\mathbf{R}^n$，$\boldsymbol{u}\in\mathbf{R}^r$，$\boldsymbol{y}\in\mathbf{R}^m$，$\boldsymbol{A}\in\mathbf{R}^{n\times n}$，$\boldsymbol{B}\in\mathbf{R}^{n\times r}$，$\boldsymbol{C}\in\mathbf{R}^{m\times n}$，$\boldsymbol{D}\in\mathbf{R}^{m\times r}$。可以证明，系统输出能控的充要条件为：当且仅当 $m\times(n+1)$ 输出能控性矩阵

$$\boldsymbol{Q}'=[\boldsymbol{CB}\quad \boldsymbol{CAB}\quad \boldsymbol{CA}^2\boldsymbol{B}\quad \cdots\quad \boldsymbol{CA}^{n-1}\boldsymbol{B}\quad \boldsymbol{D}] \tag{9-49}$$

的秩为 m 时，该系统为输出能控的。

9.3.3 线性定常系统的能观测性

设线性连续定常系统的状态空间表达式为

$$\begin{cases}\dot{\boldsymbol{x}}=\boldsymbol{A}\boldsymbol{x}\\ \boldsymbol{y}=\boldsymbol{C}\boldsymbol{x}\end{cases} \tag{9-50}$$

如果对任意给定的输入 $\boldsymbol{u}$，都存在一有限观测时间 $t_f>t_0$，使得输出 $\boldsymbol{y}(t)$唯一地确定系统在初始时刻的状态 $\boldsymbol{x}(t_0)$，则称状态 $\boldsymbol{x}(t_0)$是能观测的。若系统的每一个状态都是能观测的，则称系统是状态完全能观测的，或简称系统是能观测的。

能观测指的是输出对状态变量 $\boldsymbol{x}(t)$的反应能力，而在输入矩阵 $\boldsymbol{B}$ 已知的情况下输入对输出的影响是已知的。因此，为方便起见，在研究能观测性时，假定 $\boldsymbol{B}=\boldsymbol{O}$。

1. 能观测性判据一

线性定常系统完全能观测的充分必要条件是其能观测性矩阵

$$\boldsymbol{Q}_0=[\boldsymbol{C}\quad \boldsymbol{C}\boldsymbol{A}\quad \cdots\quad \boldsymbol{C}\boldsymbol{A}^{n-1}]^{\mathrm{T}} \tag{9-51}$$

满秩，即 $\mathrm{R}(\boldsymbol{Q}_0)=n$。$\boldsymbol{Q}_0$ 为 $nm\times n$ 矩阵。

2. 能观测性判据二

(1)矩阵 $\boldsymbol{A}$ 的特征值 $\lambda_1,\lambda_2,\cdots,\lambda_n$ 是两两相异的。由线性变换导出的对角线规范型

$$\begin{cases}\dot{\boldsymbol{x}}=\begin{bmatrix}\lambda_1 & & & \\ & \lambda_2 & & \\ & & \ddots & \\ & & & \lambda_n\end{bmatrix}\boldsymbol{x}\\ \boldsymbol{y}=\bar{\boldsymbol{C}}\boldsymbol{x}\end{cases} \tag{9-52}$$

式中：$\bar{\boldsymbol{C}}$不含元素全为零的列向量。

(2)矩阵 $\boldsymbol{A}$ 的特征值 λ_1(σ_1重)，λ_2(σ_2重)，$\cdots$，λ_l(σ_l重)，且当 $i\neq j$ 时，$\lambda_i\neq\lambda_j$。也就是说，每个特征值只用一个约当块表示。该系统状态完全能观测的充分必要条件是，系统经非奇异变换后的约当标准型

$$\begin{cases}\dot{\boldsymbol{x}}=\begin{bmatrix}\boldsymbol{J}_1 & & & \\ & \boldsymbol{J}_2 & & \\ & & \ddots & \\ & & & \boldsymbol{J}_k\end{bmatrix}\boldsymbol{x}\\ \boldsymbol{y}=\bar{\boldsymbol{C}}\boldsymbol{x}\end{cases} \tag{9-53}$$

式中：与每个约当块 $\boldsymbol{J}_i(i=1,2\cdots,k)$的首列相对应的$\bar{\boldsymbol{C}}$矩阵中所有的那些列，其元素不全为零。

可以证明，非奇异线性变换不改变系统的能观测性。

【例 9-18】　试判断由

$$\begin{bmatrix}\dot{x}_1\\ \dot{x}_2\end{bmatrix}=\begin{bmatrix}1 & 1\\ -2 & -1\end{bmatrix}\begin{bmatrix}x_1\\ x_2\end{bmatrix}+\begin{bmatrix}0\\ 1\end{bmatrix}u$$

$$y=[1\quad 0]\begin{bmatrix}x_1\\ x_2\end{bmatrix}$$

所描述的系统是否为能控和能观测的。

解　由于能控性矩阵

$$\boldsymbol{Q}=[\boldsymbol{B}\quad \boldsymbol{AB}]=\begin{bmatrix}0 & 1\\1 & -1\end{bmatrix}$$

的秩为 2，即 $\mathrm{R}(\boldsymbol{Q}_c)=2=n$，故该系统是状态能控的。

对于输出能控性，可由系统输出能控性矩阵的秩确定。由于

$$\boldsymbol{Q}'=[\boldsymbol{CB}\quad \boldsymbol{CAB}]=[0\quad 1]$$

的秩为 1，即 $\mathrm{R}(\boldsymbol{Q}')=1=m$，故该系统是输出能控的。为了检验能观测性条件，我们来验算能观测性矩阵的秩。由于

$$\boldsymbol{Q}_0=\begin{bmatrix}\boldsymbol{C}\\\boldsymbol{CA}\end{bmatrix}=\begin{bmatrix}1 & 1\\0 & 1\end{bmatrix}$$

的秩为 2，故此系统是能观测的。

【例 9-19】 下列系统是能观测的：

$$\begin{bmatrix}\dot{x}_1\\\dot{x}_2\end{bmatrix}=\begin{bmatrix}-1 & 0\\0 & -2\end{bmatrix}\begin{bmatrix}x_1\\x_2\end{bmatrix},\quad y=[1\quad 3]\begin{bmatrix}x_1\\x_2\end{bmatrix}$$

$$\begin{bmatrix}\dot{x}_1\\\dot{x}_2\\\dot{x}_3\end{bmatrix}=\begin{bmatrix}2 & 1 & 0\\0 & 2 & 1\\0 & 0 & 2\end{bmatrix}\begin{bmatrix}x_1\\x_2\\x_3\end{bmatrix},\quad \begin{bmatrix}y_1\\y_2\end{bmatrix}=\begin{bmatrix}3 & 0 & 0\\4 & 0 & 0\end{bmatrix}\begin{bmatrix}x_1\\x_2\\x_3\end{bmatrix}$$

$$\begin{bmatrix}\dot{x}_1\\\dot{x}_2\\\dot{x}_3\\\dot{x}_4\\\dot{x}_5\end{bmatrix}=\begin{bmatrix}2 & 1 & 0 & & 0\\0 & 2 & 1 & & \\0 & 0 & 2 & & \\ & & & -3 & 1\\0 & & & 0 & -3\end{bmatrix}\begin{bmatrix}x_1\\x_2\\x_3\\x_4\\x_5\end{bmatrix},\quad \begin{bmatrix}y_1\\y_2\end{bmatrix}=\begin{bmatrix}1 & 1 & 1 & 0 & 0\\0 & 1 & 1 & 1 & 0\end{bmatrix}\begin{bmatrix}x_1\\x_2\\x_3\\x_4\\x_5\end{bmatrix}$$

(2)下列系统是不能观测的：

$$\begin{bmatrix}\dot{x}_1\\\dot{x}_2\end{bmatrix}=\begin{bmatrix}-1 & 0\\0 & -2\end{bmatrix}\begin{bmatrix}x_1\\x_2\end{bmatrix},\quad y=[0\quad 1]\begin{bmatrix}x_1\\x_2\end{bmatrix}$$

$$\begin{bmatrix}\dot{x}_1\\\dot{x}_2\\\dot{x}_3\end{bmatrix}=\begin{bmatrix}2 & 1 & 0\\0 & 2 & 1\\0 & 0 & 2\end{bmatrix}\begin{bmatrix}x_1\\x_2\\x_3\end{bmatrix},\quad \begin{bmatrix}y_1\\y_2\end{bmatrix}=\begin{bmatrix}0 & 1 & 3\\0 & 2 & 4\end{bmatrix}\begin{bmatrix}x_1\\x_2\\x_3\end{bmatrix}$$

$$\begin{bmatrix}\dot{x}_1\\\dot{x}_2\\\dot{x}_3\\\dot{x}_4\\\dot{x}_5\end{bmatrix}=\begin{bmatrix}2 & 1 & 0 & & 0\\0 & 2 & 1 & & \\0 & 0 & 2 & & \\ & & & -3 & 1\\0 & & & 0 & -3\end{bmatrix},\quad \begin{bmatrix}y_1\\y_2\end{bmatrix}=\begin{bmatrix}1 & 1 & 1 & 0 & 0\\0 & 1 & 1 & 0 & 0\end{bmatrix}\begin{bmatrix}x_1\\x_2\\x_3\\x_4\\x_5\end{bmatrix}$$

3. 用传递函数判断系统能观性

类似地，可观测性条件也可以用传递函数或传递函数矩阵来表达。此时可观测性的充要条件是：在传递函数或传递函数矩阵中不发生相约现象。如果存在相约，则约去的模态其输出就不可观测了。

【例 9-20】 判断有下列传递函数的系统是否是可观测的。

$$\frac{Y(s)}{U(s)}=\frac{s+1}{(s+1)(s+2)}$$

解　显然，在此传递函数的分子和分母中存在可约的因子 $s+1$，因此系统少了一阶。由于有相约因子，因此系统不可观测。

也可以将该传递函数写成状态方程，得到相同结论。状态方程为

$$\begin{bmatrix}\dot{x}_1\\ \dot{x}_2\end{bmatrix}=\begin{bmatrix}0 & 1\\ -2 & -3\end{bmatrix}\begin{bmatrix}x_1\\ x_2\end{bmatrix}+\begin{bmatrix}0\\ 1\end{bmatrix}u$$

$$y=\begin{bmatrix}1 & 1\end{bmatrix}\begin{bmatrix}x_1\\ x_2\end{bmatrix}$$

可观性矩阵为

$$\begin{bmatrix}\boldsymbol{C}^{\mathrm{T}} & \boldsymbol{A}^{\mathrm{T}}\boldsymbol{C}^{\mathrm{T}}\end{bmatrix}=\begin{bmatrix}1 & -2\\ 1 & -2\end{bmatrix}$$

因矩阵的秩为 1，故系统状态不可观。

9.3.4　对偶原理

下面讨论能控性和能观测性之间的关系。为了阐明能控性和能观测性之间明显的相似性，这里将介绍由卡尔曼提出的对偶原理。

考虑由下述状态空间表达式描述的系统 S1：

$$\begin{cases}\dot{\boldsymbol{x}}=\boldsymbol{A}\boldsymbol{x}+\boldsymbol{B}\boldsymbol{u}\\ \boldsymbol{y}=\boldsymbol{C}\boldsymbol{x}\end{cases}\tag{9-54}$$

式中：$\boldsymbol{x}\in\mathbf{R}^n,\boldsymbol{u}\in\mathbf{R}^r,\boldsymbol{y}\in\mathbf{R}^m,\boldsymbol{A}\in\mathbf{R}^{n\times n},\boldsymbol{B}\in\mathbf{R}^{n\times r},\boldsymbol{C}\in\mathbf{R}^{m\times n}$。

考虑由下述状态空间表达式定义的对偶系统 S2：

$$\begin{cases}\dot{\boldsymbol{z}}=\boldsymbol{A}^{\mathrm{T}}\boldsymbol{z}+\boldsymbol{C}^{\mathrm{T}}\boldsymbol{v}\\ \boldsymbol{n}=\boldsymbol{B}^{\mathrm{T}}\boldsymbol{z}\end{cases}\tag{9-55}$$

式中：$\boldsymbol{z}\in\mathbf{R}^n,\boldsymbol{v}\in\mathbf{R}^m,\boldsymbol{n}\in\mathbf{R}^r,\boldsymbol{A}^{\mathrm{T}}\in\mathbf{R}^{n\times n},\boldsymbol{C}^{\mathrm{T}}\in\mathbf{R}^{n\times m},\boldsymbol{B}^{\mathrm{T}}\in\mathbf{R}^{r\times n}$。

对偶原理：当且仅当系统 S2 状态能观测（状态能控）时，系统 S1 才是状态能控（状态能观测）的。

为了验证这个原理，下面写出系统 S1 和 S2 的状态能控和能观测的充要条件。

对于系统 S1：

(1)状态能控的充要条件是 $n\times nr$ 能控性矩阵$[\boldsymbol{B}\quad \boldsymbol{AB}\quad \cdots\quad \boldsymbol{A}^{n-1}\boldsymbol{B}]$的秩为 n。

(2)状态能观测的充要条件是 $n\times nm$ 能观测性矩阵$[\boldsymbol{C}^{\mathrm{T}}\quad \boldsymbol{A}^{\mathrm{T}}\boldsymbol{C}^{\mathrm{T}}\quad \cdots\quad (\boldsymbol{A}^{\mathrm{T}})^{n-1}\boldsymbol{C}^{\mathrm{T}}]$的秩为 n。

对于系统 S2：

(1)状态能控的充要条件是 $n\times nm$ 能控性矩阵$[\boldsymbol{C}^{\mathrm{T}}\quad \boldsymbol{A}^{\mathrm{T}}\boldsymbol{C}^{\mathrm{T}}\quad \cdots\quad (\boldsymbol{A}^{\mathrm{T}})^{n-1}\boldsymbol{C}^{\mathrm{T}}]$的秩为 n。

(2)状态能观测的充要条件是 $n\times nr$ 能观测性矩阵$[\boldsymbol{B}\quad \boldsymbol{AB}\quad \cdots\quad \boldsymbol{A}^{n-1}\boldsymbol{B}]$的秩为 n。

对比这些条件，可以很明显地看出对偶原理的正确性。利用此原理可知，一个给定系统的能观测性可用其对偶系统的状态能控性来检验和判断。

简单地说，对偶性有如下关系：

$$\boldsymbol{A}\Rightarrow\boldsymbol{A}^{\mathrm{T}},\quad \boldsymbol{B}\Rightarrow\boldsymbol{C}^{\mathrm{T}},\quad \boldsymbol{C}\Rightarrow\boldsymbol{B}^{\mathrm{T}}\tag{9-56}$$

9.4 线性定常系统的线性变换

状态空间表达式的线性变换的目的是使矩阵 $\boldsymbol{A}$ 规范化，以便于介绍系统特性及分析计算，并不会改变系统的原有性质，所以变换原则为等价变换。

设系统方程 $\dot{\boldsymbol{x}}=\boldsymbol{A}\boldsymbol{x}+\boldsymbol{B}\boldsymbol{u}$，$\boldsymbol{y}=\boldsymbol{C}\boldsymbol{x}$，令 $\boldsymbol{x}=\boldsymbol{P}\bar{\boldsymbol{x}}$，$\boldsymbol{P}$ 为非奇异线性变换矩阵，它将 $\boldsymbol{x}$ 变换为 $\bar{\boldsymbol{x}}$，变换后动态方程为

$$\begin{cases}\dot{\bar{\boldsymbol{x}}}=\bar{\boldsymbol{A}}\bar{\boldsymbol{x}}+\bar{\boldsymbol{B}}\boldsymbol{u}\\ \bar{\boldsymbol{y}}=\bar{\boldsymbol{C}}\bar{\boldsymbol{x}}=\boldsymbol{y}\end{cases}\tag{9-57}$$

式中：

$$\begin{cases}\bar{\boldsymbol{A}}=\boldsymbol{P}^{-1}\boldsymbol{A}\boldsymbol{P}\\ \bar{\boldsymbol{B}}=\boldsymbol{P}^{-1}\boldsymbol{B}\\ \bar{\boldsymbol{C}}=\boldsymbol{C}\boldsymbol{P}\end{cases}\tag{9-58}$$

下面介绍几种常用的线性变换关系。

9.4.1 变换状态空间表达式为对角标准型

设线性定常系统为

$$\begin{cases}\dot{\boldsymbol{x}}=\boldsymbol{A}\boldsymbol{x}+\boldsymbol{B}\boldsymbol{u}\\ \boldsymbol{y}=\boldsymbol{C}\boldsymbol{x}+\boldsymbol{D}\boldsymbol{u}\end{cases}\tag{9-59}$$

1. A 的特征根互异

当矩阵 $\boldsymbol{A}$ 具有相异的特征值 $\lambda_1,\lambda_2,\cdots,\lambda_n$ 时，那么必存在非奇异线性变换矩阵 $\boldsymbol{P}$，使

$$\boldsymbol{x}=\boldsymbol{P}\bar{\boldsymbol{x}}\tag{9-60}$$

将状态空间表达式变换为对角矩阵（对角线标准型）

$$\begin{cases}\dot{\bar{\boldsymbol{x}}}=\bar{\boldsymbol{A}}\bar{\boldsymbol{x}}+\bar{\boldsymbol{B}}\boldsymbol{u}\\ \boldsymbol{y}=\bar{\boldsymbol{C}}\bar{\boldsymbol{x}}+\bar{\boldsymbol{D}}\boldsymbol{u}\end{cases}\tag{9-61}$$

式中：

$$\begin{cases}\bar{\boldsymbol{A}}=\boldsymbol{P}^{-1}\boldsymbol{A}\boldsymbol{P}=\begin{bmatrix}\lambda_1 & 0 & \cdots & 0\\ 0 & \lambda_2 & \cdots & 0\\ \vdots & \vdots & & \vdots\\ 0 & 0 & \cdots & \lambda_n\end{bmatrix}\\ \bar{\boldsymbol{B}}=\boldsymbol{P}^{-1}\boldsymbol{B}\\ \bar{\boldsymbol{C}}=\boldsymbol{C}\boldsymbol{P}\\ \bar{\boldsymbol{D}}=\boldsymbol{D}\end{cases}\tag{9-62}$$

取 $\boldsymbol{P}=[\boldsymbol{p}_1\quad \boldsymbol{p}_2\quad \cdots\quad \boldsymbol{p}_n]$，$\boldsymbol{p}_i(i=1,2,\cdots,n)$ 为与 λ_i 相对应 $\boldsymbol{A}$ 的特征向量，满足 $(\lambda_i\boldsymbol{I}-\boldsymbol{A})\boldsymbol{p}_i=\boldsymbol{0}$。

【例 9-21】 将以下所示系统的状态空间表达式变换为对角线标准型。

$$\dot{x}=\begin{bmatrix}0 & 1 & -1\\ -6 & -11 & 6\\ -6 & -11 & 5\end{bmatrix}x+\begin{bmatrix}0\\0\\1\end{bmatrix}u$$

$$y=\begin{bmatrix}1 & 0 & 0\end{bmatrix}x$$

解　(1)计算系统的特征值。

系统的特征值是特征方程 $\det(\lambda\boldsymbol{I}-\boldsymbol{A})=0$ 的根。求解特征方程,可得

$$\lambda_1=-1,\quad \lambda_2=-2,\quad \lambda_3=-3$$

(2)计算特征向量。

属于 $\lambda_1=-1$ 的特征向量 $\boldsymbol{p}_1$ 可由下列齐次方程

$$(\lambda_1\boldsymbol{I}-\boldsymbol{A})\boldsymbol{p}_1=\boldsymbol{0}$$

得到,即

$$\begin{bmatrix}-1 & -1 & 1\\ 6 & 10 & -6\\ 6 & 11 & -6\end{bmatrix}\begin{bmatrix}p_{11}\\p_{21}\\p_{31}\end{bmatrix}=\boldsymbol{0}$$

解得 $p_{21}=0, p_{11}=p_{31}$。为简单起见,令 $p_{11}=1$,则

$$\boldsymbol{p}_1=\begin{bmatrix}1 & 0 & 1\end{bmatrix}^{\mathrm{T}}$$

同理,可得到对于 λ_2 和 λ_3 的特征向量

$$\boldsymbol{p}_2=\begin{bmatrix}1 & 2 & 4\end{bmatrix}^{\mathrm{T}},\quad \boldsymbol{p}_3=\begin{bmatrix}1 & 6 & 9\end{bmatrix}^{\mathrm{T}}$$

(3)对状态空间表达式进行非奇异线性变换。

$$\boldsymbol{P}=\begin{bmatrix}\boldsymbol{p}_1 & \boldsymbol{p}_2 & \boldsymbol{p}_3\end{bmatrix}=\begin{bmatrix}1 & 1 & 1\\ 0 & 2 & 6\\ 1 & 4 & 9\end{bmatrix}$$

$$\overline{\boldsymbol{A}}=\boldsymbol{P}^{-1}\boldsymbol{A}\boldsymbol{P}=\begin{bmatrix}-1 & 0 & 0\\ 0 & -2 & 0\\ 0 & 0 & -3\end{bmatrix}$$

$$\overline{\boldsymbol{B}}=\boldsymbol{P}^{-1}\boldsymbol{B}=\begin{bmatrix}3 & \frac{5}{2} & -2\\ -3 & -4 & 3\\ 1 & \frac{3}{2} & -1\end{bmatrix}\begin{bmatrix}0\\0\\1\end{bmatrix}=\begin{bmatrix}-2\\3\\-1\end{bmatrix}$$

$$\overline{\boldsymbol{C}}=\boldsymbol{C}\boldsymbol{P}=\begin{bmatrix}1 & 1 & 1\end{bmatrix}$$

2. A 有重特征值,但具有 n 个独立的特征向量

这种情况下,取 $\boldsymbol{P}=[\boldsymbol{p}_1,\boldsymbol{p}_2,\cdots,\boldsymbol{p}_n]$,仍可使矩阵 $\boldsymbol{A}$ 对角化。

【例 9-22】　设矩阵 $\boldsymbol{A}$ 为

$$\boldsymbol{A}=\begin{bmatrix}1 & 0 & -1\\ 0 & 1 & 0\\ 0 & 0 & 2\end{bmatrix}$$

试求矩阵 $\boldsymbol{A}$ 的特征值和特征向量,并将 $\boldsymbol{A}$ 化为对角矩阵。

解 由矩阵 $\boldsymbol{A}$ 的特征方程可求出特征值为 $\lambda_1=1,\lambda_2=1,\lambda_3=2$。$\lambda_1$ 是二重特征值，它的特征向量可由下列方程求出：

$$(\lambda_1\boldsymbol{I}-\boldsymbol{A})\boldsymbol{p}_1=\begin{bmatrix}0&0&1\\0&0&0\\0&0&-1\end{bmatrix}\begin{bmatrix}p_{11}\\p_{21}\\p_{31}\end{bmatrix}=\boldsymbol{0}$$

由于矩阵 $\lambda_1\boldsymbol{I}-\boldsymbol{A}$ 的秩是 1，因此方程有两个独立解，即

$$\boldsymbol{p}_1=[1\quad 0\quad 0]^{\mathrm{T}},\quad \boldsymbol{p}_2=[0\quad 1\quad 0]^{\mathrm{T}}$$

同理，可求得

$$\boldsymbol{p}_3=[-1\quad 0\quad 1]^{\mathrm{T}}$$

因此，

$$\boldsymbol{P}=[\boldsymbol{p}_1\quad \boldsymbol{p}_2\quad \boldsymbol{p}_3]=\begin{bmatrix}1&0&-1\\0&1&0\\0&0&1\end{bmatrix}$$

$$\overline{\boldsymbol{A}}=\boldsymbol{P}^{-1}\boldsymbol{A}\boldsymbol{P}=\begin{bmatrix}1&0&0\\0&1&0\\0&0&2\end{bmatrix}$$

9.4.2 变换状态空间表达式为约当标准型

如果矩阵 $\boldsymbol{A}$ 的特征值有重根，而且独立特征向量的个数小于 $\boldsymbol{A}$ 的维数 n，则 $\boldsymbol{A}$ 不可能化为对角形矩阵，而只能化为与对角矩阵相似的矩阵——约当矩阵。

设矩阵 $\boldsymbol{A}$ 有 m 重的特征值根 λ_1，其余为 $n-m$ 个互异实特征值，但在求解 $\boldsymbol{A}\boldsymbol{p}_i=\lambda_1\boldsymbol{p}_i$ 时只有一个独立实特征向量 $\boldsymbol{p}_1$，则只能使 $\boldsymbol{A}$ 化为约当矩阵 $\boldsymbol{J}$，即 $\boldsymbol{J}=\boldsymbol{P}^{-1}\boldsymbol{A}\boldsymbol{P}$。为了构造变换矩阵 $\boldsymbol{P}$，需要引进广义特征向量。

设 $\boldsymbol{p}_1^1$ 为 λ_1 对应的特征向量，$\boldsymbol{p}_1^2,\cdots,\boldsymbol{p}_1^m$ 为其对应的广义特征向量，则这些特征向量由下式确定：

$$\begin{cases}(\lambda_1\boldsymbol{I}-\boldsymbol{A})\boldsymbol{p}_1^1=\boldsymbol{0}\\(\lambda_1\boldsymbol{I}-\boldsymbol{A})\boldsymbol{p}_1^2=-\boldsymbol{p}_1^1\\\qquad\vdots\\(\lambda_1\boldsymbol{I}-\boldsymbol{A})\boldsymbol{p}_1^m=-\boldsymbol{p}_1^{m-1}\end{cases}\tag{9-63}$$

令非奇异线性变换矩阵 $\boldsymbol{P}$ 为

$$\boldsymbol{P}=[\boldsymbol{p}_1^1\quad \boldsymbol{p}_1^2\quad \cdots\quad \boldsymbol{p}_1^m\quad \boldsymbol{p}_{m+1}\quad \cdots\quad \boldsymbol{p}_n]\tag{9-64}$$

【例 9-23】 设矩阵 $\boldsymbol{A}$ 为

$$\boldsymbol{A}=\begin{bmatrix}0&1&0\\0&0&1\\2&3&0\end{bmatrix}$$

试求矩阵 $\boldsymbol{A}$ 的特征值和特征向量，并将 $\boldsymbol{A}$ 化为约当标准型矩阵。

解 由 $\boldsymbol{A}$ 的特征方程可求出特征值为 $\lambda_1=-1,\lambda_2=-1,\lambda_3=2$，可求得

$$\boldsymbol{p}_1^1=[1\quad -1\quad 1]^{\mathrm{T}},\quad \boldsymbol{p}_1^2=[1\quad 0\quad -1]^{\mathrm{T}},\quad \boldsymbol{p}_2=[1\quad 2\quad 4]^{\mathrm{T}}$$

因此

$$P=[p_1^1 \quad p_1^2 \quad p_2]=\begin{bmatrix}1 & 1 & 1\\ -1 & 0 & 2\\ 1 & -1 & 4\end{bmatrix}$$

$$\bar{A}=P^{-1}AP=\begin{bmatrix}-1 & 1 & 0\\ 0 & -1 & 0\\ 0 & 0 & 2\end{bmatrix}$$

9.4.3　化能控系统为能控标准型

定理：若线性定常单输入系统 $\begin{cases}\dot{x}=Ax+bu\\ y=cx\end{cases}$ 是能控的，则存在非奇异变换 $x=P^{-1}\bar{x}$，使系统状态空间表达式变为

$$\begin{cases}\dot{\bar{x}}=\bar{A}\bar{x}+\bar{b}u\\ y=\bar{c}\bar{x}\end{cases} \tag{9-65}$$

式中：

$$\begin{cases}\bar{A}=PAP^{-1}\\ \bar{b}=Pb\\ \bar{c}=cP^{-1}\end{cases} \tag{9-66}$$

化简步骤如下：

(1)计算能控性矩阵 $S_c=[b \quad Ab \quad A^2b \quad \cdots \quad A^nb]$；

(2)计算能控性矩阵的逆矩阵 S^{-1}；

(3)取出 S^{-1} 的最后一行(即第 n 行)构成 p_1 行向量；

(4)构造矩阵 $P=\begin{bmatrix}p_1\\ p_1A\\ \vdots\\ p_1A^{n-1}\end{bmatrix}$；

(5)P^{-1} 便是将非标准型能控系统化为能控标准型的变换矩阵。

【例 9-24】　将 $\dot{x}=\begin{bmatrix}1 & 0\\ -1 & 2\end{bmatrix}x+\begin{bmatrix}-1\\ 1\end{bmatrix}u$ 化为能控标准型。

解　因 $S_c=[b \quad Ab]=\begin{bmatrix}-1 & -1\\ 1 & 3\end{bmatrix}$ 满秩，故系统能控。

$$S_c^{-1}=\begin{bmatrix}-1 & -1\\ 1 & 3\end{bmatrix}^{-1}=-\frac{1}{2}\begin{bmatrix}3 & 1\\ -1 & -1\end{bmatrix}$$

取最后一行，所以 $p_1=\begin{bmatrix}\frac{1}{2} & \frac{1}{2}\end{bmatrix}$，则

$$P=\begin{bmatrix}p_1\\ p_1A\end{bmatrix}=\begin{bmatrix}\frac{1}{2} & \frac{1}{2}\\ 0 & 1\end{bmatrix}$$

$$P^{-1}=\begin{bmatrix}\frac{1}{2} & \frac{1}{2}\\ 0 & 1\end{bmatrix}^{-1}=\begin{bmatrix}2 & -1\\ 0 & 1\end{bmatrix}$$

所以

$$\overline{A}=PAP^{-1}=\begin{bmatrix}0 & 1\\ -2 & 3\end{bmatrix}$$

$$\overline{b}=Pb=[0\quad 1]^{\mathrm{T}}$$

9.4.4 化能控系统为能观标准型

根据对偶定理，若一个系统能观测，则其对偶系统必然能控。根据前面介绍的方法，将对偶系统化简成能控标准型，然后再次利用对偶定理，即可求得能观标准型。

【例 9-25】 将$\begin{cases}\dot{x}=\begin{bmatrix}1 & -1\\ 0 & 2\end{bmatrix}x+\begin{bmatrix}1\\ 1\end{bmatrix}u\\ y=[-1\quad -0.5]x\end{cases}$化为能观标准型。

解 可判断系统可控，根据对偶定理知，其对偶系统能控。

$$\begin{cases}\dot{z}=\begin{bmatrix}1 & 0\\ -1 & 2\end{bmatrix}z+\begin{bmatrix}-1\\ -0.5\end{bmatrix}v\\ w=[1\quad 1]z\end{cases}$$

$$S_c=[b\quad Ab]=\begin{bmatrix}-1 & -1\\ -0.5 & 0\end{bmatrix}$$

$$S_c^{-1}=\begin{bmatrix}-1 & -1\\ -0.5 & 0\end{bmatrix}^{-1}=\begin{bmatrix}0 & -2\\ -1 & 2\end{bmatrix}$$

取最后一行，所以 $p_1=[-1\quad 2]$

$$P=\begin{bmatrix}p_1\\ p_1A\end{bmatrix}=\begin{bmatrix}-1 & 2\\ -3 & 4\end{bmatrix}$$

$$P^{-1}=\begin{bmatrix}-1 & 2\\ -3 & 4\end{bmatrix}^{-1}=\begin{bmatrix}2 & -1\\ 1.5 & -0.5\end{bmatrix}$$

所以

$$\overline{A}_2=PA_2P^{-1}=\begin{bmatrix}0 & 1\\ -2 & 3\end{bmatrix}$$

$$\overline{b}_2=Pb_2=[0\quad 1]^{\mathrm{T}}$$

$$\overline{c}_2=c_2P^{-1}=[3.5\quad -1.5]$$

因此，$\begin{cases}\dot{\overline{z}}=\overline{A}_2\overline{z}+\overline{b}_2v=\begin{bmatrix}0 & 1\\ -2 & 3\end{bmatrix}\overline{z}+\begin{bmatrix}0\\ 1\end{bmatrix}v\\ w=\overline{c}_2\overline{z}=[3.5\quad -1.5]\overline{z}\end{cases}$为能控标准型。

再利用对偶定理，得原系统的能观标准型为

$$\begin{cases}\dot{x}=\begin{bmatrix}0 & -2\\ 1 & 3\end{bmatrix}x+\begin{bmatrix}3.5\\ -1.5\end{bmatrix}u\\ y=[0\quad 1]x\end{cases}$$

9.4.5 非奇异线性变换的不变特性

系统经过非奇异线性变换后，不会改变系统原有特性（包括系统特征值、传递函数矩阵、可控性、可观性等），这就是所谓的非奇异线性变换的不变特性。

线性定常系统的状态空间描述为

$$\begin{cases}\dot{\boldsymbol{x}}=\boldsymbol{A}\boldsymbol{x}+\boldsymbol{B}\boldsymbol{u}\\ \boldsymbol{y}=\boldsymbol{C}\boldsymbol{x}+\boldsymbol{D}\boldsymbol{u}\end{cases}$$

引入非奇异线性变换 $\boldsymbol{x}=\boldsymbol{P}\bar{\boldsymbol{x}}$，变换后的状态空间描述为

$$\begin{cases}\dot{\bar{\boldsymbol{x}}}=\bar{\boldsymbol{A}}\bar{\boldsymbol{x}}+\bar{\boldsymbol{B}}\boldsymbol{u}\\ \bar{\boldsymbol{y}}=\bar{\boldsymbol{C}}\bar{\boldsymbol{x}}+\bar{\boldsymbol{D}}\boldsymbol{u}\end{cases}$$

式中：$\bar{\boldsymbol{A}}=\boldsymbol{P}^{-1}\boldsymbol{A}\boldsymbol{P}$，$\bar{\boldsymbol{B}}=\boldsymbol{P}^{-1}\boldsymbol{B}$，$\bar{\boldsymbol{C}}=\boldsymbol{C}\boldsymbol{P}$，$\bar{\boldsymbol{D}}=\boldsymbol{D}$。

（1）变换后系统的特征值不变。

证明　变换后系统的特征方程为

$$\begin{aligned}0&=\det(s\boldsymbol{I}-\bar{\boldsymbol{A}})=\det(s\boldsymbol{I}-\boldsymbol{P}^{-1}\boldsymbol{A}\boldsymbol{P})\\&=\det(s\boldsymbol{P}^{-1}\boldsymbol{P}-\boldsymbol{P}^{-1}\boldsymbol{A}\boldsymbol{P})=\det\boldsymbol{P}^{-1}(s\boldsymbol{I}-\boldsymbol{A})\boldsymbol{P}\\&=\det(s\boldsymbol{I}-\boldsymbol{A})\cdot\det\boldsymbol{P}^{-1}\cdot\det\boldsymbol{P}\\&=\det(s\boldsymbol{I}-\boldsymbol{A})\cdot\det\boldsymbol{P}\boldsymbol{P}^{-1}\\&=\det(s\boldsymbol{I}-\boldsymbol{A})\end{aligned}$$

这表明系统变换前后具有相同的特征方程，因此也具有相同的特征值。

（2）变换后系统的传递矩阵不变。

证明

$$\begin{aligned}\bar{\boldsymbol{G}}(s)&=\bar{\boldsymbol{C}}(s\boldsymbol{I}-\bar{\boldsymbol{A}})^{-1}\bar{\boldsymbol{B}}+\bar{\boldsymbol{D}}=\boldsymbol{C}\boldsymbol{P}(s\boldsymbol{I}-\boldsymbol{P}^{-1}\boldsymbol{A}\boldsymbol{P})^{-1}\boldsymbol{P}^{-1}\boldsymbol{B}+\boldsymbol{D}\\&=\boldsymbol{C}\boldsymbol{P}(\boldsymbol{P}^{-1}s\boldsymbol{I}\boldsymbol{P}-\boldsymbol{P}^{-1}\boldsymbol{A}\boldsymbol{P})^{-1}\boldsymbol{P}^{-1}\boldsymbol{B}+\boldsymbol{D}\\&=\boldsymbol{C}\boldsymbol{P}\,[\boldsymbol{P}^{-1}(s\boldsymbol{I}-\boldsymbol{A})\boldsymbol{P}]^{-1}\boldsymbol{P}^{-1}\boldsymbol{B}+\boldsymbol{D}\\&=\boldsymbol{C}\boldsymbol{P}\boldsymbol{P}^{-1}(s\boldsymbol{I}-\boldsymbol{A})^{-1}\boldsymbol{P}\boldsymbol{P}^{-1}\boldsymbol{B}+\boldsymbol{D}\\&=\boldsymbol{C}(s\boldsymbol{I}-\boldsymbol{A})^{-1}\boldsymbol{B}+\boldsymbol{D}=\boldsymbol{G}(s)\end{aligned}$$

（3）变换后系统的可控性。

证明　设变换前后系统的可控性矩阵分别为 $\boldsymbol{S}$ 和 $\bar{\boldsymbol{S}}$，则

$$\begin{aligned}\bar{\boldsymbol{S}}&=[\bar{\boldsymbol{B}}\quad \bar{\boldsymbol{A}}\bar{\boldsymbol{B}}\quad \bar{\boldsymbol{A}}^2\bar{\boldsymbol{B}}\quad\cdots\quad \bar{\boldsymbol{A}}^{n-1}\bar{\boldsymbol{B}}]\\&=[\boldsymbol{P}^{-1}\boldsymbol{B}\quad (\boldsymbol{P}^{-1}\boldsymbol{A}\boldsymbol{P})\boldsymbol{P}^{-1}\boldsymbol{B}\quad (\boldsymbol{P}^{-1}\boldsymbol{A}\boldsymbol{P})(\boldsymbol{P}^{-1}\boldsymbol{A}\boldsymbol{P})\boldsymbol{P}^{-1}\boldsymbol{B}\quad\cdots\quad (\boldsymbol{P}^{-1}\boldsymbol{A}\boldsymbol{P})^{n-1}\boldsymbol{P}^{-1}\boldsymbol{B}]\\&=[\boldsymbol{P}^{-1}\boldsymbol{B}\quad \boldsymbol{P}^{-1}\boldsymbol{A}\boldsymbol{B}\quad \boldsymbol{P}^{-1}\boldsymbol{A}^2\boldsymbol{B}\quad\cdots\quad \boldsymbol{P}^{-1}\boldsymbol{A}^{n-1}\boldsymbol{B}]\\&=\boldsymbol{P}^{-1}[\boldsymbol{B}\quad \boldsymbol{A}\boldsymbol{B}\quad \boldsymbol{A}^2\boldsymbol{B}\quad\cdots\quad \boldsymbol{A}^{n-1}\boldsymbol{B}]=\boldsymbol{P}^{-1}\boldsymbol{S}\end{aligned}$$

因

$$\mathrm{R}(\boldsymbol{P}^{-1})=n,\quad \mathrm{R}(\boldsymbol{S})\leqslant n$$

故

$$\mathrm{R}(\bar{\boldsymbol{S}})=\mathrm{R}(\boldsymbol{P}^{-1}\boldsymbol{S})\leqslant\min\{\mathrm{R}(\boldsymbol{P}^{-1}),\mathrm{R}(\boldsymbol{S})\}=\mathrm{R}(\boldsymbol{S})$$

因为 $\boldsymbol{P}$ 为非奇异，所以 $\boldsymbol{S}=\boldsymbol{P}\bar{\boldsymbol{S}}$，则

$$R(\boldsymbol{S})=R(\boldsymbol{P}\bar{\boldsymbol{S}})\leqslant\min\{R(\boldsymbol{P}),R(\bar{\boldsymbol{S}})\}=R(\bar{\boldsymbol{S}})$$

显然有 $R(\bar{\boldsymbol{S}})=R(\boldsymbol{S})$。

(4)变换后系统可观测性不变。

证明 设变换前、后系统的可观测性矩阵分别为 $\boldsymbol{V}$ 和 $\bar{\boldsymbol{V}}$，则

$$\begin{aligned}\bar{\boldsymbol{V}}&=[\bar{\boldsymbol{C}}^{T}\quad \bar{\boldsymbol{A}}^{T}\bar{\boldsymbol{C}}^{T}\quad (\bar{\boldsymbol{A}}^{T})^{2}\bar{\boldsymbol{C}}^{T}\quad \cdots\quad (\bar{\boldsymbol{A}}^{T})^{n-1}\bar{\boldsymbol{C}}^{T}]\\&=[(\boldsymbol{CP})^{T}\quad (\boldsymbol{P}^{-1}\boldsymbol{AP})^{T}(\boldsymbol{CP})^{T}\quad (\boldsymbol{P}^{-1}\boldsymbol{AP})^{T}(\boldsymbol{P}^{-1}\boldsymbol{AP})^{T}(\boldsymbol{CP})^{T}\quad \cdots\quad [(\boldsymbol{P}^{-1}\boldsymbol{AP})^{n-1}]^{T}(\boldsymbol{CP})^{T}]\\&=[\boldsymbol{P}^{T}\boldsymbol{C}^{T}\quad \boldsymbol{P}^{T}\boldsymbol{A}^{T}\boldsymbol{C}^{T}\quad \boldsymbol{P}^{T}(\boldsymbol{A}^{2})^{T}\boldsymbol{C}^{T}\quad \cdots\quad \boldsymbol{P}^{T}(\boldsymbol{A}^{n-1})^{T}\boldsymbol{C}^{T}]\\&=\boldsymbol{P}^{T}[\boldsymbol{C}^{T}\quad \boldsymbol{A}^{T}\boldsymbol{C}^{T}\quad (\boldsymbol{A}^{2})^{T}\boldsymbol{C}^{T}\quad \cdots\quad (\boldsymbol{A}^{n-1})^{T}\boldsymbol{C}^{T}]=\boldsymbol{P}^{T}\boldsymbol{V}\end{aligned}$$

因 $$R(\boldsymbol{P}^{T})=n,\quad R(\boldsymbol{V})\leqslant n$$

故 $R(\bar{\boldsymbol{V}})=R(\boldsymbol{P}^{T}\boldsymbol{V})\leqslant\min\{R(\boldsymbol{P}^{T}),R(\boldsymbol{V})\}=R(\boldsymbol{V})$

因为 $\boldsymbol{P}$ 为非奇异，所以 $\boldsymbol{V}=(\boldsymbol{P}^{T})^{-1}\bar{\boldsymbol{V}}$，则

$$R(\boldsymbol{V})=R[(\boldsymbol{P}^{T})^{-1}\bar{\boldsymbol{V}}]\leqslant\min\{R(\boldsymbol{P}^{T})^{-1},R(\bar{\boldsymbol{V}})\}=R(\bar{\boldsymbol{V}})$$

显然有 $R(\bar{\boldsymbol{V}})=R(\boldsymbol{V})$。

9.5 线性定常系统的状态反馈和极点配置

9.5.1 状态反馈

所谓状态反馈就是将系统的每一个状态变量乘以相应的反馈系数，然后反馈到输入端与参考输入相加。其结构图如图 9-16 所示。

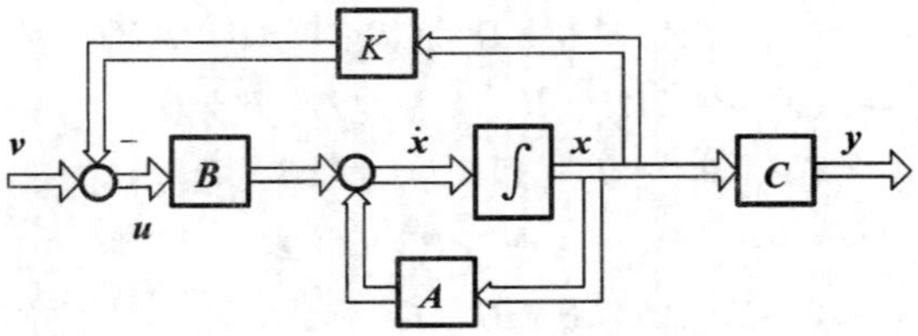

图 9-16 状态反馈系统结构图

设有 n 维线性定常系统

$$\dot{\boldsymbol{x}}=\boldsymbol{Ax}+\boldsymbol{Bu},\quad \boldsymbol{y}=\boldsymbol{Cx}$$

将系统的控制量 $\boldsymbol{u}$ 取为状态变量的线性函数

$$\boldsymbol{u}=\boldsymbol{v}-\boldsymbol{Kx}\tag{9-67}$$

代入上式可得状态反馈系统动态方程

$$\begin{cases}\dot{\boldsymbol{x}}=(\boldsymbol{A}-\boldsymbol{BK})\boldsymbol{x}+\boldsymbol{Bv}\\ \boldsymbol{y}=\boldsymbol{Cx}\end{cases}\tag{9-68}$$

其传递函数矩阵为

$$\boldsymbol{G}(s)=\boldsymbol{C}[s\boldsymbol{I}-(\boldsymbol{A}-\boldsymbol{BK})]^{-1}\boldsymbol{B}\tag{9-69}$$

定理　状态反馈不改变被控系统的能控性，但不保证系统的能观测性不变。

引入状态反馈后传递函数的分子多项式不变，但分母多项式的每一项系数均可通过选择反馈增益矩阵 $\boldsymbol{K}$ 而改变。这就是说，状态反馈会改变系统的极点，但不影响系统的零点。这样就有可能使传递函数出现零极点对消现象。可以证明，状态反馈不改变系统的能控性，因此就有可能破坏系统的能观测性。

9.5.2　极点配置

本节介绍极点配置方法。如果被控系统是状态能控的，则可通过选取一个合适的状态反馈增益矩阵 $\boldsymbol{K}$，利用状态反馈方法，使闭环系统的极点配置到任意的期望位置。而控制系统的性能主要取决于闭环系统极点在 s 平面上的分布，因此通过状态反馈，可以使闭环系统获得期望的性能指标。这就是极点问题。

定理(极点配置定理)　线性定常系统可通过线性状态反馈任意地配置其全部极点的充要条件是，此被控系统状态完全能控。

下面介绍单输入单输出状态反馈系统的极点配置算法。

给定能控对$(\boldsymbol{A},\boldsymbol{b})$和一组期望的闭环特征值$\{\lambda_1 \quad \lambda_2 \quad \cdots \quad \lambda_n\}$，要确定 n 维的反馈增益列向量 $\boldsymbol{k}$，使闭环系统状态矩阵 $\boldsymbol{A}-\boldsymbol{bk}$ 的特征值为$\{\lambda_1 \quad \lambda_2 \quad \cdots \quad \lambda_n\}$。

第 1 步：计算 $\boldsymbol{A}$ 的特征多项式，即

$$\det(s\boldsymbol{I}-\boldsymbol{A})=s^n+a_{n-1}s^{n-1}+\cdots+a_1s+a_0$$

第 2 步：计算由$\{\lambda_1 \quad \lambda_2 \quad \cdots \quad \lambda_n\}$所决定的希望特征多项式，即

$$\begin{aligned}a^*(s)&=(s-\lambda_1)(s-\lambda_2)\cdots(s-\lambda_n)\\&=s^n+a_{n-1}^*s^{n-1}+\cdots+a_1^*s+a_0^*\end{aligned}$$

第 3 步：计算 $\bar{\boldsymbol{k}}$，即

$$\bar{\boldsymbol{k}}=[a_0^*-a_0 \quad a_1^*-a_1 \quad \cdots \quad a_{n-1}^*-a_{n-1}]$$

第 4 步：确定将系统状态方程变换为可控标准型的变换矩阵 $\boldsymbol{P}$。若给定的状态方程已是可控标准型，那么 $\boldsymbol{P}=\boldsymbol{I}$。此时，无须再写出系统的可控标准型状态方程。

$$\boldsymbol{P}^{-1}=[\boldsymbol{A}^{n-1}\boldsymbol{b} \quad \cdots \quad \boldsymbol{Ab} \quad \boldsymbol{b}]\begin{bmatrix}1 & & & \\ a_{n-1} & 1 & & \\ \vdots & \ddots & \ddots & \\ a_1 & \cdots & a_{n-1} & 1\end{bmatrix}$$

第 5 步：计算反馈增益列向量 $\boldsymbol{k}=\bar{\boldsymbol{k}}\boldsymbol{P}^{-1}$。

应当指出的是，当系统阶次较高时，通常都是按照上述步骤设计反馈增益矩阵 $\boldsymbol{K}$。而当系统阶次较低时，可用下例中的方法进行简单计算。

【例 9-26】　某系统的状态方程为

$$\dot{\boldsymbol{x}}=\begin{bmatrix}0 & 1 & 0\\ 0 & 0 & 1\\ -1 & -5 & -6\end{bmatrix}\boldsymbol{x}+\begin{bmatrix}0\\0\\1\end{bmatrix}u$$

试设计状态反馈矩阵 $\boldsymbol{K}$ 使闭环极点为 $\lambda_{1,2}=-2\pm \mathrm{j}4$ 和 $\lambda_3=-10$。

解 (1)判断给定系统的能控性。因

$$Q_c=[b \quad Ab \quad A^2b]=\begin{bmatrix}0 & 0 & 1\\0 & 1 & -6\\1 & -6 & 31\end{bmatrix}$$

满秩，故该系统是状态完全能控的。

(2)

$$|\lambda I-A|=\begin{vmatrix}\lambda & -1 & 0\\0 & \lambda & -1\\1 & 5 & \lambda+6\end{vmatrix}=\lambda^3+6\lambda^2+5\lambda+1=\lambda^3+a_1\lambda^2+a_2\lambda+a_3=0$$

易看出，$a_1=6, a_2=5, a_3=1$。

(3)期望的特征多项式为

$$(\lambda+2-j4)(\lambda+2+j4)(\lambda+10)=\lambda^3+14\lambda^2+60\lambda+200=\lambda^3+a_1^*\lambda^2+a_2^*\lambda+a_3{}^*=0$$

易看出，$a_1^*=14, a_2^*=60, a_3^*=200$。

(4)系统是能控标准型。状态反馈阵为

$$K=[200-1 \quad 60-5 \quad 14-6]=[199 \quad 55 \quad 8]。$$

【例 9-27】 某系统的状态方程为

$$\dot{x}=\begin{bmatrix}-2 & -3\\4 & -9\end{bmatrix}x+\begin{bmatrix}3\\1\end{bmatrix}u$$

试设计状态反馈矩阵 K 使闭环极点为 $\lambda_{1,2}=-1\pm j2$。

解 (1)判断给定系统的能控性。因

$$Q_c=[b \quad Ab]=\begin{bmatrix}3 & -9\\1 & 3\end{bmatrix}$$

满秩，故该系统是状态完全能控的。

(2)确定闭环系统的期望特征多项式：

$$a^*(\lambda)=(\lambda-\lambda_1)(\lambda-\lambda_2)=\lambda^2+2\lambda+5$$

(3)确定状态反馈后闭环系统的特征多项式。

设状态反馈矩阵为 $K=[k_1 \quad k_2]$，可得到状态反馈后系统的特征多项式为

$$f(\lambda)=|\lambda I-(A+BK)|=\begin{vmatrix}\lambda+2-3k_1 & 3-3k_2\\-4-k_1 & \lambda+9-k_2\end{vmatrix}$$
$$=\lambda^2+(11-3k_1-k_2)\lambda+30-24k_1-14k_2$$

与步骤(2)得到的期望特征多项式比较，可得

$$\begin{cases}11-3k_1-k_2=2\\30-24k_1-14k_2=5\end{cases}$$

可解得 $k_1=5.61, k_2=-7.83$。所以，$K=[5.61 \quad -7.83]$。

9.6 状态估计与状态观测器

前面已指出，对状态能控的线性定常系统，可以通过线性状态反馈来进行任意极点配置，

以使闭环系统具有所期望的极点及性能品质指标。但是由于描述内部运动特性的状态变量有时并不能直接观测，更甚者有时并没有实际物理量与之直接相对应而为一种抽象的数学变量。在这些情况下，给以状态变量作为反馈变量来构成状态反馈系统带来了具体工程实现上的困难。为此，人们提出了状态变量的重构或观测估计问题。

所谓的状态变量的重构或观测估计问题，即设法构造另外一个物理可实现的动态系统，它以原系统的输入和输出作为它的输入，而它的状态变量的值能渐进逼近原系统的状态变量的值或者其某种线性组合，则这种渐进逼近的状态变量的值，即为原系统的状态变量的估计值，并可用于状态反馈闭环系统中代替原状态变量作为反馈量来构成状态反馈律。这种重构或估计系统状态变量值的装置称为状态观测器，它可以是由电子电器等装置构成的物理系统，亦可以是由计算机和计算模型及软件来实现的软系统。

9.6.1　观测器的结构形式

设线性定常连续系统的状态空间模型为 $\sum(\boldsymbol{A},\boldsymbol{B},\boldsymbol{C})$，即为

$$\dot{\boldsymbol{x}}=\boldsymbol{Ax}+\boldsymbol{Bu},\quad \boldsymbol{y}=\boldsymbol{Cx}$$

在这里设系统的系数矩阵 $\boldsymbol{A}$、输入矩阵 $\boldsymbol{B}$ 和输出矩阵 $\boldsymbol{C}$ 都已知，利用仿真技术来构造一个与被控系统有同样的动力学性质，即用同样的矩阵 $\boldsymbol{A},\boldsymbol{B},\boldsymbol{C}$ 的如下系统来重构被控系统的状态变量：

$$\begin{cases}\dot{\hat{\boldsymbol{x}}}=\boldsymbol{A}\hat{\boldsymbol{x}}+\boldsymbol{Bu}\\ \hat{\boldsymbol{y}}=\boldsymbol{C}\hat{\boldsymbol{x}}\end{cases}\tag{9-70}$$

式中：$\hat{\boldsymbol{x}}$ 为被控系统状态变量 $\boldsymbol{x}(t)$ 的估计值。

该状态估计系统称为开环状态观测器，简记为 $\hat{\sum}(\boldsymbol{A},\boldsymbol{B},\boldsymbol{C})$，其结构如图 9-17 所示。

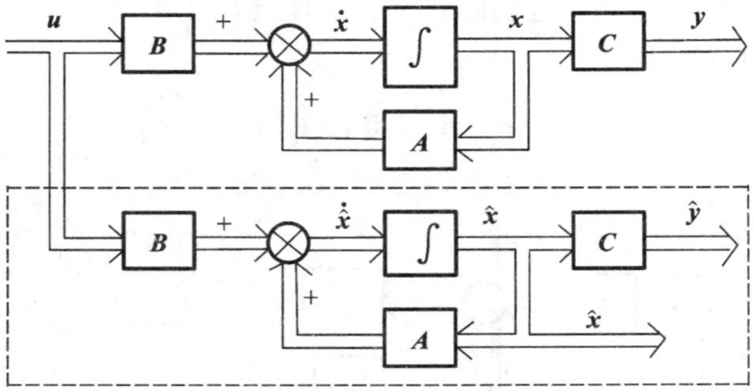

图 9-17　开环状态观测器的结构图

仔细分析便会发现，该观测器只利用了被控系统输入信息 $\boldsymbol{u}(t)$，而未利用输出信息 $\boldsymbol{y}(t)$，其相当于开环状态，未利用输出 $\boldsymbol{y}(t)$ 的观测误差或对状态观测值进行校正，即由观测器得到的 $\hat{\boldsymbol{x}}(t)$ 只是 $\boldsymbol{x}(t)$ 的一种开环估计值，对于所有的时间 t，不可能使 $\hat{\boldsymbol{x}}(t)$ 恒等于 $\boldsymbol{x}(t)$，即总是存在估计误差。因此，开环观测器并无实际价值。

根据上述利用输出变量对状态估计值进行修正的思想和状态估计误差须趋近于零的状态观测器的条件，可得图 9-18 所示的渐近状态观测器，由图可知观测器的方程为

$$\begin{cases}\dot{\hat{x}}=A\hat{x}+Bu+G(y-C\hat{x})\\ \hat{y}=C\hat{x}\end{cases} \tag{9-71}$$

式中：G 称为状态观测器的反馈矩阵。

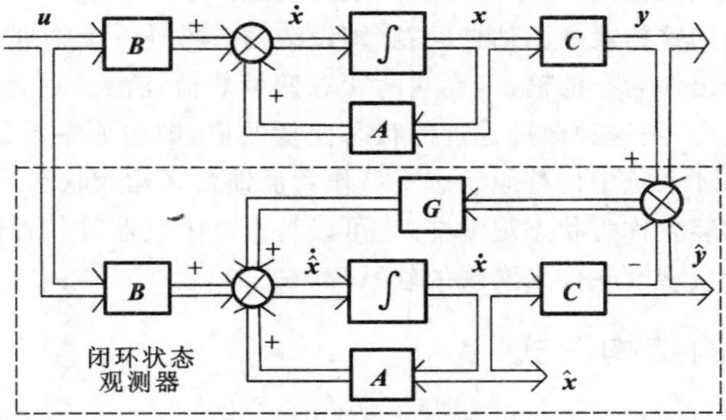

图 9-18　渐近状态观测器的结构图

对此观测器，系统的状态估计方程为

$$\begin{aligned}\dot{\tilde{x}}&=\dot{x}-\dot{\hat{x}}=(Ax+Bu)-[A\hat{x}+Bu+G(Cx-C\hat{x})]\\&=A(x-\hat{x})-GC(x-\hat{x})\\&=(A-GC)(x-\hat{x})=\tilde{A}\tilde{x}\end{aligned} \tag{9-72}$$

该方程的解为

$$\tilde{x}(t)=e^{\tilde{A}t}\tilde{x}(0),t\geqslant 0 \tag{9-73}$$

由此式可以看出，若 $\tilde{x}(0)=\mathbf{0}$，则在 $t\geqslant 0$ 的所有时间内有 $\tilde{x}(0)=\mathbf{0}$，状态估值和实际状态严格相等。若 $\tilde{x}(0)\neq\mathbf{0}$，两者初值不相等，但如果 $\tilde{A}$ 的特征值均具有负实部，则 $\tilde{x}(t)$ 将渐近衰减为零，观测器的状态将渐进地逼近实际状态。这样就构成了实际使用的渐近全维状态观测器，其状态空间表达式可写为

$$\begin{aligned}\dot{\hat{x}}&=A\hat{x}+Bu+G(y-C\hat{x})\\&=(A-GC)\hat{x}+Bu+Gy\end{aligned} \tag{9-74}$$

其结构图如图 9-19 所示。

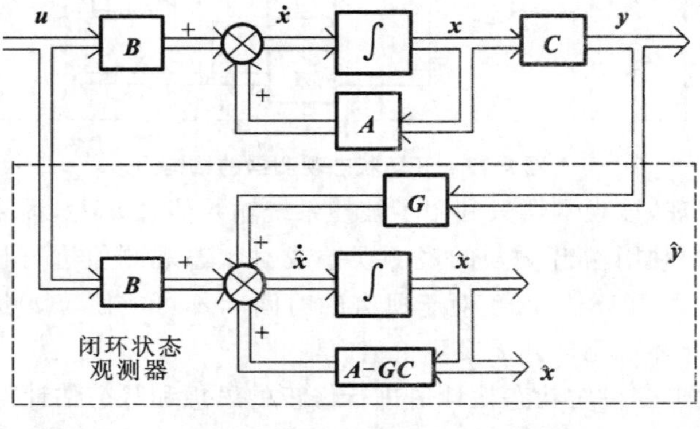

图 9-19　全维状态观测器结构图

定理 若被控系统($\boldsymbol{A},\boldsymbol{B},\boldsymbol{C}$)能观测，则可由 $\boldsymbol{G}$ 任意配置矩阵 $\boldsymbol{A}-\boldsymbol{GC}$ 的特征值。

9.6.2 全维观测器的设计方法

对于给定系统($\boldsymbol{A},\boldsymbol{B},\boldsymbol{C}$)，观测器的设计步骤如下。

(1)判断系统的能观测性。若系统状态完全能观测，则一定可以设计出全维状态观测器。

(2)根据观测器的期望极点确定观测器的期望特征多项式 $g^*(\lambda)$，观测器的期望极点由观测器的估计状态 $\hat{\boldsymbol{x}}$ 趋近于实际状态 $\boldsymbol{x}$ 的速度决定。

(3)确定反馈增益矩阵 $\boldsymbol{G}$。为此，令观测器的特征多项式与期望特征多项式相等，即

$$|\lambda\boldsymbol{I}-(\boldsymbol{A}-\boldsymbol{GC})|=g^*(\lambda)$$

除了按上述步骤进行外，还可以像极点配置那样，先将系统状态空间表达式变换为能观测标准型，确定出能观测标准型下的反馈增益矩阵$\overline{\boldsymbol{G}}$后，再变换为原状态的反馈增益矩阵 $\boldsymbol{G}=\boldsymbol{T}\overline{\boldsymbol{G}}$。矩阵 $\boldsymbol{T}$ 是将系统变换为能观测标准型的非奇异变换矩阵。

【例 9-28】 某系统的状态方程为

$$\begin{cases}\dot{\boldsymbol{x}}=\begin{bmatrix}0 & 1\\-2 & -3\end{bmatrix}\boldsymbol{x}+\begin{bmatrix}0\\1\end{bmatrix}u\\ y=\begin{bmatrix}2 & 0\end{bmatrix}\boldsymbol{x}\end{cases}$$

已知其特征值为-1和-2，试设计观测器并将观测器的极点配置在 $\lambda_{1,2}=-3$ 处。

解 (1)判断给定系统的能观性。因

$$\boldsymbol{Q}_0=[\boldsymbol{C}\quad \boldsymbol{CA}]^{\mathrm{T}}=\begin{bmatrix}2 & 0\\0 & 2\end{bmatrix}$$

满秩，故该系统是状态完全能观的。

(2)确定闭环系统的期望特征多项式：

$$g^*(\lambda)=(\lambda-\lambda_1)(\lambda-\lambda_2)=\lambda^2+6\lambda+9$$

(3)确定状态反馈后闭环系统的特征多项式。

设状态反馈阵为 $\boldsymbol{G}=[g_1\quad g_2]$，可得到状态反馈后系统的特征多项式为

$$\begin{aligned}f(\lambda)=|\lambda\boldsymbol{I}-(\boldsymbol{A}-\boldsymbol{GC})|&=\begin{vmatrix}\lambda+2g_1 & -1\\2+2g_2 & \lambda+3\end{vmatrix}\\&=\lambda^2+(3+2g_1)\lambda+2+6g_1+2g_2\end{aligned}$$

与步骤(2)得到的期望特征多项式比较，可得

$$\begin{cases}3+2g_1=6\\2+6g_1+2g_2=9\end{cases}$$

可解得 $g_1=1.5$，$g_2=-1$。所以，$\boldsymbol{G}=[1.5,-1]$。

9.6.3 带观测器的闭环系统的基本特性

状态观测器解决了状态变量不能直接测量的系统的状态估计问题，它为用状态反馈实现系统闭环控制奠定了基础。但状态观测器对状态反馈闭环系统的稳定性和其他性能指标的影响如何，则是一个需要仔细分析的问题。本节主要研究利用状态观测器实现的状态反馈闭环系统的特性，以及它和直接采用状态变量为反馈量时的异同。下面我们先导出带状态观测器

的状态反馈闭环控制系统的状态空间模型，并以此来进行该闭环系统的特性分析。

设系统 $\sum(\boldsymbol{A},\boldsymbol{B},\boldsymbol{C})$ 状态能控且能观，则该系统可通过状态反馈进行极点配置，以及能建立全维状态观测器并对其进行极点配置。若系统 $\sum(\boldsymbol{A},\boldsymbol{B},\boldsymbol{C})$ 的状态变量不能直接测量，则可由状态观测器提供的状态变量的估计值来构成状态反馈律。

带全维状态观测器的状态反馈闭环系统的结构图如图 9-20 所示。

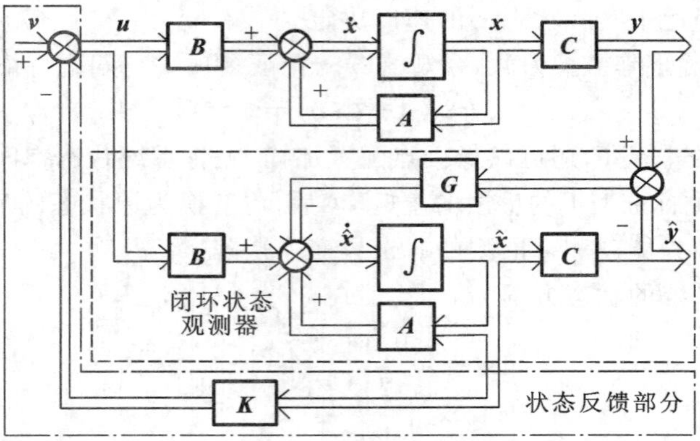

图 9-20　带全维状态观测器的状态反馈闭环系统的结构图

观测器状态方程为

$$\dot{\hat{\boldsymbol{x}}}=(\boldsymbol{A}-\boldsymbol{GC})\hat{\boldsymbol{x}}+\boldsymbol{Bu}+\boldsymbol{Gy} \tag{9-75}$$

引入状态反馈后

$$\boldsymbol{u}=\boldsymbol{v}-\boldsymbol{K}\hat{\boldsymbol{x}} \tag{9-76}$$

闭环系统的状态空间表达式为

$$\begin{bmatrix}\dot{\boldsymbol{x}}\\ \dot{\hat{\boldsymbol{x}}}\end{bmatrix}=\begin{bmatrix}\boldsymbol{A} & -\boldsymbol{BK}\\ \boldsymbol{GC} & \boldsymbol{A}-\boldsymbol{GC}-\boldsymbol{BK}\end{bmatrix}\begin{bmatrix}\boldsymbol{x}\\ \hat{\boldsymbol{x}}\end{bmatrix}+\begin{bmatrix}\boldsymbol{B}\\ \boldsymbol{B}\end{bmatrix}\boldsymbol{v}$$

$$\boldsymbol{y}=[\boldsymbol{C}\quad \boldsymbol{O}]\begin{bmatrix}\boldsymbol{x}\\ \hat{\boldsymbol{x}}\end{bmatrix} \tag{9-77}$$

为方便讨论，引入如下坐标变换：

$$\begin{bmatrix}\boldsymbol{x}\\ \hat{\boldsymbol{x}}\end{bmatrix}=\begin{bmatrix}\boldsymbol{I} & \boldsymbol{O}\\ \boldsymbol{I} & -\boldsymbol{I}\end{bmatrix}\begin{bmatrix}\boldsymbol{x}\\ \tilde{\boldsymbol{x}}\end{bmatrix} \tag{9-78}$$

于是有

$$\begin{cases}\begin{bmatrix}\dot{\boldsymbol{x}}\\ \dot{\boldsymbol{x}}-\dot{\hat{\boldsymbol{x}}}\end{bmatrix}=\begin{bmatrix}\boldsymbol{A}-\boldsymbol{BK} & \boldsymbol{BK}\\ \boldsymbol{O} & \boldsymbol{A}-\boldsymbol{GC}\end{bmatrix}\begin{bmatrix}\boldsymbol{x}\\ \boldsymbol{x}-\tilde{\boldsymbol{x}}\end{bmatrix}+\begin{bmatrix}\boldsymbol{B}\\ \boldsymbol{O}\end{bmatrix}\boldsymbol{v}\\ \boldsymbol{y}=[\boldsymbol{C}\quad \boldsymbol{O}]\begin{bmatrix}\boldsymbol{x}\\ \boldsymbol{x}-\tilde{\boldsymbol{x}}\end{bmatrix}\end{cases} \tag{9-79}$$

线性变换后其特征值不变，并且满足关系式：

$$\begin{vmatrix}s\boldsymbol{I}-(\boldsymbol{A}-\boldsymbol{BK}) & -\boldsymbol{BK}\\ \boldsymbol{O} & s\boldsymbol{I}-(\boldsymbol{A}-\boldsymbol{GC})\end{vmatrix}=|s\boldsymbol{I}-(\boldsymbol{A}-\boldsymbol{BK})|\,|s\boldsymbol{I}-(\boldsymbol{A}-\boldsymbol{GC})| \tag{9-80}$$

这表明复合系统特征值由状态反馈子系统和全维状态观测器的特征值组合而成，且两部分特征值相互独立，互相不受影响。

下面讨论闭环系统的基本特性。

1. 分离特性

定理　若被控系统$(\boldsymbol{A},\boldsymbol{B},\boldsymbol{C})$能控且能观测，用状态观测器估值形成状态反馈时，其系统的极点配置和观测器设计可分别独立进行，即矩阵 $\boldsymbol{K}$ 和 $\boldsymbol{G}$ 的设计可分别独立进行。

2. 传递函数矩阵的不变性

在不含观测器的状态反馈系统中，传递函数矩阵为

$$\boldsymbol{G}(s)=\boldsymbol{C}[s\boldsymbol{I}-(\boldsymbol{A}-\boldsymbol{BK})]^{-1}\boldsymbol{B} \tag{9-81}$$

而带观测器的闭环系统中，传递函数矩阵为

$$\boldsymbol{G}_0\boldsymbol{G}(s)=[\boldsymbol{C}\quad \boldsymbol{O}]\begin{bmatrix} s\boldsymbol{I}-\boldsymbol{A}+\boldsymbol{BK} & -\boldsymbol{BK} \\ \boldsymbol{O} & s\boldsymbol{I}-\boldsymbol{A}+\boldsymbol{GC} \end{bmatrix}^{-1}\begin{bmatrix} \boldsymbol{B} \\ \boldsymbol{O} \end{bmatrix} \tag{9-82}$$

利用矩阵求逆公式，可得

$$\begin{bmatrix} \boldsymbol{D} & \boldsymbol{E} \\ \boldsymbol{O} & \boldsymbol{F} \end{bmatrix}^{-1}=\begin{bmatrix} \boldsymbol{D}^{-1} & -\boldsymbol{D}^{-1}\boldsymbol{E}\boldsymbol{F}^{-1} \\ \boldsymbol{O} & \boldsymbol{F}^{-1} \end{bmatrix} \tag{9-83}$$

可得

$$\boldsymbol{G}_0\boldsymbol{G}(s)=\boldsymbol{C}[s\boldsymbol{I}-(\boldsymbol{A}-\boldsymbol{BK})]^{-1}\boldsymbol{B}=\boldsymbol{G}(s) \tag{9-84}$$

由此可见，带观测器的状态反馈闭环系统的传递函数矩阵等于直接状态反馈闭环系统的传递函数矩阵。

9.7　李雅普诺夫稳定性分析

9.7.1　李雅普诺夫意义下的稳定性定义

1. 平衡状态

考虑如下非线性系统

$$\dot{\boldsymbol{x}}=f(\boldsymbol{x},t)$$

式中：$\boldsymbol{x}$ 为 n 维状态向量；$f(\boldsymbol{x},t)$是变量 $x_1,x_2,\cdots,x_n$和 t 的 n 维向量函数。

假设在给定的初始条件下，方程 $\dot{\boldsymbol{x}}=f(\boldsymbol{x},t)$有唯一解 $\Phi(t;\boldsymbol{x}_0,t_0)$。当 $t=t_0$时，$\boldsymbol{x}=\boldsymbol{x}_0$。于是 $\Phi(t_0;\boldsymbol{x}_0,t_0)=\boldsymbol{x}_0$。

若系统存在状态矢量 $\boldsymbol{x}_e$，对于所有 t，满足

$$\dot{\boldsymbol{x}}_e=f(\boldsymbol{x}_e,t)\equiv\boldsymbol{0} \tag{9-85}$$

则称状态 $\boldsymbol{x}_e$ 称为平衡状态。总存在 $f(\boldsymbol{x}_e,t)\equiv\boldsymbol{0}$，则称 $\boldsymbol{x}_e$ 为系统的平衡状态或平衡点。

如果系统是线性定常的，也就是说 $f(\boldsymbol{x},t)=\boldsymbol{Ax}$，则当 $\boldsymbol{A}$ 为非奇异矩阵时，系统存在一个唯一的平衡状态；当 $\boldsymbol{A}$ 为奇异矩阵时，系统将存在无穷多个平衡状态。任意一个孤立的平衡状态(即彼此孤立的平衡状态)或给定运动 $\boldsymbol{x}=g(t)$都可通过坐标变换，统一化为扰动方程 $\dot{\tilde{\boldsymbol{x}}}=\tilde{f}(\tilde{\boldsymbol{x}},t)$的坐标原点，即 $f(\boldsymbol{0},t)=\boldsymbol{0}$ 或 $\boldsymbol{x}_e=\boldsymbol{0}$。

2. 李雅普诺夫意义下的稳定性定义

(1)**李雅普诺夫意义下的稳定性**:对于所有的 $t\to+\infty$,$\boldsymbol{x}_e$ 满足 $\|\boldsymbol{x}(t;\boldsymbol{x}_0,t_0)-\boldsymbol{x}_0\|\leqslant\varepsilon,t\geqslant t_0$。

(2)**渐近稳定**:$\boldsymbol{x}_e$ 不仅具有李雅普诺夫意义下的稳定性,且有 $\lim\limits_{t\to+\infty}\|x(t;\boldsymbol{x}_0,t_0)-\boldsymbol{x}_e\|=0$。

(3)**大范围渐近稳定性**:当初始条件扩展至整个状态空间,且平衡状态均具有渐近稳定性时,称此平衡状态是大范围渐近稳定的。

(4)**不稳定性**:对于某个实数 $\varepsilon>0$ 和任一个实数 $\sigma>0$,不管这两个实数有多么小,在 $S(\sigma)$ 内总存在一个状态 $\boldsymbol{x}_0$,使得由这一状态出发的轨迹超出 $S(\varepsilon)$,则 $\boldsymbol{x}_e$ 是不稳定的。

3. 标量函数的定号性

设 $V(\boldsymbol{x})$ 为由 n 维矢量 $\boldsymbol{x}$ 所定义的标量函数,$\boldsymbol{x}\in\Omega$,且在 $\boldsymbol{x}=\boldsymbol{0}$ 处,恒有 $V(\boldsymbol{x})=0$。对所有非零矢量 $\boldsymbol{x}$,有下述结论成立。

(1)若 $V(\boldsymbol{x})>0$,则称 $V(\boldsymbol{x})$ 为正定的。例如,$V(\boldsymbol{x})=x_1^2+x_2^2$。

(2)若 $V(\boldsymbol{x})\geqslant0$,则称 $V(\boldsymbol{x})$ 为半正定的。例如,$V(\boldsymbol{x})=(x_1+x_2)^2$。

(3)若 $V(\boldsymbol{x})<0$,则称 $V(\boldsymbol{x})$ 为负定的。例如,$V(\boldsymbol{x})=-(x_1{}^2+x_2{}^2)$。

(4)若 $V(\boldsymbol{x})\leqslant0$,则称 $V(\boldsymbol{x})$ 为半负定的。例如,$V(\boldsymbol{x})=-(x_1+x_2)^2$。

(5)若 $V(\boldsymbol{x})>0$ 或 $V(\boldsymbol{x})<0$,则称 $V(\boldsymbol{x})$ 为不定的。例如,$V(\boldsymbol{x})=x_1+x_2$。

4. 二次型标量函数

设 $x_1,x_2,\cdots,x_n$ 为 n 个变量,定义二次型标量函数为

$$V(\boldsymbol{x})=\boldsymbol{x}^{\mathrm{T}}\boldsymbol{P}\boldsymbol{x}=[x_1,x_2,\cdots,x_n]\begin{bmatrix}p_{11}&p_{12}&\cdots&p_{1n}\\p_{21}&p_{22}&\cdots&p_{2n}\\\vdots&\vdots&&\vdots\\p_{n1}&p_{n2}&\cdots&p_{nn}\end{bmatrix}\begin{bmatrix}x_1\\x_2\\\vdots\\x_n\end{bmatrix}\tag{9-86}$$

式中:$\boldsymbol{P}$ 为实对称矩阵。

经分析可得,矩阵 $\boldsymbol{P}$ 的符号性质和由其所决定的二次型函数 $V(\boldsymbol{x})$ 的符号性质完全一致。因此,要判别 $V(\boldsymbol{x})$ 的符号只要判别 $\boldsymbol{P}$ 的符号即可。

设 $\Delta_i(i=1,2,\cdots,n)$ 为 $\boldsymbol{P}$ 的各阶顺序主子行列式,则

(1)若 $\Delta_i>0(i=1,2,\cdots,n)$,则 $\boldsymbol{P}$ 是正定的;

(2)若 $\begin{cases}\Delta_i>0(i\text{ 为偶数}),\\\Delta_i<0(i\text{ 为奇数}),\end{cases}$ 则 $\boldsymbol{P}$ 是负定的;

(3)若 $\begin{cases}\Delta_i\geqslant0(i<n),\\\Delta_i=0(i=n),\end{cases}$ 则 $\boldsymbol{P}$ 是半正定的;

(4)若 $\begin{cases}\Delta_i\geqslant0(i\text{ 为偶数}),\\\Delta_i\leqslant0(i\text{ 为奇数}),\\\Delta_i=0(i=n),\end{cases}$ 则 $\boldsymbol{P}$ 是半负定的。

9.7.2 李雅普诺夫意义下的稳定性判据

1. 李雅普诺夫第一法(间接法)

定理 对于线性定常系统 $\dot{\boldsymbol{x}}=\boldsymbol{A}\boldsymbol{x},\boldsymbol{x}(0)=\boldsymbol{x}_0,t\geqslant0$,则

(1)系统的每一平衡状态是李雅普诺夫意义下的稳定性的充分必要条件是,$\boldsymbol{A}$ 的所有特征值均具有非正(负或零)实部,且具有零实部的特征值为 $\boldsymbol{A}$ 的最小多项式的单根;

(2)系统的唯一平衡状态 $\boldsymbol{x}_e$ 是渐近稳定的充分必要条件是,$\boldsymbol{A}$ 的所有特征值均具有负实部。

2. 李雅普诺夫第二法(直接法)

通常用二次型函数作为李雅普诺夫函数。

定理(大范围一致渐近稳定判别定理) 考查连续时间非线性时变自由系统

$$\dot{\boldsymbol{x}}=f(\boldsymbol{x},t),\quad t\geqslant t_0 \tag{9-87}$$

其中 $f(\boldsymbol{0},t)=\boldsymbol{0}$,即状态空间的原点为系统的平衡状态。如果存在一个对 x 和 t 具有连续一阶偏导数的标量函数 $V(\boldsymbol{x},t)$,$V(\boldsymbol{0},t)=0$,且满足如下条件:

(1)$V(\boldsymbol{x},t)$正定且有界,即存在两个连续的非减标量函数 $\alpha(\|\boldsymbol{x}\|)$和 $\beta(\|\boldsymbol{x}\|)$,其中$\alpha(0)=0$,$\beta(0)=0$,使对任意 $t\geqslant t_0$ 和 $\boldsymbol{x}\neq\boldsymbol{0}$ 均有 $\beta(\|\boldsymbol{x}\|)\geqslant V(\boldsymbol{x},t)\geqslant\alpha(\|\boldsymbol{x}\|)>0$;

(2)$V(\boldsymbol{x},t)$对时间 t 的导数$\dot{V}(\boldsymbol{x},t)$负定且有界,即存在一个连续的非减标量函数 $r(\|\boldsymbol{x}\|)$,其中 $r(0)=0$,使对任意 $t\geqslant t_0$ 和 $x\neq 0$ 均有$\dot{V}(\boldsymbol{x},t)\leqslant -r(\|\boldsymbol{x}\|)<0$;

(3)当$\|\boldsymbol{x}\|\to\infty$时,$\alpha(\|\boldsymbol{x}\|)\to\infty$,$V(\boldsymbol{x},t)\to\infty$;

则系统原平衡状态为大范围一致渐近稳定。

定理(定常系统大范围渐近稳定判别定理 1) 对于定常系统 $\dot{\boldsymbol{x}}=f(\boldsymbol{x})$,$t\geqslant 0$,其中 $f(\boldsymbol{0})=0$,如果存在一个具有连续一阶导数的标量函数 $V(\boldsymbol{x})$,$V(\boldsymbol{0})=0$,并且对于状态空间 $\boldsymbol{X}$ 中的任意非零点 $\boldsymbol{x}$ 满足如下条件:

(1)$V(\boldsymbol{x})$为正定;

(2)$\dot{V}(\boldsymbol{x})$为负定;

(3)当$\|\boldsymbol{x}\|\to\infty$时 $V(x)\to\infty$;

则系统的原点平衡状态是大范围渐近稳定的。

定理(定常系统大范围渐近稳定判别定理 2) 对于定常系统 $\dot{\boldsymbol{x}}=f(\boldsymbol{x})$,$t\geqslant 0$,如果存在一个具有连续一阶导数的标量函数 $V(x)$,$V(\boldsymbol{0})=0$,并且对于状态空间 $\boldsymbol{X}$ 中的任意非零点 $\boldsymbol{x}$ 满足如下条件:

(1)$V(\boldsymbol{x})$为正定;

(2)$\dot{V}(\boldsymbol{x})$为负半定;

(3)对任意 $\boldsymbol{x}\in\boldsymbol{X}$,$\dot{V}(\boldsymbol{x}(t;\boldsymbol{x}_0,0))$不恒为 0;

(4)当$\|\boldsymbol{x}\|\to\infty$时,$V(\boldsymbol{x})\to\infty$;

则系统的原点平衡状态是大范围渐近稳定的。

定理(不稳定的判别定理) 对于时变系统或定常系统,如果存在一个具有连续一阶导数的标量函数 $V(\boldsymbol{x},t)$或 $V(\boldsymbol{x})$,其中 $V(\boldsymbol{0},t)=0$,$V(\boldsymbol{0})=0$,和围绕原点的域 Ω,使得对于任意 $\boldsymbol{x}\in\Omega$ 和 $t\geqslant t_0$ 满足如下条件:

(1)$V(\boldsymbol{x},t)$为正定且有界或 $V(\boldsymbol{x})$为正定;

(2)$\dot{V}(\boldsymbol{x},t)$为正定且有界或 $\dot{V}(\boldsymbol{x})$为正定;

则系统平衡状态不稳定。

9.7.3 线性定常系统渐近稳定的判别

考虑如下线性定常系统

$$\dot{\boldsymbol{x}}=\boldsymbol{A}\boldsymbol{x} \tag{9-88}$$

式中：$\boldsymbol{x}\in\mathbf{R}^n$，$\boldsymbol{A}\in\mathbf{R}^{n\times n}$。

假设 $\boldsymbol{A}$ 为非奇异矩阵，则有唯一的平衡状态 $\boldsymbol{x}_e=\boldsymbol{0}$，其平衡状态的稳定性很容易通过李雅普诺夫第二法进行研究。

选取如下二次型李雅普诺夫函数，即

$$V(\boldsymbol{x})=\boldsymbol{x}^{\mathrm{T}}\boldsymbol{P}\boldsymbol{x} \tag{9-89}$$

式中：$\boldsymbol{P}$ 为正定 Hermite 矩阵(如果 $\boldsymbol{x}$ 是实向量，且 $\boldsymbol{A}$ 是实矩阵，则 $\boldsymbol{P}$ 可取为正定的实对称矩阵)。

$V(\boldsymbol{x})$沿任一轨迹的时间导数为

$$\begin{aligned}\dot{V}(\boldsymbol{x})&=\dot{\boldsymbol{x}}^{\mathrm{T}}\boldsymbol{P}\boldsymbol{x}+\boldsymbol{x}^{\mathrm{T}}\boldsymbol{P}\dot{\boldsymbol{x}}=(\boldsymbol{A}\boldsymbol{x})^{\mathrm{T}}\boldsymbol{P}\boldsymbol{x}+\boldsymbol{x}^{\mathrm{T}}\boldsymbol{P}\boldsymbol{A}\boldsymbol{x}\\&=\boldsymbol{x}^{\mathrm{T}}\boldsymbol{A}^{\mathrm{T}}\boldsymbol{P}\boldsymbol{x}+\boldsymbol{x}^{\mathrm{T}}\boldsymbol{P}\boldsymbol{A}\boldsymbol{x}=\boldsymbol{x}^{\mathrm{T}}(\boldsymbol{A}^{\mathrm{T}}\boldsymbol{P}+\boldsymbol{P}\boldsymbol{A})\boldsymbol{x}\end{aligned} \tag{9-90}$$

由于 $V(\boldsymbol{x})$取为正定，对于渐近稳定性，要求 $\dot{V}(\boldsymbol{x})$为负定的，因此必须有

$$\dot{V}(\boldsymbol{x})=-\boldsymbol{x}^{\mathrm{T}}\boldsymbol{Q}\boldsymbol{x} \tag{9-91}$$

式中

$$\boldsymbol{Q}=-(\boldsymbol{A}^{\mathrm{T}}\boldsymbol{P}+\boldsymbol{P}\boldsymbol{A}) \tag{9-92}$$

为正定矩阵，其渐近稳定的充分条件是 $\boldsymbol{Q}$ 正定。为了判断 $n\times n$ 矩阵的正定性，可采用赛尔维斯特准则，即矩阵为正定的充要条件是矩阵的所有主子行列式均为正值。

在判别 $\dot{V}(\boldsymbol{x})$时，方便的方法不是先指定一个正定矩阵 $\boldsymbol{P}$，然后检查 $\boldsymbol{Q}$ 是否也是正定的，而是先指定一个正定的矩阵 $\boldsymbol{Q}$，然后检查由

$$\boldsymbol{A}^{\mathrm{T}}\boldsymbol{P}+\boldsymbol{P}\boldsymbol{A}=-\boldsymbol{Q} \tag{9-93}$$

确定的 $\boldsymbol{P}$ 是否也是正定的。这可归纳为如下定理。

定理 线性定常系统 $\dot{\boldsymbol{x}}=\boldsymbol{A}\boldsymbol{x}$ 在平衡点 $\boldsymbol{x}_e=\boldsymbol{0}$ 处渐近稳定的充要条件是：对于任意的正定矩阵 $\boldsymbol{Q}$，$\exists\boldsymbol{P}$(正定矩阵)，满足李雅普诺夫方程：

$$\boldsymbol{A}^{\mathrm{T}}\boldsymbol{P}+\boldsymbol{P}\boldsymbol{A}=-\boldsymbol{Q}$$

这里 $\boldsymbol{P}$,$\boldsymbol{Q}$ 均为 Hermite 矩阵或实对称矩阵。此时，李雅普诺夫函数为

$$V(\boldsymbol{x})=\boldsymbol{x}^{\mathrm{T}}\boldsymbol{P}\boldsymbol{x},\quad \dot{V}(\boldsymbol{x})=-\boldsymbol{x}^{\mathrm{T}}\boldsymbol{Q}\boldsymbol{x}$$

特别地，当 $\dot{V}(\boldsymbol{x})=-\boldsymbol{x}^{\mathrm{T}}\boldsymbol{Q}\boldsymbol{x}$ 不恒为 0 时，则 $\boldsymbol{Q}$ 可取正半定矩阵。

现对该定理作以下几点说明：

(1)如果 $\dot{V}(\boldsymbol{x})=-\boldsymbol{x}^{\mathrm{T}}\boldsymbol{Q}\boldsymbol{x}$ 沿任一条轨迹不恒等于零，则 $\boldsymbol{Q}$ 可取正半定矩阵。

(2)如果取任意的正定矩阵 $\boldsymbol{Q}$，或者如果 $\dot{V}(\boldsymbol{x})$沿任一轨迹不恒等于零时取任意的正半定矩阵 $\boldsymbol{Q}$，并求解矩阵方程

$$\boldsymbol{A}^{\mathrm{T}}\boldsymbol{P}+\boldsymbol{P}\boldsymbol{A}=-\boldsymbol{Q}$$

以确定 $\boldsymbol{P}$，则对于在平衡点 $\boldsymbol{x}_e=\boldsymbol{0}$ 处的渐近稳定性，$\boldsymbol{P}$ 为正定是充要条件。

注意：如果正半定矩阵 $\boldsymbol{Q}$ 满足下列秩的条件

$$\mathrm{R}\begin{bmatrix} \boldsymbol{Q}^{1/2} \\ \boldsymbol{Q}^{1/2}\boldsymbol{A} \\ \vdots \\ \boldsymbol{Q}^{1/2}\boldsymbol{A}^{n-1} \end{bmatrix}=n$$

则 $\dot{V}(\boldsymbol{x})$沿任意轨迹不恒等于零。

(3)只要选择的矩阵 $\boldsymbol{Q}$ 为正定的(或根据情况选为正半定的),则最终的判定结果将与矩阵 $\boldsymbol{Q}$ 的不同选择无关。

(4)为了确定矩阵 $\boldsymbol{P}$ 的各元素,可使矩阵 $\boldsymbol{A}^{\mathrm{T}}\boldsymbol{P}+\boldsymbol{P}\boldsymbol{A}$ 和矩阵 $-\boldsymbol{Q}$ 的各元素对应相等。为了确定矩阵 $\boldsymbol{P}$ 的各元素 $p_{ij}=\overline{p}_{ji}$,将得到 $n(n+1)/2$ 个线性方程。如果用 $\lambda_1,\lambda_2,\cdots,\lambda_n$ 表示矩阵 $\boldsymbol{A}$ 的特征值,则每个特征值的重数与特征方程根的重数是一致的,且如果每两个根的和

$$\lambda_j+\lambda_k\neq 0 \quad (1\leqslant j,k\leqslant n)$$

则 $\boldsymbol{P}$ 的元素将唯一地被确定。

注意:如果矩阵 $\boldsymbol{A}$ 表示一个稳定系统,那么 $\lambda_j+\lambda_k$ 的和总不等于零。

(5)在确定是否存在一个正定的 Hermite 矩阵或实对称矩阵 $\boldsymbol{P}$ 时,为方便起见,通常取 $\boldsymbol{Q}=\boldsymbol{I}$,这里 $\boldsymbol{I}$ 为单位矩阵,从而 $\boldsymbol{P}$ 的各元素可按下式确定:

$$\boldsymbol{A}^{\mathrm{T}}\boldsymbol{P}+\boldsymbol{P}\boldsymbol{A}=-\boldsymbol{I}$$

然后再检验 $\boldsymbol{P}$ 是否正定。

【例 9-29】 二阶线性定常系统的状态方程为

$$\begin{bmatrix}\dot{x}_1\\ \dot{x}_2\end{bmatrix}=\begin{bmatrix}0 & 1\\ -1 & -1\end{bmatrix}\begin{bmatrix}x_1\\ x_2\end{bmatrix}$$

显然平衡状态是原点,试确定该系统的稳定性。

解 不妨取李雅普诺夫函数为

$$V(\boldsymbol{x})=\boldsymbol{x}^{\mathrm{T}}\boldsymbol{P}\boldsymbol{x}$$

此时实对称矩阵 $\boldsymbol{P}$ 可由下式确定:

$$\boldsymbol{A}^{\mathrm{T}}\boldsymbol{P}+\boldsymbol{P}\boldsymbol{A}=-\boldsymbol{I}$$

上式可写为

$$\begin{bmatrix}0 & -1\\ 1 & -1\end{bmatrix}\begin{bmatrix}p_{11} & p_{12}\\ p_{12} & p_{22}\end{bmatrix}+\begin{bmatrix}p_{11} & p_{12}\\ p_{12} & p_{22}\end{bmatrix}\begin{bmatrix}0 & 1\\ -1 & -1\end{bmatrix}=\begin{bmatrix}-1 & 0\\ 0 & -1\end{bmatrix}$$

将矩阵方程展开,可得联立方程组为

$$\begin{cases}-2p_{12}=-1\\ p_{11}-p_{12}-p_{22}=0\\ 2p_{12}-2p_{22}=-1\end{cases}$$

由方程组解出 p_{11},p_{12},p_{22},可得

$$\begin{bmatrix}p_{11} & p_{12}\\ p_{12} & p_{22}\end{bmatrix}=\begin{bmatrix}3/2 & 1/2\\ 1/2 & 1\end{bmatrix}$$

为了检验 $\boldsymbol{P}$ 的正定性,我们来校核各主子行列式

$$\frac{3}{2}>0,\quad \begin{vmatrix}3/2 & 1/2\\ 1/2 & 1\end{vmatrix}>0$$

显然，$\boldsymbol{P}$ 是正定的。因此，在原点处的平衡状态是大范围渐近稳定的，且李雅普诺夫函数为

$$V(\boldsymbol{x})=\boldsymbol{x}^{\mathrm{T}}\boldsymbol{P}\boldsymbol{x}=\frac{1}{2}(3x_1^2+2x_1x_2+2x_2^2)$$

且
$$\dot{V}(\boldsymbol{x})=-(x_1^2+x_2^2)$$

【例 9-30】 试确定如图 9-21 所示系统的增益 K 的稳定范围。

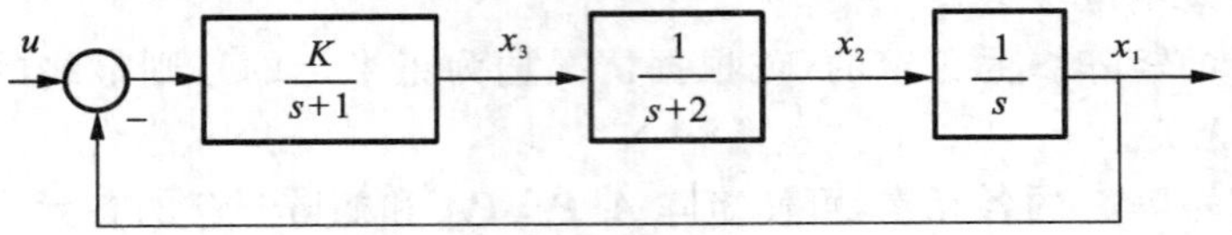

图 9-21 例 9-30 的系统框图

解 容易推得系统的状态方程为

$$\begin{bmatrix}\dot{x}_1\\ \dot{x}_2\\ \dot{x}_3\end{bmatrix}=\begin{bmatrix}0 & 1 & 0\\ 0 & -2 & 1\\ -K & 0 & -1\end{bmatrix}\begin{bmatrix}x_1\\ x_2\\ x_3\end{bmatrix}+\begin{bmatrix}0\\ 0\\ K\end{bmatrix}u$$

在确定 K 的稳定范围时，假设输入 $u=0$，于是上式可写为

$$\begin{cases}\dot{x}_1=x_2\\ \dot{x}_2=-2x_2+x_3\\ \dot{x}_3=-Kx_1-x_3\end{cases}$$

可发现，原点是平衡状态。假设取正半定的实对称矩阵 $\boldsymbol{Q}$ 为

$$\boldsymbol{Q}=\begin{bmatrix}0 & 0 & 0\\ 0 & 0 & 0\\ 0 & 0 & 1\end{bmatrix}$$

由于除原点外 $\dot{V}(\boldsymbol{x})=-\boldsymbol{x}^{\mathrm{T}}\boldsymbol{Q}\boldsymbol{x}$ 不恒等于零，因此可选上式的 $\boldsymbol{Q}$。为了证实这一点，注意

$$\dot{V}(\boldsymbol{x})=-\boldsymbol{x}^{\mathrm{T}}\boldsymbol{Q}\boldsymbol{x}=-x_3^2$$

取 $\dot{V}(\boldsymbol{x})$ 恒等于零，意味着 x_3 也恒等于零。如果 x_3 恒等于零，x_1 也必恒等于零，可得

$$-Kx_1=0$$

如果 x_1 恒等于零，x_2 也恒等于零，可得 $0=x_2$。

于是 $\dot{V}(\boldsymbol{x})$ 只在原点处才恒等于零。因此，为了分析稳定性，可按上述求法定义矩阵 $\boldsymbol{Q}$。也可检验下列矩阵的秩：

$$\begin{bmatrix}\boldsymbol{Q}^{1/2}\\ \boldsymbol{Q}^{1/2}\boldsymbol{A}\\ \boldsymbol{Q}^{1/2}\boldsymbol{A}^2\end{bmatrix}=\begin{bmatrix}0 & 0 & 0\\ 0 & 0 & 0\\ 0 & 0 & 1\\ 0 & 0 & 0\\ 0 & 0 & 0\\ -K & 0 & -1\\ 0 & 0 & 0\\ 0 & 0 & 0\\ K & -K & 1\end{bmatrix}$$

显然，对于 $K\neq 0$，其秩为 3。因此，可选择这样的 $\boldsymbol{Q}$ 用于李雅普诺夫方程。

现在求解如下李雅普诺夫方程

$$\boldsymbol{A}^{\mathrm{T}}\boldsymbol{P}+\boldsymbol{P}\boldsymbol{A}=-\boldsymbol{Q}$$

它可改写为

$$\begin{bmatrix}0 & 0 & -K\\1 & -2 & 0\\0 & 1 & -1\end{bmatrix}\begin{bmatrix}p_{11} & p_{12} & p_{13}\\p_{12} & p_{22} & p_{23}\\p_{13} & p_{23} & p_{33}\end{bmatrix}+\begin{bmatrix}p_{11} & p_{12} & p_{13}\\p_{12} & p_{22} & p_{23}\\p_{13} & p_{23} & p_{33}\end{bmatrix}\begin{bmatrix}0 & 1 & 0\\0 & -2 & 1\\-K & 0 & -1\end{bmatrix}=\begin{bmatrix}0 & 0 & 0\\0 & 0 & 0\\0 & 0 & -1\end{bmatrix}$$

对 $\boldsymbol{P}$ 的各元素求解，可得

$$\boldsymbol{P}=\begin{bmatrix}\dfrac{K^2+12K}{12-2K} & \dfrac{6K}{12-2K} & 0\\[2ex]\dfrac{6K}{12-2K} & \dfrac{3K}{12-2K} & \dfrac{K}{12-2K}\\[2ex]0 & \dfrac{K}{12-2K} & \dfrac{6K}{12-2K}\end{bmatrix}$$

为使 $\boldsymbol{P}$ 成为正定矩阵，其充要条件为

$$\begin{cases}12-2K>0,\\K>0,\end{cases}\quad 即\ 0<K<6$$

因此，当 $0<K<6$ 时，系统在李雅普诺夫意义下是稳定的，也就是说，原点是大范围渐近稳定的。

9.8　利用 MATLAB 进行状态空间分析

9.8.1　利用 MATLAB 数学模型进行系统模型间的相互转换

传递函数：

$$G(s)=\frac{Y(s)}{U(s)}=\frac{b_{n-1}s^{n-1}+\cdots+b_1s+b_0}{s^n+a_{n-1}s^{n-1}+\cdots+a_1s+a_0}=\frac{\mathrm{num}}{\mathrm{den}}$$

状态方程：

$$\dot{\boldsymbol{x}}=\boldsymbol{A}\boldsymbol{x}+\boldsymbol{B}\boldsymbol{u},\quad \boldsymbol{y}=\boldsymbol{C}\boldsymbol{x}+\boldsymbol{D}\boldsymbol{u}$$

数组：num=$[0\ \ b_{n-1}\ \ b_{n-2}\ \ \cdots\ \ b_1\ \ b_0]$，den=$[1\ \ a_{n-1}\ \ a_{n-2}\ \ \cdots\ \ a_1\ \ a_0]$

从左到右按 s 的降幂排列（注意顺序！），必要时补 0。

MATLAB 用 ss(system state)表示系统状态方程，用 tf(transmit function)表示系统传递函数，G=tf(num,den)。

在 MATLAB 中，已知 G=tf(num,den)，求$[A,B,C,D]$的命令格式为

[A,B,C,D]=tf2ss(num,den)

【例 9-31】　控制系统的传递函数为

$$G(s)=\frac{Y(s)}{U(s)}=\frac{s^2+4s+3}{s^3+8s^2+16s}$$

利用 MATLAB 数学模型转换函数转换成系统状态方程。

解 MATLAB 程序如下：

```
num=[0,1,4,3];                 %输入分子多项式“数组”
den=[1,8,16,0];                %输入分母多项式“数组”
[A,B,C,D]=ft2ss(num,den)       %运行 tf2ss 函数,将传递函数转换成“状态矩阵”
```

运行结果如下：

```
A=
  -8  -16  0
  1    0   0
  0    1   0
B=
  1
  0
  0
C=
  1  4  3
D=
   0
```

即该系统状态方程为

$$\dot{\boldsymbol{x}}=\begin{bmatrix}-8 & -16 & 0\\ 1 & 0 & 0\\ 0 & 1 & 0\end{bmatrix}\boldsymbol{x}+\begin{bmatrix}1\\0\\0\end{bmatrix}\boldsymbol{u},\quad \boldsymbol{y}=[1\quad 4\quad 3]\boldsymbol{x}$$

在 MATLAB 中，已知 $[A,B,C,D]$，求 $G=\mathrm{tf(num,den)}$ 的命令格式为

$$[\mathrm{num,den}]=\mathrm{ss2tf(A,B,C,D,iu)}$$

其中，对多输入系统，必须确定 iu 的值。例如，系统有 3 个输入 u_1,u_2,u_3，则 iu 必须是 1,2 或 3，分别表示 u_1,u_2,u_3，所得到的是第 iu 个输入到所有输出的传递函数。

【例 9-32】 系统状态方程如下，试利用 MATLAB 转换成系统传递函数。

$$\dot{\boldsymbol{x}}=\begin{bmatrix}0 & 0 & 1\\ 0 & 1 & 0\\ -6.75 & -30.25 & -6.78\end{bmatrix}\boldsymbol{x}+\begin{bmatrix}0\\30.56\\-130.77\end{bmatrix}u,\quad \boldsymbol{y}=[1\quad 0\quad 0]\boldsymbol{x}$$

解 MATLAB 程序如下：

```
A=[0,0,1;0,1,0;-6.27,-30.25,-6.78];  %输入矩阵 A
B=[0;30.56;-130.77];                 %输入矩阵 B
C=[1,0,0];                           %输入矩阵 C
D=[0];                               %输入矩阵 D
[num,den]=ss2tf(A,B,C,D)             %运行函数 ss2tf(),将状态方程转换
                                     为传递函数
```

运行结果如下：

```
num=
0  0.0000  30.5600  76.4268                 % 输出传递函数分子多项式
den=
1  6.7800  30.2500  6.2700                  % 输出传递函数分母多项式
```

即该系统的传递函数为

$$G(s)=\frac{Y(s)}{U(s)}=\frac{30.56s+76.4268}{s^3+6.78s^2+30.25s+6.27}$$

【例 9-33】 系统状态方程如下，试利用 MATLAB 转换成系统传递函数。

$$\begin{bmatrix}\dot{x}_1\\ \dot{x}_2\end{bmatrix}=\begin{bmatrix}0 & 1\\ -25 & 4\end{bmatrix}\begin{bmatrix}x_1\\ x_2\end{bmatrix}+\begin{bmatrix}1 & 1\\ 0 & 1\end{bmatrix},\quad \begin{bmatrix}u_1\\ u_2\end{bmatrix}\begin{bmatrix}y_1\\ y_2\end{bmatrix}=\begin{bmatrix}1 & 0\\ 0 & 1\end{bmatrix}\begin{bmatrix}x_1\\ x_2\end{bmatrix}$$

这是一个 2 输入 2 输出系统，描述该系统的传递函数是一个 2×2 矩阵：

$$\boldsymbol{G}(s)=\begin{bmatrix}g_{11} & g_{12}\\ g_{21} & g_{22}\end{bmatrix}=\begin{bmatrix}Y_1(s)/U_1(s) & Y_1(s)/U_2(s)\\ Y_2(s)/U_1(s) & Y_2(s)/U_2(s)\end{bmatrix}$$

解　当考虑输入 u_1 时，可令 $u_1=0$，反之亦然，MATLAB 程序如下

```
A=[0,1;-25,-4];
B=[1,1;0,1];
C=[1,0;0,1];
D=[0,0;0,0];
[num1,den1]=ss2tf(A,B,C,D,1)
[num2,den2]=ss2tf(A,B,C,D,2)
运行结果如下：
num1=
0  1  4
0  0  -25              %g11分子多项式系数，g12分子多项式系数
den1=
1  4  25               %分母多项式系数
num2=
0  1.0000  5.0000
0  1.0000  -25.0000    %g21分子多项式系数，g22分子多项式系数
den2=
1  4  25               %分母多项式系数
```

即该系统的传递函数矩阵为

$$\boldsymbol{G}(s)=\begin{bmatrix}g_{11} & g_{12}\\ g_{21} & g_{22}\end{bmatrix}=\begin{bmatrix}\dfrac{s+4}{s^2+4s+25} & \dfrac{-25}{s^2+4s+25}\\ \dfrac{s+5}{s^2+4s+25} & \dfrac{s-25}{s^2+4s+25}\end{bmatrix}$$

9.8.2 利用MATLAB计算矩阵指数和时间响应

在MATLAB中，给定矩阵**A**和时间t的值，可以直接采用基本矩阵函数expm()计算矩阵指数e^{At}的值。MATLAB的函数expm()采用帕德(Pade)逼近法计算矩阵指数e^{At}，精度高、数值稳定性好。函数expm()的主要调用格式为Phi=expm(X)，其中X为输入的需计算矩阵指数的矩阵，Phi为计算的结果。

可利用函数lsim()计算系统的时间响应。调用格式为[y,x]=lsim(A,B,C,D,u,t,x_0)，其中，t为求取响应的时刻，y为t时刻的输出响应，x为t时刻的状态响应，u为系统输入，x_0为系统初始条件。

【例9-34】 已知系统的状态空间表达式为

$$\begin{cases} \dot{\boldsymbol{x}}=\begin{bmatrix}0 & -2\\1 & -3\end{bmatrix}\boldsymbol{x}+\begin{bmatrix}2\\0\end{bmatrix}u \\ y=\begin{bmatrix}0 & 3\end{bmatrix}\boldsymbol{x}\end{cases}$$

试计算系统的状态转移矩阵，当$x_1(0)=x_2(0)=1$，$u(t)=0$，$t=0.2$时，计算系统响应。

解 MATLAB程序如下：

```
A=[0,-2;1,-3];
t=0.2;
Phi=expm(A*t)                  %求状态转移矩阵
B=[2;0];
C=[0,3];
D=[0];
X0=[1,1];
t=[0,0.2];
u=x0*t;
[y,x]=lsim(A,B,C,u,t,x0)    %求系统响应
```

执行后，当$t=0.2$时，系统的状态转移矩阵为

```
Phi=
      0.9671   -0.2968
      0.1484    0.5219
```

系统响应为

```
y=
    3.0000
    2.0110
x=
    1.0000   1.0000
    0.6703   0.6703
```

9.8.3　利用 MATLAB 判定系统能控性和能观性

MATLAB 提供的函数 ctrb()可根据给定的系统模型，计算能控性矩阵

$$Qc=[B \quad AB \quad \cdots \quad A^{n-1}B]$$

能控性矩阵函数 ctrb()的主要调用格式为 Qc=ctrb(A,B)或 Qc=ctrb(sys)。

无论是对连续还是离散的线性定常系统，采用代数判据判定状态能观性需要计算定义的能观性矩阵，并要求能观性矩阵的秩等于状态空间维数。MATLAB 提供的函数 obsv()可根据给定的系统模型计算能观性矩阵。能观性矩阵函数 obsv()的主要调用格式为 Qo=obsv(A,C)或 Qo=obsv(sys)。

【例 9-35】　判断系统 $\dot{\boldsymbol{x}}=\begin{bmatrix}-2 & 2 & -1\\ 0 & -2 & 0\\ 1 & -4 & 0\end{bmatrix}\boldsymbol{x}+\begin{bmatrix}0 & 0\\ 0 & 1\\ 1 & 0\end{bmatrix}\boldsymbol{u}$ 的能控性。

解　MATLAB 程序如下：

```
A=[-2,2,-1;0,-2,0;1,-4,0];
B=[0,0;0,1;1,0];
Qc=ctrb(A,B);
N=rank(Qc);
L=length(A);
ifn==L
    str='系统是状态完全能控'
else
    str='系统是状态不完全能控'
end
```

运行结果为

```
str=
    系统是状态完全能控
```

【例 9-36】　判断系统

$$\begin{cases}\dot{\boldsymbol{x}}=\begin{bmatrix}-3 & 1 & 0\\ 0 & -3 & 0\\ 0 & 0 & 1\end{bmatrix}\boldsymbol{x}+\begin{bmatrix}1 & -1\\ 0 & 0\\ 2 & 0\end{bmatrix}\boldsymbol{u}\\ \boldsymbol{y}=\begin{bmatrix}1 & 0 & 1\\ -1 & 1 & 0\end{bmatrix}\boldsymbol{x}\end{cases}$$

的能观性。

解　MATLAB 程序如下：

```
A=[-3,1,0;0,-3,0;0,0,-1];
B=[1,-1;0,0;2,0];
```

```
C=[1,0,1;-1,1,0];
q1=C;
q2=C*A;
q3=C*A^2;
Qo=[q1;q2;q3];
Q=rank(Qo)
```

运行结果如下：

```
Qo=
    1    0    1
   -1    1    0
   -3    1   -1
    3   -4    0
    9   -6    1
   -9   15    0
Q=
   3
```

根据运行结果，可判断系统能观测。

9.8.4 利用 MATLAB 进行极点配置和状态观测器设计

在 MATLAB 控制工具箱中，直接用于系统极点配置的函数有 acker()和 place()。调用格式为 K=acker(A,C,P)，用于单输入单输出系统。其中，A，B 为系统矩阵，P 为期望极点向量，K 为反馈增益向量。

K=place(A,B,P)

(K,prec,message)=place(A,B,P)

函数 place()用于单输入或多输入系统，Prec 为实际极点偏离期望极点位置的误差；message 是当系统某一非零极点偏离期望位置大于 10%时给出的警告信息。

也可利用 MATLAB 命令来计算观测器增益矩阵：

L=(acker(A′,C′,V))′

L=(place(A′,C′,V))′

进行极点配置和状态反馈时，要先判断系统是否能控能观(此例中省略，读者可自行判断)。

【例 9-37】 将系统

$$\begin{cases}\dot{\boldsymbol{x}}=\begin{bmatrix}-1 & -2 & -2\\ 0 & -1 & 1\\ 1 & 0 & -1\end{bmatrix}\boldsymbol{x}+\begin{bmatrix}2\\0\\1\end{bmatrix}u\\ y=\begin{bmatrix}1 & 0 & 0\end{bmatrix}\boldsymbol{x}\end{cases}$$

通过极点配置将系统的闭环极点设置为−1 和 2±i，并设计状态观测器，将观测器的极点设置为−1 和−3(双重)。

解　MATLAB 程序如下：

```
a=[-1,-2,-2;0,-1,1;1,0,-1];
b=[2;0;1];
c=[1,0,0];
p=[-2,-2+i,-2-i];
K1=acker(a,b,p);
K2=place(a,b,p);
at=a';
ct=c';
L=[-1,-3,-3]
G=acker(at,ct,L)
G0=G;
```

运行结果如下：

```
K1=
    0.8000    0.8000    1.4000
K2=
    0.8000    0.8000    1.4000
L=
   -1    -3    -3
G=
    4    -2    1
G0=
     4
    -2
     1
```

本章小结

(1)控制系统的数学模型有两种模式，一种是输入/输出模式，另一种是状态变量模式。表征输入/输出模式的传递函数是经典控制理论的基础，而表征状态变量模式的动态方程是现代控制理论的基础。这两种不同模式的数学模型之间可以相互转换。表征一个系统的传递函数是唯一的，而其状态空间表达式却是不唯一的，选取不同的状态变量，即可得到不同形式的状态方程。

(2)可通过状态方程求取系统的状态响应，其关键问题是如何求解系统的状态转移矩阵。本章介绍了两种方法来求解系统的状态转移矩阵：幂级数法和拉氏变换法。状态方程可分为齐次状态方程和非齐次状态方程，分别对它们求解系统状态响应的方法进行了分析。

(3)能控性和能观测性是受控系统的两个重要性质，本章对系统状态完全能控性、输出能控性和状态完全能观测性的方法和判据进行了分析和阐述。

(4)线性变换问题。状态空间表达式的线性变换的目的是使 **A** 矩阵规范化,以便于介绍系统特性及分析计算,并不会改变系统的原有性质,所以变换原则为等价变换。本章介绍了将 **A** 变换为对角矩阵或约当标准型,以及能控标准型和能观测标准型化简的方法,并介绍了能将能控系统和能观测系统相互转换的对偶原理。

(5)状态反馈是一种常用的校正方法,它可以使系统获得比用传统的校正方法更为满意的控制效果。通过状态反馈可以将系统的闭环极点配置到任意位置,前提条件是系统能控,本章介绍了极点配置的方法。

(6)通过设计状态观测器将系统的状态变量用其状态变量估计值表示,并希望估计误差趋近于零。本章介绍了状态观测器的设计方法,以及带状态观测器的闭环系统的特性。

(7)稳定性分析。本章介绍了李雅普诺夫稳定性的定义和基本定理以及判断线性定常系统渐近稳定李雅普诺夫第一法和第二法。

习　　题

9-1　考虑以下系统的传递函数

$$\frac{Y(s)}{U(s)}=\frac{s+6}{s^2+5s+6}$$

试求该系统状态空间表达式的能控标准型和能观测标准型。

9-2　考虑下列单输入单输出系统

$$\dddot{y}+6\ddot{y}+11\dot{y}+6y=6u$$

试求该系统状态空间表达式,并求系统的状态转移矩阵。

9-3　考虑由下式定义的系统

$$\begin{cases}\dot{\boldsymbol{x}}=\boldsymbol{A}\boldsymbol{x}+\boldsymbol{B}u\\ y=\boldsymbol{C}\boldsymbol{x}\end{cases}$$

式中:

$$\boldsymbol{A}=\begin{bmatrix}1 & 2\\ -4 & -3\end{bmatrix},\quad \boldsymbol{B}=\begin{bmatrix}1\\ 2\end{bmatrix},\quad \boldsymbol{C}=\begin{bmatrix}1 & 1\end{bmatrix}$$

试将该系统的状态空间表达式变换为能控标准型。

9-4　考虑由下式定义的系统

$$\begin{cases}\dot{\boldsymbol{x}}=\boldsymbol{A}\boldsymbol{x}+\boldsymbol{B}u\\ y=\boldsymbol{C}\boldsymbol{x}\end{cases}$$

式中:

$$\boldsymbol{A}=\begin{bmatrix}-1 & 0 & 1\\ 1 & -2 & 0\\ 0 & 0 & -3\end{bmatrix},\quad \boldsymbol{B}=\begin{bmatrix}0\\ 0\\ 1\end{bmatrix},\quad \boldsymbol{C}=\begin{bmatrix}1 & 1 & 0\end{bmatrix}$$

试求其传递函数 $Y(s)/U(s)$。

9-5　考虑下列矩阵

$$A=\begin{bmatrix}0&1&0&0\\0&0&1&0\\0&0&0&1\\1&0&0&0\end{bmatrix}$$

试求矩阵 $\boldsymbol{A}$ 的特征值 $\lambda_1,\lambda_2,\lambda_3$ 和 λ_4。再求变换矩阵 $\boldsymbol{P}$，使得

$$\boldsymbol{P}^{-1}\boldsymbol{A}\boldsymbol{P}=\mathrm{diag}(\lambda_1,\lambda_2,\lambda_3,\lambda_4)$$

9-6　求下列系统的特征值和特征向量，并将状态空间表达式变换为约当标准型。

(1) $\begin{cases}\dot{\boldsymbol{x}}=\begin{bmatrix}-2&1\\1&-2\end{bmatrix}\boldsymbol{x}+\begin{bmatrix}0\\1\end{bmatrix}\boldsymbol{u},\\ \boldsymbol{y}=\begin{bmatrix}1&0\end{bmatrix}\boldsymbol{x};\end{cases}$

(2) $\begin{cases}\dot{\boldsymbol{x}}=\begin{bmatrix}4&1&-2\\1&0&2\\1&-1&3\end{bmatrix}\boldsymbol{x}+\begin{bmatrix}3&1\\2&7\\5&3\end{bmatrix}\boldsymbol{u},\\ \boldsymbol{y}=\begin{bmatrix}1&2&0\\0&1&1\end{bmatrix}\boldsymbol{x}。\end{cases}$

9-7　已知控制系统的状态方程为 $\dot{\boldsymbol{x}}=\boldsymbol{A}\boldsymbol{x}$，且知

(1)当 $\boldsymbol{x}(0)=\begin{bmatrix}1\\-1\end{bmatrix}$时，有 $\boldsymbol{x}(t)=\begin{bmatrix}\mathrm{e}^{-2t}\\-\mathrm{e}^{-2t}\end{bmatrix}$；

(2)当 $\boldsymbol{x}(0)=\begin{bmatrix}2\\-1\end{bmatrix}$时，有 $\boldsymbol{x}(t)=\begin{bmatrix}2\mathrm{e}^{-t}\\-\mathrm{e}^{-t}\end{bmatrix}$。

试确定系统的状态转移矩阵和系数矩阵。

9-8　已知一系统状态方程的系数矩阵为 $\boldsymbol{A}=\begin{bmatrix}1&-2\\2&-3\end{bmatrix}$，当 $u(t)=0,x_1(0)=x_2(0)=10$ 时，求 $x_1(t),x_2(t)$。

9-9　已知控制系统状态空间表达式为

(1) $\begin{cases}\dot{\boldsymbol{x}}=\begin{bmatrix}0&1\\0&-3\end{bmatrix}\boldsymbol{x}+\begin{bmatrix}0\\1\end{bmatrix}\boldsymbol{u},\\ \boldsymbol{y}=\begin{bmatrix}0&2\end{bmatrix}\boldsymbol{x};\end{cases}$

(2) $\begin{cases}\dot{\boldsymbol{x}}=\begin{bmatrix}-4&0\\0&-1\end{bmatrix}\boldsymbol{x}+\begin{bmatrix}0\\1\end{bmatrix}\boldsymbol{u},\\ \boldsymbol{y}=\begin{bmatrix}1&0\end{bmatrix}\boldsymbol{x};\end{cases}$

(3) $\begin{cases}\dot{\boldsymbol{x}}=\begin{bmatrix}0&1\\-1&2\end{bmatrix}\boldsymbol{x}+\begin{bmatrix}0\\1\end{bmatrix}\boldsymbol{u},\\ \boldsymbol{y}=\begin{bmatrix}1&0\end{bmatrix}\boldsymbol{x};\end{cases}$

(4) $\begin{cases}\dot{\boldsymbol{x}}=\begin{bmatrix}0&1&-2\\0&0&1\\1&-1&3\end{bmatrix}\boldsymbol{x}+\begin{bmatrix}1&0\\0&1\\-1&1\end{bmatrix}\boldsymbol{u},\\ \boldsymbol{y}=\begin{bmatrix}1&2&0\\0&1&1\end{bmatrix}\boldsymbol{x};\end{cases}$

(5)$\begin{cases}\dot{\boldsymbol{x}}=\begin{bmatrix}-2 & 0 & 0\\ 0 & -3 & 1\\ 1 & 0 & -3\end{bmatrix}\boldsymbol{x}+\begin{bmatrix}1\\0\\1\end{bmatrix}\boldsymbol{u},\\ \boldsymbol{y}=[1\quad 1\quad 0]\boldsymbol{x};\end{cases}$

(6)$\begin{cases}\dot{\boldsymbol{x}}=\begin{bmatrix}-2 & 0 & 0\\ 5 & -3 & 1\\ 1 & 0 & -3\end{bmatrix}\boldsymbol{x}+\begin{bmatrix}1\\0\\1\end{bmatrix}\boldsymbol{u},\\ \boldsymbol{y}=[1\quad 1\quad 0]\boldsymbol{x}。\end{cases}$

试判断系统是否是状态可控和状态可观测。

9-10 系统的传递函数为$G(s)=\dfrac{s+a}{s^4+5s^3+10s^2+10s+4}$,求实数 a 的值,使系统不能控或者不能观,并分别写出其能控不能观、能观不能控的状态空间模型。

9-11 系统的状态方程为

$$\dot{\boldsymbol{x}}=\begin{bmatrix}1 & 2\\ 3 & 1\end{bmatrix}\boldsymbol{x}+\begin{bmatrix}1\\0\end{bmatrix}\boldsymbol{u}$$

试确定状态反馈矩阵,使闭环系统的特征值为$-2\pm\mathrm{j}$。

9-12 系统的传递函数为

$$G(s)=\frac{(s-1)(s+2)}{(s+1)(s-2)(s+3)}$$

试问是否存在状态反馈,将闭环系统的传递函数变为

$$G(s)=\frac{s-1}{(s+2)(s+3)}$$

若能,试确定其反馈增益阵。

9-13 系统的状态方程为

$$\begin{cases}\dot{\boldsymbol{x}}=\begin{bmatrix}-1 & -2 & -2\\ 0 & -1 & 1\\ 1 & 0 & -1\end{bmatrix}\boldsymbol{x}+\begin{bmatrix}2\\0\\1\end{bmatrix}\boldsymbol{u}\\ \boldsymbol{y}=[1\quad 0\quad 0]\boldsymbol{x}\end{cases}$$

试设计全能观测器,使其极点为$-3,-3,-4$。

9-14 系统的状态方程为

$$\begin{cases}\dot{\boldsymbol{x}}=\begin{bmatrix}0 & 1\\ -1 & 0\end{bmatrix}\boldsymbol{x}+\begin{bmatrix}1\\0\end{bmatrix}\boldsymbol{u}\\ \boldsymbol{y}=[0\quad 1]\boldsymbol{x}\end{cases}$$

(1)讨论系统的稳定性。

(2)加状态反馈能否使系统渐近稳定?

参考文献

[1] 胡寿松. 自动控制原理[M]. 6 版. 北京:科学出版社,2013.

[2] 胡寿松. 自动控制原理习题解析[M]. 2 版. 北京:科学出版社,2013.

[3] 胡寿松. 自动控制原理题海与考研指导[M]. 2 版. 北京:科学出版社,2013.

[4] 夏德钤,翁贻方. 自动控制理论[M]. 4 版. 北京:机械工业出版社,2013.

[5] 高国燊,余文烋,彭康拥,等. 自动控制原理[M]. 4 版. 广州:华南理工大学出版社,2013.

[6] 宋乐鹏. 自动控制原理[M]. 北京:清华大学出版社,2012.

[7] 张莲,胡晓倩,余成波. 自动控制原理[M]. 北京:中国铁道出版社,2008.

[8] 杨友良. 自动控制原理[M]. 北京:电子工业出版社,2011.

[9] 滕青芳,范多旺,董海鹰,等. 自动控制原理[M]. 北京:人民邮电出版社,2008.

[10] 李素玲. 自动控制原理[M]. 西安:西安电子科技大学出版社,2007.

[11] 王正林,王胜开,陈国顺,等. MATLAB/Simulink 与控制系统仿真[M]. 3 版. 北京:电子工业出版社,2012.

[12] 薛定宇. 控制系统计算机辅助设计[M]. 3 版. 北京:清华大学出版社,2012.